国家社科基金
GUOJIA SHEKE JIJIN HOUQI ZIZHU XIANGMU
后期资助项目

古都邺城研究——
中世纪东亚都城制度探源

The Study of Ancient Yecheng— The Investigation of the
Origination of Medieval Capital City
Construction System in East Asia

牛润珍 著

中华书局
ZHONGHUA BOOK COMPANY

图书在版编目（CIP）数据

古都邺城研究：中世纪东亚都城制度探源/牛润珍著. —北京：中华书局，2015.5（2024.4重印）
（国家社科基金后期资助项目）
ISBN 978-7-101-10581-0

Ⅰ.古⋯ Ⅱ.牛⋯ Ⅲ.城市规划–制度–研究–临漳县–西汉~南北朝 Ⅳ.TU984.222.4

中国版本图书馆 CIP 数据核字（2014）第 273385 号

书　　名	古都邺城研究——中世纪东亚都城制度探源
著　　者	牛润珍
丛 书 名	国家社科基金后期资助项目
责任编辑	郭　妍
责任印制	陈丽娜
出版发行	中华书局
	（北京市丰台区太平桥西里 38 号　100073）
	http://www.zhbc.com.cn
	E-mail:zhbc@zhbc.com.cn
印　　刷	三河市中晟雅豪印务有限公司
版　　次	2015 年 5 月第 1 版
	2024 年 4 月第 2 次印刷
规　　格	开本/710×1000 毫米　1/16
	印张 29¾　插页 2　字数 420 千字
国际书号	ISBN 978-7-101-10581-0
定　　价	78.00 元

国家社科基金后期资助项目出版说明

　　后期资助项目是国家社科基金设立的一类重要项目，旨在鼓励广大社科研究者潜心治学，支持基础研究多出优秀成果。它是经过严格评审，从接近完成的科研成果中遴选立项的。为扩大后期资助项目的影响，更好地推动学术发展，促进成果转化，全国哲学社会科学规划办公室按照"统一设计、统一标识、统一版式、形成系列"的总体要求，组织出版国家社科基金后期资助项目成果。

全国哲学社会科学规划办公室

目　录

序

2012 年夏天，牛润珍从北京来石家庄，将他的新作《古都邺城研究——中世纪东亚都城制度探源》一书的稿本送到我手里，并嘱为之写一篇序言。

我与润珍在河北省社会科学院历史研究所合作共事多年，有着深厚的友谊，是老朋友了。我们历史研究所的重点课题是河北地方史，从《河北古代历史编年》、《河北简史》到《河北通史》（十卷本），其中"魏晋北朝时期"一章或一卷都是由润珍撰写的。我对他的人品、学品和文品都是很敬佩的。他在古都邺城兴衰的学术研究中，立足河北，走向全国，放眼世界，着重东亚。数十年来，孜孜不倦，踏踏实实，取得了非凡的成就。

1984 年，他撰写《魏晋北朝邺城初探》一文，并于当年参加了在成都举行的首届魏晋南北朝史学术讨论会。这是他走出河北，走向全国的起点。1987 年 5 月 22 日，日本历史学家谷川道雄一行六人，抵达石家庄。次日上午，举行座谈会。我们推牛润珍作主题发言。他着重讲了"豪族共同体"和邺城研究中的一些问题。在座谈会上，日本学者们对邺城的兴趣浓厚，提出了不少问题。润珍从容应对，侃侃而谈，一一作答。座谈会的气氛融洽，生动活泼。会后，历史研究所有的学者笑着说，今天，牛润珍仿佛经历了一场博士论文答辩。这句戏言，我至今记忆犹新，随后，润珍陪同日本学者赴临漳县邺城遗址参观考察。后来，润珍将他在座谈会上的发言稿整理成文，寄给日本的谷川道雄教授。1989 年 3 月，谷川道雄主编的《日中国际共同研究：地域社会在六朝政治文化上所起的作用》一书出版。此书收入了牛润珍在座谈会的发言文稿以及他的新作《魏晋北朝幽冀诸州要论——兼谈南北东西形势的形成》一文。从此以后，润珍对邺城的研究，走出国门，不断有新作问世。

2003 年，润珍以《古都邺城研究——中世纪东亚都城制度探源》为研究课题，申请韩国高等教育财团国际学术交流项目，获准后于同年八月至次年八月，为期一年，在韩国首尔专心从事研究工作。在韩期间，他集中精力把二十多年的积累作了系统的整理,并补充了许多日文、韩文资料,撰写出初稿。回国后又申请并通过了本项目的后续研究,即《邺城复原研究》,又经过八年的努力,才最终完稿。由此可见,本书是润珍积数十年之功所获得的成果,来之不易。

《古都邺城研究——中世纪东亚都城制度探源》是一部翔实厚重的学术专著。本书的撰写,在宏观把握上,高屋建瓴,视野开阔,结构清晰,层次分明;在微观考究上,具体详尽,求实存真,注重细节,生动有趣。在广度、深度、探索性、知识性和可读性上形成了鲜明的风格与特点。

全书从春秋时期齐桓公始筑邺城写起,历经战国、秦汉、三国、西晋、十六国、北魏、东魏、北齐,直到北周大象二年(580年),杨坚火焚为废墟,邺城彻底毁灭,并逐渐湮埋于地下,历时约一千四百余年。曹魏、后赵、冉魏、前燕、东魏、北齐都以邺城为王都、陪都或国都,辉煌于世。即使在西晋、前秦、后燕及北魏时期,邺城也是极具战略地位的"重镇霸府",雄踞一方。作者对邺城的几度兴衰作了详细的叙述,对兴衰的原因作了深入的探索,对邺城城制的发展变化及其特点作了重点研究,史料丰富,论证精辟。本书堪称是一部全面系统的、富有独到见解的"邺城兴衰史"。

全书在具体叙述和考究上,对作为王都、国都的邺城,从城垣、城门、三台、宫殿、楼阁、官署、街道、里巷、坊居,到城外的陂池、道路、园林以及城内的供水、排水系统等等,虽名目繁多,却逐一列出,不遗不漏。因此,本书又具有"邺城百科全书"的价值和意义。

创新是学术研究的生命。我通读书稿感受最深的是作者的创新精神。如写曹操都邺,作者先写袁绍对邺城的兴建,接着写曹操生动的攻邺之战。并指出,历来只重视官渡之战,而忽视邺城之战,未免偏颇。夺取邺城是曹操建立霸业的关键,以邺城为基地,从而统一中国北方,奠定了曹魏一朝的基础。曹操营建邺都历时十四年,作者分为三个时期叙述,始终强调"邺城的建筑思想与设计主要出自曹操",这样的评论,令人耳目一新。又如写东魏、北齐对邺都的兴建,分别叙述了"邺南城制度与建筑"和"邺北城的建筑",认为"邺南城与北城仅一垣之隔,两城构成东魏、北齐煌煌大都,代表了公元6世纪中国城市建筑艺术最高水平"。

这样的论断是在大量史料基础上提炼出来的,在学术研究上具有独创性。再如,在"邺与中世纪东亚都城城制系统"的探讨中,对高欢建邺南城时,城垣形制按"龟"的形状设计、夯筑,增强了都城的防御功能,大加称赞,认为,这在中国古代都城建筑史上堪称是一个创举。关于"邺—大兴—长安"都城系统问题,"邺与韩、朝古代都城制度"、"邺与日本古代都城制度"、"中世纪东亚都城城制系统的形成"等诸多方面的论述,也都有独创的见解。

以上所举仅是几例,旨在说明我读书稿时对作者创新精神的感受。我希望作者在今后的学术研究中继续发扬这种创新精神。

杜荣泉

2015 年 2 月 13 日

绪　言

一

城市作为人类生存、生活、生产和从事各项活动的社区，其形成、发展、演变已有三千多年的历史。现代世界人口城镇化的速度越来越快，城市数量越来越多，类型也更加纷繁。面对如此繁杂的城市，研究城市史的学者不得不依据某些共性特征将城市进行分类，然后，再逐类研究、比较。美国学者肖伯格(Sjoberg)把所有历史上已知的城市划分为两类，即前工业化城市与工业化城市；韦伯(Weber)则将城市分为西方型与东方型两类。施坚雅(Skinner)的分类方法较之肖伯格、韦伯更进一步，将同一类型的城市又分为不同的层次。指出："'前工业化城市'应划分出农业文明城市(有缙绅士大夫)和原始国家城市(没有缙绅士大夫)。这三个(或者还要多些)基本城市类型(即农业文明城市、原始国家城市和工业化城市——著者注)，每个类型都可分成自治的或飞地式的与依附的或自成整体的两类。这些分类还可以依其文化基础或地理基础再加细分：出现于原始国家的依附的或自成整体的那一类，又可再分成新大陆样板(印加、何兹特克等等)及非洲样板；农业文明中的依附的或是自成整体的那一类，也可初步再分成东欧型、中东型、印度型、华夏型(Sinic)等等。最后，在层级的下一级，华夏型一类又可再划分成中国的、越南的、朝鲜的、日本的，以及一些别的变种。有些命题据说适用于中国城市，适用于所有的华夏型城市，适用于世界各地农业文明中的依附的或自成整体的城市，适用于农业文明中的一切城市，以至最后适用于一切城市。"①无论怎样分类，东方型、华夏型、中国城

---

① (美)施坚雅主编：《中华帝国晚期的城市》，中华书局，2000年，第3—5页。

市都是自成一格的,而且这一类型的城市发展历史是以中国为主体的,并深深地影响了东亚国家。

那么,历史上的中国城市是如何影响东亚国家呢?一个最明显的现象是中国古代都城的示范。都城自古被称为"首善之区",城制布局、建筑风格不仅被本国地方城市仿效,也被邻国都城学习、借鉴。特别是中世纪以来,东亚国家借鉴中国的都城制度,宫城、皇城、郭城"回"字形相套,主要建筑沿南北中轴线布置且左右对称,街区呈棋盘状;宫殿、城门等名称取象天地、日月星辰和四时,贯彻"天人合一"的理念,追求人与自然的和谐。这些构成了邺、长安、汴梁、大都、北京、高句丽平壤城、新罗王京、百济王城、高丽开城京、朝鲜汉阳城、日本藤原京、平城京、平安京、越南顺化等都城的共同特点。

地方城市特别是官衙,其设计与平面布局、职能配置基本上仿效都城内的皇城规制,以体现封建中央集权在地方的贯彻。《冯友兰自述》(中国人民大学出版社,2004 年)一书曾就清代湖北崇阳县衙的格局、体制有所描述。曰:"衙门的大门上边,挂了一块竖匾,上写'崇阳县'三个大字。竖匾表示以上临下的意思。进了大门,绕过仪门,就是大堂。大堂前面两侧各有一排房子,这是县衙门的六房办公之地。东边一排三房是吏、户、礼;西边一排三房是兵、刑、工……大堂正中,有一座暖阁。暖阁中间有一张桌子、一把椅子,这就是县官的公座公案。暖阁的上边有三个大字:'清慎勤'……这三个字是明太祖规定的,清朝也把它继承下来了。暖阁的前边有两个高脚架子,一个架子上边放一个黄布卷,另一个架子上边放一个黄布包着的盒子……这个盒子里面应该是印,那个黄布卷里面应该是敕。这两件东西,表示县官是皇权的代表,他是代表皇帝在这里办事的……大堂后边,就是'宅门'……此门以内就是县官的私宅。宅门进去,是二堂。二堂后边,还有三堂。进了宅门,往西边拐,就是花厅,是县官会客的地方。花厅西头,有一个套间,叫签押房,是县官办公的地方。花厅后边,隔一个院子,就是上房……还有厨房和其它零碎房屋,都在东边的院子里。这个格局和体制,大概各州县衙门都是一样。"又曰:"故宫和一座县衙门在格局、体制上是一致的,可以说县衙门是一个具体而微的皇宫,皇宫是一个放大了千百倍的县衙门……皇宫的本体是紫禁城,紫禁城的外围是皇城,皇城的正门是天安门。天安门还有一段前卫的皇城,横断长安街,一直延伸到离前门门楼不远的地方……这段城墙横断长安街的地方,东西各留有三个门洞,称为'三座门'。这段墙的南端又有一座门,明朝称为'大明门',清朝称为'大清门',清朝亡了以后改称'中华门'……'大明门'或'大清门'这些称号的意义,就等于县衙门大门竖匾上写的'某某县'的意义。'大明门'或'大清门',表示这个门内的主人是明朝或清朝的最高统治者,如同县衙门大门竖匾上写的'某某县',表示这个衙门的主人就是这个县的统治者。在天安门和大清门中间那段前卫墙的外边,东西各有三座大衙门,东边三座就是吏、户、礼三部,西边三座就是兵、刑、工三部。这相当于县衙门大堂前边的东西两侧那两排房子。从天安门进去,经过端门、午门到太和殿,太和殿就是'大堂',是皇帝正式坐朝的地方。从太和殿进去,中和殿是'二堂',保和殿是'三堂'。保和殿后边是乾清门,乾清门就是'宅门',此门以内,是皇帝的私宅。乾清门以外是外朝,以内是内廷。从乾清门进去,就是皇帝的私宅乾清宫,乾清宫就是'上房'。"不仅皇城与地方官衙如此,而且府州县城的布局也多仿效都城。这一现象在古代韩国、日本、越南大体相似。

　　这样的体制、格局并不是明清的发明,而是历代传承、演变的造化,追溯其渊源,可以有充分的材料证明,起码在东汉的邺城,已经具备了这样的体制与格局。邺城城制,特征鲜明,平面布局甚为规整,讲究对称,南北中轴线明显,宫城、郭城内外相套,街路纵横形成棋盘状街区,这一制度不仅影响了隋唐的大兴、长安,还影响到明清的北京。南北朝时期,高句丽采用这一城制,设计建造了平壤城。到了唐代,日本仿长安城建藤原京,也贯彻了此项制度,以后的越南阮氏王朝同样借鉴此城制布置都城——顺化,由此构成了整个世界古代城市"华夏型"基本特征。因此,中、韩、日三国的学者悉将古代都城制度的研究与邺联系起来,邺城是揭示"华夏型"都城制度起源的关键。自公元580年,杨坚将邺付之一炬,历史名都邺城变成一片废墟,历经一千四百多年风雨剥蚀、漳水冲淤,邺墟渐渐被淹埋于地下0.5—10余米。由于文献散佚严重,有关记载少而乱,考古调查又很难大规模发掘,邺城基本面貌就像一个谜一样,长久困扰着中外学术界。因而,破解邺城之谜,厘清中世纪东亚都城城制源流关系,也就成了中国、亚洲及世界古代城市史研究上的一个疑难问题。

　　正是由于问题的重要、复杂与困难,邺城研究不可能毕其功于一役,而须逐步展开。本项研究拟在已有研究的基础上,全面、系统董理有关邺城的文献与考古资料,将古书上的材料与地下考古文物及地面调查材料结合起来,复原邺城,辨明其城制与布局,进而将中、日、韩、朝、越诸国古代都城制度作比较研究,搞清楚中世纪东亚都城制度系统的起源与流变。

当然,欲解决这一疑难问题,需付出长期艰苦的努力,特别是一些相关的基础研究,诸如邺城始置,地名由来,周围地理环境,其在历史上所起的作用,史籍有关邺城之记载,古今中外学者对其研究的情况,等等。这些问题的清理与探讨,对于破解邺城之谜是十分必要的。

二

邺城,始置于齐桓公。《管子·小匡》曰:齐桓公"筑五鹿、中牟、邺……以卫诸夏之地"。明嘉靖《彰德府志》卷二《地理志》引《城冢记》曰:"狄灭邢、卫,齐桓公筑邺城以卫诸侯。"《城冢记》疑为《汲冢记》,狄伐邢,时在公元前662年,次年,齐救邢,邺城之筑当在此年或以后。其地望是否即今邺城遗址,文献无明确记载。关于邺之地名起源,可从"邺"之字形字源上推断,邺从业从邑,根据约斋《字源》的解释,"业"繁写为"業",从丵从木,为草木茂密成簇丛生的象形;"阝"同"阜",阜即较高三层土山的形象。"阝"又同"邑",东汉许慎《说文解字》卷六下邑部释"邺",曰:"魏郡县,从邑业声。"由字形字源推知邺之地名,又由地名推断邺之初建,其地当在地势较高草木茂盛之土丘上。至于桓公所筑邺城形制、建筑,已不可考。

南朝宋裴骃《史记集解》卷七《项羽本纪》转引《汲冢古文》曰:"殷墟南去邺三十里。"《尚书·书序》孔疏引《汲冢古文》云:"盘庚自奄迁于殷,殷在邺南二十里。"《史记索隐》引《汲冢古文》:"盘庚自奄迁于北蒙,曰殷墟,南去邺三十里。"今邺城遗址南偏西约三十里即殷墟,从两处古遗址的距离与方位看,《汲冢古文》的记载大体正确。《汲冢古文》是西晋太康二年发现于魏襄王(或曰魏安釐王)墓中的文献,又称《汲冢书》,所记邺即战国时期魏国的城邑,其方位即今邺城遗

邺城遗址采集到的"業"字印陶

址。《水经注》卷十《浊漳水》曰:"(邺)本齐桓公所置也……后属晋,魏文侯七年,始封此地,故曰魏也。"又曰:"魏文侯以西门豹为邺令也,引漳以溉邺,民赖其用。其后至魏襄王,以史起为邺令,又堰漳水以灌邺田,咸成沃壤,百姓歌之。"《战国策·魏策》、《史记·滑稽列传》、《汉书·沟洫志》、西晋左思《魏都赋》等都记有西门豹、史起治邺之事。魏晋以前文献所记邺城,地址均在今邺城遗址,这说明自齐桓公筑邺,直至魏晋南北朝,邺城地址并未曾迁徙。

20世纪90年代,河南省安阳市博物馆焦智勤等在邺城遗址采集到春秋战国到汉魏时期的印陶戳记,其中带有"業"字印陶二方,一方模印在半瓦当上,另一方戳印在陶片上,字体、风格甚似春秋时期,与战国文字中的"业"字差异较大。金文中有"业"字。"邺字的出现,可能在秦始皇废除不与秦篆相合的六国文字,以秦小篆统一全国文字之际,以业字加'邑'旁,写作'邺'字。'邺'字就成了邺城的专用字了。先秦古籍中凡谈及邺城故事者,其邺字均为汉儒所改……由业字陶文可证,邺城初筑之处就在今邺城遗址范围中。"[1]"在今邺城遗址中发现了春秋战国时期至魏、晋、南北朝时期的陶文资料,特别是带有'業'字的陶文,它弥补了文献记载的不足,证明了邺之初筑至邺城被焚毁,其沿革是连续的。"[2]

邺初写为"业",秦汉时,字旁加"邑",写作"邺"。关于"业"之古音,又有学者将之训读为"衣"。据何九盈《上古音》:"'业'字的声母为'牙音值疑[h]三等',与孽、虐、月、逆、宜、仪、疑、玉、言、阮等同列为一类。业字的韵母为'叶部三等jap',且为入声字,与劫、怯、胁等字同列在[业]类。"[3]业读作衣,衣、殷通假,二字音同形异。《礼记·中庸》:"壹戎衣而有天下。"郑玄注曰:"衣读如殷,声之误也。齐人言殷声如衣。"又注云:"壹戎衣者,壹用兵伐殷也。"周原甲骨文中有"衣王",即殷王。殷又称"郼",《吕氏春秋·慎大》曰夏民"亲郼如夏"。高诱注曰:"郼读如衣,今兖州人谓殷氏皆曰衣。言桀民亲殷如夏氏也。"郼、衣、业皆与殷同音通假。王国维认为"邺即殷"。他批评清人梁玉绳《史记志疑》引《路史·国名纪》上甲居

① 焦智勤、傅春:《邺·邺市·邺传舍》,《中国古都研究》第15辑,三秦出版社,2004年,第184—185页。

② 焦智勤、傅春:《邺·邺市·邺传舍》,《中国古都研究》第15辑,三秦出版社,2004年,第189页。

③ 许作民:《论邺就是殷》,《中国古都研究》第15辑,三秦出版社,2004年,第196—197页。

邺,以当一迁。曰其"不知邺即殷也"①。殷、邺、邯郸相互邻接,地处同一区位,地理优势相类,在历史上常常呈现此起彼伏、此消彼长的态势。

邺城坐落在太行山东麓平原一丘阜上,又称葵丘。《春秋古地》曰:"葵丘,地名,今邺西三台是也。"②漳水自西南过邺西而东北。齐桓公筑邺以卫诸夏,最初的邺城当是驻兵的城堡,而平原地区的垒壁大多依津要而置,从邺城附近地势看,很适宜建筑城堡。邺西北高,临近漳水,又处在传统的太行山东麓南北通道上。桓公筑邺,实即因丘而置,此正可凭借漳水阻拒来自北方戎狄的南侵。战国时期,魏、赵二国于邺置县治。汉高祖十二年,置魏郡,治邺县,王莽更名魏城。东汉灵帝时,为冀州治所。曹操封魏国,以邺为国都。曹丕称帝,都洛阳,以邺为陪都,以后又有后赵、冉魏、前燕、东魏、北齐等相继都邺,邺成为北部中国最大的都会城市。邺城历史地位愈益重要,与其周围地理环境与条件十分优越有关。其西部自北向南,绵延太行山犹如一道天然屏障;南部由西向东,滔滔黄河构成一条"水长城";东部由河渐海,形成南北交纵、四通八达之漕运和海运,北靠辽阔殷富的河北平原,处山、河、海、平原之间,"据河北之襟喉,为天下之腰膂"③。由远而近,白沟、淇水、荡水、洹水皆过邺南由西部山区东北流向平原,城西北、北临近漳水,西北十五里又有滏水。在邺城周围,黄河与诸水之间又分布着黄泽、鸬鹚、大陆等陂泽,众水犹如一道道天然护城河,并由陂泽调节水量。周边关、陉、津、梁、路又构成了邺城内外交通网络,西北出滏口,过壶关,可通晋阳、长安,取道井陉关、天门关可直趋并州、雁门;黄河由西而东北,白马津、仓亭津等为邺城南下河南的门户,邺城东有赤桥,由此往东可直下齐、鲁。

从地理险要的程度看,邺不及长安、洛阳,若从攻守战略的意义上讲,邺地条件优于长安、洛阳,因为其处关中、河南、河北及北方之关键部位,地理位置重要且又具有较大的游移变化空间,特别是对于来自北方的政治势力,可谓是得天独厚攻守皆宜的战略要地。春秋战国,地域政治势力的竞争呈现东西态势,关中强秦的连横与山东六国的合纵角力,在地理上形成

---

①　王国维:《观堂集林》卷十二史林四《说自契至于成汤八迁》,河北教育出版社,2001年。

②　见王国维:《水经注校》卷十《浊漳水》转引,上海人民出版社,1984年。东魏北齐墓志也有用古地名"葵丘"称谓邺。

③　(清)顾祖禹:《读史方舆纪要》卷四十九河南四,中华书局,2005年。

了以关中制山东的局面,邺与邯郸是东西两大地域势力较量的冲要地带。魏晋南北朝时期,地域势力的竞争又演化成南北对峙态势,来自北方的少数民族势力南下中原,以河北制河南,尤其是羯、氐、羌、匈奴、鲜卑等部族,跻身中原,建立政权,与汉族统治者逐鹿,欲据河北图河南以取天下。"河南,古所称四战之地也。当取天下之日,河南在所必争;及天下既定,而守在河南,则岌岌焉有必亡之势矣。……肩背之虑,实在河北……守关中守河北乃所以守河南也。自古及今,河南之祸中于关中者什之七,中于河北者什之九……夫河北之足以制河南也,自昔为然矣。"①据中原图天下,必以此为根基,建都于其地。那么,宜选择何邑为都城呢?"以河南之全势较之,则宛不如洛,洛不如邺也……夫邺,倚太行,阻漳、滏,夏、商时固有都其地者。战国之世,赵用此以拒秦,秦亦由此以并赵。汉之末,袁绍不能有其险也,入于曹操,遂能雄长中原;晋之衰,刘琨不能固其险也,殁于石勒,因以蹂躏司、豫;石赵之亡,冉闵不能保是险也,并于慕容儁,从而兼有山东;元魏之季,尔朱兆不能用其险也,归于高欢,因而盗窃魏柄。迨其后,尉迟迥据之以问罪杨坚,则远近震动。……且夫自古用兵,以邺而制洛也常易,以洛而制邺也常难。"②曹魏、后赵、冉魏、前燕、东魏、北齐等六朝建都于此,成为其争霸天下的依托,邺在地理上为魏晋南北朝的南北对峙并在对峙中促进新的统一提供了客观条件。

　　无论春秋战国还是魏晋南北朝,邺地均处于东西南北交通的都会区位,这样的区位优势不仅影响了各个时期政治与军事的变化,还对社会、经济、文化等造成了重要影响。特别是魏晋南北朝时期,北方少数民族政权的建立与发展,使来自北方的强大攻势,把中原较为先进的农耕经济推向江南,而少数民族在中原地区吸收汉文化,并仿效汉族政权,制定各项典章制度,转变生活方式,形成了历史上的民族融合。民族融合的主要地域在今河北省的中、南部和河南省的北、西部,而邺位居主要地域中心地带。北方部族首领占据邺城后,多定鼎于此,并称皇帝,实行比较彻底的汉化政策,后赵石勒、前燕慕容儁都在这里完成了政权封建化的过程。北魏拓跋氏占据邺城后,语言、服饰多仿中原,并数议迁都邺城。孝文帝进行民族改

① 《读史方舆纪要》卷四十六河南序。
② 《读史方舆纪要》卷四十六河南序。

革,其决策就是在邺制定的,迁都洛阳,以邺为中转站,经营邺宫,访问风俗。迁洛后,重用山东汉士,改汉姓,用汉语,着汉服,鲜卑拓跋氏逐渐融入华夏民族。北周灭北齐,武帝入邺,礼重儒贤,迁山东衣冠士人入关中,聚拢人才,使北周愈益强盛起来,北方诸部族政权居邺前后变化,说明这里是北方部族与华夏民族融合的关键地带。

民族融合的态势基本上是由北向南,主要形式是大迁徙。边地饥荒,大批饥民内徙就食。更多的是战争移民,中原每乱,北方诸部族乘机南下,占据河北,并定基于此,向南开拓境地,掠夺人口。西晋八王之乱,鲜卑、羯诸族兵众南掠中原,迫使晋室迁徙江南。以后,石勒据有中原,攻靳准,徙羌、羯降者十万落于冀州;又破上邽,灭前赵,徙其台省、关东流民、秦雍大族九千人于襄国,氐羌十五万落于司、冀二州;平关中,徙秦雍民及氐羌十余万户于关东。石赵时期,邺都与冀州两地少数民族部众人口不下三十万。不久,石赵大乱,河北流民二十万渡河归晋,继而冉闵戮胡,氐、羌、羯诸族死者二十多万,司、冀二州氐、羌流民也相率西归,众至十余万。以后,苻坚徙邺士民四万余于长安,苻丕又徙邺民户六万于晋阳,继之,慕容德又徙邺户四万于滑台。人口迁徙总方向是由北向南,但由于北方诸部族政权并立,相互混战,战争又多以掠夺人口为目的,形成了人口伴随各自都城的兴衰而聚散。魏晋南北朝,北方诸强争夺的重点在河北,因此邺也就成了各族人口的聚散中心。

由于邺城地理位置重要,交通便利,水利条件优越,传统农业经济发达,人口殷盛,故魏武帝曹操于此置都,营造城池。西晋末,汲桑焚邺,魏晋名城被毁;后赵石勒、石虎兴建邺城,并迁都于此,冉魏之乱时,邺城受到一定破坏,以后又有前燕都邺,邺城再次兴盛,到前秦陷邺,灭前燕,历经北魏,邺城一度衰落;东魏迁都于邺,北齐继之,修复北城,新建南城,邺都鼎盛。北周灭北齐,杨坚徙邺民,毁邺居,从而一蹶不振。邺城三经兴衰,于公元580年被彻底焚毁而变成一片废墟,昔日繁华尽荒凉,残垣断壁也逐渐被黄沙蒿莱掩埋,沉寂于地下千余年。

三

由于邺城遗址逐渐被漳水冲淤掩埋,后人对其地理方位的标识往往以其当时的某一行政建置为参照坐标原点,辨其方位道里,然历代行政区划常有变更,因而各家所标道里方位不一。《三国志疆域志》、《三国志疆域志补注》、《大明一统志》卷二十八云:"邺县,在临漳县西二十里。"《大清一统志》卷一百五十九、曹学佺《名胜志》:"邺城,宋废为镇,去临漳县西二十里。"顾祖禹《读史方舆纪要》卷十九邺城:"今俗名故邺城曰邺镇。邑志云:今县城……去故邺城几四十里云。"杨守敬《隋书地理考证附补遗》卷三:"邺位于临漳县西南四十里。"《中国古今地名大辞典》:"邺故城在今河南临漳县西四十里。"明嘉靖《彰德府志》卷八:"邺都北城在(邺)镇东南一里半。"《辞海》:邺故城"在今河北临漳县西南邺镇东一里半"。

　　诸书确定邺城方位多以临漳县或邺镇作参照,以临漳县城作坐标原点,或曰西二十里,或曰西四十里,或曰西南四十里;以邺镇为参照,或曰在镇东南一里半,或曰东一里半。邺镇,北宋置。东魏曾置邺县,治所在邺城中。北周大象二年(580年),杨坚焚邺,将相州、魏郡、邺县治所西南移四十五里至安阳城,改安阳为邺,于邺故址置灵芝县。隋开皇十年(590年),复安阳旧名,灵芝县改名邺县,治所在邺故址大慈寺一带,唐贞观八年,始筑邺县治小城。唐代邺县城在邺南城西门乾门外大道之北,此可由出土唐代墓志推断出来。在今河北临漳县马辛庄村西北约500米处,村民平整土地时,挖出唐开元十年荣氏墓,其墓志曰:"窆于邺城西永固村西一里平元郊也。此地则魏齐故壤,封树形胜。"此邺城即唐代邺县城。20世纪60年代,村民在刘太昌村(位于邺南城内东南部)南挖井,发现唐大历十三年成迥坦墓,其墓志载:葬于邺县东南十里,故邺南城内也,"西临大华,古堞崎岖,北枕长川,滚滚漳水"。由成墓向西北十里,再由荣氏墓向东,各划出一条线,两线相交于乾门之西偏北。此处即邺县城之所。据文献记载,隋唐邺县治所距故邺西墙五十步。《旧唐书》卷三十九《地理志》:"炀帝初,于邺故都大慈寺置邺县。贞观八年,始筑今治所小城。"北宋熙宁六年(1073年),罢废邺县置镇,隶属临漳县。《宋史》卷八十六《地理志》"临漳县":"熙宁五年,省邺县入焉。"[①]唐宋邺县(镇)在今邺镇

西南,元以后,邺镇向西北稍有移徙。据嘉靖《彰德府志》卷二《地理志》:
"(邺镇)在府东北三十里。"彰德府治安阳,安阳东北三十六里即邺故址。
如此,邺镇应在邺址之西。元纳新《河朔访古记》有"邺城"、"南邺城"二
村,南邺城似在邺南城故址上,邺城在南邺城西北,两村相距约有三里。
嘉靖《彰德府志》卷九《杂志》列有北邺城、南邺城。北邺城似为邺镇,元、
明邺镇村在邺金凤台故址西一里半。到了清代,南邺城村消废,邺镇迁
至三台遗址南,居北城西墙基上。隋唐邺县治所在乾门西五十步,元明
邺镇曾有迁徙,距故邺西垣一里多,在今邺镇西北。宋元明邺镇与今之
邺镇不在同一地处。照搬元、明文献资料,用今邺镇所在方位标邺城故
址,曰东南一里半或东一里半,并不妥当。以变化的邺镇标不变的邺城
遗址,自然会出现歧异。

　　以临漳县城标邺城遗址,也会发生歧异。东魏于邺城中置临漳县。周
武帝平齐,于建德六年(577 年)移临漳县治于邺城东二十里。隋开皇十年
分县地置长乐县。大业十年始筑临漳县城,北宋省邺县,并入临漳。明洪
武十八年,"漳水垫民居,奏移治于东北十八里理王村"①。《大明一统志》、
曹学佺《名胜志》沿袭旧说,仍曰"西二十里"。《名胜志》又曰"邺城宋废
为镇",不确切,邺城与邺镇是两回事,没有沿革关系,两者建置时间与位
置不一。相对来说,杨守敬的说法是比较正确的。若以今之地理方位标
注邺城遗址,应为今河北省临漳县西南约 18.5 公里,或曰临漳县邺镇
东,或曰临漳县三台村,西南距河南省安阳市约 18 公里,西距京广铁路讲
武城站 4 公里,位于北纬 36°8′—36°12′,东经 114°20′—114°23′,面积约 20
平方公里。

四

　　邺都城郭、宫殿、官署府第、坊巷街区、台观苑池等,早已荡然无存,地
面遗迹只有金凤台与铜雀台一角,及南、北城区内外散布的几处建筑台基。
田野、垄亩、村庄诉说着昔日名都大邑的远逝,并引发了一代又一代人的思
考和无限向往,无论古人、近人还是今人,总想弄明白历史上邺都的辉煌,

---

　　① 嘉靖《彰德府志》卷一《地理志》"临漳县"。

邺城三台遗址

邺城金凤台遗址

辉煌又是如何暗淡并消失的,名城因何而兴,又因何而衰,等等。关于邺城的记载与研究,自魏晋至 21 世纪初,大体经历了魏晋南北朝、隋唐宋元、明清民国和新中国成立后四个时期:

魏晋南北朝,较早记述邺城名物的文献多是地赋、地记及建安年间邺下诗文等,如曹植《登台赋》,所言层台、太府、圣德殿、高门、双阙、中天之华观及西城飞阁,还有临漳水之长流、果园,记及邺都名物有十处之多。西晋左思《魏都赋》记有漳水、邺下水利工程、三台、西苑、文昌殿、路寝、听政殿、官署、街巷、戚里等。曹丕《典论》、曹植《游西苑诗》,还有王粲、应场、陈琳等人的《槐赋》,都是邺下作品,所描绘的都是邺中风物。史书杂著则有王粲《汉末英雄记》、王沈《魏书》、鱼豢《魏略》、陈寿《三国志》、孔衍《汉魏春秋》、司马彪《续汉书》与《九州春秋》、郭颁《魏晋世语》、阴澹《魏纪》、诸家《晋书》、《晋八王故事》等,这些文献载及魏晋邺城史事名物,许多原书早已失传,残存片断,仍能反映出大致内容。《初学记》卷二十四《宫》曰:“魏为邺宫,见《魏略》。”想必《魏略》记曹魏邺宫较详。

关于后赵、前燕邺城的记载,主要文献有田融《后赵录》(或曰《赵书》、《二石集》、《二石传》)、王度《二石传》(石勒、石虎)、《二石伪治时事》等。《史通·古今正史》:“燕太傅长史田融、宋尚书库部郎郭仲产、北中郎参军王度,追撰二石事,集为《邺都记》、《赵记》等书。”还有陆翙《邺中记》、范亨《燕书》(记慕容儁)、崔鸿《十六国春秋》、郦道元《水经注》等。《水经注》卷十《浊漳水》记魏武、石赵邺都较详,是唯一流传至今较为完整的文献。陆翙曾仕后赵,以后南渡为东晋国子助教,结合自己亲历搜集后赵邺都文献,撰成《邺中记》二卷,专记石虎邺宫事物。宋以后,此书散佚。陈振孙《直斋书录解题》著录《邺中记》一卷,佚名氏撰。陈氏所著录的《邺中记》与陆翙《邺中记》是否为一书,二者关系如何?惜二书俱佚,原貌难按,已无法辨明。传世辑本以元代陶宗仪《说郛》为最早,然寥寥数页,远非完本。《邺中记》辑佚,清人最有成绩。陆锡熊、纪昀等编《四库全书》,“以散见《永乐大典》者,搜罗荟萃,以诸书互证,删除重复,共得七十四条,排比成编,仍为一卷。以石虎诸事为翙之本书,其续入诸条亦唐以前人所记,弃之可惜,则殿居卷末,别以附录名焉。是书虽篇帙无多,而叙述典核,颇资考证”(《四库全书总目》史部九·载记类)。行世版本除《四库全书》本外,还有聚珍版本、续百川学海本、榕园丛书本等。此外,辑本《十六国春秋》也有记载后赵、前燕邺城的史料,然多与《晋书·载记》等书相同。北齐杨楞伽《邺都故事》、隋王劭《齐志》、崔子发《齐纪》等载有东魏、北齐邺都城池宫阙等建筑史料。

隋唐宋元时期,邺墟荒凉寂寞,枯树孤台半淹于黄沙,任文人墨客凭吊怀古,发古人之幽思,追述当年通都大邑之繁华与壮丽。如隋段君彦《过邺城诗》、唐太宗《登三台言志》、李百药《赋得魏都诗》、温庭筠《过陈琳墓诗》、岑参《登古邺城诗》、孟云卿《邺城怀古》、明王象春《登铜雀台诗》等。类书和地理总志也保存有关于邺城的文献与记载,如《初学记》、《艺文类聚》、《元和郡县图志》、《太平御览》、《太平寰宇记》、《元丰九域志》等。邺都志乘及地方志书有唐初裴世矩《邺都故事》十卷。世矩生于东魏,历仕北齐司州牧兵曹从事、高平王文学,隋吏部、民部侍郎及黄门侍郎,唐民部尚书等,唐初曾奉诏撰《齐史》,并参编《艺文类聚》;中唐马温撰《邺都故事》二卷;唐代还有刘公锐《邺城新记》三卷和无名氏一卷本《邺中记》。宋有《邺城故事》、《邺中故事》、《邺县记》、《相州图经》、《邺县图经》、李回《相台志》十二卷,元人撰有《相台续志》十卷。《相台志》较系统地记载了邺都宫室。元《相台续志》承继宋志,载有邺城名物保存情况和邺墟在宋元时期的变化。这两部志书原书已佚,但其主要内容和材料被辑入明《永乐大典》和嘉靖《彰德府志》。此外,还有宋杨樞《临漳县志》,惜此书早佚,所载邺城诸事不详。记述元代邺城废墟情况较为详细的是乃贤(纳新)《河朔访古记》,有传本行世,甚有价值。

明清民国时期,有关邺城的研究主要表现在三个方面:一是文献的辑佚与整理。明嘉靖年间,崔铣以宋《相台志》和元《相台续志》为蓝本撰成《彰德府志》九卷,于卷八《邺都宫室》,照录了宋元人对邺城建筑的记述。(嘉靖)《彰德府志》又名《邺乘》。明成化《河南总志》、正德《临漳县志》、清乾隆《彰德府志》、洪亮吉《十六国疆域志》、光绪《临漳县志》等也均记有古邺城的资料。明末清初,顾炎武撰《历代宅京记》,辑录了嘉靖《彰德府志》的有关节目。清人辑《邺中记》甚有成就,陶珽辑有《说郛》本,纪昀辑有武英殿本,陈毅辑有"湘乡陈氏阙慎堂刊本",三个辑本并行。二是校注《水经注》,并根据《水经注》的记载,复原并绘制邺城图。如清汪士铎《水经注图》(咸丰十年晏圭斋刊)所绘《邺城图》:

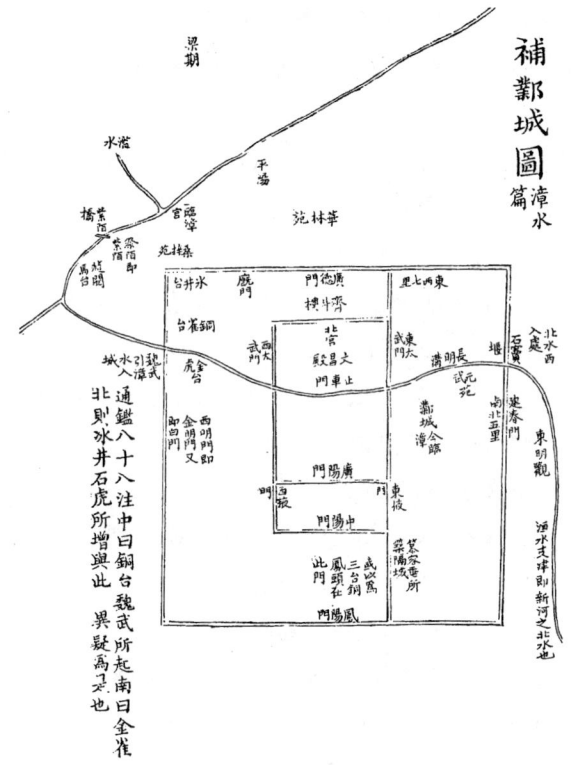

汪士铎绘邺城图

又如杨守敬《水经注校》(光绪三十一年刊)所绘《邺城图》：

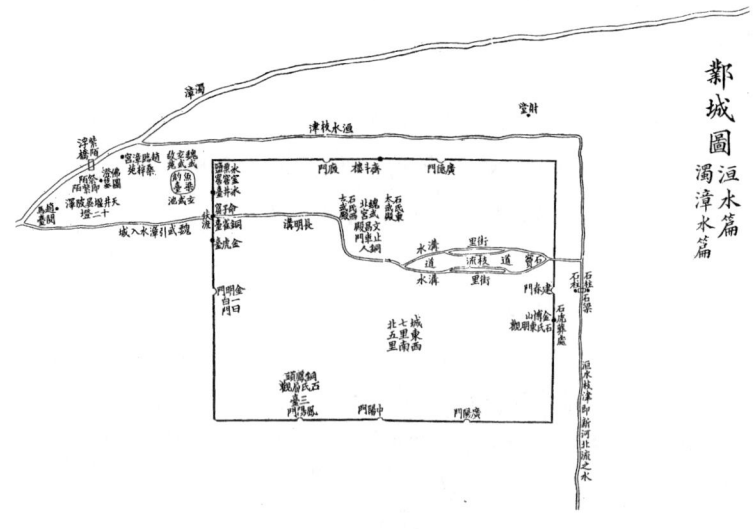

杨守敬绘邺城图

　　这两张邺城图反映了清代学者依据文献复原邺城的研究思路,虽不准确,但仍有一定的历史文献价值。三是学术研究与邺城遗址考古调查。清初顾祖禹撰《读史方舆纪要》,于州郡形势,论述邺城的军事、政治、地理的重要性及其历史地位,开邺城研究之先河。邺城考古调查始于民国时期,顾燮光撰有《河朔访古随笔》。1931 年春,燕京大学国学研究所组织师生到冀南豫北考察历史古迹,洪业、顾颉刚等到河北大名、魏县考察清代崔述行迹,也曾在邺城一带做过调查。1936 年北平研究院营造学社刘敦桢等调查河南省北部古建筑,曾踏察邺城遗址。刘敦桢著《中国古代建筑史》,根据古籍文献和实地调查,绘有曹魏邺城复原图。这幅复原图比较接近史实,对于后来的邺城研究起了一定的参考作用,日本学者上田早苗、韩国学

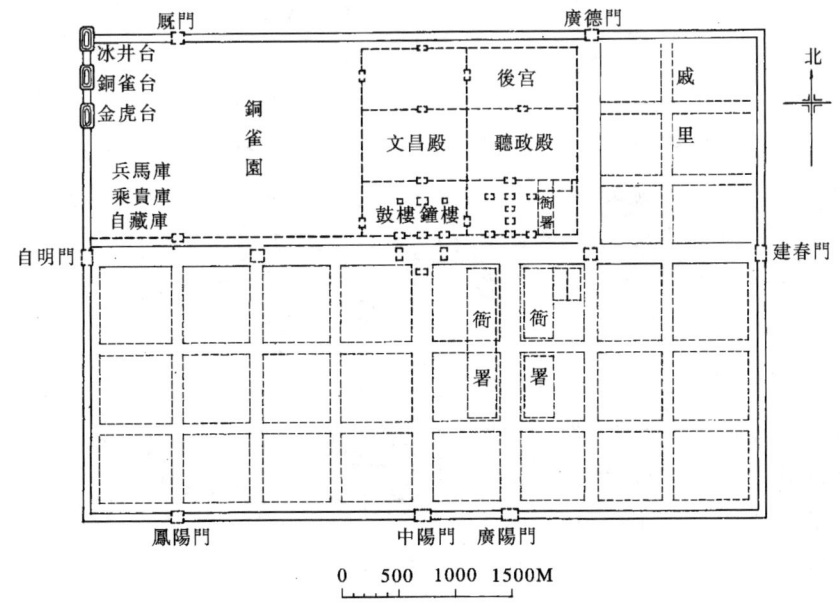

曹魏邺城平面示意图

者成周铎在他们的论著中都引用了刘敦桢的复原图(见上图)。此外,马丰撰有《赴磁县武安县南北响堂寺及其附近工作报告》(《北平研究院院务汇报》7 卷 4 期,1936 年 7 月),是为邺城附近历史古迹调查与研究。

　　新中国建立后,邺城研究成为历史学和考古学研究的一个重要课题。1979年 12 月,临漳县人民政府将邺城遗址列为县级重点文物保护单位,1982 年 7 月河北省人民政府又列为省级重点文物保护单位,1988 年元月升为国家级重点

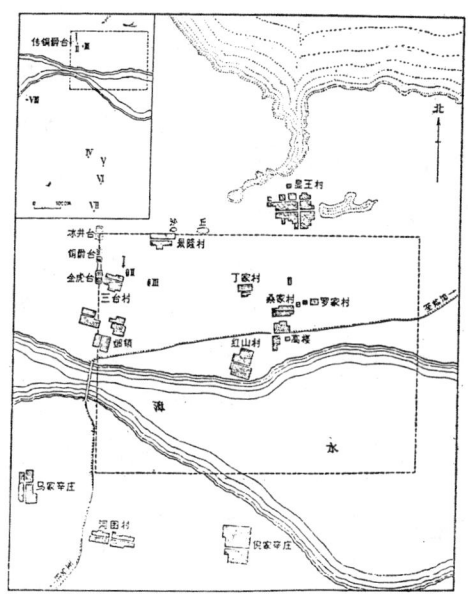

邺城附近遗址及北城垣复原图

文物保护单位。2013 年 5 月被国家列入《大遗址保护"十二五"专项规划》。

1957 年俞伟超等对邺城遗址进行了建国后第一次考古调查,撰有《邺城调查记》,并绘有《邺城附近遗址及北城垣复原图》(见左上图),刊于 1963 年《考古》第 1 期。1976 年 8 月至 1977 年 12 月临漳县文化馆对邺南城进行调查和考古钻探,撰有《邺城考古调查与钻探发掘简报》(《中原文物》1983 年第 4 期),也绘有复原图(见右下图)。

1979 年临漳县文物保管所成立,文保所驻三台遗址,继续开展邺城遗址考古调查,探区发掘,征集、采集邺地文物数千件。20 世纪 80 年代初,夏鼐决定开展邺城考古。1983 年中国社会科学院考古研究所与河北省文物研究所联合组建邺城考古队,于是年秋开始了对邺城遗址的全面调查和钻探。20 世纪 80 年代邺城考古调查主要在邺北城,90 年代移至邺南城,2000 年以后又转至邺南城外围,发现并发掘了赵彭城北朝佛寺遗址。2010 年以后,重点在邺南城东南郊,试图找到邺城外郭城。经过三十年的考古研究,相继发表了《河北临漳邺北城遗址勘探发掘简报》(《考古》1990 年

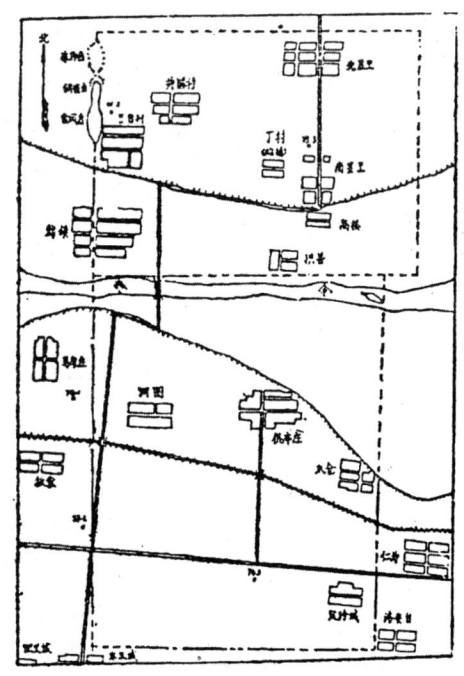

1983 年临漳县文化馆绘邺城复原图

第 7 期)、《河北临漳县邺南城遗址勘探与发掘》(《考古》1997 年第 3 期)、
《河北临漳县邺南城朱明门遗址的发掘》(《考古》1996 年第 1 期)、郭义孚
《邺南城朱明门复原研究》(《考古》1996 年第 1 期)、中国社会科学院考古
所科技实验研究中心《邺南城出土的北朝铁甲胄》(《考古》1996 年第 1
期)、《河北临漳县邺城遗址东魏北齐佛寺塔基的发现与发掘》(《考古》2003
年第 10 期)、《河北临漳县邺城遗址赵彭城北朝佛寺遗址的勘探与发掘》
(《考古》2010 年第 7 期)、《河北临漳县邺城遗址北吴庄佛教造像埋藏坑的
发现与发掘》(《考古》2012 年第 4 期)、《河北邺城遗址赵彭城北朝佛寺和
北吴庄佛教造像埋葬坑》(《考古》2013 年第 7 期)、《河北临漳县邺城遗址
赵彭城北朝佛寺 2010～2011 年的发掘》(《考古》2013 年第 12 期)等。此外
还有乔文泉《邺南城附近出土北朝石造像》(《文物》1980 年第 9 期),徐光
冀《邺城遗址的勘探发掘及其意义》(《文物春秋》1989 年创刊号)、《曹魏邺
城的平面复原研究》(《中国考古学论丛——中国社会科学院考古所建所
40 周年纪念》,科学出版社,1993 年)、《邺城考古的新收获》(《文物春秋》
1995 年第 3 期)、《东魏北齐邺南城平面布局复原研究》(《宿白先生八秩华
诞纪念文集》,文物出版社,2002 年),朱岩石《东魏北齐邺南城内城之研
究》(《汉唐之间的视觉文化与物质文化》,文物出版社,2003 年),何利群
《东魏北齐时期的邺城佛教研究》(《追溯与探索——纪念邯郸文物保护研
究所成立四十五周年学术研讨会文集》,科学出版社,2007 年),张子欣《邺
城铜雀三台》(《文物天地》1985 年第 2 期),马忠理《北齐兰陵王高肃及其
碑文述略》(《中原文物》1988 年第 2 期)、《邺都近邑北齐佛教刻经初探》
(《北朝摩崖刻经研究》,齐鲁书社,1991 年),王复生《从出土文物话邺城独
特的城建设施》(《北朝研究》1996 年第 2 期),李裕群《邺城地区石窟与刻
经》(《考古学报》1997 年第 4 期),李梅田《北齐墓葬文化因素分析——以
邺城、晋阳为中心》(《中原文物》2004 年第 1 期),赵立春《邺城地区新发现
的慧光法师资料》(《中原文物》2006 年第 1 期),焦智勤《邺城瓦当分期研
究》(《殷都学刊》2007 年第 12 期)等。2002 年邺南城东魏北齐塔基遗迹考
古发现被评为年度中国十大考古新发现之一。邺城文物保管所原所长张
子欣多年参与跟踪邺城考古调查与发掘,退休后,将其平时记录和积累的
材料,整理并编撰成《邺城考古札记》,2013 年由中国文史出版社出版,为
邺城考古工作一项系统记录与总结。邺城考古与文物研究是揭示古邺真

实面貌的重要途径,虽已取得不少成绩,但仍有宽广的工作空间。正如邺城考古队原队长徐光冀所说:"经过近30年的考古工作,邺城的平面布局基本上已经探明,但由于历史上漳河泛滥,遗址上有大量积沙,考古难见成绩,目前对城内部所知还不多,可能还需要50年甚至100年才能弄清城内状况。"(《中国社会科学报》2012年8月17日Ａ－04版)邺城考古,20世纪80、90年代重点在城垣城门与街路,2012年以后转向邺南城东南一带的宗教与礼制建筑。中国未来数十年的考古研究,邺城考古还将是一个深受国内外学术界关注的重要课题。

2009年底,安阳西高穴大墓考古发掘,并被确认为曹操高陵,由此引发波及国内外的争论。曹操墓关涉邺城,邺城也因此受到前所未有的社会关注。2012年1月,邺城考古队又在邺南城东城墙东侧约3公里处,即今临漳县习文乡北吴庄村北、漳河大堤北侧发现并发掘东魏北齐佛造像两千八百九十五件(块)。邺城考古成为社会大众关注的热点。《中国社会科学报》追踪热点,于2012年8月17日以《千年邺城探秘》为题,用三个整版的篇幅,全面报道了邺城的历史地位、考古成就及保护与规划等。

邺城的历史研究始于改革开放的新时期,其起源可追溯至"文革"后期的"评法批儒"。1974年全国上下大讲"儒法斗争",西门豹被说成是法家人物的代表,"西门豹治邺"的故事广为传播、宣讲,一些学者由此关注邺城,再加上邺城附近东魏、北齐墓葬发掘与考古发现,邺城受到越来越多的人的注意。1976年以后,邺城研究便成了学者探讨的课题。1978年秦佩珩在《郑州大学学报》第4期发表《邺都琐考》,次年又在《河南文博通讯》第1期上刊出《邺城考》,邺城研究由此逐渐热起来,论文越来越多,诸如张之《邺城兴废考》(《中州今古》1983年第3期)、张平一《古都邺城述略》(《河北学刊》1983年第1期)、《从文献看古都邺城的兴废》(《文物春秋》1989年创刊号)、周一良《读〈邺中记〉》(《内蒙古社会科学》1984年第4期)、高敏《略论邺城的历史地位与封建割据的关系》(《中州学刊》1989年第3期)、江达煌《论殷邺一体与两个古邺城——兼及东魏邺南城》(《北朝研究》1990年第1期)、邹逸麟《试论邺城兴起的历史地理背景及其在古都史上的地位》(《中国历史地理论丛》1995年第1期),等等。这些论文重点论述了邺城兴衰及其重要的历史地位,特别是著名历史学家周一良先生于20世纪70年代末80年代初撰《魏晋南北朝史札记》,书中《魏书札记》有"中山邺信都三城"一条,曾论及邺城之重要,以后撰《读〈邺中记〉》,通过释读辑本《邺中记》,论述了邺城在历史上所起的重要作用。文末附有田余庆、祝总斌二先生讨论函。高敏先生的论文也颇有特色,都是邺城研究的佳作。

邺城文献整理与研究是邺城研究的基础。清人辑《邺中记》,多出自《北堂书钞》、《艺文类聚》、《初学记》、《太平御览》、《太平寰宇记》及《永乐大典》等书。1984 年冯君实利用顾炎武《历代宅京记》资料,作《邺中记辑补》(刊《古籍整理研究学刊》)。黄惠贤又在前人基础上广为搜辑,又据《水经注》、《白氏六帖》、《河朔访古记》、嘉靖《彰德府志》等,撰《辑校邺中记》(武汉大学历史系魏晋南北朝隋唐史研究室编:《魏晋南北朝隋唐史资料》第 9、10 辑,《武汉大学学报》编辑部,1988 年 12 月)。许作民积十余年功夫,搜集整理邺城古籍文献十四种,撰成《邺都佚志辑校注》(中州古籍出版社,1996 年),基本上囊括了邺城研究主要文献。

邺城城制及其在中国古代都城史上的地位是有关研究的重点与热点。1939 年陈寅恪撰成《隋唐制度渊源略论稿》,"礼仪"一节附"都城建筑",提出"邺—大兴—长安"中古都城系统,这对邺城制度研究具有开创之功。数十年之后,这一问题被展开,广为深入研究,主要论文有俞伟超《中国古代都城规划的发展阶段》(《文物》1990 年第 2 期)、吴刚《中国城市发展的质变:曹魏的邺城和南朝城市群》(《史林》1995 年第 1 期)、朱海仁《略论曹魏邺北城、北魏洛阳城、东魏北齐邺南城平面布局的几个特点》(广州市文物考古所编:《广州文物考古集》,文物出版社,1998 年)、王维坤《试论中国古代都城的构造与里坊制的起源》(《中国历史地理论丛》1999 年第 1 辑)、《论 20 世纪的中日古代都城研究》(《文史哲》2002 年第 4 期)、秦建明《中国古代都城西北高台建筑之谜》(《文博》1999 年第 1 期)、程义《试论邺北城的设计思想、布局与影响》(《西北大学学报》2001 年第 1 期)、郭济桥《曹魏邺城中央官署布局初探》(《殷都学刊》2002 年第 2 期)等。著名历史地理学家谭其骧先生对于邺城在中国古都史上的地位也有论述,他在 1984 年中国古都学术讨论会上指出:"邺城在中国古都史上具有重要地位,历史上邺的地位远比杭州重要,六大古都应为七大古都。"(卫家雄:《一九八四年历史地理学研究概述》,《中国史研究动态》1985 年第 1 期)。邹逸麟在其论文中也论述到邺城在古都史上的地位。东魏北齐都邺,以邺京为政治中心,同时又以晋阳为陪都,即霸府军事中心,"邺—晋阳"形成两都体制,影响了东魏北齐政治。崔彦华《"邺—晋阳"两都体制与东魏北齐政治》（《社会科学战线》2010 年第 7 期）较为深刻地分析了中国古都史上这一特别的现象。2012 年他又出版《魏晋北朝陪都研究》（三晋出版社），也论及邺城与晋阳。

　　关于邺城制度及其影响。郭湖生《魏晋南北朝至隋唐宫室制度沿革——兼论日本平城京的宫室制度》（《中华古都——中国古代城市史论文集》，台北：空间出版社，1997 年），认为魏晋南北朝的宫城布局为骈列制，由北齐邺南城开始至隋唐才正式被中轴对称制所取代，日本平城京的宫城制度似乎更接近于南北朝的制度。2000 年，他在《建筑师》第 95 期（中国建筑工业出版社出版）发表《论邺城制度》，将曹魏都邺至五代后梁都汴约七百年都城制度的发展概括为"邺城制度"。这一制度的特点：1.宫前东西横街直通东西城门，划全城为二，宫城在北且与北城垣相接，坊里、衙署、市在南；2.礼仪性大朝与日常政务的内朝在宫内并列，形成两组宫殿群，各有出入口。认为邺城制度影响了北魏、东魏、北齐和周边国家与渤海及日本诸京等一系列都城建设。

　　由于邺城研究愈益受到重视，学术界还开展了一些较有影响的学术研究与交流活动。1987 年 5 月日本京都大学教授谷川道雄、吉川忠夫，奈良女子大学教授上田早苗，东北大学教授安田二郎，大阪市立大学教授中村圭尔，三重大学非常勤讲师高木智见等六位学者以"地域社会在六朝政治文化上所起的作用"为题，与中国学者开展国际共同研究，并一起考察了邺城遗址。这次共同研究的成果，由谷川道雄编成《日中国际共同研究：地域社会在六朝政治文化上所起的作用》（京都玄文社，1989 年），收录了上田早苗的专文研究《后汉末期的邺地与魏郡》。

　　1988 年 9 月中国魏晋南北朝史学会、河北省哲学社会科学联合会、河北省史学会与邯郸地区有关单位在邯郸市共同召开"全国第二届北朝史学术讨论会"，重点探讨邺城历史并考察古邺遗址。会议部分论文被结集为《邺城暨北朝史研究》（河北人民出版社，1990 年），收录了黄惠贤《魏晋南北朝时期邺都铜雀三台考》、郭黎安《魏晋南北朝邺都兴废的地理原因》、马志冰《魏晋南北朝时代邺都兴起的历史原因》、江达煌《邺城的几次重大营建与破坏》、刘岩《盛时邺城的经济文化与城市建设》等论文。

　　1991 年 4 月全国第三届建安文学学术讨论会在邯郸市召开，与会学者重点探讨了邺下建安文学，并考察邺城遗址，出版《建安文学新论》（中州古籍出版社,1991 年),收录有傅刚《邺下文学论略》,胡大雷《邺下文学集团考》,李彬凯、石云涛《试论邺下文人集团的形成》等论文。

2008 年 10 月中国古都学会在邯郸召开年会,许作民《历史上的邺城、邺县和邺郡》、陈新海《试论邺城之"胡化"》、张子欣《从文献记载到考古实测看邺城建筑布局的异同》等研究新作问世。这些学术活动对于推动邺城研究的深入起了十分重要的作用。

邺城研究同时还是国际学术上的一个重要课题。西方学者研究世界城市史,将历史上的都市划分为不同类型。中国、韩国、日本、朝鲜、越南等国的古都有相似相类的特征,因而被概括为"华夏型"。关于"华夏型"都市的起源与形成,日本学者将之追溯于曹魏时期的邺城。自 20 世纪初著名古代建筑史专家关野贞提出长安或邺城是日本古代都城的"祖型",那波利贞、志田不动麿、宫川尚志、村田治郎、驹井和爱、秋山日出雄、岸俊男、谷川道雄、上田早苗、中村圭尔等学者都探讨了邺与日本古都之关系,将日本古都城制溯源于长安或邺。20 世纪 30 年代,水野清一等编有《世界美术大全》和《响堂山石窟》,《世界美术大全》载有曹魏邺城石螭首照片,日本学者此前当考察过邺城遗址。

1930 年那波利贞发表《从中国首都规划史的角度探讨唐长安城》(《桑原博士还历纪念东洋史论丛》),根据《考工记》的都城规划理念和《文选·魏都赋》注的材料,考察了邺城布局形制的发展及其与隋之大兴、唐之长安规划建造的关系。1938 年村田治郎在《建筑学研究》杂志第 89 号上发表《邺城考略》。昭和五十六年(1981 年)又将旧稿重新修订,收入《中国的帝都》,列为第二章,叙述了邺城的历史沿革、城廓,曹魏、后赵、东魏、北齐之宫殿、官署、三台及苑囿,探讨了诸政权择邺为都的原因。"村田的论文已经成为日本邺城研究中的必读文献。"[①]岸俊男是研究中日古都的健将,成绩卓著,出版有《日本の古代宫都》(NHK 大学讲座,1981 年)、《日本の宫都と中国の都城》(《都城》1976 年)、《古代宫都的探究》(墒书房,1984 年)、《日本の古代·都城の生态》(中央公论社,1987 年)等论著。秋山日出雄《日本古代都城制的源流》(昭和五十六年六月《历史研究》第十九号)将日

① （日)中村圭尔:《日本魏晋南北朝城市研究史》,见中村圭尔、辛德勇编:《中日古代城市研究》,中国社会科学出版社,2004 年,第 47 页。

本的藤原京与邺城、藤原京之飞鸟宫与邺南宫作了比较研究。其另一篇论文《八省院＝朝堂院の祖型》(1981 年 3 月财团法人大阪市文化财协会刊《难波宫址の研究第七》论考篇)，对邺南宫的构造、邺南宫的朝堂作了研究，认为邺南宫的朝堂是日本藤原京八省院的祖型。他还曾试图通过邺南城复原研究，揭示日本古都城制原型，于 1982 年在《女神大史学》第 2 期上发表《日本古代都城制的原型》。上田早苗《后汉末期的邺地与魏郡》，探讨了魏武都邺的条件及邺在中国都城史上的地位，指出："邺京不仅为日本'大藤原京'及平城京两京之祖型，在中国都城史上，也占有极重要的地位。"上田早苗也绘有《东魏、北齐邺京想象复原图》。

　　日本学者对于邺城的研究应该说始于 20 世纪初，20、30 年代出现有分量的成果，70 年代以后形成研究热点。中村圭尔先生说："自进入 20 世纪 70 年代以后，日本学者对邺给予了更多的关心。掀起这个研究热潮的是岸俊男，他反对日本平城京受隋唐长安影响的旧说，认为日本都城的原型是藤原京，藤原京呈南北长东西窄的布局，这种布局与东西长南北短的长安不同，其布局应该是来自南北长东西短的北魏洛阳城或邺南城。受到这个观点的触发，在 20 世纪 80 年代，日本史学者秋山日出雄提出了关于邺的独特见解。秋山首先以村田的学说为主要的依据，参考《邺中记》、《邺都故事》中的记载，指出邺南宫的太极殿、东西堂、朝(应为"昭")阳殿、永巷等的布局与日本飞鸟宫的平面布局几乎相同，他认为飞鸟宫的设计受到了邺南宫的影响，飞鸟宫的设计又影响到藤原宫。他还分析了邺南宫的规模、城门、官署等，认为邺与隋唐洛阳可能比较相似。"1982 年，"秋山又发表了关于邺南城复原的专论。这个论文(即《日本古代都城制的原型》)以村田的研究为基础，首先据文献尝试复原了邺南城和邺北城。据《历代宅京记》确认了城郭的规模、郭和市、里坊等。其次用他自己称为历史地理学式的方法来推定邺南城的形态和位置。他主要根据邺周围的水路和道路对南城的形态和位置进行了推定。根据他的推测，邺南城和邺北城南墙间有 20 度的夹角。这个推测和后来的考古调查发现的邺南城的形态和位置大相径庭"①。

---

　　① （日)中村圭尔、辛德勇编：《中日古代城市研究》，中国社会科学出版社，2004 年，第 48—49 页。

为揭开日本都城建造规制的起源之谜,日本学术界长期主张国际共同研究邺城。1991 年 6 月 10 日共同社东京电文《中日联合发掘"邺城"遗址》,曰:"奈良国立文物研究所与中国社会科学院考古研究所从本月开始,将以'都城制'为题,首次进行为期五年的联合研究。日本方面将派遣研究人员与中国方面联合发掘河北省的'邺城'遗址,据说邺城是日本古代都城的源流之一,发掘这一遗址的目的是为了解开平城京等日本都城建造规制的起源之谜。"[①]这一计划虽未能实施,但可以说是一很有意义的设想。2008 年 5 月中国国家主席胡锦涛访问日本,曾赴京都冒雨参观了复建的平城京朱雀门,日方学者向胡锦涛主席介绍平城京是仿唐代的长安城建造的。然唐代的长安城沿承隋之大兴,隋之大兴又借鉴了东魏北齐邺南城,邺南城之建造又兼习北魏洛阳与曹魏之邺北城,因此,中日学者大多认为邺是日本古都城制源流之一。

与日本学者一样,韩国学者的邺城研究,重点也在都城制度方面。韩国国立庆州文化财研究所重大考古成果《庆州王京》(遗物图版一册,2001 年;本文一册,2002 年),将新罗王城与邺作了比较。成周铎《百济城址研究》(汉江文化出版社,2002 年)、徐程锡《百济的城郭——以熊津、泗沘时代为中心》(考古学丛书之一,学研文化社,2002 年),论证了百济城址在制度方面与长安或邺城相似之处。著名历史学家、首尔大学朴汉济教授于 2000 年 12 月在《历史学报》第 168 辑上发表《魏晋南北朝时代各王朝的首都选定及其意义——洛阳与邺都》。

韩国学者对邺城的关注,相对来说比较晚,但发展的势头良好,越来越多的学者已经认识到只有搞清楚中国古都城制的发展,才能揭示出本国古代都城制度的渊源。因此,中、日、韩三国学者都在从各自的方面进行研究,并呈现出合作研究、共同研究的趋势,欲通过对邺城的探讨,找到东亚古都城制的起源。

2014 年 8 月 5 日至 7 日,中国社科院考古所、河北省文物所与邯郸市政府在河北临漳县举办"东亚古代都城暨邺城考古·历史"国际学术研讨会,国内外学者百余人与会,总结邺城考古三十年之成绩。

笔者自 1984 年涉足邺城研究,撰成《魏晋北朝邺城初探》,赴成都参加

---

① 《参考消息》1991 年 6 月 25 日第 2 版。

全国首届魏晋南北朝史学术讨论会,并被选入论文集《魏晋南北朝史研究》(中国魏晋南北朝史学会编,四川省社会科学院出版社,1986 年)。1987 年5 月与谷川道雄等日本学者进行学术交流,共同踏察邺城遗址。学术交流发言稿《六朝地域社会研究的几个问题》与论文《魏晋北朝幽冀诸州要论——兼谈南北东西形势的形成》刊《日中国际共同研究:地域社会在六朝政治文化上所起的作用》。1988 年筹备组织"全国第二届北朝史学术讨论会",并提交论文《邺城北城建置考》,以后刊于韩国明知大学《明知史论》第14、15 合辑(2004 年)。1991 年撰《建安年间邺下文学作家群》,参加"全国第三届建安文学学术讨论会",入选会议文集《建安文学新论》(中州古籍出版社,1992 年)。此外,还撰有《漳河畔邺城故都》(《文史知识》1990 年第 7期)、《邺下传统水利工程的变迁》(《河北水利史志论文集》,河北科学技术出版社,1992 年)、《秦汉邺城钩沉》(韩国韩华学会《韩华学报》第 3 辑,2004 年)、《曹魏邺都城制建筑考》(《亚洲学术 2006》,人民出版社,2006年)、《邺与中世纪东亚都城城制系统》(《亚洲学术 2007》,人民出版社,2007)、《后赵邺都城制建筑考》(《河北学刊》2008 年第 3 期)、《邺城——中国、亚洲、世界城市史研究中的一个谜》(《史林》2009 年第 3 期)、《东魏北齐邺京里坊制度考》(《晋阳学刊》2009 年第 6 期)等。三十年来从事邺城研究,前后五次踏察邺城遗址。2003 年春,以《古都邺城研究——中世纪东亚都城制度探源》为题,申请韩国高等教育财团国际交流项目,并获准于是年 8 月至 2004 年 8 月在韩国首尔开展合作研究一年,得以集中精力将二十多年的积累作一系统董理,并补充了许多日文、韩文资料,撰出初稿。回国后,又申请并通过了本项目的后续研究,即《邺城复原研究》。之后,又补充材料,系统完善研究内容,尤其是与邺有关的文物、石刻,一一整理考释,并附入大量图片。西高穴大墓考古发掘报告公布后,笔者又将考古与文物资料与文献记载一一比对,撰有《曹操高陵疑信辨》(《光明日报》2010 年 1 月 26 日)、《西高穴大墓是否为曹操墓——高陵地望、朝向与墓葬类型之推证》(《中国人民大学学报》2010 年第 4 期)、《曹操高陵新释证——西高穴大墓形制与文物研究》(《光明日报》2011 年 7 月14 日)考证西高穴大墓即曹操高陵,曹操高陵形制与曹魏邺城宫制相一致。若从 1984 年笔者撰成第一篇邺城研究学术论文算起,至 2014 年已整整三十年,最终形成本项研究成果。

五

其实，邺城研究的意义并不仅仅表现在历史的方面，或者说仅限于弄清楚中世纪东亚都城制度的起源，更重要的是还在于它的现代科学与艺术价值。古人择都，辨方正位，重视天人关系，追求天、地、人之最大程度的和谐，科学合理地利用地理环境和自然条件，将"天人合一"的理念贯彻于城市的总体规划与设计、结构布局、职能分区以及不同方位建筑及名称，还包括城市辅助设施诸如供排水系统、城区内外园林建筑，并通过水、陆交通使城市与其周围水系及道路交通网络连接成一个体系，这一城市建设思想理论对于现代化都市建设仍有重要参考与指导作用。而且邺城建筑施工也十分讲究，先筑宫殿及城内外水利工程，再修城垣，建筑用土取之池渠的开挖，弃土废料等建筑垃圾用于筑台，科学计算施工，统筹兼顾，边建设边绿化，沿沟渠、街路植树，并于近郊建造园林、陂塘，既改善城市居住环境，又可调节城市用水。曹操兴建邺城，十分注意周围生态环境的保护，建筑木材取之上党山林，舍近求远，并构建完善的城内城外水利系统，避免漳水的危害，变水害为水利。他用兵于邺时，曾遏淇水入白沟以通粮道。建安十一年，北征乌桓，凿渠以漕运军粮，"自呼沱入泒水，名平虏渠；又从泃河口凿入潞河，名泉州渠，以通海"[①]。十八年，凿利漕渠，"引漳水东入清洹以通河槽"[②]。通过人工渠将黄河、海河两大水系连接起来，河运与海运贯通，这不仅改善了邺城周边的生态环境，又便利交通，增强了地域中心城市的吸收与辐射功能。城市建设、发展与环境保护相统一，营造人与自然、资源共生共存的和谐关系。古人并不懂得"可持续发展的理论"，但他们在现实生活中迫于居住环境的改善，不自觉地践行了这一理论。以后，历经后赵、前燕、东魏、北齐，邺城三次兴衰，凡处于兴盛时期，基本上都能注意到人与自然的关系，如果步入衰败时期，人与自然的关系往往处在不谐调的状态，传统水利工程废弃，湿地萎缩，气候趋于干燥，物种种群减少，植被劣化，邺地一片萧条景象。研究邺城，不仅可以从中总结城市规划与建设的

---

① （西晋）陈寿撰：《三国志》卷一《武帝纪》，中华书局点校本，1982年。
② 王国维：《水经注校》卷十《浊漳水》，上海人民出版社，1984年。

经验，还可以从中归纳城市与区域自然环境、资源与经济发展之关系等方面的经验。

邺城制度影响及于明清北京和古代朝鲜的汉城，日本的京都在制度上虽直接承袭唐代长安，但其渊源却在邺城，北京、汉城（首尔）、京都均已发展为现代化都市，甚至成为国际化大都市，但其城制布局至今保留着她们的悠久传统，老城区南北中轴线，左右对称，棋盘状街区，等等，仍然都是昔日的格局，以后新开辟的城区围绕老城区，沿传统城制向外扩展，尽管建筑形式各异，但从根本上讲，万变不离其宗，都是在传统的基础上规划、设计和建设现代化都市。东魏北齐邺南城分左右部，日本京都仍有左京区、右京区。2008 年 8 月，奥林匹克运动会在北京举行。奥运会主场馆就坐落在传统中轴线向北延伸的地带上，这和东魏建邺南城、明代在北京中轴线向南延伸带上建外城的思路如出一辙。无论是古代还是现代，中轴线是城市发展的基准线。以中轴线为基准，拓展城市，新旧一体，使传统与现代融贯为一。至于中轴线北端如何处理？现代北京设计为奥林匹克公园及假山。假山的设计与古都传统中轴线北端处置的理念相符，至于假山上建什么却成为法国设计师无法破解的迷惑。"解铃还须系铃人"，古人依据"天人"意识规划中轴线，后赵邺都中轴线北端建"齐斗楼"，大朝主殿太武殿、齐斗楼与北斗星在视野上构成一直线且与中轴线重合。借鉴古人的理念与做法，开启现代北京中轴线北端建筑设计思路，可以设想在奥林匹克公园假山上建一大型仿古日晷，天人合一，传统与现代融贯和谐。历史研究究天人之际，通古今之变，还要从变中求不变，找出其永恒的精神。

城市的设计者、建筑家未必都能清楚北京、首尔、京都城制的源流演变，尽管他们在现代化城市建设中拆除了许多古建筑，未能尽到保护的作用（特别是北京），但他们并不能改变传统的城市制度，否则，真正意义上的北京、汉城（首尔）、京都就不存在了。研究邺城，揭开邺城之谜，既可以深刻认识东亚现代化大都市的历史传统，秉承传统，规划、建设、发展这些现代化大都市，还可以使那些居住、生活、工作在这些都市里的人们，或者到这些都市中旅游的人们，步行在街头，切身体验到历史与现实的美妙结合，不仅有生活工作上的舒适感，还有深厚的历史文化方面的愉悦感，丰富并提升人们的精神境界。

　　在北京、汉城(首尔)、京都、奈良、庆州、水原等城市,还保存着大量古迹,其中一些著名古迹已被联合国列为"世界文化遗产",如明清北京故宫、天坛、汉城(首尔)昌德宫、宗庙、庆州王京遗址、水原华城等,这些古迹的建筑理念和制度也都与邺城有关,特别是汉城宗庙制度与东魏北齐邺南城的宗庙颇为相类,这种王室宗庙在中国大陆早已不存在了,而在韩国却完整地保存下来。还有"天上大将军,地下女将军"的部族信仰木柱,也是北齐的遗俗。所有这些,与埃及的金字塔一样,都是人类文明的结晶。这些建筑的性质与布局及礼制礼俗,须从制度方面得到解释,还应从制度沿革方面寻找其源流演变,这都离不开邺城研究。所以,邺城研究对于认识、总结、保护和利用北京故宫等世界文化遗产具有重要的实际意义,只有看得懂,能充分地理解,才会有自觉的保护意识。

第一章　秦汉邺城钩沉

一、邺与秦汉历史之变化

自齐桓公筑邺，邺邑城址并未有改变，其位置即今古邺三台遗址。秦汉时期，邺城在地理方面，对于历史的走向起了值得重视的影响。《史记》之《秦始皇本纪》、《六国年表》、《河渠书》、《滑稽列传》等都载有邺之地名和与邺有关之史事。根据《史记》的记载，邺、安阳、平阳三地相近，是秦兼并山东，攻取赵国的边邑，但非一城①。秦始皇十一年（公元前236年），秦军攻取邺、安阳，十三年（公元前234年）攻平阳，十四年又攻平阳，并克陷平阳城。从文献记载推测，秦军在秦王政十一年，先攻漳水以南的赵国城邑。十三年以后，挥师渡过漳水，定平阳、武城、宜安等城。平阳地望，据《史记正义》引《括地志》云："平阳故城在相州临漳县西二十五里"。又云："平阳，战国时属韩，后属赵。"从《括地志》的记载推测，平阳的方位当在邺城西北。唐代临漳在古邺之东二十里，所谓临漳西二十五里，大体方位应在邺之西北。又据《三国志·袁绍传》，曹操攻邺，袁尚率兵沿西山来救，"东至阳平亭，去邺十七里，临滏水，举火以示城中"。阳平在邺西北十七里滏水北岸，其东南隔滏水即与武城相望，阳平亭当即平阳。三家分晋，韩国首先在此筑邑，以后平阳归属赵国，大概是平阳远离国都，隔水难治，因易主赵国。

在秦并山东的过程中，邺处于什么样的地位呢？这可从秦军进攻赵国的战略方面来考察。《史记》卷六《秦始皇本纪》曰：

> （秦王政）十一年，王翦、桓齮、杨端和攻邺，取九城。王翦攻阏与、橑杨，皆并为一军。翦将十八日，军归斗食以下，什推二人从军。取邺、安阳，桓齮将。

---

① 《历史地理》第9辑刊张之《邺之初筑是否在古邺城处》，认为平阳即今古邺城遗址。误，二者实非一地。

　　十三年,桓齮攻赵平阳,杀赵将扈辄,斩首十万……十四年,攻赵军于平阳,取宜安,破之,杀其将军,桓齮定平阳、武城。

　　十五年,大兴兵,一军至邺,一军至太原,取狼孟。

《史记》卷十五《六国年表》曰:

　　赵悼襄王九年,"秦拔我阏与、邺,取九城。"

　　赵王迁四年,"秦拔我狼孟、鄱吾,军邺。"

从这几条史料可以看出,秦军由西向东是沿着漳水南岸进军的。漳水南岸的邺城是其兼并赵国的战略要地,因此成为他们首先攻击的目标,只要攻占了邺城,邺城以南的安阳便唾手可得。《史记·秦始皇本纪》记载秦军攻取城邑,先列邺,后列安阳,反映了秦军的军事战略行动计划。俟其攻占了漳水以南的城邑后,并初步巩固了自己的阵地,这才兵锋直指漳水北岸的平阳、武城,又攻取宜安,对赵国的都城邯郸形成威胁。待翦除了邯郸的外围兵力后,秦王政于十五年大兴军,一路由太原出井陉,将赵国拦腰斩断,使其南北不能相顾;一路至邺城,迎头逼摧邯郸。在秦赵战争中,邺作为赵都邯郸的门户和膀臂,安危具系此邑,秦军攻取邺,既得地利,使其军队处于优势地位,秦军之所以在赵国得手顺利,这和占据邺城地理优势是分不开的。

　　秦代的邺城作为一座县邑,隶属于邯郸郡,在漳、滏上游区域内,并未处政治中心地位。邯郸作为郡城,仍在政治、军事、经济等方面管辖邺县,但邺对于郡城的拱卫功能并没有消失。秦统一后,邺作为太行山东麓南北驰道上的一座驿站,乃具有十分重要的地理位置,在形势上制肘着中原与河北。

　　公元前 209 年,陈胜、吴广起义。起义军已经注意到河北地区的重要,于是派武臣、张耳、陈馀率领一支军队深入燕赵。武臣攻占邯郸后,称赵王,欲巩固自己的地盘。秦朝在镇压了陈胜、吴广起义军之后,又命章邯率主力进攻河北。同时,刘邦、项羽又纷纷起兵,项羽率军直指河北,在距邺以西三十里的三户津渡过漳水,破釜沉舟,誓与章邯决一雌雄。两军对垒巨鹿,多次激战,终于打败了章邯,消灭了秦军主力。秦末农民大起义与邺似乎干系不大,其实,把这些历史事实联系起来看,都牵涉到邺城一带的地理,许多历史教科书都忽略了这一点。陈胜为什么要派张耳率兵入赵,从其后果看,是非常高明的决策,虽然陈胜、吴广被镇压,但漳、滏一带的起义军仍是秦王朝的一大威胁。武臣称赵王,一些历史教科书视之为分裂起义军。若从区域政治地理的角度来考察，这正是利用了传统地域势力。自战国以来，合纵、连横，实际上是山东与关中两大区域政治势力的对抗，张耳立足赵地，辖控漳、滏、邯郸、邺一带的地理又衿带河南、河北，秦王朝若任其发展，势必仍形成战国时期山东与关中的对抗形势，秦二世之所以派章邯率朝廷主力进攻河北，这证明了张耳对秦朝关中政权的威胁和河北地区的重要。以后项羽大败章邯，军队的英勇善战是重要的方面，更重要的是地理上的优势。他在军事行动中，选择了邺西的三户津为突破口，首先占据了直接进攻秦军的有利地形。如果章邯把军队拉到漳河一线，控制住邺，并以沿岸城邑为壁垒，则项羽的军队就很难施展其威力了，在项羽对章邯的战争中，邺虽不是主要战场，但在战略上为项羽提供了地利条件，这也是他所以能够打败章邯的一个原因。

　　公元前 206 年至前 202 年，四年的楚汉战争，刘邦战败了项羽，又回过头来对付盘踞在河北地区的割据势力，先后平定了赵王、代王等。这次军事行动，使刘邦更加清醒地认识到河北地区的重要，因而在统一过程中，对河北地区的行政区划作了调整，于公元前 195 年置魏郡，治邺，邺由县邑升为郡城，这为以后邺城发展为地域政治中心作了铺垫。汉武帝时，曾命令魏郡地方官吏修复邺地传统水利工程，在西门豹渠的基础上，分漳水为陂流，以溉民田。武帝分天下为十三刺史部，冀州刺史部包括魏、赵、中山、清河等郡国，刺史无固定治所。东汉前期，冀州刺史治高邑，后期徙治邺，邺城又由郡治升为州治。邺城地位的上升，除其地理因素外，还有政治的原因，特别是东汉末黄巾大起义，这里是黄巾军的重要活动地区。中平元年（184 年），义军渠帅"大方马元义等先收荆杨数万人，期会发于邺"[①]。义军失败后，东汉以冀州刺史治邺，加强对河北地区的控制。在农民起义军的打击下，东汉统治秩序被打乱，各州刺史在镇压农民军的过程中，无限制地扩充自己的实力，地方军、政、财大权集中于州刺史一人身上，由此迫使朝廷变更官制，汉灵帝于中平四年（187 年）改州刺史为州牧，州牧拥兵，坐镇一方，邺城作为冀州牧的治所，成了河北地区一大重镇。

　　东汉末年，豪强割据混战。董卓暴乱东都，一把火将东汉一百六十余年的名都洛阳焚为丘墟。董卓死后，李傕、郭汜又焚屠长安，汉代两京的繁荣景象尽

---

①　（南朝宋）范晔撰：《后汉书》卷七十一《皇甫嵩传》，中华书局点校本，1965 年。

被豪强战火摧扫殆尽。"关、洛荒芜","生灵版荡",荒无人烟、残垣断壁的长安、洛阳自然不再是豪强争夺的目标了。与之相反,漳河之畔的邺城却不断崛起。两汉以来,邺之周围的冀州及河北地区,传统农业经济比较发达。东汉崔寔说:"今青、徐、兖、冀,人稠土狭,不足相供。而三辅左右及凉、幽州内附近郡,皆土旷人稀,厥田宜稼。"①"幽、冀旧壤,铠马所出"②。"冀州,天下之重资也"③。"民人殷盛,兵粮优足"④。建安九年(204 年),曹操败袁绍,领冀州牧,"案户籍可得三十万众,故为大州也"⑤。"冀州户口最多,田多垦辟,又有桑枣之饶,国家征求之府"⑥。因而位居饶富冀州之域的邺,其经济与政治地位就愈益重要了,成为举足轻重的要地。早在董卓专擅洛阳朝廷时,曾派颍川大族韩馥牧守冀州,驻治邺。董卓为什么把韩馥派到邺城?因为他意识到邺城对于洛阳的重要,派去武将,恐怕其拥兵自重,掣肘洛阳,于是派懦弱的韩馥去牧守,一则韩馥容易控制;二则免去来自邺城方面的担忧。而且韩馥对董卓还是比较顺从的,中平六年(189 年)八月,司隶校尉袁绍因董卓窃议废立帝事,怒而奔冀州。董卓为了拉拢袁绍,任袁绍为勃海太守,绍到了郡治南皮(今河北南皮东北),欲起兵讨伐董卓。冀州牧韩馥派了数人到勃海作袁绍的郡国从事,监督他,劝他不要起兵。后来东郡太守桥瑁诈称京师三公,移书于州郡,陈述董卓罪恶,声称朝廷受到董卓的逼迫,无以自救,企望义兵解国患难。韩馥得书,与诸从事商议,最后作书给袁绍,数说董卓之恶,听其举兵。初平元年(190 年)正月,关东州郡起兵讨董卓,推袁绍为盟主。绍与河内太守王匡屯河内,韩馥留邺,供应粮草。董卓十分惧怕,纵火焚毁洛阳,西迁长安。山东豪强借讨伐董卓的名义,暂成乌合之众,董卓一溜,其联合的基础不存在了,于是无不乘机扩充势力,争夺地盘,邺城成了争夺的主要目标。公元 191 年,公孙瓒率燕、代之卒败冀州牧韩馥于安平,引兵南向冀州。韩馥不懂军事,又不会打仗,面对公孙瓒的进攻,十分恐慌。袁绍乘韩馥之危,派人恐吓威胁,逼韩馥交出了冀州牧的官职。袁绍得冀州,"则瓒不能与之争"⑦。使得"军无斗粮","旬日之间必土崩瓦解"的

① (唐)杜佑撰:《通典》卷一《食货·田制》,中华书局,1984 年。

② 《后汉书》卷六十下《蔡邕传》。

③ 《三国志》卷六《袁绍传》。

④ 《三国志》卷一《武帝纪》裴注引《英雄记》。

⑤ 《三国志》卷十二《崔琰传》。

⑥ 《三国志》卷十六《杜恕传》。

⑦ 《三国志》卷六《袁绍传》。

袁绍绝路逢生①。初平二年(191年)，袁绍自领冀州牧，镇邺。沮授劝绍迎天子安宫邺都，但袁绍没有采纳沮授的建议，虽据冀州有利地势，而不知笼络士众，于建安五年(200年)在官渡被曹操打败。建安七年(202年)七月，袁绍死，其子袁谭、袁尚争冀州。曹操乘机攻邺，于建安九年(204年)八月攻陷邺城，邺城归属于曹操，为其统一北方准备了前提条件。

战国之合纵与连横，关中与山东两大地域势力对抗；秦末、西汉末、东汉末群雄据河北以争中原与天下，邺城因其特殊的地理区位优势，由县治小城发展成为地域中心城市，在地理上发挥了重要作用，影响了中国历史的发展。

二、邺城之改建与扩建

秦代的邺城为一县治小城，秦楚之际，项羽、章邯、张耳、陈馀等往来争战于邺地，邺城自然免不了战争灾难。汉高祖"六年冬十月，令天下县邑城"②。邺之城廓须有缮筑。十二年(公元前195年)，置魏郡，治邺，邺成为郡治，城郭当有拓展。王莽时，魏郡改名魏城郡，仍治邺。东汉中平年间，邺城成为冀州牧的治所。献帝初平二年(191年)，袁绍取代韩馥，自领冀州牧，修筑邺城，营缮官署府第。是时，"州城粗定"，颍川郭图劝袁绍"迎天子都邺"③，从事沮授也建议："宜迎大驾，安宫邺都，挟天子以令诸侯"④。袁绍虽并未听从这样的建议，但他对州城的建设与设计颇有都城的气派与风格。经过袁绍的经营，邺城已形成基本格局。据《三国志》卷六《袁绍传》裴注引《英雄记》：初平三年(192年)，"魏郡兵反，与黑山贼于毒共覆邺城，遂杀太守栗成。贼十余部，众数万人，聚会邺中……贼陶升者，故内黄小吏也，有善心，独将部众逾西城入，闭守州门，不内他贼，以车载绍家及诸衣冠在州内者，身自捍卫，送到斥丘乃还"。从这条史料看，袁绍时的邺城是由外郭与内城构成的，内城位于西北部，是州府官衙所在之地，内城的西墙、北墙即外郭的西垣、北垣，并与西门、北门相接通。黑山诸部聚会邺中，所据应是外郭，在城区南半部，魏郡郡治及郡兵也当驻守在这里。陶升逾西城入内城，用车乘载袁绍的家小及其

---

①　《三国志》卷六《袁绍传》裴注引《九州春秋》。

②　(东汉)班固撰：《汉书》卷一《高祖纪》，中华书局点校本，1962年。

③　《三国志》卷六《袁绍传》。

④　《三国志》卷六《袁绍传》裴注引《献帝传》。

他衣冠士人,是从北门出逃的。斥丘(今河北成安东南约12里处)在邺城东北,邺城东、南附郭已被黑山诸部占据,陶升等只能出北门,奔东北而去。

东汉邺城外郭周长,文献并无明确记载。但据《三国志》卷六《袁绍传》,曹操围邺,"为堑,周四十里"。《水经注》引《献帝春秋》曰:"司空(曹操)邺城围,周四十里,初浅而狭,如或可越,审配不出争利,望而笑之。司空一夜增修,广深二丈,引漳水以注之,遂拔邺。"《资治通鉴》卷六十四:建安九年"五月,操毁土山、地道,凿堑围城,周回四十里。"诸书所记都是汉代的里,汉里相当于今里约十分之七,40里约等于今28里,邺城郭周长只能小于28里。十六国后赵时期,石虎在曹魏邺城基础上重建邺城,城垣东西7里,南北5里,俗称"七五城"。"七五城"周长24里,后赵里为西晋里制,一里约为435米①,折合今里约为20.88里。由此推则,袁绍邺城外郭范围周长很可能即是后来曹魏、后赵邺城的轮廓,不可能比此范围更大或更小。如果邺城郭小于此,曹操围邺,就用不着掘凿四十里的围堑,那样会浪费人力;若城郭大于此,曹操也不可能沿着城墙基或在城垣附近凿堑,这样,邺城守军会用弓箭射杀凿堑士卒,他必须在弓弩射程之外,选择有利的低洼地形开挖围堑,这样,既不浪费人力又确实能起到围困邺城的作用。

东汉邺城的城门见于记载的有章门、东门,还有未具名称的三门。

章门　为邺城正南门。《资治通鉴》卷六十四建安九年:"秋七月,(袁)尚将兵万余人,还救邺,未到……先使主簿钜鹿李孚入城……自称都督,历北围,循表而东……至南围,当章门,复怒责守围者,收缚之,因开其围,驰到城下,呼城上人。城上人以绳引,孚得入。"李孚冒充曹军的都督,经过北围,沿城垣向东,又南转至南围,以都督的口气怒斥守围的曹军,顺利地穿过南围,到了章门前,攀缘绳索入城,可见曹操的南围当章门而置。

三门　《三国志》卷十五《贾逵传》裴注、《资治通鉴》卷六十四建安九年载,邺城守将为了节省粮食,悉将城中老弱赶出。城中老弱"从三门并出降"。这里的"三门"当是邺城南垣的三座城门。邺城南半部为居民区,老弱应自南三门出。

东门　《三国志》卷六《袁绍传》云:"(审)配兄子荣守东门,夜开门内太

---

①　据现存晋尺长24.2厘米(最长者24.5厘米),汉晋六尺(145.2厘米)为一步,三百步为一里,一里约合435米。

祖兵。"《资治通鉴》卷六十四建安九年:时"配兄子荣,为东门校尉。八月戊寅,荣夜开门。"曹操攻陷邺城,军队首先是从东门入城的。

突门、栅门　《三国志》卷六《袁绍传》:曹操攻邺,邺城守将审配部将"冯礼开突门,内太祖兵三百余人,配觉之,从城上以大石击突中栅门。栅门闭,入者皆没"。突门即城门外的瓮城门。1984年,考古工作者在邺北城东门遗址勘探到门道外的瓮城,这一瓮城基址很可能就是东汉时期邺城突门所在地。从文献反映的情况看,曹操攻邺时,审配率部守卫东城墙一线,因审配所部守军内部不合,所以曹操把攻城的突破口放在东门,文献所记载的突门、栅门当为东门外瓮城之门。

北门　初平三年(192年),魏郡兵变,陶升车载袁绍家小从北门出逃斥丘。曹操攻邺,凿堑围城,并筑南围、北围,南围当章门,北围也应当北门。《三国志》卷六《袁绍传》:"(袁)尚闻邺急,将兵万余人还救之,依西山来,东至阳平亭,去邺十七里,临滏水,举火以示城中,城中亦举火相应。(审)配出兵城北,欲与尚对决围。"当即北围也。李孚也曾历北围,循表而东。想必曹操围邺,对门置围,余则以水堑困之,这样可以集中使用兵力,不至于战线过长。

邺城东南角楼　《三国志》卷六《袁绍传》裴注引《先贤行状》:"时(审)配在城东南角楼上,望见太祖兵入,忿辛、郭坏败冀州,乃遣人驰诣邺狱,指杀仲治家。"邺城东南角有角楼建筑,以后曹魏、后赵、东魏、北齐邺城均沿袭东汉,在此建有角楼。北宋禁城四角建有角楼,以后元、明、清沿袭此制,今北京故宫四座角楼完整保存,城角建楼的制度当溯源于邺。

邺传舍　秦汉时期,邺为南北交通咽喉,汉代曾于此置传舍。河南省安阳市博物馆焦智勤等曾在邺城遗址采集到"邺传舍"瓦当(见左图)。"直径14.5厘米,边轮1厘米。'邺传舍'三字竖向排列,汉篆。字两边各有一条直线,直线外则饰有一组云纹……具有汉代瓦当的气息,应为汉瓦当。"[①]战国秦汉曾于主要交通道路设置传舍,以供公文传递,物资转运,往来官员行人食宿、歇息、换马等。各地传舍

"邺传舍"瓦当拓片

①　焦智勤、傅春:《邺·邺市·邺传舍》,《中国古都研究》第15辑,三秦出版社,2004年,第188页。

各有自己的专门建筑。"邺传舍"瓦当当是汉魏邺城传舍建筑的专用构件。

秦至东汉初平初年，邺城的范围大致为内城①。初平二年(191年)，袁绍自领冀州牧，始经营邺城。从初平二年到建安五年(191年—200年)，袁氏对邺城的改建、扩建，主要工程有三项：一是以内城为基础向南向东展拓，建成外郭，并将魏郡、邺县治所置于外郭南部。其实，筑郭前，内城南部、东部当已发展成居民区，还有驻军屯防营区，郭城的修筑，将居民区和士兵营区圈入郭内，既拓展了城区，又能加强邺城的防御功能。曹操攻邺，如果没有审配部属内部的叛变响应，则很难得手。二是改建内城，重建州治官邸。在行政管理方面，内城外郭职能分区十分明显，职能分区是按政治权力等级划分的，地势较高、地理条件优越的城区西北部内城，自然是最高行政长官——州牧的治所，内城靠近漳水和太行山东麓的南北驰道，交通十分便利，官僚贵族聚集于此，官署府邸形成颇具规模的建筑群。魏郡、邺县的守令，因为是下级官吏，所以被置治在地势低下的外郭南部，其官邸也比较低矮，且杂居在平民宅第之间。外郭主要是平民居住区，与内城官僚居住区形成两大职能区。这种分区完全是中国封建社会地方割据政权的产物，由于受封建专制政治的影响，邺城这座霸府在城制布局方面，许多地方带有秦汉帝都王城的痕迹，而且又有不同于春秋战国时期王城霸府的新意。这种城制布局对以后邺城的发展产生了十分重要的影响，从曹魏到后赵、前燕，基本上都继承了这一城制和建筑布局，在中国古代都城制度发展史上形成了主要建筑沿中轴线左右对称、街区呈棋盘状的格局。

袁绍改建、扩建邺城，采取规整的布局，是有他的思想和目的的，其建城思想很明显带有"统一"的意识，沮授建议他迎献帝安都邺宫，挟天子以令诸侯，他虽然赞同这一建议，但并未施行。他为什么没有采纳这一建议呢？虽有属下谋士的劝阻，但主要原因可能是由于他的抱负与自负过高，

---

① 《水经注校》卷十《浊漳水》引《春秋古地》："葵丘，地名，今邺西三台是也。"1957年底，俞伟超勘察邺城遗址，撰《邺城调查记》(《考古》1963年第1期)，云：金凤台"台基夯土明显，在接近底部的层次中，夹杂着灰土及龙山与东周陶片，可知在修筑此台时，曾破坏了周围的早期遗址。"又云："台基、残垣周围，散布着大量砖瓦，以元明以来遗物居多，东魏、北齐的一种黑瓦次之，还有少量战国、西汉至北朝的绳纹砖瓦。"据此推测，战国至秦汉，邺城范围大致在三台附近。

故未能成功。曹操吸取了他的教训,能够在袁绍的基础上,成就了自己的功业。定鼎邺城,统一北方,以北兼南,其思想、路线、战略,都是袁绍制定的,结果绍败而操胜,这也是耐人寻思的历史镜鉴。

第二章　曹魏、西晋时期的邺城

一、邺之都城地位的确立

　　袁绍对邺城的改建与扩建，为邺以后发展成为都城奠定了基础。邺城的兴盛，则是从曹操的经营开始的。曹操是亳州人，亳距邺千余里，但他并没有以亳为兴都，而是以邺为王业本基，依托河北发迹强盛起来，这种现象在千古帝王的霸业史上是很值得研究与思考的。当然这与东汉末年政治、军事、经济地理态势有关。再者，曹操是在镇压黄巾起义过程中成气候的，黄巾军多数来自河北，曹操由此在河北建立了自己的社会基础。曹操第一次到邺，似在东汉献帝初平年间。山东州郡起兵讨伐董卓，推勃海太守袁绍为盟主，曹操也参加了这次军事行动，"行奋武将军"[①]。他曾去谒见袁绍，讨论天下形势。董卓被杀后，豪强割据。谋士沮授劝说袁绍："振一郡之卒，撮冀州之众，威振河朔，名重天下。虽黄巾猾乱，黑山跋扈，举军东向，则青州可定；还讨黑山，则张燕可灭；回众北首，则公孙必丧，震胁戎狄，则匈奴必从。横大河之北，合四州之地，收英雄之才，拥百万之众，迎大驾于西京，复宗庙于洛邑，号令天下，以讨未复，以此争锋，谁能敌之？"袁绍喜曰："此吾心也"[②]。其实，这一谋略也正是曹操的心思。当袁绍取得冀州后，沮授又劝袁绍："今朝廷播越，宗庙毁坏，观诸州郡外讬义兵，内图相灭，未有存主恤民者。且今州城粗定，宜迎大驾，安宫邺都，挟天子而令诸侯，畜士马以讨不庭，谁能御之！"绍悦，将从之。郭图、淳于琼曰："汉室陵迟，为日久矣，今欲兴之，不亦难乎！且今英雄据有州郡，众动万计，所谓秦失其鹿，先得者王。若迎天子以自近，动辄表闻，从之则权轻，违之则拒命，非计之善者也。"授曰："今迎朝廷，至义也，又于时宜大计也，若不早图，必有

---

① 《三国志》卷一《武帝纪》。
② 《三国志》卷六《袁绍传》。

先人者也。夫权不失机,功在速捷,将军其图之!"绍弗能用。[1] "会太祖迎天子都许,收河南地,关中皆附。绍悔,欲令太祖徙天子都鄄城以自密近,太祖拒之。"[2]曹操挟天子以令诸侯,在道义上、政治上都占据上风,又据河南之地,经过数年的蕴积、发展,其势力颇能与袁绍抗衡。建安五年(200年)十月,曹操在官渡(今河南中牟县东北)击败袁军,消灭了袁绍的主力(见下图)。七年五月,袁绍病死。辛毗劝曹操攻河北,曰:"且四方之寇,莫

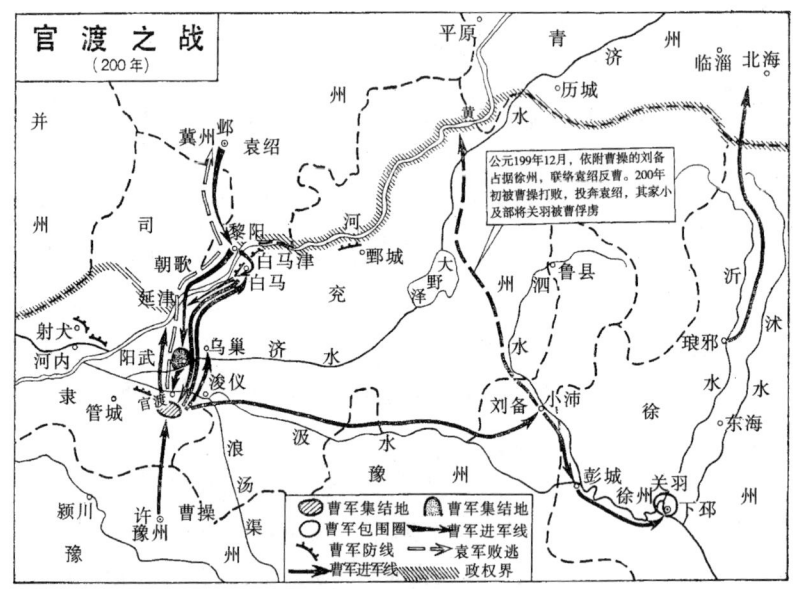

韩国磐《魏晋南北朝史》官渡之战图

大于河北。河北平,则六军盛而天下震。"[3]曹操采纳了辛毗的建议,于建安八年(203年)二月,攻黎阳。四月,又进兵至邺,抢收了邺城附近的麦子。次年二月,袁尚、袁谭兄弟内讧,忿争冀州,曹操乘机率兵渡过了洹水。为了保证军队的粮草供应,他命士卒遏断淇水,使水流入白沟,疏通漕运。四月,曹操的军队已结集至邺城之下,他一方面部署军队攻邺,一方面切断邺城的粮草供应,并扫清邺城外围。留曹洪攻邺城,自率一支军队西去,击毛城。毛城是上党至邺城之间粮草运输线上的一座中转

---

① 《三国志》卷六《袁绍传》裴注引《献帝传》。

② 《三国志》卷六《袁绍传》。

③ 《三国志》卷二十五《辛毗传》。

站,由袁尚的武安长尹楷驻守。曹操击败尹楷,攻破毛城,断绝了邺城的上党粮道,在回师途中又击败了驻守在邯郸的袁尚将领沮鹄,拔邯郸。易阳、涉等县令长不战自降。曹操在这些新占领区布置了一定数量的军队,控制了漳河上游,占据有利地势,阻击救援邺城的袁尚军队,同时接应围困邺城的士卒,实施其攻城打援的战略部署。曹操的战略果然奏效,建安九年(204 年)四月,曹操在邺城外筑土山、地道,率众强攻邺城,由于邺城墙垣坚固,未能得手。而且,邺城守将审配命令士兵在城中沿城墙开凿沟堑,破坏了曹操的地道战。五月,曹操改用水攻,毁土山、地道,沿邺城城垣掘凿沟堑围邺,引漳水灌城。七月,袁尚闻邺城告急,率领一万人的军队,沿西山来救。曹操得知消息,十分高兴,因为他的军事力量主要在邺西北,袁尚的到来,实际上是自投罗网,结果未能接近邺城,便被曹操击败。袁尚逃奔中山,曹操尽收其辎重、印绶、节钺及衣物,以示城中,城内守军士气崩溃。八月,东门校尉审荣背叛了他的叔叔——邺城守将审配,打开城门,迎接曹操的军队。曹操经过半年的苦战,最终攻陷了邺城,他的引水灌城、围城打援方略是成功的,但也是残酷的,这可从魏鼓吹曲辞《定武功》中反映出来。其辞曰:

> 定武功,济黄河。河水汤汤,旦暮有横流波。袁氏欲衰,兄弟寻干戈。决漳水,水流滂沱,嗟城中如流鱼,谁能复顾室家,计穷虑尽,求来连和,和不时,心中忧戚。贼众内溃,君臣奔北,拔邺城,奄有魏国。王业艰难,览观古今,可为长叹。[①]

邺城之战也是曹操霸业的关键,其战略战术的运用,也是值得总结的。普通史书多重视官渡之战,忽视邺城之战,甚至鲜有提及邺城之战。其实,官渡之战,曹操以弱胜强,才有资格与袁绍争鹿。而邺城之战,不仅使曹操得到了一块以河北制中原的根据地,而且为其统一北方奠定了坚实的基础。

曹操攻陷邺城,使他得到了一座能够成就霸业的重要城镇,但这座城镇的安危还须取决于周围腹地的得失,要牢固占据邺城这个据点,就必须消除来自邺城背后河北地区的忧患,彻底消灭袁氏势力的残余和打败北方

---

① 　逯钦立编:《先秦汉魏晋南北朝诗·魏诗》卷十一《魏鼓吹曲辞》,中华书局,1983 年。

少数民族乌桓的进犯。建安九年(204年)十二月,曹操进军攻袁谭。袁谭自平原(今山东平原县)逃至南皮(今河北南皮东北),凭借清河,聚兵屯守。十年(205年)正月,曹操克破南皮,杀袁谭,袁谭所辖诸城纷纷归降。袁尚、袁熙逃奔辽西,投靠了乌桓。十一年(206年)八月,曹操在河北开凿平虏渠和泉州渠,将呼沲河(即呼沱河)与泒水(即沙河)、沟河与潞河连接起来,以通漕运,为北征乌桓作准备。次年夏,北击乌桓,在白狼山(今辽宁喀喇沁左翼蒙古族自治县东境大阳山)战败乌桓蹋顿,俘其众二十万。袁尚、袁熙逃奔辽东太守公孙康,康诱杀尚、熙,送其首级给曹操。平定河北与北征乌桓,对于邺城霸都地位的巩固非常重要,所以自曹操定鼎邺城,十多年间,邺城没有受到北方的威胁,这个局面一直维持到西晋永兴以前。

曹操为什么要选择邺为都城呢?除了邺城的地理条件及其传统的、历史的、社会的因素外,曹操自己也有一套择都标准。他的标准是无山川之险,而可随机变化的城镇,这可从《三国志》卷一《武帝纪》、卷六《袁绍传》中反映出来。建都定鼎是历代王朝头等大事,开国帝王历来将之视为霸业兴衰的根本,为求根深蒂固,意在山川险要,而曹操的择都思想一反传统,表现出新的思维,且这种思维在汉魏之际的政治实践中取得了成功。

二、邺都之兴建

建安九年(204年),曹操代袁绍领冀州牧,把邺作为其政治、军事据点,以河北为根本,南向争天下。建安十八年(213年),东汉献帝以冀州之河东、河内、魏郡、赵国、常山、中山、巨鹿、安平、甘陵、平原十郡,封曹操为魏公,邺既是冀州治所,又是公国之都。曹操于此年始有魏国纪年,东汉建安十八年亦暨魏元年。建安二十一年《文昌殿铭》有"惟魏四年"之纪年。二十一年(216年),曹操称魏王,邺城从此成为名符其实的王都。至是,献帝虽都许,而天下政治中心在邺,邺城成为实际上的都城。

定据邺城是曹操的宿愿,陷邺后,即着手城池的兴建。自建安九年八月至十三年(204年—208年),由于忙于战争,邺城的土木工程规模比较小,建筑的重点主要是修复遭战争破坏的城垣、城门,并对邺城的建设作出全面规划和设计。在东汉邺城依街道分区布局基础上,将内城向东拓宽,新拓展的地方作为外朝、内朝宫殿的预留地,同时将内城以东至东城垣划为贵族居住区,即戚里。城内东西大道以南地区,基本沿袭东汉。建筑施工方面包括对袁绍官署旧宅进行改造,拓广西苑面积,修补城墙,加固增高城门等,这些施工项目构成了邺城改建重建的一期工程。

建安十三年(208年)以后,曹操按照自己的设计与规划,上马一些规模较大的工程。首先是在邺城西北开凿玄武陂,以训练水师,这项工程至少历时一二年才能完成。开凿这么大的陂池,大量池土堆积如山,不利于邺城防守,曹操于是利用这些池土在城西北筑铜雀台。铜雀台动工于建安十五年(210年),至十七年(212年)竣工。十八年(213年)又完成两项大工程:一是凿利漕渠,"引漳水东入清洹以通河漕"[①]。这项工程对于邺城的建设十分重要,一方面便利了城市的交通运输,另一方面为邺城内的供、排水工程的施工奠定了基础。再一项工程是筑金凤台。从建安十三年到十八年(208年—213年)是邺城建设的二期工程,主要工程项目都在邺城外围。

建安十八年以后,邺城的建设进入三期工程。在三期建筑工程中,除冰井台之外,大规模的建筑在城内,主要是邺宫室的建筑。这一年,曹操被封为魏公,官爵的升高,宫室建筑规模也随之扩大。而且,这位魏公,权倾朝廷,非一般公爵。曹操宫殿的建筑主要是外朝和内朝的殿堂,整个工程的施工很是讲究章法,先开通长明沟[②],引漳水伏穿铜雀台下,然后分出支流,流布宫殿、街区。他将挖沟的泥土作为宫殿建筑用土,又可通过沟水运送建筑材料,待宫室建成后,再将废弃的建筑垃圾,回填附近的沟池或筑台基。建筑木材大部分取之于上党山林。据《三国志》卷十五《梁习传》:建安十八年(213年),曹操使梁习于上党取大材,"供邺宫室"。上党地处漳河上游,原始森林资源丰富,虽经历代砍伐,至今仍保留着小片原始森林和大面积天然次生林。明嘉靖《彰德府志》卷八引宋《相台志》云:曹操"用冀州民力,取上党山林之材,制度壮丽,见于文昌、听政等殿,金虎、铜雀之台,鸣鹤、楸梓之宫"。曹操不取邺城附近树木,而用上党山林木材,甘愿舍近求远,在都城建设方面,非常注意保护附近的林木资源。他不一定意识到城市的生态平衡,但起码是有长远打算的,如城市绿化、战备防

---

① 王国维:《水经注校》卷十《浊漳水》,上海人民出版社,1984年。

② 长明沟,又曰长鸣沟。1989年考古工作者在金凤台、铜雀台遗址之间开挖探沟发掘,试图找到长明沟遗址,但未成功。

护等。俟宫殿竣工后，又于建安二十二年(217年)，于城南修建泮宫，到二十三年(218年)，邺城的整体建筑基本竣工。曹魏邺都的建设前后历时十四年。

邺城的建筑思想与设计主要出自曹操。《三国志》卷一《武帝纪》裴注引《魏书》曰：操兴建邺，"皆尽其意"。曹操力主统一天下，在统一思想的指导下，规制邺都的布局，使之前后谐趣，左右对称，整齐划一。整个城区为南北两部分，中间由东西街道隔开。北部西为西苑(即铜雀苑)，中为宫殿区，东为贵族居住区；南部为居民、手工业和商业区。大朝宫殿位于南北中轴线上，居北半部中央，恰似紫微垣所处天象位置，主殿名曰文昌，取意星象，周围苑林、民居、官署、宫室相拱守；城垣西北筑三台，意象道家"三山"，即三神山：蓬莱、方丈、瀛洲。这样的设计与建筑显然融入了传统的"天人合一"和道家的思想理念。从城郭的结构与传承演变看，曹魏邺城沿袭袁绍邺城，仍由内城与外郭构成。不同之处，曹操将内城向东拓展，将广德门大街以东部分城区圈入内城，在新拓展的地方建置官署、内朝和后宫。外朝、内朝构成宫城，宫城周围之西苑、太子宫、官署又形成"曾宫"，这种构思、结构与布局，开启了后来的宫城与皇城制度。

三、曹魏邺都城制与建筑

(一)城垣与城门

建安九年(204年)，曹操与审配的邺城攻守战，使城垣和城门遭到一定程度的破坏，陷邺后，即着手邺城修复兴建。《初学记》卷二十四城郭引《月令》曰："每岁孟秋之月，补城郭；仲秋之月，筑城郭。"秋天的气候和地气适宜动土，从曹操攻占邺城后的历史背景推测，修筑城垣是当务之急，邺之修复工程当于建安九年秋即据邺不久就开始了。对于邺城垣的修建，文献缺载，仅记有城门的崇广。胡三省注《资治通鉴》也曰：邺北城初就于袁绍，曹操"增而广之。"从文献反映的情况看，城垣的修复工程只是在原有的基础上进行修补加固，城垣的加固与城门的崇广，这两项工程可能是同时进行的，至晚在建安十五年(210年)铜雀台动工之前完成。

曹魏邺城垣长、宽、周长，文献没有具体记载，其具体情况可从东汉和后赵前后两代邺城沿革方面做些推测。曹操攻邺，凿堑围城，周四十里，折合今约 28 里,邺城垣周长必小于 28 里。后赵石虎邺城"东西七里,南北五里",周二十四里。按西晋里制,一里约合 435 米,二十四里约合今 20.88 里。经考古工作者实地勘探,邺北城东城垣至金虎台东西长 2400 米,西墙南段向外突出,东西最宽处 2620 米,南北 1700 米①,其周长约 17 里,小于文献记载。由此推测,魏晋邺城垣的范围,即东汉邺城范围,直到后赵,城垣基址没有什么变化。据考古资料证实,邺"七五城"之说,实为长、宽之比为七比五,并非"长七里,宽五里"。城墙为夯土筑成,筑墙时挖有基槽,经勘探发掘,南城墙宽 16.35 米,东城墙宽 15 至 18 米,发掘的一段城墙宽度为 15.35 米,北城墙宽 16 米左右。四个城墙角,仅探出城东南角。已发掘的城墙地层表明,是营建于东汉晚期至曹魏时期,十六国和东魏北齐时期有重建或修补的情况②。并绘制出《邺北城遗址实测图》:

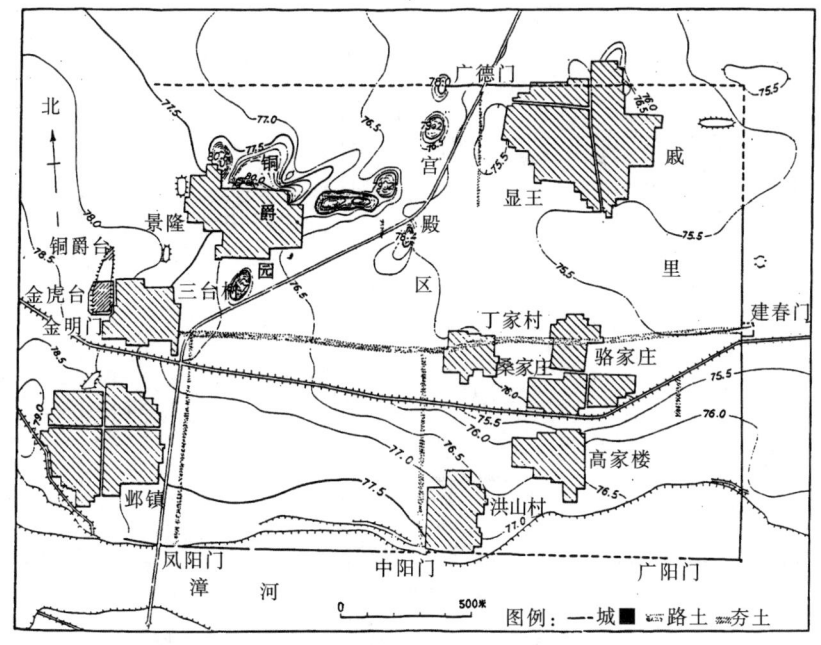

邺北城遗址实测图

---

①　见中国社会科学院考古研究所、河北省文物研究所邺城考古队:《河北临漳邺北城遗址勘探发掘简报》,《考古》1990 年第 7 期;徐光冀:《曹魏邺城的平面复原研究》,《中国考古学论丛——中国社会科学院考古所建所 40 周年纪念》。

②　见中国社会科学院考古研究所、河北省文物研究所邺城考古队:《河北临漳邺北城遗址勘探发掘简报》,《考古》1990 年第 7 期。

1983年冬,考古工作者钻探邺北城西墙,从金凤台遗址向南钻探,沿墙基夯土层向南,"过了漳河北大堤约百米,墙基夯土带向西南斜去……穿过邺镇村的西南半部,又向南去……一直追到村外西南角的一个小桃树林中,向东折去。当然,这就是整个邺城的西南角了。"[①]邺城西墙南段有斜墙向外突出,这是考古新发现,文献缺载。这当是在邺城初筑或扩建时,根据地势和环境采取的建筑设计。以后曹操在邺西北筑三台,三台向外突出部分与南段城墙外凸斜墙,南北呈掎角之势,由此加强对邺西门的防护。徐光冀绘有《曹魏邺城平面复原示意图》,大致能反映出曹魏邺城城垣与城门的轮廓与布局,然其所标城门名、园名为十六国时期后赵的名称。

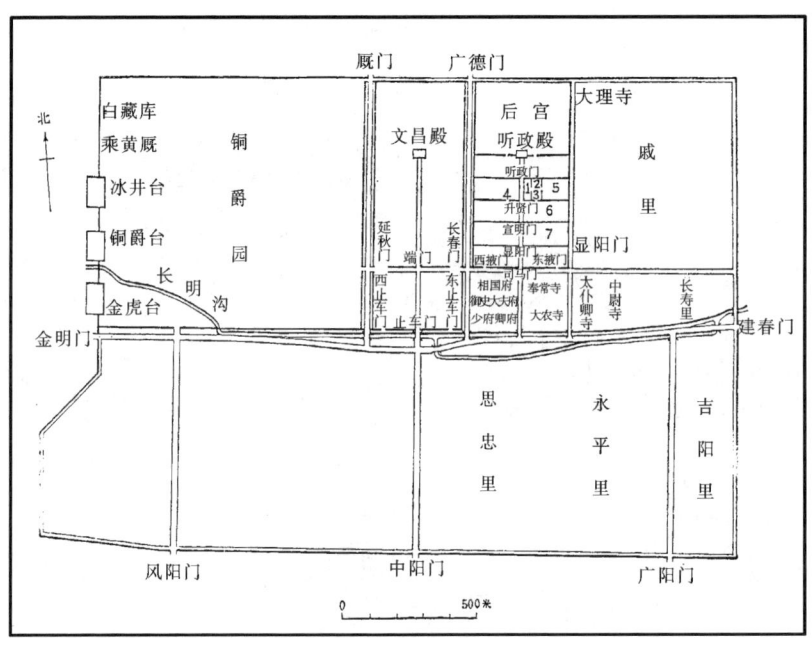

曹魏邺城平面复原示意图

1.听政闼 2.纳言闼 3.崇礼门 4.顺德门 5.尚书台 6.内医署

7.谒者台阁、符节台阁、御史台阁(指北针指磁北,图廓纵线为真子午线)

邺城垣也是曹氏父子和建安邺下文人悠游的去处。曹丕《登城赋》曰:"孟春之月,唯岁权舆,和风初畅,有穆其舒,驾言东迈,陟彼城隅,逍遥远

①　张子欣:《邺城考古札记》,中国文史出版社,2013年,第22页。

望,乃欣以娱,平原博敞,中田辟除,嘉麦被垄,缘路带衢,流茎散叶,列倚相扶,水幡幡以长流,鱼裔裔以东驰,风飘飘而既臻,日晻暖以西移,望旧馆而言旋,永优游而无为。"①"孟春之月"即正月,"唯岁权舆"即一年的开始。《诗毛传》曰:"权舆,始也。"由曹丕《登城赋》可见当时邺城天气之温暖。曹魏邺城沿袭东汉,城东南角仍建有角楼,又称"高观"。王粲《思友赋》曰:"登城隅之高观,忽临下以翱翔。"②所言"高观",即城东南之角楼。陈琳曾作《诗》曰:"闲居心不娱,驾言从友生,翱翔戏长流,逍遥登高城,东望看畴野,回顾览园庭。"也反映了登东城垣游览所见景观。

　　曹操崇广邺城诸门,当是在东汉城门基址上重新扩建,具体位置一如后赵邺城七门,而名称非后赵城门之称谓。考古工作者在距城东南角以北800米处,勘探到一座门址,门道宽22米,门道外还有瓮城,此门即邺北城的东门,即后赵邺之建春门。东汉时称东门,曹魏时仍称东门。《三国志·魏书》卷二《文帝纪》:延康元年(220年)四月庚午日,"大将军夏侯惇薨"。裴注引《魏书》曰:"王(即魏王曹丕)素服幸邺东城门发哀。"孙盛曰:"在礼,天子哭同姓于宗庙门之外。哭于城门,失其所也。"由相关史料推测,曹魏宗庙似在邺东门内,东西大道之北。夏侯惇生前居住在邺城东北隅戚里,死葬似在邺之东北,故曹丕送葬至邺东门举哀。因此时曹丕还未称帝,故哀哭于东门,称东门而不称建春门,说明"建春门"乃后赵邺城东门之名称,而非曹魏时期的名称。曹操出征,水路由东门外石桥旁码头启行,这可从王粲《从军诗》中看出,曰:"朝发邺都桥,暮济白马津。逍遥河堤上,左右望我军。连舫踰万艘,带甲千万人。率彼东南路,将定一举勋。"③刘桢《诗》也曰:"且发邺城东,莫(应作暮)次溟水旁。三军如邓林,武士攻萧庄。"④曹丕还曾在东门外石桥一带校猎,并赋诗曰:"巾车出邺宫,校猎东桥津。重置施密网,罘罿飘如云。弯弓忽高驰,一发连双麛。"⑤汉称东门为上东门,邺之东门或又称上东门。

　　南三门　曹魏邺城南面三门,中曰章门,沿袭东汉名称。南面东头一

---

①　(唐)徐坚等:《初学记》卷二十四《城郭》第二,中华书局,1962年。

②　(唐)欧阳询等编:《艺文类聚》卷三十四《哀伤》,上海古籍出版社,1999年。

③　俞绍初校点:《王粲集》,中华书局,1980年。

④　逯钦立:《先秦汉魏晋南北朝诗·魏诗》卷三《刘桢》,中华书局,1983年。

⑤　(唐)欧阳询等:《艺文类聚》卷九十五《麝》,上海古籍出版社,1999年。

函谷关东门图

门和南面西头一门的名称,史书缺载。《太平寰宇记》引《邺中记》曰:"魏太祖都之,城内诸街有赤阙,南面西头曰凤阳门,上有凤二枚,其一飞入漳水,其一仍以锁绊其足。邺人旧歌曰:凤阳门南天一半,上有金凤相飞唤,欲去不去着锁绊。"所言为后赵事。然由"凤阳门南天一半",可见此门之崇高。后赵凤阳门建筑当受曹魏影响,汉画像石中也有城门上建楼,楼上安二凤的图像。凤阳门具有汉代风格,似与曹魏邺城有关。梁思成《中国建筑史》有"汉画像石城门楼凤图",即"函谷关东门图"。原石藏美国波士顿博物馆。此图可与曹魏邺城南墙西头一门相观照。

　　1983 年秋至 1984 年,考古工作者沿南城反复钻探,未发现城门遗址,但三门的位置可以根据勘探出的三条南北大道来确定。章门处于南城垣正中,东去约 950 米为南城东头一门,即后赵广阳门,西去约 900 米为南城西头一门,即后赵凤阳门。曹操曾欲试验曹丕曹植兄弟的机敏与智慧,令之出南门,又暗使门吏闭城,禁止城内人外出,杨修帮助曹植假借操令,得出南门,而曹丕未能出。曹植所出南门似为南城垣东头一门。

　　西门　曹魏在东汉基础上重建,北接三台,东邻西苑和大朝宫殿,出西门即是秦汉以来太行山东麓南北驰道,是曹氏父子、官僚贵族、士人出入邺城的重要门户。曹操出征、出巡,陆路多由此门出。征战回邺,也由此门入。王粲《从军诗》写曹操征关中,凯旋,"歌舞入邺城",即从西门入城。西门又是曹丕、曹植、王粲、陈琳、徐干、刘桢、阮瑀等人游历、校猎等活动的出入场所,这在他们的诗中多有反映。曹丕《于玄武陂作诗》曰:"驱车出西城。"王粲《诗》曰:"从君出西园。"直至西晋,西门仍是官吏出入游览的门户。陆机《遨游出西城诗》曰:"遨游出西城,按辔循都邑。"[①]魏晋邺城西门即十六国后赵金明门。根据考古工作者勘探出的邺城东西大道推测,其具体位置约在金凤台南 150 米左右。《三国志》卷十九

----

① 《艺文类聚》卷二十八《游览》。

《陈思王植传》裴注引《魏武故事》:"临菑侯植私出,开司马门至金门。"司马门为内朝宫殿之正门,金门当为邺西门。曹植由司马门出,向西至邺西门。

北二门　文献关于曹魏邺城北门的记载很少,按照传统的观念,北门即鬼门,平时经常关闭,只有祭祀鬼魂时才打开,人们出入往来很少,因此文献记载自然不多。邺北门有二座,东头一门,即后赵广德门,已被考古工作者探出,门道宽20米,门址距东城墙约1000米;北墙西头一门,即后赵厩门,门址还未确定。北二门邻接宫苑及官僚贵族居住区,地处紧要,非一般平民出入之所,故常关闭,如有突发性事变发生,方可开启。

(二)三台

金虎台、铜雀台、冰井台,合称为"三台",位于邺城西北,以城墙为基,南北排列。三台"相去各六十步"①。1986年考古工作者探沟发掘,查明铜雀台与金凤台之间的距离为83米,实际数据大于文献所载间距。左思《魏都赋》对三台曾有描述,曰:"飞陛方辇而径西,三台列峙以峥嵘。亢阳台于阴基,拟华山之削成。上累栋而重溜,下冰室而沍冥。周轩中天,丹墀临焱,增构峨峨,清尘影影。云雀蹠甍而矫首,壮翼摛镂于青霄。雷雨窈冥而未半,曦日笼光于绮寮。习步顿以升降,御春服而逍遥。八极可围于寸眸,万物可齐于一朝。"《魏都赋》晋张载注曰:"铜雀园西有三台,中央铜雀台,南则金凤台(即金虎台,后赵改名金凤),北则冰井台。"《水经注·浊漳水》曰:"(邺)城之西北有三台,皆因城为之基,巍然崇举,其高若山。"《初学记》卷八《河北道》引陆翙《邺中记》曰:"魏武于邺城西北立三台;中台名铜雀台,南名金兽台(即金虎台,唐代人避虎,改虎为兽),北名冰井台。"王先谦《水经·浊漳水注》引李善《文选·魏都赋注》云:"铜雀园西有三台:中央铜雀台","亦曰中台";"南有金虎台,亦曰南台";"北则冰井台,亦曰北台"。从现存三台遗址和古今地形地貌变化方面推测,三台南北排列似不在一垂直线上,约由西南向东北稍有倾斜。考古发掘,金凤台东北角与铜雀台东南角相对。由此推测,三台排列倾斜度不大。铜雀居高阜之巅,规模较大;金虎稍偏西南,冰井稍偏东北,二台规模略小。三台以城垣为基,台上筑

_____

①　(元)纳新:《河朔访古记》卷中引《邺中记》,粤雅堂丛书本。

台,构成台楼观,"飞陛方辇而径西",由东至西,拾级而上,登铜雀台。考古发现,金凤台遗址东为斜坡。由此推测,三台向东各有一条斜坡辇道,即漫坡马道,由此拾级登台。三台之上各有楼观,楼观之间又有悬空"飞阁"相通,诚如曹植所描绘:"连飞阁乎西城"。曹丕登铜雀台,"申踌躇以周览,临城隅之通川"。三台的具体方位在邺北城西北隅,其排列由西南向东北稍有偏斜,面向玄武陂和漳水。

铜雀台　又称"中台",始筑于建安十五年(210年)冬,至十七年(212年)春竣工,历时一年多。《三国志》卷十九《陈思王植传》曰:"时邺铜爵台新成,太祖悉将诸子登台,使各为赋。植援笔立成,可观,太祖甚异之。"其《登台赋》曰:"从明后而嬉游兮,登层台以娱情。见太府之广开兮,观圣德之所营。建高门之嵯峨兮,浮双阙乎太清。立中天之华观兮,连飞阁乎西城。临漳水之长流兮,望果园之滋荣。仰春风之和穆兮,听百鸟之悲鸣。天云垣其既立兮,家愿得而获逞。扬仁化于宇内兮,尽肃恭于上京。唯桓文之为盛兮,岂足方乎圣明! 休矣美矣! 惠泽远扬。翼佐我皇家兮,宁彼四方。同天地之规量兮,齐日月之晖光。永贵尊而无极兮,等年寿于东王。"①从内容看,此赋作于春天,"望果园之滋荣","仰春风之和穆","听百鸟之悲鸣",描写的都是春天的景色。这与曹丕作于建安十七年春《登台赋》"鸟飞鸣而过前",是同时描述的同一情景。曹丕《登台赋》曰:"建安十七年春,游西园,登铜雀台,命余兄弟并作。其词曰:登高台以骋望,好灵雀之丽娴,飞阁崛其特起,层楼俨以承天,步逍遥以容与,聊游目于西山,溪谷纡以交错,草木郁其相连,风飘飘而吹衣,鸟飞鸣而过前,申踌躇以周览,临城隅之通川。"②这两篇赋可以证明铜雀台完工于建安十七年春。曹操取名铜雀,意在吉祥丰收。南梁简文帝《和梁武帝藉田诗》曰:"鲤鱼显嘉瑞,铜雀应丰年,不劳郑国雨,无荣邺令田。"③

铜雀台高十丈,据曹植赋"登层台以娱情"、曹丕赋"登高台以骋望",可知以城为基,台上筑台,故曰"层台"。台上建有屋室楼观,其建筑十分雄伟壮丽。"增构峨峨,清尘飘飘",楼观顶端(屋脊)上的铜雀矫首壮翼于青霄。晋张载《魏都赋注》:铜雀台"有屋一百一间"。王先谦校《水经注》引李

①　《三国志》卷十九《陈思王植传》裴注引阴澹《魏记》载植《赋》。
②　《艺文类聚》卷六十二《台》。
③　《艺文类聚》卷三十九《藉田》。

善《魏都赋注》:"铜雀台高十丈,有屋一百一间"。《水经注·浊漳水》:"中曰铜雀台,高十丈,有屋百一间。"台上建楼殿屋室,殿脊上安放铜雀,其源出自西汉武帝。《汉武故事》载:汉武"铸铜凤皇高五丈,饰以黄金,栖屋上"①。观曹丕《登台赋》"飞阁崛其特起,层楼俨以承天"语句,可知铜雀台上建有楼观。此外,王粲与晋枣据均作有《登楼赋》。王粲《赋》曰:"览斯宇之所处,实显敞而寡仇,接清漳之通浦,倚曲阻之长洲,北弥陶牧,西接昭丘。"枣据《赋》曰:"登兹楼而逍遥,聊因高以遐望,感斯州之厥域,寔帝王之旧疆,挹呼沱之浊河,怀通川之清漳,原隰开辟,荡臻夷薮,桑麻被野,黍稷盈亩,礼仪既度,发繁财阜。"②从二人赋之内容看,所登之楼似为铜雀台之楼。而且此等铜雀诗赋风格,对后世影响甚大。《宋书》卷十九《乐志》引王僧虔《论三调歌表》曰:"又今之清商,实由铜雀。"建安二十四年(219年),曹操临终遗嘱:置婕好伎人于台上,每月十五日对帐演奏,子女眷属登铜雀台,眺望西陵。西晋陆机撰《吊魏武帝文》引魏武遗文曰:"吾婕好伎人,皆著铜爵台上,施六尺床,下繐帐,朝脯设脯糒之属,月朝十五日,辄向帐作伎,汝等时时登铜雀台,望吾西陵墓田。"其《吊魏武帝文》曰:"征清丝而独奏,进脯糒而谁尝,悼繐帐之冥漠,怨西陵之茫茫,登雀台而群悲,贮美目其何望。"③铜雀台建筑材料十分考究,特别是楼室屋瓦,甚受后世珍重,故吴淇《六朝诗选定论》卷五曰:"武帝制作,无不精妙,故铜雀台,后世得其片瓦,犹值百金。"文人以瓦作砚,遂成著名的铜雀瓦砚。

　　铜雀台下建有引水涵洞。《水经注》卷十《浊漳水》:"旧引漳流,自城西东入,迳铜雀台下,伏流入城,东注谓之长明沟也。渠水又南迳止车门下,魏武封于邺,为北宫,宫有文昌殿,沟水南北夹道,枝流引灌所在通溉,东出石窦下,注之湟水。故魏武《登台赋》曰:'引长明灌街里',谓此渠也。"考古工作者在铜雀台遗址南侧开挖探方,试图找到长鸣沟引水口,挖至地下五米,又下探,发现一些碎石,没有找到涵洞遗址。

---

① 《初学记》卷二十四《台》第六。

② 《艺文类聚》卷六十三《楼》。

③ 《艺文类聚》卷四十《吊》。

曹魏邺城三台遗址出土云纹瓦当

　　金虎台　在铜雀台南，相距 83 米①，俗称"南台"。据《三国志》卷一《武帝纪》：建安十八年"九月，作金虎台"。高八丈，台上"有屋室百三十五间"②。后赵石虎改名金凤台。经考古调查，金凤台遗址东西宽约百米。

　东周瓦当　　　　　　　　　　　**秦汉瓦当**

0　　5厘米

邺北城石刻拓片

　　在金虎台和铜雀台东侧，发掘有曹魏时期云纹瓦当（见上图）。与东周、秦汉瓦当比较，风格相近。金虎台东坡，出土一件带有文字的残破石刻，长 30、宽 20、厚 12 厘米，刻有二十字："台东面北头第四……南北长六丈三尺……大者如四五斗"。隶书，字体风格似为曹魏时期（见左图）。同时还出土了陶人面装饰物件。这种半圆人面瓦饰亦见于东汉建安年间许下遗址③，由此推测，邺下所出物件当为曹魏时期。

　　冰井台　在铜雀台北，又称"北台"，建筑年代有二说：一为建安十八年（213 年）。《邺中记》曰："金

　　①　中国社会科学院考古研究所、河北省文物研究所邺城考古队：《河北临漳邺北城遗址勘探发掘简报》，《考古》1990 年第 7 期。

　　②　（南朝梁）萧统编，（唐）李善等注：《六臣注文选》卷六《魏都赋》刘良注，中华书局，2012 年。

　　③　张子欣：《邺城考古札记》，中国文史出版社，2013 年，第 170 页。

虎、冰井皆建安十八年建也。"一为建安
十九年（214 年）筑。北齐杨楞伽《邺都
故事》曰：汉献帝建安"十九年造冰井
台"。嘉靖《彰德府志》卷八《邺都宫室
志》云："建安十八年，曹操既筑金凤（虎）
台，明年复筑此台（冰井台），以有凌室，

邺城出土的半圆人面瓦饰图片

故曰冰井。""冰井台亦高八丈，"台上"有屋一百四十间，上有冰室，室有数
井，井深十五丈，藏冰及石墨焉……又有粟窖及盐（窖）"①。《魏都赋》注
曰："冰井台上有冰三室，与法殿皆以阁道相通。"晋庚倏（汪绍楹校：当作
儵。按：《晋书》卷八、卷七十三有"庚条"）曾作《冰井赋》，曰："嘉阴阳之博
施，美天地之广宣，万物杂而无越，不易类以相干，或专阳负暑，或固阴沍
寒，途虽殊而同归，信协德而俱延，于是孟冬之月，群阴毕升，霜雪纷其交沦，
流波结而成凌，启南墉之重陬，将却热以藏冰，纳远宫之邃宇，静幽淡以清征，
抱坚精之玄素，发川灵而长凝，于是寒往暑来，四时代序，帝将攘患，炎灾是
御，尔乃携我同类，援我蒸徒，将涉寒薮，害气是除，攀灵舰而增举，爰自讬于
城隅，仰瞻重构，俯临阴穴，凄清惊冷，鬌发栗烈，余寒严悴，凄若霜雪。"②

　　西晋惠帝永宁年间（301 年—302 年），三台建筑犹存，玉阶、兰堂、曲
房、长廊等虽不及曹魏华丽，但风韵依旧。西晋陆云撰有《登台赋》可证，其
赋曰："永宁中，巡幸邺宫三台，登高有感，乃作赋云：尔乃仁眄瑶轩，流目
绮寮，中原方华，绿叶振翘，历玉阶而容与，步兰堂以逍遥，曲房萦而窈
眇，长廊邈而萧条，于是聊乐近游，薄言儦侰，绮疏列于东序，朱户立乎西
厢，感旧物之咸存，悲昔人之云亡，凭虚槛而远想，审历命于斯堂，于是精
疲游倦，白日藏辉，鄙春登之有情，恶荆台之忘归，聊弭节而驾言，帐将逝而
徘徊。"③

　　西晋末年，邺城及三台遭劫，卢谌作《登邺台赋》曰："显阳隗其颠隧，文
昌鞠而为墟，铜爵陨于台侧，洪钟寝于两除，奚帝王之灵宇，为狐兔之攸
居。"④卢谌登台所见当是汲桑焚邺后之情景。

---

①　王国维：《水经注校》卷十《浊漳水》，上海人民出版社，1984 年。
②　《艺文类聚》卷九水部下《冰》。
③　《艺文类聚》卷六十二《台》。
④　《艺文类聚》卷六十二《台》。

(三)宫殿

自东汉建安九年(204年)曹操陷邺之后,邺城府第递有饰修,到建安十七年(212年),已初具规模。建安十八年(213年),汉献帝封曹操为魏公,二十一年(216年)复封为魏王,宫室随着王权的愈益威重而更加豪华。曹操营造邺宫,多自立法则,布局规制,"皆尽其意",经过十几年的营缮,形成与长安、洛阳不同风格的建筑布局:宫苑、外朝、内朝自西向东依次排列,每组建筑群左右对称,南北照应,宫、殿、台、阁、楼、观、亭、榭及园林相映谐趣,宫殿区、铜雀苑及三台,既有职能分区,又相互连接构成一个有机整体的建筑群,布局结构严谨合理,宫殿题榜都是当时著名的书法家梁鹄所书。

《上尊号奏》碑局部拓片

梁鹄书法得于邯郸淳。《文章叙录》曰:"梁鹄谓淳得次仲法,然鹄之用笔尽其势矣。"[1]曹操十分喜欢梁鹄书法。南朝梁袁昂《古今书评》曰:"梁鹄书如太祖忘寝,观之丧目。"传世之《上尊号奏》,或曰出自梁鹄(一曰出自钟繇)。其中"魏"字,与西高穴大墓之"魏武王"之"魏",字形相同。两者互证,《上尊号奏》当为曹魏时期作品(见左图)。

邺宫自然、人文与艺术融合统一,成为曹氏集团居家、治政、赋诗创作、游历玩乐的绝好地处。曹操在其一生最后十五、六年里,除出征、巡察外,大部时间都在这里度过。对于邺都宫殿区的丽景,可从曹植《节游赋》中窥见一斑。曰:

　　览宫宇之显丽,实大人之攸居。建三台于前处,飘飞陛以凌虚,连云阁以远径,营观榭于城隅,亢高轩以迥眺,缘云霓而结疏。仰西岳之崧岑,临漳滏之清渠,观靡靡而无终,何眇眇而难殊。亮灵后之所处,非吾人之所庐,于是仲春之月,百卉丛生,姜姜蔼蔼,翠叶朱茎,竹木青葱,珍果含荣,凯风发而时鸟讙,微波动而水虫鸣,感气运之和润,乐时泽之有成,遂乃浮素盖,御骅骝,命友生,携同俦,诵风人之所叹,遂驾

---

① 《三国志》卷二十一裴注引《文章叙录》。

言而出游。步北园而驰骛,庶翱翔以解忧,望洪池之潆漾,遂降集乎轻舟,沉浮蚁于金罍,行觞爵于好仇。丝竹发而响厉,悲风激于中流,且容与以尽观,聊永日而忘愁。嗟羲和之奋策,怨曜灵之无光,念人生之不永,若春日之微霜。谅遗名之可纪,信天命之无常,愈志荡以淫游,非经国之大纲,罢曲宴而旋服,遂言归乎旧房。①

1.宫殿门

端门　文昌殿前正门。曹植《槐赋》曰:"凭文昌之华殿,森列峙乎端门。"是说从文昌殿到端门,道路两旁植有大槐树。

阊阖门　东汉张衡《西京赋》曰:"正紫宫于未央,表峣阙于阊阖。"吴薛综注曰:"天有紫微宫,王者象之。紫微宫门名曰阊阖,宫门立阙以为表峣者,言高远也。"唐吕向注曰:"峣,高也。阊阖,天门也……立高阙以象天门。"② 曹植《赋》曰:"阊阖开,天衢通。"其《仙人篇》又曰:"阊阖正嵯峨,双阙万丈余。"③阊阖门,在端门前,南向正对邺城章门官道,门外两侧倚东西大道建有双阙,是进入邺宫外朝的第一道大门。阊阖门上似应有楼。梁思成《中国建筑史》记汉画像石,有双阙与重楼图像。原石藏美国纽约博物馆。此画像可与曹魏邺宫阊阖门相参证。

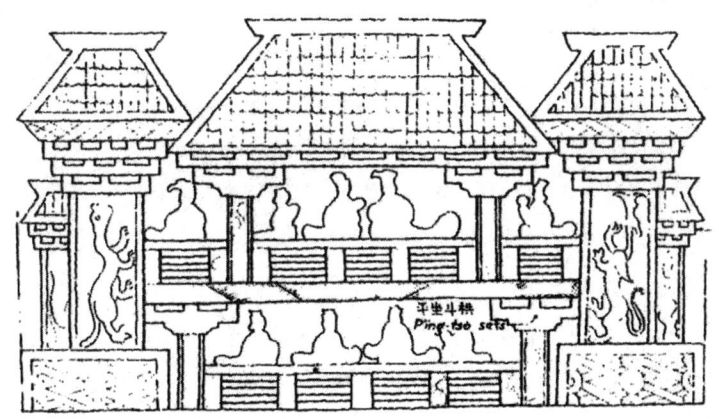

纽约博物馆藏汉画像石重楼与双阙图

止车门　在端门前、阊阖门之后。《魏都赋注》曰:"直端门之前,南当

---

① 《艺文类聚》卷二十八《游览》。
② 《六臣注文选》卷二,第46页。
③ 《艺文类聚》卷四十二《乐府》。

止车门。"文武官吏入朝议事,由阊阖门两边侧门入,到此下车,步行至文昌殿。

东上东门、西上东门 《魏都赋注》云:"直端门之前,南当止车门,又有东、西上东门。"贾谊疏曰:"择良日立诸子雒阳上东门外。"李尤《铭》曰:"上东少阳,厥位在寅,条风动物,日月孟春。"曹魏因袭汉制,于邺都建东、西上东门,并于此册封诸子。文献关于邺之东、西上东门的记载并不明确。依据宫城制度推测,当为止车门前东西横街两端之门,东端为东上东门;西端为西上东门。文官由东上东门入,至止车门前下车;武官由西上东门入,行至止车门前下车。

长春门、延秋门 左思《魏都赋》云:"岩岩北阙,南端逍遥。竦峭双碣,方驾比轮。西辟延秋,东启长春。用觌群后,观享颐宾。"《三国志·武帝纪》裴注引《献帝起居注》云:"使行太常事大司农安阳亭侯王邑与宗正刘艾……迎二贵人于魏公国。二月癸亥,又于魏公宗庙授二贵人印绶。甲子,诣魏公宫延秋门,迎贵人升车。"嘉靖《彰德府志》云此二门分别建在端门外东、西处。长春门东向,延秋门西向,为外朝分别通向广德门街、厩门街之门户。

以上诸门为外朝(即大朝)宫殿门。

听政门 刘澄之《宋永初山川古今记》曰:"魏武听政殿前,有听政门。"[1]嘉靖《彰德府志·邺都宫室志》曰:"听政门南直升贤门,北直听政殿。"

登贤门 又称升贤门。曹丕《槐赋》曰:"王粲直登贤门小阁外,亦有槐树。"[2]杨晨《三国会要》卷七:登贤门"在听政门前",近内朝,粲必以侍中值登贤门。建安十八年(213年)十一月,魏初置尚书、侍中、六卿,时王粲、杜袭、卫觊、和洽为侍中[3]。据《初学记》卷十二引《齐职仪》:"魏侍中掌傧赞,大驾出则次直侍中护驾,正直侍中负玺陪乘。"王粲为正直侍中,负玺陪乘,还与卫觊并典制度,草创朝仪。嘉靖《彰德府志》卷八《邺都宫室志》云升贤门在听政门前。

---

① 《初学记》卷二十四《门》第十。

② 《艺文类聚》卷八十八《槐》。

③ 《三国志》卷一《武帝纪》裴注引《魏氏春秋》。

顺德门　在升贤门前右，南向[1]

崇礼门　在升贤门前左，南向[2]。

宣明门　北直升贤门，南直显阳门[3]。左思《魏都赋》曰："听政作寝……于前则宣明显阳，顺德崇礼。重闱洞出，锵锵济济，珍树猗猗，奇卉萋萋。"

显阳门　有宣明门前，南直司马门[4]。

司马门　嘉靖《彰德府志·邺都宫室志》："在端门东，北直听政殿。"所谓"端门"，实为闾阖门。应为闾阖门东，北与听政、登贤、宣明、显阳诸门在一条线上，为曹操内朝殿堂正门，是进入内朝的第一道门。《艺文类聚》卷六十三《门》引《尔雅》曰："正门谓之应门。"贾谊《书》曰："天子宫门曰司马门。"《史记》注曰："凡言司马门者，宫垣之内兵卫所在，四面皆有司马主武事。"此门是邺宫要害之地，管理甚严。《三国志》卷十九《陈思王植传》曰："植尝乘车行驰道中，开司马门出，太祖大怒，公车令坐死。由是重诸侯科禁，而植宠日衰。"裴注引《魏武故事》：魏武又令曰："自临菑侯植私出，开司马门至金门，令吾异目视此儿矣。"汉时，太子居东宫，见帝不得横穿正殿前之驰道。《汉书》曰："元帝为太子，谨慎，初居桂宫，上急召太子，出龙楼门，不敢绝驰道。"[5]从史料反映的情况看，司马门地处紧要，管理较严，不常开启，除非遇有要事大典，魏王出入，方可打开。文武百官日常上朝多由两旁掖门出入。嘉靖《彰德府志·邺都宫室志》："广阳门北直司马门。"考古钻探发现二门不在一道直线上。广阳门址距城东南角约 300 米，位置偏东。司马门偏西，向南御道在广阳门与中阳门之间。

金门　曹植在邺宫，曾乘车行驰道，开司马门至金门。金门一般指西门，又称白门、秋门。司马门南向，曹植出司马门，沿东西横街向西至金门，即邺西门。

东掖门　在司马门东。"汉制：内至禁省为殿门，外出大道为掖门。"应劭曰："掖者，言在司马门之旁掖也。"[6]东掖门当东向，是内朝通向邺城东

---

① 嘉靖《彰德府志》卷八《邺都宫室志》。
② 嘉靖《彰德府志》卷八《邺都宫室志》。
③ 嘉靖《彰德府志》卷八《邺都宫室志》。
④ 嘉靖《彰德府志》卷八《邺都宫室志》。
⑤ 《艺文类聚》卷六十三《门》。
⑥ 嘉靖《彰德府志》卷八《邺都宫室志》。

部南北大道的门户。司马门西还应当有西掖门，西向，为内朝通向广德门街的门户，出西掖门，横穿广德门街，可由长春门进入外朝宫殿区。严才造反，曾率众攻掖门。《三国志》卷十一《王修传》曰："其后严才反，与其徒属数十人攻掖门。（王）修闻变，召车马未至，便将官属步至宫门。太祖在铜雀台望见之，曰：'彼来者必王叔治也。'相国钟繇谓修：'旧，京城有变，九卿各居其府。'修曰：'食其禄，焉避其难？居府虽旧，非赴难之义。'"

以上诸门为内朝宫殿之门。

此外还有肃城门。《三国志》卷二《文帝纪》裴注引《魏书》曰：文帝（曹丕）初在东宫，"集诸儒于肃城门内，讲论大义，侃侃无倦。"肃城门，不知地处何在。

2.内外朝宫殿及后宫

清刘献廷《广阳杂记》卷一："王文恪公曰：周之时有三朝，库门之外为外朝，询大事在焉。路门之外为治朝，日视朝在焉。路门之内曰内朝，亦曰燕朝。《玉藻》曰：君日出而视朝，退适路寝听政，盖视朝而见群臣，所以正上下之分，听政适路寝，所以通远迩之情。"曹魏邺都宫殿建筑沿承前代制度，例分外朝、内朝。

（1）外朝宫殿

文昌殿　南直端门，为曹操朝会宾客，享群臣，举行大典的地方。紫微垣星象有文昌星，《周礼·天官》有文昌。曹操命名外朝大殿为文昌，是取天官宫室名称。嘉靖《彰德府志》卷八载文昌殿铭曰："惟魏四年，岁在丙申（东汉建安二十一年，216 年），龙次大火。五月丙寅，作蕤宾钟，又作无射钟。"左思《魏都赋》曰："造文昌之广殿，极栋宇之弘规。對若崇山崛起以崔嵬，髣若玄云舒蜺以高垂。环材巨世，墥塌参差。枌橑复结，栾栌叠施。丹梁虹申以并亘，朱桷森布而支离。绮井列疏以悬蒂，华莲重葩而倒披。齐龙首而涌雷，时梗概于澎池。旅楹闲列，晖鉴抶振。榱题黮黮，阶陛嶙峋。长庭砥平，钟虡夹陈。风无纤埃，雨无微津。"[1]外朝宫殿为一庭院建筑，主殿文昌，高大雄伟，周有长廊，魏王春节元会在文昌殿举行。曹植《元会诗》曰："初岁元祚，吉日惟良。乃为嘉会，宴此高堂。衣裳鲜洁，黼黻玄黄。珍

---

① （南朝梁）萧统编，（唐）李善等注：《六臣注文选》卷六《魏都赋》，中华书局，2012 年。

膳杂环，充溢圆方。俯视文轩，仰瞻华梁。愿保兹善，千载为常。欢笑尽娱，乐哉未央，皇室荣贵，寿考无疆。"①曹操正会，沿袭汉仪，文昌殿张设有百华灯。《晋书》卷二十一《礼志》曰："魏武帝都邺，正会文昌殿，用汉仪，又设百华灯。"曹操尝在文昌殿朝会宾客。左思《魏都赋》曰："鬒首之豪，镶耳之杰，服其荒服，敛衽魏阙，置酒文昌，高张宿设。"

文昌殿是邺宫中最高大的建筑，曹植曾夜游于闾阖门外之双阙，观文昌殿之高大，其《赠徐干诗》曰："聊且夜行游，游彼双阙间。文昌郁云兴，迎风高中天。"②

文昌殿后有苑池。《宋书》卷三十二《五行志》云："汉献帝建安二十三年，秃鹙鸟集邺宫文昌殿后池。明年，魏武王薨。"

文昌殿前植有槐树。曹丕《槐赋》曰："文昌殿中槐树，盛暑之时，余数游其下，美而赋之。王粲直登贤门小阁外，亦有槐树，乃就使赋焉。有大邦之美树，惟令质之可佳，托灵根于丰壤，被日月之光华，周长廊而开趾，夹通门而骈罗，承文昌之邃宇，望迎风之曲阿，修干纷其灌错，绿叶萋而重阴，上幽蔼而云覆，下茎立而擢心，伊暮春之既替，即首夏之初期，鸿雁游而送节，凯风翔而迎时，天清和而温润，气恬淡以安治，违隆暑而适体，谁谓此之不怡。"③曹植也曾作赋赞美文昌殿庭槐，曰："羡良木之华丽，爰获贵于至尊，凭文昌之华殿，森列峙乎端门，观朱榱以振条，据文陛而结根，扬沉阴以博覆，似明后之垂恩，在季春以初茂，践朱夏而乃繁，覆阳精之炎景，散流耀以增鲜。"

自文昌殿，经端门，向南直至闾阖门外双阙，御道两旁均植有大槐。繁钦《槐树诗》曰："嘉树吐翠叶，列在双阙涯。旖旎随风动，柔色纷陆离。"④邺宫廷植槐，曹丕、曹植、王粲、繁钦等均作槐赋，赞美槐树，这是因为古人有槐树崇拜。《春秋说》曰："槐木者，虚星之精也。"《春秋·元命苞》曰："树槐而听讼其下者，槐之言归也，情见归实。"⑤宫廷植槐一直沿袭至明清，北京故宫午门，经端门到天安门，御道两旁仍植槐，但槐树的品种与邺宫不同，后宫、后苑也多植有槐树。邺宫廷除槐树外，还种植有各种名贵嘉木。

①　(唐)徐坚等编：《初学记》卷四元日第一，中华书局，1962年。
②　《先秦汉魏晋南北朝诗·魏诗》卷七《陈思王曹植》，第451页。
③　《艺文类聚》卷八十八《槐》。
④　《先秦汉魏晋南北朝诗·魏诗》卷三《繁钦》，第387页。
⑤　《艺文类聚》卷八十八《槐》。

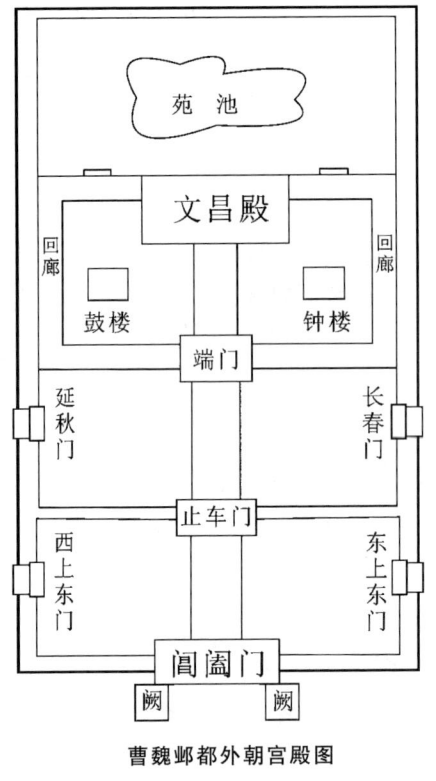

曹魏邺都外朝宫殿图

钟楼、鼓楼　二楼在文昌殿前东、西①。

蕤宾钟、无射钟　二钟当置于文昌殿。蕤宾钟,建安二十一年九月十七日作,重二千百八钧十有二斤②。王粲撰有《蕤宾钟铭》,曰:"有魏匡国,诞成天功。底绥六合,纂定庶邦。烝民靡戾,休征惟同。皇命孔昭,造兹衡钟。纪之以三,平之以六。度量允嘉,气齐允淑。表声韶和,民听以睦。时作蕤宾,永享遐福。"③

无射钟,建安二十一年九月十七日作,重三千五十钧有八斤④。王粲作《无射钟铭》,曰:"有魏匡国,成功允章。格于上下,光于四方。休征时序,人悦时康。造兹衡钟,有命自皇。三以纪之,六以平之。厥量孔嘉,厥齐孔时。音声和协,人德同熙。听之无斁,用以启期。"⑤

西晋末年,钟楼被毁。"文昌鞠而为墟……洪钟寝于两除"⑥。

（2）内朝宫殿

内朝在外朝之东,故《魏都赋》叙罢外朝后,又曰:"左则中朝有桅,听政作寝,匪朴匪斵,去泰去甚,木无雕锼,土无绨锦,玄化所甄,国风所禀。于前则宣明、显阳、顺德、崇礼。重闱洞出,锵锵济济,珍树猗猗,奇卉萋萋。蕙风如薰,甘露如醴……于后则椒鹤文石,永巷壸术。"李善注曰:"中朝者,内朝

① 嘉靖《彰德府志》卷八《邺都宫室志》。

② （唐）虞世南:《北堂书钞》卷一百八,文渊阁《四库全书》本。

③ 《古文苑》十三章樵注引。俞绍初点校:《王粲集》,中华书局,1980年。

④ 《北堂书钞》卷一百八。

⑤ 《初学记》十六《钟》第五。王粲《钟铭》曰:"纪之以三,平之以六,度量以加,气齐允淑。"俞绍初点校:《王粲集》,中华书局,1980年。

⑥ 《艺文类聚》卷六十二《台》载卢谌《登邺台赋》。

也。汉制,大司马、侍中、散骑诸吏为中朝,丞相、六百石以下为外朝也。"内朝为一庭院建筑,主要宫殿为听政殿。听政殿前自北向南有听政门、登贤门(升贤门)、顺德门、崇礼门、宣明门、显阳门、司马门。

听政殿　在文昌殿东,是魏王曹操日常理政办公的地方,又称视朝、治朝。曹丕《校猎赋》曰:"登路寝而听政,总群司之纪纲。"①听政殿又称"中堂"、"中庭",庭院内植有大槐和奇稀名贵花草树木。曹丕《槐树赋》曰:"王粲直登贤门小阁外,亦有槐树,乃就使赋焉。"王粲《槐树赋》曰:"惟中唐之奇树,禀天然之淑姿。超畴亩而登殖,作阶庭之华晖。形祎祎以畅条,色采采而鲜明。丰茂叶之幽蔼,履中夏而敷荣。既立本于殿省,植根柢其弘深。鸟取栖而投翼,人望庇而披衿。"②曹植《魏德论》曰:"武帝执政日,白雀集于庭槐。"并讴颂听政殿庭之嘉禾,曰:"猗猗嘉禾,惟谷之精,其洪盈箱,协穗殊茎,昔生周朝,今植魏庭,献之庙堂,以照祖灵。"③曹丕《悼夭赋》曰:"步广厦而踟蹰,览萱草于中庭。"④又作《迷迭赋》曰:"坐中堂以游观兮,览芳草之树庭。"迷迭为西域一种药香草。《广志》曰:"迷迭出西域。"⑤

听政闼、纳言闼、尚书台、升贤署、谒者台阁、符节台阁、御史台阁、丞相诸曹　魏王曹操内朝理政机构,均在听政殿前驰道两侧。《魏都赋》曰:"禁台省中,连闼对廊。直事所繇,典型所藏。蔼蔼列侍,金蜩齐光。诘朝陪幄,纳言有章。亚以柱后,执法内侍。符节谒者,典玺储吏。膳夫有官,药剂有司。肴醲顺时,滕理则治。"《注》曰:"升贤门内有听政闼,闼外东入有纳言闼、尚书台。宣明门内升贤门外,东入有升贤署。显阳门内宣明门外,东入最南有谒者台阁,次中央符节台阁,次北御史台阁,并列西向。符节台东有丞相诸曹。"⑥

(3)后宫

听政殿后为后宫,又称"后庭"。曹丕《校猎赋》云:"逍遥后庭,休息兰

---

① 《初学记》卷二十四《园圃》。
② 《艺文类聚》卷八十八《槐》。
③ 《艺文类聚》卷八十五《禾》。
④ 《艺文类聚》卷三十四《哀伤》。
⑤ 《艺文类聚》卷八十一《迷迭》。
⑥ 嘉靖《彰德府志》卷八《邺都宫室志》。

房。"①后宫建筑精致,富丽堂皇,这可从曹植《表》中反映出来,曰:"诏使周观,初玩云盘,北观疏圃,遂步九华,神明特处,谲诡天然,诚可谓帝室皇居者矣,虽昆仑阆风之丽、文昌之居,不是过也。"②云盘、疏圃、九华宫都是后宫名物与建筑。《魏都赋》又云:听政殿"后则椒鹤、文石,永巷壶术。楸梓、木兰,次舍甲乙,西南其户,成之匪日。丹青焕炳,特有温室,仪形宇宙,历像贤圣,图以百瑞,绎以藻咏。"李善注曰:"壶,宫中巷也;术,道也。鸣鹤堂前,听政殿后,东西二坊之间有温室,温室中有画像。永巷,掖庭之别名。甲乙,谓次舍之名,以甲乙纪之也。"这里又提到了后宫的椒鹤堂、文石室、楸梓坊、木兰坊、温室和甲乙次舍。陆龟蒙《邺宫词》云:"魏武平生不好香,枫胶蕙炷洁宫房。可知遗令非前事,却有余熏在绣囊。"吴聿《观林诗话》云:"或疑蕙不可焚,然事见《广志》,云:蕙草,绿叶紫花,魏武帝以为香焚之。"③梳理有关材料,可对后宫的布局作大致的推测:听政殿后有东西道路,即永巷。永巷之北即后宫,从内朝至后宫的中线上由南向北建有听政殿、温室、鸣鹤堂、文石室,左右有椒梓、木兰二坊。后宫最北处为苑圃。

后宫主要宫殿还有显阳殿,西晋末,被焚毁。卢谌《登邺台赋》曰:"显阳隗其颠隧。"

兰房也当是后宫建筑。曹植《离友诗》曰:"游魏都兮息兰房。"④

西晋时,曾对邺宫作过整修。王隐《晋书》曰:"高堂隆刻邺宫屋材云,后若干年,当有天子居此宫。惠帝止邺宫,治屋者土剥更泥,始见刻字,计年正合。"⑤高堂隆字升平,泰山平阳人,"建安十八年,太祖召为丞相军议掾,后为历城侯徽文学,转为相"⑥。他很有可能也参与了邺宫的设计与建筑,在礼制方面负有谘议之责,否则,不会刻字于邺宫。晋惠帝被成都王司马颖携俘至邺,时在永兴元年(304 年)七月,更治邺宫室也当在此时。

---

①　《初学记》卷二十四《园圃》。
②　《艺文类聚》卷六十一《总载居处》。
③　河北师范学院中文系古典文学教研组编:《三曹资料汇编》,中华书局,1980 年。
④　《艺文类聚》卷二十一《交友》。
⑤　《艺文类聚》卷六十二《宫》。
⑥　《三国志》卷二十五《高堂隆传》。

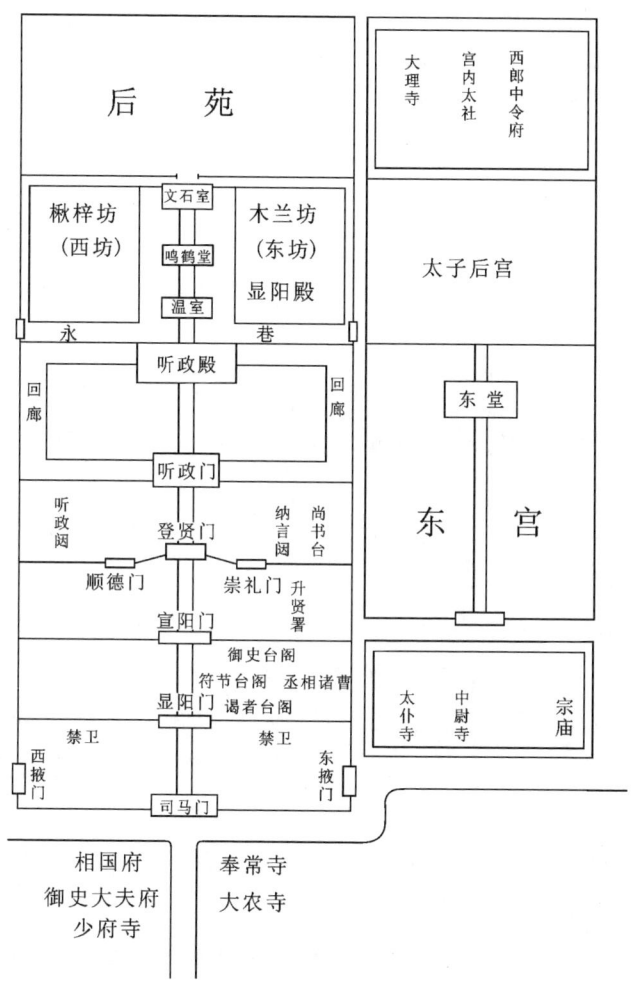

曹魏内朝及东宫图

文献还记载有曹魏邺宫名器物：

魏宫中镜　魏武帝上杂器物疏三十种，有尺二金错铁镜一枚九寸。魏武《杂物疏》又曰："镜台出魏宫中，有纯银参带镜台一，纯银七子贵人公主镜台四。"①镜在古代宫廷中，不仅是一种日常生活用品，还是一种工艺品，它作为公正无私的象征，被历代帝王视作装饰点缀用品，以此表示皇权、王权的公正，因而成了帝王们的爱物。

---

① 《初学记》卷二十五《镜台》。

魏武之弁柢　《魏台访议》曰:"五采玉,一玉有五色者也,邸,以象骨周缘弁下根柢,如魏武帝所作弁柢。凡有笄无缨,曹褒云天子弁以白玉饰。"①

九华扇　曹丕作《九华扇赋》,九华扇可能是邺九华宫中名物。

飞景宝剑　曹丕在邺造飞景宝剑,其《典论》曰:"建安二十四年二月壬午,魏太子丕造百辟宝剑,长四尺二寸,淬以清漳,厉以礜诸,饰以文玉,表以通犀,光似流星,名曰飞景。"②

七香车　魏武赠杨彪七香车。曹操《与杨彪书》曰:"今赠足下画轮四望通幰七香车二乘。"

魏邺后宫之后有园圃,园圃内植有燕郁。《艺文类聚》卷八十七《燕薁》:"魏都,萸梅及杨李留郁,俗谓燕郁。"

3.太子宫

内朝附近还有太子宫,地处东部,具体方位当在内朝宫殿之东,是魏王太子曹丕宅居、办公、宾宴聚会的地方。其主要建筑有东阁等。

东阁　似应在听政殿东,曹丕、曹植兄弟与建安诸子经常在这里诗赋高会,吟诵酬唱。曹丕曰:"为太子时,北园及东阁讲堂,并赋诗,命王粲、刘桢、阮瑀、应玚等同作。"③其《东阁诗》云:"高山吐庆云"。又作《夏日诗》曰:"夏时饶温和,避暑就清凉,北坐高阁下,延宾作名倡。嘉肴重叠来,珍果在一傍。棋局纵横陈,博奕合双扬,巧拙更胜负,欢美乐人肠。从朝至日夕,安知夏节长。"④《戒盈赋序》亦曰:"避暑东阁,延宾高会,酒酣乐作,怅然怀盈满之戒,乃作斯赋。"⑤

王粲《公宴会诗》曰:"昊天降丰泽,百卉挺葳蕤。凉风彻蒸暑,青云却炎晖。高会君子堂,并坐阴华榱。嘉肴充圆方,旨酒盈金罍。常闻诗人语,不醉且无归。赖我贤主人,与天享巍巍。克符周公业,奕世不可追。"⑥

应玚《公宴诗》曰:"开馆延群士,置酒于斯堂。辨论释郁结,援笔兴文章。穆穆众君子,好合同欢康。促坐褰重帷,传满腾羽觞。"⑦

---

① 《初学记》卷二十六《弁》。
② 《艺文类聚》卷六十《剑》。
③ 《初学记》卷十引《典论·叙诗》。
④ (宋)李昉等:《太平御览》卷二十三,中华书局影印本,1960年。
⑤ 《艺文类聚》卷二十三《鉴诫》。
⑥ 《艺文类聚》卷三十九《燕会》。
⑦ 《艺文类聚》卷三十九《燕会》。

陈琳《宴会诗》曰:"凯风飘阴云,白日扬素晖。良友招我游,高会宴中闱。玄鹤浮清泉,绮树焕青葰。"①

公宴兴致畅酣时,曹丕还曾命夫人甄氏出来与诸子相见。《三国志》卷二十一《王粲传》裴注引《典略》曰:"太子尝请诸文学,酒酣坐欢,命夫人甄氏出拜。坐中众人咸伏,而(刘)桢独平视。太祖闻之,乃收桢,减死输作。"

4.太社与宗庙

左思《魏都赋》曰:"揆日晷,考星耀。建社稷,作清庙。筑曾宫以回匝,比冈隒而无陂。"社稷即太社,关于太社的方位,《魏都赋注》曰:"出东掖门宫东北行北城下,东入大理寺、宫中太社。"宫中太社在大理寺东。曹植曾作《社颂》曰:"于惟太社,官名后土。"②曹操国号魏,魏为土德,色尚黄,其建太社于宫之东北,虽有悖于《考工记》"左祖右社"制度,但亦颇有"革命"之象。③ 其宫城制度建设自成一格。太社建筑时间似在建安十八年。

清庙即宗庙。《三国志》卷一《魏武帝纪》曰:建安十八年"秋七月,始建魏社稷宗庙。"曹氏宗庙,似在邺宫城东南。曹植《魏德论讴》云:"猗猗嘉禾,唯谷之精,其洪盈箱,协穗殊茎,昔生周朝,今植魏庭,献之庙堂,以昭祖灵。"汉献帝迎曹操二位女儿为贵人,曾于魏公宗庙授贵人印绶。《初学记》卷十三《宗庙》第四(中华书局,1962 年),载王粲《太庙颂》三首。其一:"思皇烈祖,时迈其德。肇启洪源,贻宴我则。我休厥成,聿先厥道。丕明丕钦,允时祖考。"其二:"于穆清庙,翼严休徵。祁祁髦士,厥德允升。怀想成位,咸奔在宫。无思不若,永观厥崇。"其三:"绥庶邦,和四宇。九功备,彝乐序。建崇牙,设璧羽。六拊奏,八音举。昭大孝,衍姚祖。念武功,收醇祜。"

缪钺先生作《王粲行年考》,于建安十八年条下曰:"王粲有《太庙颂》三首,盖亦是年所作,因是年魏始建宗庙也。"④《三国志》卷二十一《王粲传》曰:"(粲)博物多识,问无不对。时旧议废弛,兴造制度,粲恒典之。"曹魏典制、宗庙制度的议定,王粲似曾参与。

---

① 《艺文类聚》卷三十九《燕会》。

② 《艺文类聚》卷三十九《社稷》。

③ 北魏拓跋珪占据邺城后,曾诏有司博议国号。崔玄伯曰:"夫'魏'者大名,神州之上国,斯乃革命之征验,利见之玄符也。宜号为魏。"拓跋珪从之。见魏收撰:《魏书》卷二十四《崔玄伯传》,中华书局点校本,1974 年。此可与曹魏文物制度作参照。

④ 缪钺:《读史存稿》,三联书店 1963 年,第 122—123 页。

　　王粲《尚书释问》四卷,也当在邺中著成。此书在东魏北齐、隋唐时还曾流行。《颜氏家训·勉学》:"吾初入邺,与博陵崔文彦交游,尝说《王粲传》中难郑玄《尚书》事。"《旧唐书》卷一百二《元行冲传》载行冲《释疑》言:"自此之后,唯推郑公。王粲称:'伊、洛以东,淮、汉之北,一人而已,莫不宗焉。咸云,先儒多阙,郑氏道备。粲窃嗟怪,因求其学。得《尚书注》,退而思之,以尽其意,意皆尽矣。所疑之者,犹未喻焉。'凡有两卷,列于其集。"王粲精研经典,熟悉周汉制度,故能为曹魏制度建设多所谋议。

　　社稷与宗庙似南北相对,社稷在宫之东北,宗庙在宫之东偏南。大概位于宫城与邺东门之间东西大道之北。太社又称"宫中太社",与宗庙一样,皆为宫城附属建筑,围绕宫城而建。《魏都赋》所云"筑曾宫以回匝,比冈陾而无陂"。宫城之东及南官署及礼制建筑当是"曾宫"范围,此当为中国古代都城之早期皇城的雏形。

　　5.铜雀苑

　　外朝文昌殿西为铜雀苑,又称西苑、北苑。《六臣注文选》卷六《魏都赋》曰:"右则疏圃曲池,下晼高堂。兰渚莓莓,石濑汤汤。弱葼系实,轻叶振芳。奔龟跃鱼,有瞭吕梁。驰道周屈于果下,延阁胤宇以经营。飞陛方辇而径西,三台列峙而峥嵘。"《赋》中所言疏圃、曲池、高堂、兰渚、石濑、驰道、延阁、飞陛等,都是西园内的建筑和景物。西园是曹氏父子和建安诸子游乐赋会的主要场所,又是建安文学的发祥地。西园的建筑、池观、奇木异卉等都可从他们的诗赋中反映出来。曹丕《登台赋》曰:"建安十七年春,游西园,登铜雀台,命余兄弟并作。"其《校猎赋》又曰:"望路寝而听政,综群司之纪纲。逍遥后庭,休息兰房,步辇西园,闲坐玉堂。"

　　西苑高会赋诗堪称建安文学盛事。曹植《公宴诗》曰:"公子敬爱客,终宴不知疲。清夜游西园,飞盖相追随。明月澄清景,列宿正参差。秋兰被长坂,朱华冒绿池。潜鱼跃清波,好鸟鸣高枝。神飚接丹毂,轻辇随风移。"[①]

　　刘桢《公宴诗》也反映了西苑公宴诗会,曰:"永日行游戏,欢乐犹未央。遗思在玄夜,相与复翱翔。辇车飞素盖,从者盈路傍。月出照园中,珍树郁苍苍。清川过石渠,流波为鱼防。芙蓉散其花,菡萏溢金塘。珍鸟宿水裔,

---

　　① 《艺文类聚》卷三十九《燕会》。

仁兽游飞梁。投翰长叹息，绮丽不可忘。"①

西苑内有芙蓉池、华阴池。芙蓉池连接双渠，池边渠岸沿植珍异树木。曹丕《芙蓉池诗》曰："乘辇夜行游，逍遥步西园。双渠相灌溉，嘉木绕通川。卑枝拂羽盖，修条摩苍天。丹霞夹明月，华星出云间，逍游快心意，保己终百年。"②其《铜雀园诗》又曰："朝游高台观，夕宴华池阴。大酋奉甘醪，兽人献嘉禽。齐倡发东舞，秦筝奏西音。飞鸟翻翔舞，悲鸣集北林。乐极哀情来，憀恨摧肝心。"③

曹植《芙蓉池诗》曰："逍遥芙蓉池，翩翩戏轻舟。南阳栖双鹄，北柳有鸣鸠。"④

王粲《杂诗》曰："日暮游西园，冀写忧思情。曲池扬素波，列树敷丹荣。上有特栖鸟，怀春向我鸣。"又《诗》曰："吉日简清时，从君出西园。方轨策良马，并驱厉中原。北临清漳渚，西看柏杨山。回翔游广囿，逍遥波水间。"又《诗》曰："列车息众驾，相伴绿水湄。幽兰吐芳烈，芙蓉发红晖。百鸟何缤翻，振翼群相追。投网引潜鲤，强弩下高飞。白日已西迈，欢乐忽忘归。"⑤

曲观也当在西园内，曹植《娱宾赋》曰："感夏日之炎景兮，游曲观之清凉。"

铜雀苑中有桔树。曹植《桔赋》曰："播万里而遥植，列铜爵之园庭。背江州之暖气，处玄朔之肃清。邦换壤别，爰用丧生。处彼不凋，在此先零。朱实不凋，焉得素荣。惜寒暑之不均，嗟华实之永乖。仰凯风以倾叶，冀炎气之可怀。飏鸣条以流响，晞越鸟之来栖。夫灵德之所感，物无微而不和。神盖幽而易激，信天道之不谄。既萌根而弗干，谅结叶而不华，渐玄化而不变，非彰德于邦家。拊微条以叹息，哀草木之难化。"⑥

蜀葵是一形似木槿花的灌木属植物，铜雀台墙边沿植蜀葵。虞繁曾作《蜀葵赋》，曰："绕铜雀而疏植。"⑦

---

① 《艺文类聚》卷三十九《燕会》。
② 《艺文类聚》卷九《池》。
③ 《艺文类聚》卷二十八《游览》。
④ 《艺文类聚》卷九《池》。
⑤ 《艺文类聚》卷二十八《游览》。
⑥ 《初学记》卷二十八《桔》。
⑦ 《艺文类聚》卷八十一《蜀葵》。

西苑又称"北苑"。曹丕《感离赋》曰："建安十六年,上西征,余居守,老母诸弟皆从,不胜思慕,乃作赋曰:秋风动兮天气凉,居常不快兮中心伤,出北园兮彷徨,望众慕兮成行。"①

曹植《节游赋》曰："遂驾言而出游,步北园而驰骛。"

杨修《节游赋》曰："尔乃息偃暇豫,携手同征,游乎北园,以娱以逞。"②

西苑诗赋高会为建安文学增添了灿烂气象。故刘勰《文心雕龙》卷二《明诗》论邺下文学曰："暨建安之初,五言腾踊,文帝、陈思,纵辔以聘节;王、徐、应、刘,望路而争驱;并怜风月,狎池苑,述恩荣,叙酣宴,慷慨以任气,磊落以使才;造怀指事,不求纤密之巧;驱辞逐貌,唯取昭晰之能;此其所同也。"明代钟惺云："邺下西园,词场雅事,惜无蔡中郎、孔文举、祢正平其人以应之者。"③

西苑还是曹魏外事活动的场所,来自北方、西北、东北的少数部族首领和使者都在这里受到接待,故曹丕《铜雀园诗》曰："大酋奉甘醪,兽人献嘉禽。齐倡发东舞,秦筝奏西音。"曹植《与丁廙诗》亦曰："嘉宾填城阙,丰膳出中厨。吾与二三子,曲宴此城隅。秦筝发西气,齐瑟扬东讴。肴来不虚满,觞至反无余。"④其《侍太子坐诗》又曰："白日曜青春,时雨静飞尘。寒冰辟炎景,凉风飘我身。清醴盈金觞,肴馔纵横陈。齐人进奇乐,歌者出西秦。翩翩我公子,机巧忽若神。"⑤这些诗反映了西园宴请宾客,四方歌乐齐凑,宾主频频举杯,言谈问答,机巧风雅的场景。

曹魏宫禁物资储存库藏也在西苑内,这里建有白藏库和乘黄厩。库和厩并在西城下,库有屋一百七十四间。《尔雅》云："秋为白藏。"因以为名。《魏都赋》曰："白藏之藏,富有无隄。同赈大内,控引世资。宾嫁积墆,琛币充牣。关石之所和钧,财赋之所底慎。燕弧盈库而委劲,冀马填厩而驵骏。"

邺中黄左右藏、油官,据《晋书》卷二十四《职官志》载,魏、西晋设邺中黄左右藏、油官等丞,隶少府。这些官吏均以掌管宫府库藏为职事。

西晋时,司马颖于邺西苑建造宅舍,幕僚陆云曾作《闻起西园第宜遵节

---

　　① 《艺文类聚》卷三十《别》下。

　　② 《艺文类聚》卷二十八《游览》。

　　③ 《古诗归》卷七。见河北师范学院中文系古典文学教研组编:《三曹资料汇编》,中华书局,1980年,第318页。

　　④ 《艺文类聚》卷三十九《燕会》。

　　⑤ 《艺文类聚》卷三十九《燕会》。

俭之制表》①以规劝之。从此,西苑的园林景色受到破坏。

此外,还有一些不知地处的宫阁建筑。如织室台,《晋宫阙名》曰:"邺有铜雀台、织室台。"②

(四)宫城外官署

外朝官署在宫城外,见于文献记载者有相国府、御史大夫府、少府寺、奉常寺、大农寺、太仆寺、中尉寺、大理寺、太社、郎中令府等。左思《魏都赋》曰:"设官分职,营处署居。夹之以府寺,班之以里闾。其府寺则位副三事,官逾六卿。奉常之号,大理之名。厦屋一揆,华屏齐荣。肃肃阶闼,重门再扃。师尹爰止,毗世作桢。"刘良《注》曰:"当司马门南出,道西最北,东向相国府,第二南行御史大夫府,第三少府卿寺。道东最北奉常寺、次南大农寺。出东掖门正东道南西头太仆卿寺、次中尉寺。出东掖门宫东北行北城下,东入大理寺、宫内太社、西郎中令府,城南有五营。魏武帝为魏王时,太常号奉常,廷尉号大理。建安十八年,始置大理、大农、少府、中尉。二十一年,大理钟繇为相国,始置太常、宗正。二十二年,以军师华歆为御史大夫,初置卫尉。时武帝为魏王,置相国、御史大夫,故云位副三事,置卿近九,故曰官逾六卿。"③

相国府　在司马门前路西。《世说》云:"杨修为魏武主簿,作相国门,始构榱桷,魏武自看,使人题门作'活'字,便去。杨修见,即令坏之,既竟。曰'门中活,阔字,王嫌门大也。'"④

大理寺　又称北寺,在宫城东北之北城下。刘桢因为对曹丕妃甄氏不敬,被曹操收监,曾在这里坐禁闭。他深感自己遭受不白之冤,落难中思念好友徐干,因作《赠徐干诗》,曰:"谁谓相去远,隔此西掖垣。拘限清切禁,中情无由宣。思子沉心曲,长叹不能言。起坐失次第,一日三四迁。步出北寺门,遥望西苑园。细柳夹道生,方塘含清源。轻叶随风转,飞鸟何翩翩。乖人易感动,涕下与衿连。仰视白日光,皦皦高且悬。兼烛八纮内,物类无颇偏。我独抱深感,不得与比焉。"⑤从这首诗可以看出,大理寺与宫

---

①　《艺文类聚》卷六十四《宅舍》。

②　《艺文类聚》卷六十二《台》。《晋宫阙名》疑即《晋宫阁名》。

③　(梁)萧统编,(唐)李善等注:《六臣注文选》卷六《魏都赋》,中华书局,2012年。

④　《艺文类聚》卷六十三《门》。

⑤　逯钦立:《先秦汉魏晋南北朝诗·魏诗》卷三《刘桢》,第370—371页。

苑隔道相望。大理寺门北向,面对北城墙,沿城墙有街道,道旁植有柳树。

邺县官署　在邺城内东南部。《艺文类聚》卷九十一《鸭》引《风俗通》曰:"王乔为邺令,每月朔望,常自县诣台朝,帝怪其来数,而不见车骑,密令太史伺望之,言其临至,辄有双凫从东南飞来,于是举罗张之,但得一双舄,是先所赐尚书官属履也。"所载之事,虽荒诞不经,但能反映出邺县官署的大致方位。魏晋邺县衙署当沿袭东汉。邺县县令负责邺城治安,大多以干练强能者担任。《三国志》卷二十五《高堂隆传》曰:"初,任城栈潜,太祖世历县令,尝督守邺城。时文帝为太子,耽乐田猎,晨出夜还。潜谏曰:'王公设险以固其国,都城禁卫,用戒不虞。《大雅》云:"宗子维城,无俾城坏。"又曰:"犹之未远,是用大谏。"若逸于游田,晨出昏归,以一日从禽之娱,而忘无垠之衅,愚窃惑之。'太子不悦,然自后游出差简。"

(五)双阙与街道

双阙——赤阙、黑阙　《广雅》曰:"象魏,阙也。"《释名》曰:"阙,阙也。在门两旁,中央阙然为道也。"《周官》曰:"太宰以正月悬治法于象魏。"[①]象魏,门阙也。法令悬之,或谓法令旧章为门阙。邺宫城南,东西大道列置双阙,一为赤阙,一为黑阙。曹植《登台赋》:"浮双阙乎太清"。其《仙人篇》又曰:"阊阖正嵯峨,双阙万丈余。"《赠徐干诗》曰:"聊且夜行游,游彼双阙间。"繁钦《槐树赋》曰:"嘉树吐翠叶,列在双阙涯。"左思《魏都赋》曰:"岩岩北阙,南端逌遵。竦峭双碣,方驾比轮。"《魏都赋注》曰:"二阙正当东西南北城门,最是通衢也。"据考古资料,二阙冲当东西南三面城门,沿东西大道列置。双阙在阊阖门前,南向,冲对南城墙中门。据考古报告,邺城东西大道中部向南略有弯曲,其向南弯曲之处当是双阙所在的方位。

邺城街路均直通周围城门,街道的走向都可由城门推测。根据文献记载和考古勘探,已探明的主要街路共六条,其中南北街路五,东西大道一。东西大道连接东门和西门,大道以南有三条南北街路,皆由南面三门向北,西头第一条北至铜雀园,中间一条北至外朝文昌殿,东头一条北至戚里,三条街道都北与东西大道相接通。东西大道以北有南北街路二:东头一条北起北城东头一门,西头一条北起西头一门,二街路都向南与东西大道相接通。考古工作者已勘探出这六条道路。东西大道已探出 2100 米,中部略有向南弯曲,路面宽 13 米左右,"发掘时发现早晚两层路面,早期路面为东汉晚期至曹魏时期修建,沿用至十六国时期,晚期路面是东魏北齐时期修建和使用的"①。东西大道以南的三条南北大道,中间一条长 730 米,宽 17 米,是城内最宽的道路,为南北向主干道。路土厚 0.5 至 1 米,修建于东汉晚期至曹魏时期。西头一条长 800 米,路面宽 13 米左右,发掘时发现路两侧有沟,宽 0.6—1 米,深 0.55—1.1 米。有两层路面,早期路面是东汉晚期至曹魏时期的,晚期路面下限为东魏、北齐时期。东头一条已探出 150 米的路段,路面宽也在 13 米左右。东西大道以北两条南北街路,东面一条已探出 450 米长的一段,宽约 13 米,西面一条仅探出长 70 米的一段,路面宽 10 米左右,由于北墙西面一门的位置还未探明,这条南北路是否直通北墙西头一门,暂且还不能确定。此外,东西大道以南至南垣还有二条南北街路,一条在凤阳门与中阳门之间,由南墙潜伏门向北至东西大道;一条由内朝司马门向南至南墙,此街道在广阳门大街与中阳门大街之间。在邺城北半部,还有一条南北道路,即内朝宫殿之东,出东披门向北至北垣下大理寺之西,向南至东西大道。这样,邺城内主要街道起码有九条。据张子欣《邺城考古札记》,凤阳门大街南头向东有拐弯。考古与文献结合,绘制曹魏邺都平面图如下:

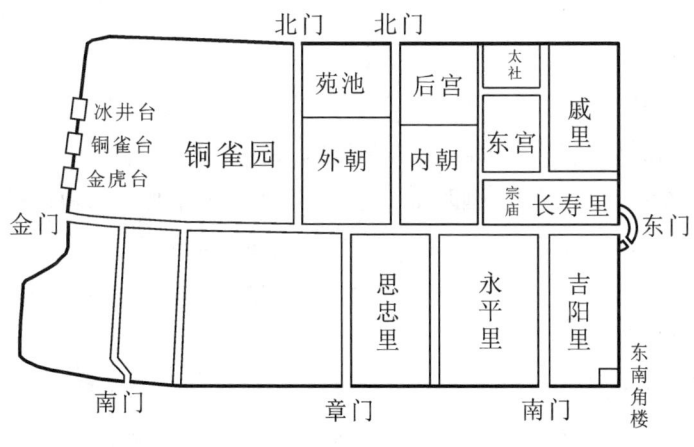

曹魏邺城平面图

邺城街道两旁植有槐树、柳树。左思《魏都赋》曰:"疏通沟以滨路,罗青槐

---

①　中国社会科学院考古所、河北省文物所邺城考古队:《河北临漳邺北城遗址勘探发掘简报》,刊《考古》1990 年第 7 期。

以荫途。"从文昌殿到双阙,道路两旁植槐。从双阙南向至南城墙中门之干道两旁也当植槐。东西大道夹水渠植有柳树。刘桢《赠徐干诗》说:"步出北寺门,遥望西苑园。细柳夹道生,方塘含清源。"这是刘桢在被拘禁时,从大理寺内门出来,向西眺望,想念好友徐干,同时也看到了沿东西大道水渠边的细柳。

(六)里巷

里,是邺城内贵族与平民的住宅区,可考见的里名有五:即长寿里、吉阳里、永平里、思忠里,还有戚里。《魏都赋》曰:"其闾阎则长寿、吉阳、永平、思忠,亦有戚里,寘宫之东。闬出长者,巷苞诸公。都护之堂,殿居绮窗。舆骑朝猥,蹀躞其中。"刘良《注》云:"长寿、吉阳、永平、思忠,四里名也。长寿北入,皆贵里。"曹魏时,曹渊曾任都护将军,其宅处当在宫东贵里之内。

里内有巷,王粲、刘桢、徐干、陈琳、阮瑀等均家居宫东里巷内,这可从他们的诗中反映出来。刘桢《诗》曰:"揽衣出巷去,素盖何翩翩。"刘桢披衣出了自家的坊巷,就遇上了成群结队撑着翩翩素盖的官舆,其住址自然不会是一般平民区,而是达官贵人聚集区。陈琳《诗》曰:"节运时气舒,秋风凉且清。闲居心不娱,驾言从友生。翱翔戏长流,逍遥登高城。东望看畴野,回顾览园庭。嘉木凋绿叶,芳草纤红荣。骋哉日月逝,年命将西倾。建功不以时,钟鼎何所铭。收念还房寝,慷慨咏坟经。庶几及君在,立德垂功名。"[①]从诗中"登高城"、"东望"、"回顾"、"还寝房"这一系列活动看,陈琳的住宅当在邺宫东部贵里内,距东城较近,东城是其平时散步消遣的去处。王粲《从军诗》说:"歌舞入邺城,所愿获无违。昼日处大朝,日暮薄言归。外参时明政,内不废家私。"[②]反映了王粲随曹操征战回到邺城,白天在大朝办理公事,天黑了,在考勤簿上题签一个"归"字,就回到贵里的家中。

(七)邺市

邺城里坊内建有客馆,供往来宾侣商贩居住。市场定期开市,市内建置有旗亭,设官管理市场交易。开市时,人来人往,摩肩接踵,四方货物集散于邺市,商贸甚是繁荣。故左思《魏都赋》曰:"营客馆以周坊,饬宾侣之所集。玮丰楼之闳闳,起建安而首立。葺墙幕室,房庑杂袭。剖厥罔掇,匠

---

① 《艺文类聚》卷二十八《游览》。
② 俞绍初校点:《王粲集》,中华书局,1980年。

斳积习。广成之传无以俦，稿街之邸不能及。廓三市而开廛，籍平逵而九达。班列肆以兼罗，设阛阓以襟带。济有无之常偏，距日中而毕会。抗旗亭之嵲嶭，侈所眺之博大，百隧毂击，连轸万贯。凭轼捶马，袖幕纷半。壹八方而混同，极风采之异观。质剂平而交易，刀布贸而无算。财以工化，贿以商通，难得之货，此则不容。器周用而长务，物背窳而就攻。不鬻邪而豫贾，著驯致之醇醲。"①坊市应在宫城之南，有违《考工记》"面朝背市"的设计布置。河南省安阳市博物馆焦智勤等在故邺废墟上捡到带有"业市"的陶文五方，二字竖向排列，模印在陶量的底部内侧（见下左图）。戳有"业市"印记的陶量，应是官署所用的法定量器，平时置于市场，平准称量，防止不法商贩克扣作弊。并且还采集到带有"亭"字的瓦当，"直径 14 厘米，边轮宽 1 厘米，瓦当中央为一'亭'字，四边饰云纹……'亭'字瓦当可能是魏晋时期邺城旗亭上的建筑构件"②。（见下右图）

邺市陶量陶文拓片　　　　　　　　"亭"字瓦当

邺市长官为"市长"，市长与一些大商人常常成为至交。魏晋设邺典农中郎将官职，此官一方面管理屯田，一方面经营商业，亦农亦商，与邺市长交往甚多。也有官僚经商，官商勾结谋取时利的现象较为严重。据《晋书·石苞传》：石苞，渤海南皮人，贩铁于邺市。市长沛国赵元儒知遇，结交。景帝徙苞为邺典农中郎将。时魏世王侯多居邺下，尚书丁谧贵倾一时，并较时利，苞奏列其事，由是益见称。

另据《晋书·石苞传》，邺城还置有奚官督，是管理少数部族的长官。

　　① 《六臣注文选》卷六《魏都赋》。
　　② 焦智勤、傅春：《邺·邺市·邺传舍》，《中国古都研究》第 15 辑，三秦出版社，2004 年，第 185—188 页。

郭廙为邺奚官督，石苞处事不周，郭廙上书理苞。邺市及典农中郎将、奚官督的府第均当在邺城南部。此外，负责邺城城防和治安的虎贲、羽林、五营，也当在城南。

邺还有乡的建置，《晋书》卷二十四《职官志》曰：邺置吏如三千户以上，置二乡。乡置啬夫一人，史、佐各一人，正一人。这种乡的建置似在城郊。

邺城南半部主要是平民居住区，其里巷布局，文献失考。干宝《搜神记》卷十七"何文除宅妖"条，讲述魏晋邺城民间宅基房产买卖的故事，曰："魏郡张奋者，家本巨富，忽衰老财散，遂卖宅与程应。应入居，举家病疾，转卖邻人何文。文先独持大刀，暮入北堂中梁上。至三更竟，忽有一人长丈余，高冠，黄衣，升堂呼曰：'细腰！'细腰应诺。曰：'舍中何以有生人气也？'答曰：'无之。'便去。须臾，有一高冠青衣者，次之，又有高冠白衣者，问答并如前。及将曙，文乃下堂中，如向法呼之，问曰：'黄衣者为谁？'曰：'金也。在堂西壁下。''青衣者为谁？'曰：'钱也。在堂前井边五步。''白衣者为谁？'曰：'银也。在墙东北角柱下。''汝复为谁？'曰：'我，杵也。今在灶下。'及晓，文按次掘之：得金银五百斤，钱千万贯。乃取杵焚之。由此大富。宅遂清宁。"这篇鬼怪故事，可以反映居住在邺城坊巷内的平民，房产私有，可以自由出卖，居民中不乏富户，还有一些暴发户，何文因偶然得金五百斤而大富。这说明邺城民间财产买卖颇为普遍，商业也较发达。

（八）城外建筑

曹魏邺城四郊也有诸多陂池、宫、馆、驿、亭等建筑，是曹氏父子和达官贵族游玩、祭祀及出入邺城的栖息之地。

玄武陂　又叫玄武池，在邺城西北。《三国志》卷一《武帝纪》曰：建安"十三年春正月……作玄武池以肄舟师"。此后，曹操在玄武池的基础上，扩建为玄武苑，是邺下著名园林。苑中广植藕荷、竹木、葡萄等，有鱼梁、钓台等建筑。左思《魏都赋》曰："苑以玄武，陪以幽林。缭垣开闺，观宇相临。硕果灌丛，围木竦寻。篁篠怀风，蒲萄结阴。回渊潋，积水深。兼葭赞，藿蕞森，丹藕凌波而的砾，绿菱泛涛而浸潭。"曹丕、曹植兄弟及建安诸子常到此游玩赋诗。《艺文类聚》卷九《陂》载：魏文帝《于玄武陂作诗》曰："兄弟共行游，驱车出西城。野田广开辟，川渠互相经。黍稷何郁郁，流波激悲声。菱芡覆绿水，芙蓉发丹荣。柳垂重荫绿，向我池边生。乘渚望长洲，群鸟欢哗鸣。萍藻泛滥浮，澹澹随风倾。"曹植《离缴雁赋》曰："余游于玄武陂中，有雁离缴,不能复飞。顾命舟人,追而得之。"①建安十三年曹操开凿玄武池操练水军,后来却变成了一处景色秀美的园林,成为"三曹"及建安诸子游玩赋诗的去处。

王粲《诗》曰:"吉日简清时,从君出西园。方轨策良马,并驰厉中原。北临清漳渚,西看柏杨山。回翔游广囿,逍遥波水间。"②从诗中可以看出他们的游览路线:出邺西门,沿城外大道向西穿过平垦农田,来到漳水岸边,又沿漳水西南游览,向西眺望柏杨山景,返回至玄武陂,下车乘船,欣赏水色。由此推断出玄武陂当在邺西门外大道路北,漳水之南。今三台遗址西北有一大片地势低洼之处,俗名"大黑坑",故老相传为曹魏玄武苑。虽已垦为良田,但站在残存的金凤台之巅,从高处望去,隐约仍能观察到玄武陂遗留下来的痕迹。

《水经注·洹水》曰:"(洹水)东北流迳邺城南,谓之新河。又东,分为二水,一水北迳东明观下……又北迳建春门……其水际其西迳魏武玄武故苑,苑旧有玄武池以肆舟楫,有鱼梁钓台,竹木灌丛,今池林绝灭,略无遗迹矣。其水西流注于漳。"玄武池苑在北魏已湮灭。建春门为十六国时期后赵邺城东门,东明观在其南,即邺城东南隅。洹水循东城墙由南向北,又绕北城墙向西,入玄武苑,这也说明玄武苑在邺城西北漳水南。

据《晋书》卷二十四《职官志》,曹魏、西晋在邺置玄武苑丞官职,隶大鸿胪,专掌玄武苑园林管理,玄武苑为邺城重要皇家园林。北魏时,苑池废。东魏北齐定都邺城,又有所修复。北宋以后,复又"池林绝灭,略无遗迹"③。

鸣鹄园、蒲萄园　《艺文类聚》卷六十五《园》、《渊鉴类函》卷三百五十《园圃》引《晋宫阙名》曰:"邺有鸣鹄园、蒲萄园。"二园似在玄武苑内。

芳林园　《邺中记》云:"魏武所筑,后避秦王讳,改名华林。后赵石虎建武十四年重修。"④

灵芝园　《图经》载《魏志》云:"太祖受封于邺,东置芳林园,西置灵芝园。黄初二年,甘露降于园中。"⑤灵芝园似因园内培育有灵芝而得名。

---

①　《艺文类聚》卷九十一《雁》。

②　《艺文类聚》卷二十八《游览》。

③　嘉靖《彰德府志》卷八《邺都宫室志》,上海古籍书店,1964年。

④　嘉靖《彰德府志》卷八《邺都宫室志》。

⑤　嘉靖《彰德府志》卷八《邺都宫室志》。

灵芝池　嘉靖《彰德府志》卷八《邺都宫室志》:"《邺中记》云此池在城西三里,黄初三年文帝凿,至四年有鹎鹕集于池。疑此误书《洛阳故事》。"

斗鸡台　《邺中记》曰:"漳水南有玄武池,次东北五里有斗鸡台。"曹植《名都篇》曰:"斗鸡东郊道,走马长楸间。"后石虎亦斗鸡于此。[①]斗鸡台似在邺东偏北。

都亭、建安邸　《魏都赋》刘良注曰:"邺城东有都亭,城东亦有都道。北有大邸,起楼门临道,建安中所立也。古者重客馆,故举年号也。"[②]曹魏于邺城北、东建客馆、都亭,例仿两汉长安、洛阳制度。

藉田　在邺城东,置于建安十九年(214 年)。《三国志》卷一《武帝纪》:"十九年春正月,始耕藉田。"曹植作《藉田论》曰:"邺东有四亩,共帝王作藉礼。"[③]

泮宫　《宋书》卷十四《礼志》云:"建安二十二年,魏国作泮宫于邺城南。"泮宫即曹魏在邺所建学宫。曹植作《学宫颂》曰:"自五帝典绝,三王礼废,应期命世,齐贤等圣者,莫高于孔子也。故有若曰:出乎其类,拔乎其萃,诚所谓性与天道,不可得而闻矣。由也务学,名在前志,宰予昼寝,粪土作诚,过庭之言,子弟明记。歌以咏言,文以骋志,予今不述,后贤曷识。于铄尼父,生民之杰,性与天成,该圣备艺,德伦三五,配皇作烈,玄镜独鉴,神明昭晰,仁塞宇宙,志凌云霓,学者三千,莫不俊义,唯仁可凭,唯道足恃,钻仰弥高,请益不已。"[④]

孔子庙　似在城南泮宫附近,古代学宫旁多建有孔庙。曹植曾作《孔子庙颂》,曰:"修复旧庙,丰其甍宇,莘莘学徒,爰居爰处。王教既备,群小遄沮,鲁道以兴,永作宪矩。洪声登遐,神祇来祜,休征杂沓,瑞我邦家,内光区域,外被荒遐。"[⑤]"瑞我邦家,内光区域,外被荒遐"的口气与行文与《登台赋》"家愿得而获逞","翼佐我皇家"相类,由此推测,这篇颂文当写成于邺,所颂者为邺城孔庙。邺有泮宫,亦当有孔庙。邺孔庙的修建亦似在建安二十二年。《金石萃编》云撰于黄初初,庙在曲阜。存疑待考。

①　嘉靖《彰德府志》卷八《邺都宫室志》。
②　《六臣注文选》卷六《魏都赋》。
③　《艺文类聚》卷三十九《藉田》。
④　《艺文类聚》卷三十八《学校》。
⑤　《艺文类聚》卷三十八《宗庙》。

西门豹祠 在邺西偏南,距城约十五里。《水经注》卷十《浊漳水》引曹丕《述征赋》曰:"羡西门之嘉迹,忽遥睇其灵宇。""其灵宇",即西门豹祠。

晋时,邺城始有佛教传播,还当有浮图建筑。据《隋书》卷三十五《经籍志》:"甘露中,有朱仕行者,往西域,至于阗国,得经九十章,晋元康中,至邺译之,题曰《放光般若经》"。

邺西北滏口有黑龙洞,魏晋邺地居民祈雨之所。东晋干宝《搜神记》卷二十"病龙求医"条:"晋魏郡亢阳,农夫祷于龙洞,得雨,将祭谢之。孙登见曰:'此病龙雨,安能苏禾稼乎? 如弗信,请嗅之。'水果腥秽。龙时背生大疽,闻登言,变为一翁,求治,曰:'疾瘳,当有报。'不数日,果大雨。见大石中裂开一井,其水湛然。龙盖穿此井以报也。"此条材料虽言鬼怪,亦能反映出邺地居民求雨之习俗。

(九)邺下水利工程系统

邺下水利工程始于战国时期魏国的西门豹。据《史记》卷四十四《魏世家》,魏文侯二十五年(公元前 422 年),"任西门豹守邺,而河内称治"。西门豹为邺令是由翟璜举荐的,翟璜曾对李克说:"君(魏文侯)内以邺为忧,臣进西门豹。"[①]"西门豹为邺令,而辞乎魏文侯。文侯曰:'子往矣,必就子之功,而成子之名。'西门豹曰:'敢问就功成名,亦有术乎?'文侯曰:'有之。夫乡邑老者而先受坐之士,子入而问其贤良之士而师事之,求其好掩人之美而扬人之丑者而参验之。夫物多相类而非也,幽莠之幼也似禾,骊牛之黄也似虎,白骨疑象,武夫类玉,此皆似之而非者也。'"[②]君臣晤对,说明文侯十分重视邺地治理,也说明西门豹是一位干练、务实的能臣。"豹往到邺,会长老,问之民所疾苦。"长老告之苦于为河伯娶妇,因投巫于漳水,废绝淫祀。"即发民凿十二渠,引河水灌民田,田皆溉。"[③]

到了魏文侯的曾孙襄王时,又有史起出任邺令,进一步修复邺下水利工程,引漳溉邺。《汉书》卷二十九《沟洫志》曰:"魏文侯时,西门豹为邺令,有令名。至文侯曾孙襄王时,与群臣饮酒,王为群臣祝曰:'令吾臣皆西门豹之为人臣也!'史起进曰:'魏氏之行田也以百亩,邺独二百亩,是田恶也。漳水在其旁,西门豹不知用,是不智也。知而不兴,是不仁也。仁智豹未之

---

① (汉)司马迁撰:《史记》卷四十四《魏世家》,中华书局点校本,1982 年。
② (西汉)刘向集录:《战国策》卷二十二《西门豹为邺令》,上海古籍出版社,1985 年,第 778 页。
③ 《史记》卷一百二十六《滑稽列传》。

尽,何足法也!'于是以史起为邺令,遂引漳水溉邺,以富魏之河内。民歌之曰:'邺有贤令兮为史公,决漳水兮灌邺旁,终古舄卤兮生稻粱。'"东汉崔寔作《政论》,亦曰:"史起以漳水溉邺,民以兴歌。"史起为邺令,时间在西门豹治邺之后一百多年,他的水利成就主要有两点:一是修复了西门豹的水利工程;二是扩大了灌溉面积,把漳水引至邺城附近的农田,并利用漳水冲刷盐碱,改良土壤。后人读《史记》、《汉书》,或以二书记载有矛盾,其实不然。西门豹、史起都是邺下水利工程的开创者,故左思《魏都赋》曰:"西门溉其前,史起灌其后。"史起指责西门豹仁智未尽,是说他的水利工程效益还未充分发挥,灌溉区域还未到达邺城近旁。

西门豹十二渠,上下平行,多渠首引水,东西横穿南北驰道,影响交通。故《史记·滑稽列传》曰:"十二渠经绝驰道,到汉之立,而长吏以为十二渠桥绝驰道,相比近,不可。欲合渠水,且至驰道合三渠为一桥。邺民人父老不肯听长吏,以为西门君所为也,贤君之法式不可更也。长吏终听置之。"汉武帝时,在西门豹、史起的水利工程基础上,分漳水为陂流,把渠与陂相连,蓄灌配套,使工程效益进一步提高。《史记·滑稽列传》曰:"至今皆得水利,民人以给足富。"

曹操攻克邺城后,大兴水利,在传统工程基础上,构建邺下水利系统。其水利系统基本上有三个组成部分:即城外、城内及周围水系的连接。

城外主要水利工程有天井堰。即修复十二渠,在渠首下游附近抛石筑堰。"堰漳水回流东注,号天井堰。二十里中,作十二墱,墱相去三百步,令互相灌注,一源分为十二流,皆悬水门。"[1]卷五十五《河北道·相州》"紫陌桥"条:"赵武帝于漳水造浮桥,接紫陌,故号紫陌桥,桥之下有天井堰。"考《水经注》,应在邺城西南。《水经注》卷十《浊漳水》云:"漳水又东北迳西门豹祠前……右与枝水合。其水上承漳水于邯会西,而东别与邯水合。水发源邯山东北,迳邯会县故城西,北注漳水,故曰邯会也。张晏曰:漳水之别,自城西南与邯山之水会,今城旁犹有沟渠存焉……其水又东北入于漳。昔魏文侯以西门豹为邺令也,引漳以溉邺,民赖其用。其后至魏襄王,以史起为邺令,又堰漳水以灌邺田,咸成沃壤,百姓歌之。魏武王又竭漳水,回流东注,号天井堰……陆氏《邺中记》云:水所溉之处,名曰堰陂泽。"西门豹、

---

① 《水经注》卷十《浊漳水》。

史起之故迹在邺西南,魏武的水利工程也应在这一带。漳水由邺西南,经城西,流向东北,作磴以提高水位,堰漳水回流东注,所溉之田也应当在南岸和东岸。邺西南地势较高,河床稳固,筑堰溉田条件较好。紫陌在城西北五里,这里地势起伏较大,引水不便,工程效益有限,这一带有玄武陂,缺少大片农田,而且紫陌又无传统工程可利用,在此筑堰费工费时。曹操修长明渠,从城南引水经铜雀台下,伏流东注,而不从靠近邺城的紫陌一带引水,也说明这一带引水不便,不可能在这里筑天井堰,天井堰在邺西南是比较可信的。天井堰的水利效益甚佳,故左思《魏都赋》曰:“磴流十二,同源异口。蓄为屯云,泄为行雨。水澍粳稌,陆蒔稷黍。黝黝桑柘,油油麻纻。均田画畴,蕃庐错列。姜芋充茂,桃李荫翳。”真是一派富饶景观。

城外水利工程还有玄武陂,玄武陂连接漳水、洹水,不仅可调节水量,保证农田、城市用水,还能改善邺城自然生态环境。水生物呈现出多样性。曹魏时,屡有黄龙见于漳水和邺,这种黄龙当是一种不常见的水生物。

城内水利工程主要是供、排水系统。曹操开凿长明沟,引漳水伏穿铜雀台,入西园,分作双渠,又南出,沿东西大道向东,经止车门,流入北宫,沟水南北夹绕文昌殿,分出许多支流,入殿后池苑、后宫及各官署等,然后再汇合至宫城东石窦堰下,出城注入城东的湟水,把城内城外的水利工程连成一气,便利了城市的生活用水、绿化、灌溉、排污等实施。长明沟沿街衢,夹道绕流,城市供排水与交通相统一,其设计规划颇具科学性。这在《魏都赋》中有充分反映,曰:“内则街冲辐辏,朱阙结隅。石杠飞梁,出控漳渠。疏通沟以滨路,罗青槐以荫涂。”水利、交通、绿化、建筑相映成趣,构成古代都城优美的居住环境。

曹操还将邺下水利工程与周边水系连接起来。建安九年(204年),为了军事的需要,“遏淇水入白沟以通粮道”[1]。建安十年(205年),北征乌桓,凿渠漕运军粮,“自呼沲入泒水,名平虏渠;又从泃河口凿入潞河,名泉州渠,以通海”[2]。十八年(213年),凿利漕渠引漳水入清洹以通河漕。这样,通过人工渠,把黄河、漳河、滹沱河等水系串通起来,构成以邺为中心的四通八达之漕运,由邺西南到洛阳,东南到彭城(今江苏徐州市),东北到南

---

[1]　《三国志》卷一《武帝纪》。

[2]　《三国志》卷一《武帝纪》。

皮(今河北南皮东北),都有水路相通。曹丕曾率邺下文人墨客数次由清河到南皮游玩。西晋时,镇守邺城的成都王司马颖曾漕运河北粟到彭城,赈济灾民。这些水利工程对邺城的发展和兴盛起了重要的作用。

在邺城通往周边主要城镇的交通要道上还建有许多行宫,如南皮行宫,由此通往东北;孟津行宫,曹丕《孟津诗》曰:"翊日浮黄河,长驱旋邺都。"①孟津是邺与洛阳来往的重要津梁;韩陵山行宫,曹丕《诗》曰:"朝发邺城,夕宿韩陵"②。韩陵山在邺城南,也是由邺通往许及河南的要冲。此外,白马津似亦建有行宫。

曹魏邺城虽为王都,但与帝都相比,实无多大差别。其在袁绍旧府基址上兴建,而规模制度已非诸侯霸府所能望其项背。十六国时期后赵的邺都在城制布局方面基本上沿袭曹魏,综合文献与考古资料,考察曹魏邺都的城制,大体可以得出这样的认识:城垣平面形状基本呈东西长、南北宽之不规则横长方形,南、北、东三面城垣大体直向,唯西城垣南半段向外凸出,随地形略有弯曲。邺城地势西北高,东南低。曹操因地理地势构筑城池,于城外西北凿玄武陂,利用陂土筑三台,尽收城防、水师训练、环境、游观之利;又沿袭袁绍,于城东南隅扩建楼观,以增强都城建筑的整体性。整个城区以贯通东、西城门的东西大道为界,分为南、北两部分,北半部略大于南半部,自西向东依次为西苑、外朝、内朝与贵族居住区戚里。外朝居北部中央,以文昌殿为中心,向南沿章门内大街,构成全城中轴线。南半部为里市、郡县官署及平民住宅区。城内南北主干道共八条,由北垣向南至东西大道有三条;城区南半部南北大街五条,分别与东西大道垂直相交,街与街之间又有里巷相接,形成棋盘状街区。

从城制规划与设计上看,曹魏邺都与西汉长安、东汉洛阳大不相同。首先是宫殿区集中,而且位居北部中央,虽然考古工作者未能钻探到宫墙遗址,单一宫城似乎还未成熟与完善,但从其区位和结构看,已经具备了宫城的形状。在宫殿周围建置官署,筑"曾宫",开启了后代的皇城建筑制度。由于邺城的地理条件和城区范围的限制,曹魏邺宫内、外朝东西并列,这样的格局与体制既不同于两汉,又不同于以后的隋唐,带有一种过渡的特征,

---

① 《艺文类聚》卷二十八《游览》。
② 《艺文类聚》卷五十九《战伐》。

具有承前启后的作用,直到隋之大兴,宫城、皇城、郭城"回"字形相套的制度得以形成。

大朝的中心建筑是文昌殿,曹魏邺都整个宫殿区均围绕文昌殿布置,其西、其北为西苑、沟池;其南、其东为门观宫殿建筑。曹植《登台赋》曾描述邺宫"通天地之规量兮,齐日月之辉光"。这说明邺宫的规制与设计贯彻了天地、日月、阴阳的理念,而且日月、阴阳观念在方位上似乎比较重视东、西,与后来的指南为阳、以北为阴的方位概念稍有差异,反映了邺城制度在理念上由先秦以来"以西为尊"到隋唐"以北为上"的过渡。

全城南北中轴线在曹魏邺都制度上的表现十分明显。这条中轴线,北起北城垣,向南经文昌殿、端门、止车门、阊阖门、章门内大街,穿过章门向南。街区、里巷、官民署宅等建筑,大体沿中轴线对称布置,整体感较强。这也表现了不同于两汉长安、洛阳的风格。

据左思《魏都赋》,邺有五里:戚里、长寿里、吉阳里、永平里、思忠里。从文献反映的情况看,里中有巷,既然有巷,就一定有墙,有墙就可能有门,其里之结构大体类似隋唐大兴、长安的坊,也可以说曹魏邺都之里巷开启了隋唐都城坊的建筑。

市在里中,位于宫城之南。《魏都赋》所描述的邺市四周有墙,市内建有旗亭、客馆、商肆等,颇类于唐代长安的坊市,邺城制度对后世的影响在这方面也较突出。

四、曹操高陵考辨

(一)曹操高陵疑信辨

2009 年 12 月,考古界确认河南安阳西高穴大墓为曹操高陵。西高穴大墓是否为高陵?可将文献资料与考古发掘结合起来,对曹操高陵的真实性作出推证。

1.文献中所见曹操高陵

高陵即高平陵,又称西陵,其地望在邺城西,位于西门豹祠西原上。文献所记西陵最早者为建安二十三年曹操《终令》:"古之葬者,必居瘠薄之地。其规西门豹祠西原上为寿陵，因高为墓，不封不树。"①建安二十五年又作《遗令》：吾死之后，"敛以时服，葬于邺之西岗上，与西门豹祠相近，无藏金玉珍宝"。曹操卒后，曹丕作《哀策》："卜葬既从，大隧既通。漫漫长夜，窈窈玄宫。有晦无明，曷有所穷。卤簿既整，三官骈罗。前驱建旗，方相执戈，弃此宫庭，陟彼山阿。"②此是起灵前，曹丕面对曹操的灵柩宣读的悼辞。曹植《诔》曰："敦俭尚古，不玩珠玉……既即梓宫，躬御缀衣。玺不存身，唯绋是荷。明器无饰，陶素是嘉。既次西陵，幽闺启路。群臣奉迎，我王安厝。窈窕玄宇，三光不晰。幽闼一扃，尊灵永蛰。圣上临穴，哀号靡及。群臣陪临，伫立以泣。"③此为殡葬之后，曹植所作悼念之文。这两篇作品描述了曹操遗体安葬的场面，也反映了西陵的状况。魏黄初年间，高陵建有陵屋、祭殿。曹操部下老将于禁从吴国回到洛阳，文帝曹丕使人于陵屋之壁图绘关羽水淹七军逼于禁投降故事，又让于禁"北诣邺谒高陵"④，于禁观图，惭愧发病死。黄初三年，曹丕作《毁高陵祭殿诏》："先帝躬履节俭，遗诏省约……古不墓祭，皆设于庙。高陵上殿，屋皆毁坏，车马还厩，衣服藏府，以从先帝俭德之志。"明帝太和四年"六月戊子，太皇太后崩……秋七月，武宣卞后祔葬于高陵"⑤。曹魏时，王沉官修《魏书》，鱼豢私撰《魏略》，晋初，陈寿据之著《三国志·魏书》，均载及高陵。陈寿之后，陆机于元康八年在秘阁阅"魏武帝遗令"，慨然叹息，撰《吊魏武帝文》并《序》，引述《遗令》："吾婢好妓人，皆著铜雀台。于台堂上施八尺床穗帐……月朝十五，辄向帐作妓，汝等时时登铜雀台，望吾西陵墓田。"从文献材料反映的情况看，魏晋时期曹操高陵的地处情况是清楚的。到了十六国时期，见诸文献记载的高陵就不多了，北魏郦道元《水经注》记漳水，言及西门豹祠，且不曾提起高陵。隋唐以后，地理书中虽有高陵的记载，然大多是转抄且较为模糊。《元和郡县图志》卷十六"邺县"条曰："魏武帝西陵，在县西三十里。"所记仅是大概方位。元纳新《河朔访古记》卷中记魏武高平陵，"在邺镇西南三十里，周二百七十步，高一丈六尺。"明嘉靖《彰德府志》曰：

---

①　《三国志》卷一《武帝纪》。

②　《魏文帝集》，见《三曹集》，岳麓书社，1992年。

③　《陈思王集》，见《三曹集》，岳麓书社，1992年。

④　《三国志》卷十七《于禁传》。

⑤　《三国志》卷三《明帝纪》。

"在县西南三十里,周围一百七十步,高一丈六尺。"相互转抄的迹象明显。诗文中也曾记咏西陵,如唐贞观十九年(645年),李世民征高丽,过邺,作《魏太祖祭文》;沈佺期等写有《西陵诗》,然其为文为诗多感慨悲雄,并未具体描写高陵。时至北宋,高陵地处情况就不清楚了,于是出现了"疑冢说",将邺西北北朝墓群演义为"曹操七十二疑冢"。文人作《疑冢诗》以讽操:"青山如浪入漳州,铜雀台西八里丘。蝼蚁往还空垄亩,麒麟埋没几春秋。"(北宋王安石)"安排死去千年冢,刻画生前一寸心。"(金萧冰崖)"荒城寂寂无烟火,疑冢累累半野田。"(明周朝中)讹说流传,曹操西陵就变成了一个历史之谜。

为寻觅曹操西陵,宋俞应符有《诗》说:"人言疑冢我不疑,我有一法告君知。直须发尽冢七二,必有一冢藏君尸。"[1]诗人之气,不切实际。元纳新为找到高陵,"登铜雀台,西望荒郊烟树,永宁寺僧指示余曰:'此曹公西陵也。'"又将北朝墓群误作"曹操疑冢","按辔其间,自午抵暮,纵横出入墓中,不知所向。噫!何其用心之诈也,使操能见武侯八阵图,则有愧多矣"[2]。1922年磁县乡民于彭城镇西十五里丛葬地开井为茔,得古墓,"室之四壁涂垩如新,中置石棺,前有刻石,志文所叙乃魏武帝操也"。邓之诚认为此墓即高陵,说:"前五十年发石室十余处,唯皆无棺,至是真冢始现。"[3]然此并非操墓。文献所记高陵愈益迷茫,由是生成诸多传说,扑朔迷离,困扰人们千余年。

2.考古发现的"高陵"

2009年考古发掘的西高穴大墓被确认为"曹操高陵",所列依据六条:(1)这座墓葬规模巨大,形制结构类似汉魏王侯墓,与曹操的身份相称。无封土,符合"因高为基,不封不树"的文献记载;(2)出土的器物、画像石等遗物具有汉魏特征,年代相符;(3)墓址与文献、鲁潜墓志记载完全一致;(4)墓内装饰简单,符合《遗令》所嘱,随葬品应是曹操日常所用;(5)刻有"魏武王"铭文的石牌和石枕,证明墓主就是魏武王曹操;(6)男性遗骨经鉴定为六十岁左右,与曹操终年六十六岁吻合。

然这六条依据虽都有作证的价值与可信度,但是还达不到铁证如山的

① 陶宗仪:《辍耕录》卷二十六《疑冢》,中华书局,1959年。

② (元)纳新:《河朔访古记》卷中。

③ 邓之诚:《骨董琐记全编》卷三,上海书店,1989年,第24页。

地步,所举石牌"魏武王常所用格虎大戟"、"魏武王常所用格虎大刀"等出土于古墓,这些石牌当为此墓主日常所用,且死后随葬的器物标签,古墓被盗,器物被拿走,留下的石牌虽被扰乱,但其存放的环境没有变化,位置没有大的改动,应该视为第一等的证据;曹操生前曾被称为"明府"、"明后",封王后,称魏王,死后谥曰武王,即魏武王,生有名,死有谥。魏武王谥号的使用始于建安二十五年二月,同年十月汉魏禅代,改元黄初,武王被尊称为武帝,即魏武帝。武王之称历时八个月,石牌之作当在此间,正确的解释应该是与随葬品一起放置墓内。而且石牌字体风格与邺城出土的曹魏时期石刻颇相类似。

　　"魏武王常所用慰项石"、"后赵鲁潜墓志"是两件征集来的文物,已经脱离了他们原始保存状态与环境,发生了位移。证据在发生变化的过程中,某些环节出现未知,人们不能将其连接起来,那么其价值与可信度就要打上折扣。对这些证据提出怀疑也是自然的。然此两件文物在作证据的时候,可与墓中出土的文物联系起来作为旁证材料。因其与古墓联系较为密切,可视为第二等的证据。"魏武王常所用慰项石"行文、字体风格与出土石牌相类;《鲁潜墓志》曰潜卒于后赵建武十二年(345年)九月二十一日,"墓在高决桥陌西行一千四百廿步,南下去陌一百七十步,故魏武帝陵西北角西行卌三步。"墓志发现于西高穴村西北乱土中,而且鲁潜墓又无详确之处。该志虽言及魏武帝陵,但未必能证明所发现的西高穴村古墓即曹操高陵。同时代的墓葬构造由于遵循同一礼制,因而存在着某些相同的特征。参照东汉王侯墓制推断西高穴村古墓的年代,虽然在学理上是行得通的,然出土文物刻字并无确切的纪年,所依据的考古材料只能作参证。参证材料在推断过程中使用,会加大结论的可能性,但带有推测的成分。

　　西高穴村古墓风格朴素无雕饰,这与曹操禁厚葬,倡薄葬的思想主张是一致的。"敛以时服"、"躬御绂衣"、"玺不存身,唯绂是荷。明器无饰,陶素是嘉"可与古墓风格相印证。但在诸多文献中又言及"西陵烟树"和地面建筑标志物,这与"因高为墓,不封不树"有些不一致。"不树"也可解释为不树墓碑;古墓多次被盗,"无藏金玉珍宝",真是如此,还是被窃一空,这也是无法确定的,况且墓中还遗留有金、银、玉石等物。由确认"曹操墓"的六条证据可以得出这样的认识,西高穴村古墓有可能是曹操高陵,甚至可以说邺地考古发现中最具可能的一座古墓。然其可信程度未满,疑点、漏洞也不少，在现有情况下，作出"确认"，似乎早些，一些证据仍需再进一步补充。

3.曹操高陵仍需补充证据

（1）高陵是一座合葬墓。除了曹操，还有其妻子卞氏，夫妇前后去世，相隔十年，卞氏死后也埋在高陵。《三国志·明帝纪》曰："祔葬"，同书《后妃传》曰："合葬"。西高穴古墓有三具骨骼，一男二女，男性六十岁左右，女性分别二十多岁和五十多岁（初公布为四十多岁），二女年岁与卞氏不符。卞氏生于东汉延熹三年（160年）十二月己巳，卒于魏太和四年（230年）五月，七十岁。那么，这二女是谁呢？曹操原配妻子为丁氏，又有刘氏，刘氏早终，丁氏于建安初被废，死葬许城南。二人先于曹操去世，此二女有可能是丁氏、刘氏。从年龄推测，二十多岁当为刘氏，五十多岁当为丁氏。丁氏虽废，但曹操十分留恋她，有可能曹操死后迁葬丁氏于高陵。曹操还有环夫人、杜夫人、秦夫人、尹夫人、王昭仪、孙姬、李姬、周姬、刘姬、宗姬、赵姬，二女或许为她们中间的二位。然她们的卒年不清楚，曹操一贯主张葬制俭朴，不大可能让夫人、爱姬为之殉葬。卞氏卒时为魏太皇太后，"祔葬"高陵，从其身份及生前与曹操的感情上推测似应于高陵旁再造一墓。西高穴古墓旁还有一墓，如此墓为卞氏，则确认为高陵无疑。

（2）《遗令》曰："《周礼》冢人掌公墓之地。凡诸侯居左右以前，卿大夫居后。汉制亦谓之陪陵。其公卿大臣列将有功者，宜陪寿陵，其广为兆域，使足相容。"高陵不是一座孤墓，而是以之为中心的一个墓群，若能在其前后左右发现曹魏公卿大臣陪葬墓，也能推定"高陵"的真确性。文昭甄皇后朝阳陵、陈留王曹奂墓均在邺，其方位与高陵也当有昭穆关系，夏侯惇、王粲、陈琳、应玚、刘桢等均死葬邺，其墓址多在邺西。魏晋、后赵公侯之墓大多在邺西、西南，漳水南岸野马岗一带，北朝墓群主要分布在邺西北漳水北岸。从不同时代的墓群分布看，高陵自有兆域。

（3）西高穴古墓坐西朝东，这样的朝向与《遗令》月旦十五铜雀台作伎、子臣时时西望墓田的安排是一致的。从阴阳堪舆的角度看，居高岗台地，头枕清凉山，面向铜雀台，观婕好歌伎，接受子臣奠祭朝拜，而且东方又是太阳升起的地方，墓葬取向朝阳，符合传统的风水意识。

（4）墓中男性骨骼年龄与曹操相仿，可提取其标本，利用现代科技手段作DNA实验，再与其血缘亲属作比对。1951年6月平原省文物管理委员会清理发掘东阿曹植墓,墓中存有部分骨骼,这些骨骼被移送至平原省会新乡,以后下落不明,若能找到曹植的遗骨,可以作为 DNA 标本,比对西高穴墓男性骨骼,如果试样一致,亦可证明此墓为高陵。

(5)《终令》、《遗令》都提到西门豹祠,高陵在祠之西。如能确定西门豹祠所在的具体位置,则高陵的地址便能大体推断出来。然魏晋、后赵前燕、北朝、唐宋、明清邺西均有西门豹祠,或称西门大夫庙,祠庙屡经兴衰。而且西门庙又非一处,明代安阳县有西门大夫庙,“在大夫村,北齐天宝间建”。同时临漳县也有西门大夫庙,“在仁寿里,去县二十五里”,北宋元祐八年曾重修。① 究竟何处为曹魏时期的西门豹祠?仍有待考证。

综合文献与考古资料,西高穴古墓有可能是曹操墓。

(二)曹操高陵地望、朝向与墓葬类型考辨

能否断定西高穴大墓即为曹操墓?然就已有的证据看,虽不能完全肯定,但也无法轻易否定,可以将之推定为曹操高陵,广泛求证以探其是。从这一思路出发,结合西高穴大墓,梳理、检核、比对历史文献中有关曹操高陵的材料,再就其地望、选址、建造与朝向、墓葬类型等问题作辨析,看其是否与西高穴大墓相符。

1.曹操高陵的地望

文献所记曹操高陵,基本上都是以邺城和西门豹祠作参照,标其地望方位。以邺城为参照,则曰在其西冈上,或曰西南。邺城遗址地面残存金凤台和铜雀台一角,城基虽被漳河冲埋地下,但其轮廓布局已经被考古工作者探明。邺之西偏南有西门豹祠,祠之西即西原。曹操生前曾制《终令》(又称《寿陵令》),曰:“其规西门豹祠西原上为寿陵”;临终又作《遗令》曰:“敛以时服,葬于邺之西冈上,与西门豹祠相近。”② 高陵在邺城之西,或西偏南,与西门豹祠相近,且位于祠之西,地处“西原”、“西冈”之上。西高穴大墓恰好亦处在邺西偏南的西冈上,这里是一片较为开阔的山麓平冈台地,地面高出东部三公里外平地 10 余米,与曹操《遗令》中“因高为墓”的规定相一致。

高陵距邺城多少里?魏晋文献没有发现这方面的记载,记载较为具体

---

① 嘉靖《彰德府志》卷四。
② 《魏武帝集》,见《三曹集》,岳麓书社,1992 年。

的是唐代的史籍。《元和郡县图志》卷十六"邺县"条曰："故邺城,县东五十步;西门豹祠在县西十五里;魏武帝西陵,在县西三十里。"唐代邺县在故邺城西墙外,南偏西距相州治所(今安阳市)"四十里"。这一"邺县"置于隋炀帝。《旧唐书》卷三十九《地理志》:"炀帝初,于邺故都大慈寺置邺县。贞观八年,始筑今治所小城。"所言"今治所小城",即五代后唐刘煦撰写《旧唐书》时的情况,即贞观所筑邺县小城一直保存至五代。又据《宋史》卷八十六《地理志》,熙宁五年(1072 年),废邺县为镇。从隋唐邺县到北宋邺镇,地理位置均为故邺西垣外,亦即今河北临漳县邺镇西南。邺镇在元明时期曾向西北迁移,但幅度不大,西距西高穴村约有三十里。

宋元文献亦有关于邺与曹操高陵的记载。元纳新《河朔访古记》卷中记载魏武高陵"在邺镇西南三十里"。明嘉靖《彰德府志》卷二《地理志》曰:"在县西南三十里"。宋元以后,高陵地处已不清楚,所言"西南三十里",似依据前代文献作出的推测。《河朔访古记》所记元代邺镇在今邺镇西北、三台西二里,由邺镇标高陵地望,故曰"西南三十里"。其实,纳新访古邺地时,已经不知高陵所处,他一方面记高陵在邺镇西南,另一方面又乘马入北朝墓群(民间讹传曹操"七十二疑冢")寻觅曹操墓。明嘉靖年间,崔铣依据宋《相台志》、元《相台续志》撰《彰德府志》,于"临漳县邺镇"之下记高陵曰"县西南",照抄宋《相台志》,"县西南"应为"镇西南"。若以明代临漳县为坐标,高陵应在县西南约七十里。从文献记载看,高陵方位在唐代邺县之西、魏晋故邺城之西偏南。由今邺镇向西三十里,再由三台遗址向西南三十余里,其交汇处在西高穴村一带。

1998 年乡民在西高穴村西北 0.5 公里处掘出后赵鲁潜墓石刻,这块石刻在标记鲁潜墓的方位时,言及曹操高陵,曰:"墓在高决桥陌西行一千四百廿步,南下去陌一百七十步,故魏武帝陵西北角西行四十三步,北回至墓明堂二百五十步。"鲁潜墓石刻出土地点当为其墓明堂所在之处。高决即高穴,有学者训"决"为"穴",音近通假,后赵时称高决,宋《相台志》记安阳县村名,有东高穴、西高穴。① 从高决到高穴,地名变化似在唐宋之时。高决桥当是邺下传统水利工程——漳水十二渠上的一座桥梁,渠水由西北而东南,桥由西南向东北,渠水流经高陵前,桥为邺城与高陵之间通道上的一

_____

① 详见嘉靖《彰德府志》卷八《杂志》所录旧志村名。

座津梁。高决、高穴地名称谓亦当与高陵有关,在今河北南部、河南北部农村民间仍习称墓葬为"穴"。高陵、高墓、高穴,所表达的意义是一致的。唐宋形成的东、西高穴村,一在桥之东,一在桥之西,而且又是依傍东西道路而置。标记鲁潜墓的石刻提到的高决桥与魏武帝陵、鲁潜墓明堂,三者呈三角形,以高决桥为坐标,魏武陵在其西南,鲁潜墓明堂在其西北。考古发现的西高穴大墓位于西高穴村之西南,鲁潜墓石刻出土地点在其北,位于村之西北。西高穴大墓所处的方位与鲁潜墓石刻所记魏武帝陵的方位基本一致。由文献记载可知曹操高陵在邺西或曰西偏南约三十里,其地望可确定在西高穴村一带;又由鲁潜墓石刻推知魏武帝陵在高决桥陌西南,由其出土地点可证高陵在其南约二百五十余步。文献与文物资料往还互证,均指向西高穴大墓,这恐不是一种偶然的巧合,亦不可能是人为所造成的假象,合理的解释与说明,西高穴大墓很可能就是曹操墓。

鲁潜墓石刻的年代是后赵建武十一年(345 年),上距曹魏之亡八十年,西晋之亡二十九年,时近迹真,而且又提到魏武高陵西北角,说明高陵地面残存有封土一类的标志物。《元和郡县图志》记载魏武高陵所依据的材料当为元和以前所撰相州或邺县图经。这些材料出自当地官府,由熟悉本地情况的地方官员和当地士绅撰成,当地人记当地事,其真实性与可信度较高。而且《元和郡县图志》的作者李吉甫又是河北赞皇人,对河北地理情况十分熟悉,所记相州邺县与魏武高陵的方位应该说是较为准确的。

推证魏武高陵地望的参照物,还有《终令》、《遗令》提到的西门豹祠,祠之西原即高陵墓田。那么,汉魏时期的西门豹祠又在哪里呢?由东汉、魏晋史料推知祠在邺城之西漳水之南,至于其具体位置,却无明确的记载。《水经注》卷十《浊漳水》曰:"漳水又东迳武城南……又东北迳西门豹祠前,祠东侧有碑,隐起为字,祠堂东头石柱勒铭曰:赵建武中所修也……漳水自西门豹祠北,迳赵阅马台西……又北迳紫陌西。"郦道元所记的北魏西门豹祠,建于后赵建武年间,这说明西门豹祠在西晋末曾一度衰落,后赵所建祠堂当在魏晋西门豹祠基础上重建。《水经注》所言武城,遗址尚存,在今三台遗址西约九里,漳水经武城南,又东北经西门豹祠前,祠坐南朝北,面向漳水,其位置当在武城南偏东,由邺三台、武城两处遗址推求西门豹祠的方位,祠当在邺城之西南。祠前有东西道路,路南为祠,路北为漳水。漳水又东北经阅马台西,阅马台当在东西大路以北。漳水又经紫陌西,紫陌在邺西北五里。从文献反映的情况看，历东汉、魏晋、后赵、北魏，西门豹祠的位置没有变化。

　　魏晋、后赵，邺西漳水、西门豹祠经常是达官贵人悠游的去处。《晋书·苻坚载记》："祖洪，从石季龙徙邺，家于永贵里。其母苟氏尝游漳水，祈子于西门豹祠，其夜梦与神交，因而有孕，十二月而生坚焉。"邺城西郊附近交通与游览路线是：出邺城西门（金明门），沿玄武陂南岸西行，然后分出岔路；一路向西北至紫陌，过漳水而北；一路向西南至西门豹祠前，由此往西即高陵墓田。苟氏游漳水，祈子于西门豹祠，即由邺西门至紫陌，由紫陌沿漳水而上，至西门豹祠，祭拜求子，然后又由祠前东西路，返回邺城。西门豹祠在邺城西南，曹操高陵在西门豹祠之西。

　　北魏末，西门豹祠似曾废毁，据北齐天保五年所立《西门豹祠堂碑》，曰："盖魏氏季年，日销地反……垄地荒芜，祠堂凋□。"①《西门豹祠堂碑》又曰《西门君之颂碑》，碑由清河王高岳所立，碑文似是魏收所撰。西门豹祠之重修亦当在此年，由残存碑文记载，这次重修也是在北魏西门豹祠原址上落地重建。天保五年《西门豹祠堂碑》，"碑高六尺八寸，广四尺九寸，二十九行，行四十四字，隶书。额题'西门君之颂'五字，篆书。"②正面碑文述及北魏末年战乱，高欢父子功绩及西门豹之贤明嘉迹；背面为司州牧高岳及其属下曹掾僚吏题名。此碑在宋、明文献中有记载。《太平寰宇记》曰："邺县西门桥齐天保五年仆射魏收为碑，存焉。"此碑即《西门豹祠堂碑》而非西门桥碑。《大明一统志》曰："西门豹庙在（彰德）府北大夫村，北齐天保年建，碑刻尚存。"明嘉靖《彰德府志》卷四《祠祀志》记西门大夫庙，曰："在大夫村，北齐天保间建。弘治七年巡抚都御使徐恪令有司以史起祔食，冯忠题曰邺二大夫祠。"这条史料虽没有提到天保五年碑，但明确记载西门大夫庙在大夫村，而且在府治（今安阳）北。直到清代，天保五年碑仍矗立在安阳丰乐镇西门大夫庙内，碑刻年月缺损，安阳知县彭某将之移至安阳城隍庙。由天保五年碑可证北齐至清，西门豹祠地址无变动，由该碑文可知北齐祠堂是在北魏基址上重修，北魏祠址即郦道元《水经注》所记，上承赵建武中，后赵西门豹祠又沿魏晋。稽诸后赵建武石柱、《水经注》、北齐天

---

①　（清）严可均辑：《全北齐文》卷八《西门豹祠堂碑》，商务印书馆，1999 年，第 90 页。

②　（清）王昶撰：《金石萃编》卷三十三《西门豹祠堂碑》，清嘉庆十年经训堂刻本。

保五年《西门豹祠堂碑》、《太平寰宇记》、《大明一统志》、嘉靖《彰德府志》、《金石萃编》、《安阳金石志》等，自后赵至清均有据可按，构成有关西门豹祠的证据链。由此证据链可知，自东汉末，历魏晋、后赵、北魏、北齐、唐宋元明清，西门豹祠堂有兴衰，但基址没有动迁。

然文献记载西门豹祠地址有歧异：一曰在大夫村；一曰在丰乐镇东。"大夫"村名早于丰乐镇，其自然村形成于北宋以前，似因西门大夫庙而得名，先有庙后有村，村因庙而兴。文献所记大夫村名，最早者为宋《相台志》；"丰乐镇"村名出现于金，先有大夫村后有丰乐镇，故明代以前史籍记西门大夫庙地址多标为大夫村；清代文献或标为丰乐镇。丰乐镇在大夫村西北约 0.75 公里，位于南北通道上，因地理位置优越，逐渐发展为一座较大的自然村，故清代以后的文献多用丰乐镇标记西门大夫庙的位置。大夫村、丰乐镇，所标为同一地处，即同一西门豹祠的不同标记。今丰乐镇村东（大夫村北），漳河大桥南约 1 公里、107 国道西侧、京广铁路东侧有西门豹祠遗址，遗址上仍存有宋、明、清、民国碑刻四通。北齐天保五年《西门豹祠堂碑》原曾矗立于此。1924 年庙毁于战火，废址遗留至今。其西即冈原，地势较高，迤东为漫坡平地，西门豹祠处于西冈原东部边缘。

《太平寰宇记》又云：邺县西门豹祠，《隋图经》云在县东南七里，北临太平渠。此祠始建于隋，在隋邺县东南七里，即后来的仁寿村，邺南城东垣有仁寿门，村在门址之东，因门得名。大夫村西门大夫庙地属安阳县，隋置邺县，另建西门豹祠于县东南。北宋熙宁五年废邺县，其地并入临漳县。明嘉靖《彰德府志》卷四《祭祀志》记临漳县西门大夫庙，曰在仁寿里，"去县二十五里，有元(祐)钱塘杨蒙记"。由去县里数推断，此条史料出自宋《相台志》，宋临漳县西南 25 里有仁寿里，即今仁寿村。元纳新《河朔访古记》卷中："西门豹祠，漳水之上有祠，门扁曰西门大夫之庙……有宋修祠碑一通，则钱塘杨蒙所撰……十二月，至祠下拜谒，读碑而退。"此庙在邺南城东偏南，始建于隋。[①] 宋元漳河流经邺城北，绕过东北城角向南，经邺城东，至仁寿村北，转向东南，故纳新云祠庙在漳水之上。仁寿村西门豹祠，也是坐南朝北，面向漳水。此庙建造时间晚，地理方位与汉魏西门豹祠不符。

邺地西门豹祠虽非一处，然文献、文物、遗存均可证明今丰乐镇村东西

---

① 许作民：《古邺遗志辑校注》，中州古籍出版社，1996 年，第 108 页。

门大夫庙遗址即汉魏西门豹祠旧址。西高穴大墓在此旧址之西约7公里，与史籍所记十五里基本一致。文献记载的曹操高陵地望与西高穴大墓相符。

2. 高陵的选址、建造与朝向

建安二十一年（216年），曹操六十二岁封魏王，这是他人生政治命运的巅峰时刻。这一年他基本上生活在邺，身后之事的考虑亦当在此时，二十三年六月，制《终令》，选定寿陵地址。在此之前，曹操就寿陵选址应有占卜勘验，经过占卜勘验之后，最终由曹操圈定，并以《令》文的形式确定下来。从《令》文内容看，曹操选择西门豹祠西原为寿陵的原因有三：一是"古之葬者，必居瘠薄之地"；二是"因高为墓"；三是地域开阔，可以"广为兆域"。而且这里又有曹操在西门豹旧迹基础上修建、扩建的水利工程。从周围地理环境看，冈西有山，北朝曰天城山，山前有两水相合，又名合水山，金元以后改称清凉山。北魏于山下建寺，以四面山势状若城陴，故取名天城寺，东魏曰城山寺，北齐曰合水寺，隋改名修定寺。冈北有漳水半绕其前，冈东有漳水十二渠人工引水工程，陵前大道直通邺城，邺城是曹操的"王业本基"，霸府所在，所以他将寿陵地址确定在邺城西冈上。

高陵的建造当始于建安二十三年（218年）秋，全面开工建设似在建安二十四年（219年），曹操称魏王，权势强盛，曾欲效法周文王"三分天下有其二，以服事殷"[①]，虽未称帝，但子臣上书，已经称他为"上"、"今上"，俨然已经等同于皇帝了。其陵墓规模非同一般封王，按照礼仪制度，当弱于帝陵，高于一般王陵，但实际规模多越礼与帝陵比肩，如此大的规模与工程量，非一朝一夕所能毕竣。高陵建造起码需要一年多的时间，包括陵墓园区规划与设计、劳动力征集、工料采办与运输、墓道开挖、墓穴掘凿、夯基、地面铺设、垒砌墓室、雕刻装饰，等等，经过一年多的施工建造，工程的主体部分似应在建安二十四年底基本竣工。《三国志》卷一《武帝纪》裴注引《魏书》曰：操"刬造大业"，"手不舍书"，"及造作宫室，缮治器械，无不为之法则，皆尽其意。雅性节俭，不好华丽……帷帐屏风，坏则补纳，茵蓐取温，无有缘饰……常以送终之制，袭称之数，繁而无益，俗又过之，故预自制终亡衣服，四箧而已"。寿陵规制与设计亦当由曹操确定。建安二十五年（220

---

① 《让县自明本志令》引《论语》，见《曹操集译注》，中华书局，1979年，第136页。

年)正月二十三日(庚子),曹操卒于洛阳,到二月二十一日(丁卯)葬于邺西高陵,中间相隔二十七天。《遗令》曰:"天下尚未安定,未得遵古也。葬毕,皆除服。其将兵屯戍者,皆不得离屯部。有司各率乃职。"①葬事颇简,时间仓促,其墓室亦当无机会作细致装饰。西高穴大墓朴实无华的风格,符合这样的历史背景。

高陵的朝向应该是坐西朝东。曹操临终作《遗令》,安排后事,嘱咐子臣曰:"吾婢妾与伎人皆勤苦,使著铜雀台,善待之,于台堂上安六尺床,施繐帐,朝晡上脯糒之属,月旦十五日,自朝至午,辄向帐中作伎乐。汝等时时登铜爵台,望吾西陵墓田。"这样的安排说明曹操对其身后的事业并不放心,担心有变数,他作为魏国的领导核心,一旦倒下,势必引起子臣政争,为避免重蹈袁绍父子的覆辙,因此,制定出这样的祭祀礼仪,维护其领导核心和精神领袖的地位,虽死犹生,使子臣继承其遗志,继续沿着他所确定的方针、道路前行。他虽然"既次西陵,永蛰玄宫",但仍要监视子臣们的行动,用自己的灵魂与精神控制他们。由此推测,高陵的朝向,从道理上讲应当为坐西朝东,面向邺城铜雀台。否则,曹操为何在《遗令》中叮嘱子臣于铜雀台上对他进行乐祭,还要时时登台远望他的陵墓?其心思就很难猜解。西高穴大墓坐西朝东,角度110°,偏西北—东南方向,若将之与《遗令》所言"铜雀台乐祭"联系起来,曹操的真正用心似乎能明明白白地显示出来。

曹操遗体被安葬时,曹丕作《哀策》,曰:"卜葬既从,大隧既通……弃此宫庭,陟彼山阿。"灵柩由邺宫文昌殿移至高陵玄宫,高陵西有天城山,山前两水相合,水东即山麓高冈台地,亦即高陵墓田,高陵西枕天城,脚踩邺城,居西冈俯视铜雀台,天、地、人浑然为一。曹操生前曾患头痛病,头疼时,尝将头仰卧水中,用凉水止痛。他曾云:"孤有逆气病,常储水卧头,以铜器盛,臭恶;前以银作小方器,人不解,谓孤喜银物,令以木作。"②这种用铜、银或木制成的水枕,或许能起到镇静、清热、止痛的功效,当是曹操减轻病痛的一种日常使用的器具。他在《遗令》中也说:"吾有头病,自先著帻。吾

---

① 《三国志》卷一《武帝纪》。
② (宋)李昉等:《太平御览》卷七五六曹操《内诫令》,中华书局,1960年;《曹操集译注·内诫令》,中华书局,1979年,第195页。

死之后,持大服如存时,勿遗。"①这说明他死后入殓时,曾头戴布巾。他在《春祠令》中又主张"祭神如神在"②,事死如事生。将寿陵选定在邺西冈,西枕山水,虽死犹生,巧妙地利用自然地理形胜,寓意他生前的情形。若将文献记载、考古发现与高陵周围地理环境放在一起,综合比较勘核,曹操对生前身后是有过缜密考虑的。由此推测,曹操高陵应当是坐西朝东,否则,《遗令》等文献所言与涉及的一系列问题则很难解释得通。

邺地曹氏墓除高陵外,还有曹丕妻子文昭皇后甄氏墓。魏黄初二年(221年)六月,甄氏被赐死,葬于邺。明帝太和元年(227年)二月,"立文昭皇后庙于邺"③。太和四年(230年),"以后旧陵卑下……十二月,改葬朝阳陵"④。明嘉靖《彰德府志》卷二《地理志》曰:"甄皇后陵在灵芝村。"今邺城遗址南有东、西灵芝村,两村之间曾有一古冢,相传为甄后墓。此处当为甄氏旧陵,甄氏改葬朝阳陵后,旧陵仍被保存,并成为甄皇后庙的组成部分。北宋"绍圣丙子(绍圣三年,公元1096年),邺民耕地,得魏甄皇后识坐版函。其文云'文昭皇后识坐版函'共八字。一绿石匣,广八寸半,长倍之,后三之一,鹿顶笏头。盖其上有此八字,魏文帝甄皇后神坐前之物也"⑤。朝阳陵在邺城东北。元纳新《河朔访古记》卷中"朝阳陵"条曰:"朝阳陵,在临漳县邺镇东北九里,即魏文帝文昭皇后朝阳陵也……今陵旁一冢,父老曰李夫人冢,后与夫人甚相善,故得祔葬焉。"文帝曹丕还有李贵人,生哀王协,协早殇。⑥李夫人或许即李贵人。从地理方位看,朝阳陵在曹魏邺城东北,亦即高陵东北方向,居左昭之位。另外,曹冲的墓也似在这一带。

邺地还有曹奂墓。曹奂为曹宇之子,曹操之孙,为曹魏亡国之君,魏晋禅代,封陈留王,移居邺宫。西晋太安元年(302年)卒,五十八岁,谥元帝,史称魏元帝,葬于邺。明嘉靖《彰德府志》卷二《地理志》曰:"魏元帝陵,在(临漳)县西南彭城村。"即今邺南城遗址东张彭城村,地理方位在高陵东偏南,居右穆之位。

由文献所记朝阳陵与魏元帝曹奂墓的方位,可以看出它们与高陵之间

① 《曹操集译注》,中华书局,1979年,第187页。
② 《曹操集译注》,中华书局,1979年,第166页。
③ 《三国志》卷三《明帝纪》。
④ 《三国志》卷五《后妃传》。
⑤ 嘉靖《彰德府志》卷八《杂志第九》。
⑥ 详见《三国志》卷二十《武文世王公传》。

存有昭穆关系。按照昭穆关系布置园陵,高陵与朝阳陵、曹奂墓呈三角形,三墓朝向一致,高陵必在朝阳陵、曹奂墓向西偏南延伸的平行线中间地带。将朝阳陵与曹奂墓连接为一线,找出其中点,由此中点作一线,设定此线为以高陵为角的对角线,参照文献所记邺城与高陵之间的距离,向西偏南延伸,可以发现这条线也指向西高穴村一带。由朝阳陵、曹奂墓所在的方位推测,高陵应为东西向。

魏黄初七年(226年)六月,文帝曹丕死,葬山西永济首阳山东麓,墓曰首阳陵。首阳陵亦"因高为墓",当坐西朝东。1951年考古工作者发掘曹植墓,曹植墓也是东西向,坐东朝西。曹植称东阿为东隅,死后葬于鱼山西麓,因山为墓,面向西方的邺城,狐死首丘,邺城为曹魏旧都,自然是曹氏父子灵魂归宿之处。以曹丕首阳陵、曹植墓的朝向作参证,推测曹操高陵的朝向,也当是坐西朝东,偏向邺城。

西高穴大墓坐西朝东,这样的朝向与曹操高陵相符,方位重叠,朝向一致,都是推证西高穴大墓即曹操高陵的有力证据。

3.高陵墓葬类型与特征

高陵所葬并非一人,除了曹操,还有其妻卞氏。《三国志》卷五《后妃传》曰:武宣卞皇后,明帝太和四年(230年)五月崩,"七月,合葬高陵"。合葬应为同穴。同书卷三《明帝纪》曰:太和四年"六月戊子,太皇太后崩⋯⋯秋七月,武宣卞皇后祔葬于高陵"。祔葬则为并穴。合葬、祔葬虽一字之差,但区别甚大。正史本纪的资料来源于起居注、实录,纪事的准确性与可靠程度一般说来要优于列传,《明帝纪》的记载应该说符合史实,卞氏当"祔葬"高陵。

曹操卒于东汉建安二十五年(220年)正月,卞氏死在曹魏明帝太和四年(230年)六月,前后相隔十年,不大可能将曹操墓打开再把卞氏遗体放置其中。而且卞氏卒时,为太皇太后,就其身份讲,足可依礼在曹操墓旁建造一座规模与之相匹的大墓,"祔葬"高陵既维护了她与曹操的夫妻关系,又不失太皇太后之身份礼制。曹操卒后,曹丕作《哀策》。曰:"卜葬既从,大隧既通。"卞后死葬,曹植撰《卞太后诔》,曰:"物不毁故,而人不存。痛莫酷斯,彼苍者天。遂臻魏都,游魂旧邑。大隧开涂,灵魄斯戢。叹息雾兴,挥泪雨集。徘徊辒柩，号咷弗及。神光既幽，伫立以泣。"①"大隧开涂，灵魄斯戢"，"涂"即途，在古代指东西道路。说明卞氏"祔葬"高陵，在曹操墓左下之侧另凿墓穴。太皇太后地位尊贵，随葬器物为数不少，墓葬规格也很高，单独为穴，比较符合历史事实。西高穴大墓北侧又有一大墓，两墓并列，与曹操、卞氏并穴而葬甚是相似。

然而西高穴大墓是一合葬墓，有一男二女三具骨骸，男性居前室，二女居后室。经测定，男性六十岁左右，女性分别为五十多岁（初公布为四十多岁）和二十多岁，如果六十岁左右的男性与曹操卒年六十六岁相仿，那么，二女的年岁与卞氏相差甚远。据《三国志》卷五《后妃传》裴注引《魏书》："（卞）后以汉延熹三年十二月己巳生齐郡白亭。"是年十二月辛卯朔，无己巳日，应为乙巳，即农历十二月十五日，公元161年1月29日，至魏明帝太和四年"六月戊子，太皇太后崩"，"六月戊子"为农历六月十一日，公元230年7月9日，卞氏享年七十岁。二具女性骨骸不可能是卞氏。

从年龄上推断，这两位女性卒时的年岁与曹操先前的二位夫人丁氏、刘氏相近。丁氏是曹操的原配妻子，约于建安四、五年被废。《三国志》卷五《后妃传》裴注引《魏略》曰：

> 太祖始有丁夫人，又刘夫人生子修及清河长公主。刘早终，丁养子修。子修亡于穰，丁常言："将我儿杀之，都不复念！"遂哭泣无节。太祖忿之，遣归家，欲其意折。后太祖就见之，夫人方织，外人传云"公至"，夫人踞机如故。太祖到，抚其背曰："顾我共载归乎。"夫人不顾，又不应。太祖却行，立于户外，复云："得无尚可邪。"遂不应，太祖曰："真诀矣。"遂与绝，欲其家嫁之，其家不敢。初，丁夫人既为嫡，加有子修，丁视后母子不足。后为继室，不念旧恶，因太祖出行，常四时使人馈遗，又私迎之，延以正坐而己下之，迎来送去，有如昔日。丁谢曰："废放之人，夫人何能常尔邪！"其后丁亡，后请太祖殡葬，许之，乃葬许城南。后太祖病困，自虑不起，叹曰："我前后行意，于心未曾有所负也。假令死而有灵，子修若问'我母所在'，我将何辞以答！"

子修即曹昂，曹操长子，建安二年（197年）正月，随曹操南征穰城（今

①　《陈思王集》卷一，见《三曹集》，岳麓书社，1992年。

河南邓县)张绣,为张绣所害。

张绣,武威祖厉人,为陇右骠骑将军张济的侄子。吕布杀董卓,张济与李傕等合兵击吕布,为董卓报仇。张绣随从张济,"济屯弘农,士卒饥饿,南攻穰,为流矢所中死。绣领其众,屯宛,与刘表合。太祖南征,军淯水,绣等举众降。太祖纳济妻,绣恨之。太祖闻其不悦,密有杀绣之计。计漏,绣掩袭太祖。太祖军败,二子没"①。"二子"即曹昂与侄曹安民。《三国志》卷一《武帝纪》曰:"(建安)二年春正月,公到宛。张绣降,既而悔之,复反。公与战,军败,为流矢所中,长子昂、弟子安民遇害。"裴注引《魏书》曰:"公所乘马名绝影,为流矢所中,伤颊及足,并中公右臂。"又引《世语》曰:"昂不能骑,进马于公,公故免,而昂遇害。"是时,年仅十岁的曹丕也经历了这场变故,其《典论自序》云:"建安初,上南征荆州,至宛,张绣降。旬日而反,亡兄孝廉子修、从兄安民遇害。时余年十岁,乘马得脱。"此后,曹操屡攻张绣,但未能降服。建安四年(199年)冬十一月,曹操拒袁绍于官渡,张绣从贾诩计,复以众降操,这对于曹操来说可谓是一大喜事,既避免了南北受敌的困境,又增加了对抗袁绍的兵力。"绣至,太祖执其手,与欢宴,为子均取绣女,拜扬武将军。官渡之役,绣力战有功,迁破羌将军。从破袁谭于南皮,复增邑凡二千户"②。

曹操纳张济妻为夫人,自知德性有亏,又想广招英雄之才,不但不念旧仇,还因张绣立有军功而封列侯,所以引起丁氏不满,反复唠叨"将我儿杀之,都不复念",常痛哭不止。曹操喜欢的夫人是"怒不改容、喜不失节",丁氏的哭闹惹怒了曹操,故将之废放。

曹昂的阵亡,对曹操来说是个不小的打击。他志在天下,只能将失去儿子的悲痛隐忍下来而不外露,然丁氏毕竟是一位女性,承受不住这样的变故,悲哭埋怨。曹操将丁氏废放,是出于一时的忿怒,内心仍希望丁氏对他的行为有所理解。丁氏没有原谅曹操,只得将丧失养子的痛苦默默地承受下来了,由此造成了曹操内心的愧疚,以致形成心理压力,故有晚年病困时的一番言语。这一史实场景,陈寿在写《三国志》时删节了,裴松之作注又补上了这一幕。细读裴注,这段文字当节取鱼豢《魏略·后妃传》,然裴

---

① 《三国志》卷八《张绣传》。
② 《三国志》卷八《张绣传》。

注节略并不完整，由上下文内容、语气、语境推测，曹操"我将何辞以答"之后还应有文字叙述，曹操不能仅仅"叹曰"了事。史书记载讲究完整，一般说来，构成史实而有结果的事则记，不构成史实的则不记或不正面记述，曹操既然有"叹曰"，以他的身份、权力、地位，子臣、后妃必然会按他的心意去做，只有将丁氏、刘氏与他合葬在一起，他才心安理得而无遗憾。人之将死，其心亦善。恋旧念故，检讨一生是非，弥补过失，平慰心灵，这本来就是一种人之常情。曹操亦当不悖此理。由此推断，如果西高穴大墓确为曹操墓，与之合葬的二女当为丁氏、刘氏。

刘氏为曹操生有一男一女，她早终，卒年约在东汉灵帝光和年间，死时至少有二十多岁。曹昂战死在建安二年（197 年），年龄正是弱冠之后，约为十九或二十岁。建安四、五年（199 年—200 年）丁氏被废，此时曹操家眷居住在许。建安九年（204 年）八月曹操克邺，并定鼎于此，才将家眷由许搬迁至邺，丁氏仍留居许。丁氏之亡，似在建安十五年之前，卒时年龄当有五十多岁。丁氏、刘氏先曹操而逝，其年龄与西高穴大墓后室两位女性骨骸相仿，有可能是在曹操死后，她们被迁葬高陵的。

曹操的妻妾见于史书记载者，除卞氏、丁氏、刘氏外，还有环夫人、杜夫人、秦夫人、尹夫人、王昭仪、孙姬、李姬、周姬、刘姬、宗姬、赵姬等。[①] 史书记载她们共为曹操生育二十五男，并未记及她们的身世与年岁。会不会有她们中间的二位陪葬曹操或为之殉葬？史书没有这方面的记载，而且从曹操临终所制《遗令》来看，让夫人、爱姬为之殉葬的可能性很小。《遗令》曰："吾婢妾与伎人皆勤苦，使著铜雀台，善待之……余香可分与诸夫人，不命祭。诸舍中无所为，可学作组履卖也"[②]。这是他对身后夫人、婢妾的安排，所言"不命祭"，应理解为不得用生命祭奠他而殉葬高陵。依据文献反映的情况，可以排除殉葬的可能性，能够成立的可能性也只有丁氏和刘氏了。文献记载与西高穴大墓考古相互参验，可见曹操高陵是一座带有祔葬的合葬墓。

西高穴大墓在地理方位、朝向与墓葬类型上与曹操高陵相仿，大墓中两具女性骨骸在文献中也能找到合理的解释，可以初步认定为曹操墓。

---

① 《三国志》卷二十《武文世王公传》。

② 《曹操集译注》，中华书局，1979 年，第 187 页。

(三)西高穴大墓出土文物与形制研究

西高穴大墓的论证,最为关键的是要找出墓主人即为曹操的直接证据,由此证明西高穴大墓即为高陵。这须认真审查出土文物,从中找出只有曹操才能拥有的东西;并就其形制与曹魏邺都宫室作比较,证其为高陵。

1.铜印符与黄绫袍锦领袖

按照曹操《终令》的规定,其寿陵"因高为墓,不封不树"。诸书云"因高为基","基"应为"墓"字。"不封不树",即"墓而不坟",且又不树墓碑。汉魏之际,正是丧葬习俗由地上墓碑到地下墓志的一个转变时期,曹操陵墓内不可能有墓志铭。曹操临葬前,曹丕曾作《哀策》,但西高穴大墓内并没有发现《哀策》。如果说西高穴大墓即为曹操墓,那么墓内必然会有关于曹操的直接证据。先前的研究与争论大多集中在石牌上,石牌是对随葬器物的说明,器物为"魏武王常所用",诸多"武王常所用"的器物放置墓内,说明大墓极有可能为曹操墓。于是人们还会提出另一种假设,即魏武王将自己"常所用"的"格虎大戟"等赐与其他人而被置于他人的墓中。虽然这种可能性很小,但由于缺乏充分的依据,无法排除这一假设。墓内出土的石牌不能直接证明墓主人即魏武王,然石牌所记随葬品或许能反映墓主人的身份。魏武王曹操拥有的东西,有的能够送人,有的是不能够送人的,特别是

"曹"字印章图

表示他的身份与地位特征的物品。西高穴大墓中有两件文物应该值得重视,但在先前的研究中似乎被忽略了,这就是"铜印符"与"黄绫袍锦领袖"石牌。

"铜印符"实际上是铜印章,应当是墓主人姓氏、身份的标志物。这枚铜印上刻有一符号,其形状似一古篆"曹"字。从字形结构上看,"曹"字由上下两部分构成,其上半部即为二"東"字重叠合写,其写法是将两个"東"字的两横连接为一横,两个"曰"简写为一,再用两竖将横与"曰"穿插一起。再一种写法也是能够成立的,即将两"東"字的两竖合为一竖,如"铜印符"中的篆体字形写法。"曹"字的下半部为"口",或为"曰"。"曹"字的上、下分部,在古文字中,各有不同的写法。

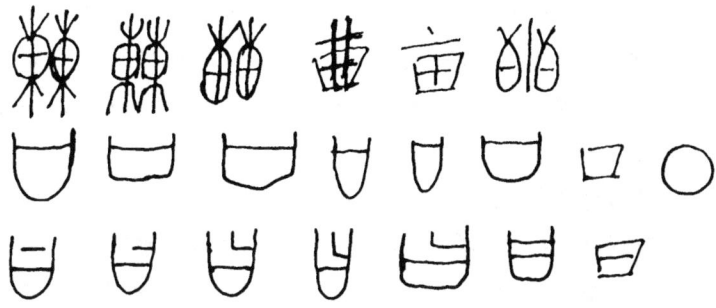

　　"曹"字字源原本是两个并列的"東","也就是二重,代表两个耕作的人,加口,是说两个人有口舌争吵,这就是诉讼中原被告两造的造字。口变甘变曰,二東合并以成曹"①。《说文解字》、《尔雅》释"曹"曰:"狱之两曹也。在廷东,从東東,治事者;从曰。徐锴曰:以言词治狱也,故从曰。"在古今文字中,"曹"字的书写有如下字形:

　　西高穴大墓出土的铜印符上的"曹"字,与普通的写法不同。2010 年 5 月洛阳邙山曹休墓被发掘,在墓葬后室北侧出土一枚 2 厘米见方的铜印章(见右图),刻有篆体阴文"曹休"二字,"曹"字上半部为并列两个"東",下半部为"曰"。

"曹休"印章图

　　"曹"字的写法显然与西高穴大墓铜印符上的"曹"字不同。曹休卒于魏明帝太和二年(228 年)九月,相距建安二十五年(220 年)正月曹操逝世仅八年余,同时代同一曹姓而书写不同,这该如何解释呢?曹操为魏国开国之祖,天下一"曹",其书写当不同于其他族人,由此显示只有曹操一人的个性特征。这恰似后来唐朝武则天为自己的名造一"曌"字一样,以显示其至高无上而唯一的尊贵。曹休的铜印章有姓有名,而曹操的铜印符有姓无名,这是因

---

　　①　约斋:《字源》,上海书店,1986 年,第 214 页。

为自西周以来帝王名讳礼制历代沿承,曹操的印符不可能像曹休的印章一样刻有姓名,曹魏避"操"名,所以仅有一"曹"字。假如西高穴大墓中真的出现刻有"曹操"字眼的印章,那么,这一印章一定是假的,这座大墓是否为曹操墓就更值得怀疑了。

"曹"字铜印符与"曹休"印章均出土于墓的后室,稍有不同的是前者在后室后部偏南侧,后者在北侧。从出土位置看,铜印的放置地点当在墓主人身旁。据考古报告《河南安阳市西高穴曹操高陵》(《考古》2010 年第 8 期),"在后室后部发现六个石葬具痕迹,推测应有石棺床一具,其上放置木棺",此当是安葬曹操的原始位置。然"在前室靠近甬道处发现一头骨,经鉴定为男性,年龄 60 岁左右"。若此头盖骨为曹操的话,当是被扰乱移动至此。同样,大墓后室发现的两具女性骨骼也非其原始位置。考古报告称:"在后室的南北侧室各发现木棺一具,木棺外四角有铁质帐构件。"后室南北侧室当为两位女性的原葬之处,因盗掘扰乱被移至后室。由铜印符被发现的地点推测,其当是辨别墓主人的关键性标志。在墓碑衰落墓志还未兴起的汉魏时期,铜印或许是昭示墓主人是谁的信物。曹植《诔文》曰:"玺不存身,唯绋是荷。"高陵墓内无魏王玺,曹操身上仅系有"绋",然此"绋"颇费解,或许是系玺的绳,为玺的象征。

"黄绫袍锦领袖"石牌图

除"铜印符"外,"黄绫袍锦领袖"石牌也是一件不可忽视的物证。这枚石牌说明西高穴大墓随葬品中有一件缀饰锦领袖的黄绫袍。"黄绫袍锦领袖"必然是墓主人所专有,是代表其官品的朝服。《后汉书·舆服志》曰:"袍者,或曰周公抱成王宴居,故施袍。《礼记》孔子衣逢掖之衣。缝掖其袖,合而缝大之,近今袍者也。今下至贱更小吏,皆通制袍,单衣,皂缘领袖中衣,为朝服云。"又曰:"黄帝尧舜垂衣裳而天下治,盖取诸乾坤。乾坤有文,故上衣玄,下裳黄。日月星辰,山龙华虫,作缋宗彝,藻火粉米,黼黻绣绣,以五采章施于五色作服。"汉代皇帝依春、夏、秋、冬四时,换穿青、朱、黄(夏末)、白、黑五种清一色(又叫正色)的袍服,而诸王所用袍服不能与皇帝相同,除了纹采不同外,还须在领、袖上有上下等级的差别,故缀饰不同颜色的锦绣。刘熙《释名》曰:"锦,金也。作之用功重,其价如金,故制字帛与金也。"①汉代抑商,商人不得衣锦。锦为尊贵者所享有的特权之物。古人尝用五色指代东南西北中,中为黄,故以黄为尊。曹操曾"拟古皮弁裁缣帛以为帢,以色别其贵贱"②魏以得土统,色尚黄,"朝廷畿内以黄龙幡"③,纯一色的黄绫袍只有皇帝才能拥有,"黄绫袍锦领袖"必是尊贵王公所专用。汉代依据不同的颜色和纹采建立君臣服章制度,使官僚等级有了明确的标志,此不仅反映在朝服上,还表现在祭祀、巡游等活动中的服饰穿戴上。同样的官服,为了显示其品级的差别,则在袍服的领和袖上相应作些不同的缘饰。由此形成上下、贵贱、尊卑的官僚等级服制。故《后汉书·舆服志》说:"夫礼服之兴也,所以报功章德,尊仁尚贤。故礼尊尊贵贵,不得相踰,所以为礼也。非其人不得服其服,所以顺礼也。"

由汉代的礼服制度推测:"黄绫袍锦领袖"当为墓主人所拥有,拥有"黄绫袍锦领袖"的墓主人必是一位尊贵王公。那么,这位尊贵王公又是谁呢?西高穴大墓中出土有两块刻有"魏武王常所用"字眼的石牌,"魏武王"是出土文字中唯一的一个人的名号,只有他才能有资格穿用这件"黄绫袍锦领袖",由此推定墓主人应为曹操。有学者假设曹操有可能将自己的"格虎大戟"、"格虎短矛"送给别人。但他绝不可能将自己的"黄绫袍锦领袖"官服送人。"黄绫袍锦领袖"石牌与"魏武王常所用格虎大戟"、"魏武王常所用格虎短矛"石牌出土于同一墓内,说明石牌所记随葬品都是墓主人生前所拥有。墓主人即魏武王曹操,西高穴大墓即为曹操高陵。

2.西高穴大墓形制与曹魏宫室制度

曹操去世后,灵柩曾停放在邺宫文昌殿,并由文昌殿起程,安厝于邺城西冈高陵。曹丕《哀策》云:"弃此宫庭,陟彼山阿。"曹植《诔文》曰高陵"窈窕玄宇,三光不晰"。高陵玄宇与邺宫文昌殿虽有地下地上之别与阴阳之隔,但贯通曹操生前死后,二者在建筑制度与形制上应是相通的。建安九年(204年)曹操攻克邺城,并定鼎于此,在以后的十五六年内,对邺城及宫

---

① 《初学记》卷二十七《锦》。
② (清)钱仪吉:《三国会要》卷十二《舆服》,上海古籍出版社,1991年。
③ (清)钱仪吉:《三国会要》卷十二《舆服》引崔豹《古今注》。

室作了系统的规划设计与建设，形成了规整的宫城制度。宫城取象北极紫微垣，位于邺城北部。以北极星为一端点，设一南北中轴线，这一中轴线南北贯通宫城与郭城，外朝（前朝、大朝）主建筑文昌殿位于中轴线北部之上，内朝（中朝）、日朝、后宫及西苑等均围绕文昌殿沿中轴线左右对称布置。文昌殿居中，东有内朝主殿听政殿，西有西苑。听政殿东又建有东阁，曹操出征，太子曹丕以国之储副，尝在东阁处理留守事务，东阁具有日朝（治朝）的功用。邺宫建筑布局与设计出自曹操，而且，他又用同样的思想理念对自己的寿陵作了规制。如果将西高穴大墓与曹魏邺宫作一比较的话，可以发现二者在形制与制度上颇有相似之处：第一，布局规整，讲究对称。西高穴大墓平面呈"甲"字形，陵墓布局也有一条中轴线，其前、后室均布置在中轴线上，两旁侧室左右对称（见下图）。

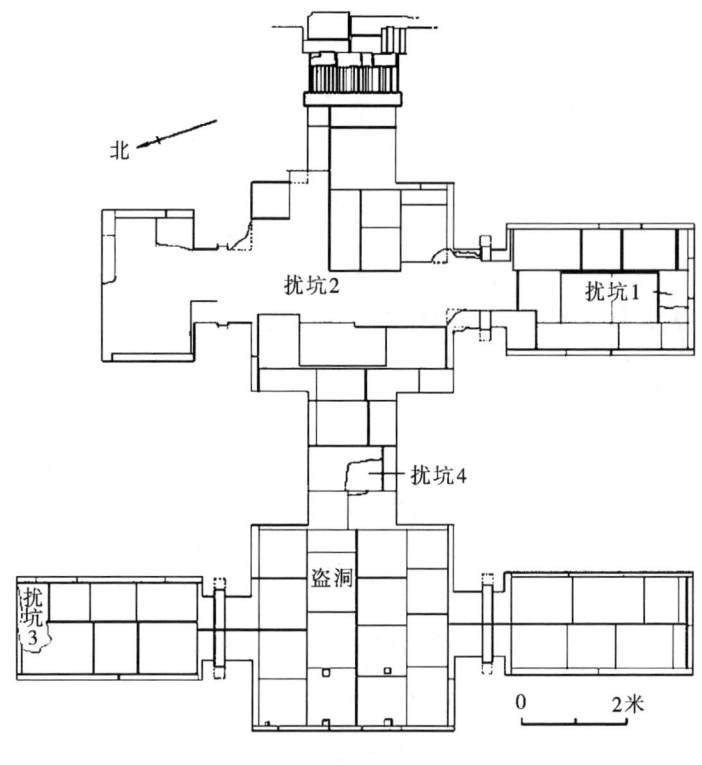

西高穴曹操高陵平面图

第二，邺宫文昌殿、听政殿建筑最为崇高，其次是东阁，构成外朝、内朝、日朝三大主建筑。西高穴大墓前室"平面近方形，东西长 3.85 米，南北宽3.87

米。四角攒尖顶，墓顶距墓底高 6.40 米"。"后室为四角攒顶，东西长 3.82、南北宽 3.85、墓顶距墓底高 6.50 米。""前室北侧室南北长 1.83、东西宽 2.79、墓顶距墓底高 4.7 米，四角攒尖顶。"①前室、后室和前室左（北）侧室与文昌殿、听政殿、东阁的职能划分颇相类似，当是曹操设计的外朝、内朝与日朝之所。这三室下方上圆，四角攒顶，象天法地，显示着墓主人地位的崇高，也与曹植《诔》所描述的"窈窕玄宇"相一致。曹操生前一贯主张"事死如事生"，敬神如神在，所以用同样的礼制思想规划邺都宫室和寿陵。

西高穴大墓与邺宫也有不一致的地方，邺宫坐北朝南，而大墓则坐西朝东。其实，汉代是中国古代宫室建筑制度发展变化的一个重要时期，即由先秦以西为尊转变为以北为上。这一时期坐西朝东与坐北朝南两种朝向并存，为承前启后过渡时期的现象；其次，曹操高陵在选址、朝向上，一方面受周围地理环境的影响，另一方面还要考虑到邺城的因素。因为邺城为其"王业本基"，狐死首丘，高陵坐西朝东亦符合常理；再次，"曹"字本由两个"東"字并写而成，曹操又是靠收编青州黄巾军发迹的，在他的诗赋奏令中多有描述东方、东海、日出等情景，对"东方"情有独钟，其将自己的寿陵设计为坐西朝东，符合他生前崇拜东方的心理。

再者，邺宫由于受邺城东西长、南北窄的局限，文昌殿、听政殿、东堂由西向东排列，这与邺城西北隅金凤、铜雀、冰井三台的建筑一样，与道家的"三山"建筑思想颇相类似。西高穴大墓前室相当于外朝，后室类似于内朝，前室左侧室如日朝，其布局较邺宫更加整齐划一，左右对称更加严格。以后魏明帝在东汉洛阳南宫的基址上建太极殿，太极殿左右两侧又建东、西堂，这种东、西堂的建筑思想与制度与西高穴大墓甚是相似，明帝当是继承了其祖父曹操的思想理念设计洛阳宫殿，这一宫室制度深刻影响了整个魏晋南北朝及隋唐的宫廷建筑布局。依据邺宫与洛宫制度前后互证，可以发现西高穴大墓在形制及制度背后的理念上，甚是符合曹操的思想。

历史研究在于求真，西高穴大墓若是曹操墓，比对各种资料，从地望、朝向、墓葬类型、文字与制度等方面综合研究，必能将其证明为真；如果它不是曹操墓，无论学人如何弄巧，终不能变假成真。由古文字的字形，释铜

---

① 河南省文物考古研究所、安阳县文化局：《河南安阳市西高穴曹操高陵》，《考古》2010 年第 8 期。

印符所刻符号为"曹",又据汉代礼服制度,证"黄绫袍锦领袖"为墓主人的官服,墓主人应是一位王公;又将墓中出土的石牌串并分析,推定其为魏武王曹操,再借邺宫、洛宫制度,比较西高穴大墓形制、结构,推证其应当为曹操高陵。

五、魏晋邺都地位的变化与焚毁

建安二十五年(220年)正月,曹操病卒于洛阳。曹丕在邺袭魏王爵,授承相印,领冀州牧。二月,改年号延康。十月,曹丕禅代汉室,定国号魏,都洛阳,改元黄初。邺作为曹魏的霸府,对曹氏政权的巩固、发展以至最后取代东汉,起了十分重要的作用。曹丕称帝,以五行正统作掩饰,洛阳是东汉一百七十多年的帝都,建都洛阳既符合五行统序,又不失形式上的"天下之正",而且曹丕本人的思想并不像他父亲曹操,比较讲究礼法正统;其次,曹操统一北方,疆域远比居邺初期大得多,而洛阳在地理上颇居中心地位,建都洛阳,在疆域州郡管理方面,比邺便利得多;第三,自商周以来,洛阳受制控和威胁的力量主要来自关中和河北,曹操平定河北,北征乌桓,西征关中张鲁,稳定了河北、关中,洛阳也就无后顾之忧了;第四,三国鼎立,曹魏的对手主要是南方的东吴、蜀汉,随着军事重心的南移,洛阳的地位和作用更加突出,而邺的地位有所下降。

由于政治、军事、经济形势的变化,区域城镇的地位作用不断调整,以致达到社会发展的相对平衡,这也是形成我国古代都城不断移位变更的一个重要原因。汉魏之际,没有邺城作基础,洛阳就很难复兴。三国曹魏时期,邺虽不像洛阳那样成为京师帝都,但其地位和作用并不是说不重要,它作为洛阳东北部的锁钥门户,屏翰京师,同时又能控制河北地区。因此,黄初三年(221年)正月,曹丕将邺与洛阳、长安、谯、许昌并列为五都。五都的地位,除洛阳之外,其次就是邺城了,朝廷在洛阳,而其宗室勋旧大部分聚集在邺。因此,自曹丕禅代汉室,邺被"呼为北都"[①]。在行政区划方面也进行了调整,以魏郡东部为阳平郡,治馆陶(今河北馆陶东南);西部为广平郡,治曲梁(今河北永年县临洺关镇东南广府镇)。魏郡、阳平、广平合称

---

① (宋)乐史撰《太平寰宇记》卷五十五《河北道·相州》,中华书局,2007年。

"三魏",并划入京畿。这一举措,旨在加强"洛阳—邺城"政治地缘关系。

魏明帝以后,曹魏集团与司马氏集团的政治斗争激化,司马懿发动高平陵政变,掌握了朝政。嘉平三年(251年),为了控制曹氏宗族,防止他们干政,司马氏"尽录诸王公置邺",使人监守,不得与人交关,高贵乡公曹髦被置于阳平元城(今河北大名东北)。嘉平六年(254年)九月,司马师废魏帝为齐王,十月,将曹髦从元城接至洛阳,立髦为帝。曹髦不甘心作傀儡皇帝,于甘露五年(260年)发动身边侍从讨伐司马昭,事败被杀,司马炎到邺迎常道乡公曹璜(即曹奂)为帝。因曹氏诸王公宗室皆在邺城,故司马氏对邺城控制甚严,每外出征战,总要派亲信率重兵镇守。景元五年(264年),司马昭西征,任山涛为行军司马,率兵五千守邺,临行前,反复叮咛山涛,托以重任。公元265年,司马炎逼魏帝曹奂禅位,自称晋武帝,废曹奂为陈留王,使出居邺宫,并严加看管。邺最初是曹魏兴起的地方,最终又成了司马氏拘禁曹魏集团的地方。

魏咸熙二年(265年)十二月,司马炎禅代魏室,自称武帝,国号晋,建元泰始,史称西晋。王朝更替,司马氏政权稳固,其对邺城的戒备有所放松。昔日对曹魏王公贵族的优惠政策也开始收缩,大量压缩邺城中专供王室生活需要的手工业,裁减从事手工业的奚官奴婢,泰始五年(269年)六月,晋以邺奚官督郭廙为屯留令。咸宁元年(275年)十二月,武帝诏"以邺奚官奴婢著新城,代田兵种稻,奴婢各五十人为一屯,屯置司马,使皆如屯田法"①。三年(277年)八月,晋徙琅琊王司马伦为赵王,督邺城守事。这时,邺城国都的地位基本消失,却成了西晋河北地区一大方镇。五年(279年),晋在全国置都督监军十,都督邺城守诸军事即为其中之一。永平元年(291年)八月,河间王司马颙为北中郎将,镇邺,徙赵王司马伦为征东将军、都督徐、兖二州诸军事。元康九年(299年)正月,贾后为了防止宗室大臣对宫廷的干涉,欲把他们排斥出洛京,命成都王司马颖出任平北将军,镇邺。四月,邺人张承基等聚众数千人,谋起义,被地方官府杀害。

贾后干政,利用宗室贵族之间的矛盾,假矫诏书,令相互残杀,最终导致西晋"八王之乱"。永康元年(300年)四月,赵王司马伦杀贾后及其党族。次年正月,以惠帝为太上皇,自称皇帝。三月,齐王司马冏、成都王司

---

① (唐)房玄龄等撰:《晋书》卷二十六《食货志》,中华书局点校本,1974年。

马颖、河间王司马颙、常山王司马乂等，共同起兵讨伐赵王伦，攻破洛阳，迎惠帝复辟，赐死赵王伦。六月，惠帝大封齐王冏、成都王颖、河间王颙，并打算把三王留在洛京，共同辅弼朝廷。司马颖借口母亲有疾，率兵归邺。为笼络人心，司马颖以阳翟百姓遭受战争灾难，将河北邸阁米十五万斛运至阳翟赈饥。惠帝再次诏颖入朝辅政，颖又因宠宦孟玖和母亲程太妃爱恋邺宫，婉辞拒任。太安元年（302年）十二月，河间王颙、成都王颖、范阳王虓因不满齐王冏专擅朝政，起兵讨冏。长沙王乂杀冏及其党族。惠帝以乂为太尉、都督中外诸军事。乂在朝，事无巨细，皆派人到邺谘询大将军司马颖的旨意。次年七月，河间王颙密谋除掉司马乂，事败，司马乂将参与谋害自己的朝廷大臣全部斩戮。司马颙闻知朝臣被杀，借故起兵讨乂，司马颖也发兵相助。永安元年（304年）正月，东海王司马越在洛阳做内应，突然发动兵变，夜收司马乂，开城门迎外兵，外兵入洛，杀司马乂。乂被杀，朝廷公卿大臣皆至邺向司马颖谢罪，请求颖入京，惠帝诏颖为丞相。司马颖派奋武将军石超率兵五万屯守洛阳十二门，置相府于邺，又以邺令卢志为中书监，留居邺城，署理丞相府事务。三月，惠帝诏颖为皇太弟，都督中外诸军事，丞相如故，乘舆服御全部迁移至邺城。司马颖居邺城相府，遥控京都洛阳，这时朝廷已空有其名，西晋政治中心移于邺城。七月，东海王司马越起兵讨伐成都王司马颖。颖的部将石超率军自洛阳奔还邺城。司马越自称大都督，传檄各州镇，广召四方兵，并携带惠帝北征，到了安阳，军队已集结至十多万人，邺中震恐。司马颖遣石超率众拒战，于汤阴打败司马越，虏惠帝入邺，司马越也逃回到自己的封国。

在西晋长达十一年的"八王之乱"过程中，成都王司马颖始终处于强势，杀赵王伦、齐王冏，讨伐长沙王乂，击败东海王越，最后连惠帝也作了他的俘虏。司马颖为什么能这样强盛，一方面是他的军队众多，粮草充裕；再者是假借维护朝廷的名誉；更主要的是他居有邺城，邺城地近洛京，朝廷易受控制，他深明这一点，所以惠帝数次召他入朝辅政，都被他抗旨谢绝，致使洛阳朝廷不得不听命于邺城相府。帝相不共都，丞相居邺城遥控洛阳朝廷，这在中国历史上也是不多见的现象。

八王内乱，诸镇叛晋，割据幽州的晋将王浚勾结鲜卑段勿尘、乌桓羯朱及东嬴公司马腾起兵讨伐司马颖，于平棘（今河北赵县东南）大败司马颖的军队，直逼邺城。邺中大震，百僚奔走，士众溃散，司马颖的部将卢志劝颖带惠帝还洛阳。这时,邺中甲士还有一万五千人,卢志连夜编制军队,待至次日拂晓即将出发,但司马颖的母亲程太妃十分恋邺,不愿离开,司马颖也狐疑不决,不久众人纷纷溃散,司马颖这才率领帐下数十骑与卢志一起,用牛车载着惠帝南逃洛阳。王浚入邺,怂恿部下将士及胡兵大肆暴掠,城中居民死者甚众。鲜卑胡兵还大量掠走邺下汉族妇女,班师回蓟途中,路过易水,王浚下令,不得裹带妇女,"敢有挟藏者斩!"于是将这些被掠来的妇女八千人驱赶入易水淹死。王浚暴掠邺城,是邺城自魏晋以来经受的第一次大规模的战乱,从此,西晋在邺城以至冀州的势力开始衰落了。

晋永兴元年(304年)十二月,惠帝废成都王司马颖,以东中郎将司马模为北宁将军,都督冀州,镇邺;授司马炽为镇北大将军,都督邺城守诸军事,并立为皇太弟。次年七月,汲桑、石勒响应司马颖故将公师藩,起兵赵、魏,克阳平,又转攻邺。邺城守将司马模十分恐惧,范阳王司马虓遣部将苟晞救邺,击退了汲桑、石勒的军队。光熙元年(306年)八月,晋以司马虓为司空,代司马模镇邺。十月,司马虓卒,晋以东燕王司马腾为车骑将军,都督邺城诸军事,镇邺。永嘉元年(307年)五月,汲桑、石勒再次攻邺,大破魏郡太守冯嵩,直逼城下。邺城守将司马腾轻骑逃走,汲桑、石勒攻破邺城,纵火焚烧邺城宫室,汹汹烈火一直燃烧了十多天。《太平寰宇记》卷五十五《河北道·相州》"邺宫"条:"《十六国春秋》云:'石勒大破邺宫,焚之,火旬有五日方灭。'"城中士民一万多人被杀,又尽将城中资财席卷而去,经过魏晋百余年经营起来的名都邺城,仅十数日就在一片火海中销毁了。故胡三省注《通鉴》曰:"袁绍据邺,始营宫室,魏武帝又增而广之,至是悉为灰烬矣。"

第三章　十六国时期邺城的复兴与衰败

一、后赵邺都之重建

(一)石氏政权的建立与迁都邺城

汲桑焚毁邺城,西晋朝廷调集了大量军队,用了很大气力才把汲桑镇压下去,羯人石勒投奔了汉刘渊。永嘉元年(307年)十一月,晋以尚书右仆射和郁为征北将军,镇邺。二年(308年),石勒自乐平(今山西昔阳县西南)东下赵、魏,攻邺,邺城守将和郁弃城逃往卫国。石勒缚杀魏郡太守王粹于三台,并相继攻克常山、赵郡、巨鹿、中山、博陵、高阳、清河、广宗等,横扫河朔,十多万人归降于他。之后,石勒又挥师南下,于永嘉六年(312年)二月,屯葛陂(今河南新蔡北),欲攻建业(今江苏南京),遭遇连绵数月阴雨天气,军队缺粮,士卒饥疫,死者过半,又探知晋军也将乘机来攻,石勒进退两难,于是问计于谋士张宾。宾曰:"邺有三台之固,西接平阳,四塞山河,有喉衿之势,宜北徙据之,伐叛怀服,河朔既定,莫有处将军之右者。"[1]石勒采纳了张宾的建议,遂引军北行,七月,至邺。晋并州刺史刘琨以其侄刘演为魏郡太守,镇邺,保三台以自固。张宾又建议石勒,曰:"演虽弱,众犹数千,三台险固,攻之未易猝拔,舍而去之,彼将自溃……不若择便地而据之,广聚粮储,西禀平阳以图幽、并,此霸王之业也。邯郸、襄国,形胜之地,请择一而都之。"[2]石勒又应从了张宾的建议,率军进据襄国(今河北邢台市),立足稳固之后,又分命诸将攻冀州,郡县堡垒多附于勒,运其谷以输襄国。次年四月,石勒使石虎攻邺,邺溃。刘演奔廪丘(今山东郓城西),三台流民皆附于勒。勒以桃豹为魏郡太守,十二月,又以石虎代桃豹为魏郡太守,镇邺三台,加强对邺城的控制。

公元319年,石勒在襄国称大单于、赵王,建立后赵政权。后赵八年

---

[1]　(唐)房玄龄等撰:《晋书》卷一百四《石勒载记》,中华书局,1974年。
[2]　(宋)司马光编著、(元)胡三省音注:《资治通鉴》卷八十八《晋纪》十,中华书局,1956年。

（326 年），大臣程遐恐石虎权势太盛，将来难以制服，劝石勒抑制石虎。于是，石勒使世子石弘镇邺，配禁兵万人及车骑所统五十四营，以骁骑将军领门臣祭酒王阳专统六夷辅弼。这时的邺城，已成为后赵的第二政治中心。后赵建平四年（333 年）七月，石勒卒，太子石弘即位，而朝政由石虎专擅，石虎杀大臣程遐等。八月，后赵帝石弘以石虎为丞相、魏王、大单于，加九锡，镇邺，居国有魏郡等十三郡，石虎总摄军政，以子石邃为太子，都督中外诸军事，府僚亲属分领台省要职。次年十一月，石虎废石弘为海阳王，自称居摄天王，不久又杀掉石弘及石勒的妻子程太后。建武元年（335 年）九月，石虎将后赵都城自襄国迁至邺。随着邺城都城地位的恢复，城郭宫殿得到大规模重建，而且其政治中心的作用愈益明显，从建武元年（335 年）到太宁元年（349 年），邺城的政治功能辐射到长江以北大部分地区，作为政治中心城市直接与江南的建康（今江苏南京市）相抗衡。后赵与东晋分别以邺和建康作根本，都想把自己的政治模式由自己的中心地区推向更广远的区域，在政治地理方面，形成南、北两大区域的对抗，这种地域政治态势主导了以后中国历史的发展，一直影响到南北朝。

（二）邺都之重建

　　邺城自西晋永兴以后，历遭兵灾。后赵据邺之后，对之进行全面重建。重建工程经历了前后两个时期。前期为石勒时期（晋建兴元年至后赵延熙元年，即 313 年—333 年），主要是对重建邺城的设计和邺宫的初造。石勒早就有都邺意图，鼎足襄国不久，便攻取邺城，先后以桃豹、石虎镇邺三台。后赵初，邺城内的主要建筑在城西北隅三台附近，官署殿堂大部分是汲桑大火之后仓促搭设起来的，低矮简陋。石虎作魏郡太守时，其郡治及家室都在三台。后赵八年（326 年）十月，石勒采用谋臣程遐的建议，营建邺宫，使世子石弘取代石虎镇邺，新宫在三台上及东侧，也就是将魏郡衙署及石虎家室拆除，在原址上重建。石虎对此不满，"及修三台，迁其家室，虎由是怨程遐"①。此后，石勒对邺城的重建进行了设计规划。到后赵建平二年（331 年）四月，石勒到邺，将营新宫，廷尉续咸谏阻，石勒十分生气，还差一点杀了他，可见石勒复兴邺都的决心已定。这年夏天，连降暴雨，中山郡西北一带的山地洪水骤涨，河流两岸的树木被连根拔起，顺水漂流至下游堂阳（今河北新河县北），淤积达

---

　　①　《资治通鉴》卷九十三《晋纪》十五。

一百多万根。石勒下令曰："去年水出巨材,所在山积,将皇天欲孤缮修宫宇
也。"①于是令少府任汪、都水使者张渐等监营邺宫,石勒亲授规模,担任邺城
的总设计。后赵延熙元年(333 年),新宫竣工。五月,石勒到邺,朝群臣于邺
宫。石勒营建的邺宫在曹魏铜雀园内,工期只有二三年,工程量并不大。

邺都营建的后期是石虎时期,即建武元年至十三年(335 年—347 年)。
后赵建武元年,石虎迁都邺,从此开始了大规模的邺都建设,营建工程基本
上是在石勒总设计的基础上进行的,其顺序与曹操的思路颇有不同,先城
内后城外,宫殿的建筑先内宫后大朝。建武元年,于铜雀台东北建九华宫,
次年在曹魏文昌殿故址上建太武殿,并于殿两侧作东、西阁,构成宫殿区主
体工程,围绕主体工程,又征发劳役四十多万,建台观四十余所,形成左右
对称、谐趣盎然的建筑布局,这些工程到建武八年(342 年)基本克竣。建
武八年以后,邺城的建筑重点转移到城外,最大工程是华林苑,动用十六万
人,车万乘,修建此苑及长墙,广袤数十里。石虎想在有生之年看到华林苑
的景观,曾言"墙朝成夕没,吾无恨也"②。这一工程竣工于建武十三年
(347 年)。此后,由于石虎父子兄弟骨肉相残,也无暇顾及邺都建筑了。

石赵邺城的建筑布局基本上因循了曹魏,但在局部上作了适当调整,于
铜雀园基址上建后宫内朝,在文昌殿旧址上建外朝,原听政殿为太子宫。建
筑密度比曹魏大,建筑群组更加对称。城内市场比曹魏有所扩大,见诸记载
的有建康市、平乐市,两市均在城东南部,即东门建春门内大街南,或广阳门
内。城垣由土筑改为砖城,重建了城门、城楼,提高了城市的军事防御功能。
改建了城市引水、排水工程,凿北城,引水于华林苑,然后分出支系,灌注各
宫殿院落及至皇后浴室,然后再由城东南排出。在城外园林建设上也有改
进。曹魏邺城的主要园林在城西和西北,后赵一方面恢复曹魏的园林区,
又在邺北偏东开辟了华林苑,置园林于城北,改善了邺城的城市环境。

二、后赵邺都城制建筑与名物

(一)城垣与城门

《水经注》卷十《浊漳水》记载邺城,曰："其城东西七里,南北五里,饰表

---

① 《晋书》卷一百五《石勒载记》。
② 《晋书》卷一百七《石季龙载记下》

以砖,百步一楼。"从此邺城由土城发展为砖城,20世纪80年代,考古工作者勘探发掘邺城遗址,于城垣基址发现有残留城砖。城上每间隔一百步建一楼,周长为二十四里的城垣,当建有七十二座楼阁,东、西城垣各十五座,南、北城垣各二十一座。《墨子》云:"城备三十步置坐侯楼,出堞四尺,百步一木楼,楼前面九尺,二百步一立楼,去城中二丈五尺。"①后赵邺都城上建楼,当是贯彻了墨子的理论,将古代筑城技术推进一步。

邺城东南角建有东明观,东明观以城为基。"东城上,石氏立东明观,观上加金博山,谓之锵天"②。观旁还建有佛精舍。《晋书》卷一百七《石季龙载记》云:"(石)韬宴其僚属于东明观……因宿于佛精舍。(石)宣使杨柸、牟皮、牟成、赵生等缘猕猴梯而入,杀韬,置其刀箭而去。"《资治通鉴》卷一百《晋纪》二十二穆帝升平三年(359年):"(慕容)儁梦赵王(石)虎啮其臂,乃发虎墓,求尸不获,购以百金;邺女子李菟知而告之,得尸于东明观下,僵而不腐。"《水经注》卷九《洹水》:"洹水又东,枝津出焉,东北流,迳邺城南,谓之新河。又东分为二水,北迳东明观下,昔慕容儁梦石虎咬其臂,寤而恶之,购求其尸而莫知之。后宫婢妾言虎葬东明观下,于是掘焉,下度三泉,得其棺,剖棺出尸,尸僵不腐。儁骂之曰:'死胡,安敢梦生天子也。'使御史中尉杨约数其罪而鞭之。此盖虎始葬处也。"石虎葬东明观下,掘凿墙体为穴,保持低下恒温和湿度,故能僵而不腐。此与冰井台藏冰的道理是一样的。东明观在邺城东南隅,在曹魏邺东南角楼的基础上重建,规模当有扩大。1984年,考古工作者已探出邺城东南角,发现有夯土建筑基址。

北城墙上,"有齐斗楼,超出群树,孤高特立……凡诸宫殿,门台、隅雉,皆加观榭。层甍反宇,飞檐拂云,图以丹青,色以轻素。当其全盛之时,去邺六七十里,远望苕亭,巍若仙居"③。齐斗楼位于北城墙正中,为后赵邺都中轴线之北端。站在太武殿北侧台陛上仰望北斗星,人的视线正与此楼顶端相齐,故名齐斗楼,此当是齐斗楼名称的来历。在整个邺都城制布局中,齐斗楼是邺城中轴线北端的建筑,为宫城、郭城的至高点,又具有镇山的作用。

后赵在魏武所造七门的基础上,进一步崇饰改建。《水经注》卷十《浊漳水》载:后赵邺城凡七门。南面三门:正南曰中阳门,东曰广阳门,西曰凤阳门;东面

---

① 《初学记》卷二十四《楼》第五。
② 王国维:《水经注校》卷十《浊漳水》,上海人民出版社,1984年。
③ 《水经注校》卷十《浊漳水》。

一门曰建春门;北面二门:东曰广德门,西曰厩门;西面一门曰金明门。

中阳门　又称永阳门,北直大朝正门阊阖门。中阳门外两侧各有一铜驼相对。《初学记》卷二十九《驼》引陆翙《邺中记》曰:"二铜驼,如马形,长一丈,高一丈,足如牛,尾长二尺,脊如马鞍,在中阳门外,夹道相向。"此两铜驼为曹魏洛京旧物,后赵石虎将之迁于邺。

广阳门　在中阳门东,东距城东南角约300米。嘉靖《彰德府志》卷八《邺都宫室志》云:广阳门"北直司马门"。但从考古勘探资料看,二者不可能在一条线上,广阳门内街道偏东。

凤阳门　在中阳门西,北直九华宫。石虎建九华宫,崇饰此门,"高二十五丈,上六层反宇向阳,下开二门,又安大铜凤于其巅,举头一丈六尺……朱柱白壁,未到邺城七八里,遥望此门"①。《水经注》卷十《浊漳水》曰:"凤阳门三台洞开,高三十五丈,石氏作层观架其上,置铜凤,头高一丈六尺。""三台"应为"二门","三十五丈"当是"二十五丈"之误。《太平寰宇记》卷五十五《河北·相州》引《邺中记》云:"魏太祖都之,城内诸街有赤阙,南面西头曰凤阳门,上有凤二枚,其一飞入漳水,其一仍以锁绊其足。邺人旧歌曰:'凤阳门南天一半,上有金凤相飞唤,欲去不去著锁绊。'"这条史料所记凤阳门,应为后赵事。《榕园丛书》载《邺中记》(辑本)曰:"凤阳门五层楼,去地三十丈,安金凤凰二头,石虎将衰,一头飞入漳河,会晴日见于水上,一头以铁钉钉足,今存。"《幽明录》云:"邺城凤阳门五层楼,安金凤皇二头于其上,石季龙将衰,一头飞入漳河。"②嘉靖《彰德府志》卷八《邺都宫室志》记述凤阳门,曰:"考《水经》,盖高二十五丈,作层观于其上。又于楼置二铜凤,头高一丈六尺,穷高极奢,尽天下巧。久之,楼颠铜凤一飞入漳水,余其一以铁索绊之。邺中谣曰:'凤阳门楼天一半,上有鸳凤相呼唤,欲去不去铁索绊。'"《晋书·石季龙载记》曰:建元初,"白虹出自太社,经凤阳门,东南连天,十余刻乃灭"。季龙恶之,"于是闭凤阳门,唯元日乃开"。尽管有关记载稍有出入,所记事情也嫌怪异,但可反映出凤阳门是后赵邺都的重要门户,因其北直后宫,故石虎将此门建造得十分宏伟雄壮。凤阳门高二十五丈,下开二门洞,门上建楼三层,每层皆重檐,故外观为六层。楼巅安大铜凤,高一丈

---

①　(宋)李昉等撰:《太平御览》卷一百八十三引《邺中记》,中华书局,1960年。
②　(唐)徐坚等著:《初学记》卷二十四《楼》第五,中华书局,1962年。

六尺。到了后赵后期，一凤颠落，一凤犹存，为防止其跌落，故用铁索系固。文献所记后赵邺都凤阳门，其形制与梁思成《中国建筑史》所载汉画像石"函谷关东门图"十分相似，汉画像石东门楼上也有双凤。其建筑制度或许是沿曹魏之旧。由于凤阳门位置处于邺城要害，所以成为后赵后期邺都变乱的主要场所。据《晋书》卷一百七《石季龙载记》：石遵率军"贯甲曜兵，入自凤阳门"。又云孙伏都率众攻冉闵、李农，不克，屯于凤阳门。又云：冉闵"班令内外赵人，斩一胡首送凤阳门者，文官进位三等，武职悉拜牙门"。内乱外争，凤阳门都是争夺的目标，所受战乱的破坏也最为严重。

《十六国春秋》卷十一《后燕录》："（光始）五年十月，拟邺之凤阳作弘光门，累级三层。"由此也能推证，后赵凤阳门城楼为三层。

建春门　邺北城东门，石赵沿袭曹魏，仍于此门外筑瓮城，考古工作者已探出瓮城基址。瓮城东有石桥，石桥初建于曹魏，后赵重建，桥柱雕饰十分工巧，艺术价值极高。《水经注》卷九《洹水》："洹水……东北流，迳邺城南，谓之新河。又东分为二水，北迳东明观下……又北迳建春门，石梁不高大，治石工密。旧桥首，夹建两石柱，螭矩趺勒甚佳。乘舆南幸，以其作制华妙，致之于平城。"据《水经注》卷十三：北魏献文帝宁先宫"东次，下有两石柱，是石虎邺城东门石桥柱也。按柱勒，赵建武中造，以其石作工妙，徙之于此。余（郦道元）为尚书祠部，与宜都王穆罴同拜北郊，亲所经见，柱侧悉镂云矩，上作蟠螭，甚有形势，信为工巧"。《邺中记》云："沟亦出建春门。"说明后赵邺都排水设施仍沿用曹魏时期的工程。

广德门与厩门　二门为北墙城门，与宫殿区相接通，故经常关闭，有关史料记载也甚少。洪亮吉《十六国疆域志》卷二《后赵》曰："案《邺中记》，又有道遥楼、披云楼、玳瑁楼……于九华宫北建道遥楼，东北建披云楼，城门上建玳瑁楼。"此城门似应为厩门。

金明门　一曰白门[①]，邺北城西门，古人以"白虎"指代西方，故称西门为"白门"。因靠近三台及九华宫，所以此门亦甚重要，建筑坚固。石氏父子祭祀山川、游猎等，均由此门出入。《晋书》卷一百七《石季龙载记》曰：石虎"命石宣祈于山川，因而游猎，乘大辂、羽葆、华盖，建天子旌旗，十有六军，戎卒十八万，出自金明门"。又曰：孙伏都在邺发动兵变，攻冉闵、李农。

---

① （北魏）郦道元撰，（清）戴震校：《水经注》卷十《浊漳水》，武英殿聚珍版，乾隆三十九年刊。

闵、农率众击伏都,"毁金明门而入"。

后赵邺都七门基址均承曹魏之旧,建筑规模与坚固性有所超出,并建有城楼,不仅有了规范的城门名称,而且耐人寻味的是其门名完全是根据门之方位,按阴阳四季风候命名,广德—建春—广阳—中阳—凤阳—金明—厩,犹如一周天,这反映了后赵建都贯彻了"天人合一"的理念,将"天"的意识融入都城的构建。

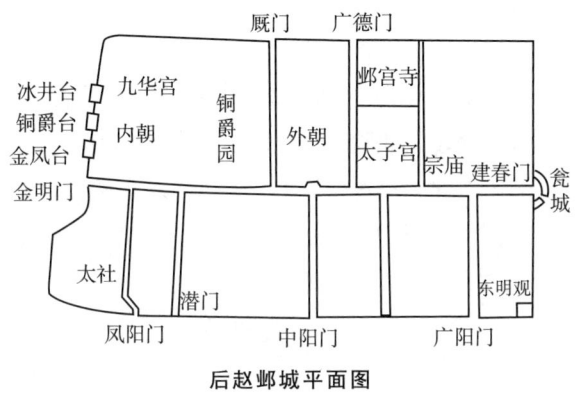

后赵邺城平面图

(二)三台

邺北城西北高,东南低,三台和西城往往是攻守的首要据点,西晋永嘉以后,三台因屡遭战乱而被毁坏。后赵曾两次修构三台,一次在后赵八年(326 年)十月,石勒"营邺宫","修三台";[①]一次是在石虎时期,倍加崇饰三台。故《水经注》曰:"城之西北有三台,皆因城为之基,巍然崇举,其高若山。"三台大小规模基本上是在后赵时期固定下来的。

铜爵台　曹魏铜雀台,经后赵重修,改名铜爵台。《水经注》卷十《浊漳水》曰:"铜雀台,高十丈,有屋百一间……石虎更增二丈,立一屋,连栋接榱,弥复其上,盘回隔之,名曰命子窟。又于屋上起五层楼,高十五丈,去地二十七丈,又作铜雀于楼巅,舒翼若飞。"《邺中记》(榕园丛书本)曰:"铜爵台高一十丈,有屋一百二十间,周围弥复其上……后赵石虎于铜爵台上起五层楼阁,去地三百七十尺(疑为二百七十尺),周围殿屋一百二十房,房中有女监女伎……又于铜爵台穿二井,作铁梁地道以通井,号曰命子窟,于井中多置财宝饮食以悦蕃客,曰圣井。又作铜爵楼巅,高一丈五尺

---

① 《资治通鉴》卷九十三《晋纪》十五,成帝咸和元年(326 年)。

（按：疑有脱讹，应为："又作铜雀置楼巅，高一丈五尺"），舒翼若飞。"《艺文类聚》卷六十二《台》引《邺中记》曰："邺城西北立台，皆因城为基，中央名铜雀台，北则冰井台。"又曰："西台（按：即铜爵台）高六十七丈（按：应为二十七丈），上作铜凤（按：应为铜雀），窗皆铜笼，疏云母幌，日之初出，乃流光照曜。"综合有关史料，可以看出，石赵称铜雀台为铜爵台，高 12 丈，比曹魏增高 2 丈。台上地面以下建有地下室，号称命子窟。地面以上中央部位建有高 15 丈的五层楼阁，楼台通高 27 丈，楼顶置有高 1.5 丈舒翼若飞的铜雀。楼阁周围构筑有 120 间相互连接的殿屋。东、西、南、北四向开门，殿屋后缘台墙四周有回道。其建筑风格颇具台观式、回廊式、庭院式相结合的特点。后赵末年，石氏相互残杀，继之冉闵发动兵变，铜爵台遭受破坏。1986 年考古工作者在铜雀台遗址南边缘掘一探沟，1987 年又在台之东南角东侧开一探沟，出土大量砖瓦碎块，其中有后赵时期的"大赵万岁"瓦当。[①] 考古证实，铜雀台东南角与金凤台东北角，南北基本相照。

邺北城瓦当、人面装饰拓片图见《考古》1990 年第 7 期《邺北城遗址勘探发掘简报》。

邺北城瓦当、人面装饰拓片

①　张子欣：《邺城考古札记》，中国文史出版社，2013 年，第 49—50 页。

金凤台　曹魏金虎台,后赵石虎改名金凤台。纪昀辑《邺中记》云:"置金凤于台巅,故名。"嘉靖《彰德府志》卷八《邺都宫室志》云:"然则改虎为凤,岂后赵时避石虎讳故耶!"后赵避虎讳,改"白虎"为"天鹿"、"虎头"为"龙头",未曾有以"凤"避"虎"的文献记载。石虎迷信五行灾异,因自曹魏以来,屡屡传说凤凰出现在邺城南。曹植《贺瑞表》曰:"臣闻凤皇复见邺南,黄龙双出于清泉,圣德至理,以致嘉瑞,将栖凤于林,龙囿于池,为百姓旦夕之观也。"[1]石虎出于乞求嘉瑞吉祥的兆头,将直对九华宫之南城西头城门取名为凤阳门,于门楼顶端安铜凤,又在南台上置金凤,因改名金凤台。据《邺中记》,后赵石虎对金凤台的屋室进行了重新改造,将曹魏130间房屋改为"一百九间"。其建筑布局大致是这样:台上中间建有正殿,殿顶置一金凤,周围建造殿屋庑廓,屋室后有缘台墙回道,四向开门。台的高度沿承曹魏,没有增筑。

冰井台　《水经注》卷十《浊漳水》曰:"北曰冰井台,亦高八丈,有屋百四十间,上有冰室,室有数井,井深十五丈,藏冰及石墨焉。石墨可书,又燃之难尽,亦谓之石炭。又有粟窖及盐(窖),以备不虞。今窖上犹有石铭存焉。"纪昀《邺中记》辑本亦曰冰井台"有屋一百四十间"。纪昀辑《邺中记》又曰:"冰井台有冰室三,与凉殿皆以阁道相通。"《太平御览》卷二十一引《邺中记》曰:"石季龙于冰井台藏冰,三伏之月,以冰赐大臣。"根据史料推测,冰井台殿屋布局应与金凤台相同,不同之处在于其地下井窖的掘凿。韩国古代新罗庆州王京亦有冰窖,其遗址尚存,但其规模和深度不及邺城冰井。于台上挖井藏冰,是古人发明的一项冷藏技术。若平地掘井,深则无法解决地下水防渗,浅则达不到冷藏效果,台上掘井当较适当,这是很值得探究的。而且,石虎死后,将尸体置于邺城东明观井下,若干年后"僵而不腐",台上掘井还可防腐。

三台以城为基,台上建楼观宫室,又以阁道相连,城、台、楼殿浑然一体,南、中、北三处建筑联成一组,前后对称,错落有致。故《邺中记》曰:"三台相面,各有正殿。"铜爵居中,金凤居南向北,冰井居北向南,其正殿陈设也相似,"上安御床,施蜀锦流苏斗帐,四角置金龙头,衔五色流苏。又安金钮屈戌屏风床,床上细直女三十人,床下立三十人,凡此众伎,皆宴日所

---

①　(唐)欧阳询撰:《艺文类聚》卷九十八《龙》,上海古籍出版社,1999年。

设"。《邺中记》又曰:"三台皆砖甃,相去各六十步,上作阁道,如浮桥,连以金屈戍,画以云气龙虎之势,施则三台相通,废则中央悬绝矣。"①

(三)宫殿及宫中名物

嘉靖《彰德府志》卷八《邺都宫室志》曰:"盖石虎所起内外大小殿九,台观四十余所,其于曹魏宫室改易多矣。"其改易主要有三:一是将后宫置于西园;二是在曹魏外朝文昌殿基址上建太武殿,殿后又建披云楼、齐斗楼;三是于曹魏内朝旧址置太子宫。自西至东,依次为后宫、大朝、太子宫及诸王贵族府第。

外朝宫殿区居中,其主要建筑有太武殿、西堂、东堂、御龙观、披云楼等。

太武殿 《晋书·石季龙载记》、《资治通鉴》云太武殿在襄国,误。洪亮吉《十六国疆域志》已作考证,应在邺,为后赵朝会正殿,又称正会殿,地处曹魏文昌殿旧址。《水经注》卷十《浊漳水》云:"石氏于文昌故殿处,造东、西太武二殿,于济北谷城之山采文石为基,一基下五百武直宿卫。屈柱跌瓦,悉铸铜为之,金漆图饰焉。又徙长安、洛阳铜人,置诸宫前,以华国也。"北魏拓跋珪攻取邺城后,曾将后赵太武殿屋基文石运至平城,崔浩用太武殿基石作材料,刊刻《五经》及《国书》。《南齐书》卷五十七《魏虏传》曰:"(平)城西三里,刻石写《五经》及其国记,于邺取石虎文石屋基六十枚,皆长丈余,以充用。"《晋书·石季龙载记》云:"太武殿基高二丈八尺,以文石绰之,下穿伏室,置卫士五百人于其中。东西七十五步,南北六十五步。皆漆瓦、金铛、银楹、金柱、珠帘、玉壁,穷极伎巧。"《邺中记》云:石虎"于魏武故台立太武殿,窗户宛转,画作云气,拟秦之阿房、鲁之灵光,流苏染鸟翎为之,以五色线编蒲心荐席"②。又云:"石虎太武殿悬大绥于梁柱,缀玉壁于绥。"③每有朝会大典,更是十分讲究,规模豪华排场。纪昀辑《邺中记》曰:"石虎正会于正殿,南面临轩,施流苏帐,皆窃拟礼制:整法制(服),冠通天,佩玉玺,玄衣纁裳,画日月、火龙、黼黻、华虫、粉米。寻改车服,着远游冠,前安金博山、蝉翼,丹纱裹服。大晓行礼,公执珪,卿执羔,大夫执雁,

---

① 黄惠贤辑校:《邺中记》,武汉大学历史系编:《魏晋南北朝隋唐史资料》第9、10辑,1988年12月。

② (宋)乐史撰:《太平寰宇记》卷五十五引《邺中记》,中华书局点校本,2007年。

③ 《太平御览》卷八百六珍宝部·壁引《邺中记》。

士执雉，一如旧礼。充庭车马，金根玉辂，革辂数十。"又曰："石虎正会，殿前有白龙樽。作金龙于东厢，西向，龙口金樽，受五十斛。"正会燃灯，"殿前设百二十枝灯，以铁为之"。还于殿庭中、端门外、阊阖门前各设一对庭燎，共六处，庭燎高一丈六尺。正会还要演奏伎乐。"虎正会，殿前作乐，高絙龙鱼、凤凰、安息、五案之属，莫不毕备。有额上缘橦，至上鸟飞，左回右转。又以橦着口齿上，亦如之，设马车，立木橦其车上，长二丈，橦头安横木，两伎儿各坐木一头，或鸟飞，或倒挂。又衣伎儿作猕猴之形，走马上，或在胁，或在马头，或在马尾，马走如故，名为猿骑。"[1]还"置三十部鼓吹，三十步置一部，十二人皆在平阁上，去地丈余，又有女鼓吹"[2]。正会即元会，时在春节，即大年初一，是古代王朝最隆重的朝会，历代沿袭，形成惯例。《晋书》卷二十三《乐志》曰："永嘉之乱，海内分崩，伶官乐器，皆没于刘、石。"因此，石虎正会、出行，还有皇后出行，均有鼓吹，所奏亦当为西晋正音。

太武殿还画有壁画。据《晋书·石季龙载记》："太武殿画古贤悉变为胡，旬余，头悉缩入肩中。季龙大恶之。"袭汉制，画古贤为胡人，反映了胡汉文化的融合与冲突。

嘉靖《彰德府志》卷八《邺都宫室志》考太武殿，曰："《水经注》曰石虎于文昌故殿处造东西太武二殿。今考《晋书·石季龙载记》，虎燕享群臣，遵僭即伪位皆在太武，盖朝会正殿也，魏宫殿焚毁于汲桑，故石虎于文昌故殿处作太武殿。复于其后作东西二殿，故有东堂、西堂、东阁、西阁，其皆宫寝便殿之名欤。虎作太武殿，基高二丈八尺，东西七十步，南北六十五步，以济北谷城山文石砌之，下穿伏室，置卫士五百人。屋皆漆瓦金铛，银楹金柱，柱础亦铸铜为之，珠帘玉璧，窗户宛转，尽作云气。复施流苏之帐，白玉之床，黄金莲花见于帐顶，以五色锦编蒲心而为荐席。又作金龙头，吐酒于殿东厢，口下安金樽，可容五十斛，于大宫置地道百余步，酒入龙脚出口中，以供正会。又以郡国所送苍麟十六，白鹿七，命司虞张曷柱调之，以驾芝盖，列于充庭之乘。造庭燎于崇杠之末，高十余尺，上盘置燎，下盘置火，緣缴上下。"

马道　在太武殿前，东西向。《晋书·石季龙载记》：石虎大宴群臣于

---

①　《太平寰宇记》载此条云作"戏马"，令人于马上屈一脚，马上立书，而字皆正好。又衣伎儿作猕猴形走马，或在头、尾，卧则纵、横，名为猿骑。

②　黄惠贤辑校：《邺中记》，武汉大学历史系编《魏晋南北朝隋唐史资料》第9、10辑，1988年12月。

邺宫太武前殿,"有白雁百余集于马道南"。

端门　在太武殿前,大朝殿廷正门。

阊阖门　在端门前,南直中阳门,是进入大朝宫廷的正门。《邺中记》曰:"石虎正会,殿庭中,端门外及阊阖门前,设庭燎各二,合六处,皆丈六尺。"《晋书》卷一百六《石季龙载记》:"左校令成公段造庭燎于崇杠之末,高十余丈,上盘置燎,下盘置人,缅缴上下。季龙试而悦之,其太保夔安等文武五百九人劝季龙称尊号,安等方入而庭燎油灌下盘,死者七人。季龙恶之,大怒,斩成公段于阊阖门。"据此可推知,殿庭以南,依次有端门、阊阖门。

太武东堂、西堂　《晋书·石季龙载记》:石虎"幽邃于东宫,既而赦之,引见太武东堂"。洪亮吉《十六国疆域志》卷二《后赵》云:"虎欲立太子,与群臣议于东堂。"太武东堂、西堂似是太武殿两旁的配殿。

东阁　《晋书·石季龙载记》:石遵入诛石世、张豺,"升于太武前殿,擗踊尽哀,退如东阁"。盖阁在殿东。东堂、东阁似是太子活动的地方。

西阁　《晋书·石季龙载记》:"季龙临于西阁,龙腾将军、中郎二百余人列拜于前……宜令燕王入宿卫,典兵马。"盖阁在太武殿西,与东阁相对。《邺中记》云:"虎大会,礼乐既陈,虎缴西阁上窗幌,宫人数千陪列看坐,悉服饰金银熠熠。又于阁上作女伎数百,衣皆络以珠玑,鼓舞连琴瑟,细伎毕备。"西堂、西阁应是石虎日常活动的地方。

曹魏明帝将"太极、二仪"的观念意识引入大朝宫殿建筑,在东汉洛京南宫的故址上,营建太极殿为大朝,又于太极殿两侧建东、西堂,太极殿为外朝,用以决定国之大政;东、西堂为常朝、日朝,是帝王与臣工治事之地,诸如朝谒、讲学、听政、颁令、简将、饯别、举哀、斋居等活动,多在这里举行。自曹魏创制东、西堂制度,两晋十六国南北朝诸国朝堂建筑多仿效此制。后赵邺宫太武殿左右建东西堂(阁),沿承魏晋制度。据刘敦桢《六朝时期之东、西堂》一文的考证①,这种"太极、两仪"的宫殿形制:殿门以北"宜有方形或长方形之广庭,周以檐廊,并以太极殿相属。而东、西堂则位于太极殿左右,比列南向"。两汉以前殿为大朝,东、西厢为常朝、日朝。魏晋南北朝以太极殿为大朝,东、西堂为常朝,似由汉之东、西厢演变而成。隋文帝

---

① 《说文月刊》第4卷,重庆,1944年;收入《刘敦桢全集》第四卷,中国建筑工业出版社,2007年,第75—77页。

建大兴宫，"以承天门为大朝；太极、两仪二殿为常朝、日朝。唐营东内，建含元、宣政、紫宸三殿；下及宋之大庆、文德、紫宸；明之奉天、华盖、谨身；清之太和、中和、保和"，复兴周制，形成南北三殿重叠。

御龙观　嘉靖《彰德府志》卷八《邺都宫室志》曰："石虎建于太武殿之宫中。《邺中记》云：'登其上，观瞻宫阙，皆如意。其后冉闵使兵守石鉴于上，悬食以给之。'"御龙观在太武殿之北。

披云楼　嘉靖《彰德府志》卷八《邺都宫室志》曰："石虎建，在御龙观北。《邺中记》云：'逍遥楼北有披云楼，南连殿阙，北瞩城池，绣栏凌云，彤梁接雾，故曰披云，言其长也。'"披云楼在御龙观之北，逍遥楼东北。

西中华门、东中华门　《晋书》卷一百七《石季龙载记》：石鉴使李松、张才诛石闵、李农不克。"鉴恐闵闻变，伪若不知者，夜斩松、才于西中华门，并诛石苞。"西中华门当为大朝西宫门，东宫门应为东中华门。

东掖门　《晋书·石季龙载记》：孙伏都言闵、农等反，已在东掖门。与东掖门相对还应有西掖门。后赵邺都外朝宫殿建筑布局如下图：

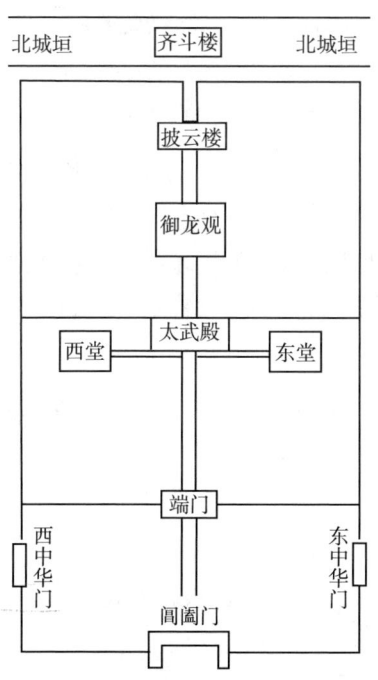

后赵邺城外朝宫殿平面图

以上为外朝宫殿区主要建筑，据文献推测，其布局似应以太武殿为中心,设一南北中轴线,太武殿前,向南有端门、阊阖门,与中阳门大街相对;太武殿后,位于中轴线上的建筑有御龙观、披云楼与北城垣上的齐斗楼,成一直线,齐斗楼、披云楼、御龙观、太武殿,由北向南,四大建筑的高度呈阶梯式。石虎敬天,自称"大赵天王",其宫殿建筑设计具有"天地相接"的意识。太武殿左右的建筑,对称布置,西阁、东阁,后宫(位于西园,亦即西宫)、太子宫。大朝宫殿区西出西中华门,可进入后宫,东出东中华门,可入太子宫。这种对称布局较曹魏邺宫更加严整。

后宫——西宫

后赵后宫主要建筑在铜爵园,由东、西两组建筑群构成,即西部的三台宫殿区和东部显阳殿、九华宫建筑群。洪亮吉《十六国疆域志》卷二《后赵》曰:"(石)虎于邺造东西宫。《太平御览》称《后赵录》,建武三年,东、西宫就。"西宫即后宫,东宫即太子宫。

显阳殿　石虎后宫正殿,在九华宫前。纪昀辑《邺中记》云:"显阳殿后(有)皇后浴池,上作石室,引外沟水注之,室中临池上有石床。"

显阳门　似为显阳殿前正门。《高僧传》卷九《佛图澄传》:"有一妖马,髦尾皆有烧状,入中阳门,出显阳门。"

九华宫　《邺都故事》曰:"宫在铜爵台东北,石虎以建武元年秋建,以三三为位,谓之九华。沈约《诗》曰:'照耀三爵台,徘徊九华殿。'"[①]《晋书·石季龙载记》云:"虎于邺起东西宫。""又起灵凤台九殿于显阳殿后,选士庶之女以充之。后庭服绮縠,玩珍奇者万余人,内置女官十有八等,教宫人星占及马步射。置女太史于灵台,仰观灾祥,以考外太史之虚实。又置女鼓吹羽仪,杂伎工巧,皆与外侔。"盖九殿三三为位,可能皆以华命名,故曰九华宫。各殿都有门观阁楼,自成一院落。九组建筑加上前面的显阳殿、灵风台,后面逍遥楼以及凌霄殿,构成后宫东部建筑群。

琨华殿　《晋书》卷一百七《石季龙载记》:石鉴杀石遵于琨华殿。其后,"鉴使石苞及中书令李松、殿中将军张才等夜诛闵、农于琨华殿,不克,禁中扰乱。"《邺中记》曰:"石虎太武殿西有昆华殿,阁上(通支不壁),辄开大窗,皆施以绛纱幌。"[②]

①　嘉靖《彰德府志》卷八《邺都宫室志》。

②　黄惠贤辑校:《邺中记》,武汉大学历史系编《魏晋南北朝隋唐史资料》第9、10辑,1988年12月。

晖华殿　后赵太宁元年（349 年），"邺中暴风拔树，震电、雨雹大如盂升。太武、晖华殿灾，及诸门观阁荡然无余，乘舆服御，烧者大半，金石皆尽，火月余乃灭。"①

金华殿与皇后浴室　《邺中记》曰："石虎金华殿后有虎皇后浴室三门（间），徘徊反宇，栌欂隐起，彤采刻镂，雕文粲丽。四月八日，九龙衔水浴太子之像。又太武殿前沟水注，浴时，沟中先安铜笼疏，其次用葛，其次用纱，相去六、七步，断水。又安玉盘，受十斛。又安铜龟，饮秽水。出后，却入诸公主第。"又曰："金华殿后皇后浴室，种双长生树（根生于屋下），枝条交于栋上（是先种树，后立屋。安玉盘，受十斛，于二树之间）。团团车盖形，冬日不凋。叶大如掌，至八、九月乃生华，华色白，子赤，大如橡子，不中啖也，世人谓之西王母长生树。"②

九华宫除此三殿外，其它都已不可考。1976 至 1977 年文物工作者曾在铜雀台残台东北发掘一探区，距地表 4—4.5 米处有大片后赵文化层，并出土了"大赵万岁"瓦当，这里可能是"九华宫"的遗址。③

灵风台　《晋书·石季龙载记》：石虎起此台于显阳殿后。嘉靖《彰德府志》卷八《邺都宫室志》曰："宋元祐中，显阳殿废基后有废楼基，岂逍遥、灵风尝因改易，乃同处异名耶。"考诸文献，应为灵风台遗址。

灵台　《太平御览》称引《后赵录》曰："虎置女太史于灵台，仰观灾祥，以考外太史，验察虚实。禁郡国不得私学星谶。"按照古代宫室制度，灵台的方位似应在后宫的东南部。

逍遥楼　《邺中记》云："九华宫北有逍遥楼，南临宫宇，北望漳水，极目嬉游，逍遥之奇观也。"④是后宫最北处的一座建筑，靠近北城垣。

凌霄观　亦即凌霄殿。《晋书》卷一百七《石季龙载记》：（后赵建武十三年九月，石虎命太子宣出祈山川，仪仗隆重，戎卒十八万浩浩荡荡出自金明门。）虎从后宫升凌霄殿望之，笑曰："我家父子如是，自非天崩地陷，当复何愁，但抱子弄孙日为乐耳！"《太平御览》卷二百九十七："邺城故事曰凌霄观成。案石季龙永和三年，命其子石宣祈于山川，因而游猎，乘大辂，羽葆华盖，建天子旌旗，十有六军，戎卒十八万，出自金明门。季龙从后宫升观望之，笑

① 《资治通鉴》卷九十八《晋纪》二十。
② 黄惠贤辑校：《邺中记》，武汉大学历史系编《魏晋南北朝隋唐史资料》第 9、10 辑，1988 年 12 月。
③ 河北省临漳县文物保管所：《邺城考古调查和钻探简报》，《中原文物》1983 年第 4 期。
④ 嘉靖《彰德府志》卷八《邺都宫室志》。

曰······"后赵无"永和"年号,所谓"石季龙永和三年",即东晋穆帝永和三年
(347年),后赵石虎建武十三年,凌霄观当建成于此年。其地处在后宫,当
靠近邺城东西大道,离金明门不远。后赵邺都内朝后宫建筑布局如下图:

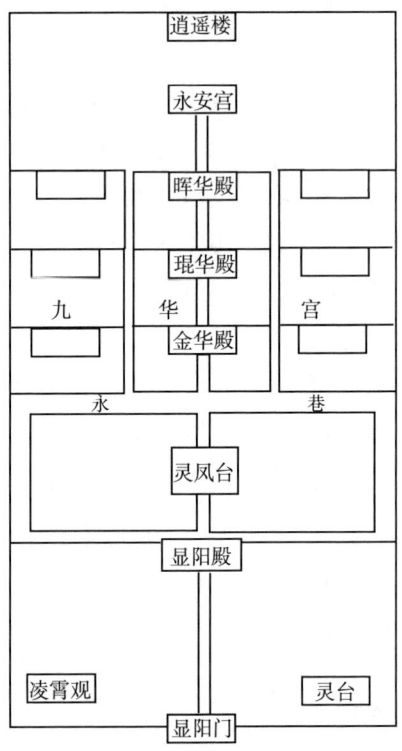

后赵邺城内朝及九华宫平面图

　　如意观　《晋书·石季龙载记》:石闵遣甲士三十,执石遵于如意观,杀
之于琨华殿。洪亮吉《十六国疆域志》卷二《后赵》曰:"冉闵使苏彦、周成执
石遵于南台如意观。案《邺中记》御龙、宣武、凌霄、如意四观,皆虎游猎燕
息之所。"史书云"南台如意观",如意观当在金凤台上,距琨华殿较近。

　　椒房　《北堂书抄》卷一百三十五引《邺中记》曰:"石虎以胡椒和粉泥
壁,曰椒房。"椒房即后宫殿室。

　　永安宫　《十六国疆域志》卷二《后赵》曰:"(石)虎昼寝永安宫,梦群羊
从东北负鱼而来,邺东北高丈余,木斗满其上。"永安宫似为后宫一处殿堂。

　　中台　《晋书·石季龙载记》:石虎焚其太子宣于邺北,乃从昭仪以下
数千登中台以观之。中台似应为三台铜爵台。

　　洪亮吉《十六国疆域志》卷二《后赵》载有"圣寿堂"。云："圣寿堂,用玉珂八百具抱柱。又《太平御览》称《邺中记》,圣寿堂石虎造,垂玉佩八百,大小镜二万枚,丁香末为泥油丸,四面垂铃,铃一万枚,去邺三十里闻响。"圣寿堂,为东魏、北齐邺宫建筑,在邺南城宫中。

　　附:后赵邺宫名物:

　　石虎御床、小形玉床　《邺中记》云："石虎(于正殿安)御床,辟方三丈;其余床皆局脚,高下六寸。后宫别院中,有小形玉床。(又有转关床,射鸟兽)。"[①]

　　石虎四季帐　《邺中记》曰："石虎御床,辟方三丈。冬月,施熟锦流苏斗帐。四角安纯金龙头,衔五色流苏。或用青绨、光锦;(或用黄绨、博山文锦;)或用紫绨、大小(光明)锦。(絮)以房子绵(一)百二十斤,白缣(为)裹,名曰复帐。帐(之)四角安纯金银凿镂香炉,以石墨烧集和名香。帐顶上安金莲花,花中悬金箔织成绲囊。囊受三升,以盛(异)香。帐之四面上十二香囊,采色亦同,(但小囊耳,百丈以经节贯玉璧,内帐肱也。)春秋但(施)锦帐,裹以五色缣,为夹帐(帷)。夏用(单)纱罗,或綦文丹罗,或紫文縠,为单帐。"[②]

　　石虎席　《邺中记》云："石虎作席,以金裹五香,杂以五色线,编蒲皮,缘之以锦。石虎御坐之制,必以五色线编蒲心为之荐席也。"[③]

　　石虎褥　《邺中记》云："石虎作褥,长三(丈),用(锦)缘之。"[④]

　　石虎几　《邺中记》云："石虎御(座)几,悉漆雕画,皆为五色花也。"[⑤]

　　石虎镜　《邺中记》云："石虎三台及内宫中镜,有径三尺者,(有尺五寸者,)下有纯金盘龙及雕饰,金用数斤者。"[⑥]

　　石虎扇　《邺中记》云："石虎作云母五明金箔莫难扇,此一扇名也。薄打纯金如蝉翼,二面彩漆画列仙、奇鸟、异兽,其五明方中,辟方三寸或五寸,随扇大小,云母帖其中,细缕缝其际,虽(掩)画(象)而彩色明彻,看之如谓可取,故名(为)莫难(者)也。虎出时,以此扇夹乘舆,亦用(象)牙桃枝

　　① 黄惠贤辑校:《邺中记》,武汉大学历史系编《魏晋南北朝隋唐史资料》第9、10辑,1988年12月。
　　② 黄惠贤辑校:《邺中记》,武汉大学历史系编《魏晋南北朝隋唐史资料》第9、10辑,1988年12月。
　　③ 黄惠贤辑校:《邺中记》,武汉大学历史系编《魏晋南北朝隋唐史资料》第9、10辑,1988年12月。
　　④ 黄惠贤辑校:《邺中记》,武汉大学历史系编《魏晋南北朝隋唐史资料》第9、10辑,1988年12月。
　　⑤ 黄惠贤辑校:《邺中记》,武汉大学历史系编《魏晋南北朝隋唐史资料》第9、10辑,1988年12月。
　　⑥ 黄惠贤辑校:《邺中记》,武汉大学历史系编《魏晋南北朝隋唐史资料》第9、10辑,1988年12月。

扇,其上,竹或绿沉色,或木兰色,或作紫绀色,或作郁金色。"①

石虎香炉　《初学记》卷二十五《香炉》第八引《邺中记》曰:"石季龙冬月为复帐,四角安纯金银凿镂香炉。"香炉是一种礼器,卢谌《祭法》云:"香炉,四时祠,坐侧皆置。"徐爰《家仪》曰:"婚迎,车前用铜香炉二。"

石虎袍　《邺中记》云:"石虎临轩大会,著(丹)纱袍。"②

石虎屏风　《邺中记》云:"石虎作金银钮屈戌屏风,衣以白缣,画义士、仙人、禽兽之像,赞者皆三十二言。高施则八尺,下施四尺,或施六尺,随意所欲也。"③

铜钟　《邺中记》云:"铜钟四枚,如铎形,高二丈八尺,大面广一丈二尺,小面广七尺,或作蛟龙,或作鸟兽绕其上。"④

御食游盘　《邺中记》云:"石虎正会,上御食,游盘两重,皆金银参带,百二十盏,雕饰并同。其参带之间,茱萸画微如破发,近看乃得见。动游盘,则园转也。"⑤

钟虡、九龙、翁仲、铜驼、飞廉　《晋书》卷一百六《石季龙载记》曰:"咸康二年,使牙门将张弥徙洛阳钟虡、九龙、翁仲、铜驼、飞廉于邺。钟一没于河,募浮没三百人入河,系以竹絚,牛百头,辘轳引之乃出。造万斛舟以渡之,以四轮缠辋车,辙广四尺,深二尺,运至邺。"翁仲,即秦始皇所铸铜人。《史记索隐》卷六《秦始皇本纪》:"按二十六年,有长人见于临洮,故销兵器,铸而象之。谢承《后汉书》:'铜人,翁仲,翁仲其名也。'《三辅旧事》:'铜人十二,各重三十四万斤。汉代在长乐宫门前。'董卓坏其十为钱,余二犹在。石季龙徙之邺,苻坚又徙长安而销之也。"《史记正义》卷六《秦始皇本纪》引《关中记》曰:"董卓毁铜人,余二枚,徙清门里。魏明帝欲将诣洛,载至霸城,重不可致。后石季龙徙之邺……"

白龙樽、金龙、铁灯、庭燎,均为太武殿中名物。

据《邺中记》所载,石虎服舆,有碧纱袍、金镂织成合欢帽、金镂合欢裤(或称金线织成合欢裤)。还有猎辇。"石虎少时,好游猎,后体转壮大,不复乘马,作猎辇,使二十人担之,如今之步辇。上安徘徊曲盖,当坐处,安转

　　① 黄惠贤辑校:《邺中记》,武汉大学历史系编《魏晋南北朝隋唐史资料》第9、10辑,1988年12月。
　　② 黄惠贤辑校:《邺中记》,武汉大学历史系编《魏晋南北朝隋唐史资料》第9、10辑,1988年12月。
　　③ 黄惠贤辑校:《邺中记》,武汉大学历史系编《魏晋南北朝隋唐史资料》第9、10辑,1988年12月。
　　④ 黄惠贤辑校:《邺中记》,武汉大学历史系编《魏晋南北朝隋唐史资料》第9、10辑,1988年12月。
　　⑤ 黄惠贤辑校:《邺中记》,武汉大学历史系编《魏晋南北朝隋唐史资料》第9、10辑,1988年12月。

关床,若射鸟兽,宜有所向,关随身而转。虎善射,矢不虚发矣。"①

石虎还命中御史解飞造指南车、司里车、春车、磨车、檀车等。《邺中记》曰:

> 解飞者,石虎时工人,造作旃檀车,左毂上置砲,右毂上置碓,每行十里,磨麦一石,春米一斛。
>
> 石虎有指南车及司里车。又有春车,作木人及行碓于车上,车动则木人踏碓春,行十里,成米一斛。又有磨车,置石磨于车上,行十里,辄磨麦一斛。凡此车,皆以朱彩为饰,惟用将军一人,车行则众巧并发,车止则止。中御史解飞、尚方人魏猛变所造。
>
> 石虎性好佞佛,众巧奢靡,不可纪也,尝作檀车,广丈余,长二丈,安四轮,作金佛坐于车上,九龙吐水灌之。又作一木道人,恒以手摩佛心腹之间。又十余木道人,长二尺余,皆披袈裟,绕佛行,当佛前,辄揖礼佛;又以手撮香投炉中,与人无异。车行则木人行,龙吐水,车止则止,亦解飞所造也。②

解飞所造司里车十分巧妙,车上装有木人和鼓,木人双手握捶,每行一里,击鼓一次。车体内有四种不同的齿轮作传动装置,当车轮转一百圈,即行一里,最后的齿轮拨动木人手中的鼓捶击鼓一槌。这辆记里鼓车,后归前燕,前秦陷邺,将车带入长安,以后刘裕攻长安,又带回江南。

石虎辇 《邺中记》曰:"石虎南郊有徘徊武刚辇数百乘,皆驾马,上载四人。"又曰:"虎南郊有金根辇,皆驾马,上载四人也。""虎大驾有金根辇、云母辇、武刚辇数百乘。虎皇后出,乘嵩路辇、文武玉路辇,或朱漆卧辇,纯以云母代纱,中外四望皆通彻也。"③

凤诏 《邺中记》曰:"石虎与皇后在观上为诏,书五色纸,著凤口中,凤既衔诏,侍人放数百丈绯绳,辘轳回转,凤凰飞下,谓之凤诏。凤凰以木作之,五色漆画,咮脚皆用金。"④

后宫设有中尚方御府,中尚方有织成署,生产有多种精美丝织品,以供

---

① 黄惠贤辑校:《邺中记》,武汉大学历史系编《魏晋南北朝隋唐史资料》第9、10辑,1988年12月。
② 黄惠贤辑校:《邺中记》,武汉大学历史系编《魏晋南北朝隋唐史资料》第9、10辑,1988年12月。
③ 黄惠贤辑校:《邺中记》,武汉大学历史系编《魏晋南北朝隋唐史资料》第9、10辑,1988年12月。
④ 黄惠贤辑校:《邺中记》,武汉大学历史系编《魏晋南北朝隋唐史资料》第9、10辑,1988年12月。

石氏奢用。《邺中记》云:"石虎中尚方御府中,巧工作锦,织成三署皆数百人。"又曰:"石虎御府廞,有鸡头文廞、鹿子廞、花廞","织成署,在中尚方。锦有大登高、小登高、大明光、小明光、大博山、小博山、大茱萸、小茱萸、大交龙、小交龙、蒲桃文锦、班文锦、凤凰锦、朱雀锦、韬文锦、桃核文锦,或青绨、或白绨、或黄绨、或绿绨、或紫绨、或蜀绨。工巧数百,不可尽名也。"①织成技术原出西域,后赵已掌握此技术,不仅生产廞,还用此技术织锦。其织成署工匠当有来自西域者。新疆若羌汉至十六国墓群出土锦,有"长乐明光、登高明望四海"字样,类似《邺中记》所记明光锦、登高锦。②

 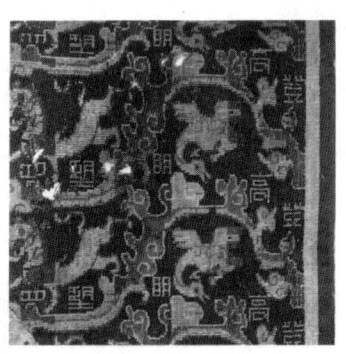

长乐明光锦残片　　　　　　　　　登高明望四海锦残片

《邺中记》(黄惠贤辑校)还有关于石虎夫人、宫女和卫士的记载:

石虎夫人　"广陵公陈逵妹,才色甚美,发长七尺,石虎以为夫人。"

石虎宫女　"石虎征讨所得妇女,美色万余,以为宫人。简其有才艺者,为女尚书八座、女侍中纳言,皆着貂珰,直侍皇后。门下通事,以玉案行文书。""石虎宫婢数十,尽着皂襦,头着神弁,如今之礼先冠也。""石虎后出行,有女鼓吹,尚书官属,皆着锦裤佩玉。""石虎皇后出,以女骑一千为卤簿。令冬月,皆着紫纶巾,蜀锦裤褶,腰中着金环参镂带,脚着五文织成靴,手持雌黄宛转弓。"五文织成,即用五种颜色的丝、毛线织成的织品。"《广雅》曰:天竺国出细织成。《魏略》曰:大秦国用水羊毛、木皮、野茧丝作织成,皆好。"③则织成初来自西域,而中国仿为之也。

---

① 黄惠贤辑校:《邺中记》,武汉大学历史系编《魏晋南北朝隋唐史资料》第9、10辑,1988年12月。

② 马承源、岳峰主编:《新疆维吾尔自治区丝路考古珍品》,上海译文出版社,1998年。

③ (宋)司马光等撰:《资治通鉴》卷九十五《晋纪》十七成帝咸康二年胡三省注,中华书局,1956年。

石虎卫士　"石季龙左右置直卫万人,皆着五色细铠,光耀夺目。"

邺中礼制、风俗,《邺中记》中也有反映,如祖腊、寒食、避讳等。

石虎祖腊　"石虎以辰曰腊,子曰祖。祖,于殿庭立五仙人,高数丈,五采幢盖,大会群臣于太武殿上祖,曰探三探,乃有得绢百疋者,有得绢数十疋者,有得土者。虎辄大笑以为乐。"

寒食　曰:"并州俗,以介子推五月五日烧死,世人以为忌,故不举饷食,非也。北方五月五日午时,自作饮食、祀神,及作五色缕花新盘相问遗,取之阴干百日,以其足尽地节也,不为介子推也。""邺俗,冬至后百五日,为介子推断火,冷食三日,作干粥,是今之糗也。""寒食三日,作醴酪,又煮粳米及麦为酪,捣杏仁煮作粥。""孙楚《祭子推文》云:'黍饭一盘,醴酪二盂',是其事也。"

石虎之讳　曰:"邺中为石虎讳,呼白虎幡为天鹿幡。""石虎改虎头鞶囊为龙头鞶囊。""石虎讳勒,呼马勒为辔,罗勒曰香菜。""石虎讳胡,胡物皆改名,胡饼曰麻饼,胡荽曰香荽,胡豆曰国豆。"

太社与宗庙

石赵邺都建有太社、宗庙,其布局似遵《考工记》"左祖右社"制度,太社当在宫殿西南。《太平御览》称《后赵录》曰:"建武十年,白虹出自太社,经凤阳门东南连天,十余刻乃灭,于是闭凤阳门,元日乃开。"[①]由此推断,后赵邺都有太社,而且在宫殿之西南,凤阳门大道之西,否则不能"经凤阳门东南连天"。1988年考古工作者在邺镇村东北,漳河北堤南侧约50米,掘一探方,发现凤阳门大道遗址,并出土带有"大赵万岁"的瓦当(见左图)。对照文献,这一带似是后赵太社所处方位,出土瓦当当是太社建筑遗物。

宗庙　石氏宗庙的方位当沿袭曹魏,在太武殿东南。后赵都襄国,曾建宗庙。邺之宗庙由襄国迁来。

太子宫——东宫

太子宫建于曹魏内朝故址上,位于

"大赵万岁"瓦当

①　(清)洪亮吉:《十六国疆域志》卷二《后赵》,商务印书馆,1958年。《晋书·石季龙载记》亦载有此事。

大朝太武殿东,故又称东宫。洪亮吉《十六国疆域志》卷二《后赵》曰:"《太平御览》称《后赵录》,虎幽太子邃于东宫。"文献关于太子宫建筑的记载甚少,其规制布局尚难考证。

(四)官署

后赵邺都官署主要分布在太武殿端门外及中阳门大街左右,其具体方位,史书并无专门记载,偶有载述,大多是记述其他史事而有所涉及,仅就所见列置于下:

太尉府宣光殿　《太平御览》卷一百二十称《后赵录》:"建武十四年四月,秦公韬起宣光殿于太尉府,梁长九丈。太子宣视而恶之,斩匠截梁而去。韬怒,增之十丈,宣闻之,恚甚。"从这条史料推测,太尉府当在太子宫附近,宣光殿的建筑规模因超过了太子宫,所以才引发了这场兄弟殿堂争斗。

(五)街市里巷

后赵邺都街道沿承曹魏,布局规制没有大的变化。东西大道之北,南北道路三条;东西大道之南,南北道路五条,主要街道共九条。这些街道大体为直向,唯凤阳门大道有拐弯。1988年考古工作者在邺镇村东北发一探方,发现凤阳门大道两层路面,早期路面应为汉魏十六国时期,晚期为东魏北齐。路面宽13米左右,路两侧有沟,沟宽0.6—1米,深0.55—1.1米。靠近大道东侧,发现有一道墙基,较为坚固,此当为后燕慕容农所

邺北城潜伏城门发掘现场

筑隔墙。按照文献推测,凤阳门大道南直凤阳门,北直后赵内朝显阳门。然经考古钻探,凤阳门大道向南接近南城墙时,向东拐弯,约40米处向南,城墙基址出现缺口,并有砖瓦碎块,此乃凤阳门遗址。考古调查,证实了凤阳门大道的走向,补充了文献记载的缺漏。在凤阳门址东,考古工作者还发掘出一座地下潜伏城门,潜伏城门向北,也发现有街路遗址,

这座暗门及街路,文献也无明确记载。①

此潜伏城门为砖砌券顶式地下城门,宽 3 米多,高 4 米左右,门之北,为 20°左右坡道,长 50 多米。城门入口在城内,与当时地面持平;出口在城外,低于当时地面。门两侧有对称的门轴石,门底下有一封闭式排水沟,由北向南,长约 4 米,直通城外护城河。既是地下暗门,又是排水涵洞,似建于后赵。潜伏城门向北,考古工作者还发现了一段路面。

文献所记街道有御街。《晋书》卷一百一十三《苻坚载记》:高平徐统有知人之鉴,遇坚于路,异之,执其手曰:"苻郎,此官之御街,小儿敢戏于此,不畏司隶缚邪?"坚曰:"司隶缚罪人,不缚小儿戏也。"苻坚幼时在邺,御街官道应为中阳门大街。

见诸文献记载的市则有平乐市、建康市。两市均为专门市场,经营品种各有分工。

平乐市　《晋书·石季龙载记》:石遵擐甲曜兵,"入自凤阳门,升于太武前殿,擗踊尽哀,退如东阁,斩张豹于平乐市,夷其三族"。平乐市主要经营生活用品,如盐、铁、粮食等其它杂货。

建康市　《晋书·石季龙载记》:后赵汝阴王石琨携其妻妾奔冉,被斩于邺都建康市。建康市主要经营从南方运来的货物。

邺都街区建置为里,里名大多失考,史料仅有永贵里的记载。

永贵里　《晋书》卷一百一十三《苻坚载记》曰:"苻坚字永固,一名文玉,雄之子也。祖洪,从石季龙徙邺,家于永贵里。其母苟氏尝游漳水,祈子于西门豹祠,其夜梦与神交,因而有孕,十二月而生坚焉。"永贵里似在中阳门大街附近。后秦姚苌仿邺城在长安也建有永贵里,并家居于此,还"起浮图于永贵里"②。后赵邺都永贵里当建有浮图。

《邺中记》载有浣衣里,曰:"惠帝师败荡阴,千官皆走,独嵇绍端冕帝侧,以身捍主,遂至见害,血溅御衣。及事定,左右欲浣之,帝曰:'此嵇侍中血,勿去也。'诏葬县南,因名其地为浣衣里。"浣衣里当在邺城南四十五公里荡阴县。汉置荡阴县,唐贞观六年改曰汤阴。

---

① 张子欣:《邺城考古札记》,中国文史出版社,2013 年,第 45—46 页。

② 《晋书》卷一百一十七《姚兴载记》。

(六)城内其他建筑

有些建筑虽见诸文献史料,但无明确方位,从背景材料推测,似在城内。

邺宫学馆　《晋书·石季龙载记》:石虎遣国子博士到洛阳抄写石经,校中经于秘书。国子祭酒聂熊注《穀梁春秋》,列于邺宫学馆。邺宫学馆当在太子宫附近,位于邺城内东北部。

胡天　《晋书·石季龙载记》曰:"龙骧孙伏都、刘铢等结羯士三千伏于胡天",欲诛冉闵、李农。胡天,即火祆教祭祀场所。羯人原出西域,信奉火祆教,故于邺都建胡天。胡天又称"祠",或称"庙",因是外来宗教,所以又曰胡天。邺都胡天在城内西部,似在后宫或附近。

白马寺　《续高僧传》卷八《僧妙传》:"昔齐武平末,邺古城中白马寺,此是石赵时浮图澄所造。"

白马佛塔　《北齐书》卷十二《高俨传》:"邺北城有白马佛塔,是石季龙为澄公所作。"

天乐寺　石虎因佛图澄而造。后赵以佛图澄为国师,故为之造寺,天乐寺似在邺城南半部。

中寺、邺宫寺　《高僧传》卷九《佛图澄传》:石虎"于临漳修治旧塔",佛图澄居"邺城内中寺",卒于"邺宫寺"。《魏书·释老志》:"石勒时,有天竺沙门浮图澄,少于乌苌国就罗汉入道,刘曜时到襄国。后为石勒所宗信,号为大和尚,军国规谟颇访之,所言多验。道安曾至邺候澄,澄见而异之。澄卒后,中国纷乱,道安乃率门徒南游新野。"

西台　《艺文类聚》卷六十二《台》引《邺中记》曰:"西台高六十七丈,上作铜凤。窗皆铜笼,疏云母幌,日之初出,乃流光照曜。"所言西台,应为三台。

(七)城外建筑

华林园、长墙　石虎于建武十二年筑,在邺北。《晋书·石季龙载记》:虎使尚书张群发近郡男女十六万,车十万乘,运土筑华林园及长墙于邺北,广长数十里。以烛夜作,起三观、四门,三门通漳水,皆为铁扉。暴风大雨,死者数万人。凿北城,引水于华林园。城崩,压死者百余人。《太平御览》称《后赵录》:"建武十二年,沙门吴进,言于帝曰:胡运将衰,晋当复兴,当苦役晋人,以压其气。帝遂使尚书张群,发近郡男女十六万,车十万乘,运土筑华林园及长堤一，作墙邺北，广长五里。"①这条史料当有脱讹。今人黄惠贤辑校《邺中记》，有"华林园七条"，曰：

> 石虎以五月发五百里内民万人，筑华林园，垣在宫（赤桥宫，在邺东七里）西，周环数十里。群臣或谏，虎不从，至八月，天暴雨雪，雪深三尺，作者冻死数千人。太史奏："作役非时，天降此变。"虎诛起部尚书朱轨，以塞天灾。

> 华林苑，在邺城东二里。石虎使尚书张群发近郡男妇十六万人，车万乘，运土筑华林苑。又筑长墙数十里。张群以烛夜作，起三观四门。又凿北城，引漳水入华林园。

> 虎于园种众果，民间有名果，悉有之。虎作虾蟆车，箱阔一丈，深一丈，四搏掘根，面去一丈，深一丈，合土载车中，植之无不生。

> 石虎园中有西王母枣，冬夏有叶，九月生花，十二月乃熟，三子一尺；又有羊角枣，亦三子一尺。

按：《洛阳伽蓝记》卷一《景林寺》："仙人枣，长五寸，把之两头俱出，核细如针，霜降乃熟，食之甚美。俗传云出昆仑山，一曰西王母枣。"

> 华林园有春李，冬华春熟。

> 石虎园中有勾鼻桃，重二斤半。

> 石虎园中有安石榴，子大如碗盏，其味不酸。

按：安石榴原产西域安息（今伊朗），故称安石榴。相传张骞通西域带归，以后传植中原、河北。

> 华林园中有千金堤、天泉池、御沟。千金堤上作两铜龙，相向吐水，以注天泉池，通御沟中。每年三月三日，石虎及皇后、百官，临水宴赏，称临水会，公主妃嫔、名家妇女，无不毕出，临水施帐幔，车服灿烂，走马步射，饮宴终日。②北魏以后，园废。

关于华林园的筑造时间、方位，文献记载歧异，或曰建武十二年（346年），或曰建武十四年（348年），或曰在邺东。综合分析有关史料，当以建武十二年筑于邺北较为妥当。

---

① （清）洪亮吉：《十六国疆域志》卷二《后赵》。
② 参见《初学记》卷四、《太平御览》卷三十引《邺中记》。

桑梓园、临漳宫　《邺中记》云："邺城西三里桑梓苑，有宫临漳水，凡此诸宫皆有夫人、侍婢。又并有苑囿，养獐鹿雉兔，虎数游宴于其中。"《晋书·石季龙载记》曰："季龙(石虎)亲耕藉田于其桑梓苑。"以地多桑木，故园名桑梓。"三月三日及始蚕之月，虎帅皇后及夫人采桑于此。"北魏时，这里还有遗桑，"墉无尺雉矣"①。

永乐宫　在邺北七里。

梨园宫　在城西十里。北宋时为国信傅食顿亭，元朝时废。②

赤桥宫　《邺中记》云："邺城东七里，有赤桥之宫。"嘉靖《彰德府志》曰："临漳、永乐、梨园、赤桥四宫，皆在城四方，远不出十里。"

紫陌、紫陌桥、紫陌宫　《水经注》云："漳水又北经祭陌西，战国之世，俗巫为河伯娶妇，祭于此陌。"故名祭陌，后赵改名紫陌。建武十一年(345年)，石虎造紫陌浮桥于漳水上，并为佛图澄造生墓于此。建武十五年(349年)，佛图澄死，葬在这里。前燕慕容儁亦在这里投石虎尸于漳水，尸依紫陌桥柱而不流。紫陌桥侧又有紫陌宫，《邺中记》云："宫在城西北五里，赵王虎时，于此济，置紫陌宫于紫陌桥侧。"高齐时，这里为通往并州的重要津梁，皇帝每出巡，百官悉迎送于紫陌。

天井堰、晏陂泽　石赵在魏武水利工程基础上，重新修复天井堰，堰在邺西南漳水河床上。陆翙《邺中记》云："水所溉之处，名曰晏陂泽。故左思之赋魏都也，谓'灅流十二，同源异口'者也。"

观台　嘉靖《彰德府志》曰："石虎所筑，以临漳水，故名曰观。今磁州观台镇是其地也。"

斗鸡台　《邺中记》云："漳水南有玄武池，次东北五里有斗鸡台。"原为曹魏所筑，石虎重修，并斗鸡于此。郭茂倩《乐府诗集》卷六十四引《邺都故事》曰："魏明帝大和中，筑斗鸡台，赵王石虎亦以芥羽漆砂斗鸡于此。故曹植诗云：'斗鸡东郊道，走马长楸间'是也。"

阅马台　又名戏马台、梁马台、凉马台、笑马台。《水经注》云："漳水自西门豹祠北经赵阅马台西，基高五丈，列观其上，石虎每讲武于其下，升观以望之。虎自台上放鸣镝之矢，以为军骑出入之节矣。"《邺都故事》曰："石虎建武六年，造此台于邺城西，漳水之南。虎时侍卫号曰龙腾，黑鞘五千

<hr>

① (北魏)郦道元撰，(清)戴震校：《水经注》卷十《浊漳水》，武英殿聚珍版，乾隆三十九年刊。

② 嘉靖《彰德府志》卷八《邺都宫室志》。

人，常以晦朔月望，操练于此，漳水南张帜鸣鼓，列布骑卒。虎于台上射骹箭一只（支），其五千人悉驰马从漳水之南声集于台下。于是队督以下各有颁赏。虎又射一箭，其五千骑复驰集于漳水北，遂流散攒促，旌旗纷错，若数万骑焉。"①石虎尝令人戏马于台上以为乐。

南郊　《晋书·姚弋仲载记》：虎召"弋仲率其部众八千余人屯于南郊"。

宣武观　《晋书·石季龙载记》：石虎将讨东晋，集诸州兵百余万至邺。太史令赵揽私言于虎曰："白雁集殿庭，宫室将空，不宜行也。"石虎纳之，临宣武观大阅而解严。宣武观似在邺东南郊。

宛阳耀武场　《晋书·石季龙载记》：虎征集司、冀、幽、并丁壮，并括取民间马匹四万余，大阅于宛阳耀武场。

明光宫　在邺北二十三里。石祇遣刘显率众七万攻邺，军于明光宫。

襄国至邺道路与行宫　《邺中记》（黄惠贤辑校）曰："襄国、邺路，千里之中，夹道种榆，盛暑之月，人行其下。"又曰："石虎尝自襄国至邺，二百里中，四十里辄立一行宫，宫有一夫人，侍婢数十，黄门宿卫。石虎下辇即止。又有钟鼓禽兽，而置宫司吏卒监官守之。凡虎所起内外大小殿、台观、行宫四十四所。"《太平寰宇记》卷五十五《河北道·相州》引《十六国春秋》，所记"邺宫"与《邺中记》大致相同。

安阳宫、荡阴宫　嘉靖《彰德府志》曰："（邺）城南四十里又有安阳宫，八十里又有荡阴宫。"

西门豹祠　在邺西漳水南。《晋书·苻坚载记》："（苻坚）母苟氏，尝游漳水，祈子于西门豹祠。"《水经注》卷十《浊漳水》曰："漳水又东北经西门豹祠前，祠东侧有碑，隐起为字，祠堂东头石柱勒铭曰：赵建武中所修

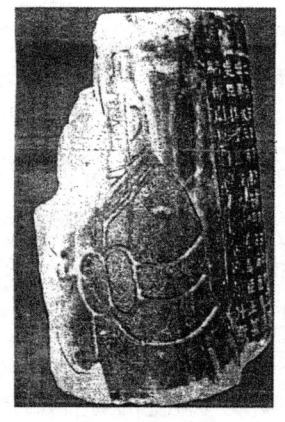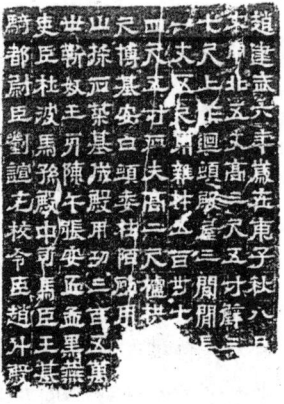

后赵西门豹祠残石柱及铭文图

①　嘉靖《彰德府志》卷八《邺都宫室志》。

也。"祠坐南朝北,面向漳水。后赵西门豹祠堂石柱(已残)于 20 世纪 90 年代由河南安阳县丰乐镇村民在西门豹祠遗址内起土时发现。1998 年春,河北临漳县文物保管所征集获得,现藏于该所①。

三、赵魏变乱与邺都兵灾

石虎的残暴统治,不仅引起百姓的怨恨,也导致石氏集团内部的自相残杀。建武十四年(348 年)八月,太子石宣杀石韬,石虎又处死石宣。太宁元年(349 年)四月,石虎忧怖疾重,让燕王石斌辅政。石虎的妻子刘后联合吏部尚书张豺发动宫廷政变,矫诏杀了石斌。石虎卒,幼子石世即位,刘后临朝称制。后赵内讧,邺中朝臣相互谋杀,外镇王公纷纷举兵向邺,彭城王石遵抢先入城,即位于太武前殿,废杀石世和刘后。沛王石冲在蓟(今北京)闻石遵杀石世,自立为帝,率卒五万南下,传檄燕、赵,会兵讨遵,比至常山(今河北石家庄市郊东古城),众十余万,行至平棘(今河北赵县),被石遵部将石闵等打败,俘石冲,赐死。乐平王石苞也谋率关右之众攻邺,兵败被杀。石遵又欲杀部下大将石闵,未果,石闵遣甲士缚杀石遵,立义阳王石鉴为皇帝。石鉴又联合朝臣谋杀石闵,事败,禁宫大乱。石鉴十分恐惧,不得不在夜里把自己的同伙朝臣杀掉以保全自己。石虎的儿子新兴王石祗,时镇襄国,与姚弋仲、苻洪联兵,移檄中外,欲共同起兵讨伐邺中石闵。石闵以汝阴王石琨为大都督,率步骑七万迎战石祗。后赵中领军石成、侍中石启和前河东太守石晖在邺都,乘城内空虚,谋诛石闵等,事败被杀,不久,龙骧将军孙伏都、刘铢又率羯士三千袭击石闵,未能得手,退屯凤阳门,石闵率兵攻破凤阳门,斩伏都等。由于混战,邺城中横尸相枕,石闵为了稳定局势,宣令内外六夷,敢称兵仗者斩,胡人或斩关,或越城而出者,不可胜数。邺城内外,战乱频仍,为躲避灾难,流民二十余万渡河归晋,司、冀二州氐、羌流民相率西归,路由枋头(今河南滑县西南),共推苻洪为主,众至十余万。苻洪的儿子苻健在邺城,也斩关出奔枋头,不久,又率众西归长安,建立了前秦政权。面对邺城一片混乱的局面,石闵不仅没有采取有效的稳定措施,反而企图用民族仇杀的办法进行残酷压制。他拘禁了石鉴,下令

---

① 　张子欣著:《邺城考古札记》,中国文史出版社,2013 年。

邺城居民去留各任其所,于是方圆百里内的汉人纷纷迁居邺城,而胡、羯出走的人把城门都填实了。石闵知道胡人不会拥戴他,于是下令诛戮胡人,一日之中,斩首数万,胡、羯等少数民族,不论贵贱、男女、少长,都被杀死,遭难者二十余万,而且石闵还命令都城以外的州镇汉人将帅,一起行动,共同杀胡,不分青红皂白,甚至还错杀了大量高鼻子多胡须的汉族人。

公元350年,石闵改赵国号曰卫。闵本姓冉,字永曾,小字棘奴,汉人,是石虎的养孙。他的父亲冉瞻,又名良,魏郡内黄(今河南内黄)人,石勒破陈午,俘瞻,时年十二岁,收为养子,遂改姓石。闵在邺建立卫国,初改姓李,不久又改姓冉。后赵王公将帅多数人不附从冉氏政权,太宰赵庶、太尉张举、中军将军张眷、光禄大夫石岳、抚军石宁、武卫将军张季及公侯、卿、校、龙腾等万余人,出邺奔襄国;汝阴王石琨逃往冀州;抚军将军张沈据滏口(今河北邯郸市峰峰镇);张贺度据石渎(今河北临漳县境);宁南将军杨群据桑壁(今河北平山县境);刘国据阳城(今河北望都东);姚弋仲据滠头(今河北清河县境);众各数万,拥兵自重。冉闵曾使麻秋杀后赵大将王朗部下胡人千余,朗逃奔襄国。麻秋率众自洛阳归邺,途中被苻洪俘获任用为军帅将军。石琨、张举和王朗率众七万分别自襄国、信都攻邺,冉闵率骑千余迎战于邺城之北,避实就虚,以少胜多,大败石琨等,斩首三千级。冉闵又率骑三万讨张贺度于石渎,石鉴在邺,乘冉闵外出征战之机,密使宦人携书召张沈等,使乘虚袭邺。宦人将石鉴的密书送给了冉闵,冉闵率骑驰还邺,废杀石鉴,并杀石虎二十八孙,尽灭石氏。姚弋仲子姚益、姚若率禁兵数千自邺奔滠头。冉闵在邺自称皇帝,建元永兴,国号魏,史称冉魏。

冉魏取代后赵,又引发了中原大乱,东晋、前燕和后赵残余势力都想乘乱之机,占据邺城,得主中原。东晋以苻洪为氐王、都督河北诸军事、冀州刺史,苻健监河北征讨前锋诸军事、襄国公,图谋收复河北;前燕出动大军,分三路南下,用了仅一个月的时间,就占领了范阳以北整个幽州地区;后赵残余势力主要盘踞在襄国,直接威胁着邺城。邺城的冉魏政权内部也发生了分裂,冉闵杀大臣李农、王谟、王衍、严震、赵升等,遣使请兵于东晋,以共图中原。这时,东晋内部斗争激烈,未能暇顾北方,错过了这次图复中原江山的大好时机。永兴元年(350年)十一月,冉闵率众十万攻襄国。次年三月,石祗联合姚弋仲和前燕,大败冉闵。冉闵损折了十万军队,仅率十余骑逃还邺。石祗又遣刘显率众七万攻邺,军队屯扎在离邺城二十三里的明光宫。冉闵率军袭击,大破刘显军,斩首三万余级,刘显也投降了冉魏,并帮助冉魏杀了石祇。不久,刘显又背叛了冉闵,在襄国称帝。永兴三年(352年)正月,冉闵攻破襄国,杀刘显,焚毁襄国宫室,迁其民于邺。至此,后赵的残余势力基本被消灭,而前燕又成为与冉魏政权争夺邺城与河北的直接对手。冉闵攻破襄国后,于四月间游食常山、中山诸郡,军队与前燕军遭遇,大小战争十余次,冉闵均取得胜利。燕兵惧惮冉闵勇猛,设计诱闵军入平地而围歼之,俘闵,送至龙城(今辽宁朝阳)处死。

　　四月,前燕慕容儁遣慕容评及中尉侯龛率精骑万余人攻邺,军至邺城,外围诸守纷纷投降前燕军,燕军围攻邺城,冉魏守将蒋干与太子冉智闭城不敢出战。五月,邺中大饥,蒋干使侍中缪嵩、詹事刘猗奉表向东晋请降,并且求救于东晋谢尚的部将戴施。六月,戴施率壮士百余人自枋头入邺,帮助蒋干守卫邺城三台。蒋干又率锐卒五千同晋兵一道出战,欲击退燕军的围攻,结果被燕军打得大败,损折了四千名将士,蒋干又退回邺城。八月,魏长水校尉马愿等开邺城门迎接燕兵,戴施、蒋干从城垣上悬缒而出,逃奔仓垣(今河南开封东北)。前燕军占据邺城,灭了冉魏政权。慕容评送魏后董氏、太子冉智、太尉申钟、司空条枚等及乘舆服御于蓟,慕容儁命慕容评镇邺,冉魏都邺两年另八个月而易主慕容氏。邺城因历遭变乱兵灾,受到相当程度的破坏。

四、前燕之邺都

　　公元352年,燕王慕容儁称皇帝,都蓟,建元元玺,国号大燕,史称前燕。前燕改后赵司州为中州,治邺。前燕光寿元年(357年)十一月,慕容儁自蓟迁都邺。邺成为前燕政治、经济和军事中心。

　　慕容氏原为鲜卑支系,初活动在辽东,曹魏时移居辽西。关于"慕容"部族名称的来历,史书有不同的说法,或曰是时燕、代士人多冠步摇冠,其部首莫护跋见而好之,乃敛发袭冠,被称之为"步摇",其后音讹为"慕容";或云其部族慕二仪之德,继三光之容,因以慕容为氏[①]。或云其先世居慕容寺,因地名得氏为"慕容"。西晋永嘉初,慕容氏势力开始强盛。永嘉年间,中原丧乱,幽、冀士人纷纷投奔慕容氏,帮助慕容氏建立政权。公元337年,慕容皝称燕

---

①　《晋书》卷一百八《慕容廆载记》。

王。公元349年，慕容皝卒，子慕容儁即燕王位。这时，赵魏大乱，慕容儁乘机伐赵，先后攻拔蓟、范阳、中山、常山、邺城等，占据河北，并迁都邺城。

前燕据邺，退可守蓟、龙城，进可图中原，攻守皆宜，而且邺对慕容氏的统一大业和对中原、河北的统治至关重要。因此，慕容儁占据河北后，就急于将都城从蓟迁至邺城。他先迁都，后建宫，光寿元年十一月迁都邺，十二月，慕容儁才进入邺宫，"缮修宫殿，复铜雀台"①。从光寿元年到建熙十一年（357—370年）前秦攻陷邺城，前燕都邺十三年。慕容氏对邺都的建设，基本沿承后赵，城制布局没有多大变化。光寿元年十二月的修缮工程，规模不大，仅为葺饰修补而已，而且又是应急工程。迁都为国家重大事件，整修粉饰以展现新都的气象，这是所必需的。修补工程主要是宫殿和铜雀台，因为这两处地方在石虎死后，一直是后赵内乱外争的重要场所，故遭受的破坏较为严重。慕容儁进住邺宫，当务之急就是维修宫殿，而且是冒着十二月冬季严寒动工的，与《月令》所说的"每岁孟秋之月，补城郭，仲秋之月，筑城郭"的传统做法完全相背，这也说明当时工程的应急性。此后，前燕邺都并不曾有大规模土木工程。兹据古籍文献有关慕容氏邺都建筑的记载，一一列叙如下：

正阳殿　洪亮吉《十六国疆域志》卷三《前燕》称引《前燕录》，曰："（慕容）儁即皇帝位于正阳前殿，苻坚入邺宫，升正阳殿。"按：慕容儁称帝，在蓟，而不是邺。蓟宫有正阳殿。或许是前燕迁都邺后，将后赵太武殿改名为正阳殿。

应福殿　《十六国疆域志》称引《前燕录》，曰："儁光寿四年（360年）正月，薨于应福前殿。"应福殿应为后宫正殿，似由后赵显阳殿改称。应福前殿为后宫正寝，慕容儁薨于此，符合古代帝王"寿终正寝"之礼。考古工作者曾在邺三台遗址一带发掘出带有"富贵万岁"的瓦当②（见左图），应系前燕宫殿的遗物。

"富贵万岁"瓦当

---

① 《晋书》卷一百一十《慕容儁载记》。

② 中国社会科学院考古所、河北省文物所邺城考古队：《河北临漳邺北城遗址勘探发掘简报》，《考古》1990年第7期。

东堂　《十六国疆域志》称引《前燕录》曰："(慕容)㬪通诸经,祠孔子于东堂。"东堂似应在正阳殿东,原为石虎东堂。

铜雀台　《晋书·慕容儁载记》:前燕"复铜雀台"。

慕容氏宗庙　建熙五年(364年)七月,慕舆龙将前燕宗庙从龙城(今辽宁朝阳)迁至邺都。其宗庙当位于正阳殿东南。

显贤里小学　前燕光寿三年(359年)二月,慕容儁立小学于邺都显贤里以教胄子。显贤里可能在邺东门内东西大道之北,即曹魏邺城戚里处。

蒲池　光寿三年二月,慕容儁大宴群臣于邺都蒲池,当众教育太子慕容㬪戒田猎和丝竹。石赵华林园有蒲池,前燕邺都蒲池似在华林园内。

东明观　在邺都东南城隅。慕容儁梦石虎咬其臂,因掘虎墓,原为虚葬,后得尸于东明观下。

紫陌桥　在邺城西北。慕容儁鞭暴石虎尸,又投虎尸于漳水,尸漂倚紫陌桥柱不流。

邺北门　前燕建熙十一年(370年)十一月,前秦军围攻邺城,前燕散骑侍郎余蔚率扶余、高句丽及上党质子五百余人,夜开邺北城,迎前秦兵,秦军攻陷邺城。这些质子大都被安置在邺城东北隅,所开邺北门,应是北城东部广德门。

显原陵　后赵帝王陵墓,当在邺城西。前燕建熙十年(369年),慕容垂因遭忌害,出走,曾隐藏于此,后又由此投奔了前秦。

慕容儁墓　《十六国疆域志》卷三《前燕》称引《前燕录》,曰："(慕容)儁葬邺下。《晋载记》:墓号龙陵。"

前燕迁都邺后,国运并不昌兴。南有东晋时时北伐的进逼,西有前秦的咄咄攻势,慕容儁欲以攻为守,于迁都的第二年底,命州郡校实丁壮,三五发兵,约定明年冬季赴集邺城。光寿三年(359年)十二月,前燕所征集的郡国兵陆续结集邺都,大批临时征发来的丁壮成分复杂,不愿打仗,军队管理又差,邺城民变兵乱迭起,每夜攻劫,晨昏断行,邺都的治安十分混乱。前燕立严制,捕杀了一百多名首乱者,才把变乱平息下去。这时,慕容儁身患重病,不久病死,被征集来的丁壮只好打发回家。这次军事行动不但没有任何成果,而且扰得民心不安,给邺都居民也带来不少祸患。慕容儁死后,前燕统治集团内部政争激烈,慕容恪、慕容评捕杀大臣慕舆根,总专朝政。慕容恪励精图治,一度出现中兴气象。建熙八年(367年)五月,慕容恪病逝。慕容评独擅朝政,又联合太后可足浑氏排挤战功卓著的大将慕容垂,并打算除掉他。慕容垂被迫投奔了前秦,前燕统治集团公开分裂。而且,慕容氏鲜卑贵族日益腐化,王公、贵戚多占幽、冀诸州民为荫户,"国之户口,少于私家,仓库空竭,用度不足"①。甚至当前秦的军队打进来了,慕容评还障固山泉,卖樵鬻水,积丝绢如丘岭。《太平御览》卷八百二十八引车频《秦书》曰:"王猛攻邺,慕容评拒猛,而恒卖水与军人,众思为乱,猛因得败之。"

建熙十一年(370年)三月,前秦苻坚遣王猛督镇南将军杨安等十将率步骑六万伐前燕,八月,克壶关、晋阳,又大破慕容评统领的四十余万精兵,长驱而东,廓清邺城外围,进而攻邺。十一月,苻坚又率精锐十万赴邺,遣将军邓羌攻信都(今河北冀州),阻断邺城援兵,自与王猛督大军攻邺。邺中士民十分恐惧,前燕散骑侍郎余蔚率扶余、高句丽及上党质子五百余人,夜开北门迎秦兵。前燕帝慕容暐率群臣仓皇出逃,至高阳(今河北高阳县东旧城)被前秦兵追俘。前燕亡,邺城归属前秦。《史通通释》卷十七《杂说中》"诸晋史"条引《前燕录》:"坚入邺宫,阅其图籍,凡郡百五十七,县千五百七十九。"前秦还曾将邺中器物如指南车,还有乐人等迁关中。《晋书》卷二十三《乐志》记有邺中乐人变动,曰:"及慕容儁平冉闵,兵戈之际,而邺下乐人亦颇有来者(指南迁)……而王猛平邺,慕容氏所得乐声又入关右。太元中,破苻坚,又获其乐工杨蜀等,闲习旧乐,于是四厢金石始备焉。"

五、邺城——前秦、后燕的霸府重镇

前秦建元六年(370年),苻坚占据邺城,于此设冀州治,以王猛都督关东六州诸军事、冀州牧,镇邺。八年(372年),苻坚又以王猛为丞相,使阳平公苻融代猛镇邺。十六年(380年)六月,苻坚召苻融为录尚书事,以长乐公苻丕为都督关东诸军事、征东大将军、冀州牧,镇邺。直到建元二十一年(385年)七月,苻丕率邺中男女六万余人入晋阳,前秦居邺十六年。这十六年,邺虽然失去了都城的地位,但仍是前秦控制关东诸州的重镇,前后三任镇将,都是前秦政权集团的重要人物。作为关东、河北地域的政治、军

---

① 《资治通鉴》卷一百一《晋纪》二十三。

事中心,对于确立前秦在这一带的统治起了重要作用。

　　早在苻坚克陷邺城不久,为巩固其在旧燕地的统治,十分注重州郡县官吏的选任,不仅把王猛这位重要人物放在冀州牧的职位上,让他镇守邺城,还在邺城周围的重要州郡选派亲信充任刺史、太守,以郭庆为都督幽州诸军事、幽州刺史,镇蓟;韦钟为魏郡太守;彭豹为阳平太守。而对于那些一般州县牧守,皆因旧置授。这样,苻坚可以通过邺城把其意志和统治权威传播到整个关东、河北地区。邺城周围的重要州郡又像卫星城镇一样,一方面把从邺城辐射来的政治功能进一步强化,再辐射到更远的地方;另一方面又拱卫着邺城,维系邺城的地域中心地位。苻坚以常山太守申绍为散骑侍郎,使与韦儒俱为绣衣使者,巡行关东州郡,观省风俗,劝课农桑,赈恤穷困,收葬死亡,旌显节行,燕政有不便于民者,多加变除。这些措施如果没有邺及周围城镇作传导作用,是难以实施的。同时,邺及关东、河北地区的稳固,不仅在地域上扩大了前秦的领土范围,而且对其政体的完善与活力的增强,都有促进作用。王猛镇邺期间,曾向前秦统治集团推荐了许多幽、冀名望,如尚书左丞清河房旷、尚书郎房默、崔逞及燕国韩胤、著作郎北平阳陟、田勰、阳瑶、清河相郝略等。以后苻融代王猛镇邺,在冀州高选纲纪,重苛察,建学宫,用汉士,吏治称善。而且,邺又是稳定整个河北地区的重要城镇。建元十六年(380 年),前秦幽州刺史、行唐公苻洛联合北海公苻重发动兵变,阳平公苻融直接统帅三万冀州兵北伐,首先挫败了叛兵的士气,并最终将之镇压。从建元六年到十八年(370 年—382 年),河北地区基本稳定。

　　建元十九年(383 年),淝水之战以后,河北地区相对稳定的局面被打破。邺治则河北治,河北乱则首先从邺城始。苻坚在淝水大败,幽、冀二州民心不稳。前燕故将慕容垂隐有复燕之心,请兵镇抚河北,苻坚给了他三千兵,又派骁骑将军石越戍邺。慕容垂到了邺城,邺城守将苻丕怀疑他另有图谋,拒绝他入城。这时,丁零翟斌背叛了前秦,进攻洛阳。苻坚命慕容垂率兵自邺赴洛,进击翟斌,垂留慕容农、慕容楷、慕容绍于邺,自引兵行至安阳汤池,托言兵少,停河内募兵,聚众八千人,于夜发动兵变,杀前秦监军苻飞龙,尽斩氐兵。又派人至邺,密告慕容农等,让他们在邺起兵响应。慕容农等盗苻丕骏马数百匹,装扮成牧马人的模样,混出邺城,逃奔到列人(今河北肥乡东北)起兵。

前秦建元二十年(384年)正月,慕容垂在荥阳(今河南荥阳市)称燕王,建立后燕政权,与前秦彻底决裂,然后率众二十万,自河南入河北,直奔邺城。慕容农等在列人,纠合乌桓、屠各等部众,击破前秦军,引兵至邺与慕容垂会师。二月,慕容垂引丁零、乌桓之众二十多万人,造飞桥,凿地道攻邺,不能克拔,于是又筑长围困邺。四月,慕容垂以邺城坚固,采纳封衡的建议,引漳水灌城,但其引水工程遭到了串通苻丕的丁零部众的破坏。为长久计,慕容垂将军中士民老弱及辎重安置在肥乡的新城,又发东胡王晏部下丁壮十多万人助攻邺城。后燕进攻邺城,投入了近四十万人的兵力。围困至八月,城内守军削松木饲马,慕容垂也因粮草不给,解围退屯肥乡新城,给苻丕留出一条西归之路。到了十二月,苻丕犹据邺不去,慕容垂复引兵围邺,但后燕已没有力量强攻邺城,仍于城西留出道路,欲将苻丕挤走。苻丕向东晋将领刘牢之求救,牢之率兵二万入邺,又运米二千斛接济邺城守军。秦晋合兵击慕容垂,慕容垂不得不撤围北循。东晋兵追击,争抢燕军辎重,后燕军乘机反击,大败晋军于临漳县北五桥泽。牢之因军败,被东晋朝廷召回。慕容垂北上中山(今河北定州市),并定都于此。

后燕慕容垂与前秦苻丕的邺城攻守战,前后持续了十个月,双方军队数量悬殊,后燕近四十万,前秦最多三、四万,力量如此悬殊,慕容垂却没能攻克邺城,尽管采用了各种攻城办法,如飞梯、地道、筑长围、引漳灌邺等,这显然也是借鉴了曹操的攻邺战术,但都没有奏效。这是为什么呢?首先,十六国时期邺的城体构造比魏晋时期的邺城坚固,城池的防御功能十分优良。魏晋邺城的城垣系土筑,后赵时改筑砖城,而且又有城西北历代构筑的三台,这样坚固的城防是不容易攻破的;其次,苻丕防守严密,又善于瓦解后燕内部,如丁零对水攻的破坏,同时又有邺城周围前秦势力的遥相呼应,还争取到东晋的支援;第三,将这次邺城攻守战与以前战争相比较,前秦邺城守将内部是比较统一的。曹操、慕容儁、王猛攻破邺城,都有城内投降者做内应;王浚、汲桑、石勒得手邺城,又都是因为城内守将不战自逃。而苻丕的守军既无人做内应,也没有溃退,一直拼死坚守到底,直到把慕容垂拖垮。长时间的攻守战,拖垮了后燕,前秦军也筋疲力尽了,在慕容垂撤走后,苻丕也因邺城饥荒,率士民到枋头就食,不久因遭到东晋军的进攻,退回邺中。建元二十一年(385年)七月,苻丕率邺中男女六万余口西迁晋阳,把邺一座空城留给了后燕。

后燕据邺,以鲁王慕容和为南中郎将,镇邺。后燕建兴六年(391年)十月,丁零翟剑攻邺城,被慕容农击走。次年十二月,慕容垂遣慕容农率军镇邺。据《晋书·慕容垂载记》:农入邺,以邺城郭广大,难以固守,于是沿凤阳门大道筑起一条南北城垣,称隔城。隔城的大致范围在邺西半部,其西垣即邺西城墙,南垣为自凤阳门以西之南墙,东垣在凤阳门大道之东,南起凤阳门之东南城墙,北至内城宫墙。这样,邺城的布局基本上是三大块,即内城(邺西北部)、隔城(邺西南部)和外郭城(即邺东部及东南部)。慕容农改建邺城,目的在于收缩防卫圈,把防御力量集中在邺城西部和西北部。因为邺城东、南、北三面,历来是进攻的突破点,在凤阳门大道之东构筑一道南北墙垣,也是为守卫邺城增加了一条防线。1988年,考古工作者在邺宫殿区遗址之南,凤阳门大道遗址之东探出了后燕邺隔城东墙垣的基址,证实了史书的有关记载。

建兴九年(394年),慕容垂出兵征伐西燕,南路军队以邺为后方基地,留慕容会镇守,灭西燕后,于九月凯旋还邺。后燕永康元年(396年),以慕容德都督冀、兖、青、徐、荆、豫等六州诸军事,镇邺。同年,北魏拓跋珪率骑四十余万,大举伐后燕。十一月,魏将拓跋仪率众五万攻邺,被慕容德部将慕容青击破于城下。十二月,贺赖卢又率骑二万增援拓跋仪。永康二年(397年)正月,北魏以重兵攻邺。邺城守将慕容德利用北魏军主将内部矛盾,主动出击,大破魏军。到了四月,魏军因长时间攻城不下,军中乏粮,不得不罢邺围,徙屯巨鹿(今河北宁晋西南)。十月,拓跋珪攻陷后燕都城中山,既而又遣拓跋仪率兵三万攻邺。建平元年(398年)正月,慕容德以邺孤城难守,接受了慕容麟的建议,率邺中民四万户南徙滑台。拓跋仪随即入邺,占据了邺城,邺归属北魏。

第四章　北朝邺城

一、邺与北魏政治

北魏皇始三年（398 年）正月，拓跋仪入据邺城，没收了慕容德的府库，占领了后燕在河北地区的最后一座重镇，这意味着中原易主，鹿归拓跋氏。拓跋珪对邺十分重视，据邺不久，便从中山（今河北定州市）赶到邺城。《魏书》卷二《太祖道武帝纪》："帝至邺。巡登台榭，遍览宫城，将有定都之意。"《魏书》卷二十四《崔玄伯传》曰："太祖幸邺，历问故事于玄伯，应对若流，太祖善之。"拓跋珪对邺城的城防和建筑作了详细考察，这番考察对他以后修筑平城（今山西大同市北）起了重要作用，而且拓跋珪还把邺城许多旧物运回平城，装饰宫室。为尽快在中原地区建立北魏的统治，拓跋珪于邺置行台，代表朝廷行使地方统治权，以和跋为行台尚书，与左丞贾彝率吏兵五千人镇守邺城。邺行台是北魏占据中原后在京畿之外设置的第一个行台。行台，源出汉代官制。拓跋珪南下河北、中原，曾网罗了大批汉士，并把他们吸收到统治集团中来，这些人对其在中原建立统治秩序起了关键作用，同时促使北魏政权封建化。拓跋氏占据邺城后，推行封建官制，这说明邺城对北魏政治改革具有重要影响，拓跋珪认识到邺对于其在河北、中原的统治居重要地位，所以在官制、行政建置等方面作出重大调整。

天兴四年（401 年）四月，北魏于邺置相州治，辖魏郡、广平、阳平、汲郡、顿丘、清河等六郡，以庾岳为刺史，以后又有叔孙建、吐谷浑权、李欣、高闾、拓跋雍、元熙、元鉴、元颢、尔朱隆、刘诞等任此官职。从这些相州刺史官员的身份看，十一人中，四人是北魏宗室同姓，三人是皇帝亲信汉人，二人是部族勋旧，二人是权臣尔朱荣的宗姓亲信，都是北魏统治集团中有身份来历的头面人物。邺城因其地位重要，所以相州刺史官职均由权贵要人充任。

从北魏皇帝巡行情况看,主要皇帝基本上都到过邺城。拓跋珪于皇始三年(398年)、天兴四年(401年)至邺;泰常八年(423年)正月,拓跋嗣巡邺;太延元年(435年)十一月,拓跋焘到冀州,校猎于广川,又取道至邺;和平三年(462年)二月,拓跋浚往中山,又至邺,遂行信都(今河北冀州)。北魏前四朝皇帝在河北的巡行路线与重点城镇是:中山—邺—信都;中山—信都—邺;中山—邺。可以看出其目的在于加强这一地区的统治。到了孝文帝时,邺城由于地处平城与洛阳之间,孝文数次南行,多在邺停留,太和十七年(493年)九月,孝文帝欲迁都洛阳,又恐群臣反对,决定巡省州郡,至邺小停。十月,王肃在邺城见孝文帝,陈伐齐之策,孝文帝与之言,不觉促席移晷,至夜分不罢,自谓君臣相得之晚,任肃为辅国将军、大将军长史。时孝文帝多议汉家礼乐,变易华风,凡威仪文物,多肃所定。王肃在邺为北魏孝文帝民族改革制定了方案。十一月,孝文帝筑宫于邺西,并徙居宫中。太和十八年(494年)正月,孝文帝朝群臣于邺宫澄鸾殿,继而起驾经牧野到洛阳。孝文居邺近四个月,邺地百姓比屋供奉,不胜劳费。十月,他又自平城出发,驻中山之唐湖,又至信都,十一月至邺,复经牧野至洛阳。太和十九年九月,北魏六宫、百官悉经邺迁洛阳。是月,孝文帝至邺,屡如相州刺史高闾之馆,盛称闾吏治有方,并在邺下诏保护古墓,诸墓旧铭记见存昭然为时人所知者,三公及位从三公者,去墓三十步;尚书令仆、九列,十五步;黄门、五校,十步;各不听垦殖。二十二年(498年)十一月,孝文至邺。二十三年正月,孝文朝飨群臣于邺,又巡视西门豹祠,遂历漳水而还。

北魏孝文帝是中国历史上著名的民族政治改革家,他自太和十四年亲政以后,执行冯太后民族改革的既定方针,变革华风,迁都洛阳,用汉士,着汉服,改汉姓,讲汉语。他的改革遭到平城保守势力的强烈反对,为了避开保守势力的干扰与阻挠,他借巡行州郡的名义,自太和十七年至二十三年,数次往返邺城,在平城—邺—洛阳三城之间穿梭般地活动,争取州郡官吏的支持,同时在邺谋划其民族政治改革方案。从有关文献记载看,种种迹象表明邺与孝文改革具有重大关联。孝文的改革是有计划、有步骤、有目的地进行的,其改革方案也是逐项出台,但他的改革方案不可能在平城制定,平城的鲜卑贵族保守派不仅阻止他的改革,稍有不慎,还会引发宫廷变乱,危及他的皇权。不改革不行,改革又必然受到各方面的制约,他只有走出去，一方面到各州广造舆论；一方面选择适当的地方策划他的改革方案。他虽早已有迁都洛阳的念头，而这时的洛阳，数经战乱，破败萧条，如果把洛阳作为其改革的策划地，有许多不利因素，一是环境条件差；再者这样会把自己迁都洛阳的意图过早暴露给平城的保守派，引出不必要的麻烦。因此，孝文帝选中了邺，他在邺召见了王肃。王肃是孝文改革的重要谋划者之一，他在邺与孝文帝讨论了进攻南朝齐国的策略，还讨论了如何实行改革以及迁都等问题，并且帮助孝文制定了变革华风的改革方案。《资治通鉴》说他们君臣谈得十分融洽。王肃不仅向孝文帝陈述了伐齐、改革的见解，还就这些见解的重要性，如为什么改革，如何改革，前人改革的经验教训和改革后果等，进行了严密的论述，否则，孝文也不至于"促席移晷"，叹惜"君臣相见之晚"。可惜王肃与孝文帝的对话原文未能留传下来，若能传世，也将是一篇精妙绝伦的《邺中对》。再者，孝文帝迁都也是一项非常大的工程，宗庙、六宫、百官及大批士民，千里迢迢，由平城徙往洛阳，远非易事，必须经过周密策划、安排，迁徙路线，中途打尖，粮草、医药、衣服被褥等生活用品的供给，大小车辆运输，迁徙队伍的编制、组织等等，都必须有事先的精心打算。孝文帝以邺为迁都的中转站，邺承担了迁都的各项转运、供应工作，使北魏朝廷顺利移至洛阳。

北魏君臣亦曾数次议论迁都邺城。《魏书》卷一百一十《食货志》：

> 太宗永兴中，频有水旱……神瑞二年，又不熟，京畿之内，路有行馑。帝以饥将迁都于邺，用博士崔浩计乃止。于是分简尤贫者就食山东。

《魏书》卷三十五《崔浩传》：

> 神瑞二年，秋谷不登，太史令王亮、苏垣因华阴公主等言谶书国家当治邺，应大乐五十年，劝太宗迁都。浩与特进周澹言于太宗曰："今国家迁都于邺，可救今年之饥，非长久之策也，东州之人，常谓国家居广漠之地，民畜无算，号称牛毛之众。今留守旧都，分家南徙，恐不满诸州之地。参居郡县，处榛林之间，不便水土，疾疫死伤，情见事露，则百姓意沮。四方闻之，有轻侮之意。屈丐、蠕蠕必提挈而来，云中、平城则有危殆之虑。阻隔恒代千里之险，虽欲救援，赴之甚难。如此则

声实俱损矣。今居北方，假令山东有变，轻骑南出，耀威桑梓之中，谁知多少？百姓见之，望尘震服。此是国家威制诸夏之长策也。至春草生，乳酪将出，兼有菜果，足接来秋。若得中熟，事则济矣。"太宗深然之，曰："唯此二人，与朕意同。"复使中贵人问浩、澹曰："今既糊口无以至来秋，来秋或复不熟，将如之何？"浩等对曰："可简穷下之户，诸州就谷。若来秋无年，愿更图也。但不可迁都。"太宗从之，于是分民谐山东三州食，出仓谷以禀之。来年遂大熟。

《魏书》卷九十一《艺术·周澹传》：

周澹，京兆鄠人也。为人多方术，尤善医药，为太医令。太宗尝苦风头眩，澹治得愈，由此见宠……神瑞二年，京师饥，朝议将迁都于邺。澹与博士祭酒崔浩进计，论不可之意，太宗大然之。

孝文帝时也有迁都邺城之议，明嘉靖《彰德府志》卷一《地理志》："文帝太和十八年，欲迁都洛阳，经邺，登铜雀台。御史大夫崔光等曰：'邺平原千里，运漕四通，有西门、史起旧迹，可以饶富。在德不在险，请帝都之。'孝文曰：'君知其一，未知其二。邺非久居之地，石虎倾于前，慕容灭于后，国富主奢，暴成速败，且西有枉人山，东有列人县，北有柏人城，君子不饮盗泉，恶其名也。'遂止。"这条史料见《太平寰宇记》引《后魏书》，中华书局1974年点校本《魏书》无此记载，似是散佚材料，可以补《魏书》之缺。也有可能这条史料出自魏澹《魏书》或张太素《魏书》。

北魏宣武帝以后，皇帝到邺的活动不多了。邺城的变乱又逐渐频繁起来，正光元年（520 年）七月，中山王、相州刺史元熙在邺发动兵变，逼朝廷斩侍中元义，中长侍刘腾、长史柳元章等率人缚绑了元熙。八月，元义遣卢同到邺，将元熙押赴邺城街头斩首。孝昌初，葛荣领导的流民起义军兴盛于定、冀等州，孝昌三年（527 年）七月，相州刺史元鉴投降了葛荣。八月，北魏遣都督源子邕、李神轨、裴衍等攻邺，拔城，斩元鉴。十二月，葛荣率流民军攻邺，北魏官军昼夜拒守，葛荣尽锐强攻，犹不能克。永安元年（528年）九月，葛荣引兵围邺，众号百万。北魏遣契胡尔朱荣率精骑七千，以侯景为前驱，东出滏口，击葛荣。葛荣骄傲轻敌，自邺以北，列阵数十里。尔朱荣潜军山谷，伏设奇兵，又虚张声势迷惑葛荣，分命壮勇入起义军阵中，所向冲突，并亲率兵击葛荣军后，内外合击，大破起义军，于阵俘获葛荣。

邺城一战的失败，使轰轰烈烈的河北流民起义遭到镇压，邺城也落入尔朱氏之手。尔朱氏控制邺城，为其专擅洛阳朝廷建立了基础，从此，契胡的残暴使北魏政治更加昏乱，并日趋没落。

北魏邺城建筑如下：

邺城垣与地道　《周书》卷十九《宇文贵传》："宇文贵字永贵……少从师受学，尝辍书叹曰：'男儿当提剑汗马以取公侯，何能如先生为博士也！'正光末，破六汗拔陵围夏州，刺史源子雍婴城固守，以贵为统军救之……又从子雍讨葛荣，军败奔邺，为荣所围。贼屡来攻，贵每绹而出战，贼莫敢当其锋。然凶徒寔繁，围久不解。贵乃于地道潜出，北见尔朱荣，陈贼兵势，荣深纳之。因从荣擒葛荣于滏口。"邺城垣下潜修有地道，似始建于后赵，北魏、东魏、北齐相继沿用。

邺西宫　北魏太和十七年（493年）十一月，孝文帝筑宫于邺西，并于是月迁居西宫。

邺宫澄鸾殿　太和十八年（494年）正月，孝文帝朝群臣于澄鸾殿。这次朝会应为元日正会，澄鸾殿为正会殿。

相州刺史高闾馆　太和十九年（495年）九月，孝文帝数次驾临相州刺史高闾馆。高闾馆似应在三台东，后赵后宫旧址处。

邺城东郭　《北齐书》卷二十二《李元忠传李愍附传》曰："遣使征愍，表授武骑常侍、假节、别将，镇邺城东郭。"

密皇后庙　神䴥三年（430年）九月，北魏立密皇后庙于邺。密皇后杜氏为太宗明元帝拓跋嗣贵嫔，世祖太武帝拓跋焘生母，拓跋焘即位，依"子贵母死"制度被赐死，因其为邺城人，故立庙于邺。太延元年（435年）十一月，拓跋焘巡邺，祀密皇后庙。太和十九年（495年）六月，邺城密皇后庙颓圮。《魏书》卷一百八《礼志》一："（太和十九年）六月，相州刺史高闾表言：'伏惟太武皇帝发孝思之深诚，同渭阳之远感，以邺土舅氏之故乡，有归魂之旧宅，故为密皇后立庙于城内，岁时祭祀，置庙户十家，斋宫三十人。春秋烝尝，冠服从事，刺史具威仪，亲行荐酌，升降揖让，与七庙同仪，礼毕，撤会而罢。今庙殿亏漏，门墙倾毁，簠簋故败，行礼有阙。臣备职司，目所亲睹。若以七庙惟新，明堂初制，配飨之仪，备于京邑者，便应罢坏，辍其常祭。如以功高特立，宜应新其灵宇。敢陈所见，伏请恩裁。'诏罢之。"

宗正寺　《辩正论》卷三：太武帝"于邺城造宗正寺"。

邺城五层佛图　太平真君七年（446年）三月，北魏用崔浩言，诏诸州毁寺，坑沙门，焚经像。四月，毁邺城五层佛图，于泥塑佛像中得玉玺两枚，皆刻有"受命于天，既寿永昌"字样，其一旁刻有"魏所受汉传国玺"七字[1]。这座五层佛图可能建于后赵。

邺中兴寺　位于后赵太武殿旧址东南。北魏兴安元年（452年）十二月，驰佛教之禁，文成帝诏州郡县各造佛图一区，民欲为沙门者，听出家，大州五十人，小州四十人。邺城佛教又复兴起来。北魏邺中兴寺当营建于此时或在此之后。东魏初，高欢曾于中兴寺基址置丞相府。

安养寺　《辩正论》卷三：孝文帝"于邺都造安养寺，硕德高僧，四方云集"。

邺街　正光元年（520年）七月，中山王、相州刺史元熙举兵于邺，逼宫请斩侍中元义，中长侍刘腾等率众缚熙。八月，元义遣卢同斩熙于邺街。

相州刺史李世哲宅　《魏书·高道穆传》曰："正光中，出使相州。刺史李世哲即尚书令崇之子，贵盛一时，多有非法，逼买民宅，广兴屋宇，皆置鸱尾，又于马坊墙上为木人执节。道穆绳纠，悉毁去之。"李世哲所兴府舍当在邺西北部，"逼买民宅"，说明北魏时西园一带多已变成民居。

相州郡学　献文帝天安元年（466年）九月，采纳勃海高允和相州刺史李欣建议，立郡学。郡置博士二人，助教二人，生员六十人。邺当于此时置郡学。

射堂　《水经注》卷九《洹水》："（新河）北迳建春门，石梁不高大，治石工密，旧桥首夹建两石柱，螭矩跃勒甚佳，乘舆南幸，以其制作华妙，致之平城。东侧西屈（阙），北对射堂，漾水平潭，碧林浦侧，可游意矣。"

西门豹祠　在邺西漳水南。太和二十三年（499年）正月，孝文帝巡视西门豹祠，并游历漳水。《魏书》卷七下《高祖纪》下："幸西门豹祠，遂历漳水而还。"

大觉寺　《辩正论》卷三：孝明帝"于邺下造大觉寺"。寺址在邺东。

邺下古墓　孝文帝于太和十九年（495年）在邺下诏保护古墓。《魏

---

① （北齐）魏收撰：《魏书》卷四下《太武帝纪》，中华书局，1974年。

书》卷七下《高祖纪》下曰：九月"丙戌，行幸邺。
丁亥，诏曰：'诸有旧墓，铭记见存，昭然为时人
所知者，三公及位从公者去墓三十步，尚书令
仆、九列十五步；黄门、五校十步；各不听
垦殖。'"①

阅武场　在邺城南。景明三年（502 年）九
月，宣武帝至邺，并阅武于邺南。

邺南郊道坛　《魏书》卷一百一十四《释老
志》："其道坛在南郊，方二百步，以正月七日、七
月七日、十月十五日，坛主、道士、哥人一百六
人，以行拜祠之礼。"东魏武定六年（548 年）七
月，高澄罢废。

元朗墓　永熙二年（533 年），北魏葬废帝
元朗于邺西南野马岗。

北魏正光二年佛造像

邺西南郊也有佛寺建筑，20 世纪 90 年代，这里时有佛造像出土（如左
上图）。

二、东魏、北齐都邺与北中国名都的崛起

北魏普泰元年（531 年）六月，高欢信都起兵，讨伐尔朱氏集团。十一
月，引兵攻邺，相州刺史刘诞率众固守。次年正月，令敬显儁于邺东北督造
土山攻城，《北齐书》卷二十六《敬显儁传》："从攻邺，令儁督造土山。"又
使部下军士于城下挖穴为地道，因土多塌方，没有成功。遂改施柱于地
道，支撑巷面，俟地道掘成，复焚烧木柱，城墙塌陷入地，由此攻拔邺城，
生擒刘诞。北魏据邺一百三十三年，至是归于高欢。

普泰二年（532 年）三月，废帝元朗率百官入居邺。闰三月，尔朱天光、
尔朱兆、尔朱仲远分别自长安、晋阳、东郡会兵于邺，众号二十万，夹洹水而
军。北魏节闵帝以长孙承业为大行台，总督各军，合击高欢。

---

① 《魏书》卷七下《孝文帝纪》。

高欢留封隆之守邺[①]，自将兵屯紫陌。"时马不满二千，步兵不至三万，众寡不敌。"[②]尔朱兆率精骑三千夜袭邺城，叩西门，不克而退。高欢在众寡悬殊的情况下，于邺南之韩陵山布圆阵，将大群牛驴联系起来，堵塞归路，欲与尔朱兆决一死战，将士人人奋勇，四面击之，尔朱兆大败，其它各部或降或散。韩陵山之战，高欢消灭了尔朱氏的主力部队，把自己的根据地扩展到冀、殷、相三州，邺城及周围地区为高欢的霸业提供了稳固的根基。对于这场战争的雄壮场景，东魏温子升《韩陵山碑》曾有描述："钟鼓嘈囋，上闻于天；旌旗缤纷，下盘于地。壮士凛以争先，义夫愤而竞起，兵接刃于斯场，车错毂于此地。轰轰隐隐若转石之坠高崖，硠硠磕磕如激水之投深谷。俄而雾卷云除，冰离叶散，靡旗蔽日，乱辙满野，楚师之败于柏举，新兵之退自昆阳，以此方之，未可同日。"从此高欢在政治上、军事上由弱变强，愈益得势。永熙三年（534 年）六月，高欢督师南下洛阳，北魏孝武帝仓皇逃往关中，投奔了宇文泰，北魏亡。

公元 534 年，高欢在洛阳立清河王世子元善见为帝，改元天平，是为孝静帝，建立了东魏政权。高欢素有都邺之意，韩陵山战后，入洛，立元修为帝，"以为洛阳久经丧乱，王气衰尽，虽有山河之固，土地偏狭，不如邺，请迁都。魏帝曰：'高祖定鼎河洛，为永永之基，经营制度，至世宗乃毕。王既功在社稷，宜遵太和旧事。'神武奉诏"。永熙三年（534 年）六月，高欢再谋迁都，引起魏君臣猜忌，遂有河桥之役，元修逃往长安。高欢率军再入洛阳，立元善见。及善见立，"神武以孝武既西，恐逼崤、陕，洛阳复在河外，接近梁境，如向晋阳，形势不能相接，乃议迁邺。护军祖荣赞焉。诏下三日，车驾便发，户四十万狼狈就道"[③]。《北史》卷四十二《常爽传附常景传》曰："天平初迁邺，是时诏下三日，户四十万狼狈就道，收百官马，尚书丞、郎已下非陪从者，尽乘驴。齐神武以景清贫，特给车牛四乘，妻孥方得达邺。"孝静帝至邺，居住在邺北城相州刺史官廨内，并改相州为司州，魏郡太守改称魏尹，将邺城原居民向西迁徙一百里，把新迁来的洛阳士民安置在邺城内

---

① （唐）李百药撰：《北齐书》卷一《神武本纪》，中华书局点校本，1972 年。据《东魏封延之墓志》："公讳延之，字祖业，勃海脩人……永熙二年，除卫大将军、左光禄大夫，郏城县开国子，邑三百户，司马如故。赏忠勋也。葵丘地接辅畿，四分五裂，邺守之重，非贤莫居，复以本官行相州事。"守邺者应为封延之，而非封隆之。北魏末，犹称邺为葵丘。

② 《北齐书》卷一《神武本纪》上。

③ 《北齐书》卷二《神武本纪》下。

外。分邺、内黄、斥丘、肥乡四县地各一部分,置临漳县,以魏郡、阳平、汲郡、广宗、东郡、北广平、林虑、顿丘、濮阳、黎阳、清河等郡为皇畿。临漳县在邺城东,城西置邺县,城东北置成安县。县辖乡,临漳辖三百乡,邺县五百乡,成安三百五十乡。一乡又划置数里不等。皇畿以安置士民,皇城以居帝相。天平初,由于东魏尽将邺城原居民西移,又安置四十万户洛阳移民于邺城及周围地区,再加上政区的调整,引起居民不满,邺民迭相起事,高欢采用高压手段,才将不断暴发的民变镇压下去,稳定了邺都的社会秩序。东魏迁邺,"自是军国政务,皆归相府。先是童谣曰:'可怜青雀子,飞来邺城里,羽翮垂欲成,化作鹦鹉子。'好事者窃言,雀子谓魏帝清河王子,鹦鹉谓神武也"①。

邺城自公元 370 年被前秦王猛攻克,失去都城地位,至 534 年,在经历了一百六十多年的衰落后,再次兴盛起来。东魏都邺十六年,至公元 550 年,高洋与高德政、宋景业等在邺宫谋篡东魏,召邢劭造仪注,魏收草拟九锡、禅让劝进之文,逼元善见退位,于邺城南郊祀天,即皇帝位,国号齐,建元天保。至 577 年北周陷邺,北齐都邺二十七年。邺城历东魏、北齐两朝四十多年的经营,达到了其辉煌鼎盛的时期,并成为北中国的名都。

首先是城郭的改建与扩建。邺城自袁绍至北魏,其城郭范围及城内街道里巷基本没有大的变化,尤其是前秦以后,邺城的国都地位败落,人口萎缩,城市建筑历遭战火,风雨蚀剥,破损蹦颓,以致后燕不得不将大城改筑为小隔城。北魏虽然兴建了一些工程,但规模不大。邺作为东魏的国都,若在原有基础和范围内修建,显然是远远不够的,不仅城小不足以容纳洛阳 40 万户新迁移民,而且官署宅第的破败矮陋更难体现皇朝的崇高威严。改造旧城、扩建新城是高欢迁都后的首要工作。因此,天平二年(535 年),高欢征发大批丁役,紧靠邺城南垣劈建邺南城,将城区面积扩展了一倍多。在北城改建方面,拆除了隔城,恢复了北城原来的布局,并将相州官署重新改建为北宫。还把新迁来的士民按里的编制,分别安置在邺城及近郊周围,经过四十多年的经营,将邺建成为 6 世纪中期中国北方一大名都。

---

① 《北齐书》卷二《神武本纪》下。

第二，人口的剧增。邺城的人口在十六国时，以后赵、前燕最多。后赵时约有40万，前燕时也不会少于40万，以后邺城的人口锐减，前秦苻丕时有男女6万余口，后燕慕容德时有户4万。东魏天平元年，邺下户数为新迁户40万。东魏户为小户，人口少。据梁方仲《中国历代户口、田地、田赋统计》，东魏户2007966，口7591654，平均每户人口约为3.78。按此户口折算，40万户约计为151.2万口。到了北齐时，邺下的户口大增，人口至少在200万以上。北齐为大户，人口多。据《周书》卷六《武帝纪》下：北齐幼主承光元年，计户数3302528，口20006886，平均每户约为6.06口，如果邺下户数仍以40万计，人口为242.4万。在中国古代封建社会里，人作为社会生产力的第一要素，对社会生产的发展具有重要的作用，自然经济状态下的生产方式，工具的原始落后，物质生产须有大量人力的投入与消耗，封建城市经济的繁荣自然也要以人口的众多为重要标志之一。

第三，国都政治中心地位的突出。东魏迁都邺城后，随着其统治秩序的建立与巩固，邺都的政治中心作用日益突出，这里不仅是帝王之居、朝廷所在，还聚集了大批官僚属吏，设有各种职能部门，组成国家机器及统治机构等。帝王的诏令及朝廷各部文书由此发往各地，并派出大批官吏牧守州郡、巡察地方，考核官吏政绩，劝课农桑，督促赋役等等，各州郡的官吏也定期到邺都上计。东魏、北齐统治集团可以借助于邺城的地理、交通、经济等各种便利条件，把自己的意志贯彻到各州郡县。而对那些远离邺都的边地州郡及逼近西魏、北周的州郡，则派重兵驻守，如晋阳（今山西太原市），高欢在这里设相府，屯扎大军，与西魏、北周抗衡，构成东魏、北齐的军事中心。晋阳作为军事中心，对于维护邺城的政治中心地位具有十分重要的作用。

第四，经济的恢复与繁荣。邺地的农业经济历来比较发达，濒临漳水，又有传统水利工程可资利用，但自十六国前秦以后，由于战乱，人口耗减，土地荒芜，水利工程年久失修，农业生产受到破坏，再加上持续不断的自然灾害，粮荒、饥馑等困难，使邺城不断衰落，直到东魏天平年间，邺都的粮食问题仍较严重，高欢为了节约粮食，不得不下令禁止邺都酤酒。为发展农业生产，高欢下令修复邺下传统水利工程，开挖天平渠，扩大农田灌溉面积，又派员巡行州郡，督课农桑，鼓励粮食生产，缓和邺都粮荒。随着农业的恢复,手工业也发展起来,继十六国后赵之后,邺城再次成为丝织业中心,除生产出传统精美的织锦产品外,还开发出许多新产品,如百练缣等。登高文锦是邺都传统名品,东魏、北齐曾将登高文锦赠送南朝梁。据《艺文类聚》卷八十五《锦》载《梁皇子谢勅赍魏国所献锦等启》曰:"登高之文,北邺之锦犹见。"又《梁元帝为姜夏王丰谢东宫赍锦启》曰:"邺县登高,真堪九日。"又《谢东宫赍辟邪子锦白褊等启》曰:"登高为艳,取映凤凰之文。"元象以后,酿酒业也发展起来,不仅酿造粮食酒,还能酿造葡萄酒。建筑业也随着邺都的兴建迅速崛起,邺都三台、南宫、北宫等殿堂雄伟壮观,建筑技术与艺术都标志着中国古代建筑达到了一个新水平。此外,榨油、粮食加工、染料制作、陶器烧制等行业也都有很大发展。祖珽用胡桃油涂画,北齐在修筑铜雀台时,用胡桃油涂抹瓦面,然后放入窑中烧制,其产品不仅是精美的建筑材料,还是文房四宝中的上乘珍品,即中国古代著名的铜雀瓦砚。大量胡桃油的应用当然要依赖于榨油手工业生产。再者,邺城人口剧增,吃饭是一个大问题,粮食加工的需求量很大,不仅靠人力加工,而且还注意利用水力。《北齐书》卷十八《高隆之传》曰:"又凿渠引漳水周流城郭,造治水碾硙。并有利于时。"邺都的染料制品质量很高,东魏茹茹公主墓壁画、北齐高润墓壁画、磁县湾漳庄北齐大墓墓室及甬道壁画,色泽鲜艳,附着力强,历经千余年不褪色。这些墓中还有大量随葬陶俑,造型精美,烧制技术很高,真实地反映了墓主人生前的生活情况。邺都的商业也比较兴隆,武定六年(548年)十一月,民间用钱种类繁多,高澄患民钱滥恶,欲通告邸店铺肆,钱不重五铢,毋得入市,但不禁私铸。这项建议虽未施行,但可以看出邺城的商业十分活跃,商业发达则用钱多,用钱多则会出现滥恶现象。

　　第五,北齐文化中心的形成。人类是文化的创造者,社会生活则是文化生成的基础与源泉,建立在社会生活基础上的人类精神行为的形式是多种多样的,如哲学、宗教、思想、文学、史学、地理学、绘画、音乐以及各种艺术等。而专门从事各种形式的精神行为,并在其领域有所建树,且又能体现着时代精神,这些专门行家聚集在一地或某一城,通过他们的脑力劳动,创造出绚灿多姿的文化,并影响周围的地区,这就从地理上形成了一个文化中心,东魏、北齐的邺都正是如此发展成为南北朝时期的北方文化中心。当时,许多文化名人聚集邺下,如思想家邢劭、杜弼等,儒学家权会、郭茂、熊安生、张买奴、张景仁等，史学家魏收、李德林、祖孝征、阳休之、杜台卿、祖崇儒、崔子发等，画家杨子华、曹仲达、刘杀鬼、殷英童、徐德祖、高尚士、曹仲璞、肖放等，建筑家辛术、高隆之等，音乐家祖珽、李搔、崔季铮等。他们在邺中孜孜以求，不断研究、探讨，共同创造出辉煌的邺都文化。《北齐书》卷三十八《辛术传》："少爱文史，晚更修学，虽在戎旅，手不释卷。及定淮南，凡诸资物一毫无犯，唯大收典籍，多是宋、齐、梁时佳本，鸠集万余卷，并顾、陆之徒名画，二王已下法书数亦不少。"这些典籍及名字画后来均被运至邺都。北齐朝士也多有著述。文士宋孝王曾撰《朝士别录》，北齐亡后，改名《关东风俗传》，专设《坟籍志》卷目，"其所录皆邺下文儒之士、雠校之司，所列书名，唯取当时撰者"①。

　　而且邺城还是中外经济、文化交流的中心。东魏、北齐时，高丽、勿吉、蠕蠕、吐谷浑、地豆干、室韦、库莫奚、契丹、肃慎、靺鞨、新罗、突厥、大莫娄、百济等先后多次遣使携带大量方物到邺，邺不但有专供外国使节居住的会馆，还在华林苑仿龟兹国雀离佛寺建造雀离佛院。《北齐书》还有"蒲桃酒"的记载，葡萄酒原为波斯特产，邺城"蒲桃酒"或许来源于波斯，或许由他处转来，或许邺都的工匠已掌握了葡萄酒的酿制技术，这说明邺与西域国家也有交往关系。在南北交往方面，东魏与南朝信使不断，双方皆以俊义才杰相耀。南北使者都是各国一代英才，学术、文风相互影响。《周书》卷四十一《庾信传》："庾信字子山，南阳新野人也……父肩吾，梁散骑常侍、中书令。信幼而俊迈，聪敏绝伦。博览群书，尤善《春秋左氏传》……时肩吾为梁太子中庶子，掌管记。东海徐摛为左卫率。摛子陵及信，并为抄撰学士……既有盛才，文并绮艳，故世号为徐、庾体焉……寻兼通直散骑常侍，聘于东魏。文章辞令，盛为邺下所称。"是时邺下也多风流儒雅，诸如李谐、李神儁、卢光明、王元景、杨遵彦、崔赡等，每梁使至邺，邺下为之倾动，尽选风流才子，应对宾客，贵胜子弟盛饰聚观，礼赠丰盛，馆门成市。宴日，高澄尝使左右观看，或有一言制胜，澄为之鼓掌，邺下士风与江南相比，所差无几。

　　① 刘知幾撰、浦起龙释：《史通通释》卷三《书志》，上海古籍出版社，1978 年。

三、东魏、北齐邺都之兴建

高欢迁都邺，也曾借占卜考察地理。《魏书·孝静帝纪》曰："天平元年……考龟袭吉，宅迁漳滏……丙子，车驾北迁于邺。"邺都的建筑合理地利用了自然环境和地理条件，其工程主要是两部分：一是北城的重建；一是南城的扩建。这两项工程于天平二年(535年)同时开工。为再现后赵邺都景观，东魏搜集了大量文献资料，还做了详细调查，并把文献图记与实地勘查相互比较、印证，绘制出复原图，然后按图重建，其城制布局一依旧制，建筑程序，先内后外。基本上是先修缮府第，其次是城垣、城门，再次是三台宫室。

南城的扩建工程基本上分二期：第一期是营建皇城南宫；第二期工程为夯筑城垣与城门。由内到外，先宫后城，既便于建筑材料的运输，又便于建筑垃圾的处理。邺南城及新宫的建筑始于东魏天平二年，至武定五年(547年)主体工程基本完成。高澄于是年九月请"罢营构之官"。但宫殿建筑并未停止，直到北齐武平六年(575年)，即北齐灭亡的前两年，高纬还在邺造偃武、修文殿和大宝林寺，前后工期持续了四十多年。

邺南城的设计与营建主要由高隆之、辛术、李业兴和张熠典掌。高隆之为总指挥，辛术负责设计与建筑，李业兴绘制工程图，张熠掌管建筑材料的运输。他们的分工与职掌情况在史书中均有反映。

《北齐书·高隆之传》："高隆之，字延兴，本姓徐氏，云出自高平金乡。父幹……为姑婿高氏所养，因从其姓……隆之后有参议之功，高祖命为从弟，仍云渤海蓨人……身长八尺，美须髯，深沉有志气……天平初……为尚书右仆射……又领营构大将军，京邑制造，莫不由之。增筑南城，周回二十五里。以漳水近于帝城，起长堤以防泛溢之患。又凿渠引漳水周流城郭，造治水碾硙，并有利于时。"

《北齐书·辛术传》曰："辛术，字怀哲，少明敏，有识度。解褐司空胄曹参军，与仆射高隆之共典营构邺都宫室，术有思理，百工克济。"

《魏书·李业兴传》曰："迁邺之始，起部郎中辛术奏曰：'今皇居徙御，百度创始，营构一兴，必宜中制。上则宪章前代，下则模写洛京。今邺都虽旧，基址毁灭，又图记参差，事宜审定。臣虽曰职司，学不稽古，国家大事非敢专之。通直散骑常侍李业兴硕学通儒，博闻多识，万门千户，所宜访询。

今求就之披图案记,考定是非,参古杂今,折中为制,召画工并所须调度,具造新图,申奏取定。庶经始之日,执事无疑。'诏从之。"

《魏书·张熠传》曰:"天平初,迁邺草创,右仆射高隆之、吏部尚书元世儁奏曰:'南京宫殿,毁撤送都,连筏竟河,首尾大至,自非贤明一人,专委受纳,则恐材木耗损,有阙经构。熠清贞素著,有称一时,臣等辄举为大将。'诏从之。"

此外,参与邺都建设者还有元轨、任集、崔季舒、李玙、李仲琁、冯子琮、刘龙等。《魏书》卷十四《神元平文诸帝子孙列传》曰:"孝静时,邺宫创制,以(元)轨为营构使。"《北史》卷五十四《高隆之传》:"太仆卿任集同知营构。"《北齐书》作"太府卿任集同知营构",《资治通鉴》卷一百五十七作"太府卿任忻集"。《北齐书》卷三十九《崔季舒传》曰:天保初,季舒为将作大匠。大宁初,"营昭阳殿,敕令监造"。《北齐书》卷二十九《李玙传》曰:"及迁都于邺,留于后,监掌府藏,及撤运宫庙材木,以明干见称。"玙对于邺都的贡献,主要是撤运洛阳宫材以供邺宫建筑。《魏书》卷三十六《李顺传附仲琁传》:"天平初,迁都于邺,以仲琁为营构将作,进号卫大将军。出除车骑大将军、兖州刺史……还,除将作大匠。"《北齐书》卷四十《冯子琮传》:冯子琮,信都人,"监造大明宫……北连天阙"。《隋书》卷六十八《何稠传附刘龙传》曰:"开皇时,有刘龙者,河间人也。性强明,有巧思。齐后主知之,令修三爵台,甚称旨,因而历职通显。及高祖践阼,大见亲委,拜右卫将军,兼将作大匠。迁都之始,与高颎参掌制度,代号为能。"所谓"迁都之始……参掌制度",即曾负责大兴城的建筑。这些富有巧思技理的干练才俊,用他们的杰出智慧,大大提升了邺都建筑的技艺水平。

《魏书》卷一百五《天象志》四:"东魏孝静天平二年,有星孛于太微,历下台,及室壁而灭。南宫,成周之墟,孝文之余烈也,孛星由之,易政徙王之戒。天象若曰:王城为墟,夏声几变,而台阶持政,有代夺之渐乎?且抵于营室,更都之象也。是后两霸专权,皆以北俗从事,河南新邑遂为战争之郊。间三岁,至兴和元年九月,发司州卒十万营邺都,十月新宫成。"此通过对天象的附会解释,编造出邺南城新宫建筑的原因与理由。

再者,邺城自曹魏以来,城制布局十分规整,而且周围地势也比较平坦,规划、设计,重建、扩建都比较方便,而且都城制度又有前代传统可资借鉴。特别是邺都南城,"其制度盖取诸洛阳与北邺。然自高欢善之,高洋饰之,卑陋旧贯,每求过美,故规模密于曹魏,奢侈甚于石赵"①。邺南城与北城仅一垣之隔,两城构成东魏、北齐煌煌大都,代表了公元 6 世纪中国城市建筑艺术的最高水平。

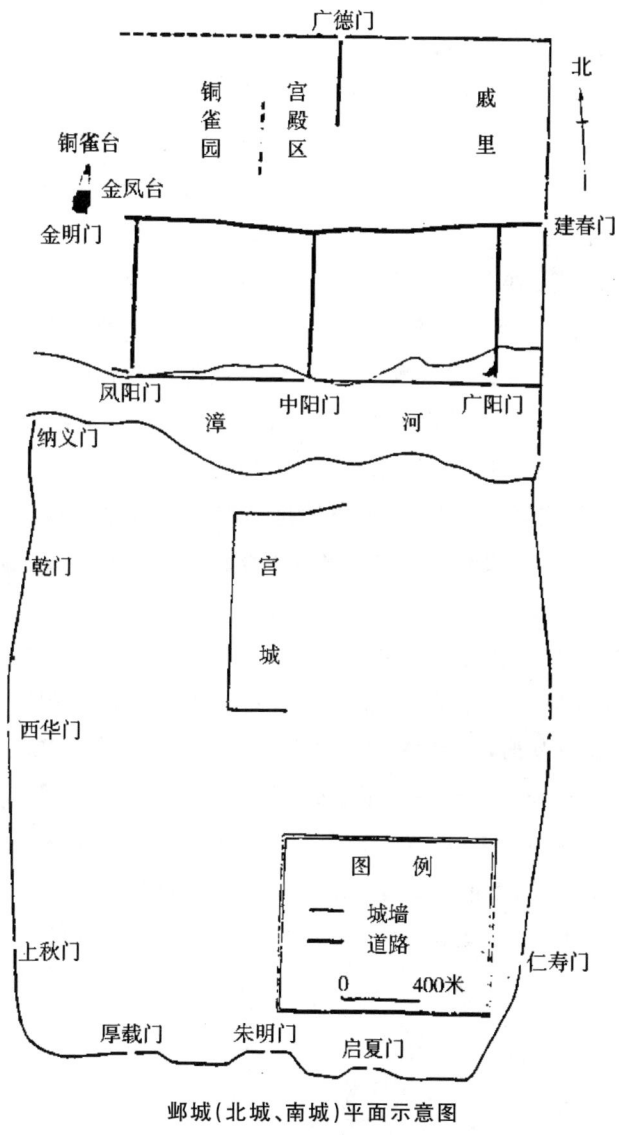

邺城(北城、南城)平面示意图

---

①　嘉靖《彰德府志》卷八《邺都宫室志》。

四、邺南城制度与建筑

(一)城垣与城门

邺南城北接北城南墙,以北城南墙为北墙,由北城南面三门为北门。城垣范围周长,文献记载有二说:据《邺中记》:"城东西六里,南北八里六十步。"[①]周回应为二十八里一百二十步。另据《北史·高隆之传》:城垣"周回二十五里"[②]。1976年8月至1977年12月,河北省临漳县文化馆曾对南城城垣进行钻探实测,东、西城墙相距2602米,南、北城墙间隔为3454米。若以西晋尺度换算,今24厘米即为晋时1尺,6尺为1步,300步为1里,西晋1里约等于今432米。"6里合2592米,8里60步合3542米,钻探实测的数据和文献记载基本相符。""邺南城为土筑,夯打十分结实。夯层10—13厘米,夯窝直径约6厘米,深1.5厘米……地表到城基夯土的深度为:西墙0.5—2.5米,南墙1.2—2.5米,东墙2.5—3.1米,北墙3—3.5米。"[③]并据钻探实测绘制出《邺南城钻探初测邺北城复原图》。1983年至1984年,考古工作者又对邺城遗址进行了全面钻探和重点发掘,确定了南城东、南、西三面城墙,并证实了南城的北墙即北城的南墙。"经实测,邺南城最宽处东西2800、南北3460米……东、南、西三面城垣遗迹不是呈直线分布,每面城墙都有舒缓的弯曲,东南、西南城角为弧形圆角,形制特殊。城墙大部分仅剩基槽,墙体、基槽均系夯土筑成……城墙一般宽7—10米,基槽部分深1.2—3.2米。"通过部分发掘了解到:"城墙基槽宽8.5—9.3、深约1.8米,夯层厚8—10厘米。发掘的地层证明邺南城营建于东魏、北齐时期。"在个别地段,考古工作者还发现地面之下尚保存有高约0.8米的墙体。[④] 南城呈南北不规则长方形,周长约为1.23万米,约合28.5里,略大于文献记载数字。并绘制出南城遗址实测图:

① (元)纳新:《河朔访古记》卷中引《邺中记》,粤雅堂丛书本。

② 《北齐书》原缺《高隆之传》,中华书局点校本据《北史》补。

③ 河北省临漳县文物保管所:《邺城考古调查和钻探简报》,《中原文物》1983年第4期。

④ 中国社会科学院考古所、河北省文物所邺城考古队:《河北临漳县邺南城遗址勘探与发掘》,《考古》1997年第3期。

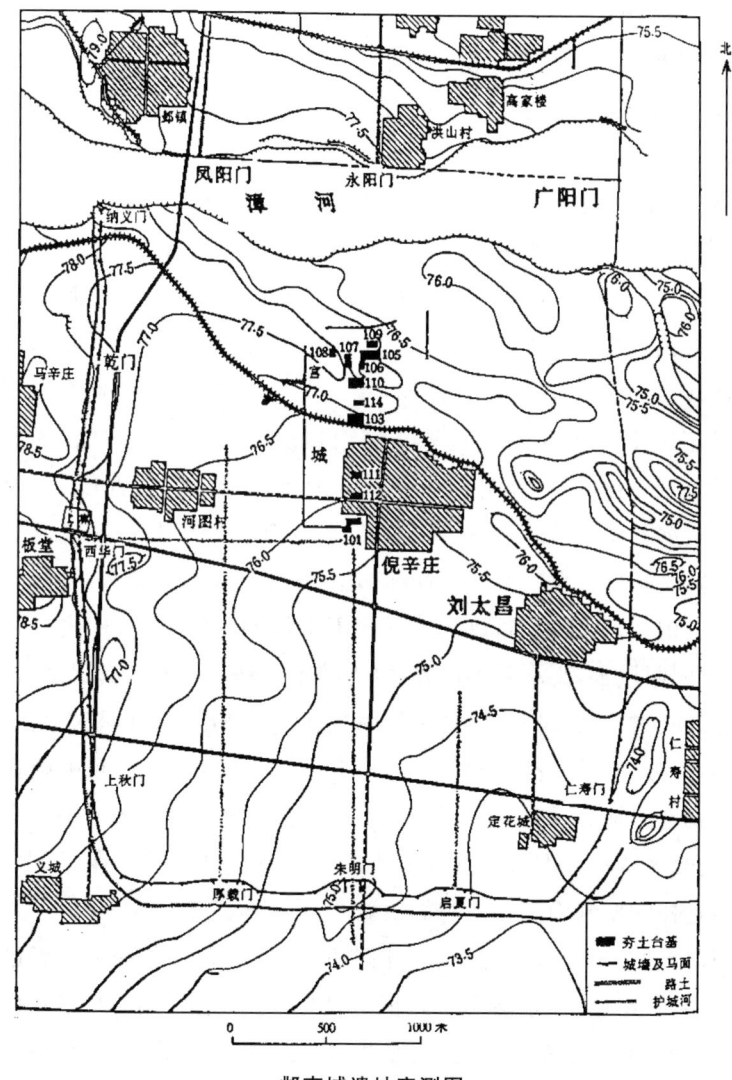

邺南城遗址实测图

邺南城城垣的建筑年代,《魏书·孝静帝本纪》有详确记载,曰:兴和元年秋"九月甲子,发畿内民夫十万人城邺城,四十日罢"。兴和元年秋九月甲子为公元 539 年 10 月 11 日,四十日罢,竣工日期应为 11 月 20 日,共用工 400 万个劳动日。从用工量来推测南城城垣,其工程量相当大,尽管当时施工工具落后,但役使这么多的民夫,动用的土石方至少在百万以上,足以夯筑起一道二三十里长,宽 10 多米,高 10 多米的长墙。从残留城基夯土的厚度和宽度看,南城垣高至少在 10 米左右。中国古代城墙建筑,一般说来,高度往往略大于宽度。

关于邺南城城制形状,元人纳新《河朔访古记》卷中引《邺中记》曰:"高欢以北城窄隘,故令仆射高隆之更筑此城,掘得神龟,大逾方丈,其堵堞之状,咸以龟象焉。"《邺中记》出自东晋陆翙之手,自然不及东魏、北齐事。今人黄惠贤先生指出:"此疑为北齐杨楞伽《邺都故事》,后人误入《邺中记》。"①文献虽有窜乱,但所记载的史事基本属实。20世纪70、80年代,考古工作者前后两次调查、钻探南城遗址,发现南城的西南角和东南角夯土层城垣呈弧形,抹角拐弯,南墙中间一门向内凹陷,东、西墙舒缓向外弯曲,东北角和西北角因处现今漳河河床,受河水冲刷严重,没有什么发现。考古发掘与文献记载都证实了高欢对邺南城的建筑,采用了"龟"的形状设计。为什么采用这样的形制? 有学者认为是以"神龟"为吉祥②。但确切些说,高欢欲图邺城坚固、国运长久。早在北魏孝文帝时(太和十八年),孝文经邺,登铜雀台。大臣们劝他迁都邺城,孝文认为邺城非久居之地,周围又有柱人、柏人、列人地名,以为不祥而不听从大臣的建议。③ 古人建城定都很重视阴阳风水,高欢并不例外,至于掘得"神龟"一事是真还是假,龟为化石,还是其它什么,自不必申论,但用"龟城"以破压三面的柱人、柏人、列人之不吉地名,保固邺都和政权长久,应是高欢的本意。而且中国古代传统观念,视龟为神灵,能长寿万年,也当是高欢取龟形城制的原因。利用现代科学观念来解释邺南城的城制形状,还可视为古人运用仿生学的道理建筑都城,这样的城制确能提高防御功能。

而且,南城东、南、西三面城墙外侧还筑有"马面",考古工作者已钻探五十座"马面"遗址。"东墙马面间距一般为85米左右,南、西墙马面的间距接近,一般为95米左右。乾门、厚载门、启夏门两侧的马面距离较近,且对称分布。邺南城马面为长方形,宽18米左右,伸出城墙12米左右,马面夯土层厚约10厘米。"④马面的修筑也意在加强都城的防守,从其分布情况

---

① 黄惠贤:《魏晋南北朝时期邺都铜雀三台杂考》,载于《邺城暨北朝史研究》,河北人民出版社,1991年。

② 江达煌:《邺城的几次重大营建与破坏》,载于《邺城暨北朝史研究》,河北人民出版社,1991年。

③ 嘉靖《彰德府志》卷一《地理志》。

④ 中国社会科学院考古所、河北省文物所邺城考古队:《河北临漳县邺南城遗址勘探与发掘》,《考古》1997年第3期。

看,其城防的重点在东部,重点城门和部位,马面布置较密集。

邺南城筑有十一门。南面三门:东曰启夏门,中曰朱明门,西曰厚载门;东面四门:南曰仁寿门,次曰中阳门,次北曰上春门,北曰昭德门;西面四门:南曰上秋门,次曰西华门,次北曰乾门,北曰纳义门。1976 至 1977 年,临漳县文物工作者"钻探中找到西城门三座,其中两座宽 25 米左右,中间一门宽 40 米。门道内有夯土,厚度 1 米左右,夯土上面有厚约 25 厘米左右的路土。西城墙最南一门和东城墙的仁寿门东西成一直线"[①]。这三座城门即文献所载上秋门、西华门、乾门。1983 年至 1984 年,考古工作者再次钻探到这三座城门遗址,并且又找到了仁寿门、启夏门、朱明门、厚载门、纳义门遗址。"城门门道宽 4.8—5.4 米,多数尚保存着路土。"[②]东墙中阳门、上春门、昭德门的门址,因处在沙地和漳河河道内,难以探明确切位置。

朱明门考古现场(北→南)

朱明门　邺南城正南门。嘉靖《彰德府志·邺都宫室志》引《邺中记》曰:"门上起楼,势屈曲,随城上下。东西二十四门,朱柱白壁,碧窗朱户,仰宇飞檐,五色晃耀,独雄于诸门,以为南端之表也。"1986 年 4 至 6 月,考古

①　河北省临漳县文物保管所:《邺城考古调查和钻探简报》,《中原文物》1983 年第 4 期。
②　中国社会科学院考古所、河北省文物所邺城考古队:《河北临漳县邺南城遗址勘探与发掘》,《考古》1997 年第 3 期。

工作者对朱明门遗址作了发掘,并于 1996 年《考古》第 1 期发表《河北临漳县邺南城朱明门遗址的发掘》。考古发掘所揭示的朱明门遗址要略如下:

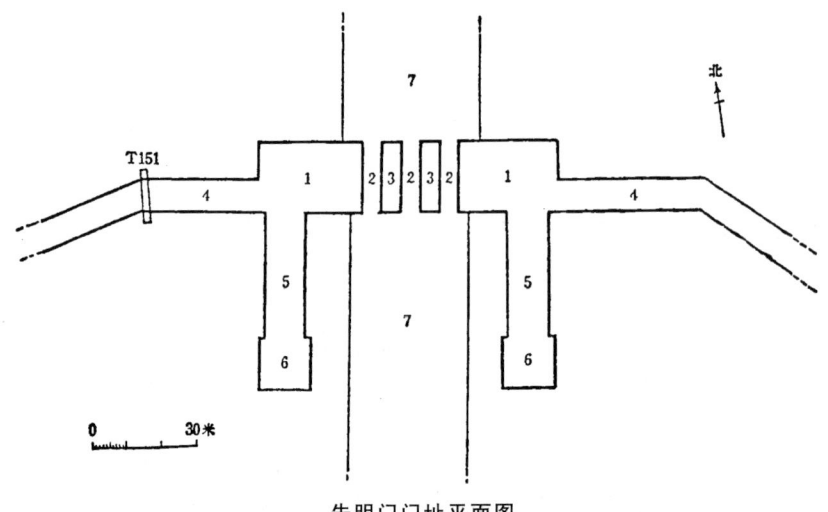

朱明门门址平面图

1.门墩　2.门道　3.隔墙　4.城墙　5.短墙　6.阙舌　7.大道

朱明门遗址由门墩及三个门道和向南伸出的东西两墙与东西两阙组成。门墩连接向西南、东南斜伸的城墙。城门的门墩部分在原 9.5 米宽的南城墙北边加宽 10.8 米,加宽部分夯土的东西长为 84 米,整个城门墩进深为 20.3 米。中央门道宽 5.4、两旁门道宽 4.8 米,门道之间有隔墙,隔墙宽度均为 6 米。由门墩向南延伸出东西两道短墙,两墙内侧相距 56.5 米。墙南端各有一个略呈方形的阙。伸向东南、西南的斜城墙均宽 9.2 米。

东门道东西宽 4.8、南北长 20.3 米,南端较高,存有路土面。门道两侧有排叉柱础坑,靠南半部还保存一部分。西侧南端第一个长 2.6 米,是两个相连的排叉柱础坑,进深 1.7、坑深 0.75 米,间隔 0.6 米后第二个长 2.2 米,也是两个相连的排叉柱础坑,坑长 0.9、进深 1.1、坑深 0.7 米,东侧北半部已被起土破坏,南部仅剩半个排叉柱础坑。门道中间有两道车辙痕,南半部很清楚。两道车辙间距 1.2 米,经解剖,车辙深 0.17 米,车辙下是很硬的土。门道向南的出口处,有许多道车辙,相互交叉叠压,已难分清。

中门道东西宽 5.4、南北长 20.3 米,中部东侧残存有当时的路面,西侧仅存排叉柱础坑坑底。门道南半部也还保存部分排叉柱础坑,东侧南端第一个长 2、进深 0.8 米,西侧南端第一个长 2.1、进深 0.8 米,第二个已剩一半。北半部分遗迹已破坏。门道东半部有一道很浅的车辙痕。

西门道东西宽 4.8、南北长 20.3 米,路土面全破坏,南部西侧仅存一个排叉柱础坑底。

东短墙、东阙总长 49 米。墙宽 12.2 米。阙为边长 14.68 米的正方形,地面上残存高度为 1.4 米。经解剖夯土加基槽总厚 2.9 米,基槽厚 1.5 米。

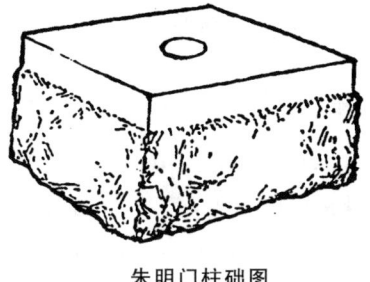

朱明门柱础图

西短墙、西阙总长 49 米。墙宽 12.1 米,阙为边长 14.8 米的正方形。现残存高度为 0.7 米。经解剖,夯土墙加基槽共厚 2.7 米,基槽厚 2 米,基槽夯土每层厚 0.15 米,阙墙夯土每层厚 0.1 米。

郭义孚根据朱明门遗址平面形制,对其原貌作了大体推测,利用相关的文献与考古资料复原朱明门,撰成《邺南城朱明门复原研究》,绘制出“门洞木构图”、“城门、城楼构架图”、“城楼正观图”、“楼阙平面图”、“复原透视图”、“鸟瞰图”。[①] 城阙为夯筑砖石结构,可由排叉柱础痕迹,推出础面为每边长约 0.8 米的正方形平面。中央有一榫面,础厚在 0.4 米上下,其形状如左上图。

据其实测数据可以计算出洞内排叉柱的原有数目,并进一步推算出城楼的间数。城门应为过梁式,靠排叉柱承重。门洞夯土壁面长 20.3 米,可容纳 15 根柱,其柱列长度为 18.9 米,础列通长为 19.7 米。中洞柱列跨度为 6 米,隔梁柱列夹距为 5.4 米,旁洞柱列宽度为 5.4 米,其门洞木构如右图所示:

城墙、门墩和网身的收分率约为

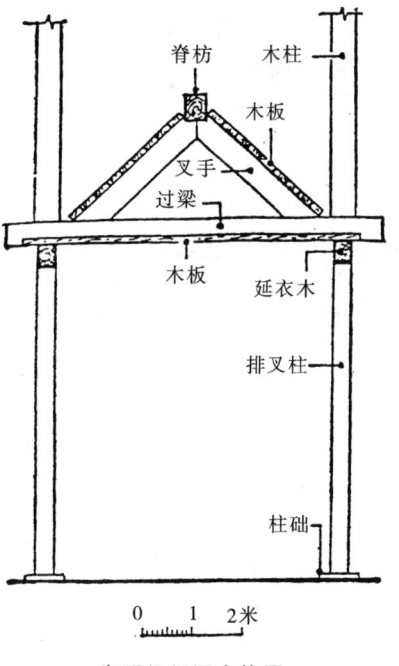

朱明门门洞木构图

---

① 郭义孚:《邺南城朱明门复原研究》,《考古》1996 年第 1 期。

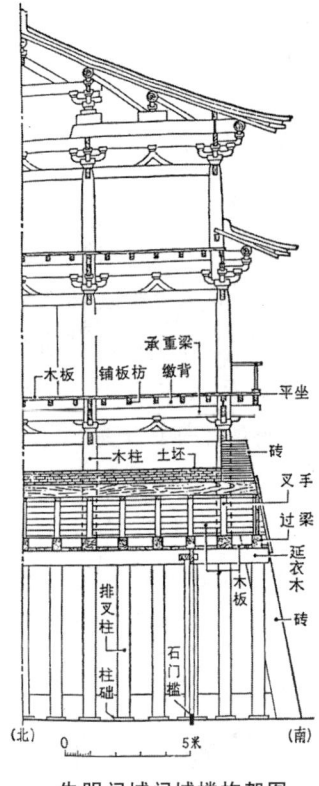

朱明门城门城楼构架图

20%，包砖厚度为 1 米，门墩复原高度为 11 米，墩底进深 22.3 米（夯土壁长 20.3 米＋包砖 2 米），墩顶进深 17.9 米；城墙下宽 11.5 米（夯土 9.5 米＋包砖 2 米），上宽 7.66 米，城墙女墙高约 1.4 米。城门楼为 2 层，上檐、下檐斗拱跳数为两跳，城门、城楼整体构架如右图：

城楼柱根、下方的平坐木柱及排叉柱同在一条垂直线上，其平面投影相互重合。城楼柱网取决于排叉柱的位置，其间数：面宽五间，明间 6 米，次间、梢间皆 5.4 米；进深三间，每间皆为 5.4 米。下层楼设有八门，其中前后各开三门，左右各一门。楼梯位置设想在楼内西门的南侧，走向是先沿山墙向南斜升，然后东折斜上至城楼上层。上层楼四面置窗，窗为直根式。城楼正观形貌见下图。

阙址平面呈正方形，若加上 1 米厚的包砖，每边长应为 16.8 米，高 14 米，顶面每边长 11.2 米，上有阙楼，楼为二层。阙楼的柱根与下方平坐木柱同心，柱网外周呈正方形，其间数：面宽三间，明间 4 米，次间 3 米；进深三间，四角进深等于其面宽。九脊顶，上、下层都是前后开门，门旁两山置窗。阙楼与城

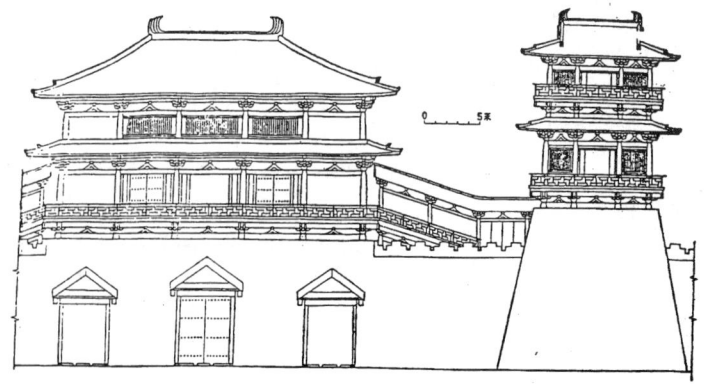

朱明门城楼正观图

门楼有行廊相连接,行廊走向分别自城楼两旁向东西延伸,然后南折,与阙楼相接,东西向廊道的北侧及南北向廊道的外侧均封作廊壁,壁上有门,全廊八门(见左图),则楼上全部建筑共有二十四门。门墩、阙身皆高于廊基,因此在城楼两旁和两阙背后都架有一段倾斜廊道,分别与各楼的平座相接,令其城上建筑高低相贯,颇有随城上下之势。凡倾斜廊道均设有护栏,水平廊道则无,以便于往来通行。城墙、门墩、城楼、两阙及行廊构成朱明门整体建筑形貌,其复原透视图、鸟瞰图如下二图。

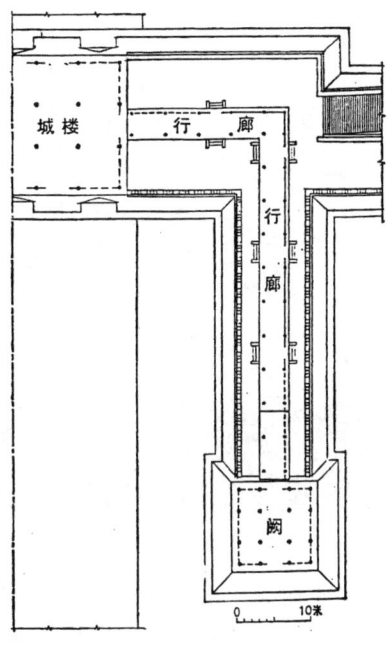

朱明门楼阙平面图

在朱明门遗址出土的遗物有板瓦、筒瓦、瓦当、砖、钱币、陶器、铁器等。

启夏门　在朱明门东。1983 至 1984 年考古工作者钻探到此门。《齐书·高渹传附子亮传》曰:"周师入邺,亮于启夏门拒守。诸军皆不战而败,周军于诸城门皆入,亮军方退走。亮入太庙行马内,恸哭拜辞,然后为周军所执。"太庙在朱明门内东侧,距启夏门较近。

朱明门复原透视图

朱明门鸟瞰图

厚载门　在朱明门西,门址已被考古探明。

仁寿门　东墙南头第一门,门址已探明,与西垣最南一门止秋门东西成一直线。今仁寿门遗址有一自然村曰仁寿村。

中阳门　东墙南头第二门,在仁寿门北、上春门南。

上春门　东墙北头第二门,在中阳门北、昭德门南。

昭德门　东墙北头第一门,在上春门北。

上秋门　西墙最南一门,东直东墙仁寿门。门宽 25 米左右,20 世纪 70、80 年代,考古工作者先后两次钻探到此门。

西华门　西墙南头第二门,宽约 40 米,门址先后两次被勘探确定。

乾门　西墙北头第二门,宽约 25 米左右,20 世纪 80 年代,考古工作者对此门作了部分发掘。

纳义门　西墙北头第一门。20 世纪 80 年代,考古工作者钻探到此门遗址。

南城之北,即连北城,其城门以北城南门为之,城门名称有无变化,文献无考。几乎找不到文献有关此三门的记载,说明此三门非普通官民日常出入之所。

南城外有护城河,"凿渠引漳水,周流城廓"。考古工作者钻探到护城河遗迹。"护城河与城墙基本平行,东、南墙与护城河相距较远,约 120 米;西墙与护城河相距较近,约 28 米。护城河一般宽 20、深约 1.8 米。其中堆积淤泥、细沙。城门外的护城河略窄，应是为了便于架桥。东南城角、西南城角外的护城河河面甚宽，其内岸与城墙方向平行，呈弧形圆角，外岸近直角，形成宽大水面……护城河应自西部引入水源，从东部流出。在西华门外护城河西钻探到一段水渠，它应是护城河流的引水渠之一"①。《北齐书》卷十一《河南王孝瑜传》记武成帝高湛忌孝瑜，欲借故加害。曰："尔朱御女名摩女，本事太后，孝瑜先与之通，后因太子婚夜，孝瑜窃与之言。武成大怒，顿饮其酒三十七杯。

体至肥大，腰带十围。使娄子彦载以出，鸩之于车。至西华门，烦热躁闷，投水而绝。"所投之水即西华门外护城河。"邺南城护城河既属于城市给水系统的一部分，也属于防御系统的一部分。在朱明门外护城河的发掘中，出土了部分战争遗留的甲胄、兵器等。"②

　　1986 年冬天，邺城考古队对朱明门遗址南 100 米的护城河遗址进行了小规模发掘，发掘面积 90 平方米。在距地表深约 3 米的护城河底部，出土了大批铁盔、铁甲及铁兵器等遗物，还有瓷碗、陶壶、板瓦、筒瓦、莲花纹铺地砖等，均与朱明门遗址出土的东魏、北齐遗物相似（见左图）。由于铁器遗物锈蚀严重，采取

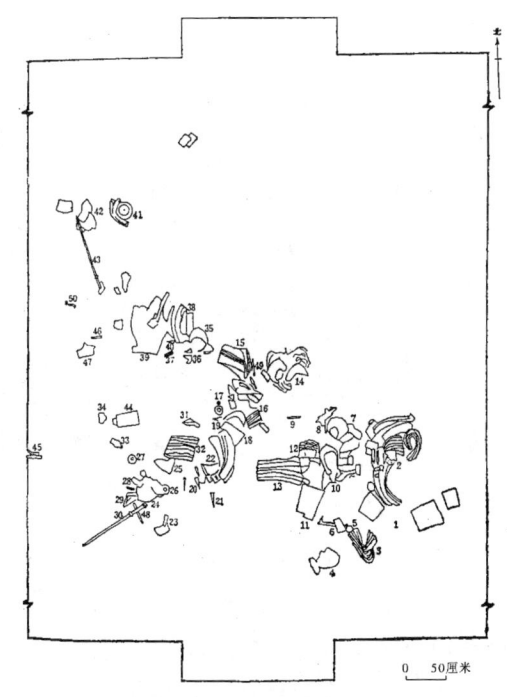

0　　50厘米

朱明门南护城河底部遗物分布图

1、9、11、16、21、23、28、34、40、44、45、46.瓦片

2、3、12、13、15、18、19、22、25、31、32、36、38、39、47.铁甲片

4、7、10、14、20、24、29、35、41、42.铁头盔残片

5、33.陶壶　　6、8、48、49、50.铁器

17、26、27.陶碗　　30、43.铁剑　　37.铜钱

---

　　①　中国社会科学院考古所、河北省文物所邺城考古队：《河北临漳县邺南城遗址勘探与发掘》，《考古》1997 年第 3 期。

　　②　中国社会科学院考古所、河北省文物所邺城考古队：《河北临漳县邺南城遗址勘探与发掘》，《考古》1997 年第 3 期。

整块连土割取,于 1987 年 8 月装箱运抵北京,由中国社会科学院考古研究所考古科技实验研究中心进行清理复原,撰成《邺南城出土的北朝铁甲胄》①。经复原,有较为完整的铁胄。铁铠甲虽无一件完整,但多为组成铠甲的完好局部,如胸甲、背甲、披膊、甲裙等(见下图)。这批铁甲胄标本属北朝晚期,年代准确,又是古战场上的实用器物,有很高的学术研究价值,并且填补了东魏、北齐铠甲实物的空缺,可作为考古研究铁甲片断代分期的一个标尺。

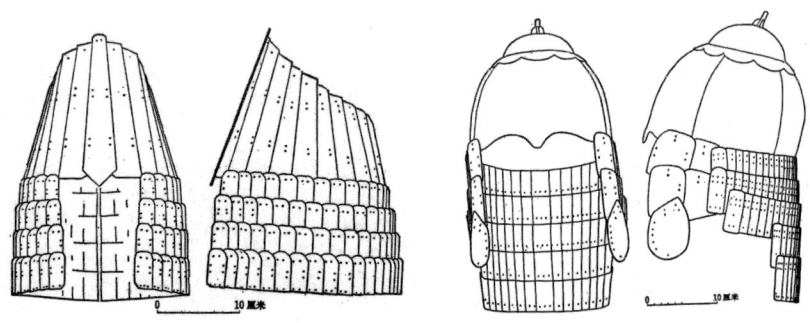

型铁胄结构复原图

(二)宫城

宫城位于邺南城内北部正中间,始建于东魏天平二年(535 年)七月,主体工程毕竣于兴和元年(539 年)十一月,历时四年零四个月。宫城内宫殿所用建筑材料,大部分是从洛阳拆运来的宫材,这说明邺南宫建筑规模制度照搬了北魏洛阳宫。从用工量看,宫城建筑前后动用了 17.6 万人。拆洛阳宫用人 10 万;筑邺宫用人 7.6 万,这 7.6 万人当是正常上番的。总计用工量近 1.2 亿个劳动日,可以想见宫殿的规模是相当大的。这仅是主体工程,以后直至北齐,陆陆续续仍有一些殿堂的兴建。据嘉靖《彰德府志·邺都宫室志》引《邺中记》,曰:"宫东西四百六十步,南北连后园,至北城,合九百步。东、西、南、北,表、里合二十一阙。高一百尺。砖文隐起鸟兽花草之状,并'大齐天保六年'字,又有'千秋万岁'字。"新宫峻工后,邢劭作《新宫赋》,其文曰:

---

① 中国社会科学院考古研究所考古科技实验研究中心:《邺南城出土的北朝铁甲胄》,《考古》1996 年第 1 期。

拟二仪而构路寝,法三山而起翼室,何大厦之耽耽,而斯干之秩秩,岂西京之足伟,故东都之所匹。尔其状也,则环谲屈奇,澜漫陆离,嵯峨崔嵬,巉岩参差,若密云之乍举,似鹏翼之中垂。布菱华之与莲蒂,咸反植而倒施,若承露而将转,似含风而欲披。土成黼黻,木化蛟螭,布红紫之融泄,间朱黄之赫曦。兽狂顾而犹动,鸟将骞而以疲,木神水怪,海若山祇,千变万化,殊形异宜。阴梁北注,阳乌南施,百楹列倚,千栌代支,或据险而形固,或居安而势危。①

由此也能窥见邺南宫之宏伟壮丽,制度密严。用"二仪"、"三山"的思想意识设计外朝、内朝主殿建筑,远承曹魏,近拟北魏洛京。孝静帝元善见因新宫成,改元兴和。《资治通鉴》卷一百五十八梁武帝大同五年(539年),云:"九月,甲子,东魏发畿内十万人城邺,四十日罢。冬,十月,癸亥,以新宫成,大赦,改元兴和。""十一月乙丑,神武以新宫成,朝于邺。"②

宫城建筑基本上是以太极殿为中心,设置南北中轴线,沿中轴线布置设计,左右对称,前后照应。外朝、内朝、后宫、后园由南向北,依次建置。诚如邢劭《赋》所曰"拟二仪"、"法三山"。《邺都故事》:"齐武成帝高湛,河清中,以后宫嫔妃稍多,椒房既少,遂拓破东宫,更造修文、偃武二殿及圣寿堂。"《隋书·食货志》:"至天统中,又毁东宫,造修文、偃武、隆基嫔嫱诸院,起玳瑁楼。"后主高纬拆毁后宫北墙东段,将后宫向东北拓展,由九院扩为十二院。1983年至1984年,考古工作者在邺南城中央偏北发现宫城。宫城东西约620米,南北970米,四面有宫墙遗迹,其中东墙破坏严重。东、西、南宫墙均呈直线走向,唯北宫墙的东段向北偏折。宫城内及其附近钻探出十五处建筑基址,居于全城中轴线上的宫殿基址面积较大。③《洛阳伽蓝记》记永宁寺"院墙皆施短椽,以瓦覆之,若今宫墙也"。"今宫墙"即邺宫墙。宫墙顶端施短椽,覆之以瓦,形似屋脊。墙厚当在1米左右,高约六七米。为究明邺南宫情况,兹依据文献记载,将宫城建筑逐一考列如下:

止车门　宫城正南第一道门。嘉靖《彰德府志·邺都宫室志》引《邺中记》曰:"止车门内,次至端门,端门之内,次至阊阖门。"《北齐书》卷二十二

① (唐)欧阳询等:《艺文类聚》卷六十二《宫》,上海古籍出版社,1999年。
② 《北齐书》卷二《神武本纪》下。
③ 中国社会科学院考古所、河北省文物所邺城考古队:《河北临漳县邺南城遗址勘探与发掘》,《考古》1997年第3期。

《卢文伟传附子询祖传》曰:"询祖立于东止车门外,为二十余人作表,文不加点,辞理可观。"《北齐书》卷二十四《陈元康传》:"魏帝初建东宫,群官拜表。事罢,显祖(高洋)出东止车门,别有所之。"止车门当有东、西二门,二门之间当有一中门为御道贯穿通行。东止车门、御道中门、西止车门由东向西排列,成为宫城南墙三座门,中间一门当较之左右两门高大。

端门　宫城正门,南直止车门,北直阊阖门。

阊阖门、清都观　南直端门、止车门,北直太极殿,为外朝宫室之外正门。初建于东魏天平初,规模雄伟壮观,甚于宫城诸门。《初学记》卷二十四《门》载有温子升《阊阖门上梁祝文》,曰:

> 惟王建国,配彼太微。大君有命,高门启扉。良辰是简,枚卜无违。雕梁乃架,绮翼斯飞。八龙杳杳,九重巍巍。居宸纳祜,就日垂衣。一人有庆,四海爱归。

"惟王建国,配彼太微。"阊阖门之建,法拟天象,是人们想象出来的由紫薇垣向南延伸的天衢上第一道门。"阊阖开,天衢通。"门前两旁有阙,阙、墙、门相连,上建楼、观、阁、廊,是宫城门中最重要、最雄伟壮丽的一座门。

天平二年(535 年)十一月,此门建成不久,遭火灾。[1]《魏书》卷一百一十二上《灵征志》:"孝静天平四年秋,邺阊阖门东阙火。"阊阖门火灾当在天平四年秋,似仅烧坏东阙。高隆之诬太府卿任忻集(即任集)通西魏,使人烧毁。高欢听信,斩忻集,重新修复此门,十分崇峻。嘉靖《彰德府志·邺都宫室志》引《邺中记》曰:"其门峥嵘耸峙,千云迥出,飞檐峻宇,梁楸欹危,绮井隆崇,抟风薄雾,高窗鸟影,晚日留晖,宝铎铿锵,随风合韵。过其下者,莫不骇目,自惊恍惚如失也。"阊阖门上建有清都观,为皇帝讲武、阅兵和举行庆祝大典、宣布大赦等仪典的地方。东魏武定五年(547 年),梁萧渊明至邺,孝静帝升阊阖门召见。嘉靖《彰德府志·邺都宫室志》引《邺中记》曰:"清都观在阊阖门上,其观两相曲屈,为阁数十间,连阙而上。观下有三门,门扇以金铜为浮沤钉,悬铎振响。天子讲武、观兵及大赦,登观临轩,其上坐容千人,下亦数百。门外御路直南,及东西两傍,有大槐柳,十步

---

[1]　见魏徵等撰:《隋书》卷二十二《五行志上》,中华书局点校本,1973 年。

一株,清荫合其上,绿水流其下。"由"观下三门",可知阊阖门有东、中、西三个门道。阊阖门外有东、西阙,两阙下有桥,贯通御路。

《隋书》卷二十五《刑法志》:"赦日,则武库令设金鸡及鼓于阊阖门外之右。勒集囚徒于阙前,挝鼓千声,释枷锁焉。"《太平御览》卷九百一十八引《三国典略》:"齐长广王湛即皇帝位于南宫,大赦改元。其日将赦,库令于殿门外建金鸡。宋孝王不识其义,问于光禄大夫司马膺之:'赦建金鸡,其义何也?'膺之曰:'案《海中星占》曰:天鸡星动,当有赦。'由是帝王以鸡为候。"

依照册封诸王礼,王被册封后,须至阊阖门伏阙表谢。《隋书》卷九《礼仪志》:

> 册诸王,以临轩日上水一刻,吏部令史乘马,赍召版,诣王第。王乘高车,卤簿至东掖门止,乘轺车。既入,至席。尚书读册讫,以授王,又授章绶。事毕,乘轺车,入卤簿,乘高车,诣阊阖门,伏阙表谢。报讫,拜庙还第。就第,则鸿胪卿持节,吏部尚书授册,侍御史授节。使者受而出,乘轺车,持节,诣王第。入就西阶,东面。王入,立于东阶,西面。使者读册,博士读版,王俛伏。兴,进受册章绶茅土,俛伏三稽首,还本位,谢如上仪。在州镇,则使者受节册,乘轺车至州,如王第。
>
> 诸王、三公、仪同、尚书令、五等开国、太妃、妃、公主恭拜册,轴一枚,长二尺,以白练衣之。用竹简十二枚,六枚与轴等,六枚长尺二寸。文出集书,书皆篆字。哀册、赠册亦同。
>
> 诸王、五等开国及乡男恭拜,以其封国所在方,取社坛方面土,包以白茅,内青箱中。函方五寸,以青涂饰,封授之,以为社。

阊阖门向北凹曲,门两旁向南延伸有短墙与东、西阙相接,"为阁数十间,连阙而上",阙上有阁,阁阁相连,接通清都观,其平面形制与朱明门相似。邺南城制度多沿袭北魏洛阳城。洛都宫城阊阖门当是邺宫阊阖门的原型。2001 年,考古工作者发掘洛宫阊阖门,其实测图及复原图[①],也能反映邺之阊阖门形制。

---

① 中国社科院考古所洛阳汉魏故城队:《河南洛阳汉魏故城北魏宫城阊阖门遗址》,《考古》2003 年第 7 期;《杨鸿勋建筑考古学论文集》(增订版),清华大学出版社,2008 年。

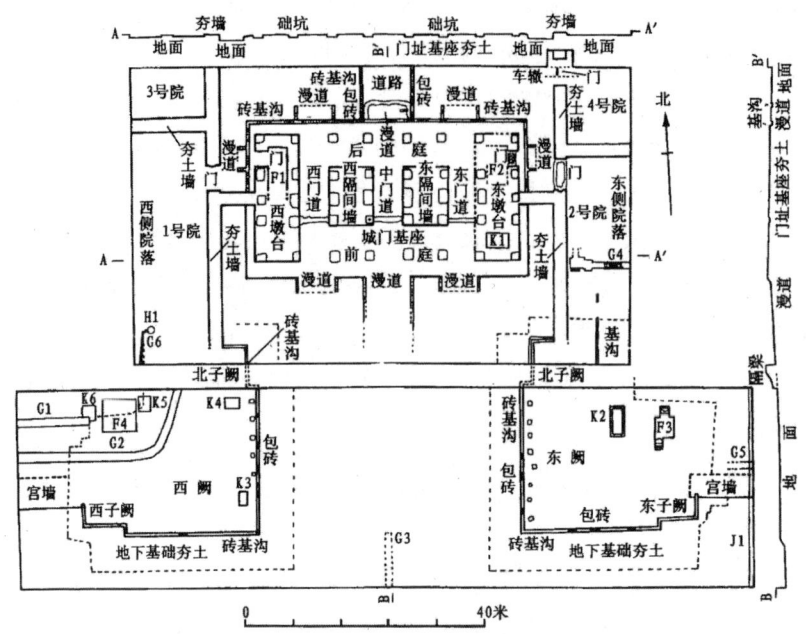

阊阖门遗址平、剖面实测图

阊阖门遗址复原图

北齐杨衒之《洛阳伽蓝记》记永宁寺，"南门楼三重，通三阁道，去地二十丈，形制似今端门"。"今端门"即东魏、北齐邺宫阊阖门。所谓"通三阁道"，应为东西二阁道。二阁道连接双阙。阊阖门有三门道，门楼三重。考古工作者复原洛阳阊阖门，设想为二层门楼，似应为三重楼。杨衒之亲眼所见永宁寺南门、北魏洛京阊阖门及东魏邺京阊阖门。《洛阳伽蓝记》的记载是可信的。邺南城朱明门、宫城阊阖门及洛京宫城阊阖门的复原,当以杨衒之的记述为重要参考。

云龙门、神虎门　　二门在端门之内、阊阖门之外东西横道两端,东为云龙门,东向;西为神虎门,西向。二门是朝臣出入宫城的主要通道。左文右武,东青龙,西白虎。《邺中记》云:"端门之内,太极殿前,东西有街,东出云龙门,西出神虎门。朝官至此门,则整肃衣冠而入。"①嘉靖《彰德府志·邺都宫室志》曰:"盖太极殿前,直端门,疑有屏垣,故于端门之内,东、西复作此二门也。"端门内并无屏垣,直北为阊阖门。东西横道在阊阖门前。依朝仪,群臣上朝,文臣由云龙门入,向西,至东阁门进入外朝庭院;武臣由神虎门入,向东,至西阁门进入。邺城遗址西北有东魏北齐墓葬群,由考古发掘,发现墓道东西墙最南端,分别绘有青龙、白虎。青龙、白虎之后是人物仪仗,仪仗之后有殿室、廊庑。壁画内容与邺宫云龙、神虎二门取意相一致。由于云龙门、神虎门为出入宫禁要地,许多事件、变故多在此发生。《北齐书》卷二十三《崔悛传附崔瞻传》:"魏孝静帝以人日登云龙门,其父悛侍宴,又敕瞻令近御坐,亦有应诏诗。"魏齐禅代,高洋逼孝静帝出云龙门,入北城,居原司马子如宅。《北齐书》卷十四《高归彦传》:乾明元年,高湛杀杨愔等,"孝昭将入云龙门,都督成休宁列仗拒而不内,归彦喻之,然后得入,进向柏阁,永巷亦如之"。《北齐书》卷四十一《鲜于世荣传》:"寻有敕令与吏部尚书袁聿修在尚书省检试举人。为乘马至云龙门外入省北门,为宪司举奏免官。"《北齐书》卷五十《恩幸·和士开传》:"赵郡王叡与娄定远等谋出士开,引诸贵人共为计策……叡等共诣云龙门,令文遥入奏之,太后不听。"孝静帝登云龙门宴会,当有门楼,门旁也似有庭院,为一组建筑。

北齐宫廷变故又多发生在神武门。武平二年(571年)七月,和士开等欲夺琅玡王高俨兵权。俨发京畿兵,伏于神虎门(神武门)外,和士开入神虎门早朝,伏兵骤起,将其携持于御史台,斩首。《北齐书》卷五十《恩幸·和士开传》:"伏连发京畿军士,帖神武、千秋门外,并私约束,不听士开入殿。其年七月二十五日旦,士开依式早参,伏连前把士开手曰:'今有一大

---

①　嘉靖《彰德府志》卷八《邺都宫室志》。

好事。'王子宜便授一函,云:'有敕令王向台。'遣兵士防送,禁于治书侍御厅事。俨遣都督冯永洛就台斩之,时年四十八。"《北齐书》卷三十八《元文遥传》:"齐因魏朝,宰县多用厮滥,至于士流耻居百里。文遥以县令为字人之切,遂请革选。于是密令搜扬贵游子弟,发敕用之。犹恐其披诉,总召集神武门,令赵郡王睿宣旨唱名,厚加慰喻。士人为县,自此始也。"神武门即神虎门,避唐讳,改虎为武。

神兽门　《北齐书》卷五十《恩幸传》:"神兽门外有朝贵憩息之所,时人号为解卸厅。诸阉或在内多日,暂放归休,所乘之马牵至神兽门阶,然后升骑,飞鞭竞走,数十为群,马尘必坌。"神兽门即神虎门,避唐讳改。门外有解卸厅,为附属建筑,亦当是一组建筑。

宴宗室礼　《隋书》卷九《礼仪志》:"后齐宴宗室礼,皇帝常服,别殿西厢东向。七庙子孙皆公服,无官者,单衣介帻,集神武门。宗室尊卑,次于殿庭。七十者二人扶拜,八十者扶而不拜。升殿就位,皇帝兴,宗室伏。皇帝坐,乃兴拜而坐。尊者南面,卑者北面,皆以西为上。八十者一坐。再至,进丝竹之乐。三爵毕,宗室避席,待诏而后复位。乃行无算爵。"

太极殿　外朝主殿,天子正会大典的地方。明嘉靖《彰德府志·邺都宫室志》引《邺中记》曰:"阊阖门之内有太极殿。"又引《邺都故事》曰:"其殿周回一百二十柱,基高九尺,以珉石砌之。门窗以金银为饰,外画古忠谏直臣,内画古贤酣兴之士。橡栿斗拱,尽以沉香木,橡端复装以金兽头,每间缀以五色朱丝网,上属飞檐以碍燕雀。阶间石面隐起'千秋万岁'字,诸奇禽异兽之形。瓦用胡桃油,光耀夺目。有外客国使诸番入朝,则殿幕垂流苏以覆之。殿上金葱台十三枚,各受一石云。"《北齐书·文宣纪》:天保元年五月戊午,高洋即位于南郊,祀天。"事毕,还宫,御太极前殿。"天保十年(559年)十二月,高洋"殡于太极前殿"。

《北齐书》卷六《孝昭纪》:"(皇建二年十月)己酉,野雉栖于前殿之庭。"同书卷七《武成纪》:"(河清四年三月)彗星见,有物陨于殿庭,如赤漆鼓带小铃,殿上石自起,两两相对。"

太极东堂　在太极殿之东。东魏武定五年(547年)正月丙午,高欢崩于晋阳,年五十二,秘不发丧。"六月壬午,魏帝于东堂发哀。"①八年(550年)正月,孝静帝为高澄举哀于邺宫东堂。《北齐书》卷三十一《王昕传附王晞传》:"(孝昭)每令晞就东堂监视太子冠服,导引趋拜。"武平二年(571年),段韶卒,"上举哀东堂"②。

太极西堂　在太极殿之西。《北齐书》卷十七《斛律金传》:"天统三年薨,年八十。世祖举哀西堂。"

太极殿及东、西二堂所构成的外朝宫殿,恰如邢劭《新宫赋》所云:"法三山而起翼室"。皇帝登基、元会、日蚀礼等仪式都是在太极殿举行的。

日蚀礼　《隋书》卷八《礼仪志》:"后齐制,日蚀,则太极殿西厢东向,东堂东厢西向,各设御座。群官公服。昼漏上水一刻,内外皆严。三门者闭中门,单门者掩之。蚀前三刻,皇帝服通天冠,即御座,直卫如常,不省事。有变,闻鼓音,则避正殿,就东堂,服白袷单衣。侍臣皆赤帻,带剑,升殿侍。诸司各于其所,赤帻,持剑,出户向日立。有司各率官属,并行宫内诸门、掖门,屯卫太社。邺令以官属围社,守四门,以朱丝绳绕系社坛三匝。太祝令陈辞责社。太史令二人,走马露版上尚书,门司疾上之。又告清都尹鸣鼓,如严鼓法。日光复,乃止,奏解严。"

皇帝加元服礼　《隋书》卷九《礼仪志》:"后齐皇帝加元服,以玉帛告圆丘方泽,以币告庙,择日临轩。中严,群官位定,皇帝着空顶介帻以出。太尉盥讫,升,脱空顶帻,以黑介帻奉加讫,太尉进太保之右,北面读祝讫,太保加冕,侍中系玄纮,脱绛纱袍,加衮服,事毕,太保上寿,群官三称万岁。皇帝入温室,移御坐,会而不上寿。后日,文武群官朝服,上礼酒十二钟,米十二囊,牛十二头。又择日,亲拜圆丘方泽,谒庙。"

正日与外朝元会　《隋书》卷九《礼仪志》:"后齐正日,侍中宣诏慰劳州郡国使。诏牍长一尺三寸,广一尺,雌黄涂饰,上写诏书三。计会日,侍中依仪劳郡国计吏,问刺史太守安不,及谷价麦苗善恶,人间疾苦。又班五条诏书于诸州郡国使人,写以诏牍一枚,长二尺五寸,广一尺三寸,亦以雌黄涂饰,上写诏书。正会日,依仪宣示使人,归以告刺史二千石。

①　《北齐书》卷二《神武本纪》下。

②　《北齐书》卷十六《段荣传附韶传》。

一曰,政在正身,在爱人,去残贼,择良吏,正决狱,平徭赋。二曰,人生在勤,勤则不匮,其劝率田桑,无或烦扰。三曰,六极之人,务加宽养,必使生有以自救,没有以自给。四曰,长吏华浮,奉客以求小誉,逐末舍本,政之所疾,宜谨察之。五曰,人事意气,干乱奉公,外内涵涌,纲纪不设,所宜纠劾。正会日,侍中黄门宣诏劳诸郡上计。劳讫付纸,遣陈土宜。字有脱误者,呼起席后立。书迹滥劣者,饮墨水一升。文理孟浪无可取者,夺容刀及席。既而本曹郎中,考其文迹才辞可取者,录牒吏部,简同流外三品叙。

“元正大飨,百官一品已下,流外九品已上预会。一品已下、正三品已上、开国公侯伯、散品公侯及特命之官、下代刺史,并升殿。从三品已下、从九品以上及奉正使人比流官者,在阶下。勋品已下端门外。”

正日元会,劳郡国计吏,问对地方情况,并发放纸笔给郡国计吏,令之陈述地方土宜。这种制度始见于秦汉,至北齐仍被沿承。

太子朝拜礼　《隋书》卷九《礼仪志》:“后齐皇太子月五朝。未明二刻,乘小舆出,为三师降。至承华门,升石山安车,三师辂车在前,三少在后,自云龙门入。皇帝御殿前,设拜席位,至柏阁,斋帅引,洗马、中庶子从。至殿前席南,北面再拜。”北齐太子宫在邺北城,此条史料所记“承华门”似为太子宫之门,所云“柏阁”似为太极殿东堂柏阁。

春夏秋冬礼　《隋书》卷九《礼仪志》:“后齐立春日,皇帝服通天冠、青介帻、青纱袍,佩苍玉,青带、青袴、青袜舄,而受朝于太极殿。尚书令等坐定,三公郎中诣席,跪读时令讫,典御酌酒卮,置郎中前,郎中拜,还席伏饮,礼成而出。立夏、季夏、立秋读令,则施御座于中楹,南向。立冬如立春,于西厢东向。各以其时之色服,仪并如春礼。”

策秀孝仪　《隋书》卷九《礼仪志》:“后齐每策秀孝,中书策秀才,集书策考贡士,考功郎中策廉良,皇帝常服,乘舆出,坐于朝堂中楹。秀孝各以班草对。其有脱误、书滥、孟浪者,起立席后,饮墨水,脱容刀。”此条史料所记北齐策秀孝仪又似在昭阳殿庭内举行。暂置于此,待考。

外朝为一庭院建筑,主殿为太极殿,两侧有东、西堂(阁),殿、堂(阁)东西横向排列。主殿居中,向北稍错,左右两堂(阁)略向南前移。殿、堂(阁)各自独立,均坐北朝南,正门南向,接庭院内三条南北通路,中间一条南边与阊阖门贯通,为御路;东、西堂(阁)前道路南越阊阖门东、西垣墙阁门与

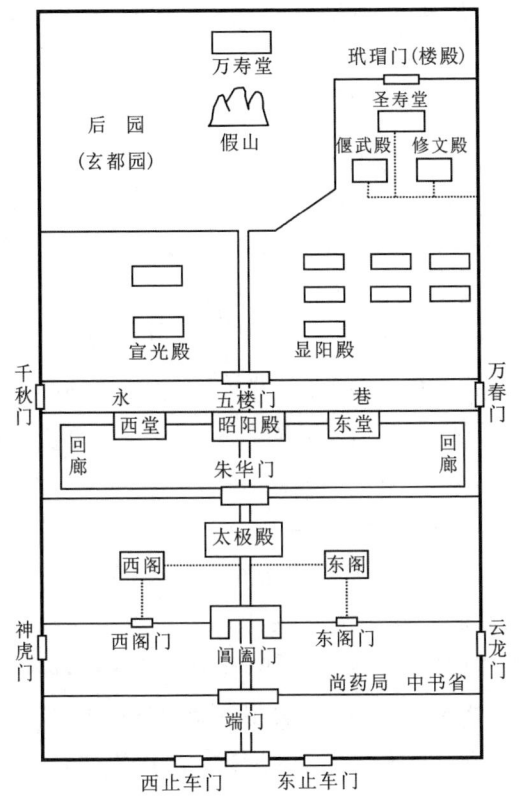

东魏北齐邺都宫城平面图

端门内东西横街相接。阊阖门内两侧,庭院内南北路两旁建有内朝官署。阊阖门平时不通行,百官上朝,文官由云龙门入,西行至阊阖门东垣墙阁门,入外朝庭院,北向东堂或太极殿;武官由神武门入,东行至阊阖门西垣墙阁门,入外朝庭院,北向西堂或太极殿。外朝庭院东西垣墙当建有廊庑。太极殿后有门,北行至朱华门,可入内朝(治朝)庭院。

朱华门　在太极殿后,为内朝正门。嘉靖《彰德府志·邺都宫室志》引《邺中记》曰:"太极殿后三十步,至朱华门,门内即昭阳殿。"又引《北史》曰:"周师逼邺,高纬与皇太后引文武一品以上,入朱华门,赐酒食及纸笔,问御周方略。"《北齐书·后主纪》:武平七年(576年)十二月,"甲子,皇太后从北道至。引文武一品已上入朱华门,赐酒食,给纸笔,问以御周之方。群臣各异议,帝莫知所从"。

昭阳殿　在朱华门内,为内朝正殿,皇帝日常理政的地方。此殿建于太宁初,由崔季舒以匠作大将监造。嘉靖《彰德府志·邺都宫室志》引《邺中记》曰:"殿东西各有长廊,廊上置楼,并安长囱,垂珠帘,通于内阁。每至朝集大会,皇帝临轩,则宫人尽登楼奏乐,百官列位,诏命仰听弦管,颁赉,侍从群臣皆称万岁。太史长史唱讫,丝竹竞发,金石和鸣。斋午之际,所司进奏讫,群臣班退。自高纬天统之末,耽淫无度,或一入内,经旬不朝,文武簪裾,虚位而散矣。"又引《邺都故事》曰:"此殿周回七十二柱,基高九尺,以文石砌之。门窗尽饰以镂金,栏楯(楯)尽以沉香木为之。外画东汉二十八将,内画孝子顺孙。梁拱间刻出奇禽异兽,或蹲或踞,或腾逐往来。椽首叩以金兽,乃悬五色珠帘,冬施蜀锦帐,夏施碧油帐。殿上有金葱台十三枚,各受七斗云。"《北齐书·陆法和传》曰:"文宣宴法和及其徒属于昭阳殿。"

崇皇太后、册皇后礼 《隋书》卷九《礼仪志》:"后齐将崇皇太后,则太尉以玉帛告圆丘方泽,以币告庙。皇帝乃临轩,命太保持节,太尉副之。设九傧,命使者受玺绶册及节,诣西上阁。其日,昭阳殿文物具陈,临轩讫,使者就位,持节及玺绶称诏。二侍中拜进,受节及册玺绶,以付小黄门。黄门以诣阁。皇太后服袆衣,处昭阳殿,公主及命妇陪列于殿,皆拜。小黄门以节绶入,女侍中受,以进皇太后。皇太后兴,受,以授左右。复坐,反节于使者。使者受节出。册皇后,如太后之礼。"

皇帝纳皇后礼 《隋书》卷九《礼仪志》:"后齐皇帝纳后之礼,纳采、问名、纳征讫,告圆丘方泽及庙,如加元服。是日,皇帝临轩,命太尉为使,司徒副之。持节诣皇后行宫,东向,奉玺绶册,以授中常侍。皇后受册于行殿。使者出,与公卿以下皆拜。有司备迎礼。太保太尉,受诏而行。主人公服,迎拜于门。使者入,升自宾阶,东面。主人升自阼阶,西面。礼物陈于庭。设席于两楹间,童子以玺书版升,主人跪受。送使者,拜于大门之外。有司先于昭阳殿两楹间供帐,为同牢之具。皇后服大严绣衣,带绶佩,加幭。女长御引出,升画轮四望车。女侍中负玺陪乘。卤簿如大驾。皇帝服衮冕出,升御坐。皇后入门,大卤簿住门外,小卤簿入。到东上合,施步鄣,降车,席道以入昭阳殿。前至席位,姆去幭,皇后先拜后起,皇帝后拜先起。帝升自西阶,诣同牢坐,与皇后俱坐。各三饭讫,又各酳二爵一卺。奏礼毕,皇后兴,南面立。皇帝御太极殿,王公已下拜,皇帝兴,入。明日,后展衣,于昭阳殿拜表谢。又明日,以榛栗枣修,见皇太后于昭阳殿。择日,群官上礼。又择日,谒庙。皇帝使太尉,先以太牢告,而后遍见群庙。"

元日中宫朝会礼　《隋书》卷九《礼仪志》:"后齐元日,中宫朝会,陈乐,皇后袆衣乘舆,以出于昭阳殿。坐定,内外命妇拜,皇后兴,妃主皆跪。皇后坐,妃主皆起,长公主一人,前跪拜贺。礼毕,皇后入室,乃移幄坐于西厢。皇后改服褕狄以出。坐定,公主一人上寿讫,就坐。御酒食,赐爵,并如外朝会。"

高演、高湛宫廷政变曾发生在昭阳殿。《北齐书》卷六《孝昭纪》:"乾明元年,从废帝赴邺,居于领军府。时杨愔、燕子献、可朱浑天和、宋钦道、郑子默等以帝威望既重,内惧权逼,请以帝为太师、司州牧、录尚书事。长广王湛为大司马、录并省尚书事,解京畿大都督。帝时以尊亲而见猜斥,乃与长广王期猎,谋之于野。三月甲戌,帝初上省,旦发领军府,大风暴起,坏所御车幰,帝甚恶之。及至省,朝士咸集。坐定,酒数行,执尚书令杨愔、右仆射燕子献、领军可朱浑天和、侍中宋钦道等于坐。帝戎服与平原王段韶、平秦王高归彦、领军刘洪徽入自云龙门,于中书省前遇散骑常侍郑子默,又执之,同斩于御府之内。帝至东阁门,都督成休宁抽刃呵帝。帝令高归彦喻之,休宁厉声大呼不从。归彦既为领军,素为兵士所服,悉皆弛仗,休宁叹息而罢。帝入至昭阳殿,幼主、太皇太后、皇太后并出临御坐。帝奏愔等罪,求伏专擅之辜。时庭中及两廊下卫士二千余人皆被甲待诏,武卫娥永乐武力绝伦,又被文宣重遇,抚刃思效。废帝性吃讷,兼仓卒不知所言。太皇太后又为皇太后誓,言帝无异志,唯去逼而已。高归彦敕劳卫士解严,永乐乃内刀而泣。帝乃令归彦引侍卫之士向华林园,以京畿军入守门阁,斩娥永乐于园。诏以帝为大丞相、都督中外诸军、录尚书事,相府佐史进位一等。"

关于高演、高湛宫廷政变,《北齐书》卷三十四《杨愔传》记之较详,其中也多载及宫殿、门户等。曰:愔等欲削常山王高演、长广王高湛兵权,"奏以长广王为大司马、并州刺史,常山王为太师、录尚书事。及二王拜职,于尚书省大会百僚,愔等并将同赴。子默止之,云:'事不可量,不可轻脱。'愔云:'吾等至诚体国,岂有常山拜职,有不赴之理,何为忽有此虑?'长广且伏家僮数十人于录尚书后室,仍与席上勋贵数人相知。并与诸勋胄约,行酒至愔等,我各劝双杯,彼必致辞。我一曰'捉酒',二曰'捉酒',三曰'何不捉'，尔辈即捉。及宴如之。愔大言曰：'诸王构逆，欲杀忠良邪？尊天子，削诸侯，赤心奉国，未应及此。'常山王欲缓之，长广王曰：'不可。'于是愔及天和、钦道皆被拳杖乱殴击，头面血流，各十人持之。使薛孤延、康买执子默于尚药局。子默曰：'不用智者言，以至于此，岂非命也！'二叔率高归彦、贺拔仁、斛律金拥愔等唐突入云龙门。见都督叱利骚，招之不进，使骑杀之。开府成休宁拒门，归彦喻之，乃得入。送愔等于御前。长广王及归彦在朱华门外。太皇太后临昭阳殿，太后及帝侧立。常山王以砖叩头，进而言曰：'臣与陛下骨肉相连。杨遵彦等欲擅朝权，威福自己，王公以还，皆重足屏气。共相唇齿，以成乱阶，若不早图，必为宗社之害。臣与湛等为国事重，贺拔仁、斛律金等惜献皇帝基业，共执遵彦等领入宫，未敢刑戮，专辄之失，罪合万死。'帝时默然，领军刘桃枝之徒陛卫，叩刀仰视，帝不睨之，太皇太后令却仗，不肯。又厉声：'奴辈即今头落。'乃却。因问杨郎何在，贺拔仁曰：'一目已出。'太皇太后怆然曰：'杨郎何所能，留使不好耶！'乃让帝曰：'此等怀逆，欲杀我二儿，次及我，尔何纵之？'帝犹不能言。太皇太后怒且悲，王公皆泣。太皇太后曰：'岂可使我母子受汉老妪斟酌。'太后拜谢。常山王叩头不止。太皇太后谓帝：'何不安尉（慰）尔叔？'帝乃曰：'天子亦不敢与叔惜，岂敢惜此汉辈？但愿乞儿性命，儿自下殿去，此等任叔父处分。'遂皆斩之。"

　　这场政变之后，高演废高殷，即皇帝位。由此宫变亦能推测到某些官署殿阁的大致方位。领军府在北城，高演上省，且发于此，入南城，沿宫城东，至宫阙南之尚书省，执杨愔等。又与殷韶等自尚书省奔赴宫禁，自云龙门入，至中书省前尚药局执郑子默，于外朝斩杨愔等。然后由东阁门进入外朝庭院，过东阁向北，再向西至太极殿后，北入朱华门，至内朝昭阳殿。昭阳殿为一庭院结构，两边建有廊庑，庭院能容两千多人。高湛等守在朱华门外，内、外朝尽被京畿军控制。高归彦解除了宫廷禁卫军，并将禁卫军引领到城外的华林园解散、改编，用京畿军取代禁卫军，占据宫城及华林园。

　　《北齐书》卷二十一《封隆之传附子绘传》："高归彦作逆，召子绘入见昭阳殿。"

　　《北齐书》卷八《后主纪》："（天统四年）夏四月辛未，邺宫昭阳殿灾，及宣光、瑶华等殿。"《隋书》卷二十二《五行志上》："（天统）四年，昭阳、宣光、瑶华三殿灾,延烧龙舟。"

东阁　在昭阳殿东。

西阁　在昭阳殿西。

含光殿、凉风殿　嘉靖《彰德府志·邺都宫室志》引《邺中记》曰:"昭阳殿东有长廊,通东阁,阁内有含光殿。西有长廊,通西阁,阁内有凉风殿。内外通廊往还,流水珍木,香草布护阶庭。此则刘桃枝绞杀咸阳王斛律明月处也。"《北齐书》卷三十一《王昕附王晞传》:"(乾明元年八月)敕尚书阳休之、鸿胪卿崔劼等三人,每日本职务罢,并入东廊,共举录历代废礼坠乐、职司废置、朝飨异同、舆服增损。"

《北齐书》卷十一《广宁王孝珩传》曰:"后主自晋州败奔邺,诏王公议于含光殿。"

《北齐书》卷十二《琅邪王俨传》:"俨恒在宫中,坐含光殿以视事,诸父皆拜焉。"

凉风殿又称凉风堂。《北齐书·文宣纪》:天保元年(550年)九月庚午,"皇太子(高殷)入居凉风堂,监总国事"。天保七年"二月辛末,诏常山王演等于凉风堂读尚书奏按,论定得失,帝亲决之"。

《北齐书》卷四十《冯子琮传》:武成崩,和士开秘不发表,"恐王公有二心,意欲普追集凉风堂,然后与公详议"。

武平三年七月,祖珽与后主谋杀斛律光,诈称同往东山游观,召光至,"引入凉风堂,刘桃枝自后拉而杀之"[1]。

《北齐书》卷十七《斛律金传附光传》:

> 周将军韦孝宽忌光英勇,乃作谣言,令间谍漏其文于邺,曰:"百升飞上天,明月照长安",又曰:"高山不推自崩,槲树不扶自竖。"祖珽因续之曰:"盲眼老公背上下大斧,饶舌老母不得语。"令小儿歌之于路。提婆闻之,以告其母令萱。萱以饶舌,斥己也,盲老公,谓珽也,遂相与协谋,以谣言启帝曰:"斛律累世大将,明月声震关西,丰乐威行突厥,女为皇后,男尚公主,谣言甚可畏也。"帝以问韩长鸾,鸾以为不可,事寝。祖珽又见帝请间,唯何洪珍在侧。帝曰:"前得公启,即欲施行,长鸾以为无此理。"珽未对,洪珍进曰:"若本无意则可,既有此意而不决

---

① 《北齐书》卷十七《斛律金传附子光传》。

行,万一泄露如何?"帝曰:"洪珍言是也。"犹豫未决。会丞相府佐封士让密启云:"光前西讨还,敕令放兵散,光令军逼帝京,将行不轨,事不果而止。家藏弩甲,奴僮千数,每遣使丰乐、武都处,阴谋往来。若不早图,恐事不可测。"启云"军逼帝京",会帝前所疑意,谓何洪珍云:"人心亦大圣,我前疑其欲反,果然。"帝性至怯懦,恐即变发,令洪珍驰召祖珽告之。又恐追光不从命。珽因云:"正尔召之,恐疑不肯入。宜遣使赐其一骏马,语云'明日将往东山游观,王可乘此马同行',光必来奉谢,因引入执之。"帝如其言。顷之,光至,引入凉风堂,刘桃枝自后拉而杀之,时年五十八……周武帝闻光死,大喜,赦起境内。后入邺,追赠上柱国、崇国公。指诏书曰:"此人若在,朕岂能至邺。"

《周书》卷三十一《韦孝宽传》:

孝宽参军曲岩,颇知卜筮,谓孝宽曰:"来年,东朝必大相杀戮。"孝宽因令岩作谣歌曰:"百升飞上天,明月照长安。"百升,斛也。又言:"高山不摧自崩,槲树不扶自竖。"令谍人多赍此文,遗之于邺,祖孝徵既闻,更润色之,明月竟以此诛。

《北齐书》卷八《后主纪》:

(武平三年)秋七月戊辰,诛左丞相、咸阳王斛律光及其弟幽州行台、荆山公丰乐。

永巷 在昭阳殿后,汉代称为路寝。相当于明清北京故宫保和殿后至乾清门之间的广场。嘉靖《彰德府志·邺都宫室志》引《邺中记》曰:"昭阳殿后有永巷。"天统五年(569年)二月,北齐赵郡王高叡与和士开争权,和士开遣士兵于邺城永巷执叡。武平二年(571年)九月,高纬遣刘桃枝于邺宫永巷执高俨。永巷在昭阳殿后,东西向,东出万春门,西出千秋门。南北将前朝与后宫隔开。

千秋门 高欢卒后,高澄专擅朝政,多凌侮孝静帝。静帝不堪其辱,与元瑾等谋诛澄,诈于宫中作土山,开地道向北城,至千秋门,守门侍卫觉地下有声,以告澄,澄勒兵入宫,幽静帝于含章堂。北齐武平二年(571年),高俨在邺发动政变,杀大臣和士开,又率京畿军士三千人屯千秋门。承光元年(577年)正月,司徒莫多娄敬显、领军大将军尉相愿设伏兵千秋门,谋斩阿那肱。《北齐书》卷十一《广宁王孝珩传》："与呼延族、莫多娄敬显、尉相愿同谋，期正月五日，孝珩于千秋门斩高阿那肱，相愿在内以禁兵应之，族与敬显自游豫园勒兵出，既而阿那肱从别宅取便路入宫，事不果。"千秋门西向，门内向东为永巷，为永巷西端之宫门，是进入南城宫禁之重要门户。

《北齐书》卷十二《琅邪王俨传》：高俨杀和士开，"遂率京畿军士三千余人屯千秋门。帝使刘桃枝将禁兵八十人召俨。桃枝遥拜，俨命反缚，将斩之，禁兵散走。帝又使冯子琮召俨，俨辞曰：'士开昔来实合万死，谋废至尊，剃家家头使作阿尼，故拥兵马欲坐着孙凤珍宅上，臣为是矫诏诛之。尊兄若欲杀臣，不敢逃罪，若放臣，愿遣姊姊来迎臣，臣即入见。'姊姊即陆令萱也，俨欲诱出杀之。令萱执刀帝后，闻之战栗。又使韩长鸾召俨，俨将入，刘辟疆牵衣谏曰：'若不斩提婆母子，殿下无由得入。'广宁、安德二王适从西来，欲助成其事，曰：'何不入？'辟疆曰：'人少。'安德王顾众而言曰：'孝昭帝杀杨遵彦，止八十人，今乃数千，何言人少？'后主泣启太后曰：'有缘更见家家，无缘永别。'乃急召斛律光，俨亦召之。光闻杀士开，抚掌大笑曰：'龙子作事，固自不似凡人。'入见后主于永巷。帝率宿卫者步骑四百，授甲将出战。光曰：'小儿辈弄兵，与交手即乱。鄙谚云"奴见大家心死"，至尊宜自至千秋门，琅邪必不敢动。'皮景和亦以为然，后主从之。光步道，使人出曰：'大家来。'俨徒骇散。帝驻马桥上，遥呼之，俨犹立不进。光就谓曰：'天子弟杀一汉，何所苦。'执其手，强引以前。请帝曰：'琅邪王年少，肠肥脑满，轻为举措，长大自不复然，愿宽其罪。'帝拔俨带刀环乱筑辫头，良久乃释之。收伏连及高舍洛、王子宜、刘辟疆、都督翟显贵于后园，帝亲射之而后斩，皆支解，暴之都街下"。

万春门　《北齐书》卷三十《高德政传》：（武定八年五月）八日，杨愔书中旨，以魏襄城王旭并司空公潘相乐、侍中张亮、黄门赵彦深入通奏事。魏孝静在昭阳殿，引见。旭云："五行递运，有始有终，齐王圣德钦明，万方归仰，臣等昧死闻奏，愿陛下则尧禅舜。"魏帝便敛容曰："此事推挹已久，谨当逊避。"又道："若尔，须作诏。"中书侍郎崔劼奏云："诏已作讫。"即付杨愔进于魏静帝。凡有十馀条，悉书。魏静云："安置朕何所，复若为去？"杨愔对："在北城别有馆宇，还备法驾，依常仗卫而去。"魏静帝于是下御坐，就东廊，口咏范蔚宗《后汉书赞》云："献生不辰，身播国屯，终我四百，永作虞宾。"所司寻奏请发。魏静帝曰："人念遗簪弊屦，欲与六宫别，可乎？"乃入与夫人嫔御以下诀别，莫不歔欷掩涕。嫔赵国李氏口诵陈思王诗云："王其爱玉体，俱享黄发期。"魏静帝登车出万春门，直长赵道德在车中陪侍，百官在门外拜辞。遂入北城下司马子如南宅。

按：孝静帝在昭阳殿见逼，接受禅让建议，下御坐，就东廊，又与六宫诀别，然后乘车出万春门，入北城，住司马子如南宅。《北齐书·高洋纪》云魏静帝出云龙门，此云出万春门。据史书推断，万春门在千秋门东，两门在一条直线上，中间有东西向的永巷相连。万春门为宫中永巷东端一门，东向；千秋门为永巷西端一门，西向。孝静帝出云龙门，向北，至万春门，接受百官拜辞，登车入北城。

《北齐书》卷三十九《祖珽传》："后主亦令中要数人扶侍出入，着纱帽直至永巷，出万春门向圣寿堂，每同御榻论决政事，委任之重，群臣莫比。"其路线应由昭阳殿北出，至永巷向东，出万春门向北，至圣寿堂。圣寿堂在后宫东北部，宫城东墙当有门。

邺南城宫城阊阖门前横街两端云龙门、神虎门，与昭阳殿后永巷两端之千秋门、万春门，四门犹如车之四轮，如天车，载前朝。这样的意识与规制，一直影响至明清北京故宫。

五楼门　在永巷北，相当于明清故宫乾清门。嘉靖《彰德府志·邺都宫室志》引《邺中记》曰："昭阳殿后有永巷，巷北有五楼门，门内则帝后宫，嫔御所居处也。"

显阳殿　后宫左院主殿。《北齐书》卷二十四《杜弼传》："(武定)六年四月八日，魏帝集名僧于显阳殿讲说佛理，弼与吏部尚书杨愔、中书令邢劭，秘书监魏收等并侍法筵。敕弼升师子座，当众敷演。昭玄都僧达及僧道顺，并缁林之英，问难锋至，往复数十番。莫有能屈。帝曰：'此贤若生孔门，则何如也。'"《魏书》卷二十九《李浑传附李绘传》："魏静帝于显阳殿讲《孝经》、《礼记》，绘与从弟骞、裴伯茂、魏收、卢元明等俱为录议。素长笔札，尤能传受，缉缀词议，简举可观。"《北齐书》卷三十《崔昂传》："武定六年甘露降于宫阙，文武官僚同贺显阳殿。"《北齐书》卷四《文宣纪》：天保二年七月"己卯，改显阳殿为昭阳殿"。嘉靖《彰德府志·邺都宫室志》引《邺中记》曰："(永)巷北有五楼门。门内则帝后宫，有左右院，左院有殿，名显阳；右院有殿，名宣光。"又云："《北史》曰：'天保二年，改显阳，还为昭阳。'或曰此昭阳后殿也，后移显阳名之尔。"考之文献，并无昭阳后殿之记载，很有可能昭阳殿一度改名显阳，天保二年又改称昭阳。东魏、北齐内朝正殿曰昭阳；后赵石虎内朝正殿曰显阳。也许文献记载有所混淆。

宣光殿　后宫右院主殿。《北齐书》卷三十《崔暹传》："群臣宴于宣光殿，贵戚之子多在焉。"

建始、嘉福、仁寿三殿　嘉靖《彰德府志·邺都宫室志》曰："二殿，天保二年十月，与宣光殿同建。"所言二殿应为三殿，"与宣光殿同建"，似应在宣光殿附近。《北齐书》卷四《文宣纪》：天保二年冬十月戊申，起宣光、建始、嘉福、仁寿诸殿。

镜殿、宝殿、玳瑁殿　《北史》、《北齐书》后主纪云：高纬起此三殿于后宫嫔嫱诸院中，丹青雕刻，妙极当时。

修文殿、偃武殿　嘉靖《彰德府志·邺都宫室志》引《邺都故事》曰："齐武成帝高湛，河清中，以后宫嫔妃稍多，椒房既少，遂拓破东宫，更造修文、偃武二殿及圣寿堂，装饰用玉珂八百，大小镜万枚。又以曲镜抱柱，门窗并用七宝装饰，每至玄云夜兴，晦魄藏耀，光明犹分数十步。"又云："《北史》言高纬增益宫苑，造修文、偃武台，丹青雕刻，妙极当时。疑在此二殿之后筑之，故因以名焉。或曰即二殿也。"《北齐书·后主纪》：高纬奢丽无限，"乃更增益宫苑，造偃武、修文台，其嫔嫱诸宫中起镜殿、宝殿、瑎（玳）瑁殿，丹青雕刻，妙极当时"。

修文、偃武二殿之建造或曰在天统。《隋书》卷二十四《食货志》："至天统中，又毁东宫，造修文、偃武、隆基嫔嫱诸院，起玳瑁楼。又于游豫园穿池，周以列馆，中起三山，构台，以象沧海，并大修佛寺，劳役巨万计。"

祖珽主持编纂《修文殿御览》，并撰有《呈〈修文殿御览〉表》，曰：

　　昔魏文帝命韦诞诸人撰著《皇览》，包括群言，区分义别。陛下听览余日，卷言缃素，究兰台之籍，穷策府之文。以为观书贵博，博而贵要，省日兼功，期于易简。前者，修文殿令臣等讨寻旧典，撰录斯书，谨罄庸短，登即编次，放（仿）天地之数，为五十五部，象乾坤之策，成三百六十卷。昔汉世诸儒，集论经传，奏之白虎阁，因名《白虎通》，窃缘斯义，仍曰《修文殿御览》。今缮写已毕，并目上呈，伏愿天鉴，赐垂裁览。①

《太平御览》卷六百一引《三国典略》曰："初,齐武成令宋士素录古来帝王言行要事三卷,名为《御览》,置于齐主巾箱。阳休之创意取《芳林遍略》,加《十六国春秋》、《六经拾遗录》、《魏史》等书,以士素所撰之名称为《玄洲苑御览》,后改为《圣寿堂御览》。至是,斑又改为《修文殿》上之。徐之才谓人曰:'此可谓床上之床,屋下之屋也。'"

《北齐书》卷四十五《文苑传》:"斑又奏撰《御览》,诏斑及特进魏收、太子太师徐之才、中书令崔劼、散骑常侍张雕、中书监阳休之监撰。斑等奏追通直散骑侍郎韦道逊、陆乂、太子舍人王劭、卫尉丞李孝基、殿中侍御史魏澹、中散大夫刘仲威、袁奭、国子博士朱才、奉车都尉眭道闲、考功郎中崔子枢、左外兵郎薛道衡、并省主客郎中卢思道、司空东阁祭酒崔德、太学博士诸葛汉、奉朝请郑公超、殿中侍御史郑子信等入馆撰书,并敕放、憩之推等同入撰例。复令散骑常侍封孝琰、前乐陵太守郑元礼、卫尉少卿杜台卿、通直散骑常侍王训、前南兖州长史羊肃、通直散骑常侍马元熙、并省三公郎中刘珉、开府行参军李师上、温君悠入馆,亦令撰书。复命特进崔季舒、前仁州刺史刘逖、散骑常侍李孝贞、中书侍郎李德林续入待诏。寻又诏诸人各举所知,又有前济州长史李寿、前广武太守魏骞、前西兖州司马萧溉、前幽州长史陆仁惠、郑州司马江旰、前通直散骑侍郎辛德源、陆开明、通直郎封孝謇、太尉掾张德冲、并省右民郎高行恭、司徒户曹参军古道子、前司空功曹参军刘颙、获嘉令崔德儒、给事中李元楷、晋州治中阳师孝、太尉中兵参军刘儒行、司空祭酒阳辟疆、司空士曹参军卢公顺、司徒中兵参军周子深、开府参军王友伯、崔君洽、魏师謇并入馆待诏,又敕右仆射段孝言亦入焉。《御览》成后,所撰录人亦有不时待诏,付所司处分者。凡此诸人,亦有文学肤浅,附会亲识,妄相推荐者十三四焉。虽然,当时操笔之徒,搜求略尽。其外如广平宋孝王、信都刘善经辈三数人,论其才性,入馆诸贤亦十三四不逮之也。待诏文林,亦是一时盛事,故存录其姓名。"颜之推曾掌知馆事。《北齐书》卷四十五《文苑·颜之推传》:"之推聪颖机悟,博识有才辩,工尺牍,应对闲明,大为祖斑所重,令掌知馆事,判署文书。"

南宋时,《修文殿御览》似有残卷存世。周密《齐东野语》卷十"绢纸"条

---

①　《太平御览》卷六百一引《三国典略》。

曰:"隋《修文殿御览》,载晋人藏书数,有白绢草书、白绢行书、白锻绢楷书之目。"将北齐书误为隋时书,所阅似是残卷。周密家世三代积累,冥搜极讨,有书四万二千余卷,当包括《修文殿御览》残卷。

清光绪三十四年(1908 年),法国汉学家伯希和从敦煌石室中发现唐人抄本类书残卷,存 259 行。罗振玉审定为《修文殿御览残卷》,见《鸣沙石室古佚书》影印唐写残卷本。而洪业考证为南朝梁所撰《华林遍略》,见洪业撰《所谓修文殿御览者》,《燕京学报》1932 年第 12 期。《华林遍略》失传较早,《修文殿御览》多抄《华林遍略》,在唐宋时有多种抄本传世。敦煌石室唐写本残卷为《修文殿御览》的可能性较大。

圣寿堂　嘉靖《彰德府志·邺都宫室志》引《邺中记》曰:"在修文、偃武殿后,其堂亦用玉珂八百具,大小镜二万枚,又为曲镜抱柱,丁香末以涂壁,胡桃油以涂瓦,四面垂金铃万余枚,每微风至,则方圆十里间响声皆彻。两厢廊下悉有洞户寝台,画古贤烈女。"崔铣云:"盖此堂装饰与二殿大同小异耳。"武平三年(572 年)二月,北齐撰《玄洲苑御览》,后改名《圣寿堂御览》。八月,《圣寿堂御览》撰成,敕付史阁,后又改名《修文殿御览》。圣寿堂应在邺后宫的东北部。《御览》名称的变化似可反映后主高纬活动场所的变化。

玳瑁楼　嘉靖《彰德府志·邺都宫室志》引《邺中记》曰:"圣寿堂北置门,门上有玳瑁楼,纯用金银装饰,悬五色珠帘,白玉钩带,内有瑜石床数合,用相思子玳瑁为龟甲文,铺以十色锦绣褥也。"

修文殿、偃武殿、圣寿堂、玳瑁楼(殿)为邺南城后宫东北部一组宫殿建筑,文献记载或曰武成帝高湛河清年间建,或曰后主高纬天统年间建。综合分析,以天统年间建筑较确。这一组建筑似分三院,修文、偃武在前,且东西并排,修文在东,偃武在西,各自为院,中间有一南北巷路相隔,巷路北直圣寿堂。圣寿堂在修文、偃武之后,单独为一院,此院主建筑为圣寿堂,堂北有门,似为阁的建筑形式,阁上有楼殿,即玳瑁楼(殿)。由阁门向北、向西则为后园。这样,后宫由九院扩展为十二院。修文、偃武、圣寿堂虽在后宫,然其出入门道向东,由东宫墙开门。所以考古工作者在探查宫墙时,发现宫城东墙北段破坏严重。

隆基堂　《北齐书·后妃传》:"后主为曹昭仪别起隆基堂,极为绮丽。"

万寿堂　在后宫后园,是后园唯一较大规模的建筑。万寿堂前有假山。《北齐书》卷七《武成纪》："(河清四年三月)有神见于后园万寿堂前山穴中,其体壮大,不辨其面,两齿绝白,长出于唇,帝直宿嫔御已下七百人咸见焉。"

后园　嘉靖《彰德府志·邺都宫室志》引《邺中记》曰:"宫北有后园。"后园南接后宫建筑群,北临北城南垣,后园与城垣之间当有东西街相隔,后园北墙当有宫门,向北穿过横街,入北城。后园又称内后园。《北齐书》卷四《文宣纪》:天保元年七月辛亥,诏"魏御府所有珍奇杂彩常所不给人者,徒为蓄积,命宜悉出,送内后园,以供七日宴赐"。

《北齐书》卷十二《南阳王绰传》:"(后主)使宠胡何猥萨后园与绰相扑,搚杀之。"

《北齐书》卷三十九《祖珽传》:"(武成)帝于后园使珽弹琵琶,和士开胡舞。"

《隋书·五行志下》:"后齐孝昭帝,即位之后,有雉飞上御座。占同中大同元年。又有鸟止于后园,其色赤,形似鸭而有九头。其年帝崩。"《太平御览》卷九百二十七引《三国典略》:"齐后园有九头鸟见,色赤,似鸭,而九头皆鸣。"

玄都苑、凉风堂、后园　《北齐书》卷十二《乐陵王高百年传》:"(高百年)见帝于玄都苑凉风堂,(武成)使百年书'敕'字,验与德胄所奏相似,遣左右乱捶击之,又令人拽百年绕堂,且走且打,所过处血皆遍地……斩之……于后园亲看埋之。"昭阳殿西阁有凉风堂,此条史料又曰"玄都苑凉风堂",莫非邺宫有两处凉风堂? 史料歧异,颇费解。玄都苑即邺宫城后园。帝王出行,前朱雀,后玄武,左青龙,右白虎。邺宫城后园即玄武苑,南与朱明门相对,宫城东西又有云龙门、神武门左右相对称。

后宫　《隋书》卷二十二《五行志》中:"后主好令宫人以白越布折额,状如髽帼;又为白盖。此二者,丧祸之服也。"

南宫　《北齐书》卷六《孝昭纪》:"(高演)性至孝,太后不豫,出居南宫,帝行不正履,容色贬悴,衣不解带,殆将四旬。殿去南宫五百余步,鸡鸣而去,辰时方还,来去徒行,不乘舆辇。"此事似在高演未称帝前,所谓殿,即其居处,似在北城东南隅,距南宫五百余步。南宫即南城宫禁,太后娄氏平时居北城北宫,因患病,出居南宫。南宫有尚药局,当是便于医治,故出居南宫。

《北齐书》卷七《武成纪》："大宁元年冬十一月癸丑,皇帝即位于南宫。"

南城殿堂还有见诸史书,但其方位不详者,兹一一列出,并推证其大概:

瑶华诸殿　《北齐书》卷八《后主纪》:天统四年夏四月辛未,昭阳殿灾,焚及宣光、瑶华诸殿。嘉靖《彰德府志·邺都宫室志》曰:"昭阳殿焚,及宣光、瑶华等殿,则瑶华殿当在后宫,近宣光殿矣。然曰等殿者,岂非建始、嘉福、仁寿之谓耶。"邺地夏四月多南风,气候干燥,由天气变化特征推测,所及宣光、瑶华诸殿,均应在昭阳殿之北。

九龙殿、西廊　《北齐书》卷二十四《杜弼传》:魏帝见于九龙殿,问庄子之学。《北齐书》卷八《后主纪》:天统三年春正月,"邺宫九龙殿灾,延烧西廊"。《隋书》卷二十二《五行志上》:"后齐后主天统三年,九龙殿灾,延烧西廊。"盖九龙殿庭前有东、西廊。

含章堂　高澄幽东魏孝静帝于含章堂。含章堂应在南宫内。含章堂又称含章殿,北齐武平四年(573年),南朝陈军围寿春,后主高纬欲避晋阳,崔季舒等上表谏。韩长鸾诬季舒等反,高纬"即召已署表官人集含章殿,以季舒、张雕、刘逖、封孝琰、裴泽、郭遵等为首,并斩之殿庭,长鸾令弃其尸于漳水"[1]。

流杯堂　嘉靖《彰德府志·邺都宫室志》引《邺中记》曰:"(流杯)此堂亦以珉石为柱础,青石为基,白石为地基,余奢饰尤盛。盖橡头皆安八出金莲花,柱北又有金莲花十枝,银钩挂网,以御鸟雀焉。"

喜音堂　嘉靖《彰德府志·邺都宫室志》引《邺中记》:"(喜音堂)在流杯堂后,装饰皆相似。"

乾寿堂　《北齐书》卷七《武成纪》:"天统四年(568年)十二月辛未,太上皇帝崩于邺宫乾寿堂,时年三十二,谥曰武成皇帝。"

大明宫　《北齐书》卷四十《冯子琮传》:监修大明宫,北连天阙。北齐武平二年(571年)九月,高纬遣刘桃枝于邺宫永巷执高俨,押之大明宫,拉杀。《隋书》卷二十二《五行志上》:"后主天统二年春,旱。是时大发卒,起大明宫。"

昭信宫　北齐皇建元年(560年),以文宣皇后李祖娥所居宫曰昭信。

---

[1]　《北齐书》卷三十九《崔季舒传》。

昭信宫似在南城后宫。

顺成宫　孝昭帝高演崩后,皇后元氏降居顺成宫,当在南城后宫。

宣则宫　《北齐书》卷十二《琅邪王俨传》:"俨妃,李祖钦女也,进为楚帝后,居宣则宫。"

麟趾阁　东魏兴和三年(541年)九月,元善见诏群官于麟趾阁议定法制,谓之《麟趾格》。北齐天保元年(550年)八月甲午,高洋颁降《更定麟趾格诏》,曰:"魏世议定麟趾格,遂为通制,官司施用,犹未尽善,可令群官,更加论究,适治之方,先尽要切,引纲理目,必使无遗。"①《隋书》卷三十三《经籍志》:"后齐武成帝时,又于麟趾殿删正刑典,谓之《麟趾格》。"麟趾阁当在邺宫东南部,似在东堂附近。

华光殿　《北齐书》卷四十四《儒林·张雕传》:"入授经书,帝甚重之,以为侍读,与张景仁并被尊礼,同入华光殿,共读《春秋》。加国子祭酒,假仪同三司,待诏文林馆。"

北齐邺宫舆辂　邺宫舆辂多魏旧物,齐亡入周。《隋书》卷十《礼仪志》:"及平齐,得其舆辂,藏于中府,尽不施用。至大象初,遣郑译阅视武库,得魏旧物,取尤异者,并加雕饰,分给六宫。有乾象辇,羽葆圆盖,画日月五星、二十八宿、天街云罕、山林奇怪及游麟飞凤、朱雀玄武、驺虞青龙,驾二十四马,以给天中皇后,助祭则乘。又有大楼辇车,龙辀十二,加以玉饰,四毂六衡,方舆圆盖,金鸡树羽,宝铎旒苏,鸾雀立衡,六螭龙衔轭,建太常,画升龙日月,驾二十牛。又有象辇,左右金凤,白鹿仙人,羽葆旒苏,金铃玉佩,初驾二象,后以六驼代之。并有游观小楼等辇,驾十五马,车等合十余乘,皆魏天兴中之所制也。"乾象辇羽盖画象,内容题材与河北磁县刘庄北齐大墓墓道壁画甚相似。

文林馆　北齐武平四年(573年)二月丙午置,《北齐书》卷八《后主纪》:"(高纬)幼而令善,及长,颇学缀文,置文林馆,引诸文士焉。"以中书侍郎博陵李德林、黄门侍郎琅玡颜之推同判馆事。文林馆置学士,掌著作,在《圣寿堂御览》基础上改撰的《修文殿御览》,即由文林馆学士完成。《北齐书》卷二十一《封隆之传附孝琰传》:"祖珽辅政,又奏令入文林馆,撰《御览》。"《北齐书》卷二十三《魏兰根传附魏澹传》:"武平初,殿中御史,迁中书

---

① 《北齐书》卷四《文宣纪》。

舍人,待诏文林馆。"《北齐书》卷二十三《崔㥄传附崔仲文传》:"参定五礼,待诏文林馆。"《北齐书》卷四十五《文苑传》:"(武平)三年,祖珽奏立文林馆,于是更召引文学士,谓之待诏文林馆焉。"馆之置在四年二月,祖珽建议在三年。《隋书》卷三十五《经籍志》四著录:"《文林馆诗府》八卷。后齐文林馆作。"文林馆当在邺宫东部,或距修文殿不远。

文林馆是聚集才士的地处,《北齐书》卷四十五《文苑传》还曾述及邺京人才济济的情况。曰:"有齐自霸图云启,广延髦俊,开四门以纳之,举八纮以掩之,邺京之下,烟霏雾集,河间邢子才、巨鹿魏伯起、范阳卢元明、巨鹿魏季景、清河崔长孺、河间邢子明、范阳祖孝征、乐安孙彦举、中山杜辅玄、北平阳子烈并其流也。复有范阳祖鸿勋亦参文士之列。天保中,李愔、陆邛、崔瞻、陆元规并在中书,参掌纶诰。其李广、樊逊、李德林、卢询祖、卢思道始以文章著名。皇建之朝,常侍王晞独擅其美。河清、天统之辰,杜台卿、刘逖、魏骞亦参知诏敕。自愔以下,在省唯撰述除官诏旨,其关涉军国文翰,多是魏收作之。及在武平,李若、荀士逊、李德林、薛道衡为中书侍郎,诸军国文书及大诏诰俱是德林之笔,道衡诸人皆不预也。"《隋书》卷三十五《经籍志》:"齐宅漳滨,辞人间起,高言累句,纷纭络绎,清辞雅致,是所未闻。"

进贤门　《北齐书》卷四十五《文苑·颜之推传》:"帝时有取索,恒令中使传旨,之推禀承宣告,馆中皆受进止。所进文章,皆是其封署,于进贤门奏之,待报方出。"颜之推《观我生赋注》曰:"齐武平中,署文林馆待诏者仆射阳休之、祖孝徵以下三十余人,之推专掌,其撰《修文殿御览》、《续文章流别集》皆诣进贤门奏之。"进贤门似在修文殿之前。

史馆　又称史阁,北齐天保二年(551年)置,在邺南宫,魏收曾在此撰成《魏书》。《初学记》卷三《冬》第四载有《北齐邢子才酬魏收冬夜直史馆诗》,曰:

> 年病从衡至,动息不自安。兼豆未能饱,重裘讵解寒。况乃冬之夜,霜气有余酸。风音响北牖,月影度南端。灯光明且灭,华烛新复残。衰颜依候改,壮志与时阑。体羸不尽带,发落强扶冠。夜景将欲近,夕息故无宽。忽有清风赠,辞义婉如兰。先言叹三友,末言惭一官。丽藻高郑、卫,专学美齐、韩。审喻虽有属,笔削少能刊。高足自无限,积风良可搏。空想青云易,宁见赤松难。寄语东山道,高驾且

盘桓。

魏收为著作郎,冬夜值守史馆,作《冬夜直史馆》诗。邢劭借其韵酬诗回赠,颇能反映出北齐史馆史官之生活情况。

武平三年(572 年)八月,"《圣寿堂御览》成,敕付史阁"。四年"五月丙子,诏史官更撰《魏书》"。① 撰事在史馆。史馆当在邺宫东部,似与文林馆相临近。

乐署 《太平御览》卷五百九十六引《三国典略》:"齐文宣崩,杨愔选其挽歌,令乐署歌之。其魏收四首,阳休之、祖珽、刘逖各三首,卢思道八首入用。"

仰观堂 在城内,当殿阙之东西。兴和元年(539 年),与城同筑,周回二十八步,高二丈六尺。② 仰观堂似是邺宫观察天象之所。

(三)官署

南城官署主要分布在端门外朱明门大街两侧:

大司马府 在端门外街东,南向。③

御史台 唐杜佑《通典》卷二十四《职官典·御史台》注引北齐杨楞伽《邺都故事》曰:"御史台,在宫阙西南,其门北开,取冬杀之义也。"明嘉靖《彰德府志·邺都宫室志》曰:"御史台在端门外街西,台门北向,取阴杀之义也。内有符节署、符玺郎二人,盖御史之官属也。"此处所言端门,实为止车门。止车门外东西大街路南,偏西。御史台因处宫阙西南,故又称"南台"。《北齐书》卷八《后主纪》:武平二年(571 年)"秋七月庚午,太保、琅琊王俨矫诏杀录尚书事和士开于南台"。此"南台"当为御史台。

尚书省卿寺 嘉靖《彰德府志·邺都宫室志》引《邺中记》曰:"尚书省及卿寺百司,自令仆而下,至二十八曹,并在宫阙之南。"《隋书》卷七《礼仪志》:"后齐,正月晦日,中书舍人奏被除。年暮上台,东宫奏择吉日诣殿堂,贵臣与师行事所须,皆移尚书省备设云。"《唐六典》卷一《尚书都省·都事》引杨楞伽《北齐邺都故事》:"尚书郎判事正坐,都令史侧坐,书令史述事。

---

① 《北齐书》卷八《后主本纪》。
② 嘉靖《彰德府志》卷八《邺都宫室志》。
③ 嘉靖《彰德府志》卷八《邺都宫室志》。

洛京、邺都令史皆平揖,郎由来无拜吏部,郎选试高第及工书者奏补,皆加戎号。"

《隋书》卷二十二《五行志》中:"后齐孝昭帝将诛杨愔,乘车向省,入东门,幰竿无故自折。帝甚恶之,岁余而崩。"此东门当即尚书省东门。

东魏尚书省曾置于北城,故又称"北省"。《北齐书》卷四十七《酷吏·宋游道传》:"文襄执请,乃以吏部郎中崔暹为御史中尉,以游道为尚书左丞。文襄谓暹、游道曰:'卿一人处南台,一人处北省,当使天下肃然。'"又曰:"游道入省……始依故事,于尚书省立门名,以记出入早晚,令仆已下皆侧目。"尚书省有都堂,高澄曾集百僚于都堂,扑杀李子贞。御史台在南城宫阙西南,故称为"南台";尚书省似在北城,故称为"北省"。

北齐代魏,行政机构尚书省迁至南城宫阙南,偏东,似在云龙门附近。天保七年,樊逊等受诏于尚书省校定群书。《北齐书》卷四十五《文苑·樊逊》:"(天保)七年,诏令校定群书,供皇太子。逊与冀州秀才高干和、瀛州秀才马敬德、许散愁、韩同宝、洛州秀才傅怀德、怀州秀才古道子、广平郡孝廉李汉子、渤海郡孝廉鲍长暄、阳平郡孝廉景孙、前梁州府主簿王九元、前开府水曹参军周子深等十一人同被尚书召共刊定。时秘府书籍纰缪者多,逊乃议曰:'按汉中垒校尉刘向受诏校书,每一书竟,表上,辄言:臣向书、长水校尉臣参书,太史公、太常博士书、中外书合若干本以相比校,然后杀青。令所雠校,供拟极重,出自兰台,御诸甲馆。向之故事,见存府阁,即欲刊定,必藉众本。太常卿邢子才、太子少傅魏收、吏部尚书辛术、司农少卿穆子容、前黄门郎司马子瑞、故国子祭酒李业兴并是多书之家,请牒借本参校得失。'秘书监尉瑾移尚书都坐,凡得别本三千余卷,五经诸史,殆无遗阙。"

美国波士顿美术馆藏有《北齐校书图》,传为唐阎立本粉本。南宋时,范成大北使,获此画卷。据《历代名画记》,北齐画家杨子华、刘杀鬼等擅画马与人物,多反映宫廷贵族生活场景。阎立本这一画作当有所本。

魏收《魏书》成,引起争讼,高洋在尚书省招集众臣理讼。北齐尚书省既是行政机构,又是校书、理讼、考试的地处。

美国波士顿美术馆藏北齐校书图

大都督府　北齐天保九年（558年）六月，高洋自邺北巡，命太子高殷监国，因立大都督府，与尚书省分理众务。大都督府似在朱明门内大街东。

卫尉寺　掌宫殿城门禁卫。《隋书》卷二十七《百官志》："卫尉寺，掌禁卫甲兵。统城门寺，置校尉二人，以司其职。掌宫殿城门，并诸仓库管钥等事。"

都水台、太府寺　《隋书》卷二十七《百官志》：北齐都水台领坊城局，太府寺司染署，别领京坊局。

司州牧廨　嘉靖《彰德府志·邺都宫室志》引《邺中记》曰：在北齐太庙北。又云："天平元年，改相州为司州，统县十二。"《隋书》卷二十七《百官志》："司州，置牧。属官有别驾从事史，治中从事史，州都，主簿，西曹书佐、记室、户曹、功曹、金曹、租曹、兵曹、骑曹、都官、法曹、部郡等从事员。（主簿置史，西曹已下各置掾史）。又领西、东市署令、丞，及统清都郡诸畿郡。"

清都郡署　嘉靖《彰德府志·邺都宫室志》引《邺中记》曰："（清都郡）在仙都苑东，本魏郡。"又引《齐志》云："河清三年，武成改为清都，管县八。"《隋书》卷二十七《百官志》："清都郡，置尹，丞，中正，功曹、主簿、督邮，五官，门下督，录事，主记，议生，及功曹、记室、户、田、金、租、兵、骑、贼、法等曹掾，中部掾等员。"

京畿邺、临漳、成安三县　《隋书》卷二十七《百官志》："邺、临漳、成安三县令，各置丞、中正、功曹、主簿、门下督、录事、主记、议及功曹、记室、户、田、金、租、兵、骑、贼、法等曹掾员。邺又领右部、南部、西部三尉，又领十二行经途尉。凡一百三十五里，里置正。临漳又领左部、东部二尉，左部管九行经途尉。凡一百一十四里，里置正。成安又领后部、北部二尉，后部管十一行经途尉，七十四里，里置正。清都郡诸县令已下官员，悉与上上县同。诸畿郡太守已下，悉与上上郡同。"《北齐书》卷四十六《循吏·路去病传》："京城下有邺、临漳、成安三县，辇毂之下，旧号难治，重以政乱时难，纲维不立，功臣内戚，请嘱百端。"

临漳县官署　《北齐书》卷三十五《李构传附李庶传》："（庶）方雅好学，风流规检，甚有家风，稍迁临漳令。《魏书》出，庶与卢斐、王松年等讼其不平，并系狱……并髡头，鞭二百，庶死于临漳狱中。庶兄岳痛之，终身不历临漳县门。"李庶系狱在天保六年。

（四）官宅

据史书反映的情况看，邺南城官署里坊仍有职能区划，官署分布在宫城南，皇亲贵戚府第主要分布在宫城以东，即城之东北隅。《北齐书》卷十《彭城景思王浟传》："河清三年三月，群盗田子礼等数十人谋劫浟为主，诈称使者，径向浟第，至内室，称敕牵浟上马，临以白刃，欲引向南殿。浟大呼不从,遂遇害。"南殿即太极殿,彭城王浟之府第在其东北。

嘉靖《彰德府志邺都宫室志》载有南城部分官宅:

齐录尚书事和士开宅　在朱明门内南街之西。

魏尚书元文遥宅　在南街次西。

齐仪同三司刘臻宅　在启夏门内。

司徒唐元邕宅　在御史台南。

南昌王刘龙虎宅　在次西,即唐元邕宅之西。

昌黎王韩长鸾宅　在御史台南。

邺南城附近也散布有官宅:

清河王高岳宅　《北齐书》卷十三《高岳传》:"岳于城南起宅,听事后开巷。归彦奏帝曰:'清河造宅,僭拟帝宫,制为永巷,但唯无阙耳。'帝闻而恶之,渐以疏岳。"宫殿制度为皇帝朝廷专有,非一般王公府第所能比拟。

阳休之宅　《太平御览》卷三百九十八引《三国典略》:"齐阳休之幼年将仕,梦邺城东南有大冢,上有铜柱,跗为莲花。休之从西北而登,以手捉柱,柱右转。梦中咒曰:'三匝而止。'柱如其言。荣贵之后,所居之宅竟在其地。"

高岳宅、阳休之宅均在南城附廓内。

(五)里坊

里坊是古代都城构造的一个重要组成部分。汉代城邑置里,里方三百步,为城邑基层行政管理组织。唐代都城长安城内置坊,城外置里,坊、里职能与区域界限划分明晰。迄汉至唐,由里到坊,中国古代都城制度呈现了一个明显的变化,而这一变化的关键则是"坊"的出现。

坊之置始于北魏平城,《南齐书·魏虏传》:"(平城)郭城绕宫城南,悉筑为坊,坊开巷。坊之大者容四五百家,小者六七十家,每南坊搜检以备奸巧。"孝文迁洛,沿承平城制度,于洛京建置里、坊。东魏定鼎漳、滏,建都邺京,于旧城之南扩建南城,南北城相接,在都城构造方面,承袭洛京制度置坊。公元580年,杨坚焚毁邺居,其里、坊建置、名称、方位、结构、规制,随着时间的远逝,早已不可名状。故明《嘉靖彰德府志·邺都宫室志》云:"南城自兴和迁都之后,四民辐辏,里闾阗溢,盖有四百余坊,然皆莫见其名,不获其分布所在。"《嘉靖彰德府志》据宋《相台志》、元《相台续志》撰成,所言

"莫见其名,不获其分布所在",亦当是北宋时的情况。这就是说早在北宋时,人们对于东魏北齐邺京里坊建置的情况就已经不清楚了。晚清以来,古邺遗址附近不断有墓志出土,偶有记载邺京里坊,这为推证东魏北齐邺京里坊制度提供了弥足珍贵的资料,兹先将石刻文献所及里坊一一梳理列举,然后再进一步论证其里坊制度。

敷教里 《东魏华山王妃公孙氏墓志》:"天平四年岁次丁巳六月乙丑朔十九日癸未寝疾,薨于魏郡邺县敷教里,春秋卅七。即以其年七月甲午朔十六日己酉卜窆于邺城之西武城之北。乃作铭以志之,其辞曰:修风郁气,丽月游光,藉庆辽部,擅美燕方。凝华戚里,烈望衡乡。诞兹婉淑,艳彼端庄……"公孙氏为华山王元鸷(字孔雀)妃,于东魏天平四年(537 年)六月十九日卒于邺县敷教里,七月十六日葬于邺西北武城之北。此时,邺南城还未竣工,敷教里似在北城。铭文有"凝华戚里,烈望衡乡",疑敷教里当在北城东北部,即曹魏邺城戚里处,此里为贵族居住区。

同墓还出土有《华山王元鸷墓志》,曰:"春秋六十有九,寝疾不豫。兴和三年六月九日,王薨于京师。粤十月廿二日卜窆于邺县武城之北原。"元鸷墓志撰自常景,也是一篇名文。

嵩宁里 《东魏营州刺史公孙略墓志》:"公讳略,字永略,辽东人也……以元象二年四月十四日丁酉遘疾,薨于邺城嵩宁里舍,春秋六十七。"

孝义里 《东魏太尉公刘懿墓志》云:"以兴和元年十一月辛亥朔十七日丁卯薨于邺都,①追赠使持节、侍中、太保、太尉公、录尚书事、都督冀定瀛殷并五州诸军事、冀州刺史,余官如故。粤以二年岁在庚申正月庚戌朔廿四日癸酉葬于肆卢乡孝义里。"刘懿字贵珍,《北齐书》有传,名曰刘贵。墓志于民国初出土于河南安阳西北,即墓志所称"肆卢乡孝义里"。邺城郊外置乡,孝义里为郊外之里。

北魏洛京有孝义里,在"青阳门外三里御道北"②。

德游里 《东魏兖州刺史叔孙固墓志》云:"春秋七十八,薨于德游里……粤武定二年岁次甲子十一月辛巳朔廿九日己酉窆于紫陌之阳焉。"

---

① 《刘懿墓志》兴和元年十一月十七日"干支"有误。查陈垣先生《二十史朔闰表》,兴和元年岁次己未,十一月的干支为丙子,朔日干支为庚戌,十七日为丙寅,当为"兴和元年岁次己未十一月庚戌朔十七日丙寅薨于邺都"。

② 杨衒之:《洛阳伽蓝记》卷二《城东·景宁寺》,《四部备要》本。

紫陌在邺西北五里，"紫陌之阳"即邺之西北五里紫陌之南。

崇仁里　《东魏荆州刺史宗欣墓志》云："春秋六十有七，以武定三年七月戊寅朔七日甲申寝疾……其年九月迁枢邺都崇仁里宅……以十月丙午朔廿八日癸酉就窆于邺都西野马岗之左。"

修正里　《东魏东安王太妃陆氏墓志》云："春秋五十有九，以武定五年岁次丁卯五月丁酉朔十一日丁未薨于邺城修正里之第，粤以其年十一月甲午朔十六日己酉窆于武城之西北，去邺城十里。"

乡义里　凤义里　《东魏元延明妃冯氏墓志》云："春秋六十四遘疾，薨于乡义里。以武定六年十月廿二日窆于凤义里地。素旗有托，玄石宜镌。乃作铭曰：……赫赫后门，煌煌戚里……"冯氏为安丰王元延明妃，太师冯熙之女，皇后之妹。志文称她年六十四，薨于乡义里。乡义里在邺城内，冯氏随东魏孝静帝迁邺，宅家此里。又曰"赫赫后门，煌煌戚里"，乡义里似乎也是贵族居住区。冯氏卒后，葬于凤义里地，凤义里似为邺城外之里。墓志于清末民初出土于今河北省磁县讲武城乡西北，这一带当即凤义里地。

中和里　《东魏张璡墓志》：以天平元年七月二十三日卒于中和里，以其年十月初七窆于邺城之西。

景荣□　《东魏贾尼墓志》："春秋五十，不幸遘疾，薨于邺城景荣□。"似为景荣里。

修人里　《北齐崔昂夫人修娥墓志》："夫人讳修娥，范阳涿人也……以天保二年二月乙亥朔廿九日癸卯卒于邺县之修人里舍，春秋卅七。"修人里隶属邺县，当在南城西半部。

允忠里　《北齐武贞窦公夫人娄氏墓志》："夫人讳黑女……以大齐天保五年三月丁亥朔二十四日庚戌以疾薨于邺都允忠里第，春秋五十九……以齐天保六年二月壬子朔九日庚申合葬于武贞公之穴，邺城西二十里。"娄黑女为窦泰妻，高欢妻娄氏之妹。

中坛里　《北齐司马遵业墓志》云："以齐天保三年十二月廿五日薨于邺都中坛里第，时年六十四……以天保四年二月甲午朔廿七日庚申窆于邺城西北十五里山岗之左。"

西□里　《北齐征西将军元子邃墓志》："君讳子邃，字德修，河南洛阳人也……以天保六年岁次乙亥十月十五日卒于邺城西□里之第。"

永康里　《乐陵王妃斛律氏墓志》云："河清二年八月十九日薨于邺县

永康里第,春秋十有五。岁次甲申(按:河清三年)三月己未朔二日庚申,祔葬于武城西北三里。"斛律氏为斛律金之孙女,斛律光之长女。高演(孝昭帝)即位,封次子百年为太子,百年纳斛律氏为太子妃。高湛(武成帝)即位后,废太子百年为乐陵王,斛律氏降为乐陵王妃。据《北齐书》载,百年被武成帝惨杀后,斛律氏哀号不食,月余后亦死。志文称其薨于河清二年八月十九日,则百年被杀应在六月底七月初;又称斛律氏薨于邺县永康里第,永康里当在邺南城右部(西半部)。《北齐书》称其卒年十四,志曰春秋十五,记载不合。罗振玉编《邺下冢墓遗文》载《乐陵王墓志》曰:"以河清三年中薨于邸第,以岁次甲申三月己未朔二日庚申,安厝在于邺城之西,十有一里,武城西北三里。"百年夫妇为非正常死亡,志文多曲讳,所谓"三年中薨于邸第",实为二年六七月间被杀;所言"甲申三月己未朔二日庚申",为斛律氏与百年墓志同葬之日,百年实为虚葬。从书法字体、行文风格及内容看,斛律氏志与百年志出于同一撰人,同时镌刻,并同时埋入地下。

北魏洛阳也有永康里,在宫城西南。《洛阳伽蓝记》卷一《城内》:"永宁寺,熙平元年灵太后胡氏所立也。在宫前阊阖门南一里御道西。其寺东有太尉府,西对永康。"同卷"建中寺"又曰:"西阳门内御道南有永康里。"邺之永康里也似在宫城西南。

修仁里　《齐故荥阳太守薛君铭》:"君讳广,字安颢,河东人也……春秋六十七,以大齐河清二年薨于成安县修仁里舍,即以河清四年岁次乙酉二月甲寅朔七日庚申迁厝于野马岗东一十里所。"北齐置成安县,京畿附郭县,北齐末移治邺东北,即今河北省成安县成安镇。修仁里似在邺京后部,即北城内。

北信义里　南信义里　《中坚将军平昌子刘忻墓志》云:"春秋七十有五,以武平元年庚寅十二月庚辰十八日丁酉卒于邺城北信义里……粤以武平二年辛卯五月丁未三日己酉葬于武城北。"忻于北齐后主高纬武平元年(570年)十二月十八日卒于邺城北信义里。邺城北为漳河,信义里当置于城内。由志文中"北信义里",可推知邺城内还当有南信义里。

东明里　《北齐梁子彦墓志》云:"以武平二年岁次辛卯二月己卯朔廿五日癸卯薨于东明里宅,春秋五十八……粤其年四月戊寅朔廿日丁酉葬于野马岗,此去王城廿里。"东明里当在邺北城东南隅,后赵曾于城垣东南角建东明观,东明里盖因此而得名。

清风里 《北齐魏翊军墓志》云:"君讳懿,字惠贵,清都邺人也……年六十有五,以武平五年岁次甲午十月戊子朔廿二日己酉薨于清风里……粤以其年十一月丁巳朔廿九日乙酉窆于邺漳之阴西门豹祠之西南。"《北齐西阳郡王徐之才墓志》云:"武平三年岁次壬辰六月辛未朔四日甲戌遘疾,薨于清风里第,春秋六十八……其年十一月己亥朔廿二日庚申葬于邺城西北十里。"徐之才,《北齐书》卷三十三有传。他原为南朝齐人,入魏后受礼遇,居洛阳南馆,又随东魏迁邺,魏齐禅代,拥戴高洋。北齐武平三年(572年)六月四日卒于邺城清风里第。志文称"旧里佳城,将传昆嗣","清风令范,贻厥我王"。由此推测,清风里之名承自洛京,其地当在邺南城。

香夏里 《北齐尧难宗妻独孤氏墓志》云:"春秋六十,武平二年七月廿六日卒于临漳香夏里,粤以二年十月廿二日祔葬于尧仪同邺西漳水北旧茔。"独孤氏于北齐武平二年(571年)七月廿六卒于临漳香夏里。临漳县负责管辖邺城的左部和东部,凡114里,香夏里即是其中之一里。由临漳县辖区推断,香夏里当在邺南城左部(东半部)。

修义里 《北齐沧州刺史高建妻王氏墓志》云:"春秋六十六,以武平四年四月薨于修义里……仍以武平四年岁次癸巳十月癸巳朔十七日己酉祔葬于邺城西北之旧茔。"高建卒于北齐天保六年(555年),是年十月十日葬于邺城西北十里漳水之阳。其妻王氏于武平四年(573年)四月卒于修义里,十月十七日祔葬邺西北旧茔。修义里在邺京,里内有高建的宅第。

道政里 《齐故博陵郡君崔太姬墓志铭》云:"崔讳幼妃,博陵安平人也……以武平六年十二月廿二日薨于邺之道政里,春秋七十有四。七年十一月七日归祔于司空文简公之茔。"崔太姬为李希宗妻,死于邺京道政里,葬于赵郡赞皇。

宣化里 《北齐宜阳国太妃傅华墓志》云:"武平七年正月庚辰朔十四日癸巳遘疾,薨于邺城宣化里第,春秋九十有四……粤以五月戊寅朔七日甲申祔于司空公之茔。"傅氏为赵彦深之母,武平初册拜宣阳国太妃,武平七年(576年)正月十四日卒于邺城宣化里第,归葬于故乡平原郡旧茔。其墓志出土于今山东历城。宣化里似在邺南城。《李祖牧妻宋灵媛墓志》:

"春秋四十九,以皇建二年岁次辛巳六月十七日终于邺城宣化里。"《李祖牧墓志》:"天统五年岁次己丑七月五日,薨于邺城宣化里舍,时年五十九。"《李君颖墓志》:"以大齐武平四年岁次癸巳六月五日,终于宣化里,春秋三十四。"君颖为祖牧之子。

遵明里 《北齐赵州刺史崔昂墓志》:"君讳昂,字怀远,博陵安平人也……以天统元年六月壬子朔廿九日庚辰遘疾,终于邺都之遵明里舍,春秋五十八,逝者不作,归窆有期。"崔昂,《北齐书》有传。杨愔当政时,受排挤,"卒祠部尚书"。《崔昂夫人修娥墓志》曰邺县修人里舍。崔昂终于遵明里舍,说明其宅第曾有搬迁。

永福里 《北齐尧峻墓志》云:"春秋六十二,大齐天统二年岁次丙戌六月七日遘疾,薨于临漳县永福里第……粤以天统三年岁次丁亥二月壬寅朔廿日迁葬于邺西北七里。"《北齐尧峻妻静媚墓志》云:"春秋卅有七,以天统元年六月三日薨于京师永福里第,粤以(天统)三年岁次丁亥二月壬寅朔廿日辛酉合葬于邺西漳北负郭七里。"志文中所言临漳县永福里第,当在邺南城左部。尧峻妻静媚卒于北齐天统元年(565年),尧峻卒于天统二年,二人于天统三年合葬在邺西北七里,其墓志即撰刻于此时,于1975年出土于今河北磁县讲武城镇东陈村西北。

广宁里 《北齐和绍隆妻元华墓志》:"武平四年六月廿五日终于邺城宣风行广宁里,春秋六十有四。"

孝终里 《北齐书》卷三十五《陆卬传》云:"以父忧去职,居丧尽礼……卬兄弟相率庐于墓侧,负土成坟,朝廷深所嗟尚,发诏褒扬,改其所居里为孝终里。"《隋书》卷七十二《陆彦师传》云:"陆彦师字云房,魏郡临漳人……魏襄城王元旭引为参军事。以父艰去职,哀毁殆不胜丧。与兄卬庐于墓次,负土成坟……齐文宣闻而嘉叹,旌表其间,号其所住为孝终里。"《北齐书》、《隋书》所记当为一事。《隋书》云彦师为临漳人,孝终里当在南城东部。

宣平行里 《北齐墨曹参军梁伽耶墓志》云:"春秋卅七,以河清元年十月八日卒于宣平行里。"墓志于民国初出土于河北省磁县讲武城乡双庙村西。梁氏,北朝安定乌氏大姓,伽耶,史书无传。宣平行里在邺城,由邺县管辖。

西宣平行土墇坊 《北齐是连公妻邢阿光墓志》云:"以皇建元年十月十六日遘疾,卒于邺城西宣平行土墇坊中之宅,时年八十三,以二年十一月十九日葬于漳河北四里之山。"墓志于清咸丰二年(1852年)出土于彰德府磁州讲武城(今河北省磁县讲武城乡双庙村南),即志文中所称"漳河北四里之山","南瞻虎涧,北眺龙山"。邢氏,河间鄚人,出身河朔望族,于北齐皇建元年(560年)十月十六日卒于"邺城西宣平行土墉坊中之宅"。邺城似有两个宣平行:一曰宣平行,即东宣平行;一曰西宣平行。西宣平行里内有土墉坊,邢氏生前居住在土墉坊宅中。

天宫坊　《齐故骠骑大将军开府仪同三司凉州刺史范公墓志》云:"公讳粹,字景纯,边城郡边城县人也……以武平六年四月廿日薨于邺都之天宫坊,春秋廿有七。以五月一日迁厝于豹祠之西南十有五里。"《范粹墓志》于1971年出土于河南安阳。

井义坊　《北齐书》卷三十九《祖珽传》云:"所住宅在井义坊,旁拓邻居,大事修筑,陆媪自往案行。势倾朝野。"

公子坊　宋《相台志》记临漳县妙福寺,曰:"北齐时置于邺县东城公子坊内,本名广法寺。"北周灭北齐,广法寺随临漳县治由邺东移二十里,在县东一百步,隋开皇七年改名妙福寺。[①]

广都里　《北周张君妻郝夫人墓志》云:"夫人年十有六,以大周建德六年三月三日卒于邺城,还于此月十一日葬于广都里漳河之北四里。"北周建德六年(577年)即北齐承光元年,是年正月,周师克邺。郝氏卒于三月三日,故墓志书写北周年号。三月十一日"葬于广都里漳河之北",广都里在邺城外,为东魏、北齐所置。

这是目前所能见到的有据可案的东魏北齐邺京三十一里四坊,至于其里坊规制如何,惜无直接材料能予说明,仅可依据旁证史料作些推证。

北齐"京城下有邺、临漳、成安三县"[②],"邺又领右部、南部、西部三尉,又领十二行经途尉,凡一百三十五里,里置正。临漳又领左部、东部二尉,左部管九行经途尉,凡一百一十四里,里置正。成安又领后部、北部二尉,后部管十一行经途尉,七十四里,里置正"[③]。邺、临漳二县治所在邺城内,成安县治所初置于邺,后移治邺东北。邺县右部即南城中轴线(朱明门内大街)以西,南部即邺城南郊,西部即包括邺西北皇陵区在内的西城垣外郊

①　许作民:《邺都佚志辑校注》辑宋《相台志》,中州古籍出版社,1996年,第200页。

②　《北齐书》卷四十六《循吏·路去病传》

③　(唐)魏徵等:《隋书》卷二十七《百官志》,中华书局,1973年。

区；临漳左部即南城
朱明门内大街以东，
东部即邺京东郊；成
安所领后部即邺北城
居民区，北部包括北
郊和邺之东北京畿
地区。

三县凡三百二十
三里，右部、左部、后
部所领十二、九、十一
行经途尉，当是负责京
城内主要街道交通、治
安、守卫等职责的官
吏。"行"为十字路的
象形，本义为路，后引
伸为行走。由"行经途
尉"推知：邺北城主要
街道有十一条；邺南城
右部十二条；南城左部

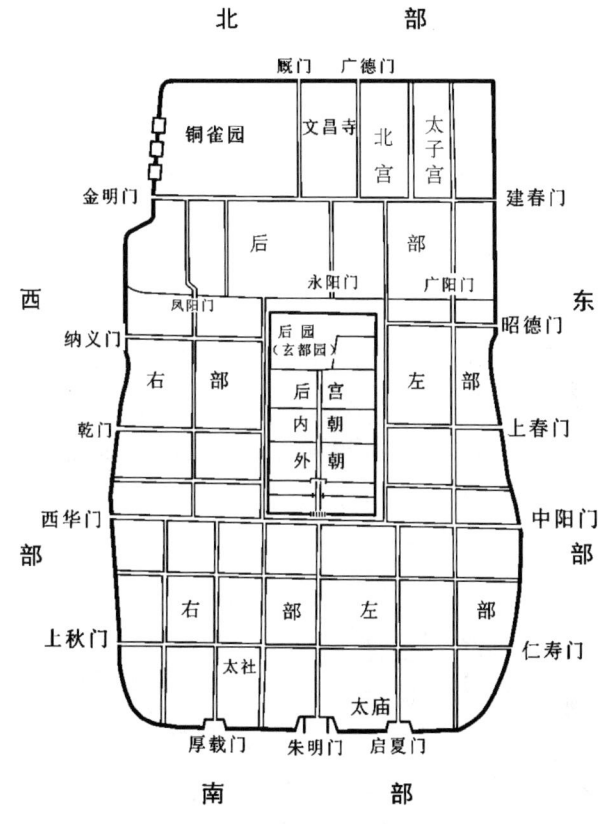

东魏北齐邺都南北城布局图

九条。所谓"经途"，"经"指南北路，"途"又称涂，为东西路。据《洛阳伽蓝
记》卷一《永宁寺》：常景与刘芳"造洛阳宫殿门阁之名，经途里邑之号"。邺
南城仿洛京，经途也当有名号。北齐墓志记邺，有"宣风行"、"宣平行"。
"宣风"、"宣平"为"行"之名号，当亦为"经途"之称谓。邺城管理似有部、
行、里、坊四个等级。由京畿三县辖区、职掌及所管里数可推知某些里的大
致方位，如临漳香夏里、永福里，应当在左部，邺县所辖里当在右部，邺京
左、右部之置，影响了隋唐大兴、长安及日本藤原京与平城京。

杨衒之《洛阳伽蓝记》卷五《城北》："方三百步为一里，里开四门，门置
里正二人，吏四人，门士八人。"北魏洛阳城"合有二百二十里"。东魏北齐
邺城里之规制当仿北魏洛阳城。

里坊与编户制度也有一定关系。东魏编户制度：百家为党族，二十家
为闾，五家为比邻。百家之内有帅二十五人，征发皆免，苦乐不均，狼多羊

少,复有蚕食,弊端甚多。"京邑诸坊,或七八百家唯一里正,二史,庶事无阙。"[1]临淮王元孝友建议恢复北魏三长制,但未实行。由元孝友对东魏编户制度的批评,可以反映出这样的认识:第一,户籍编制较为混乱;第二,编制小,长吏多,赋役不均;第三,京城编户机构臃肿情况甚于外州。北齐"河清三年定令,乃命人居十家为比邻,五十家为闾里,百家为族党"[2],扩大了比邻、族党的编制。

党族、闾里、比邻与里、坊建置虽非一物,但必然有一定的联系,诸如一里多少户,一坊多少户,应当有所规制,可惜的是史书没有留下明确的记载。据《旧唐书·职官志》二载:"百户为里,五里为乡。两京及州县之郭内,分为坊,郊外为村。"唐代"百户为里",东魏北齐之"里",其户数当不会超过唐代。

东魏二十家为闾,北齐五十家为闾里,似是一里之户数;至于一坊多少户可参照北魏平城坊之户数,根据邺南城郭城面积、坊数作些推算,据《南齐书·魏虏传》,平城大坊四五百家,小坊六七十家。坊之大小不等,户数不一。1983年至1984年,考古工作者调查邺城,"经实测,邺南城宽处东西2800米、南北3460米"[3],面积约为9.3平方公里。"宫城东西约620米,南北970米",面积约为0.6平方公里。9.3减0.6,即郭城面积8.7平方公里,再减去街路的面积,南北三条主干道,东西四条主干道,路面宽20—30米,合起来约有0.5平方公里。四百余坊的面积约为8.2平方公里,每平方公里五十余坊,每坊最多四五十户。由此推断,邺南城坊的面积小于平城之坊,每坊的户数大体相当于一闾里的户数。从街区布局看,邺南城坊的面积大小较为匀称规整,这与后来的唐代长安城坊在规制上颇相似。

坊中开巷,由十字交叉的巷,将坊划分成四个或六、八、九个单元格,每一个单元格似为一比邻。比邻由五家增为十家,单元格的划分前后也当有变化。百家为党族,党族似相当于唐代"乡"一级建置。

邺京城内里坊按行政区划分为右部、左部、后部,各部置尉,分属邺、临

① 《北齐书》卷二十八《元孝友传》。唐代一里百户,东魏一里户数不可能超过唐代,"七八百家唯一里正",似有误,当为"七八十家";或衍一"百"字。

② 《隋书》卷二十四《食货志》。

③ 中国社会科学院考古所、河北省文物所邺城考古队:《河北临漳县邺南城遗址勘探与发现》,《考古》1997年第3期。

漳、成安三县。城内里坊名称或沿袭洛阳,贵族、官宦、平民、坊市、寺院分别聚置于不同的里。"京城四面,诸坊之外三十里内为公田。"①"京城四面,诸坊之外",说明坊之置仅限于城内。北齐都水台下属有坊城局,司染署又有京坊局,也说明城内置坊。坊外三十里公田分授予住在坊内的邺、临漳、成安三县代迁户内执事官以下人等。这些官僚死后多葬于他们所分得的公田内,故而遗留至今的北朝墓群基本上分布在邺西、西北三十里内。邺京近郊公田的划分与发授当与里、坊的建置相兼顾,以利于统一配置土地资源。

邺京各里置有里正,坊是否置坊正,史料缺载。《旧唐书·职官志》:"里及坊、村皆有正,以司督察。"里有里正,坊有坊正,其职掌各有分工。《大唐六典》上:"里正兼课植农桑,催驱赋役。"《唐律疏议》注曰:"里正之任,掌案比户口,收手实,造籍书。"又曰:"诸里正,依令授人田,课农桑。"由唐代里正、坊正职掌与分工参证东魏北齐邺京之坊,亦当置正,其职掌例同唐代。《北齐书》卷十六《段荣附孝言传》曰:"(孝言)骄奢放逸,无所畏惮。曾夜行,过其宾客宋孝王家宿,唤坊民防援,不时应赴,遂拷杀之。"孝言夜行宿宋孝王家,以坊民巡防不严,传唤坊民又不能及时赶到,竟将坊民拷杀,说明邺城之坊负有治安之职能。这也正如《南齐书·魏虏传》所记平城"每南坊搜检,以备奸巧"。

由纸上材料与考古资料、唐代史料与东魏北齐史料相互质证,推论古代都城结构由里到坊的变化,可以得出这样的认识:邺城内置里、坊;城外置乡、里、村。里、坊各置正,分掌管理与治安。这样的里、坊建置制度沿承洛阳,并影响隋唐大兴与长安,在中国古代都城制度发展史上起了承前启后的关键作用。

邺京城四周公田及附郭　《隋书》卷二十四《食货志》:"京城四面,诸坊之外三十里内为公田。受公田者,三县代迁户内执事官一品已下,逮于羽林武贲,各有差。其外畿郡,华人官第一品已下,羽林武贲已上,各有差。"邺城四周30里,当为附郭。《北齐尧峻妻静媚墓志》:"合葬于邺西漳北负郭七里。""负郭"即附郭。《北周张君妻郝夫人墓志》:"葬于广都里漳河之北四里。""广都里"当为邺城附郭之里。考古工作者一直怀疑邺城外有附郭城,并试图找到这一外廓城。然文献并无外郭城的记载,间接材料也无这样的信息。由"京城四面,诸坊之外三十里内为公田"者,周围三十里公

①　《隋书》卷二十四《食货志》。

田应有界限,或许有低矮土墙、土梁,或篱笆等作标志,但无城墙。由此看来,邺城之外有附郭,但无外郭城。邺京附郭颇与北魏洛阳相似。洛京东西二十里,南北十五里。洛阳市博物馆有其附郭图:

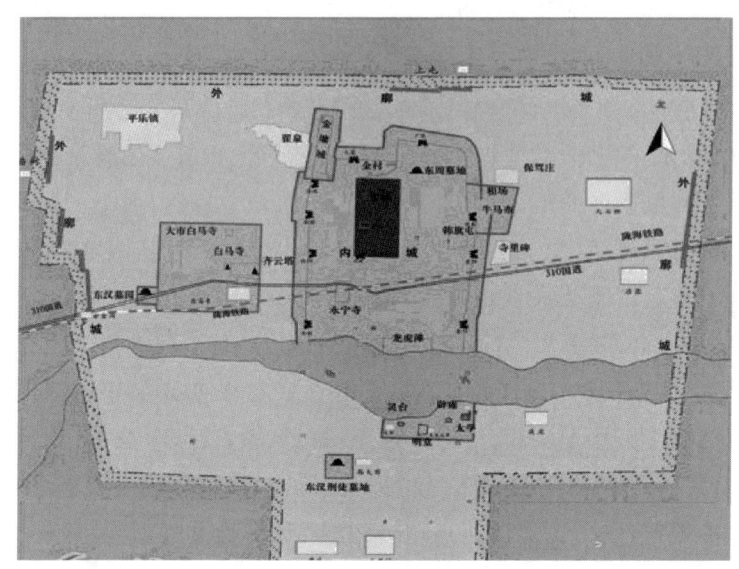

北魏洛京附郭图

(六)邺市与市井谣言

南城坊郭置有东、西二市。北齐司州领有西市署、东市署,二署各设令、丞,管理坊市。

东市　在东郭坊内。北齐天保十年(559年),高洋尽诛元氏于邺都东市。《北齐书》卷二十八《元韶传》:"(天保十年)七月,大诛元氏,自昭成已下并无遗焉。或父祖为王,或身常贵显,或兄弟强壮,皆斩东市。其婴儿投于空中,承之以矟。前后死者凡七百二十一人,悉投尸漳水,剖鱼多得爪甲,都下为之久不食鱼。"

西市　在西郭坊内。《北齐书》卷十四《高思宗传附思好传》:"武平五年,遂举兵反。与并州诸贵书曰:'主上⋯⋯昵近凶狡,疏远忠良⋯⋯仍纵子立夺马于东门,光弁擎鹰于西市。'"

市又称都市、邺市。东魏武定五年(547年),孝静帝与荀济谋诛高澄,未果,澄烹荀济于都市。北齐河清元年(562年)七月,高归彦在冀州举兵反,段韶、娄叡率兵破冀州,俘归彦,锁送邺,斩于都市。《北齐书》卷十四

《高思宗传附思好传》载武平五年,思好举兵反,以王尚之为长史。后主派兵镇压,思好投水死,"烹尚之于邺市"。《北齐书》卷四十七《酷吏·宋游道传》:"粹以徐州叛,官军讨平之,枭粹首于邺市。孙腾使客告市司,得钱五百万后听收。"市司掌管市场,经常借刑杀敛财,得到钱后才听由死者亲友收尸。《艺文类聚》卷八十五《绫》载《梁庾肩吾谢武陵王赉白绮绫启》,曰:"图云辑鹤,邺市稀逢。"《隋书》卷二十二《五行志》中:"文宣帝末年,衣锦绮,傅粉黛,数为胡服,微行市里。"

从文献文物资料所载坊市情况看,南城坊市布局制度较为规整,大致以朱明门大街为中轴,东西对称,南北整齐排列,开启了隋唐大兴、长安之都城坊市制度。

邺都里坊内不仅有市、官民宅居,还建有佛寺、道观及外来宗教胡祆寺。杨衒之《洛阳伽蓝记序》云:"皇舆迁邺,诸寺僧尼,亦与时徙。"如何安置这些由洛阳迁来的僧众? 想必在邺都初建时,当有计划与考虑。根据史料推测,城内佛寺大多分布在宫城之南、朱明门大街之东、西,胡祆寺则在城西部。

邺中诗妖　《隋书》卷二十二《五行志上》记邺京井市谣言,虽有附会之嫌,但多少也能反映出京城社会民意与政治的关系。曰:

> 齐神武始移都于邺,时有童谣云:"可怜青雀子,飞入邺城里。作窠犹未成,举头失乡里。寄书与妇母,好看新妇子。"魏孝静帝者,清河王之子也。后则神武之女。邺都宫室未备,即逢禅代,作窠未成之效也。孝静寻崩,文宣以后为太原长公主,降于杨愔。时娄后尚在,故言寄书于妇母。新妇子,斥后也。

> 武定中,有童谣云:"百尺高竿摧折,水底燃灯澄灭。"高者,齐姓也。澄,文襄名。五年,神武崩,摧折之应。七年,文襄遇盗所害,澄灭之征也。

> 天保中,陆法和入国,书其屋壁曰:"十年天子为尚可,百日天子急如火,周年天子迭代坐。"时文宣帝享国十年而崩。废帝嗣立百余日,用替厥位,孝昭即位一年而崩。此其效也。

> 武平元年,童谣曰:"狐截尾,你欲除我我除你。"其年四月,陇东王胡长仁谋遣刺客杀和士开,事露,返为士开所谮死。

> 二年,童谣曰:"和士开,七月三十日,将你向南台。"小儿唱讫,一

时拍手云："杀却。"至七月二十五日，御史中丞、琅邪王俨执士开，送于南台而斩之。是岁，又有童谣曰："七月刈禾伤早，九月吃糕正好。十月洗荡饭瓮，十一月出却赵老。"七月士开被诛，九月琅邪王遇害，十一月赵彦深出为西兖州刺史。

武平末，童谣曰："黄花势欲落，清樽但满酌。"时穆后母子淫僻，干预朝政，时人患之。穆后小字黄花，寻逢齐亡，欲落之应也。

邺中又有童谣曰："金作扫帚玉作把，净扫殿屋迎西家。"未几，周师入邺。

《汉书·五行志》："怨谤之气发于歌谣，故有诗妖。"即以歌谣形式发怨谤之气，杂以天人感应和五行色彩，兼具文学与神学的异常言论，用韵文表现出来，则为"诗妖"。

(七)城内及近郊礼制建筑

太庙　嘉靖《彰德府志·邺都宫室志》曰："在朱明门内南街之东。"建于天平年间，其主要木质构件为洛阳太庙旧物。《魏书》卷一百八《礼志》二："天平四年四月，七帝神主既迁于太庙……中书侍郎裴伯茂时为《祖祀文》"。太庙初兴时，东魏孝静帝即诏温子升为之作《迁都拜庙邺宫赦文》，曰：

> 建国所先，理属于宗庙。立事为大，礼归于禋祀。大丞相渤海王，神武命世，重匡颓历，导塞源于将竭，扶神器于已倾，立天地之大功，成人臣之重义。朕以冲昧，猥当乐推，关路多虞，衿带难固，瞻言往事，取则前修，乃袭去鄇，用追迁亳，定鼎邺都，卜世惟永，民用子来，功成不日，今清庙初兴，閟宫始就，灵祇萃止，祖考来格，神光夜照，香气朝闻，令月吉辰，躬展诚敬，时和气婉，景丽云柔，四表来庭，万国在位，哀乐相交，感庆兼集，固宜观象雷雨，布宽大之恩，取类泽风，申肆眚之令，可大赦天下。[①]

魏、齐禅代，太庙遂改为高氏宗庙。《北齐书》卷四《文宣纪》：天保元年五月"甲戌，迁神主于太庙"，二年正月"有事太庙"。河清元年正月"壬午，

---

① 《艺文类聚》卷五十二《政治·赦宥》。

享太庙"①。天统二年十一月，"盗窃太庙御服"②。《北齐书》卷三十八《辛术传》："移镇广陵。获传国玺送邺，文宣以玺告于太庙。此玺即秦所制，方四寸，上纽交盘龙，其文曰：'受命于天，既寿永昌。'二汉相传，又传魏、晋。"历前赵、后赵、东晋、南朝宋、齐、梁，至侯景得之，景败，侍中赵思贤以玺送于术，故术以进焉。明嘉靖《彰德府志·邺都宫室志》引《邺城新记》曰："北齐尚书辛术镇广陵，获历代传国玺送之邺。文宣以玺告太庙，即秦之所制，而孙盛所谓真蓝田璞者也。其玺方四寸，纽交蟠龙。玺文秦相李斯书，文曰：'受命于天，既寿永昌。'一角缺者，昔王莽令王舜求玺于元后，后怒，投之于地故也。自汉传之魏、晋，晋亡，刘聪获之；刘氏亡，石勒获之；石氏及冉闵亡，归于东晋；东晋亡，宋获之；宋亡，齐获之；齐亡，梁获之。侯景作乱，将以自随，命其侍中赵思贤掌。曰：'我若败，以玺沉江，勿令吴儿复得也。'思贤有二马，一以负金，一以负玺。及京口，遇歹者，将渡江，而负金之马为贼所执。负玺者跃而登舟，得至北岸。路复逢贼，遂弃草中。既至广陵，以告郭元建。建求得之，遂付辛术，送于邺。"崔铣考证曰："《晋书》：穆帝永和八年，冉闵子智以邺降，督护戴施获其传国玺，送之，文曰：'受天之命，皇帝寿昌，百僚毕贺。'《北史》：后魏太平真君七年，诏诸州坑沙门，毁佛像。夏四月，毁邺城五层佛图，于泥像中得玉玺二，其文皆曰：'受命于天，既寿永昌。'其一刻其傍曰：'魏所受汉传国玺。'夫以《晋史》按马温之言，则东晋所获冉闵玺，其文各异。以《北史》按马温之言，则后魏所获泥像中玺，其文乃同。意古人为佛图时，尝别得二玺藏之，不然，魏得汉传国玺而藏于泥像中甚亡谓也。使汉玺已藏弃，则晋复得魏何玺耶？且《北史》言齐天保三年夏四月壬申，东南道行台辛术于广陵送传国八玺，而马温止记秦汉所传一玺，其言似出于传会，或取其一玺载之，尔夫但载一玺，则东晋所获冉闵玺，其文不当有异，以是知其非实，故括诸书所载以俟后之君子。"由崔铣言可知，《邺城新记》乃唐肃、代时人马温所撰。北齐皇建二年(561年)正月壬子，孝昭帝"禘于太庙"。承光元年(577 年)，周师陷邺，高亮自启夏门至太庙行马内，恸哭拜辞，被周军俘执。太庙门南向，门前有东西街，东去不远处，即启夏门。

---

① 《北齐书》卷七《武成本纪》。
② 《北齐书》卷八《后主本纪》。

关于北齐太庙制度的变化及祭祀情况，《隋书》卷七《礼仪志》有所记载，曰："后齐文襄嗣位，犹为魏臣，置王高祖秦州使君、王曾祖太尉武贞公、王祖太师文穆公、王考相国献武王，凡四庙。文宣帝受禅，置六庙：曰皇祖司空公庙、皇祖吏部尚书庙、皇祖秦州使君庙、皇祖文穆皇帝庙、太祖献武皇帝庙、世宗文襄皇帝庙，为六庙。献武已下不毁，已上则递毁。并同庙而别室。既而迁神主于太庙。文襄文宣，并太祖之子，文宣初疑其昭穆之次，欲别立庙。众议不同。至二年秋，始祔太庙。春祠、夏礿、秋尝、冬蒸，皆以孟月，并腊，凡五祭。禘祫如梁之制。每祭，室一太牢，始以皇后预祭。河清定令，四时祭庙禘祭及元日庙庭，并设庭燎二所。"高齐太庙采用"同庙而别室"制度，按《周礼》天子七庙制，沿承一庙七主。文襄置四庙，一庙又为自己虚设，乃诸侯五庙之制；文宣置六庙，又一庙为自己虚设，乃天子七庙之制。北齐"始以皇后预祭"，此乃古代宗庙礼仪一大变化，突破了历朝各代女性不得入宗庙行祭祖礼的规定。

北齐天子亲征则造于庙，宜于社，其礼仪制度如《隋书》卷八《礼仪志》所载："后齐天子亲征纂严，则服通天冠，文物充庭。有司奏更衣，乃入，冠武弁，弁左貂附蝉以出。誓讫，择日备法驾，乘木辂，以造于庙。载迁庙主于斋车，以俟行。次宜于社，有司以毛血衅军鼓，载帝社石主于车，以俟行。次择日陈六军，备大驾，类于上帝。次择日祈后土、神州、岳镇、海渎、源川等。乃为坎盟，督将列牲于坎南，北首。有司坎前读盟文，割牲耳，承血。皇帝受牲耳，遍授大将，乃置于坎。又歃血，歃遍，又以置坎。礼毕，埋牲及盟书。又卜日，建牙旗于埠，祭以太牢，及所过名山大川，使有司致祭。将届战所，卜刚日，备玄牲，列军容，设柴于辰地，为埠而祃祭。大司马奠矢，有司奠毛血，乐奏《大护》之音。礼毕，彻牲，柴燎。战前一日，皇帝祷祖，司空祷社。战胜则各报以太牢。又以太牢赏用命战士于祖，引功臣入旌门，即神庭而授版焉。又罚不用命于社，即神庭行戮讫，振旅而还。格庙诣社讫，择日行饮至礼，文物充庭。有司执简，纪年号月朔，陈六师凯入格庙之事，饮至策勋之美，因述其功，不替赏典焉。"

命将出征则告庙。《隋书》卷八《礼仪志》云："后齐命将出征，则太卜诣太庙，灼灵龟，授鼓旗于庙。皇帝陈法驾，服衮冕，至庙，拜于太祖。遍告讫，降就中阶，引上将，操钺授柯，曰：'从此上至天，将军制之。'又操斧授柯，曰：'从此下至泉，将军制之。'将军既受斧钺，对曰：'国不可从外理，军不可从中制。臣既受命，有鼓旗斧钺之威，愿假一言之命于臣。'帝曰：'苟利社稷，将军裁之。'将军就车，载斧钺而出。皇帝推毂度阃，曰：'从此以外，将军制之。'"

北齐宗庙结构每神主一室，不同神室所用乐、舞不同。《隋书》卷十四《音乐志》："其四时祭庙及禘祫皇六世祖司空、五世祖吏部尚书、高祖秦州刺史、曾祖太尉武贞公、祖文穆皇帝诸神室，并奏《始基》之乐，为《恢祚》之舞。高祖神武皇帝神室，奏《武德》之乐，为《昭烈》之舞。文襄皇帝神室，奏《文德》之乐，为《宣政》之舞。显祖文宣皇帝神室，奏《文正》之乐，为《光大》之舞。肃宗孝昭皇帝神室，奏《文明》之乐，为《休德》之舞。"其享庙仪礼程序：先祀一日，夕牲、群臣入太庙，作好祭祀准备。次日早，迎神、牲出入，荐血毛，进熟，这是祭祀前的程序。之后，皇帝自北门入，太祝祼地，初献皇祖司空公神室，又依次初献皇祖吏部尚书神室、皇祖秦州使君神室，又献太祖太尉武贞公神室、皇祖文穆皇帝神室、高祖神武皇帝神室、文襄皇帝神室、显祖文宣皇帝神室。然后，还至东壁，钦福酒。最后，送神，皇帝回到便殿。

魏七帝祠　北齐天保二年（551年）十二月，高洋焚烧邺城魏七帝祠。

齐献武王庙　即高欢庙，建于东魏武定六年（548年）。《魏书》卷一百八《礼志》二："武定六年二月，将营齐献武王庙，议定室数、形制。兼度支尚书崔昂、司农卿卢元明、秘书监王元景、散骑常侍裴献伯、国子祭酒李浑、御史中尉陆操、黄门侍郎李骞、中书侍郎阳休之、前南青州刺史郑伯猷、秘书丞崔劼、国子博士邢峙、国子博士宗惠振、太学博士张毓、太学博士高元寿、国子助教王显季等议：'……。'"

崔昂等撰呈《齐献武王庙制议》，曰：

"案《礼》，诸侯五庙，太祖及亲庙四。今献武王始封之君，便是太祖，既通亲庙，不容立五室。且帝王亲庙，亦不过四。今宜四室二间，两头各一颊室，夏头徘徊鸱尾。又案《礼图》，诸侯止开南门，而《二王后祫祭仪法》，执事列于庙东门之外。既有东门，明非一门。献武礼数既隆，备物殊等。准据今庙，宜开四门。内院南面开三门，余面及外院，四面皆一门。其内院墙，四面皆架为步廊。南出夹门，各置一屋，以置礼器及祭服。内外门墙，并用赭垩。庙东门，道南置斋坊；道北置二坊，西为典祠廨并厨宰，东为庙长廨并置东辂，其北为养牺牲之所。"

诏从之。①

北齐禅代东魏后，献武王庙改称献武皇帝庙，后又改为神武皇帝庙。邢劭撰有《献武皇帝寺铭》，曰：

> 惟睿作圣，有纵自天。匡国庇民，再造区夏。功高伊吕，道迈桓文。虽住止域内，而神游方外，影响妙法，咫尺天人。晓夜自分，不劳鸡鹤之助；六时靡惑，非待壶箭之功。永寄将来，传之不朽。辞曰：用分行坐，以敦戒行，苦罪祈福，傲狠成敬。万国咸享，一人有庆，方传自久，是用成咏。②

北齐还以大臣配飨神武庙庭。《北齐书》卷八《后主纪》："（天统三年）十二月己巳，太上皇帝诏以故左丞相、赵郡王琛配飨神武庙庭。""四年正月，诏以故清河王岳、河东王潘相乐十人并配飨神武庙庭。"

世宗文襄皇帝（高澄）庙　北齐天保二年（551 年）建，庙内有高澄金像。《北齐书》卷四《文宣纪》：天保二年十月"丁卯，文襄皇帝神主入于庙"。邢劭《文襄皇帝金像铭》曰：

> 妙形难象，至理希诠。形之所及，理亦在焉。悟兹空假，劳此盖缠。式图往秘，用结来缘。丹青并饰，金玉同镂。神仪内莹，宝相外宣。圆光照耀，映被无边。灵应盼响，感发大千。钟福疏圹，其永如天。归庆怗恃，寿等南山。凡厥亲类，宜其永年。归诚妙觉，标志上玄。托铭斯在，旷劫方传。③

显祖文宣皇帝（高洋）庙　建于北齐皇建初。

三祖庙　即高欢、高澄、高洋庙。《北齐书·孝昭纪》："（皇建元年）九月壬申，诏议定三祖乐……（冬十一月）癸丑，有司奏太祖献武皇帝庙宜奏《武德》之乐，舞《昭烈》之舞；世宗文襄皇帝庙宜奏《文德》之乐，舞《宣政》之舞；显祖文宣皇帝庙宜奏《文正》之乐，舞《光大》之舞。诏曰可。"北齐三祖灵牌祀于太庙，此外又各自另立庙宇，塑有金像，并配飨大臣故旧。根据史料推测，三祖庙似在宫城西南，高欢庙在前，高澄、高洋庙在后。唐代长安

---

① 《魏书》卷一百八《礼志》。
② 《艺文类聚》卷七十七。
③ （唐）欧阳询等：《艺文类聚》卷七十七，上海古籍出版社，1999 年。

皇城西南通义坊有高祖四亲庙,颇与邺南城制度相似。

社稷　东魏天平四年建成,在邺南城西部,宫城西南,即"国右"。《隋书》卷七《礼仪志》:"后齐立太社、帝社、太稷三坛于国右。每仲春仲秋月之元辰及腊,各以一太牢祭焉。皇帝亲祭,则司农卿省牲进熟,司空亚献,司农终献。"北齐社稷由太社、帝社、太稷三坛构成。如遇自然灾害,亦于社稷举行祭祀,弭灾祈福。邺南城太庙、社稷所在的方位与《考工记》"左祖右社"的规制相符。

圆丘　在邺南城南郊朱明门外大道东,东魏武定八年(550年)高洋建造。北齐禅代东魏,五月午戊,高洋即位于南郊,升坛紫燎告天于此。高洋祭天,李玙司礼。《北齐书》卷二十九《李玙传》:"李玙,字道璠,陇西成纪人,凉武昭王暠之五世孙……齐受禅,进玙兼前将军,导从于圆丘行礼。玙意不愿策名两朝,虽以宿旧被征,过事即绝朝请。"《北齐书》卷四《文宣纪》:天保二年正月"辛亥,有事于圆丘,以神武皇帝配"。又据《北齐书》卷六《孝昭纪》:"皇建二年春正月辛亥,祀圆丘。"《北齐书》卷八《后主纪》:"(天统)二年丙戌春正月辛卯,祀圆丘。癸巳,祫祭于太庙。"北齐新皇帝即位,于次年春正月先祭祀圆丘,再祭太庙,殆成惯例。

关于圆丘建筑制度与形制,《隋书》卷六《礼仪志》有所记载,曰:"圆丘在国南郊。丘下广轮二百七十尺,上广轮四十六尺,高四十五尺。三成,成高十五尺,上中二级,四面各一陛,下级方维八陛。周以三壝,去丘五十步。中壝去内壝,外壝去中壝,各二十五步。皆通八门。又为大营于外壝之外,轮广三百七十步。其营堑广一十二尺,深一丈,四面各通一门。又为燎坛,于中壝之外,当丘之丙地。广轮三十六尺,高三尺,四面各有陛。方泽为坛在国北郊。广轮四十尺,高四尺,面各一陛。"圆丘祭昊天上帝,配祭高祖神武皇帝高欢,从祀五精之帝及日、月、星与众天神。对此,《隋书·礼仪志》云:"圆丘则以苍璧束帛,正月上辛,祀昊天上帝于其上,以高祖神武皇帝配。五精之帝,从祀于其中丘。面皆内向。日月、五星、北斗、二十八宿、司中、司命、司人、司禄、风师、雨师、灵星于下丘,为众星之位,迁于内壝之中。"圆丘三年一祭,谓之禘祀。

南郊　高洋即位于此。"是日,京师获赤雀,献于南郊"[1]。《北齐书》

---

① 《北齐书》卷四《文宣本纪》。

卷七《武成纪》："(河清元年正月)辛巳,祀南郊。壬午,享太庙。"《北齐书》卷八《后主纪》："(武平)三年春正月己巳,祀南郊。"

北齐立国,每岁正月上辛祭南郊,为重要的郊祀活动。南郊坛在邺城南,其建筑制度与形制,《隋书》卷六《礼仪志》有所记载,曰:"南郊为坛于国南,广轮三十六尺,高九尺,四面各一陛。为三壝,内壝去坛二十五步,中壝、外壝相去如内壝。四面各通一门。又为大营于外壝之外,广轮二百七十步。营堑广一丈,深八尺,四面各一门。又为燎坛于中壝之外丙地,广轮二十七尺,高一尺八寸,四面各一陛。"南郊祭五帝之一,感帝灵威仰,以高祖神武皇帝配,岁一祀。

《隋书》卷七《礼仪志》:"后齐高禖,为坛于南郊傍,广轮二十六尺,高九尺,四陛三壝。每岁春分玄鸟至之日,皇帝亲帅六宫,祀青帝于坛,以太昊配,而祀高禖之神以祈子。其仪,青帝北方南向,配帝东方西向,禖神坛下东陛之南西向。礼用青珪束帛,牲共以一太牢。祀日,皇帝服衮冕,乘玉辂。皇后服袆衣,乘重翟。皇帝初献,降自东陛,皇后亚献,降自西陛,并诣便坐。夫人终献,上嫔献于禖神讫。帝及后并诣攒位,乃送神。皇帝皇后及群官皆拜。乃撤就燎,礼毕而还。"祭高禖,行三献(初献、亚献、终献)之礼。此外,上嫔还要为禖神献礼。这样的礼仪活动,目的在于祈求皇子。

五郊坛 在邺城四郊。《隋书》卷七《礼仪志》:"后齐五郊迎气,为坛各于四郊,又为黄坛于未地。所祀天帝及配帝五官之神同梁。其玉帛牲各以其方色。其仪与南郊同。帝及后各以夕牲日之旦,太尉陈币,告请其庙,以就配焉。其从祀之官,位皆南陛之东,西向。坛上设馔毕,太宰丞设馔于其座。亚献毕,太常少卿乃于其所献。事毕,皆撤。又云,立春前五日,于州大门外之东,造青土牛两头,耕夫犁具。立春,有司迎春于东郊,竖青幡于青牛之傍焉。"据《礼》,天子每以四立之日(立春、立夏、立秋、立冬)及季夏,各于其方之近郊为兆,迎其帝而祭之。"春迎灵威仰者,三春之始,万物禀之而生,莫不仰其灵德,服而畏之也。夏迎赤熛怒者,火色熛怒,其灵炎至明盛也。秋迎白招拒者,招集,拒大也,言秋时集成万物,其功大也。冬迎叶光纪者,叶拾,光华,纪法也,言冬时收拾光华之色,伏而藏之,皆有法也。中迎含枢纽者,含容也,枢机有开阖之义,纽者结也。言土德之帝,能含容万物,开阖有时,纽结有法也。"五郊迎时气始于东汉,历魏晋南北朝,因循沿承。北齐邺都东、南、西、北四郊,各立一坛,分别祭祀青帝(灵仰）、赤帝（赤熛怒）、白帝（白招拒）、黑帝（叶光纪），又于南郊的未地立坛，祭祀黄帝（含枢纽），合称"五精帝"。又以五人帝配，并以五官、三辰、七宿从祀。

雩坛 在邺城南郊。《隋书》卷七《礼仪志》有所记载，曰："后齐以孟夏龙见而雩，祭太微五精帝于夏郊之东。为圆坛，广四十五尺，高九尺，四面各一陛。为三壝外营，相去深浅，并燎坛，一如南郊。于其上祈谷实，以显宗文宣帝配。青帝在甲寅之地，赤帝在丙巳之地，黄帝在己未之地，白帝在庚申之地，黑帝在壬亥之地。面皆内向，藉以藁秸。配帝在青帝之南，小退，藉以莞席，牲以骍。其仪同南郊。"雩坛在邺城南夏郊之东，主祭五精帝，配祭文宣帝高洋，祭祀以祈谷请雨，风调雨顺，五谷丰登。

除雩坛外，北朝朝廷请雨消灾祈福行礼的地方还有南郊、尧庙、孔庙等。《隋书》卷七《礼仪志》云："又祈祷者有九焉：一曰雩，二曰南郊，三曰尧庙，四曰孔、颜庙，五曰社稷，六曰五岳，七曰四渎，八曰滏口，九曰豹祠。水旱疠疫，皆有事焉。无牲，皆以酒脯枣栗之馔。若建午、建未、建申之月不雨，则使三公祈五帝于雩坛。礼用玉币，有燎，不设金石之乐，选伎工端洁善讴咏者，使歌《云汉》诗于坛南。自余同正雩。南郊则使三公祈五天帝于郊坛，有燎，座位如雩。五人帝各在天帝之左。其仪如郊礼。尧庙，则遣使祈于平阳。孔、颜庙，则遣使祈于国学，如尧庙。社稷如正祭。五岳，遣使祈于岳所。四渎如祈五岳，滏口如祈尧庙，豹祠如祈滏口。"

孔庙 《隋书》卷九《礼仪志》记述北齐孔庙讲礼："后齐将讲于天子，先定经于孔父庙，置执经一人，侍讲二人，执读一人，摘句二人，录义六人，奉经二人。讲之旦，皇帝服通天冠、玄纱袍，乘象辂，至学，坐庙堂上。讲讫，还便殿，改服绛纱袍，乘象辂，还宫。讲毕，以一太牢释奠孔父，配以颜回，列轩悬乐，六佾舞。行三献礼毕，皇帝服通天冠、绛纱袍，升阼，即坐。宴毕，还宫。皇太子每通一经，亦释奠，乘石山安车，三师乘车在前，三少从后而至学焉。"孔庙与国子寺（国学）相邻接，北齐邺京求雨，或祈于孔庙。

祭孔礼 《隋书》卷九《礼仪志》："后齐制，新立学，必释奠礼先圣先师，每岁春秋二仲，常行其礼。每月旦，祭酒领博士已下及国子诸学生已上，太学、四门博士升堂，助教已下、太学诸生阶下，拜孔揖颜。日出行事而不至者，记之为一负。雨沾服则止。学生每十日给假，皆以丙日放之。郡学则于坊内立孔、颜庙,博士已下,亦每月朝云。"

学馆、国子寺、汉熹平《石经》 东魏武定四年(546 年)八月,高澄迁洛阳汉熹平石经五十二块碑刻于邺。《洛阳伽蓝记》卷三《城南·报德寺》:"开阳门御道东有汉国子学堂。堂前有三种字石经二十五碑,表里刻之,写《春秋》、《尚书》二部,作篆、科斗、隶三种字,汉右中郎将蔡邕笔之遗迹也。犹有十八碑,余皆残毁。复有石碑四十八枚,亦表里隶书,写《周易》、《尚书》、《公羊》、《礼记》四部。又《赞学碑》一所,并在堂前。魏文帝作《典论》六碑,至太和十七年,犹存四碑,高祖题为劝学里。武定四年,大将军迁石经于邺。"北齐天保元年(550 年)八月,高洋诏郡国修建学序,广延贤俊,敦述儒风,将东汉蔡邕所书洛阳《石经》碑刻移置邺京学馆,依次修立。学馆又称国子寺。《北齐书·孝昭纪》载皇建初《立学诏》曰:"国子寺可备立官属,依旧置生,讲习经典,岁时考试。其文襄帝所运石经,宜即施列于学馆。"孔庙、国子寺、学馆似在城南启夏门外。

《魏书》卷十二《孝静纪》:武定四年(546 年)八月,高澄"移洛阳《汉魏石经》于邺"。《北齐书》卷四《文宣纪》:天保元年(550 年)八月诏:"往者文襄皇帝(高澄)所运蔡邕石经五十二枚,即宜移置学馆,依次修立。"据《后汉书·蔡邕传》注引《洛阳记》:蔡邕石经凡四十六枚,至北魏时,仅存十七,毁二十九碑。高澄所移石经,除汉石经外,还有魏、晋石经。《洛阳伽蓝记》卷三,记《魏石经》"犹有十八碑,余皆残毁"。《水经注》卷十六《谷水》云洛阳《汉魏石经》"沦缺,存毁几半"。今人马衡《汉石经集存·概述》云:"《汉魏石经》碑之总数不过七十四枚,冯熙、常伯夫废毁分用之后,已非原有之数,又经岸崩没水,得到邺者不盈太半,焉得尚有五十二枚之多?"实际上,高澄所移五十二枚,其中包括东汉蔡邕石经十七碑、魏石经十八碑,余十七碑当为《晋石经》残碑数。北周灭齐后,又徙汉、魏、晋三朝石经五十二碑于长安。《周书·宣帝纪》:大象元年(579 年)二月辛卯,"诏徙邺城石经于洛阳"。隋又徙长安,《隋书·刘焯传》:"(开皇)六年(586 年),运洛阳石经至京师,文字磨灭,莫能知者。"同书《经籍志》云石经,"至开皇六年又自邺京载入长安",史书记歧异。范邦瑾《〈晋石经〉探疑》(刊《史林》1988 年第 4 期),认为由邺—洛—长安迁徙者为魏、晋石经;由邺徙长安者为汉魏石经。三朝石经迁徙情况为:

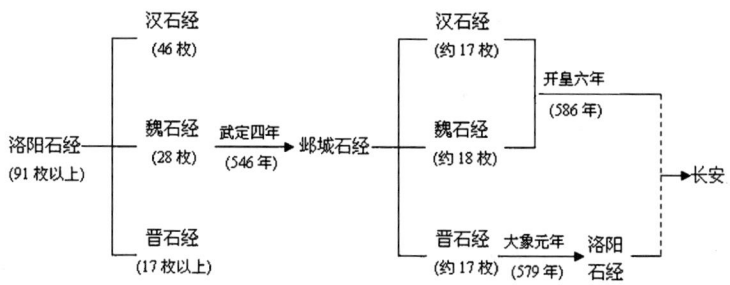

明堂　据《北齐书·邢劭传》，杨愔、魏收、邢劭曾联名奏请置学及修立明堂。其奏文曰：

世室明堂，显于周、夏；一黉两学，盛自虞、殷。所以宗配上帝，以著莫大之严；宣布下土，以彰则天之轨。养黄发以询哲言，育青衿而敷教典，用能享国长久，风徽万祀者也。爰暨亡秦，改革其道，坑儒灭学，以蔽黔黎。故九服分崩，祚终二代，炎汉勃兴，更修儒术。故西京有六学之义，东都有三本之盛。逮自魏、晋，拨乱相因，兵革之中，学校不绝。仰惟高祖孝文皇帝禀圣自天，道镜今古，列校序于乡党，敦《诗》《书》于郡国。但经始事殷，戎轩屡驾，未遑多就，弓剑弗追。世宗统历，聿遵先绪，永平之中，大兴板筑。续以水旱，戎马生郊，虽逮为山，还停一篑。而明堂礼乐之本，乃郁荆棘之林；胶序德义之基，空盈牧竖之迹。城隍严固之重，阙砖石之功；墉构显望之要，少楼榭之饰。加以风雨稍侵，渐致亏坠。非所谓追隆堂构，仪刑万国者也。伏闻朝议以高祖大造区夏，道侔姬文，拟祀明堂，式配上帝。今若基址不修，乃同丘畎，即使高皇神享，阙于国阳，宗事之典，有声无实。此臣子所以匪宁，亿兆所以伫望也。臣又闻官方授能，所以任事，事既任矣，酬之以禄，如此，则上无旷官之讥，下绝尸素之谤。今国子虽有学官之名，无教授之实，何异兔丝燕麦，南箕北斗哉？昔刘向有言，王者宜兴辟雍，陈礼乐以风天下。夫礼乐所以养人，刑法所以杀人，而有司勤勤，请定刑法，至于礼乐，则曰未敢，是敢于杀人，不敢于养人也。臣以为当今四海清平，九服宁晏，经国要重，理应先营，脱复稽延，则刘向之言征矣。但事不两兴，须有进退。以臣愚量，宜罢尚方雕靡之作，颇省永宁土木之功，并减瑶光材瓦之力，兼分石窟镂琢之劳，及诸事役非世急者，三时农隙，修此数条。使辟雍之礼，蔚尔而复兴；讽诵之音，焕然而更作。美树高墉,严壮于外;槐宫棘寺,显丽于中。更明古今,重遵乡饮,敦进郡学,精课经业。如此,则元、凯可得之于上序,游、夏可致之于下国,岂不休欤![1]

《隋书》卷六《礼仪》云邺都明堂,"后齐采《周官·考工记》为五室……存其制,而竟不立"。1992 年在邺南城南偏东一公里余处,出土隋赵颙墓志,曰:"葬于明堂园东庄严寺之所。"故知北齐建有明堂,在启夏门外御道之东。

辟雍　《艺文类聚》卷四十八《吏部尚书》载温子升《广阳王让吏部尚书表》,曰:"曾无辟雍议礼之名,讵有铜爵献赋之敏。"辟雍在城南,似在明堂园内。北齐五礼当在此修成。陈寅恪曰:"北齐后主时所修之五礼当即隋志之《后齐仪注》二百九十卷,邺都典章悉出洛阳,故武平所修亦不过太和遗绪而已,所可注意者,则薛道衡先预修齐礼,后又参定以齐礼为根据之隋制,两朝礼制因袭之证此其一也。"[2]辟雍内有总章堂,北齐皇帝于此行陈养老礼。

陈养老礼　《隋书》卷九《礼仪志》:"仲春令辰,陈养老礼。先一日,三老五更斋于国学。皇帝进贤冠、玄纱袍,至辟雍,入总章堂。列宫悬。王公已下及国老庶老各定位。司徒以羽仪武贲安车,迎三老五更于国学。并进贤冠、玄服、黑舄、素带。国子生黑介帻、青衿、单衣,乘马从以至。皇帝释剑,执珽,迎于门内。三老至门,五更去门十步,则降车以入。皇帝拜,三老五更摄齐答拜。皇帝揖进,三老在前,五更在后,升自右阶,就筵。三老坐,五更立。皇帝升堂,北面。公卿升自左阶,北面。三公授几杖,卿正履,国老庶老各就位。皇帝拜三老,群臣皆拜。不拜五更。乃坐,皇帝西向,肃拜五更。进珍羞酒食,亲袒割,执酱以馈,执爵以酳。以次进五更。又设酒酏于国老庶老。皇帝升御坐,三老乃论五孝六顺,典训大纲。皇帝虚躬请受,礼毕而还。又都下及外州人年七十已上,赐鸠杖黄帽。有敕即给,不为常也。"

明堂、辟雍均为国子学中的主要建筑。

南馆　接待外国使者的地方。周庾信《将命至邺诗》曰:"无因旅南馆,空欲祭西门。"[3]唐李百药《赋得魏都诗》曰:"南馆招奇士,西园引上才。"[4]自曹魏至北齐,均于城南设馆,宴聚使者才士。

① (清)严可均辑:《全北齐文》卷二,商务印书馆,1999 年。
② 陈寅恪:《隋唐制度渊源略论稿》二《礼仪》,河北教育出版社,2002 年。
③ 《艺文类聚》卷五十三《奉使》。
④ 《初学记》卷二十四《都邑》第一。

东郊藉田　《北齐书》卷四《文宣纪》：天保二年正月"癸亥,亲耕藉田于东郊"。"甲戌,帝泛舟于城东。"

藉田在邺城东南郊,是天子举行藉田礼的地方,号称"千亩",筑有先农坛、御耕坛和便殿等。先农坛祭祀先农神农氏,每年正月上辛后吉亥日行藉田礼,天子率百官藉田欲劝课农桑。《诗·周颂·载芟》："载芟,春藉田而祈社稷也。"毛传："藉田,甸师氏所掌,王载耒耜所耕之田,天子千亩,诸侯百亩。藉之言借也,借民力治之,故谓之藉田。"曹魏邺东藉田百亩。《隋书》卷七《礼仪志》记有北齐藉田礼制。曰："北齐藉于帝城东南千亩内,种赤粱、白谷、大豆、赤黍、小豆、黑穄、麻子、小麦,色别一顷。自余一顷,地中通阡陌,作祠坛于陌南阡西,广轮三十六尺,高九尺,四陛三壝四门。又为大营于外,又设御耕坛于阡东陌北。每岁正月上辛后吉亥,使公卿以一太牢祠先农神农氏于坛上,无配飨。祭讫,亲耕。先祠,司农进穜稑之种,六宫主之。行事之官并斋,设斋省。于坛所列宫悬。又置先农坐于坛上。众官朝服,司空一献,不燎。祠讫,皇帝乃服通天冠、青纱袍、黑介帻,佩苍玉,黄绶,青带,袜、舄,备法驾,乘木辂。耕官具朝服从。殿中监进御耒于坛南,百官定列。帝出便殿,升耕坛南陛,即御座。应耕者各进于列。帝降自南陛,至耕位,释剑执耒,三推三反,升坛即坐。耕,官一品五推五反,二品七推七反,三品九推九反。藉田令帅其属以牛耕,终千亩。以青箱奉穜稑种,跪呈司农,诣耕所洒之。耰讫,司农省功,奏事毕。皇帝降之便殿,更衣飨宴。礼毕,班赉而还"。

北齐邺都讲武制度　《隋书》卷八《礼仪志》对此有详细记载,其对于考证邺城内外建置颇有用,兹摘录于下：

> 后齐常以季秋,皇帝讲武于都外。有司先莱野为场,为二军进止之节。又别埒于北场,舆驾停观。遂命将简士教众,为战阵之法。凡为阵,少者在前,长者在后。其还,则长者在前,少者在后。长者持弓矢,短者持旌旗。勇者持钲鼓刀楯,为前行,战士次之,槊者次之,弓箭为后行。将帅先教士目,使习见旌旗指麾之踪,发起之意,旗卧则跪。教士耳,使习金鼓动止之节,声鼓则进,鸣金则止。教士心,使知刑罚之苦,赏赐之利。教士手,使习持五兵之便,战斗之备。教士足,使习跪及行列嶮泥之涂。前五日,皆请兵严于场所,依方色建旗为和门。都埒之中及四角,皆建五采牙旗。应讲武者,各集于其军。戒鼓一通,

军士皆严备。二通，将士贯甲。三通，步军各为直阵，以相俟。大将各处军中，立旗鼓下。有司陈小驾卤簿，皇帝武弁，乘革辂，大司马介胄乘，奉引入行殿。百司陪列。位定，二军迭为客主。先举为客，后举为主。从五行相胜法，为阵以应之。

后齐春搜礼，有司规大防，建获旗，以表获车。搜前一日，命布围。领军将军一人，督左甄，护军将军一人，督右甄。大司马一人，居中，节制诸军。天子陈小驾，服通天冠，乘木辂，诣行宫。将亲禽，服戎服，钑载者皆严。武卫张甄围，旗鼓相望，衔枚而进。甄常开一方，以令三驱。围合，吏奔骑令曰："鸟兽之肉，不登于俎者不射。皮革齿牙，骨角毛羽，不登于器者不射。"甄合，大司马鸣鼓促围，众军鼓噪鸣角，至期处而止。大司马屯北旌门，二甄帅屯左右旌门。天子乘马，从南旌门入，亲射禽。谒者以获车收禽，载还，陈于获旗之北。王公已下以次射禽，皆送旗下。事毕，大司马鸣鼓解围，复屯。殿中郎中率其属收禽，以实获车。天子还行宫。命有司每禽择取三十，一曰乾豆，二曰宾客，三曰充君之庖。其余即于围下量犒将士。礼毕，改服，钑者韬刃而还。夏苗、秋狝、冬狩，礼皆同。

河清中定令，每岁十二月半后讲武，至晦逐除。二军兵马，右入千秋门，左入万岁（春）门，并至永巷南下，至昭阳殿北，二军交。一军从西上阁，一军从东上阁，并从端门南，出阊阖门前桥南，戏射并讫，送至城南郭外罢。

后齐三月三日，皇帝常服乘舆，诣射所，升堂即坐，皇太子及群官坐定，登歌，进酒行爵。皇帝入便殿，更衣以出，骅骝令进御马，有司进弓矢。帝射讫，还御坐，射悬侯，又毕，群官乃射五埒。一品三十二发（一发调马，十发射下，十五发射上，三发射麇，三发射兽头。），二品三十发（一发调马，十发射下，十发射上，三发射麇，三发射帖，三发射兽头。），三品二十五发（一发调马，五发射下，十发射上，三发射麇，三发射帖，三发射兽头。），四品二十发（一发调马，五发射下，八发射上，二发射麇，二发射帖，二发射兽头。），五品十五发（一发调马，四发射下，五发射上，二发射麇，二发射帖，一发射兽头。），侍官御仗已上十发（一发调马，四发射下，五发射上。）。

季秋大射，皇帝备大驾，常服，御七宝辇，射七埒。正三品已上，第一埒,一品五十发(一发调马,十五发射下,二十五发射上,三发射靡,三发射帖,三发射兽头。),二品四十六发(一发调马,十五发射下,二十二发射上,二发射靡,三发射帖,三发射兽头。),从三品四品第二埒,三品四十二发(一发调马,十二发射下,二十二发射上,二发射靡,二发射帖,三发射兽头。),四品三十七发(一发调马,十一发射下,十九发射上,一发射靡,二发射帖,三发射兽头。),五品第三埒,三十二发(一发调马,九发射下,十七发射上,一发射靡,二发射帖,二发射兽头。),六品第四埒,二十七发(一发调马,八发射下,十六发射上,一发射靡,一发射帖。),七品第五埒,二十一发(一发调马,六发射下,十二发射上,一发射靡,一发射帖。),八品第六埒,十六发(一发调马,四发射下,九发射上,一发射靡,一发射帖。),九品第七埒,十发(一发调马,三发射下,四发射上,一发射靡,一发射帖。)。

大射置大将、太尉公为之。射司马各一人,录事二人。七埒各置埒将、射正参军各一人,埒士四人,威仪一人,乘白马以导,的别参军一人,悬侯下府参军一人。又各置令史埒士等员,以司其事。

(八)宗教建筑

大庄严寺　北齐天保九年(558年)十二月,高洋于邺都起大庄严寺,寺在邺城外南偏东。1992年春,邺址南赵彭城村民在村东南约300米挖土,发现一古墓,出土墓志一方。墓主人赵颙,字客生,南阳人。孝昌二年(526年)转授虎贲郎将,历东魏、北齐,于隋大业九年(613年)十月十五日卒,年七十七。"葬于明堂园东,庄严寺之所。"古墓之北,原有一大土台,1971年当地农民平整土地,出土一大型柱础,底方上圆,边长120厘米,直径93厘米,通高57厘米(见左图)。据说在这个大柱础周围还有排列整齐的很多较小柱础。考古工作者初曾怀疑此为圆丘遗址,后由赵颙墓志证实,此为大庄严寺之所。其遗址仍有大量东魏、北齐黑瓦片。唐长安城西南隅永阳坊有大庄严

庄严寺遗址出土大柱础图

寺,似袭邺城制度,然所处方位有所差异。

双堂、大总持寺　东魏武定七年(549年)八月,膳奴兰京等杀高澄于北城东柏堂。高洋在城东双堂,指挥士卒,斩兰京等。史书又谓"双堂"在城南。《北齐书》卷七《武成纪》:河清二年(563年)"五月壬午,诏以城南双堂闰位之苑,回造大总持寺"。城南双堂闰位之苑,"闰"为闰余,闰位即非正位。闰位之苑似在南城的南部。

2002年考古工作者在启夏门外大道之西,发掘出东魏北齐佛寺方形木塔基址。"塔基中心有一盗坑,在深约3.5米的坑底发现了刹柱础石。刹柱础石底座近正方形,上部为覆盆形,边长约1.2米。以刹柱为中心,可以确认三圈同心正方形分布的柱网:第一圈四个柱础石基本散失,现残存础石坑,分布于正方形的四隅;第二圈南面、西面共残存五个承础石,承础石上面为夯土,其上方有础石坑,其位置与第一圈础石坑相对应,可以推定第二圈有十二个柱础石,每面各四柱,面宽三间;第三圈仅在南侧残存一个承础石和一个承础石坑,依照第三圈承础石与第二圈柱础石的对应关系,推测第三圈有二十个柱础石,每面各六柱,面宽五间。柱础石的间距均匀,两柱中心之距离约4米。塔心实体的南边保存较好,其南侧为砖铺散水,推测正方形塔心实体边长约30米……邺南城塔基的建筑技术继承了北魏时期的建筑特点,同时又有所发展,它的规模略小于北魏洛阳永宁寺塔基,但柱网结构非常接近,参考此塔基夯土基槽的深度,或许这座方形木塔的复原高度相当可观。塔基柱础石下面放置承础石等技术开启了隋唐宫殿相同建筑技术之先河。"①(见右图)这座塔基所处的方位似为大总持寺。在塔基西南、东南发现有两处庭院遗址,此两院似为"双堂"。"双堂"之间偏北

塔基全景(南→北)

---

①　中国社会科学院考古研究所、河北省文物研究所邺城考古队:《河北临漳县邺城遗址东魏北齐佛寺塔基的发现与发掘》,《考古》2003年第10期。

为"闰位之苑","回造大总持寺",当是将"双堂"纳入大总持寺范围内。

唐长安城西南隅也有大总持寺。宋敏求《长安志》曰永阳坊"半以西大总持寺"。《注》曰:"隋大业三年,炀帝为文帝所立,初名大禅定寺,内制度与庄严寺正同。武德元年改为总持寺,庄严、总持即隋文、献后宫中之号也,寺中常贡梨。范密《景龙文馆记》曰,隋主自立法号,称总持,呼萧后为庄严,因此名寺。"①隋唐沿承北齐建庄严、总持寺,但所处方位不同。

大妙胜寺　即妙胜尼寺,似在南城外。《齐故济南愍悼王妃李尼墓志铭》:"(李尼)以武平元年五月十四日,迁神于大妙胜寺舍,时年二十二焉。"李尼即李难胜,祖李希宗,父李祖勋,文宣皇后李祖娥之侄女。祖娥曾出家妙胜寺。《北齐书》卷九《文宣李后传》:武成帝高湛将李后"盛以绢囊,流血淋漓,投诸渠水,良久乃苏,犊车载送妙胜尼寺。后性爱佛法,因此为尼。"周灭齐后,李祖娥曾入居长安,似仍住妙胜尼寺。据宋敏求《长安志》及今人杨鸿年《隋唐两京坊里谱》:朱雀门街之西第三街街西自北向南之第四坊,即醴泉坊,坊内有妙胜尼寺。开皇二年(582年),周静帝皇后平原公主所立。

大慈寺、大宝林寺　《北齐书》卷八《后主纪》:"(高纬)为胡昭仪起大慈寺,未成,改为穆皇后大宝林寺,穷极工巧,运石填泉,劳费亿计,人牛死者不可胜纪。"

鹰师曹与极德寺　《辨正论·十代奉佛篇》云:"高齐文宣帝大起寺塔,废鹰师曹为极德寺。"鹰师曹似应在南城西南或城南近郊。此外,邺都还有云居寺、北宣寺、大定寺等。《历代三宝记》曰:"高齐六君二十八年,皇家之寺四十三所。"

胡天　《隋书》卷七《礼仪志》曰:"(后齐)后主末年,祭非其鬼,至于躬自鼓儛,以事胡天。邺中遂多淫祀,兹风至今不绝。"胡天为火祆教祭祀场所,后赵邺宫有胡天,北齐邺中胡天祭祀沿袭后赵,这种火祆教信仰一直影响到唐初。唐长安城布政坊内有胡祆祠。宋敏求《长安志》:"(布政坊)西南隅胡祆祠。"《注》:"武德四年立,西域胡祆神也。祠内有萨宝府官,主祠祆神,亦以胡祝充其职。"②长安大秦寺、祆寺均在郭城西部或西南部,似袭邺城制度。

南郊道坛　东魏武定六年(548年)七月,高澄朝静帝于邺,以道士多伪滥,始罢南郊道坛。但邺中道教并未消失,据《隋书》卷三十五《经籍志》:"文襄之世,更置馆宇,选其精至者使居焉"。

①　杨鸿年:《隋唐两京坊里谱》,上海古籍出版社,1999年,第38页。

②　杨鸿年:《隋唐两京坊里谱》,上海古籍出版社,1999年,第71页。关于火祆教入华史略,还可参阅陈垣《火祆教入中国考》,载《陈垣学术论文集》第1集,中华书局,1980年。

邺南城西郊出土佛造像

(九)邺南城城外园林及远郊寺院

华林园　东魏、北齐邺都华林园在南城西南。

正晦泛舟礼　《隋书》卷九《礼仪志》:"正晦泛舟,则皇帝乘舆,鼓吹至行殿。升御坐,乘版舆,以与王公登舟,置酒。非预泛者,坐于便幕。"此礼似行于华林园。

华林园公宴每年三月三日,君臣于华林园公宴,故邢劭(字子才)作《华林园公宴诗》,曰:

回銮自东野，弭盖属瑶池。五丞接光景，七友树风仪。芳春时欲遽，览物惜将移。新萍已冒沼，余花尚满枝。草滋径芜没，林长山蔽亏。方筵罗玉俎，激水漾金卮。歌声断且续，舞袖合还离。[①]

《北齐书》卷二十八《元孝友传》："魏静帝宴文襄于华林。"

《北齐书》卷十二《琅邪王俨传》："初从北宫出，将上中丞，凡京畿步骑、领军之官属、中丞之威仪，司徒之卤簿，莫不毕备。帝与胡后在华林园东门外张幕，隔青纱步障观之……观者倾京邑。"北宫在北城，上中丞即到御史台办公，御史台在南城宫阙西南。华林园在城外，园之东门外张幕，当是高俨上中丞，仪仗必经之处。从史料反映的情况看，华林园应在南城西南。

华林园内有都堂，元象元年（538年）六月，东魏帝元善见到华林园都堂听讼。

仙都苑　明嘉靖《彰德府志》卷八《邺都宫室志》引《邺中记》："齐武成增饰华林园，若神仙所居，遂改为仙都苑。"又曰："《北史·魏收传》云：'武成于华林园中作玄洲苑，备山水台观之美。'疑即仙都也，其苑中楼观山池，自周平齐之后，并毁废。"《隋书》卷二十二《五行志上》："齐后主武平四年……大兴土木之功于仙都苑。"

邺城遗址西北出土《北周高妙仪墓志》，曰："宣政元年，薨于都邑，春秋十八……葬于邺城西北五里。左侠清池，右带名路，南通上苑，北据林华。"墓东为玄武旧池，西为南北官道，南为仙都苑，北为漳水南岸林带。

玄洲苑　《北齐书》卷三十七《魏收传》："帝于华林别起玄洲苑，备山水台观之丽，诏于阁上画收（像）。"时约在大宁初。后主高纬在邺，常居玄洲苑，又召集文士，于武平三年（572年）二月撰《玄洲苑御览》，后改名《圣寿堂御览》。

嘉靖《彰德府志》卷八《邺都宫室志》记仙都苑内楼观苑池甚详。兹录载于下：

苑中封土为五岳，并隔水相望。五岳之间，分流四渎为四海，汇为大池，又曰大海。每池中通船，行处可二十五里。中有龙舟六艘，又有鲸鱼、青龙、鹢首、飞隼、赤乌等舟。海池之中为水殿，周回十二间，四架，平坐广二丈九尺，基高二尺四寸，户八窗。殿脚船二只，各长五丈

---

① 《初学记》卷四《三月三日》。

二尺,上作四面步廊,周回四十四间,三架,悉皆彩画,垂五色流苏,帐帷枕悬玉佩,柱上挂方镜,下悬织成香囊,用锦褥为地衣,花兽连钩,皆纯金,饰以孔雀、山鸡、白鹭、翡翠毛。彩物光明,夺人目力,不能久视焉。其中岳嵩山北,有平头山,东西有轻云楼,架云廊十六间。南有峨嵋山,小山东西屈头,南向,若峨嵋也。山之东头有鹦鹉楼,以绿瓷为瓦,其色似鹦鹉,因名之。其西有鸳鸯楼,以黄瓷为瓦,其色似鸳鸯,因名之。北岳南有玄武楼,楼北有九曲山,山下有金花池,池西有三松岭。次南有凌云城,西有陛道,名曰通天坛。大海之北,有飞鸾殿。其殿十六间,五架,青石为基,珉石为柱础,镂作莲花形,梁栋楹柱皆苞以竹,作千叶金莲花,三等束之。其上舒叶,长一尺八寸,斑竹以为椽。织五色簟为水波纹,以作地衣。内垂五色珠帘,麒麟锦以为缘,白玉以为钩。后有长廊,檐下引水,周流不绝。其南有御宿堂。此堂尽用铁装,庭前有仙人博山石,方二尺五寸,石色赤,基坚不可鉴,不知何方所献。其东有井,以玉砌之。堂前白樱桃二株,实大如弹丸,又有钩鼻桃二株,实大可三斤云。其中有紫微殿,外画义夫,内画节妇。

宣凤观、千秋楼　在七盘山上,屈曲而上,故曰七盘山。有数峰,东曰散日,西曰隐月,东北曰停鸾岭,西北曰驻鹤。又有含霜障、白露岭。又有游龙观、大海观、万福堂。此堂厦头名曰游龙户、舞风窗。盖户挂镜面三尺,五色金龙相蟠萦,作花树芳草,隐起七尊,以七宝饰之,又用孔雀、山鸡、白鹭、翡翠毛当镜上,作七宝金凤,高一尺七寸,口衔九金铃。堂内柱亦悬菱花镜,广二尺一寸,下悬织成香囊绣带焉。流霞殿,已上一观一堂一殿,并在紫微殿左右。修竹浦,在紫微殿北。连壁洲,在紫微殿内。杜若洲、靡芜岛、三休山,东有悲猿峰,西有忘归岭,南有黄雀岩。已上并在大海中。

西海有望秋观、临春观,隔水相望。海池中又有万岁楼,楼西有长楸马埒,每岁春秋,妃嫔内贵马射之处也。北海中有密作堂,堂周回二十(间),四架,以大船浮之于水,为激轮于堂,层层各异,下层刻木为七人,相对列坐,一人弹琵琶,一人击胡鼓,一人弹箜篌,一人搊筝,一人振铜钹,一人拍板,一人弄盘,并衣之以锦绣,其节会进退俯仰,莫不中规。中层作佛堂三间,佛事精丽。又作木僧七人,各长三尺,衣以缯彩。堂西南角,一僧手执香奁,东南角一僧手执香炉而立,余五僧绕佛左转行道,每至西南角,则执香奁僧以手拈香,授行道僧,僧舒手受香。复行至东南角,则执香炉僧舒手授香于行道僧,僧乃舒手置香于炉中,遂至佛前作礼,礼毕,整衣而行,周而复始,与人无异。上层亦作佛堂,旁列菩萨及侍卫力士。佛坐帐上刻作飞仙,循环右转,又刻画紫云飞腾,相映左转,往来交错,终日不绝。并黄门侍郎博陵崔士顺所制,奇巧机妙,自古未有。

　　贫儿村　齐后主高纬天统末,于密作堂侧,率诸内人、阉官等作贫儿村。编蒲为席,剪茅为房,断罄之荐,折簨之床,故破靴履,糟糠饮食,陷井蓺灶,短匙破厂,蒿檐不蔽风雨。纬与诸妃嫔游戏其中,以为笑乐。旁置一市,多置物货,纬躬为市令,胡妃坐店卖酒,而令官人交易其中,往来无禁,三日而罢。呜呼,人之昏愚,有若是哉。

　　高阳王思宗城　高纬于苑内作小城,令思宗为城主,纬亲率阉官,集卫士,围城鼓噪,矢石乱发,一日一夜攻破西北隅,思宗东走,为战兵所擒。后周师入邺,纬独与其家僮宦者数百人走青州,尉迟勤擒送周。此将亡之兆也。已上并在仙都苑中。

《北齐书》等史书也曾记及贫儿村、《无愁曲》。《北齐书》卷八《后主纪》:“又于华林园立贫穷村舍,帝自弊衣为乞食儿。又为穷儿之市,躬自交易。写筑西鄙诸城,使人衣黑衣为羌兵,鼓噪凌之,亲率内参临拒,或实弯弓射人。”《太平御览》卷七百三十四引《三国志略》:“(高纬)又于芳林园自著破衣裳为穷儿,入市躬自交易焉。筑西鄙诸城,为羌兵鼓噪凌之,多作黑衣人,共相执缚,亲率内参临拒,或实弯弓射人。”此与《北齐书·后主纪》所记事相同,文字有出入。“华林园”、“芳林园”似为一园。《隋书》卷二十二《五行志上》:“武平时,后主于苑内作贫儿村,亲衣褴褛之服而行乞其间,以为笑乐。多令人服乌衣,以相执缚。”

《无愁曲》　《隋书》卷十四《音乐志》:“后主亦自能度曲,亲执乐器,悦玩无倦,倚弦而歌。别采新声,为《无愁曲》,音韵窈窕,极于哀思,使胡儿阉官之辈,齐唱和之,曲终乐阕,莫不殒涕。虽行幸道路,或时马上奏之,乐往哀来,竟以亡国。”

万春堂　《太平御览》卷九百二十四引《三国志略》:“北齐高纬时有万春鸟见仙都苑上,为造万春堂以应嘉瑞。”《隋书》卷二十三《五行志下》:“天统三年九月,万春鸟集仙都苑。《京房易飞候》曰:‘非常之鸟,来宿于邑中,邑有兵。’周师入邺之应也。”

史书所载之仙都园、玄都园尝混为一,两者并非一园。

雀离佛院　在华林园中。《北齐书》卷十三《赵郡王琛传子叡附传》:

"(高叡)出至永巷遇兵被执,送华林园,于雀离佛院令刘桃枝拉而杀之。"西域龟兹国有雀离佛院,邺都华林园内雀离佛院当仿龟兹而建。

太原公主寺 《邺都佚志辑校注》辑《邺都故事》:"太原公主,齐高祖之女,为东魏孝静帝后。文宣禅位,以后为太原公主。天保六年,公主为尼,因置此寺于苑。"苑,似为仙都苑。后周平齐,苑毁寺废。

芳林园 《北齐书》卷五《废帝纪》:乾明元年二月"甲辰,帝幸芳林园,亲录囚徒,死罪以下降免各有差。"

清风园 嘉靖《彰德府志·邺都宫室志》曰:"(清风园)在邺南。《邺都故事》云:'后主纬以此园赐穆提婆。于是宫无蔬菜,赊买于民,负钱三百万。'盖此园乃蔬圃也。"《太平御览》卷九百七十六引《三国典略》:"北齐主以邺清风园赐穆提婆,于是宫无蔬菜……斛律光曰:'此园赐提婆一家足,不赐提婆百官足。'"

定国寺 即韩陵山寺,在邺南,北魏永熙二年(533年)高欢建,以纪念韩陵之战殉国将士,并旌功刻碑,碑文由温子升撰,即《韩陵山寺碑》,又称《定国寺碑》。《艺文类聚》卷七十七《内典》下"寺碑",载有《后魏温子升寒(韩)陵山寺碑序》,序文记颂韩陵山之战曰:

> 大丞相渤海王,命世作宰,惟机成务,标格千刃,崖岸万里,运鼎阿于襟抱,纳山岳于胸怀,拥玄云以上腾,负青天而高引,钟鼓嘈囐,上闻于天,旌旗缤纷,下盘于地,壮士懔以争先,义夫愤而竞起,兵接刃于斯场,车错毂于此地,轰轰隐隐,若转石之坠高崖,硠硠磕磕,如激水之投深谷,俄而雾卷云除,冰离叶散,靡旗蔽日,乱辙满野,楚师之败于柏举,新兵之退自昆阳,以此方之,未可同日,既考兹沃壤,建此精庐,砥石砺金,莹珠琢玉,经始等于佛功,制作同于造化,息心是归,净行攸处,神异毕臻,灵仙综萃,鸣玉銮以来游,带霓裳而止,翔凤纷已相嘖,飞龙蜿而俱跃,虽复高天销于猛炭,大地沦于积水,固以传之不朽,终亦记此无忘。

《北齐书》卷四十九《方伎·王春传》:"王春,河东人,少好易占,明风角,游于赵、魏之间,飞符上天……韩陵之战,四面受敌,从寅至午,三合三离。高祖将退军,春叩马谏曰:'比未时,必当大捷。'遽缚其子诣王为质,不胜请斩之。俄而贼大败。"

据《续高僧传》,北齐时,释法上住相州定国寺,为戒师。武平年间,高丽国大丞相王高德《启问法教始末缘由事叙略》,曰:"释迦文佛入涅盘来,至今几年? 又于天竺几年,方到汉地? 初到何帝? 年号是何? 又齐陈佛法,谁先传告? 从尔至今历几年帝? 远请具注。"释法上《答高丽国丞相王高德问法教始末叙略》曰:"佛以姬周昭王二十四年甲寅岁生,十九出家,三十成道,当穆王二十四年癸未之岁。穆王闻西方有化人出,便即西入,而竟不还。以此为验,四十九年在世。灭度以来,至今齐代武平七年丙申,凡经一千四百六十五年。后汉明帝永平十年,经法初来,魏晋相传,至今流布。"

高欢于韩陵山建佛寺,初称韩陵山寺,后改名定国寺。《艺文类聚》卷七十七《内典》下"寺碑",还载有温子升《定国寺浮图碑序》文。

南台　《太平寰宇记》卷五十五《河北道·相州》"南台"条:"《后魏书》云:'东魏迁邺,高丞相以南台为定国寺,作塼浮图极高,其铭即温子升文。'"

髑髅台　嘉靖《彰德府志·地理志》引《邺都故事》:"高欢既败尔朱兆于韩陵,于此作京观,俗曰髑髅台。今俗又讹曰独乐台村云。"又曰:"髑髅台在(安阳)县西南二十八里,周回二百四十步,东高二丈,西高三丈。"

邺东大觉寺　陈垣《释氏疑年录》卷二引据《续高僧传》八:邺东大觉寺僧范,平乡李氏,北齐天保六年卒,年八十(476－555)。温子升撰有《大觉寺碑》[1]。大觉寺始建于北魏明帝。东魏元象元年(538年)昭玄沙门大统慧光法师在邺城大觉寺卒世,享年七十岁,葬于西门豹祠之西南。2002年河南安阳北出土其墓志《魏故昭玄沙门大统墓志铭》。[2]

修定寺　《永乐大典》卷一三八二四引《相台志》:"修定寺在彰德府临漳县(邺)镇西七十里合水山下。本名合水寺,北齐大统法上所建,后有释僧猛修道于此寺。齐帝尝猎于西山,失一虎,搜逐甚急。虎驰入寺,若投僧猛,僧猛以衣覆之,虎遂获免。众以其修道坚定,故改名修定寺。内有龙花浮图。又山之极顶有弥勒堂,众物庄严,备弹华丽。按《续高僧传》,亦法上所作也。隋大业十一年寺废,唐贞观十年重建。"据寺内唐宋碑刻,此寺原为北魏邺人张僧猛禅居处,北齐为合水寺,并建寺塔,隋改名修定寺,北齐寺塔仍存,即今修定寺塔。

邺西龙山云门寺　僧稠塔　陈垣《释氏疑年录》卷二引据《善慧大士语

① 见《艺文类聚》卷七十七《内典》下"寺碑"。

② 见赵立春:《邺城地区新发现的慧光法师资料》,《中原文物》2006年第1期。

录附录》:邺西龙山云门寺僧稠,昌黎孙氏,北齐乾明元年卒,年六十(478—560)。北齐天保元年(550年),高洋《诏释僧稠》,曰:

> 久闻风德,常思言遇,今敕定州,令师赴邺,教化群生,义无独善,希即荷锡,暂游承明,思欲弘宣至道,济斯苦壤,至此之日,脱须还山,当任东西,无所留絷。[①]

废帝乾明元年(560年),僧稠卒,朝廷"施物五百段,送千僧供于玄门,以崇追福"[②]。皇建二年(561年),孝昭帝高演下《为僧稠起塔诏》,曰:

> 故大禅师德业高迥,三宝栋梁,灭尽化终,神游物外。可依中国之法,阇毗起塔,建千僧斋,赠物千段,标树芳迹,示诸后代。[③]

僧稠塔在邺西龙山云门寺。僧稠是北齐高僧,他路遇两虎相争,为虎说法,两虎休争,静听其法。这一故事广泛流传邺地。今河北磁县制锹厂发掘有元代瓷枕,瓷枕上绘有僧稠说法伏虎图:

元代瓷枕绘僧稠说法伏虎图

云门寺法勰　陈垣《释氏疑年录》引据《安阳金石录》二及《金石补正》二一:云门寺法勰,河东猗氏张氏,北齐太宁二年壬午卒,年六十九(494—562)。

邺西宝山寺　陈垣《释氏疑年录》卷二引据《续高僧传》八:邺西宝山寺道凭,平恩韩氏,北齐天保十年卒,年七十二(488—559)。

关于邺南城的建筑制度与北齐的灭亡。嘉靖《彰德府志·邺都宫室

---

① 严可均辑:《全北齐文》卷一。原文载《续高僧传》。

② 严可均辑:《全北齐文》卷一。原文载《续高僧传》。

③ 严可均辑:《全北齐文》卷二。原文载《续高僧传》。

志》总结道：

> 邺都南城，其制度盖取诸洛阳与北邺。然自高欢善之，高洋饰之，卑陋旧贯，每求过美，故规模密于曹魏，奢侈甚于石赵。夫以洋之才，征伐四克，威振戎夏。一旦沉湎衿伐，崇修宫室，殚淫巧，竭财力，焦思尽智，继之以枉惑丧心，靡所不至。厥后蹈袭奢迹，去而不返。高纬增益宫苑，夜则以火照作，寒则以汤为泥，百工困穷，无有休息。当是时也，忠良被刳剔，犬马蒙爵位。宫中一裙值万匹，镜台值千金，竞为变巧，朝成夕弊，侈心既厌，乃作穷儿村以为戏乐。嗟呼！周师至矣，实欲丐身为穷儿不可得也，初，武成令宫中多凝白装，画眉不复用黛，惟以烟墨，皆剪剔其发，以著假髻，而危邪之状如飞鸟，至于南面则髻心正西，始自宫内为之，被于四远。天意若曰："元首剪落，危侧当走西也。"及周师克晋阳，使梁士彦为守，后主帅师攻之，城陷十步，将士乘胜欲入，后主令待冯淑妃共观之，淑妃以妆洗，不获时至，周师复振，齐军遂溃而亡。

邺城遗址复原沙盘图(南→北)

五、邺北城的建筑

东魏、北齐邺北城垣墙及城门沿袭后赵制度，其建筑主要是在原有布局基础上进行恢复或改建，规模较大的工程主要有三台、北宫及城外建筑等。

城门与城垣　东魏、北齐复建邺北城，城门城垣因循后赵，城门七，北垣二门，东垣一门，南垣三门，西垣一门。门名是否沿袭后赵，史书缺载。史书关于邺北城城门的记载较少，这说明北城主要是高氏贵戚军要居处，城门管理较严，非城内平民出入内外的主要门道，故史料记载不多。承光元年正月癸巳，周师攻邺，"烧城西门"[1]。所烧西门，当为北城西门，即后赵金明门，此门距紫陌桥最近，也是高氏集团出入邺城、往来晋阳的门户，故先受到攻击。东门是通往东山宫、邺东校猎的出入门户。《北齐书》卷四十四《儒林·权会传》："曾夜出城东门，钟漏已尽，会唯独乘驴……不觉坠驴，因尔迷闷，至明始觉。方知坠驴之处，乃是郭外，才去家数里。"所出城东门似是北城东门。北垣二门经常关闭，例如曹魏、后赵；南垣三门，中间一门即原中阳门，因直通南宫后园，不常启用，官员上朝，平时均由东、西两边的城门进入南城，分别由南宫云龙、神虎二门上殿。考古工作者已探测到东门、北垣东头一门的门址，其他门址可以根据北城街道钻探情况作出大致的推定，并且还探出了城东南角，发现了东魏、北齐重建或修补的痕迹。2011年考古工作者曾在北垣东头一门即原后赵广德门遗址处，探出深埋地下的火烧土块和炭块。当是邺城被焚留下的痕迹。

街道　由文献推知北城主要街道有九条：东西大街一条，横贯东、西门；南北干道九条，东西大街以南半部有南北街五条，北半部有南北街四条。考古工作者已钻探出六条街道。[2]北齐邺都北部，即北城，有十一行经途尉，掌管街道通行与治安。北城当有十一条街道：即南北街道九条，东西街道以中轴线为界，分为二条。

三台　《太平御览》卷七百三十四引《三国典略》："初，齐神武之克邺城，于北台上建立神祠，盖布衣时所事也。"北齐天保七年（556年）六月，高洋发丁匠三十余万扩修三台宫殿。三台构木高二十七丈，于台上大起宫室及游豫园。两栋相距二百余尺，工程浩繁，超逾前代。历时两年多，到天保九年（558年）九月，三台竣工，更名铜爵为金凤，金武（虎）为圣应，冰井为崇光。三台之上建有乾象殿、太光殿等。据《北齐书》卷四《文宣纪》：天保七年，"修广三台宫殿"。九年"十一月甲午，帝至自晋阳，登三台，御乾象

①　《北齐书》卷八《后主本纪》。

②　参见中国社会科学院考古所、河北省文物所邺城考古队：《河北临漳邺北城遗址勘探发掘简报》，《考古》1990年第7期。

殿,朝宴群臣,并命赋诗"。魏收上《皇居新殿台赋》,"其文甚壮丽"①。温子升《广阳王让吏部尚书表》亦曰:"曾无辟雍议礼之名,讵有铜爵献赋之敏。"又"以新宫成,(十一月)丁酉,大赦,内外文武普泛一大阶"②。

大宁二年(562年)四月,娄后崩,武成"登三台,置酒作乐"③。

北齐后主时,令河间刘龙修三爵台,甚称旨。三爵台即三台,三台宫殿建筑工程前后持续约二十年。

铜雀台石窨门　清严可均《全北齐文》卷九辑有《铜雀台石窨门铭》,曰:"大齐天保八年九年,造铜雀台石窨之门,百代之后,见此铭者,当复知之。将陈骥,军副程显承,娄睎,幢主孙悦,军主董侯,幢主杨昂。"(碑拓本。案《北齐书》卷四《文宣纪》,天保九年三台成,盖经始于八年,故云八年九年也。)

1986年考古工作者在铜雀台南边开探沟,出土东魏北齐石螭首一件,长1.92米。这一带文化层较为丰富。1957年俞伟超曾采集到带有文字戳记的黑瓦片(见下图),以后陆陆续续发现很多。

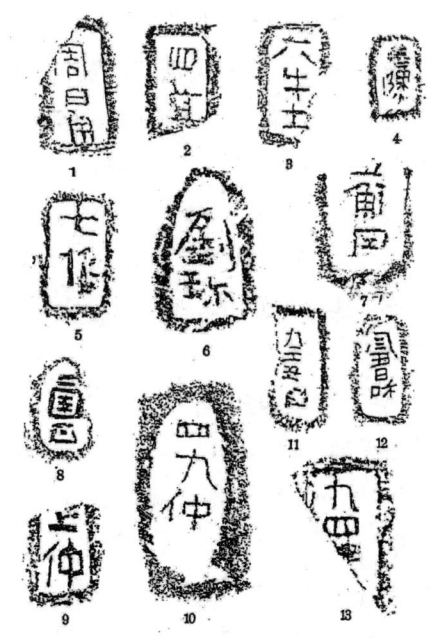

东魏、北齐黑瓦上的文字戳记

---

① 《北齐书》卷三十七《魏收传》。

② 《艺文类聚》卷五十五《谈讲》。

③ 《北齐书》卷九《神武娄后传》。

太光殿　在三台上，北齐天保七至九年建。《北齐书》卷四《文宣纪》："在三台大光殿上，以锯锯都督穆嵩，遂至于死。"

金凤台　《北齐书》卷五《废帝纪》："文宣登金凤台，召太子使手刃囚。"同书卷三十《崔昂传》："侍燕金凤台。"《隋书》卷二十五《刑法志》："帝尝幸金凤台，受佛戒，多召死囚，编蒲篾为翅，命之飞下，谓之放生。坠皆致死，帝视以为观笑。"1984 年考古工作者在台北边挖探沟，出土东魏北齐方形柱础，四边长约 64 厘米，高 34 厘米，础面圆孔直径 10 厘米，柱痕直径 42厘米。

三台、西园又是东魏、北齐君臣宴会、接待宾客的地方，南朝梁的使臣徐陵、王僧孺都在这里受到款待，宾主宴对，甚是风雅。《北齐书》卷四十一《元景安传》："肃宗（武成）曾与群臣于西园宴射，文武预者二百余人。设侯去堂百四十余步，中的者赐与良马及金玉锦彩等。"《陈书》卷二十六《徐陵传》曰："太清二年，兼通直散骑常侍使魏。魏人授馆宴宾，是日甚热，其主客魏收嘲陵曰：'今日之热当由徐常侍来。'陵即答曰：'昔王肃至此，为魏始制礼仪，今我来聘，使卿复知寒暑。'收大惭。"南朝陈，王厚、陆琰也曾出使至邺。《陈书》卷三十四《文学·陆琰》："琰幼孤，好学，有志操。州举秀才，解褐宣惠始兴王行参军，累迁法曹外兵参军，直嘉德殿学士。世祖听览余暇，颇留心史籍，以琰博学，善占诵，引置左右。尝使制《刀铭》，琰援笔即成，无所点窜，世祖嗟赏久之，赐衣一袭。俄兼通直散骑常侍，副琅邪王厚聘齐，及至邺下而厚病卒，琰自为使主。时年二十余，风神韶亮，占对闲敏，齐士大夫甚倾心焉。"

徐陵十分流连邺都三台景色，其《答尹义尚书》曰："别离二国，云雨十年，心想河阳，言铜爵而无远，神游漳水，与金凤而具飞，弟留连河北，义等周南。"梁王僧孺在邺作《谢齐竟陵王使撰众书启》，曰："伏惟殿下，铜爵始成，早摘从后之句，柏梁初构，首属骖驾之辞，楚史所受，曾不云述，沛献斯陈，良未足采，徒以愿托后车，以望西园之客，摄齐下坐，有粲南皮之游，谬服同于鲁儒，窃吹等乎齐乐。"[1]《初学记》卷二十八《柏》载魏收作《庭柏诗》，曰："古松图偃盖，新柏写炉峰。凌寒翠不夺，迎暄绿更浓。茹叶轻沉体，咀实化衰容。将使中台麝，违山能见从。"所写庭柏似在西园。

---

[1]　《艺文类聚》卷五十五《谈讲》。

　　西园内有金华殿。北齐天保七年建。《北齐书》卷四《文宣纪》:"(天保
七年四月)丁卯,诏造金华殿。"王僧孺《登高台》曰:"试出金华殿,聊登铜雀
台,九路平如砥,千门洞已开。轩车映日过,箫管逐风来,若非邯郸美,便是
洛阳才。"①邢子才《广平王碑文》亦曰:"侍讲金华,参游铜雀,出陪芝盖,入
俸桂室。"②西园还应建有接待外国使者的公馆。《艺文类聚》卷五十三《奉
使》著录有北齐裴让之《公馆之燕训南使徐陵诗》、裴讷之《邺馆公宴诗》,其
曰:"双阙表皇居,三台映仙掌。"

　　北齐时,邺城佛教十分盛行,三台又成了高氏帝王佞佛的地方。河清
二年(563年)"秋八月辛丑,(武成帝)诏以三台宫为大兴圣寺"③。清严可
钧辑《全北齐文》有魏收为武成帝撰《以三台宫为大兴圣寺诏》,曰:

　　　　门下:皇居帝邑,揆日瞻星,仞雉有常,几席斯在? 虽今古推移,文
　　质代变,而成世作范,义贵适时。朕奄家四海,作孚万国,当阳负扆,深
　　存庇眄,济下利物,无忘怀抱,昭仁训俗,不遗造次。今临向听朝,咸极
　　崇广,宴息之所,不足温华。每谓为之者劳,居之者逸。至于离宫别
　　馆,有时游幸,耳目所及,聊可忘怀。而乃千门洞启,万柱周架,上迫云
　　汉,下临雷雨,巧极金铜,丽殚珠璧。眷然长想,良非宿心。三台并列,
　　芜秽自久。天保之末,经构甫兴,仍创栋宇,规模宏博,有司过实,匠人
　　逞功,泯庶劳止,縻费难量,既非殿寝正所,便为虚卫之地。凝华生白,
　　经历岁年,不剪茅茨,事颇逼下,卑其宫室,有可庶几,顾兹侈丽,岂伊
　　宁处。自魏朝失政,九域崩离,人神无主,实求明圣。我太祖献武皇帝
　　握兹乾纪,执斯地纲,悬持日月,啸咤风云,纪忠贞以成务,感灵征而大
　　造。爰以克定之初,躬图道场之业,神迹冥果,理烛幽明,朕嗣膺宝祚,
　　永惟嘉祉,仰祇先志,尚竦玄门,思展聿修之重,念归喜舍之大,肌肤匪
　　吝,国城何宝,期济率土,至于圆极,可以三台宫为大兴圣寺。此处极
　　土木之壮,穷丹素之妍,奇怪备于刻削,光华异于图彩,顾使灵心胅骘,
　　神物奔会,真觉惟寂,有感必通,化为净土,广延德众,心若琉璃,法轮
　　常转,洒甘露于大千,照慈灯于旷劫。④

---

①　《艺文类聚》卷四十二《乐府》。
②　《艺文类聚》卷四十五《诸王》。
③　《北齐书》卷七《武成纪》。
④　严可均辑自《释藏》策五;《广弘明集》二十八上;《初学记》二十三。

天统二年(566 年),北齐太上皇高湛再次下诏,"以三台施兴圣寺"。"五年(569 年)春正月辛亥,诏以金凤等三台未入寺者施大兴圣寺"[①]。后主高纬杀高绰,"瘗于兴圣佛寺"[②]。三台宫室楼观或改或建或施舍,成了邺都一大佛寺。

北周灭北齐,拆毁三台宫室,瓦木诸物,赐还居民。大象二年(580 年),三台宫室再次遭焚毁。

1976 年 8 月至 1977 年 12 月,河北省临漳县文物工作者曾在西苑旧址开掘第一探区,其文化层情况如下:距地表 0.7－3 米为东魏、北齐文化层,4－4.5 米为十六国文化层(这两个文化层有的地方已被扰乱),6 米左右为曹魏文化层。东魏、北齐文化层面积大,十六国次之,曹魏面积最小。在铜雀台、金凤台遗址的东面和北面,距地表 2－3 米处,有大片的东魏、北齐文化层,且有大量有文字戳记的黑瓦片和莲花瓦当出土,当是北齐建筑遗存。[③] 在西园之南凤阳门大道西侧也出土有莲花纹瓦当(见下图)。

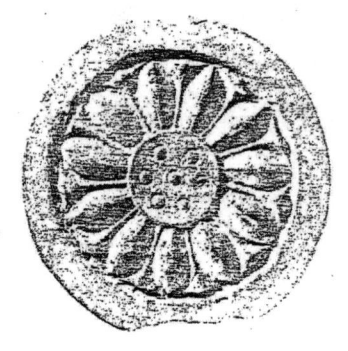 

莲花纹瓦当

北宫　东魏、北齐于北城建北宫,宫址在曹魏十六国旧邺宫废基上。《北齐书》卷三《文襄纪》:东魏武定八年七月,"崔季舒无故于北宫门外诸贵之前诵鲍明远诗曰:'将军既下世,部曲亦罕存。'声甚凄断,泪不能已,见者莫不怪之"。不久,文襄遇害。北齐时,高欢妻娄氏居北宫。大宁二年四月辛丑,崩于北宫,时年六十二。[④] 后主高纬时,皇太后胡氏居北宫。《太平御览》卷

① 《北齐书》卷八《后主本纪》。

② 《北齐书》卷十二《高阳王绰传》。

③ 河北省临漳县文物保管所:《邺城考古调查和钻探简报》,《中原文物》1983 年第 4 期。

④ 《北齐书》卷九《神武娄后传》。

九百一十七引《三国典略》:"齐高纬如晋阳,穆后将从,辞胡太后于北宫。"
《北齐书》卷四十《尉瑾传》:"世宗入朝,因命瑾在邺北宫共高德政典机密。"

宣训宫　神武后娄氏宫号,天保初立。

丞相府　《北齐书》卷十四《高思宗传》曰:"丞相府在北城中,即旧中兴寺也。"在后赵太武殿东南。《北齐书》卷十四《高思宗传附高元海传》:"先是童谣云:'中兴寺内白凫翁,四方侧听声雍雍,道人闻之夜打钟。'时丞相府在北城中,即旧中兴寺也。凫翁,谓雄鸡,盖指武成小字步落稽也。道人,济南王小名。打钟,言将被击也。"

高欢宅　嘉靖《彰德府志·邺都宫室志》引《邺都故事》曰:"(高)欢为魏丞相,所居在北城文昌殿之东南。后,文襄及彭城王并遇害于此。周师平邺,尉迟迥自杀于此宅楼上。"今废址上有高家楼村。

北齐时,在东魏丞相府、高欢旧宅基础上进一步扩建为北宫。《北齐书》卷五《废帝纪》:高殷"常晏北宫"。《北齐书》卷九《后妃传》:神武娄皇后"崩于北宫"。高俨为司徒兼京畿大都督、领军大将军,与太上皇高湛居邺北宫,尝掣肘朝廷,形成北齐南、北宫权力之争。

北宫东斋　东魏武定七年(549年)七月兰京与同事阿改谋杀高澄。阿改时事高洋,"常执刀随从,云:'若闻东斋叫声',即以加刃于显祖(高洋)"。是日,高洋入宫拜表贺建东宫,事罢,出东止车门,"别有所之,未还而难作"[1]。是时,高洋在城东"双堂"。八年(550年)高洋谋篡东魏,曾软禁东魏宗室诸王于北宫东斋。《北齐书》卷三十《高德政传》:"(五月)六日,要魏太傅咸阳王坦等总集,引入北宫,留于东斋,受禅后,乃放还宅。"

东柏堂、柏阁　《北齐书》卷三《文襄纪》:高澄居北城东柏堂,与陈元康、杨愔、崔季舒等谋篡东魏,被兰京杀害于此。东柏堂即北宫东斋,又称"柏阁"。《北齐书》卷三十九《祖珽传》:陆媪等黜祖珽,"珽求见后主,韩长鸾积嫌于珽,遣人推出柏阁"。

邺宫东馆　乾明元年(560年)二月,北齐以常山王高演为邺省尚书,高演在邺杀诸大臣,专权。高洋死后,演居邺宫东馆,启奏之事,皆先谘决。

太子宫　在北城东北部,具体方位似为魏、赵东宫旧址。天保初,太子监国,冬会群官。邢邵、魏收曾就太子座向提出奏议。邢邵《太子监国冬会议》曰:

---

① 《北齐书》卷二十四《陈元康传》。

（上略）近皇太子在西林园，在于殿，犹且东面，于北城非宫殿之处，更不得邪？诸人以东面为尊，宴会须避。（中略）今太子监国，不得于别第异宫东面宴客，情所未安。（中略）东西二面，君臣通用，太子宜然，于理为允。①

魏收《太子监国冬会议》曰：

去天保初，皇太子监国，冬会群官于西林园都亭，坐从东面，义取于向中宫殿台故也。二年于宫冬会，坐乃东面，收窃以为疑，前者遂有别议。议者同之。邢尚书以前定东面之议，复申本怀。此乃国之大礼，无容不尽所见，收以为太子东宫，位在于震，长子之义也。案《易》八卦，正位向中。皇太子今居北城，于宫殿为东北、南面而坐，于义为背也。前者立议，据东宫为本，又案《东宫旧事》，太子宴会，多以西面为礼，此又成证，非徒言也。不言太子常无东西二面之坐，但用之有所。至如西园东面，所不疑也（下略）②。

从以上邢、魏《太子冬会议》，便能断定北齐太子宫的大体方位在北城东部偏北，其方位为宫城之东北。

册封皇太子礼　《隋书》卷九《礼仪志》："后齐册皇太子，则皇帝临轩，司徒为使，司空副之。太子服远游冠，入至位。使者入，奉册读讫，皇太子跪受册于使，以授中庶子。又受玺绶于尚书，以授庶子。稽首以出。就册，则使者持节至东宫，宫臣内外官定列。皇太子阶东，西面。若幼，则太师抱之，主衣二人奉空顶帻服从，以受册。明日，拜章表于东宫殿庭，中庶子、中舍人乘轺车，奉章诣朝堂谢。择日斋于崇正殿，服冕，乘石山安车谒庙。择日群臣上礼，又择日会。明日，三品以上笺贺。"

皇太子冠礼　《隋书》卷九《礼仪志》："皇太子冠，则太尉以制币告七庙，择日临轩。有司供帐于崇正殿。中严，皇太子空顶帻公服出，立东阶之南，西面，使者入，立西阶之南，东面。皇太子受诏讫，入室盥栉，出，南面。使者进揖，诣冠席，西面坐。光禄卿盥讫，诣太子前疏栉。使者又盥，奉进贤三梁冠，至太子前，东面祝，脱空顶帻，加冠。太子兴，入室更衣，出，又南面就席。光禄卿盥栉。使者又盥祝，脱三梁冠，加远游冠。太子又入室更

① （清）严可均辑：《全北齐文》卷三。
② （清）严可均辑：《全北齐文》卷四。

衣。设席中楹之西，使者揖就席，南面。光禄卿洗爵酌醴，使者诣席前，北面祝。太子拜受醴，即席坐，祭之，啐之，奠爵，降阶，复本位，西面。三师、三少及在位群官拜事讫。又择日会宫臣，又择日谒庙。"

皇太子纳妃礼　《隋书》卷九《礼仪志》："皇太子纳妃礼，皇帝遣使纳采，有司备礼物。会毕，使者受诏而行。主人迎于大门外。礼毕，会于听事。其次问名、纳吉，并如纳采。纳征，则使司徒及尚书令为使，备礼物而行。请期，则以太常宗正卿为使，如纳采。亲迎，则太尉为使。三日，妃朝皇帝于昭阳殿，又朝皇后于宣光殿。择日，群官上礼。他日，妃还。又他日，皇太子拜阁。"

太子冬会礼议　《隋书》卷九《礼仪志》：

> 天保元年，皇太子监国，在西林园冬会。群议皆东面。二年，于北城第内冬会，又议东面。吏部郎陆卬疑非礼，魏收改为西面。邢子才议欲依前，曰：

> 凡礼有同者，不可令异。《诗》说，天子至于大夫，皆乘四马，况以方面之少，何可皆不同乎？若太子定西面者，王公卿大夫士，复何面邪？南面，人君正位。今一官之长，无不南面，太子听政，亦南面坐。议者言皆晋旧事，太子在东宫，西面，为避尊位，非为向台殿也。子才以为东晋博议，依汉、魏之旧，太子普臣四海，不以为嫌，又何疑于东面？《礼》"世子绝旁亲"，"世子冠于阼"，"冢子生，接以太牢"。汉元著令，太子绝驰道。此皆礼同于君。又晋王公世子，摄命临国，乘七旒安车，驾用三马，礼同三公。近宋太子乘象辂，皆有同处，不以为嫌。况东面者，君臣通礼，独何为避？明为向台，所以然也。

> 近皇太子在西林园，在于殿犹且东面，于北城非宫殿之处，更不得邪？诸人以东面为尊，宴会须避。案《燕礼》、《燕义》，君位在东，宾位则在西，君位在阼阶，故有《武王践阼篇》，不在西也。《礼》"乘君之车，不敢旷左"。君在，恶空其位，左亦在东，不在西也。"君在阼，夫人在房"。郑注"人君尊东也"。前代及今，皇帝宴会接客，亦东堂西面。若以东面为贵，皇太子以储后之礼，监国之重，别第宴臣宾，自得申其正位。礼者皆东宫臣属，公卿接宴，观礼而已。若以西面为卑，实是君之正位。太公不肯北面说《丹书》，西面则道之，西面乃尊也。君位南面，有东有西，何可皆避？且事虽少异，有可相比者。周公，臣也，太子，子也。周公为冢宰，太子为储贰。明堂尊于别第，朝诸侯重于宴臣宾，南

面贵于东面。臣疏于子，冢宰轻于储贰。周公摄政，得在明堂南面朝诸侯。今太子监国，不得于别第异宫东面宴客，情所未安。且君行以太子监国，君宴不以公卿为宾，明父子无嫌，君臣有嫌。案《仪注》，亲王受诏冠婚，皇子皇女皆东面。今不约王公南面，而独约太子，何所取邪？议者南尊改就西面，转君位，更非合礼。方面既少，难为节文。东西二面，君臣通用，太子宜然，于礼为允。

魏收议云：

去天保初，皇太子监国。冬会群官于西园都亭，坐从东面，义取于向中宫台殿故也。二年于宫冬会，坐乃东面，收窃以为疑。前者遂有别议，议者同之。邢尚书以前定东面之议，复申本怀，此乃国之大礼，无容不尽所见。收以为太子东宫，位在于震，长子之义也。案《易》八卦，正位向中。皇太子今居北城，于宫殿为东北，南面而坐，于义为背也。前者立议，据东宫为本。又案《东宫旧事》，太子宴会，多以西面为礼，此又成证，非徒言也。不言太子常无东南二面之坐，但用之有所。至如西园东面，所不疑也。未知君臣车服有同异之议，何为而发？就如所云，但知礼有同者，不可令异。不知礼有异者，不可令同。苟别君臣同异之礼，恐重纸累札，书不尽也。

子才竟执东面，收执西面，援引经据，大相往复。其后竟从西面为定。

北齐太子冬会礼仪之争既反映了邺京东宫的建置，又反映了东宫礼仪制度。

武库　在北城。《北齐书》卷十二《琅邪王俨传》："以北城有武库，欲移俨于外，然后夺其兵权。"同书《高归彦传》："魏时山崩，得石角三，藏在武库。"

天平寺　《魏书》卷一百一十四《释老志》：东魏兴和二年（540年），孝静帝元善见"诏以邺城旧宫为天平寺"。天平寺当在西园内，即原北魏相州之廨所。

静德宫　北齐天保元年（550年）七月辛亥，"诏尊文襄妃元氏为文襄皇后，宫曰静德"[1]。静德宫似在北城。

---

[1]　《北齐书》卷四《文宣本纪》。

街路府宅

东魏、北齐邺北城城制布局沿袭后赵。考古工作者在北城发现了六条街路，各条街路都有上、下两层路面。下层为东汉魏晋十六国时期的路面；上层为东魏、北齐路面。① 北城东门仍建有瓮城。

北城也置有官邸：

京畿府　东魏天平三年，置京畿大都督，由高澄充任。京畿府之置，当在此时。《周书》卷三十六《王士良传》："东魏徙邺之后，置京畿府，专典兵马。时齐文襄为大都督，以士良为司马，领外兵参军。"北齐后主武平二年九月杀琅邪王高俨，十月"罢京畿府入领军府"②。北齐京畿府、领军府，在北城中，似在西苑。

领军府　北齐置，在北城。废帝时，高演曾掌领军府。《北齐书》卷三十《崔昂传》："（天保时），诏删定律令，损益礼乐，令尚书右仆射薛琡等四十三人在领军府议定。"

北城地牢、京畿狱　《北齐书》卷十《永安简王浚传》：天保八年，浚从幸东山，"帝（高洋）裸裎为乐，杂以妇女，又作狐掉尾戏。浚进言此非人主所宜。帝甚不悦。浚又于屏处召杨遵彦，讥其不谏。帝时不欲大臣与诸王交通，遵彦惧以奏。帝大怒曰：'小人由来难忍！'遂罢酒还宫。浚寻还州，又上书切谏。诏令征浚，浚惧祸，谢疾不至。上怒，驰驿收浚，老幼泣送者数千人。至，盛以铁笼，与上党王涣俱置北城地牢下，饮食溲秽共在一所。明年，帝亲将左右临穴歌讴，令浚和之。浚等惶怖且悲，不觉声战。帝为怆然，因泣，将赦之。长广王湛先与浚不睦，进曰：'猛兽安可出穴。'帝默然。浚等闻之，呼长广小字曰：'步落稽，皇天见汝！'左右闻者，莫不悲伤。浚与涣皆有雄略，为诸王所倾服，帝恐为害，乃自刺涣，又使壮士刘桃枝就笼乱刺。槊每下，浚、涣辄以手拉折之，号哭呼天。于是薪火乱投，烧杀之，填以石土。后出，皮发皆尽，尸色如炭"。同卷《上党刚肃王涣传》：高洋信术士言，忌黑漆，以涣为高欢第七子，欲借故加害。征涣，"铁笼盛之，与永安王浚同置地牢下。岁余，与浚同见杀"。据史书有关记载，所谓地牢乃一地穴。

高洋杀高涣于地牢，囚元韶于京畿狱。《北齐书》卷二十八《元韶传》：

---

① 中国社会科学院考古所、河北省文物所邺城考古队：《河北临漳邺北城遗址勘探发掘简报》，《考古》1990 第 7 期。

② 《北齐书》卷八《后主本纪》。

"韶幽于京畿地牢,绝食,啖衣袖而死。"

司马子如宅　高洋篡位,逼东魏孝静帝出云龙门,入北城,居原司马子如宅。

斛律明月宅　在北城。嘉靖《彰德府志·邺都宫室志》曰:"齐左丞相咸阳王斛律明月宅在城北,今其所居之地为南、北斛律二村。"但是书所录明代村名并无南、北斛律二村。此二村似在宋元以后废弃。斛律明月宅又似在南城,当距太庙不远。《隋书》卷二十三《五行志》下:"武平中,有血点地,自咸阳王斛律明月宅而至于太庙。"

东魏昌乐王元诞府第　《昌乐王元诞墓志》云:天平三年四月二十六日"薨于第……赠使持节、侍中、太保,领尚书令、司州牧"。其府第当在邺北城。因天平三年(536年),南城还未完全竣工。

白马寺　在北城。《广弘明集》十载有北周邺城居士王明广《上书宣帝请重兴佛法》,曰:"大象元年二月二十七日,邺城故赵武帝白马寺佛图澄孙弟子王明广诚惶诚恐死罪上书。"上书列举六条对策,建议重兴佛教。"三月一日,敕赐饮食,预坐北宫,食讫,驾发还京。皇帝出北宫南门,与上书人等面辞受拜。拜讫,内史拓拔行恭宣敕旨:'日月虽明,犹假众星辅曜;明王至圣,亦尚臣下匡救。朕以暗德,卿等各献忠谋,深可嘉尚。文书既广,卒未寻究,即当披览,别有检校。卿等并宜好住。'至四月八日,内史上大夫宇文译宣敕旨:'佛教兴来,多历年代,论其至理,实自难明。但以世渐浇浮,不依佛教,致使清净之法,变成浊秽。高祖武皇帝所以废而不立,正为如此。朕今情存至道,思弘善法,方欲简择练行,恭修此理。令形服不改,德行仍存,敬设道场,敬行善法。王公以下,并宜知委。'"邺之白马寺始建于十六国时期的后赵,历北魏、东魏、北齐,至北周,不废。其寺址似在北宫附近。

白马佛塔　《北齐书》卷十二《高俨传》:"邺北城有白马佛塔,是石季龙为澄公所作,俨将修之。巫曰:'若动此浮图,北城失主。'不从,破之第二级,得白蛇长数丈,回旋失之,数旬而败。"白马寺塔应在白马寺内。

文昌寺　《永乐大典》卷一三八二四引《相台志》:"(文昌寺)在彰德府临漳县。按《邺中记》,后魏兴和二年,以魏文昌殿加为寺号。寺僧二百余人,常官供给斋食,齐亡寺废。"寺在文昌殿故址上。

京城北隍　《北齐书》卷十六《段荣传附孝言传》:"敕浚京城北隍,孝言监作,仪同三司崔士顺、将作大匠元士将、太府少卿郦孝裕、尚书左民郎中薛叔昭、司州治中崔龙子、清都尹丞李道隆、邺县令尉长卿、临漳令崔象、成安令高子徹等并在孝言部下。”北隍修建，由段孝言监作，崔士顺、元士将、郦孝裕、薛叔昭、崔龙子、李道隆、尉长卿、崔象、高子徹等分工负责。由其官职可以看出，邺都城防、治安、管理，司州治中、清都尹及邺、临漳、成安京畿三县令长各分担有责任。

北宣寺　似在北城。

邺北城城外建筑

东崮山　又名东山，在邺城东。东西四百步，南北三百步，高二丈。北齐时，高澄积土为山，斩地为池，筑成人工土山，于山上建造宫殿，名曰东山宫。又引万金渠水绕行山池，以为行乐之所。《北齐书》卷十一《高孝瑜传》："文襄于邺东起山池游观，时俗眩之。孝瑜遂于第作水堂、龙舟，植幡槊于舟上，数集诸弟宴射为乐。武成幸其第，见而悦之，故盛兴后园之玩，于是贵贱慕敩，处处营造。”高澄、高洋经常居住在东山宫，魏收、邢劭、杜弼等陪侍，读书、讨论学问。在中国古代思想史上甚有影响的邢劭与杜弼关于佛学形神问题的争论，就是在这里发生的。《北齐书》卷二十四《杜弼传》记杜弼尝与邢邵扈从高洋于邺都东山宫中，共论人之生死、形象。杜弼认为人死可以再生。邢劭反驳道："神之在人，犹光在烛，烛尽则光穷，人死则神灭。”《北齐书》卷四《文宣纪》："尝于东山游宴，以关陇未平，投杯震怒，召魏收于御前，立为诏书，宣示远近，将事西伐。”《北齐书》卷十《永安简平王浚传》："（天保）八年来朝，从幸东山。”北齐前期，帝王活动的主要地方是东山宫，武成帝以后，转移至仙都苑。周灭齐，裁撤东山宫，毁山灭池。

射堂　在东山宫。《北齐书》卷三十《崔昂传》："显祖幸东山，百官预宴，升射堂。”

雍城　在邺城东北。北魏末，高欢攻邺，相州刺史刘诞拒守。高欢令士卒以土袋夜积城下为坛，高于城，遂破邺。东魏初，因坛筑雍城以旌功。

神武城　在邺城东北。东魏时，高欢筑。高洋禅代东魏，追尊高欢为神武皇帝，因名神武城。北周平北齐，于城置日光寺。神武城当即雍城。

石桥　嘉靖《彰德府志·邺都宫室志》引《邺中记》曰："（石桥在）王城东五里，南北长一百尺，东西阔二丈九尺，高一丈九尺。元象二年，仆射高隆之造。当时，以桥北为东市，即古万金渠也。”石桥似为万金渠桥。万金渠由西向东，石桥为南北方向，桥当在邺北城东门外大道之南。

东市　在邺东五里石桥北，为城郭外市场。

北郊　《北齐书》卷七《武成纪》："（河清二年正月）丁丑，以武明皇后配祭北郊。"北齐以神武配祭南郊，南郊祀天；以武明后配祭北郊，北郊祭地。由此形成南郊祭天，北郊祭地的礼制，并逐渐演变成明清北京天坛、地坛的礼制建筑。

北郊坛　在邺城北，岁一祀，时在正月上辛。北郊坛形制如南郊，"广轮三十六尺，高九尺，四面各一陛。为三壝，内壝去坛二十五步，中壝、外壝相去如内壝。四面各通一门"。壝外有大营，"广轮二百七十步。营堑广一丈，深八尺，四面各一门"。燎坛在中壝之外。"瘗坎如方泽坎，祀神州神于其上，以武明皇后配。"①

方泽　《隋书》卷六《礼仪志》曰："方泽为坛在国北郊。广轮四十尺，高四尺，面各一陛。其外为三壝，相去广狭同圆丘。壝外大营，广轮三百二十步。营堑广一十二尺，深一丈，四面各通一门。又为瘗坎于坛之壬地，中壝之外，广深一丈二尺。"又曰："方泽则以黄琮束帛，夏至之日，禘昆仑皇地祇于其上，以武明皇后配。其神州之神、社稷、岱岳、沂镇、会稽镇、云云山、亭亭山、蒙山、羽山、峄山、崧岳、霍岳、衡镇、荆山、内方山、大别山、敷浅原山、桐柏山、陪尾山、华岳、太岳镇、积石山、龙门山、江山、岐山、荆山、嶓冢山、壶口山、雷首山、底柱山、析城山、王屋山、西倾朱圉山、鸟鼠同穴山、熊耳山、敦物山、蔡蒙山、梁山、岷山、武功山、太白山、恒岳、医无闾山镇、阴山、白登山、碣石山、太行山、狼山、封龙山、漳山、宣务山、阏山、方山、苟山、狭龙山、淮水、东海、泗水、沂水、淄水、潍水、江水、南海、汉水、谷水、洛水、伊水、漾水、沔水、河水、西海、黑水、涝水、渭水、泾水、酆水、济水、北海、松水、京水、桑乾水、漳水、呼沱水、卫水、洹水、延水，并从祀。其神州位在青陛之北甲寅地，社位赤陛之西未地，稷位白陛之南庚地；自余并内壝之内，内向，各如其方。"方泽祭地，相当于明清北京之地坛。在邺城北郊、中轴线之东。冬至祭圆丘、夏至祭方泽的制度自北齐形成。

游豫园　地处曹魏玄武陂旧址上，周回十二里，内包葛履山，作台于上。嘉靖《彰德府志·邺都宫室志》引《邺都故事》曰："齐文宣天保七年，于铜雀台西，漳水之南，筑此园，以为射马之所。"天保九年（558年）园成。武成帝杀太原

---

① 《隋书》卷六《礼仪志》。

王高绍德，"亲以土埋之游豫园"。①《隋书》卷二十三《五行志》下："周大象二年，尉迟迥败于相州。坑其党与数万人于游豫园。其处每闻鬼夜哭声。"

蚕坊与蚕宫　在邺城西北，蚕坊内建有蚕宫、蚕室、别殿、皇后蚕坛、先蚕坛、桑坛等。《隋书》卷七《礼仪志》："后齐为蚕坊于京城北之西，去皇宫十八里之外，方千步。蚕宫，方九十步，墙高一丈五尺，被以棘。其中起蚕室二十七口，别殿一区。置蚕宫，令丞佐史，皆宦者为之。路西置皇后蚕坛，高四尺，方二丈，四出，阶广八尺。置先蚕坛于桑坛东南，大路东，横路之南。坛高五尺，方二丈，四出，阶广五尺。外兆方四十步，面开一门。有绿襜褕、褠衣、黄履，以供蚕母。每岁季春，谷雨后吉日，使公卿以一太牢祀先蚕黄帝轩辕氏于坛上，无配，如祀先农。礼讫，皇后因亲桑于桑坛。备法驾，服鞠衣，乘重翟，帅六宫升桑坛东陛，即御座。女尚书执筐，女主衣执钩，立坛下。皇后降自东陛，执筐者处右，执钩者居左，蚕母在后。乃躬桑三条讫，升坛，即御座。内命妇以次就桑，鞠衣五条，展衣七条，褖衣九条，以授蚕母。还蚕室，切之授世妇，洒一簿。预桑者并复本位。后乃降坛，还便殿，改服，设劳酒，班赉而还。"后赵于桑梓苑祀桑，北齐祀桑礼承袭后赵。

都亭　河清二年正月辛卯，武成帝高湛临都亭录见囚，降在京罪人各有差。都亭在西林苑。

邺县西门桥　《太平寰宇记》卷五十五《河北道·相州》"西门桥"条："西门桥。按《邺城故事》云：'西门豹为令，造十二渠，决漳水以溉民田，因是户口丰饶。今渠一名安泽陂，齐天保五年，仆射魏收为碑，存焉。'"此西门桥似为邺城西门桥，桥有碑，碑文撰自魏收。至北宋，桥碑仍存。

漳滨堰　东魏兴和三年（541年）发夫五万筑漳滨堰，三十五日罢，计用工一百七十五万。从用工量推测，漳滨堰似是沿漳水岸筑起的一道防汛大堤。

紫陌、紫陌桥与紫陌宫　在邺西北。无名氏《邺中记》有"紫陌济口"条：

> 紫陌宫在城西北五里，石虎建于紫陌桥侧。及齐时，因修为济口。帝巡幸及往并州，百官祖饯，莫不至此而诀别，迄今犹以为渡口。齐文宣尝将西巡，百官辞于紫陌，帝使槊骑围之，曰："我举鞭，一时刺杀！"淹留半日，文宣醉不能起，黄门侍郎是连子畅进曰："陛下如此，诸臣恐怖！"文宣曰："大怖耶？若然，不须杀！"乃命解围。将行，又见魏孝静帝及高隆

---

① 《北齐书》卷十二《太原王绍德传》。

之于道左，以酒酹之。至晋阳，又并见之。孝静曰："我不负君，何意发我冢！"隆之曰："臣无罪，何意诛臣儿！"文宣乃使封魏帝陵及隆之冢也。①

这条史料原载《太平御览》卷三百五十四引《邺城故事》，所记史事年限当在北齐天保五年（554年）以后，说明高洋篡魏后，潜伏的反对势力仍然很大，故以槊骑怖百官臣僚。紫陌是东魏、北齐君臣官员往来迎送之处。《北齐书》卷三十《崔暹传》："高祖如京师，群官迎于紫陌。"

《北齐书》卷九《武成皇后胡氏传》："帝（高纬）自晋阳奉太后还邺，至紫陌，卒遇大风。舍人魏僧伽明风角，奏言即时当有暴逆事。帝诈云邺中有急，弯弓缠槊，驰入南城，令邓长颙幽太后北宫。"紫陌是往来邺、晋阳的必由之处，由紫陌至邺经岔道分别至北城西门和南城乾门、西华门等。乾门是帝王出入南城的主要门径。

《北齐书》卷十《上党王涣传》：高洋听信术士言，欲借故害涣，"乃使库真都督破六韩伯升之邺征涣。涣至紫陌桥，杀伯升以逃，愍河而度，土人执以送帝"。

《北齐书》卷十五《尉景传》："周师将入邺，令（尉世）辩率千余骑觇候，出滏口，登高阜西望，遥见群鸟飞起，谓是西军旗帜，即驰还，比至紫陌桥，不敢回顾。"

《北齐书》卷八《幼主纪》：承光元年（577年）正月己丑，"周师至紫陌桥。癸巳，烧城西门"。此西门当为邺北城西门。

《北齐书》卷四十一《鲜于世荣传》："周师将入邺，除领军大将军、太子太傅，于城西拒战，败被擒，为周武所杀。"

西门豹庙　在邺西漳水南岸，庙门北向。《北齐书》卷四《文宣纪》曰：天保九年（558年）夏，大旱。"帝以祈雨不应，毁西门豹祠，掘其冢。"以后不久，又修复祠庙。北周庾信作《西门豹庙诗》，曰：

> 君子为利博，达人树德深。苹藻由斯荐，樵苏幸未侵。恭闻正直祀，良识佩韦心。容范虽年代，徽猷若可寻。菊花随酒馥，槐影向窗临。鹤飞疑逐舞，鱼惊似听琴。漳流鸣磴石，铜爵影秋林。②

---

① 许作民：《邺都佚志辑校注》载无名氏《邺中记》"紫陌济口"条，中州古籍出版社，1996年，第130页。

② 《艺文类聚》卷三十八《宗庙》。

菊花、槐影、鹤飞、鱼惊、漳水、磴石、铜爵、秋林,反映出西门豹祠周围优美的秋季佳景和自然风光。

清严可均《全北齐文》卷八辑有《北齐西门豹祠堂碑文》(残碑拓片)。北齐天保五年,河清王高岳立碑,魏收撰文。原碑矗立于西门豹祠旧址。清代安阳知县彭某移至安阳城隍庙内。

凉马台　建于后赵建武六年,北齐重新修复,在邺城西漳水之南。《太平御览》卷三百五十四引《邺城故事》:"北齐文宣于台上,以槊刺都督尉子辉,应手而死。"

安泽陂　《太平寰宇记》卷五十五引《邺城故事》曰:"西门豹为令,造十二渠,决漳水以溉民田,因是户口丰饶。今渠,一名安泽陂。齐天宝(保)五年,仆射魏收为碑存焉。"安泽陂应在邺城西。

陷马泉　嘉靖《彰德府志》卷一《地理》"陷马泉"条引杨楞伽《邺都故事》,曰:"尔朱兆与高欢战,兆败走,经此泉,马陷。"因名陷马泉,地处当在邺西南。

万金渠　嘉靖《彰德府志》卷一《地理志》"万金渠"条引《邺都故事》曰:"魏都邺后,起石塞堰,自安阳南引洹水入邺,自邺入临漳,东至洹水县。当时,溉田有万金利。"故名万金渠。

鸬鹚陂　嘉靖《彰德府志》卷一《地理》"鸬鹚陂"条引《邺都故事》,曰:"高洋逼东魏孝静帝禅位,帝步出太极殿,东出云龙门,以犊车一乘,载帝弟兄,于城东见害,夷其族,弃尸万金渠中,渠通鸬鹚陂。市鱼者于腹中得爪甲碎骨,皆不忍食,号曰元郎鱼。"此条史料与正史所载史事有出入。《水经注·洹水》:"东经高陵城南,东合垌沟,又东迳鸬鹚陂,北与台陂水合。"《元和郡县图志》"临漳县"条:"鸬鹚陂在县东南三十里,与洹水县同利。"又"洹水"条:"鸬鹚陂在县西南五里,周回八十里,蒲鱼之利,州境所资。"鸬鹚陂故址在今河北魏县西南和临漳县东南边界地区。[①]

邺西鼓山还建有南响堂寺、北响堂寺、水浴寺、中皇山娲媓宫、卧云山清泉寺等著名寺院。据《大唐内典录·历代三宝记》,邺地寺院达四千所,僧尼八万人。

邯郸宫　《北齐书》卷八《后主纪》:(武平七年八月)"诏营邯郸宫"。

邺西北有东魏北齐帝王陵墓区,高欢、东魏孝静帝等皆葬于此。

---

①　许作民:《邺都佚志辑校注》,中州古籍出版社,1996年,第155—156页。

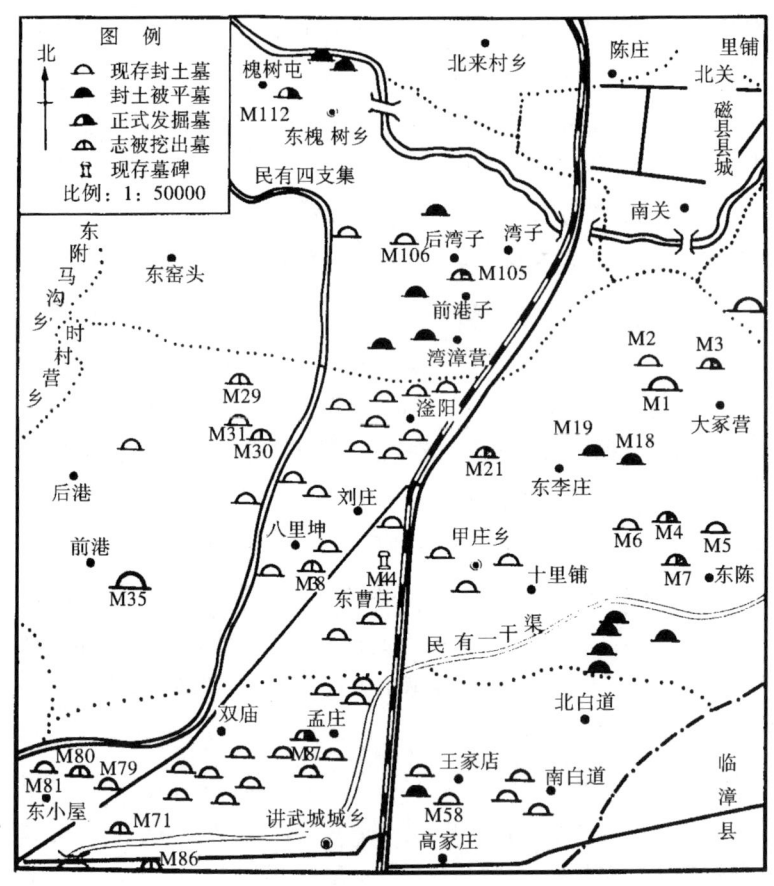

高齐陵墓兆域图

　　义平陵　高欢陵墓,在邺西北漳水北原。《北齐书》卷四十九《方伎·赵辅和传》:"赵辅和,清都人。少以明《易》善筮为馆客。高祖崩于晋阳,葬有日矣,世宗书令显祖亲卜宅兆相于邺西北漳水北原。显祖与吴遵世择地,频卜不吉,又至一所,命遵世筮之,遇《革》,遵世等数十人咸云不可用。辅和少年,在众人之后,进云:'《革卦》于天下人皆凶,唯王家用之大吉。《革象辞》云:汤武革命,应天顺人。'显祖遽登车,顾云:'即以此地为定。'即义平陵也。"今河北磁县讲武城镇大冢营村西有大墓,占地十余亩,据推测,应为高欢墓。《北齐书·神武记》曰:"(武定五年)八月甲申,葬于邺西北漳水之西……陵曰义平。"1979年发掘大冢营村茹茹公主墓,墓志曰:"葬于釜水之阴,齐献武王之茔内。"由此推断墓之西南大冢即义平陵。《资治通鉴》卷一百六十梁武帝太清元年(547年):八月"甲申,虚葬齐献武王于漳水之西;

潜凿成安鼓山石窟佛寺之旁为穴,纳其柩而塞之,杀其群匠。及齐之亡也,一匠之子知之,发石取金而逃"。鼓山石窟即今河北邯郸市峰峰区北响堂寺。

东魏孝静帝陵　《魏书·孝静帝纪》:"葬于漳西山冈,其后发之,陵崩,死者六十人。"北齐时,陵墓曾有破坏。今河北磁县讲武城镇前港村东南有大冢,俗称"天子冢",封土高 25.3 米,周长 750 米,陵区占地二十多亩,疑即孝静帝陵。

峻成陵　高澄墓。讲武城镇大冢营村西大墓北约 500 米,又有一大冢,原封土高 22 米。据《北史》卷六《文襄纪》:武定七年八月,高澄在邺北城谋篡东魏,遇宫变被杀,明年二月甲申,葬于义平陵之北。其方位与史书记载相一致,推测应为高澄峻成陵。

武宁陵　高洋墓。高洋于北齐天保十年十月甲午卒,乾明元年二月丙申葬于邺西北漳水之北,陵曰武宁。今河北磁县城西南 2.5 公里有后湾漳村,村东部有大墓,原封土高 30 余米,周回约 500 米,墓前 80 米处有一石刻人像,高 4.06 米,根据其规模和方位,疑为高洋武宁陵。邺城考古队于 1987 年春夏之际发掘此墓,出土千余件陶俑,其中两件侍卫俑高 1.5 米,为磁县北朝墓群出土的最大两件。墓道壁画规模宏大,东西两壁面积约 320 平方米。构图基本对称,绘有五十三人组成的仪仗出行队列,东壁仪仗队伍前绘有青龙,西壁前绘有白虎,青龙、白虎通长 4.5 米。左、右仪仗各两队,共四列,手执戟盾、鼓乐、旌幡、伞盖等,北端队列身后画一面阔五间的建筑。仪仗上方天空绘有各种神兽三十五个,计有七种形象,其间缀有流云、莲花等。墓道斜坡路面图案分三纵列,中间为八瓣仰莲,花径 1.35 米,共十四朵,两侧较窄,画缠枝忍冬莲花纹带,路面图案面积约为 120 平方米。甬道上的门墙正中绘一正视形象大朱雀,展翅伫立,通高近 5 米,左右各绘神兽、羽兔,甬道两壁绘有侍卫形象,墓室顶部绘天象图,其下为星象方位,再下为人物图象。[①] 磁县湾漳北朝墓被发掘时,笔者曾赴工地做过现场考察,湾漳墓壁画构图、内容、风格与茹茹公主墓、高润墓相类,左右壁画青龙、白虎在前,其后为仪仗,再后为廊屋;甬道正上方门墙绘有巨幅正面展翅欲飞大朱雀,甬道两壁为门吏;《礼记》卷三《曲礼》上曰:"行,前朱鸟而后玄武,左青龙而右白虎,招摇在上。"邺城附近墓葬壁画体现了这种礼仪,这也

---

①　中国社会科学院考古研究所、河北省文物研究所邺城考古队:《河北磁县湾漳北朝墓》,《考古》1990 年第 7 期;中国社会科学院考古研究所、河北省文物研究所编著:《磁县湾漳北朝壁画墓》,科学出版社,2003 年。

可能是东魏、北齐帝王出行时的卤薄仪仗实际情况,导行仪仗队列之前的青龙、白虎当是两面旗帜。而且整个陵墓形制、绘画又体现了"天人合一"的理念,将画面分为上下三层,依次表现天象、四时方位和人间,而且布图左右对称,犹如帝王生前所居,邺南城宫城端门内东西两侧垣墙筑有云龙门、神虎门,端门直南郭城正门为朱明门,宫城轴线直北为玄都园,即后园。视死如生,由邺地陵墓壁画也能观察到东魏、北齐邺都礼制情况及宫城结构与布局。

高殷墓　　在今磁县后湾漳村北,东南距武宁陵百余米,俗称"白家坟冢",原墓封土高二十多米。高殷为高洋长子。北齐天保十年(559年)高洋死,殷即位。乾明元年(560年)其叔高演夺取皇位,废殷为济南王。皇建二年(561年)高演杀高殷。

茹茹公主墓　　在今磁县讲武城镇大冢营村西北。公主号"邻和",高欢第九子高湛妻。高湛即北齐武成帝,东魏元象中,曾封长广郡开国公。《北齐书》卷七《武成纪》曰:"神武方招怀荒远,乃为帝聘蠕蠕太子庵罗辰女,号'邻和公主'。"墓志曰:武定八年四月七日薨于晋阳,时年十三。其年五月十三日"葬于釜水之阴"。1979年考古工作者发掘清理该墓,出土拜占庭金币两枚,还有金饰品、铁器、玛瑙、陶俑等一千余件。墓道壁画长21米,前有青龙、白虎,后有二十六人的仪仗,墓门上方的朱雀展翅欲飞,墓室北壁为墓主及持扇、盖的侍女,上方是四时景象,北壁绘画保存较好。[①]

茹茹公主墓壁画

————————————

　　①　磁县文化馆:《河北磁县东魏茹茹公主墓发掘简报》,《文物》1984年第4期。

高润墓　在今磁县东槐树村。高润为高欢第十四子,封冯翊王。《北齐书》卷十有传。墓志曰:武平三年八月二十二日薨于(定州)州馆,七年二月十一日迁葬于"邺城西北三十里,釜水之阴"。1975 年考古工作者发掘清理墓葬,出土彩俑三百六十一件,墓道、甬道和墓室皆有壁画,墓室北壁绘墓主端坐帷帐之中,两侧各有侍者六人,持伞盖侍立,其余壁画残缺不全。[①]

元亶墓　在今磁县讲武城镇东小屋村东北,俗称"寨冢",封土高 8 米,墓前原有石羊、石马等,元亶即东魏孝静帝元善见之父,天平三年(536 年)卒,封清河文宣王。

元景植墓　在今磁县讲武城镇东小屋村北 150 米处,墓前有龟座及石碑,碑严重风化,难以辨识。景植为孝静帝元善见之兄。东魏兴和三年(541 年)七月九日卒,同年八月二十一日葬于文宣王(元亶)陵之右。

高翻墓　在兴平陵西南,俗称"地冢",墓前原有丰碑,为"磁县三高碑"之一。翻为高欢叔父。

高盛墓　在义平陵西南,墓前有神道碑、石羊、石虎等,墓前丰碑为"磁县三高碑"之一。高盛为高欢从叔父,从高欢信都起兵,封广平郡公,东魏天平三年薨。

兰陵王高肃墓　在今磁县南 5 公里处讲武城镇刘庄村东,封土高 10 余米,墓前丰碑为"磁县三高碑"之一。高肃字长恭,高欢之孙,高澄第三子,北齐武平四年(573 年)后主高纬将其鸩死。《北齐书》卷十一有传,曰:"芒山之败,长恭为中军,率五百骑再入周军,遂至金墉之下,被围甚急,城上人弗识,长恭免胄示之面,乃下弩手救之,于是大捷。武士共歌谣之,为《兰陵王入阵曲》是也。"此曲至今仍流传日本,20 世纪 80 年代由中国文博学者录制带回国内。

尧峻墓　在今磁县讲武城镇东陈村西北。1975 年考古工作者清理发掘该墓,出土尧峻及妻吐谷浑静媚、原配独孤氏墓志三盒。墓室、甬道、墓道有壁画,墓门墙中央绘朱雀,出土有铜镜、陶俑等三十三件。[②]

李尼墓　在今磁县讲武城镇申庄村北。李尼名难胜,李希宗孙女、李祖勋之女,高洋皇后李祖娥侄女,高洋长子高殷妃,天保十年(559 年)封太

① 磁县文化馆:《河北磁县北齐高润墓》,《考古》1979 年第 3 期。

② 磁县文化馆:《河北磁县东陈村北齐尧峻墓》,《文物》1984 年第 4 期。

子妃,高殷被毒死后,削发为尼。武平元年(570年)五月卒,年二十二岁。1978年考古工作者清理发掘该墓①。

邺城北朝墓出土陶俑多胡服,颇能反映当时社会服饰,北齐胡服影响唐宋。宋人沈括《梦溪笔谈》卷一《故事》"中国衣冠用胡服"条:"中国衣冠,自北齐以来,乃全用胡服,窄袖、绯绿短衣,长靿靴,有蹀躞带,皆胡服也。"

邺西北东魏北齐帝王贵族墓群,今称"磁县北朝墓群"。墓群方圆一百多平方公里,东魏元氏墓葬位于墓群西南部,北齐高氏陵区偏东北部,这样的墓葬布局与邺城政治空间结构相一致。东魏孝静帝元善见居南城邺宫,高氏集团居北城,高欢所居丞相府在北城偏东部,位于南城宫城东北。"1985年的文物普查,在'磁县北朝墓群'范围内,又发现了一些古墓,总数已达一百三十四座,而且有东魏、北齐的皇陵。1988年,国家将此项原省级重点文保单位,升级为全国重点文物保护单位"②,这些墓葬大多分布在邺城周围三十里内。

六、北齐亡国与邺城之毁灭

高齐政治黑暗,统治集团内部相互残杀,北周军队乘机东渡黄河,克晋阳,并长驱奔邺。后主高纬在内外交困的情况下,于承光元年(577年)正月将帝位传与太子高恒,自称太上皇。高恒使尉世辩率千余骑探察周师动向,出滏口,遥见西方群鸟飞起,误为周师旗帜,即驰还,比至紫陌桥,不敢回顾。高恒在惊恐之中,率皇后妃嫔自邺东逃青州。周师旋至紫陌桥,进围邺城,烧城西门,大破北齐军于城下。北齐太上皇高纬使武卫大将军慕容三藏守邺宫,率百余骑夺路奔青州。北周军入邺城,齐王公皆降。领军大将军渔阳鲜于世荣在三台前鸣鼓不辍,被周兵杀害。《艺文类聚》卷五十九《战伐》载周庾信《和平邺应诏绝句诗》,曰:"天策弘神兵,风飞扫邺城。阵云千里散,黄河一代清。"他还撰有《庆平邺表》,表文见《文苑英华》卷五百六十六。实际上,周武帝至邺,也受到北齐兵的顽强抵抗。《段干云墓志》:"銮舆到邺,于司州城下,伪徒余烬,犹举斧当辙。公忠诚奋勇,斩首或

① 张利亚:《磁县出土北齐愍悼王妃李尼墓志》,《文物春秋》1997年第3期。

② 马忠理:《磁县北郭墓群——东魏北齐陵墓兆域考》,载于《邺城暨北朝史研究》,河北人民出版社,1991年。

千数,伪主逃奔,俄而宗祖,八表清廓,九服来苏。"

《周书》卷六《武帝纪》下:"建德六年春正月……壬辰,帝至邺。齐主先于城外掘堑竖栅。癸巳,帝率诸军围之,齐人拒守,诸军奋击,大破之,遂平邺。齐主先送其母并妻子于青州,及城陷,乃率数十骑走青州,遣大将军尉迟勤率二千骑追之……甲午,帝入邺城……尉迟勤擒齐主及其太子恒于青州……庚子,诏曰:'伪齐之末,奸佞擅权,滥罚淫刑,动挂罗网,伪右丞相、咸阳王故斛律明月、伪侍中、特进、开府故崔季舒等七人,或功高获罪,或直言见诛。朕兵以义动,翦除凶暴,表闾封墓,事切下车。宜追赠谥,并窆措。'……辛丑,诏曰:'伪齐叛涣,窃有漳滨……'二月丙午,论定诸军功勋,置酒于齐太极殿,会军士以上,班赐有差。丁未,齐主至,帝降自阼阶,以宾主之礼相见。高湝在冀州拥兵未下,遣上柱国、齐王宪与柱国、隋公杨坚率军讨平之。齐定州刺史、范阳王高绍义叛入突厥。齐诸行台州镇悉降,关东平。合州五十五,郡一百六十二,县三百八十五,户三百三十万二千五百二十八,口二千万六千八百八十六。乃于河阳、幽、青、南兖、豫、徐、北朔、定、并置总管府,相、并二总管各置宫及六府官。"

北周武帝入邺,礼重儒贤,北齐国子博士长乐熊安生,博通《五经》,武帝亲临家访;又遣小司马唐道和就李德林宅宣旨慰问,并将德林引入宫。北周居邺,改北齐司州为相州,以越王宇文盛为相州总管,并于邺置宫及六府官,以加强对旧齐之地的统治。同时还撤北齐之东山、南苑、三台瓦木诸物,可用者悉以赐民,山园之田,各还其主。《北周书·武帝纪》载有《毁撤齐国园台诏》,曰:"伪齐叛涣,窃有漳滨,世纵淫风,事穷雕饰。或穿池运石,为山学海,或层台累构,概日凌云,以暴乱之心,极奢侈之事,有一于此,未或弗亡。朕菲食薄衣,以弘风教,追念生民之费,尚想力役之劳。方当易兹弊俗,率归节俭。其东山、南园及三台可并毁撤。瓦木诸物,凡入用者,尽赐下民。山园之田,各还本主。"

建德六年(577年)五月,北周武帝又诏毁撤并、邺宫殿,曰:"京师宫殿,已从撤毁。并、邺二所,华侈过度,诚复作之非我,岂容因而弗革。诸堂殿壮丽,并宜除荡,蕡宇杂物,分赐穷民。三农之隙,别渐营构,止蔽风雨,务在卑狭。"①

---

①　(唐)令狐德棻等撰:《周书》卷六《武帝纪》下,中华书局点校本,1971年。

北周武帝一方面毁撤旧齐豪华宫殿,同时又于北城另立新宫。新宫朴实无华,他与士人论对、讨论佛教等都是在新宫进行的。《广弘明集》十载有任道林《修述邺宫新殿废佛诏对事》,曰:

> 周建德六年十一月四日,上临邺宫新殿,内史宇文昂、上士李德林收上书人表,于时任道林以表上之,上士览表曰:"君二教也,圣主机辩,特难酬答,可思审之。"对曰:"主上锋辩,名流十方,林亦早闻矣。正以闻辩故来,得辩无爽"云云。乃引入上阶,御座西立。诏曰:"卿既上事,助匡治政,朕甚嘉尚,可条别目申,勿广词费。"林乃上安抚齐馀省减赋役事,帝备纳之。

周大象元年(579年)二月,北周徙相州六府及邺城《石经》于洛阳,并诏河北相、幽二州总管并受东京(洛阳)六府管辖。北周宣帝宇文赟称天元皇帝,在邺宫传位太子宇文衍,是为静帝,改元大象,赟自居正阳宫。

大象二年(580年)五月,北周宣帝宇文赟卒,子静帝宇文衍年幼,杨坚为假皇钺,左大丞相,百官总己以听。杨坚召尉迟迥入长安,以韦孝宽代之为相州总管,叱列长义为相州刺史,先令长义赴邺,孝宽继进,意在剥夺尉迟迥之兵权。

六月,相州总管尉迟迥以杨坚专擅朝政,图谋不轨,遂欲举兵问难。《周书》卷二十一《尉迟迥传》曰:

> 宣帝即位,以迥为大前疑,出为相州总管。宣帝崩,隋文帝辅政,以迥望位夙重,惧为异图,乃令迥子魏安公惇赍诏书以会葬征迥。寻以郧公韦孝宽代迥为总管。迥以隋文帝当权,将图篡夺,遂谋举兵,留惇而不受代。隋文帝又使侯正破六汗哀诣迥谕旨,密与总管府长史晋昶等书,令为之备。迥闻之,杀长史及哀。乃集文武士庶,登城北楼而令之曰:"杨坚以凡庸之才,藉后父之势,挟幼主而令天下,威福自己,赏罚无章,不臣之迹,暴于行路。吾居将相,与国舅甥,同休共戚,义由一体。先帝处吾于此,本欲寄以安危。今欲与卿等纠合义勇,匡国庇人,进可以享荣名,退可以终臣节。卿等以为何如?"于是众咸从命,莫不感激。乃自称大总管,承制署置官司。于时赵王招已入朝,留少子在国,迥又奉以号令。迥弟子勤,时为青州总管,亦从迥。迥所管相、卫、黎、毛、洺、贝、赵、冀、瀛、沧,勤所统青、胶、光、莒诸州皆从之,众数

十万。荥州刺史邵公宇文胄、申州刺史李惠、东楚州刺史费也利进、东潼州刺史曹孝达,各据州以应迥。迥又北结高宝宁以通突厥;南连陈人,许割江、淮之地。

隋文帝于是征兵讨迥,即以韦孝宽为元帅。惇率众十万人入武德,军于沁东。孝宽等诸军隔水,相持不进。隋文帝又遣高颎驰驿督战。惇布兵二十余里,麾军小却,欲待孝宽军半度击之。孝宽因其小却,鸣鼓齐进,惇大败。孝宽乘胜进至邺,迥与子惇、佑等又悉其卒十三万,陈于城南。迥别统万人,皆绿巾锦袄,号曰黄龙兵。勤率众五万自青州赴迥,以三千骑先到。迥旧习军旅,虽老犹被甲临阵。其麾下千兵皆关中人,为之力战。孝宽等军失利而却。邺中士女,观者如堵。高颎与李询整阵先犯观者,因其扰而乘之。迥大败,遂入邺。迥走保北城,孝宽纵兵围之。李询、贺楼子干以其属先登。迥上楼,射杀数人,乃自杀。勤、惇等东走,并追获之。余众,月余皆斩之……迥自起兵至败,六十八日。

《周书》卷三十一《韦孝宽传》也曾记述这场战争。曰:

及宣帝崩,隋文帝辅政,时尉迟迥先为相州总管,诏孝宽代之。又以小司徒叱列长义为相州刺史,先令赴邺。孝宽续进,至朝歌,迥遣其大都督贺兰贵赍书候孝宽。孝宽留贵与语以察之,疑其有变,遂称疾徐行。又使人至相州求医药,密以伺之。既到汤阴,逢长义奔还。孝宽兄子魏郡守艺又弃郡南走。孝宽审讦其状,乃驰还。所经桥道,皆令毁撤,驿马悉拥以自随。又勒驿将曰:“蜀公将至,可多备肴酒刍粟以待之。”迥果遣仪同梁子康将数百骑追孝宽,驿司供设丰厚,所经之处,皆辄停留,由是不及。

时或劝孝宽,以为洛京虚弱,素无守备,河阳镇防,悉是关东鲜卑,迥若先往据之,则为祸不小。乃入保河阳。河阳城内旧有鲜卑八百人,家并在邺,见孝宽轻来,谋欲应迥。孝宽知之,遂密造东京官司,诈称遣行,分人诣洛阳受赐。既至洛阳,并留不遣。因此离解,其谋不成。

六月,诏发关中兵,以孝宽为元帅东伐。七月,军次河阳。迥所署仪同薛公礼等围逼怀州,孝宽遣兵击破之。进次怀县永桥城之东南。

其城既在要冲，雉堞牢固，迥已遣兵据之。诸将士以此城当路，请先攻取。孝宽曰："城小而固，若攻而不拔，损我兵威。今破其大军，此亦何能为也。"于是引军次于武陟，大破迥子惇，惇轻骑奔邺。军次于邺西门豹祠之南。迥自出战，又破之。迥穷迫自杀。兵士在小城中者，尽坑于游豫园。诸有未服，皆随机讨之。关东悉平。十月，凯还京师。

《韦孝宽墓志》记此邺城之战，曰："宣皇宴驾，嗣主幼冲，布惠宣威，实资朝彦，授公相州总管。尉迟迥志图问鼎，岨兵作乱，天子乃心东顾，听朝不怡。公武略凤标，英图横厉，仍授以元帅，总兵薄伐。一麾而清沁渚，再鼓而廓漳滨。"

尉迟迥据邺发难杨坚，青州总管尉迟勤，勋州总管司马消难、益州总管王谦等举兵响应，声势迅猛，威逼杨坚。杨坚遣韦孝宽、梁士彦、元谐、宇文忻、宇文述、杨素、高颎等将兵击迥。迥败，司马消难、王谦遂亦瓦解。杨坚平定尉迟迥后，决心彻底毁掉邺城，于是徙相州于安阳，纵焚邺城及邑居，以安阳为相州治所，仍置邺县。又分相州，置毛州、魏州，毛州治馆陶；魏州治武阳县。不久，又废相州总管。历史名城邺都，经过这次大破坏，一蹶不振了。邺城，自袁绍初筑州城，至杨坚焚毁历时三百八十余年，三经盛衰，由此化成一片废墟。杨坚焚城徙民也引起了邺地居民的极大不满和反抗，他甚感邺地难治，曾感慨道："邺都，天下难理处也。"[①]

---

①　《隋书》卷五十六《令狐熙传》。

第五章　邺与中世纪东亚都城城制系统

一、邺城城制的变化与特点

邺城城制肇始于东汉时期的袁绍，经曹操重新布置设计，后赵石勒、石虎重建改建，东魏北齐高欢、高洋规划与扩建，历时三百八十余年的发展，形成了颇为规整的古代都城制度。从形制看，邺北城"东西七里，南北五里"，俗称"七五城"，考古实测东西 2400 米，最宽处 2620 米，南北 1700 米，平面呈横长方形，长宽比大致为 3∶2。根据考古材料，其南、北、东垣基本呈直线，只有西垣，因地貌形势有所弯曲。与秦汉以来的咸阳、长安、洛都等都城形制相较，邺城形制不仅整齐，而且规划设计也颇科学，这样的形制便于城内城外道路、坊里、街市、宫殿、官署等建筑的合理安排，易于明确划分都市内外的职能分区。邺南城形制，《邺中记》曰"东西六里，南北八里六十步"。实地勘测，东西 2800 米，南北 3460 米，平面呈纵长方形，长宽比大体也是 3∶2。对于这样的都城形制，日本学者岸俊男称之为"三二开之都"。他说："关于纵横比为 3∶2 的长方形，使我最容易想到在我的身旁大多数书本都是三二开本。所谓三二开就是横四寸二分(127 毫米)、纵六寸二分(188 毫米)的开本。去掉二分之后，纵横之比为 6∶4。换句话来说，即为 1∶0.666。纸的寸法规格 A 列与 B 列。纵横之比都为 1∶0.707，从黄金分割矩形的纵横之比 1∶0.618 来看，三二开被认为是最美的、接近黄金律之比的开本。"[①]古人也许不知道什么"黄金律之比"，但可以凭着他们的观察和筑城经验，合理地利用地理形势，设定都城形制，在诸多方面暗合了现代科学原理。

东魏初，邺城的重建与扩建，在城制方面兼取北邺和洛阳，如果把南、

---

① （日）岸俊男著，王维坤、李自智译：《探寻日本古代都城的源流》，《考古与文物》1998 年第 4 期。

北城看成一个整体,邺都形制恰似横、纵两个长方形的拼接,形成了一个南北长 5160 米、东西宽 2400－2800 米的长方形,长宽比例大体为 2∶1。这样的形制虽与"黄金律之比"有背,但高欢、高隆之等人当有自己的考虑。从历史背景和材料推测,如此建城,首先是合理地利用了地理条件,北城以南地势较高而且平坦、开阔,又便于从西南方向引洹水入城,地理条件较为优越;其次,既可节省土木工程量和用工量,又可收城区空间之最大成效,可以说是扩展邺城的最佳形制和方案;第三,整个都城坐北朝南,城区以北城中轴线为基准,向南延伸拓展,便于城区总体规划和布置,建筑布局规整有序,既重新恢复了邺北城制度,又保存了北魏洛都的制度;第四,采取这样都城拼接形制,还当与东魏、北齐的政治有关,高欢立元善见为帝,建东魏政权,而军政大权实由高氏父子掌控,元善见作为皇帝居南城,大丞相高欢居北城,北城挟制南城,由此形成的南北宫政争与东魏北齐相始终;第五,高欢建邺南城时,城垣形制按"龟"的形状设计、夯筑,利用仿生学的原理,增强都城的防御功能,这在中国古代都城建筑史上堪称是一个创举。按照《河朔访古记》引《邺中记》的说法,高欢建南城时,掘得"神龟",大逾方丈,故采用了"龟"的形制,"其堵堞之状咸以龟象焉"。有学者指出这是一"附会之说"。实际上,高欢采用这样的都城形制,其意主要在国祚长久。曹魏、后赵、前燕都邺,均短命负坠,北魏孝文帝宅迁中原,也认为都邺,国富主奢,不能长久,而且周围又有柏人、列人这样的"恶"地名,故放弃迁邺的主张,选择洛阳为都城。高欢迁都邺城,欲改变历史命运,在都城形制方面,贯彻新的创意,祈求高氏集团政权长治久安。

邺城城垣夯筑与城防建筑实施前后也有很大变化。东汉袁绍于城东南角建角楼,东门外有突门。曹操鼎邺后,崇饰城门,又于西北隅建三台。三台中,中台高,南北二台低,其建筑群以中台为中心,南北对称,极似道家的"三山"园林建筑,这是否受了道家思想的影响,虽没有直接材料说明,但从曹操的诗文看,其道教思想还是相当浓厚的。袁绍时,邺城是否建有城门楼,文献无考,但到了曹魏,邺都已有城门楼的建筑。石虎迁都邺,称大赵天王,按照"天象"布置邺都城制,于北垣中点建齐斗楼,作为城区南北中轴线的北端起点,而且齐斗楼又位于大朝宫殿区正北,具有镇山的作用。近年来,学者研究西汉长安,认为长安城也有一条南北中轴线,这条中轴线即为安门内之章台街,而且通过章台街的中轴线南端达秦岭北麓之子午谷口,北端抵西汉天齐祠。① 长安中线为章台街,东汉邺之中线为章门街,西汉以天齐祠为都城中线北端,后赵为齐斗楼。章台、章门,天齐、齐斗,名称何其相似,究其根源当在于都城建设的"天象"意识,他们遵循了相同的都城礼制和理念。石虎还将邺城改建为砖城,城垣百步一楼,东西南北四面城门也按四时风候及方位命名,天王居宫如日,东出则建春;南出则阳夏;西为金明,即秋;北则广德,即冬。出于这样的意识,所以后赵邺都形制与城垣建筑较之袁绍、曹魏,更加有序。东魏、北齐修筑邺北城墙垣,除恢复石赵建筑工程外,又于北垣东部墙外筑瓮城,在城东北部增加了一项防御工事;南城堵堞之状,咸以龟象,而且墙外还加筑马面,正南门朱明门采用向内凹陷的形制,并于门外增建双阙,这些都是很有特色的城垣、城门建筑。城垣夯打十分结实,考古工作者经过水渗试验,其防水能力极强。城垣外壁陡直,内壁有一定坡度。为提高邺城防御能力,筑城者用尽巧思。

从曹魏到东魏北齐,邺都宫城建置与布局越来越规整,前后谐调、左右对称的规划设计愈益严密。邺都宫城规制改变了秦汉以来宫廷建筑分散、中央官署不集中的建置布局,完成了都城建置向单一宫城的过渡,禁城、皇城、都城的界限越来越明确,"回"字形环环相套的城制由此形成。曹魏时,宫城位于邺都的西北部,即东西大道之北,由西向东,西苑、大朝宫殿区、内朝宫殿区依次排列。大朝宫殿位于中央南北中轴线上,内朝北部为后宫,东北部为太子宫,中央官署布置于内朝前,排列于正门左右。这样的布局,大体说来,较为整齐,宫殿区单元对称,但并不严格。这样的排序与格局既不像《周礼》所设想的"外朝、治朝、内朝"南北前后布置,又非秦汉以来咸阳、长安、洛阳的宫殿布局。当然,曹魏邺都东西排列、左右单元对称的布局正是根据城区空间划定的,并没有照搬前朝的模式。后赵石虎在曹魏的基础上,对宫城建筑进行了重新布置,将后宫移至西苑,曹魏的内朝宫殿区改为东宫,即太子宫,中央官署移至太武殿端门外及中阳门大街左右。这表明石赵宫殿与中央官署的建置均围绕太武殿规划设计,并沿中轴线左右对称。由于城区空间的限制,在西苑建后宫,后宫建筑群也是按中线前后排列、左右对称规则设计的,前有显阳殿,后有九华宫。九华宫三三为位,

---

① 王兆麟:《陕西又一重大考古发现:一条以汉长安城为中心的南北超长基线》,《光明日报》1993 年 12 月 13 日。

恰似八卦中的坤卦。后宫南直凤阳门，沿凤阳门大街构成了以后宫为重心的中线。如果整体观察邺城的形制与宫城建置，其日月阴阳四时的"天象"意识十分明显。大朝居东，为阳为日；后宫位西，为阴为月；四面城垣门名，标称四时，由于这样的理念，使得邺城城制更加规整。东魏、北齐时，邺北城的复建并未完全达到后赵的规模，其重点工程在三台、西苑及曹魏听政殿旧基上的丞相府、太子宫。迁邺之初，元善见居原相州官署，地处西苑。北齐时，在这一带建成北宫，成为接待外国使者的地方。石赵太武殿旧址，北魏时曾建有中兴寺，东魏、北齐时似仍为佛教圣地，佛寺之东为丞相府，北齐时改建为太子宫，从史料推测，北齐邺北城内有北宫、太子宫，但似无宫城。考古工作者钻探北城遗址，并未发现宫城墙，此亦为北城无宫城之一证。邺南城制度大体沿承北魏洛都城制，但从形制和宫城位置看，远较洛都规整，宫城居北部中央，城内宫殿布局完全按照太极、阴阳二仪的构思设计，左右对称严格。邢劭《新宫赋》云："拟二仪而构路寝，法三山而起翼室。"二仪即阴阳，三山即瀛洲、蓬莱、方丈。宫城的主建筑为太极殿，两旁有东、西堂，太极殿后有昭阳殿，两旁有东、西阁，为内朝主建筑，昭阳殿后有永巷，通后宫九院，九院似三三为位，呈坤卦形，后宫之北，为后园。外朝、内朝、后宫、后园自南至北排列，每组建筑又讲究左右对称，布局结构紧凑合理，浑然一体，可谓是对魏晋南北朝以来宫城制度的完善与总结，形成了一种新的宫城礼制。[①]

中轴线与棋盘式的街区制度也随着邺城的发展被确定下来。曹魏、后赵邺都以中阳门大街为南北中轴线，街区道路纵横交错，形成棋盘式网状格局。邺北城以建春门、金明门之间的东西大道为界，分成两大职能区；北部为宫殿区和贵族居住区；南部为居民区及市场。四面城门道路辐辏城区，垂直交叉，构成城内主要干道，又通过街路将主干道之间的空间分隔成矩形和方形居民区单元或市场，以便于管理和维护治安。东魏初，建邺南城，中轴线与棋盘式的街区规划，更加整齐划一。从考古钻探的情况看，南城中轴线即朱明门大街与北城中轴线大体在一条线上，这也说明，北城复建与南城扩建曾有过统一的规划与设计。

棋盘式街区布局又使坊里制度发生了变化。曹魏、后赵邺都沿承东

---

① 也有学者认为东魏、北齐邺都恢复东汉南、北宫制。此未深究邺之制度，故有此误断。

汉,于城内设里。东魏、北齐时,邺都设里、坊。明嘉靖《彰德府志·邺都宫室志》云,邺南城"盖有四百余坊"。城区基层管理似分二级,即于里下置坊,而且坊的面积较小,故有四百多坊。邺都里坊制度沿袭北魏洛都,反映了都城管理制度从里到坊的转变。邺都形制、宫城制度、中轴线及棋盘式街区布局和里坊制度的发展变化,既总结、扬弃了秦汉以来的都城制度,又开启了隋唐时期的都城制度,在中国古都城制发展史上具有承前启后的地位并起了都城礼制的变革作用。

二、"邺—大兴—长安"都城系统

陈寅恪《隋唐制度渊源略论稿》二《礼仪·附都城建筑》曰:唐之宫城承隋之旧,然隋建新都大兴城,实受北魏孝文营建之洛阳都城及东魏、北齐之邺都南城之影响。日本学者将陈寅恪的看法概括为"邺—大兴—长安"中国中世纪都城系统。[①] 陈寅恪从典章制度承袭沿革的角度,探讨隋唐都城制度的渊源,认为"邺—大兴—长安"都城系统是北魏太和文化系统的一个方面,其见解和方法新颖独到。然而,他又将"太和洛都新制归功于河西系汉族之实行性",则大可值得商榷。北魏数有迁都之议,是迁邺还是迁洛,君臣各有说辞,孝文迁都,蓄谋已久,也曾在择都上犹豫多时,最后决定都洛,太和迁都建都的核心人物是孝文帝,新都城制规划设计理念与原则自然也是由孝文帝决定的。从太和洛都城制布局看,十分近似于平城与邺北城,同时继承并恢复了魏晋一些礼制建筑及地名等,在宫殿建筑技艺方面也曾受到南朝建康的一定影响。北魏平城制度曾受邺城影响。《魏书·莫含传》曰:"太祖(道武帝)欲广宫室,规度平城,四方数十里,将模邺、洛阳、长安之制。"孝文帝改建平城,太和十二年筑圆丘于南效,十五年建成明堂,十六年建太极殿。营建太庙、太极殿时,曾派蒋少游到洛阳"量准魏晋基址"[②],又派少游出使南朝,观察建康宫殿。《南齐书》卷五十七《魏虏列传》:齐永明九年即北魏太和十五年(491年),"遣使李道固、蒋少游报使。少游有机巧,密令观京师宫殿楷式。清河崔元祖启世祖曰:'少游,臣之外

① 见谷川道雄编:《日中国际共同研究——地域在六朝社会政治上的作用》,座谈纪要上田早苗的发言及论文《后汉末期的邺地与魏郡》,日本京都玄文社,1989年中文版。
② 《魏书》卷九十一《蒋少游传》。

甥,特有公输之思。宋世陷虏,处以大匠之官。今为副使,必欲模范宫阙。岂可令毡乡之鄙,取象天宫?臣谓且留少游,令使主反命。'世祖以非和通意,不许。少游,安乐人。虏宫室制度,皆从其出"。是时,北魏孝文帝已有迁都之意,借交聘通使,派蒋少游密观建康宫室建筑制度,为洛阳建设作构思、设计与准备。北魏洛宫制度受南朝影响是可以确信的。如果将洛都城制与姑臧比较,形制、布局等差别甚大。而且,苻坚、姚秦长安都城制度多受后赵邺都的影响,姑臧城制又当与长安有关,探讨都城制度渊源焉能舍本求末?李冲家世凉州,魏晋南北朝畴人多出西域,影响及于平城、洛阳宫殿建筑,这是可信的,因李冲河西家世,而断言太和洛都新制归功于河西系汉族,断难置信。陈寅恪拘泥于家世血统与文化,注意了李冲而忽视了孝文帝,注意了北魏洛都与凉州姑臧之关系,而忽视了洛都与平城及邺北城之直接关系,故其立论仍有一些值得商讨的地方。

北魏太和洛都城制,其因袭主要是平城与邺北城,其影响及于邺南城、隋大兴城及唐长安城。关于邺南城对大兴城的影响,陈寅恪曰:"隋代营建大兴新都城即后来唐代长安城诸人,除贺娄子干及宇文恺外,高颎、刘龙及高龙义即高义,或家世久居山东,或本为北齐宗世及遗臣,俱可谓洛阳邺都系文化之产物。《高颎传》虽言新都'制度多出于颎',然《宇文恺传》又谓'高颎虽总其大纲,凡所规划皆出于恺',又《唐六典》以为宇文恺创制规模,故知高颎之于营建新都,殆不过以宰相资望领护其事……吾人可不必于颎本身性质及其家世多所推究也。贺娄子干虽于开皇三年六月任营新都副监,但是年即率兵出击突厥,居职甚暂,实无足述。刘龙在北齐本以修宫称旨,致位通显,《隋书》无高龙义传,而《北齐书》、《北史》齐宗室高灵山传附有高义事迹,谓其于隋开皇中为太府少卿,则隋开皇二年六月丙申命营新都诏书中之太府少卿高龙义当即其人无疑。然则邺都南城之制即太和洛阳之遗,必至少由刘龙、高义二人输入于隋也。至宇文恺一人盖与山东地域无关,而大兴新制彼独主其事,似难解释,鄙意宇文恺、阎毗、何稠三人皆隋代之技术专家。"①其实刘龙也是技术专家,其以修构三台被知遇,隋初筑大兴城,他任将作大匠,其职掌主要是建筑设计与技术。高义以太府少卿充检校,似是负责工程技术、用工用料、建筑质量的监督等。他们对大兴

---

① 陈寅恪:《隋唐制度渊源略论稿》二《礼仪》附:都城建筑,河北教育出版社,2002年。

城的城制布局有参与谋议的职任,但如果说邺南城城制由他们二人输入于隋,也值得商榷。邺为东魏、北齐都城,于北周大象二年(580 年)六月毁于杨坚之火焚,次年杨坚称帝,国号隋,开皇二年(582 年)六月下诏营建新都,从焚邺到营建大兴城,前后仅两年,而且又都出自杨坚的旨意,如果把历史现象联系起来看,焚邺,篡周、建新都,于杨坚胸中早有谋算。要建设独一无二的帝居天宫,邺作为旧都故宫,势必被毁,况且其又是一贯与关中地域政治相抗衡的山东势力的堡垒。邺虽焚毁,但邺之建筑理念及城制布局却被杨坚继承下来,大兴城制布局与总体设计应出自杨坚,高颎领护,宇文恺、刘龙、高义等共同谋议实施。尤其是皇城的建筑,完全是根据杨坚的"新意"建成的。都城建筑历来是各代王朝特别重大的事情,选都、建都、迁都,城制规模及布局,均取决于帝王,曹操建都邺城,石虎迁都邺,高欢建邺南城,无不如此,杨坚建大兴城,也当如此。北周灭北齐时,杨坚曾率兵攻邺,可以肯定他对邺都城制是十分了解的。他任用高颎、刘龙、高义等这些熟悉邺都制度和建筑的人建造大兴城,目的在于使之建都思想能够得到很好的贯彻。寅恪先生论大兴都制,不问杨坚,而专注刘龙、高义,孰不知小鬼背后还有大神。

隋之大兴也即唐之长安,长安城制沿袭大兴,只是名称有所改变。那么,大兴、长安在哪些方面沿承了邺城制度呢?这可从大兴(长安)城的建筑形制、布局、坊市、街道、建筑及名称等方面作些比较。据宋敏求《长安志》,大兴城的营建,"先筑宫城,次筑皇城,次筑外郭城",其工程先后顺序与邺南城如出一辙。大兴(长安)城"东西十八里一百一十五步,南北十五里一百七十五步"[①],呈东西横长方形,这样的形制颇类似于邺北城。其门名也多仿邺,邺北城宫城前东西大街,东直建春门,西直金明门;邺南城正南门曰朱明门,朱明门东为启夏门。大兴(长安)皇城前东西大街,东直春明门,西直金光门;皇城正门曰朱雀门,南直外郭城正门曰明德门,明德门东曰启夏门。门名相仿,说明邺与大兴(长安)在建筑方面遵循了一个共同的理念,即以都城四面门名表示东南西北及春夏秋冬,用方位指代四时。有学者认为大兴(长安)城形制及门名寓意《淮南子》所描述的大地形象及四方"四象"。《淮南子》云:"天有九部八纪,地有九州岛岛八柱,九州岛岛

---

① 尚民杰:《隋唐长安城的设计思想与隋唐政治》,《人文杂志》1991 年第 1 期。

之外有八埏,八埏之外有八纮,八纮之外有八极。八极之广,东西二亿三万三千里,南北广二亿三万一千里。"又曰:"东方木也,其帝太皞,其佐句芒,执规而治春";"南方火也,其帝炎帝,其佐朱明,执衡而治夏。其神为荧惑,其兽朱鸟";"西方金也,其帝少昊,其佐蓐收";"北方水也,其帝颛顼,其佐玄冥,执权而治冬,其神为辰星,其兽玄武"。故大兴(长安)城形制取东西横长方形,四面门名曰春明、启夏、明德、金光等。按照这样的解释,进一步审视大兴、长安与邺城的关系,其城制布局及建筑名物相似相类的现象并不是简单的模仿,而是根据同一思想理念设计建造的不同产物,这将是构成"邺—大兴—长安"都城系统的根本和基础。同样,大兴、长安仿邺,将宫城置于都城北部中央,取象天之紫微垣。紫微垣位于正北,春秋战国以来,星象学家谓北极即北辰居天之中。孔子曰:"为政以德,譬如北辰,居其所,而众星共之。"郭璞注曰:"北极,天之中,以正四时。"郑玄曰:"北极谓之北辰。"李巡曰:"北极,天心,居北方,正四时,谓之北辰。"[①]唐贞观八年(634年),于宫城东北郭城垣外建大明宫。"大明"即太阳之名,《广雅》曰:"日名耀灵,一名朱明,一名东君,一名大明,亦名阳鸟。"汉铜镜铭文有"见日之光,天下大明"。于东北垣外筑宫,取名"大明",这与邺北城之雍城相仿。高欢曾于邺北宫东北城垣外筑雍城,北周于雍城上建日光寺,而且,邺南城宫城内也建有大明宫,此亦似为唐代长安大明宫选址取名根据之一,聊备一说,以补不足。从大兴(长安)形制、宫城位置及布局看,与邺北城特别是后赵时期的邺都颇相似。不同之处,隋文帝增筑皇城。宋敏求《长安志》卷七《唐皇城》曰:"自两汉以后,至于晋、齐、梁、陈,并有人家在宫阙之间。隋文帝以为不便于民,于是在皇城之内惟列府寺,不使杂人居止,公私有便,风俗齐肃,实隋文新意也。"其实,此亦算不上"隋文新意"。曹操建邺宫,于宫城之东及南置官署为"曾宫",已有"皇朝"之意。隋文建皇城,只不过是在曹魏邺宫城建筑的基础上,又往前跨越了一步。再者,邺北城西北高,东南低;大兴(长安)城东南高,西北低。两城地势不同,但建筑工程均因地制宜,曹操于邺城西北隅筑三台,城外凿玄武陂。后赵又城东南隅建东明观;隋文则于大兴城东南隅挖曲江池,为城内游乐之所。大兴(长安)城北为禁园,此又与后赵邺北城、北魏平城京相类,邺北垣外即华林园,平城宫城背

---

① 《诸子集成》第一册《论语·为政》,中华书局据世界书局原版重印,1986年。

后为广阔的鹿苑。

大兴(长安)城的坊市街区基本上是沿承邺南城的制度,于皇城前南北大街两旁设东、西市,街路纵横交叉,形成棋盘式网状格局,每格一坊,"皇城之南东西十坊,南北九坊,皇城之东西各一十二坊,两市居四坊之地,凡一百一十坊。开元十四年又取东面两坊作兴庆宫"①。开元以后,长安城的坊数固定下来,凡一百零八坊,朱雀门街西为五十五坊,街东为五十三坊。② 据嘉靖《彰德府志·邺都宫室志》,邺南城有四百余坊,城小坊数多,长安城大坊数少,大兴(长安)城坊之面积远大于邺。关于大兴(长安)坊之数量与排列,人们有不同的解释。清人徐松云:"皇城之东尽东郭,东西三坊。皇城之西尽西郭,东西九坊,取则《周礼》九逵之制。隋《三礼图》见有其像。"③今人逸人认为是取象唐代行政区划,东西十坊或象十道,南北十三坊或象十三州。④ 尚民杰认为宫城居北部中央,取象"北辰",一百零八坊为"众星",象征郡县,体现了面南而治,以北兼南,南北统一的政治思想。⑤ 尽管各人的解释不同,但他们都注意到大兴(长安)城的设计思想与天象的关系,这一点应该说不会有什么问题。古人正是依据其天象观设计、规则、布置都城建筑,才使得都城制度愈益严整,陈寅恪认识到邺—大兴—长安的沿承关系,并从礼仪制度层面进行分析,指出它是属于太和文化系的一个方面。其实,制度的背后包涵着深刻的思想意识,邺—大兴—长安之所以能构成系统,它们之间起码存在着三个层面的关系:一是有相同或相似的建筑现象;二是都城制度具有链接传承关系;三是都城的设计思想遵循了一个共同的理念。如果仅仅认识到前二层的关系,而没有认识到第三层的关系,那么,遇到相同或相似现象,则容易理解,如果碰到不同的现象就很难解释;如果三层关系综合考虑,邺与大兴、长安之间的关系便可得到较为全面的合理解释。陈寅恪所提出的都城系统,仅仅注意到邺南城。大兴(长安)宫城布局自西向东以次为掖宫、朝宫、东宫,这样的排列倒与后赵邺宫甚相仿。寅恪先生没有注意到邺北城与大兴、长安的关系,这

---

① (唐)张九龄、李林甫等:《唐六典》七《工部即中员外郎》条,中华书局点校本,1992 年。

② 史念海:《唐代长安外郭城街道及里坊的变迁》,《中国历史地理论丛》1994 年第 1 期。

③ (清)徐松:《唐两京城坊考》,中华书局,1985 年,第 34 页。

④ 逸人:《汉唐长安城建筑设计思想初探》,《陕西省文博考古科研成果汇报会论文选集》,1981 年。

⑤ 尚民杰:《隋唐长安城的设计思想与隋唐政治》,《人文杂志》1991 年第 1 期。

当是过分拘泥于制度传承关系所致。

此外,大兴、长安坊内一些宗教建筑名称、方位也与邺城相仿。如总持寺、庄严寺、妙胜尼寺、祆寺、东明观等,[①]此亦为邺—大兴—长安都城系统之一证。

邺城制度不仅影响了大兴、长安,而且也影响了隋唐时期的东都洛阳。《周书》卷三十《窦炽传》:"窦炽字光成,扶风平陵人也……性严明,有谋略……少从范阳祁忻受《毛诗》、《左氏春秋》,略通大义……齐平之后,帝乃召炽历观相州宫殿……及宣帝营建东京,以炽为京洛营作大监。宫苑制度,皆取决焉……隋文帝辅政,停洛阳宫作。"北周洛阳宫殿制度当模写邺京,虽半途而废,但为以后隋唐兴建东都奠定了基础。

三、邺与韩、朝古代都城制度

韩、朝古代都城制度由于受中国影响,于公元 5 世纪发生了新的变化,其明显的标志是外郭城的修筑与坊里制的设置。公元 552 年至 586 年,高句丽兴建新都平壤城,即长安城。长安城由外城、中城、内城和北城构成,据城石刻字,内城建于 566 年,外城为 569 年,即先筑内城,后修郭城,工程顺序类似邺南城。新都背靠锦秀山牡丹峰,城垣由牡丹峰,经清流壁,沿大同江北岸抵达平川,又沿普通江伸向东北,经安山、万寿台、乙密台至牡丹峰,周长约 23 公里,平面呈瓢状。城郭形制因地势伸曲,宫城处山之阳,面向平川。长安城外郭城的构筑正是受了中国都城制度的影响,它改变了高句丽前期都城于平原、山区各建一城的制度,如国内城(今中国吉林省集安市通沟)和安鹤宫土城(今朝鲜大同江畔清岩里土城)。而且长安城街道区划又按棋盘式格局设计,郭内里坊由宽窄不同的道路隔开,城内主干道宽九亩(一亩合高句丽 4 尺,一尺为 35 厘米),次为三亩,最窄者一亩。坊呈"田"字形,四坊为一里,但里、坊大小不等,大坊边长 500 尺(高句丽尺),小坊边长 250 尺,里或边长 200 尺。里里、坊坊之间均有东西南北的通道,宽度一般为三亩,坊内小道宽一亩。[②]

百济都城也能找到中国古都城制的影子。如圣王十六年(538 年)至

---

①　参见杨鸿年:《隋唐两京坊里谱》,上海古籍出版社,1999 年。

②　参见《朝鲜全史》第 3 卷,延边大学出版社译本;方学凤:《中国古代都城制对朝鲜、日本古代城制的影响》,《延边大学社会科学学报》1997 年第 7 期。

义慈王二十年(660年)的都城泗沘,北依扶苏山城,面临锦江。锦江由北而西,又向南,三面环绕,东面以扶苏山城为中心,经青山城向南筑有罗城,王宫位于扶苏山城南麓,处于都城北部中央。日本学者岸俊男指出:"这样的泗沘城建置,是继承了此前的首都熊津的建置。熊津在扶余之北,锦江上游,相当于现在忠清南道公州。它北依面临锦江的海拔高度为110米左右的公山城,东西两面是被山环绕的狭长盆地地带。以公山城为中心,据说在环绕周围的山岳还筑有夯土罗城。王宫位置也推测在公山城南麓附近。"[①]宫城的位置与邺北城相似。

新罗都城庆州王京宫殿也处于偏北部的半月城,南、西、北面街区呈棋盘状,建置有大小不等的条坊。20世纪80、90年代,考古工作者对庆州王京进行了全面发掘清理。考古成果已由庆州文化财研究所编为《庆州王京》二巨册,遗物图版一册于2001年12月出版,文本一册于2002年12月出版。

高丽时代的开城王京由宫城、皇城、罗城构成,皇城位于西北部、北墙、西墙即罗城城垣。宫城居皇城南部中央,四面各设一门,南曰升平门、东曰东华门、西曰西华门、北曰玄武门。皇城建有二十门、二水门:由东垣南第一门广化门起,顺时针向南而西、北、东依次为通阳门、朱雀门、南熏门,安祥门、归仁门(以上南墙五门)、迎秋门、宜义门、长平门、通德门、乾化门(以上西墙五门)、金耀门、泰和门(以上北墙二门)、上东门、和平门、朝宗门、宣仁门、青阳门(以上东墙五门)、玄武门、北小门(皇城与宫城之间的两座门,在宫城北垣);二水门即广化门水口门、宣仁门水口门。二水门在广化门与宣仁门。[②]从开城王京的布局看其结构实分为四城,即宫城、皇城、内城、外城。内城呈南北长条状,中间由东西墙垣隔开分成南、北两半部,南部为皇城,均明显地体现了中国古代都城制度与特点。

汉阳城是李氏朝鲜时代的都城,宫城居都城西北部白岳山南,坐北朝南,正门光化门直南大道(今世宗路)为全城最宽,礼、枢、宪、兵、刑、吏六部官署分置于光化门前南北大道两侧,并依《考工记》"左祖右社"礼制,于景福宫东偏南建太庙,宫之西偏南建社稷坛。市在崇礼门(南大门)、兴仁门

① (日)岸俊男著,王维坤、李自智译:《探寻日本古代都城的源流》,《考古与文物》1998年第4期。

② 参见신안식:《고려시대 "京畿"의위상과역할》,明知大学人文科学研究所《人文科学研究论丛》第25号,2003年7月。

（东大门）附近,演变为今南大门市场、东大门市场。由于受地理地貌的影响,都城建筑在朝向方面并不专一,其主要宫殿及礼制建筑坐北朝南,如景福宫、太庙、昌德宫、文庙、成均馆等;别宫昌庆宫、庆熙宫及社稷坛则坐西朝东。又由于朝向和地理的缘故,使崇礼门、兴仁门成为往来城内外最重要的通道。城内主干道为靠近西城垣中部的庆熙宫至兴仁门的东西大道（即今钟路）,南北主要道路均与东西干道相接,构成城内交通网,街区大体呈棋盘状,城内置坊,如安国坊、阳德坊、仁达坊、宽仁坊、莲花坊、彰善坊、广通坊、明哲坊、皇华坊等;城外四郊置里,如孔德里、细桥里、水铁里等。坊里为街区管理单位,并无坊之建筑。城之北筑有北汉山城,西北建有西城,均沿山势构筑,对汉阳城形成拱卫之势。

综观韩、朝古代都城制度的发展,借鉴中国古都城制主要反映在四个方面:第一,外郭城的建筑及宫城、皇城、郭城呈"回"字形环环相套,如平壤城（长安城）、庆州王京、开城王京、汉阳城等均为这种形制;第二,宫城置于都城北部偏西,这一点与邺北城相仿,而且宫城的建筑布局均为前朝后宫,前朝的建筑讲究对称,主殿两旁有东、西殿阁,东、西回廊。这样的建筑形式较早见于邺南城,隋唐以后逐渐消失了,而韩、朝古代都城宫殿建筑却将这一形式保存下来了。如景福宫内朝主殿——思政殿,东、西两侧又有万春殿、千秋殿,犹如邺南城昭阳殿及两旁的东、西阁,此正是邢劭《新宫赋》中所描述的"法三山而构翼室",这种形式于今天的北京明清故宫已不复存在;第三,前市后朝,古朝鲜都城内的市多在南部,这与魏晋邺北城、北魏洛都、东魏北齐邺南城及隋唐大兴、长安等城制相似,且与《考工记》所设想的"前朝后市"相背;第四,棋盘式街区与坊里设置,自平壤（长安）城至汉阳城,均沿承此制度,特别是平壤（长安）,一坊包括四小坊（2×2）,四坊合一里（4×4）,即十六小坊,坊里形制与唐长安城内之坊相似,但平壤（长安）城又早于大兴（长安）,很显然,平壤城的坊里形制是从邺南城那里借鉴来的,据《北齐书》,高句丽、百济、新罗与北齐都有通使的记载,尤其高句丽,往来甚繁。但邺南城的坊里形制,文献无考,嘉靖《彰德府志》云邺南城四百多坊,但不知所名。平壤（长安）城坊里形制为邺南城的坊里制度提供了佐证,同时也证明隋唐大兴、长安坊制沿承邺南城。

韩、朝古代都城制度在一些方面又表现了与"邺—大兴—长安"都城系统的差异。如邺、大兴、长安的设计思想比较强调"天象",因此,城制比较规整,平面呈横长方形、纵长方形、或近于正方形,朝向专一,坐北朝南,全城中轴线明确,沿中轴线左右对称。而韩、朝古代都城制度比较注重风水地理,选址多在山南水北,而且河流向外凸曲处,城垣沿山冈构筑,形制不甚规整,宫城、皇城坐北朝南,并有较短中轴线,外朝及官署沿中线设置,但外城朝向或与皇城、宫城不一,而是坐西朝东,这样,全城的中轴线不明确,对称也不甚严整。这些现象却体现了先秦和秦汉时期都城城制的某些特点,都城选址大多背靠镇山,左右有耳山,南有案山,又有江水绕城而过,山地、平川相接,自然环境适宜。这说明韩、朝古代都城在制度上借鉴了邺、长安等城制,在选址方面仍然保留了中国先秦时期的特点。从平壤(长安)城到汉阳城,古代朝鲜都城系统在城制方面接受了中国古都的影响,并与本地地理自然环境合理利用相统一,不断总结、传承,形成了颇具特点的都城建筑制度,在科学、美学和艺术等方面,都达到相当高的水平。

四、邺与日本古代都城制度

　　邺城城制对日本古代都城制度所产生的影响主要表现在藤原京与平城京。奈良时代持统天皇八年(694年)建造的都城藤原京,其结构布局与邺南城甚是相似。藤原京由宫城(内城)和外郭构成。宫城位于城内中央偏北部位,以宫城为中心,规划街区和建筑,城区规划设计遵从对称的方式,讲究规整。从形制上看,藤原京平面呈纵长方形,南北长约3086米,东西宽约2118米。整个都城坐北朝南,宫城前南北大道即朱雀大路为全城中轴线。大路以东为左京区,路西为右京区。城内主要街路包括宫城南六条横贯东西的大路,即"六条大路",及朱雀大路两侧并与之平行的六条南北街路。街路纵横交叉,形成棋盘状街区。日本学者称这种棋盘状街区为"条坊制","条"即东西向排列的街区方格,"坊"即南北向排列的街区方格,左、右两京南北共12条,东西各4坊,共8坊。每个方块即1坊,大体呈正方形,边长约263米,坊内有十字交叉的小路,宽约5.4米,构成"田"字形,每小格为1坪,4坪即1坊。宫城南朱雀大路两旁设有东市、西市,每市占1坊之地。而且,藤原宫的建筑布局与邺南宫也大致相同,由南向北,依次为外朝、后宫、后园。因此,日本学者秋山日出雄说:"藤原宫与邺南宫有着十分亲近的关系;藤原宫的营造原理与邺南宫的营建原理具有许多重要相近之处。"① 又说:"藤原宫受隋唐宫室规划的影响,是在邺宫营造原理的基础上进行修正和继续的。"②

比藤原京稍后的另一座日本古都——平城京,始建于元明天皇和铜元年(708 年),和铜三年,天皇迁都于此。平城京的城制与藤原京十分相似。日本学者岸俊男说:"我在提出复原藤原京方案之际,发现它与平城京之间存在着意想不到的密切关系,两京相关联的是有计划的设计。也就是说,平城京把藤原京原封不动地沿着中道和下道向北迁徙到了奈良盆地之北,以下道为基准向西转折,将东西的宽度扩大为两倍。不过,南北的长度却由藤原京的十二条减少到九条,实际上只是 1.5 倍。因此可以说,平城京的整个面积是藤原京的三倍,基本上是把藤原京的东西和南北分别扩大了两倍而形成的。"两京在宫城位置、条坊制、城内街路、佛寺方位等方面都有明显的因革关系:1.藤原京宫城北墙与京城北墙之间有两条距离,最南一条因地理缘故较其它各条狭窄;平城京删除了北面两条和南面一条,宫城北垣即京城北垣。另外又于右京北侧向外拓展半条之地,扩展部分即藤原京北面两条之遗制;2.平城京一坊为十六町,由坊内东西、南北各三条小路划分隔开;藤原京是通过十字交叉小路将一坊划分为四町,平城京坊之面积大于藤原京两倍,故分为十六町;3.藤原京通往宫城城门的道路均按条坊制被分为条间大路和坊间大路,平城京内的街路沿袭藤原京,但其条间大路、坊间大路多宽于藤原京;4.平城京内位于左京六条四坊的大安寺与右京二坊的药师寺,都是从藤原京照搬过来的寺院,假若将藤原京的大官大寺与药师寺的位置进行比较对照的话,就可以判断出平城京的二寺位置大体上是沿袭了藤原京的二寺与宫城之间的相对位置。③ 再者,平城京东、西两市的位置也与藤原京相似。岸俊男通过对平城京与藤原京的比较研究,指出:"以前的通说认为,平城京是模仿唐长安城建造的。可是,假使平城京与藤原京之间的关系密切,平城京的原型与其说是唐长安城,莫如

---

① (日)秋山日出雄:《日本古代都城制の源流》,《历史研究》第十九号,昭和五十六年六月。

② (日)秋山日出雄:《八省院二朝堂院の祖型》,《难波宫址の研究》第七(论考篇),财团法人大阪市文化财协会刊,1981 年 3 月。

③ (日)岸俊男著,王维坤、李自智译:《探寻日本古代都城的源流》,《考古与文物》1998 年第 4 期。

说是藤原京。"①而藤原京的城制又颇类于北魏洛阳城和东魏邺南城,故岸俊男又云:藤原京、平城京"其整体形状与隋唐以前的北魏洛阳城、东魏邺南城或者南朝建康城倒是极为相似的"②。平城宫的设计布局还与曹魏邺宫颇为相似,从西到东有两大建筑群,即西侧殿堂和东侧殿堂,殿堂的北面为后宫。西侧殿堂是天皇举行大典的地方,东侧殿堂为日常办公的地方,后宫为天皇、皇后的生活区,其布局颇类于邺北宫的中朝(外朝、大朝)、内朝及后宫。日本学者上田早苗说:"如果把曹魏时代的魏都邺城与日本的平城京相比较的话,就可以发现到极值得注目的一些类似点,邺城的中朝相当于平城宫的西侧殿舍,内朝相当于东侧堂院。其北侧的后宫相当于内里。中朝南下的街路相当于朱雀大路。朱雀大路七条附近留下的'城户'(遗迹地名),沿着正南的城门(中阳门),在此以南及外京应成为附加或扩张的部分。"并推断说:"邺京是日本大藤原京及平城京的祖型。"③

　　秋山日出雄、岸俊男、上田早苗等学者的研究与观点,否定了关野贞于1907年提出的平城京城制仿中国唐代长安的见解,甚至将日本古代都城制度的渊源追溯至曹魏的邺都。中国学者王仲殊对此提出异议,认为:"日本藤原京与中国北魏洛阳城相比,在形制上有很多重大的差异。由于这许多重大差异的存在,我们不能认为藤原京是模仿北魏的洛阳城。""藤原京的形制和布局主要是模仿唐长安城(即隋大兴城),同时也模仿隋唐洛阳城,而不是模仿北魏的洛阳城。"④王维坤认为:日本的藤原京、平城京都是仿照隋唐长安城建造的,"看不出有模仿北魏洛阳城和东魏邺南城之处,也看不出与唐代洛阳城有何相似的地方"。并从地理位置的选择、里坊设计、整体布局、罗城配备、街道和绿化、里坊区划、东市与西市的安排、寺院建筑风格、池塘与园林、宫城位置、大学寮安排等十一个方面,论述了平城京对隋唐长安城的模仿,断言:"唐长安城则是平城京模仿的唯一蓝本。"⑤

---

　　①　(日)岸俊男著,王维坤、李自智译:《探寻日本古代都城的源流》,《考古与文物》1998年第4期。

　　②　(日)岸俊男著,王维坤、李自智译:《探寻日本古代都城的源流》,《考古与文物》1998年第4期。

　　③　(日)上田早苗:《后汉末期的邺地与魏郡》,谷川道雄编:《日中国际共同研究:地域社会在六朝政治文化上所起的作用》,京都玄文社,1989年。

　　④　王仲殊:《关于日本古代都城制度的源流》,《考古》1983年第4期。

　　⑤　王维坤:《隋唐长安城与日本平城京的比较研究》,《西北大学学报》1990年第1期。

中日两国学者关于日本古代都城制度源流的研究,多看重两国古代都城城制现象的比较,诸如都城形制、宫城位置、坊市街区、园林等,并在这些方面寻找其相似之处,而且均使用"模仿"一词来描述它们之间的因袭沿承关系。其实,城制现象取决于建都设计理念,邺北城、洛阳、邺南城、大兴、长安、藤原京、平城京的建筑设计都贯彻了"天象"、"风水"意识,城制现象自然多有相似的地方。邺北城、平城(北魏)、洛阳、邺南城、大兴、长安,其传承关系史书有证,自成一系统;如果仅凭城制某些方面相似的现象而断定长安是藤原京、平城京模仿的蓝本,仍嫌证据乏力,史料不足。而"模仿"一词的使用也不甚准确,藤原、平城京的设计与布局借鉴、参照了长安城,所以才有诸多相似点。如果说是"模仿"了长安城,那么它们之间的许多差异之处又该如何解释呢? 而且其相似点仅仅是"相似",并不相同。尽管中日两国学者对日本古代都城制度源流的认识,分歧颇大,但日本古代都城制度受中国古都城制影响,两国古代都城制度属同一系统,这当不会有异议。中日两国一些学者把中世纪都城系统溯源至曹魏邺都,这样的看法,无论对于探讨日本或中国的古代都城制度的源流,都是值得重视的。

五、中世纪东亚都城城制系统的形成

中世纪东亚都城在选址、规划设计、城制布局、结构区划、城市建筑与园林艺术等方面具有诸多相似之处,这在中、韩、朝、日境内所保存的古代都城遗址、遗存中有明显的反映,特别是北京的明清故宫与汉城的景福宫,宫城与郭城围绕一个中心点,沿中轴线左右对称的建筑布局,不仅整体结构紧凑合理,浑然一体,而且设计科学,建筑艺术美轮美奂,天然仙居,尤其是对周围地理、自然环境的利用,人与地理自然融为一体,可谓天、地、人相互和谐的极致造化,使后人叹为观止。

东亚各国古代都城城制布局为何如此相像? 主要原因应该说各自在建都方面遵循了一个共同的理念,即重视地理环境的利用,把"天地人"合一和帝王独尊,中央集权与体现封建政治秩序等观念融入了都城的构建。正如《周礼·天官冢宰第一》所言:"惟王建国,辨方正位,体国经野,设官分职,以为民极。"①在建都过程中,能够较早贯彻这一观念者,当推先周之公刘。这可从《诗·大雅·公刘》反映出来。公刘迁豳,已经注意到地理、地貌、环境、资源因素。《公刘》曰:

> 笃公刘,逝彼百泉,瞻彼溥原;乃陟南岗,乃觏于京。京师之野,于时处处,于时庐旅,于时言言,于时语语。

又曰:

> 笃公刘,既溥既长,既景(影)乃岗,相其阴阳,观其流泉,其军三单。度其隰原,彻田为粮,度其夕阳,豳居允荒。②

先勘察地形地貌,调查资源,选定城址,再立圭表测影,辨正方位,占卜取吉,丈量东西南北范围,确定城制规模。以后历代王朝建都、迁都无不奉此为榜样,秦之咸阳、西汉之长安、东汉洛阳、曹魏邺城、魏晋洛阳、南朝之建康、北朝之洛阳与邺南城、隋之大兴、唐之长安与东都洛阳、宋之东京汴梁、元之大都、明清之北京等,对这一理念的理解与贯彻愈益严格。约在公元4、5世纪,高句丽人借鉴了这一理念,并将之推广于朝鲜半岛,高句丽之平壤、百济王城、新罗庆州王京、高丽开城王京与朝鲜之汉阳城等古代都城遗址,都有所反映。古代日本对这一理念的引鉴稍晚些,有迹象表明约在公元6世纪已经在都城建筑方面实施了这种理念,藤原京、平城京、平安京等古都遗址发掘调查与文献记载,均有依据可证。相同的建都理念和思想原则,衍生出相同的都城制度,这是东亚各国古代都城构筑相似相类的根本原因。

由于这一建都理念又被各国历代王朝所奉行,形成了各自不断沿袭传承并有改进的都城城制系统。关于中国古代都城制度的发展历史,杨宽《中国古代都城制度史研究》曾将之分为前后两大阶段:"前一阶段从先秦到唐代,是封闭式都城制度时期;后一阶段从北宋到明清,是开放式都城制度时期。"③他认为:"对都城制度发展历史进行探索,首先应该重视的,是'城''郭'相连接布局的发展变化和'郭'内居民所住的坊里以及市的发展变化。至于营建宫殿的'城'内布局结构,还是次要的。"正是根据这样的认

---

① (清)阮元校刻:《十三经注疏附校勘记》上册,中华书局影印本,1980年,第639页。
② (清)阮元校刻:《十三经注疏附校勘记》上册,中华书局影印本,1980年,第542—545页。
③ 杨宽:《中国古代都城制度史研究》序言,上海古籍出版社,1993年。

识,他将古代都城制度的发展划分为前后两个阶段。其实,中国古代都城特别是中世纪封建都城,其城市规划与建筑设计往往是根据营建宫殿的"城"制定的,"城""郭"连接布局和坊市均围绕宫城皇城设置,其变化也必须服从于都城的总体规划和布局,只能加强禁宫的中心地位而不能有丝毫损害。宫禁皇城的建筑设计与布局在都城制度方面居于主要地位。如果按照这样的认识,划分中国古代都城制度发展的历史阶段,分为三个时期较为适宜:第一阶段为先秦与秦汉时期,是中国古代都城制度的产生与形成时期,都城的功能主要体现在人口的聚集与集中管理,"筑城守君,筑郭居民",城郭完善,职能明确分工;第二阶段为汉魏至隋唐,这是中国古代都城制度发展的一个重要时期,城市规划强调天地人合一,君主至上,中央集权,按已有的理念对都城进行总体设计,并有序地建筑。首先确定一个中心点,并沿这个中心点划出一条南北中轴线,宫城皇城端居中轴线上,内朝中朝外朝由北向南依次排列,构成全城中心。郭城围绕中心,沿中轴线左右对称,宫城皇城郭城环环相套,街区呈棋盘状,整体感十分突出,这一时期城市的功能主要表现在封建政治方面;第三阶段为北宋至明清,是中国古代都城城市化时期,城制布局一方面承袭隋唐,左右对称,而且,中心点沿中轴线南移至都城中央,沿河冲要街市兴起,封闭的坊市被突破,都城不仅成为政治中心,还成了经济、交通和文化的中心。

　　中国古代都城城制布局最大的特点是以宫城皇城为中心,设定一条南北中轴线,城郭坊市均环绕中心沿中轴线前后左右建置,这是构成中世纪中国都城系统的关键,也是我们认识中国古代都城制度的关键,而这一城制布局的出现,最早可追溯至汉魏的邺城。因此,可以说邺城开启了中世纪中国都城系统的先河。以后,这一制度被历代都城所沿袭,其传承关系构成了这样一个系统:

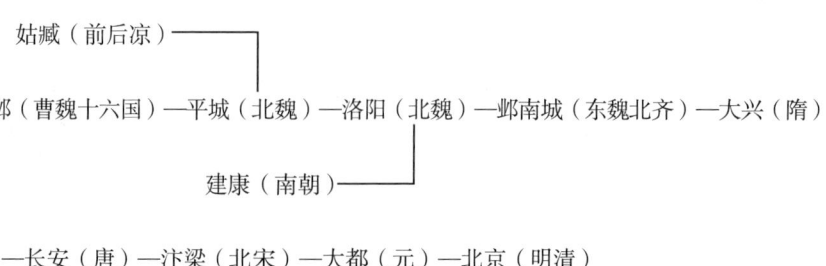

姑臧(前后凉)————

邺(曹魏十六国)—平城(北魏)—洛阳(北魏)—邺南城(东魏北齐)—大兴(隋)

建康(南朝)————

—长安(唐)—汴梁(北宋)—大都(元)—北京(明清)

南京(明)————

这一都城系统在中国历史上延续了一千七百多年,经过明清北京城的总结,走到了它的终点。但它的影响却是深远的,当代北京的城市布局特别是棋盘式的街区,并没有脱离这一系统的规制。

公元 5 世纪,高句丽首先借鉴了中国的都城制度,于 552 年至 586 年修筑新都平壤城,即长安城。宫城居北部高处,里坊街区呈棋盘状布置,其城制与邺城及北魏洛阳城十分相似。6 世纪百济都城和 7 世纪新罗庆州王京的兴建,也基本上采用了类似于平壤城的规制布局。13 世纪末,朝鲜建都汉阳城,于城址选择、地理环境的利用,贯彻实践传统的建都思想,以至于淋漓尽致,犹如神工造化。汉阳城以北汉山为镇山,南山为案山,东西又有耳山拱卫,汉江曲绕其南,景福宫居北部高地,左祖右社,宫城、官署沿中轴线左右对称,街区呈棋盘状,不仅具有中世纪东亚都城的特征,也具有古代韩国建筑文化风格,可谓朝鲜半岛古都建筑文化的结晶。从古平壤城到汉阳城,形成了韩民族的都城系统,即:

平壤（高句丽）—庆州王京（新罗）—开城王京（高丽）—汉阳城（朝鲜）

泗沘（百济）—

汉城虽已发展为现代化国际大都市,而汉江以北的老城区仍保留着固有的格局。

日本于公元 6 世纪末吸收了中国的建都理念。694 年,持统天皇自飞鸟净御原宫迁都藤原京。藤原京是根据中国的建都理念建造的一座都城。它位居传统交通要冲,北依耳成山,东跨香久山,西接亩旁山,南与吉野群山遥遥相对,整个都城坐北朝南,宫城、外城街道坊市之布局与东魏北齐的邺南城和唐长安城大体相似。从已有的考古和文献资料看,藤原京与邺南城的因缘关系较深。但这些关系是通过什么媒介发生的呢?日本学者上田早苗曾做过这样的推测:可能是通过朝鲜半岛传播到日本的。[①] 中韩文献资料都有关于高丽、百济、新罗与北朝通使的记载。5、6 世纪时,日本与朝鲜半岛交流频繁,中国古都城制由半岛影响日本,也是正常的现象。自藤原京采用中国古代建都理念,创制规整的日本都城,以后平城京、平安京

---

① 1987 年 6 月中日两国学者座谈纪录,见谷川道雄编:《日中国际共同研究:地域社会在六朝史上的地位和作用》,日本京都玄文社,1989 年中文版。

承袭演进,构成了日本古代都城系统。即:

　　藤原京—平城京—平安京

　　从这个系统发展变化看,日本在 5、6 世纪主要是通过朝鲜半岛引进了中国古代的建都思想和都城制度,7 世纪以后,则是直接从唐代长安城的建筑方面学习借鉴的。1868 年,迁都东京,这一都城系统终结。

　　中世纪东亚都城依据共同的理念设计规划,因此在城制建筑方面具有诸多共性,这些共性及传承关系又形成了东亚古都城制系统。即:

```
姑臧（前后凉）———┐
邺（曹魏十六国）—平城（北魏）—洛阳（北魏）—
　　　　　　　建康（南朝）———┘


　　┌—平壤（高句丽）—庆州王京（新罗）—开城王京（高丽）—汉阳城（朝鲜）
　　│　　　（泗沘）百济———┘
邺南城（东魏北齐）—大兴（隋）—长安（唐）—汴梁（北宋）—大都（元）—北京（明清）
　　└—藤原京—平城京—平安京
```

　　以宫城为中心,划置一南北中轴线,整个都城沿中轴线左右对称布置,街区呈棋盘状,这种都城规制是中世纪东亚都城系统的核心思想。但在这一系统内部,其传承因缘关系并不是单线的,而是多线的,如平城京,不仅沿袭了藤原京,还学习借鉴了唐代的长安城制;朝鲜时代的汉阳城,不仅继承了开城王京的城制,还借鉴了明代北京城的制度。就这一系统整体看,其源头应在邺城,邺是中世纪东亚都城城制系统之源。

余　语

　　邺城于北周大象二年(580年)八月经杨坚火焚为墟,历隋、唐、宋、金、元、明、清,直至20世纪末,一千四百余年间,风雨剥蚀,漳水冲淤,渐渐淹没于黄土蒿莱,地面建筑荡然无存,城区遗址废墟埋藏深度在0.5至10米以下,漳水横穿南、北城址,荒野、农田、自然村落构成了新的地貌风光,昔日通都大邑的繁华盛景早已消散得干干净净。唯有金凤台和铜雀台残部兀自矗立于漳水北岸,还有一些散布于南、北城址废墟之上的低矮土台,成了后人追忆当年名都雄伟丽景的蛛丝马迹。古今士人凭吊幽思,吟诵撰述,记录了邺城废墟的沧桑变化。这部分史料大多出自作者亲历目睹,于邺城研究与考古甚有价值,故就笔者所见综述如下:

　　《艺文类聚》卷三十四《哀伤》载南朝陈张正见《铜爵台诗》,曰:

荒凉铜爵晚,摇落墓田通。云惨当歌日,松吟欲舞风。

人疏瑶席冷,曲罢缥帷空。可惜年将泪,俱尽望陵中。

　　此诗当作于隋,即邺火之后。南朝齐谢朓、梁何逊、刘孝绰均曾作《铜爵台妓诗》。[①] 谢朓《诗》曰:

缥帷飘井干,尊酒若平生。郁郁西陵树,讵闻歌吹声。

芳襟染泪迹,婵媛空复情。玉坐犹寂寞,况乃妾身轻。

　　何逊《诗》曰:

秋风木叶落,萧瑟弦管清。望陵歌对酒,向帐舞空城。

寂寂檐宇旷,飘飘帷幔轻。曲终相顾起,日暮松柏声。

　　刘孝绰《诗》曰:

爵台三五日,歌吹似佳期。定对西陵晚,松风飘素帷。

危弦断更接,心伤于此时。何言留客袂,翻掩望陵悲。

---

　　① 《艺文类聚》卷三十四《哀伤》。

若将谢、何、刘氏之诗与张正见诗作比较,其凄凉程度显然有别。谢、何、刘《诗》当作于北齐,即邺火之前,均情自幽思,无触景之感。而张正见诗触景生情,荒凉邺墟,墓田空旷,晚霞昏黄,好不凄楚。由此推断张诗作于邺火之后,所反映的邺墟当是隋朝时的情况。

《文苑英华》卷三百九载有隋段君彦《过故邺诗》,曰:

> 玉马芝兰北,金凤鼓山东。旧国千门废,荒垒四郊通。
>
> 深潭直有菊,涸井半生桐。粉落妆楼毁,尘飞歌殿空。
>
> 虽临玄武观,不识紫微宫。年代俄成昔,唯余风月同。

这首诗可谓是隋时邺墟图,金凤台、门址、荒垒、废池苑、涸井、旧楼台等历历在目。

唐代诗文中,也有不少作品虽为凭吊幽思,但多少反映了邺墟情况。贞观十九年(645 年)春正月,唐太宗至邺,为文祭魏太祖。《初学记》卷九《总叙帝王》载其《祭魏太祖文》,曰:

> 夫大德曰生,资二仪以成化;大宝曰位,应五运而递昌。贵贱废兴,莫非天命。故龙颜日角,显帝王之符;电影虹光,表乾坤之瑞。不可以智竞,不可以力争。昔汉室豆分,群雄岳立,夫民离政乱,安之者哲人;德丧时危,定之者贤辅。伊尹之臣殷室,王道昏而复明;霍光之佐汉朝,皇纲否而还泰。立忠履节,爰在于斯。帝以雄武之姿,当艰难之运,栋梁之任,同乎曩时,匡正之功,异于往代。观沉溺而不拯,视颠覆而不持,乖徇国之情,有无君之迹。既而三分肇庆,黄星之应久彰;主卜启期,真人之运斯属。其天意也,岂人事乎!

史学家李百药有《赋得魏都诗》,曰:

> 炎运精华歇,清都宝命开。帝里三方盛,王庭万国来。
>
> 玄武疏遥隥,金凤上层台。乍进仙童乐,时倾避暑杯。
>
> 南馆招奇士,西园引上才。还惜刘公干,疲病清漳隈。[1]

秦为水统,尚黑,汉为火统,汉魏禅代,故曰"炎运精华歇,清都宝命开"。百药借统历,追忆邺都之盛。但诗中提及"金凤",而不言"铜爵",不

---

[1] 《初学记》卷二十四《都邑》第一。

知何故。三台之名称,前后数次更改,致使后人尝审乱。

张说《邺都引》曰:

> 君不见魏武草创争天禄,群雄睚眦相驰逐。昼携壮士破坚陈,夜接词人赋华屋。都邑缭绕西山阳,桑榆汗漫漳河曲。城郭为墟人代改,但有西园明月在。邺旁高冢多贵臣,娥眉曼绿共灰尘。试上铜台歌舞处,惟有秋风愁杀人。

这首诗所描述的是邺墟秋日情景,西山、漳水、郭墟、西园、高冢、铜台等尽寓于目。漳水仍绕城墟西北而东流,地貌似未有多大变化。

张鼎《邺城引》曰:

> 君不见汉家失统三灵变,魏武争雄六龙战。荡海吞江制中国,回天运斗应南面。隐隐都城紫陌开,迢迢分野黄星见。流年不驻漳河水,明月俄终邺国宴。文章犹如管弦新,帷座空销狐兔尘。可惜望陵歌舞处,松风四面暮愁人。

由此诗也能想象到邺墟于唐代仍能昭示出霸都风貌之气势。

岑参《登古邺城》曰:

> 下马登邺城,城空复何见。
> 东风吹野火,暮入飞云殿。
> 城隅南对望陵台,漳水东流不复回。
> 武帝宫中人去尽,年年春色为谁来。

岑参登城处应为城西北三台,“南对望陵台”,曹操西陵在邺西南,漳水仍在邺西北。

李贺《邺城童子谣》曰:

> 邺城中,暮尘起,将黑丸,斫文吏,棘为鞭,虎为马,转转走,邺城下。切玉剑,射日弓,献何人,奉相公,扶毂来,关右儿,香扫涂,相公归。

温庭筠《杨柳枝》曰:

> 馆娃宫外邺城西,近映征帆远拂堤。
> 系得王孙归意切,不关春草绿萋萋。

温氏还作有《过陈琳墓诗》[①],曰:

> 曾于青史见遗文,今日飘蓬过古坟。
>
> 词客有灵应识我,霸才无主始怜君。
>
> 石麟埋没藏春草,铜雀荒凉对暮云。
>
> 莫怪临风倍惆怅,欲将书剑学从军。

《全唐诗》卷一百五十七载孟云卿《邺城怀古》,曰:

> 朝发淇水南,将寻北燕路。魏家旧城阙,寥落无人住。
>
> 伊昔天地屯,曹公独中据。群臣将北面,白日忽西暮。
>
> 三台竟寂寞,万事良难固。雄图安在哉?衰草沾霜露。
>
> 崔嵬长河北,尚见应刘墓。古树藏龙蛇,荒茅伏狐兔。
>
> 永怀故池馆,数子连章句。逸兴驱山河,雄词变云雾。
>
> 我行睹遗迹,精爽如可遇。斗酒将酹君,悲风白杨树。

从唐人的诗中可以看出,邺城虽已为墟,但其主要建筑残垣断壁仍留存于地表,其荒凉情景动人心悲。诗中还提到陈琳、应场、刘桢的墓,想必他们的墓都在邺西,距三台不会太远。

宋代邺墟变化较大,城区基本上已开垦为耕田,地表以上所能看到的除三台及部分城垣之外,还有旧宫殿区的废楼基、土台、古树等,一片荒芜。北宋寇准考中进士后,出任成安县令,曾两次游历邺下,其《再到邺下有感诗》曰:

> 漳滨胜地皆牢落,晚岁重来恨莫收。
>
> 极浦树藏云树老,故人门锁雨苔秋。
>
> 烟霄得路输时彦,泉石忘机阻旧游。
>
> 今日重思昔年事,放怀惟上夕阳楼。

明嘉靖《彰德府志》主要材料来源于宋《相台志》和元《相台续志》,其书前崔铣《序》云:"正德己卯(1519 年),太保汤阴李公,于中秘得《相台志》十二卷、元《续志》十卷,郡守陈公万言令所部各以其志送官。是岁冬,以予辑而正之……《宋志》事略具而文义芜鄙,元以下亡观焉。乃别为例,作九志,

---

① 《温飞卿诗集》卷四;河北师范学院中文系古典文学教研组编:《三曹资料汇编》,中华书局,1980 年,第 300—301 页。

凡八卷。其事采诸史，其文则删润者过半矣。"嘉靖《彰德府志》卷八《邺都
宫室志》记邺甚详，正是基于宋《相台志》和元《续志》的缘故。北宋时，三台
保存完好，冰井台还有曹魏初建时的铁梁（或许是后赵、北齐时期的铁梁）。
韩琦在安阳（今河南省安阳市）筑休逸台，从冰井台旧址拆走四根铁梁。元
纳新《河朔访古记》卷中云："又传休逸堂，魏公（韩琦）取邺城冰井台四铁梁
为柱。初铁梁弃邺台，岁久光莹无薜剥，人以为神物，诃护不敢动，及以为
堂柱，群疑始定。"[1]而且地下文物屡有出土，"绍圣丙子，邺民耕地，得魏甄
皇后识坐版函。其文云'文昭皇后识坐版函'共八字。一绿石匣，广八寸
半，长倍之，厚三之一，鹿顶笏头。盖其上有此八字，魏文帝甄皇后神坐前
之物也。故嘉兴守林衡之父时为相之临漳令，模得其字，乃魏隶之工者，传
于世既鲜，故士大夫罕见。魏史，黄初中，葬甄夫人于邺州。帝以母氏之
故，追上尊谥，别立寝庙，此乃明帝时所刻者"[2]。在出土文物中，备受士人
青睐的是铜雀瓦砚。苏轼曾作《黄鲁直铜雀砚铭》，曰：

> 漳滨之埴，陶氏我厄。受成不化，以与真隔。人亡台废，得反天
> 宅。遇发丘陇，复为麟获。累然黄子，元岂尚白。天实命我，使与
> 其迹。

何遽《春渚纪闻》卷九《记砚》有"铜雀台瓦"、"南皮二台遗瓦研"二条。
铜雀台瓦：

> 相州，魏武故都。所筑铜雀台，其瓦初用铅丹杂胡桃油捣治火之，
> 取其不渗，雨过即干耳。后人于其故基，掘地得之，镂以为研，虽易得
> 墨，而终乏温润，好事者但取其高古也。下有金锡文为真，每研成，受
> 水处常恐为沙粒所隔，去之则便成沙眼，至难得平莹者。盖初无意为
> 研，而不加澄滤，如后来吕研所制也。章序臣得之，属余为诗，将刻其
> 后，云："阿瞒恃奸雄，挟汉令天下。惜时无英豪，磔裂异肩踝。终令盗
> 坏土，埏作三台瓦。虽云当涂高，会有石槽马。人愚瓦何罪，沦蛰黔梧
> 槚。锡花封雨苔，鸳彩晦云罅。当时丹油法，实非谋诸野。因之好奇
> 士，探琢助挥写。归参端歙材，坚泽未渠亚。章侯捐百金，访获从吾
> 诧。兴亡何复论，徒足增忿骂。但嗟瓦砾微，亦以材用舍。从令瓴甓

①　（元）纳新：《河朔访古记》，粤雅堂丛书本。
②　嘉靖《彰德府志》卷八《杂志》载引隶辨。

馀,当擅琼瑰价。士患德不修,不忧老田舍。"

南皮二台遗瓦研:

　　魏武都邺,筑三台以居,铜雀其一也,最为壮丽。后世耕者,得其瓦于地中,好事者斲以为研,号为奇古。欧阳文忠公尝得于谢景山,作歌以酬之者是也。魏武既破袁绍于冀州,绍死,逐其子谭于南皮,筑台以候望其军,而名曰袁侯台。魏文帝与吴质从容游集于南皮,亦筑台以居,名燕友。至今南皮有二台,故址在焉。人有得其遗瓦,形制哆大,击之铿然有声。"吾之子遂,取其断缺者,规以为研,其坚与铁石,竟屡败斲工之具,仅能窊之,而特润致,发墨可用。知昔人创物制器,虽甚微者,皆所不苟,非若后世之简陋也。"此先君所序,而遂铭之曰:"方峥嵘焕奕于一时之盛兮,讵知夫隆栋必倾而华榱终折。洎毁掷埋委于千载之下兮,孰期乎藻泽荐藉而参夫文房四宝之列。盖物之显晦也有时,而事之兴废也常迭。遗材良而质美者,虽亘千古兮,不随众物而湮灭。"

铜雀瓦砚经宋人宣扬,受到士人重视,到了明代,仍有一些人撰铭称颂。宋濂《铜雀瓦砚铭》曰:

　　临汾徐昭,家藏铜雀瓦研。获于漳河中,相传逾百龄。兵部员外郎许珪以使事迁之,遂购焉。质贞而文细,盖真物云,为造铭:

　　埏埴成胎资气母,炎火一烁贞且寿。禁雨回风著勋久,何哉舞榭尘尔踪。天假漳河涤其垢,出赞觚翰列左右。虹光夜半上冲斗,龙图龟纹首交纽,要使遗文传弗朽。

唐顺之《铜雀砚铭》云:

　　昔为瓦,藏歌女,贮舞马;今为砚,侑图史,承铅椠。呜呼,其为瓦也,不知其为砚也。然则千百年之后,委掷零落,又安知其不复为瓦也。盖雄豪武人不得而有之,子墨客卿不得而有之,吾嗒然有感于物化也。

张太微《铜雀砚歌》曰:

　　当今学士重古砚,异石纷纷绝葱茜。就中端溪与铜雀,往往见之人共羡。近来邺县取已深,铜雀贵价端溪贱。言我昨从燕京来,逢人亲下铜雀台。道我铜雀砚最古,恍惚不敢对面开。开缄拂试试一看,五色光芒真可玩。堂中仿佛波涛生,檐前倏忽风云散。涛生云散蟠铜雀,映日浮光色闪灼。精英汝已绣真奇,体裁无复可刻削。共传金铁锈泥沙,又闻铅锡点烧药。歙之龙尾不敢并,凤朱之石空错落。忆持此砚将西归,只恐化作双鱼飞。琴鹤几年空寂寞,图书此日增光辉。转看砚背篆云鸟,魏主经营何机巧。千年视瓦坚如石,当时财力殚多少。财力殚兮砚如留,今人宝玩昔人愁。

元代刘履、刘祁、许有壬、纳新等士人均亲至邺,游历城墟,登三台,记其所见所闻。刘履《选诗补注》卷二(养吾堂刻本)云:"我亦聊且乘时出游其间,观夫宫殿台观巍然中天,可见魏都气象之有成矣。"刘祁《游林虑山记》云:"(甲辰秋,即蒙古乃马真后三年秋)越重九之明日,东北行四十里,宿邺镇,镇古邺地,有曹魏所(建)铜雀、金虎、冰井三台故基……徙倚至曛,宿南台道士舍。"许有壬《三台赋》云:"(至正三年秋九月)乃渡清洹,税驾乎邺……客乃指顾而相告曰:'子亦见夫三台之巇崿乎?冰井峙北,金虎踞南,铜爵岩岩中立而三。'"(《至正集》卷一,文津阁四库全书本)纳新《河朔访古记》卷中:"十二月,余过邺镇,登三台眺望,见其残丘断陇而问诸山僧野老,犹能于荒烟野草中指古都西陵之遗迹,相与悲慨,且言铜爵台,今周回止一百六十余步,高五丈,上建永宁寺;金凤台周回一百三十余步,高三丈,上建洞霄道宫;冰井台则北临漳水,周回止一百余步,高三丈,为漳水冲啮一角,已崩缺矣。"纳新所见邺城三台风貌大体犹存,然漳水河道已南移至冰井台下。

对于邺城铜雀瓦砚,纳新也作了考察,曰:

余闻世传邺城古瓦研皆曰铜爵台瓦,砖研皆曰冰井台砖,盖得其名而未审其实。夫魏之宫阙焚荡于汲桑之乱,及赵燕魏齐代兴代毁,室屋尚且改易无常,况易坏之瓦砾,其存于今者亦几希矣。按《邺中记》,曰北齐起邺南城,其瓦皆以胡桃油油之。油即祖忻所作也。盖欲其光明映日,历风雨久而不生藓耳,有筒瓦者,其用在覆,故油其背;有版瓦者,其用在仰,故油其面。筒瓦之长可二尺,阔可一尺;版瓦长亦如之,但阔倍耳。今其真者皆当其油处必有细纹,俗谓之琴纹,有白花谓之锡花,相传当时以黄丹铅锡和泥,积岁久故锡花乃见,然亦未言其信否也。古砖大方可四尺,其上有盘花鸟兽之纹,又有千秋及万岁之字,其纪年非天保即兴和,盖东魏北齐之年号也。又有筒瓦者,其花纹年号与砖无疑,盖当时或用以承檐溜,故其内圆外方,有若筒,然亦可制而为研,然则世传有古邺之研,多北齐之物耳。邺人有言曰:铜爵台瓦其体质细润,而其坚如石,用以为研,不费笔而发墨,此乃古所重者而今绝无,盖魏之去今千有余年,若其瓦砾皆磨灭为尘矣,且齐之砖瓦至今亦五六百年,村民掊土求之,往往聚众数百人而越年不得一二全者,则邺人所谓铜爵冰井者,盖特取其名以炫远方,其不知者从而信之。今邺人伪造弥众,惟尝识者知其不如古耳,故荆国王文公有诗曰:"吹尽西陵歌舞尘,当时屋瓦始称珍。甄陶往往成今手,尚记虚名动世人。"盖当时亦有此叹也。夫古之真瓦不期于为研,今之伪瓦止期于为研,其甄陶固精于古,然其质终燥,其用不久者,火力胜故也,虽和以黄丹铅锡,乌能作润哉。惟古之砖瓦散没土中千余载,感霜露风雨之润,火力既尽,复受水气,此其所以含蓄润性而滋水发墨也。①

据俞伟超考证,"纳新访古河朔,于至正五年起行,晚于洞清观创建仅三十五年,所记洞霄道宫当即洞清观"。今金凤台遗址南有元《邺镇金凤台洞清观首创之碑》云:"国朝初兴,奄有天下。己卯春,上遣使征栖霞长春真人。真人起而应诏,而特旨还燕,住长春宫,主盟⋯⋯是门下有赵公,先生法讳志睦,道号冲虚子,其先汤阴里玉人也⋯⋯过⋯⋯邺之墟,适有居民酋长总领刘源、弹压马进、总领魏信,同游三台,一见先生而悦⋯⋯于金凤台,询其实,乃魏之铜雀台也。台之阳,古洞存焉,欲传宋之得道者竹马先生⋯⋯不获已而姑从之。薙荒开径,规留数年⋯⋯及丁亥岁,率⋯⋯人稀,荆棒密狐兔之居,藜藿合鼪鼬之径。先生挂舄倚杖,索居怡然,乃命其徒⋯⋯扰于俗。厥有旨哉,簪裳而游其门,愿为之役者众。先生以药济人,问而疗之⋯⋯不化而化事,任之而鼎新,莫为之为物,因之而革,故栖其素养,待特室而列⋯⋯易而作,以规可夕之功;从简而为,以成可大之业,明秀之地,不无助焉⋯⋯鹤驭栖息,风秉香火,朝昏云霞,径路以祝⋯⋯落成之后,真人为之额其名曰洞清⋯⋯岁次庚戌十月癸巳朔下。"俞氏认为"庚戌

---

① (元)纳新:《河朔访古记》卷中,粤雅堂丛书本。

当为元武宗至大三年"①,即公元1310年。碑文中所言"丁亥岁",应为世祖至元二十四年(1287年),即洞清观初建之年。忽必烈征丘处机西游在至元十六年(1279年),岁次己卯。历宋、金、元,金凤台一直是道教活动场所。纳新又曰铜雀台上有永宁寺,佛门居中台,与南台之道观相安并存,邺虽为墟,而其宗教文化传承不辍。

《河朔访古记》还记有西陵、朝阳陵、七十二疑冢、佛图澄墓、西门豹祠及华林园等。曰:"魏武高平陵在邺镇西南三十里,周回二百七十步,高一丈六尺。十二月,余登铜爵台,西望荒丘烟树,永宁寺僧指示余曰,此曹公之西陵也。""朝阳陵在临漳县邺镇东北九里,即魏文帝文昭皇后朝阳陵也……今陵旁一冢,父老曰李夫人冢,后与夫人甚相喜,故得祔葬焉。""曹操疑冢在滏阳县南二十里……高丘七十二所,参错布置……冢间有曹公庙,殿屋甚华丽。庙北一高丘之前,巨碑一通,螭首龟趺,齐思王之碑,姜一芝所撰,云西望西陵,不十余里,烟树历历可见。十二月,余按辔其间,自午抵暮,纵横出入冢中,不知所向。""临漳县西邺镇西北五里紫陌侧,晋高僧佛图澄墓在焉。""西门豹祠,漳水之上有祠,门扁曰西门大夫之庙……有宋修祠碑一通,则钱塘杨蒙所撰……十二月,至祠下,拜谒读碑而退。""华林园在临漳县邺城东二里,苑后即南邺城之西也……今其基址,询之故老,犹能记其万一。"所云"临漳县邺城"即元代邺镇,在古邺西城墙遗址之西。

北宋人曾将邺西北东魏、北齐墓群误为曹操七十二疑冢。南宋罗大经《鹤林玉露》卷三丙编"曹操冢"条:"漳河上有七十二冢,相传云曹操疑冢也。北人岁增封之。范石湖奉使过之,有诗云:'一棺何用冢如林,谁复如公负此心。岁岁蕃酋为封土,世间随事有知音。'四句是两个好议论,意足而理明,绝句之妙也。"范石湖即范成大,曾为南宋使者赴金之燕京,路过邺墟,游历邺西北北朝墓群。

邺墟存毁与漳河有直接关系,纳新河朔访古时,漳河仍流经邺西北。《河朔访古记》卷中云:"十二月早,出彰德北门,至蔡村西行三十里,狭处作土桥以渡,时漳水退缩,层冰峨峨,逐流东下。土人云:春夏水涨,至与岸平,阔可数里,号小黄河。又曰:水旁多石子,俗传可以暖腹,又有纹石,滨河之民取以为器货之。"又云:"冰井台侧北临漳水。"蔡村在邺西南,漳河在

①　俞伟超:《邺城调查记》,《考古》1963年第1期。

其西北,东北流经邺墟冰井台北侧。此时漳河当穿过曹魏玄武旧陂,南移至邺城下,因旧陂地势较低,故使河道改移,河水由西直接冲刷冰井台和铜雀台,由于古台的中流砥柱作用,使河水北折,绕北垣而东北,日积月累,北岸淤积,沙滩漫漫,使河水对古台的冲击越来越大,并逼迫河道向南迁移。

明代邺墟受漳河冲淤比较严重。正德十五年(1520 年)漳水在显旺村决口,向东南,冲刷北城、南城及东垣。嘉靖初,"惟三废台存,旧基略无可见者"[①],城垣、城门及城区基本被淹没于地下。万历年间,王象春过邺,撰《登铜雀台诗》,曰:

> 古堞圧漳河,惊涛击广岸。白日掠长风,衍流沙漫漫。
> 铜雀杳销沉,水临荒台半。簾帷技乐空,破瓦成宝砚。
> 遗踪劳指点,訾议犹可厌。川襟而山屏,虎踞经百战。
> 七十二土丘,勿作疑冢看。阴雨夜旌旗,冢冢阿瞒见。
> 狐兔与榛荆,敢近英雄面。

由"铜雀杳销沉,水临荒台半"诗句看,此时铜雀台已被冲毁大部分,冰井台似已没水中。

万历四十一年(1613 年)秋,袁懋贞《铜雀台诗》曰:

> 铜雀荒凉禾黍秋,君王魂魄几回游。
> 歌喉舞袖随朝露,霸业王图只古丘。
> 世间何物无消歇,欺孤胁弱成功业。
> 智废千人役百灵,柔肠烈烈还姬妾。
> 西陵松柏水中坻,暮哭朝歌知不知。
> 遗嘱至今称绝智,我云绝智是真痴。
> 四百炎精逢板荡,辅汉终须受汉让。
> 龙争鼠逐事纷纷,到头碣石曹丞相。
> 台外漳流自古今,台中瓴甓岁时深。
> 只供墨客留辞赋,不尽英雄感慨吟。

崇祯二年(1629 年)春,吕维祺访邺,作《登铜雀台诗》,曰:

> 铜雀台上云苍茫,铜雀台下水汤汤。

---

① 嘉靖《彰德府志》卷二《地理·邺镇》。

水流汤汤崩岸摧，南城北城两荒凉。

耕人犁破旧宫阙，金凤冰井烟草黄。

草黄烟暗不忍见，山老树秃西风狂。

野妇牧羊琨华殿，儿童踏歌楸梓坊。

鹦鹉楼头一片瓦，行人拾得珍如璋。

残砖败瓦尚如此，春深歌舞亦可伤。

伤心别有凭吊意，谁为建安感兴亡。

可怜多少游人都埋没，唯见破庙枯藤落断石。

又曰：

忆昔建安才，黄土文章埋蒿莱。

忆昔建安宫，高低荒原烧劫灰。

劫灰烧残漳水流，宛然如见杜若洲。

银楹玉壁玳瑁殿，珠帘漆瓦鸳鸯楼。

玄武苑旁灵芝池，赤桥仙都水殿头。

石虎高纬穷奢华，赤壁流霞姿无休。

谁怜西陵紫陌残，歌舞尽被朔风吹。

朔风吹作荒原土，黄土孤台空搔首。

冷落村灯一杯酒，村灯斜照苔碑裂。

村灯不烟寒澈骨，反觉当年奢华暗无色。

断桥渡漳村，灯昏潦倒，舆夫迷前村。

村灯忽断，冥冥茫茫入荒林。

遥闻何村犬，夜吠菰芦深。

又作识跋曰："噫！所谓南城、北城，金凤、冰井，皆不可复识，惟见孤台荒庙，漳水汤汤而已。"所言"孤台荒庙"，即金凤台上玉帝庙。正统以前，乡人于金凤台建"昊天玉皇庙一座，正统四年，各村乡老重修一次"，嘉靖十五年（1536年）春，因"年久，砖瓦颓落毁坏"，乡民再次募资重修[①]。九十余年后，吕维祺过邺，所见"孤台"，应为金凤台，而诗题《登铜雀台》，又曰金凤、冰井不可识，似将金凤台误为铜雀台。由吕诗推测，俟至明末，冰井台已完

---

① 见《嘉靖拾伍年重修石记》，现存河北省临漳县文物保管所（三台）。

全被漳河冲毁淹没。清刘献廷《广阳杂记》卷一："方声远云：考邺都三台碑记，铜雀已没水中，冰井尚留其半，金凤上有真武阁，乃独存耳。"今人俞伟超据此推断："漳水首先将铜爵台台基冲毁大部，其次才将冰井台全部冲毁。"[①]结合文献和河道水流变化情况分析，俞氏的推断大体无误。

清初，河朔诗人申涵光（广平府人）曾往来于邺，有《邺中怀古诗》，曰：

> 漳南落木绕寒云，野雉昏鸦魏武坟。
>
> 不信繁华成白草，还将歌舞嘱红裙。
>
> 西园乱石来三国，古瓦遗书认八方。
>
> 七十二陵空感慨，至今谁说汉将军？

又作《邺中客夜诗》，曰：

> 伤脾停食晚，灭烛厌邻声。旧事思何益，羁愁病易生。
>
> 山风吹雁落，隙月照床明。不见应刘辈，何人在邺城？

清雍正年间，陈大玠赴任临漳知县，"至则登金凤之台，远望太行诸峰，西崿如画，近瞰漳水，滔滔东流，不特曹氏铜雀、冰井，旧迹与波俱湮，即石虎之九华宫、逍遥楼，亦荡然无存"[②]。此时漳河仍流经金凤台北，又东北流向临漳、成安。雍正四年（1726年）八月，漳河泛溢，河水由临漳县城西南三冢庄分成两股，一股经临漳城北，环城东北入成安县境；一股自三冢村历王家庄、洛村等，由临漳县城南，又东北流入成安县。乾隆五十四年（1789年）漳水决金凤台西，东南经韩陵山北，入洹水。乾隆五十九年（1794年）夏，漳河又暴发水灾，河决临漳县显旺村口，显旺村位于邺北城北垣外，河水南溢，邺墟尽被水淹，并又形成漳河改道，"水趋东西，南流抵安阳王家口、龙河村，入洹河。而临漳务本庄以下皆为故道"[③]。务本庄位于邺墟西，漳河原曾经此东北流，过金凤台北。改道后，漳河东流，经金凤台南，直穿南、北城之间。今邺北城遗址北侧有漫漫沙滩，东西横亘，正是乾隆五十九年以后漳河故道留下的遗痕。"道光三年（1823年）夏，漳水暴涨，东趋胡家口流入安阳樊家、马坊等处，抵内黄庆丰庄，直入卫河"[④]。光

① 俞伟超：《邺城调查记》，《考古》1963年第1期。

② 雍正《临漳县志》卷六《艺文志》载陈大玠《义冢记》。

③ （清）姚东之：《漳水图经》，道光十七年（1837年）刻本。

④ （清）姚东之：《漳水图经》，道光十七年（1837年）刻本。

绪十八年(1892年),民国四年(1915年)、二十二年(1933年),漳河三次决辛庄,即倪辛庄,冲刷南城遗址,韩陵山以东尽成泽乡。漳河穿过邺墟后,东南流入安阳、内黄县境,汇入卫河,经1963年漳河流域特大洪灾,漳河河道至今并没有出现大的改移。邺北城南垣基址已成为今漳河北岸,1963年洪水,曾将城基冲出约有200米长,墙基宽10多米,似一长龙卧于河床,后又逐渐掩埋于地下。1996年秋,邺西部山区暴雨,岳城水库泄洪,又一次冲出邺北城南垣墙基。部分地方还有饰表的砖。砖不太大,是绳纹的。"因为水冲出来的墙基很长,冒出地面部分有几十公分高。比发掘一个探沟,要看得清楚得多。"①由于漳河改道,频繁冲淤邺墟,地表逐渐沙化,邺墟的掩埋深度越来越大,故昔之名都大邑,今尽为乡村农田。

乾隆五十九年漳河改道,使金凤台和铜雀台残基得以保存下来,否则,经漳水长期冲刷、浸泡,也必将被蚕食吞没。乾隆《彰德府志》卷四《古迹·邺都北城》:三台遗迹"今亦尽沦漳水,河岸有颓坡,或云即金凤台故址"。这当是漳河改道之前的情景。自漳河改道后,铜雀台残基裸露地面,并形成了今天金凤与铜雀二台遗址地貌状况。1957年12月,俞伟超踏查邺城遗址,步量粗测金凤台,"台基底部东西约70余米,南北约120米,呈长方形。台基南端略高,约9.5米;北端略低,高约8米有余"。"台基以北,还接连着一条高仅1.5米,最宽处为50米的夯土残垣,长约85米。夯土残垣的北端又隆起成台形,唯高仅3米余,南北长约20米,东西较窄而不整齐"②,此即铜雀台残基。1983年秋至1984年,考古工作者勘探邺北城,实测铜爵、金凤二台遗迹。铜爵台"夯土基址现仅存东南角,南北50、东西43、高4-6米,经开探沟发掘,确定了台基的南部边沿";金凤台"夯土基址保存较好,现存南北120、东西71、高12米。两台相距83米。两台之间,经钻探和开探沟发掘后均未发现夯土墙基,有可能已被破坏。铜爵台之北的冰井台基址,经钻探未发现遗迹,钻探距地表深至8米,仍均是沙土"。③

除金凤、铜雀二台遗迹外,在邺城区内或附近,地表和地下还残留下一些建筑台基。俞伟超《邺城调查记》曾标出八处台基:第一台在金凤台东北

---

① 张子欣:《邺城考古札记》,第151—152页。
② 俞伟超:《邺城调查记》,《考古》1963年第1期。
③ 中国社会科学院考古所、河北省文物所邺城考古队:《河北临漳邺北城遗址勘探发掘简报》,《考古》1990年第7期。

约 160 余米处,台基南北约 33、东西约 20、高 1 米,台顶及周围散布有大量东魏、北齐黑瓦残片;第二台位于第一台南约 20 米处,南北约 70、东西约 33 米,北端高 1.5 米左右,向南倾斜,几与地面平,台上散落有东魏北齐黑瓦残片;第三台位于第二台东约 200 米偏南处,俗称"皇姑坟",南北约 48、东西约 20 米,北端高约 3.5 米,南端高约 2 米,台侧多东魏北齐黑瓦片;第四台在漳河南张彭城村之北,距漳河约 2.5 公里,呈方形,边长约 40、高 4—5 米,周围有东魏北齐黑瓦片,光泽与尺寸稍逊于前述数台;第五台位于第四台以东约 0.5 公里偏南处,台基受破坏较大,残存部分东西约 15、南北约 12、高约 2 米余,四周有大量黑瓦片;第六台位于漳河南赵彭城村西南约 0.25 公里处,北距漳河约 3.5 公里;东西约 28、南北约 35 米,北端高 4 米,南端 2 米,四侧有大量黑瓦片;第七台在第六台南 1 公里左右,东西约 38、南北约 100 米,北高约 2 米,南低,与地面平。此台受破坏严重,台南有旧庙故址及明万历三年"重修交台寺"残碑,台基周围有少量黑瓦片;第八台位漳河南岸上柳村北,受破坏甚烈,残存部分东西约 50 余米,高约 4 米,台基原来范围很大,因建有民宅,无法度其南北长度。台之西、北有丰富瓦片遗存,并屡有石造像出土。1984 年,考古工作者在北城东西大道之北的中央部位,钻探到十处建筑基址,"面积较大的有:东西 57、南北 35 米;东西 39、南北 60 米;东西 45、南北 75 米的几处,均在距地表深 3.5 米以下"。在铜雀园旧址处,发现四座夯土建筑基址,"其中面积最大的为东西 70、南北 40 米,另一座基址的面积为东西 27、南北 30 米"[①]。这四处建筑基址当包括 1957 年 12 月俞伟超调查邺城遗址时所发现的台基。考古工作者还在邺南城宫殿区探出十五处建筑基址,其中 110 号基址东西 80、南北 60 米,距地表 3 至 3.5 米,厚 1 至 1.5 米;103 号基址东西 80、南北 60 米,距地表 3.5 至 4.5 米,厚 0.3 至 1 米;111 号基址东西 60、南北 30 米;112 号基址东西 56、南北 31 米;105 号基址东西 95、南北 51 米,多数距地表 4 米左右。[②] 这些建筑基址均可结合文献一一考证辨识。

　　此外,考古和文物工作者还在邺城遗址采集和出土了大量文物,诸如

　　① 中国社会科学院考古所、河北省文物所邺城考古队:《河北临漳邺北城遗址勘探发掘简报》,《考古》1990 年第 7 期。

　　② 中国社会科学院考古所、河北省文物所邺城考古队:《河北临漳邺南城遗址勘探发掘简报》,《考古》1997 年第 3 期。

板瓦、筒瓦、瓦当、石刻、螭首、方形础石、石祭案、绳纹砖等，许多板瓦、筒瓦带有文字戳记，尤其是"大赵万岁"瓦当、"富贵万岁"瓦当至今为邺墟所仅见，可算是邺城遗址标志性文物之一。这些文物的出土地点、制作年代，对于揭示邺城各个时代的建筑布局，也是十分重要的，考古发掘、文物研究与文献研究结合起来，相互比勘印证，邺城之谜底必将被揭破，中世纪东亚都城城制系统之源，也必将被探明。

附录　邺城石刻辑存

东汉西门祠刘君残碑

［缺］□□百」

［缺］春秋博览」

［缺］常百人以」

［缺］□臣①约身（?）」

［缺］归高四」

［缺］不

［缺］□辞（?）□」

［缺］

［缺］国之商兮蔺□□心凡之立」

［缺］亏为国之□□□□兮当四」

［缺］民（?）人去□□□□□哀哉戌

［缺］万（?）岁兮□□□□」

［缺］

［缺］岁在辛酉十一月十□［缺］」

　　按：残碑文载于清武亿等撰《安阳县金石录》，嘉庆四年（1799年）刻本。曰："碑凿断穿孔瓮，置西门君祠大门左右，作门关。"八分书，隶体。又曰："国之商兮，应当是裔字。既称为国裔，于汉为刘氏矣。"因断定此碑为刘梁所立。"岁在辛酉"疑在安帝灵帝时也。此碑为汉碑似无问题，而推定刘梁所立，颇牵强。是碑于清嘉庆初移置安阳孔庙。

后赵西门豹祠堂殿基石柱勒铭

赵建武六年岁在庚子，秋八月庚寅，造西门豹祠殿基。东西［缺］

---

　　①　何应辉主编：《中国书法全集》（第7、8卷），荣宝斋出版社，1993年，第519页。袁维春：《秦汉碑述》，北京工艺美术出版社，1990年，第635页，都认为这个字为臣。

丈,南北五丈,高三尺五寸,壁三[缺]

七尺,上作回头殿。屋三间,间长[缺]

一丈五尺。用杂材五百卅七[缺]

四尺五寸,石夫高二尺栌栱[缺]

尺。博基安白头委柱陌砺用[缺]

山采石筑基成殿,用功三百五万[缺]

世靳奴王所、陈午、张安匠、孟黑燕　巧工司马臣张由监作[缺]

吏臣杜波马孙,殿中司马臣王基,殿中都尉臣潘倪　侍御史[缺]

骑都尉臣刘誼,左校令臣赵升,殿中校尉臣颜零等题[缺]

后赵石柱人像拓片图　　　　后赵石柱刻文摹本

　　按:1985年,河南安阳丰乐镇村民在村东西门豹祠遗址内起土挖出。1998年春,河北临漳县文保所征集。青石,六棱柱式。后赵建武六年石柱,刻有铭文十行,满行二十四字,计一百五十九字,并刻有二人像。铭文记述了后赵建安六年重修西门豹祠殿屋的情况。此柱当是北魏郦道元《水经注》所记殿屋石柱。原物现藏河北省临漳县文物保管所。张子欣补摹其铭文,见上图。

后赵太仆卿鲁潜墓志

赵建武十一年大岁在」乙巳十一月丁卯朔,故」太仆卿驸马都尉勃海」赵安县鲁潜,年七十五,」字世甫。以其年九月廿」一日戊子卒,七日癸酉」葬。墓在高决桥陌西行」一千四百廿步,南下去」陌一百七十步,故魏武」帝堎西北角西行卌三」步,北回至墓明堂二百」五十步。师上党解建字」子泰所安,墓入四丈,神」道南向。

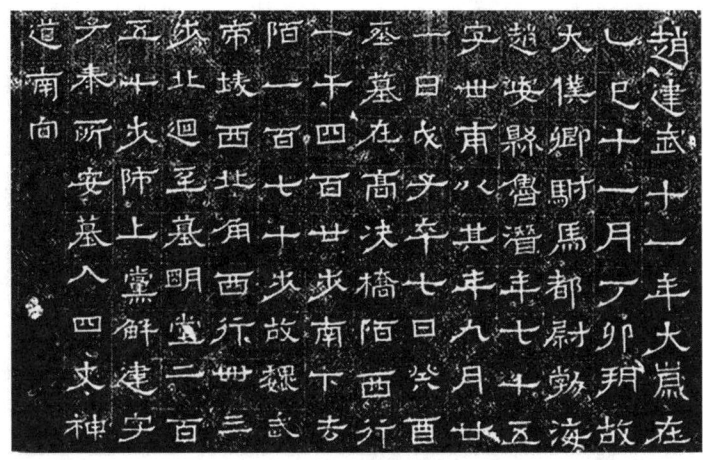

后赵太仆卿鲁潜墓志拓片

　　按:鲁潜墓志于 1998 年在河南省安阳县安丰乡西高穴村发现。志文见《中国历史学年鉴 1999》,三联书店 2002 年,第 358 页。鲁潜,史书无传。后赵建武十一年,即东晋穆帝永和元年,岁次乙巳,公元 345 年。十一月初一日(丁卯),为潜七十五岁生日。是年农历九月二十一日(戊子)卒,十一月初七日(癸酉)葬。其墓在邺西,墓志铭文还标出了曹操陵墓的具体位置。赵安县即汉晋中丘县,后赵改曰赵安,北魏孝文帝复曰中丘,隋讳"忠",改中丘为内丘。故属常山郡。鲁潜墓志有"勃海赵安县",与史书记载异。后赵墓志发现较少,此墓志颇显珍贵。

十六国前秦邺祠柱刻像铭

(铭云)神熊凿□,鸾凤群飞,千秋万岁,宛转冈头,铁颠(锁)开山,腾龙能伯,遮峙瞻储。

(末云)大秦皇太子仰为皇帝陛下暨中宫殿下凿石雕金,作像一身,永资圣寿,命中庶子、臣萧雍铭之。

　　按:铭文为隶书。柱刻像铭于北宋似有残存,被摹入汝帖,清武亿等《安阳县金石录》(嘉庆四年刻本)据汝帖著录。曰:"康少山按此前秦太子苻宏为父坚母苟氏所刻也。"苟氏为坚母苟氏,苻雄妻。《晋书·苻坚载记》:"其母苟氏尝游漳水,祈子于西门豹祠,其夜梦与神交,因而有孕,十二月而生坚焉。"苻宏为祖母刻像颂铭,当在王猛陷邺之后。

东魏温子升韩陵山寺碑序

昔晋文尊周,绩宣于践土。齐桓霸(伯)世,威著于召(邵)陵,并道冠诸侯,勋高天下。衣裳会同之所,兵车交合之处,寂寞消沉,荒凉磨灭。言谈者空知其名,遭遇者不识其地。然则树铜表迹,刊石记功,有道存焉,可不尚欤?永安之季,数钟百六,天灾流行,人伦交丧。尔朱氏既绝彼天纲,断兹地绐,禄去公室,政出私门,铜马竞驰,金虎乱噬,九婴暴起,十日并出,破璧毁(殒)珪,人物既尽,头会箕敛,杼柚其空。大丞相渤海王,命世作宰,唯几成务,标格千仞,崖岸万里,运鼎阿于襟抱,纳山岳于胸怀,拥元(玄)云以上腾,负青天而高引。钟鼓嘈囋,上闻于天;旌旗缤纷,下盘于地。壮士凛以争先,义夫愤而竞起,兵接刃于斯场,车错毂于此地。轰轰隐隐若转石之坠高崖,硠硠礚礚如激水之投深谷。俄而雾卷云除,冰离叶散,靡旗蔽日,乱辙满野,楚师之败于柏举,新兵之退自昆阳,以此方之,未可同日。既考兹沃壤,建此精庐,砥石砺金,莹珠琢玉,经始等于佛功,制作同于造化,息心是归,净行攸处,神异毕臻,灵仙总萃,鸣玉鸾(銮)以来游,带霓裳而至止,翔凤纷以相嚾(欢),尺龙宛而俱跃,虽复高天销于猛炭,大地沦于积水,固以传之不朽,终亦记此无忘。

　　按:是文记韩陵山之战,辞丽而壮烈,于南北朝甚有名。《艺文类聚》、张天如辑《温侍读集》均载有此碑序,文字稍有出入。明嘉靖《彰德府志》卷一《地理志》、清武亿等《安阳县金石录》等也有录载。兹据诸本互校一过。《安阳县金石录》云:"《徐陵传》亦谓陵奉使过韩陵,读此碑,爱其才丽,手自录之南归。人问北朝人物,陵曰惟韩陵一片石耳。"查《陈书》、《南史》徐陵传,无此语。这段话见于明嘉靖《彰德府志·地理志》,曰:"陈尚书徐陵尝使北至邺,过韩陵山,读其碑,心爱其才丽,手自录之,既南归。陈士人问陵北朝人物何如?曰:唯韩陵片石耳。"

　　嘉靖《彰德府志·地理志》"安阳县":"韩陵山,在县东北十七里。父老云汉韩信尝屯兵焉,故号韩陵。或曰有冢曰韩陵,故名山也。"元魏普泰三年(533年),高欢据邺,尔朱氏率众来攻,两军决战于邺之南韩陵山,高欢克捷,乃于韩陵立定国寺旌功,命温子升撰碑颂。

东魏定国寺浮图碑序

盖闻两仪交运,万物并生,始自苦空,终于常乐。而缘障未开,业尘犹拥,漂沦欲海,颠坠邪山,虽复光华并于日月,术数穷于天地,有扶危定倾之力,为济世夷难之功,登涂山而未归,游建水而不反,并驰于苦乐之境,皆入于生死之门。幽隐长夜,未睹山北之烛;沉迷远路,讵见司南之机。昔日先民,虽云善诱,尚习盖缠,未能解脱。至如八卦成象,示之以吉凶。百药为医,道之以利害。衣食有业,民免饥寒之忧。水土既平,人无垫溺之患。斯诚事周于世用,功济于生民。不论过去之因缘,讵辨未来之果报。惟无上大觉,独悟玄机,应现讬生,方便开教。圣灵之至,无复等级。威神之力,不可思议。动三乘之驾,泛八解之流,引诸子于火宅,渡群生于海岸。自一音辍响,双树潜神,智慧虽徂,象法犹在。光照金盘,言留石室,遍诸世界,咸用归仰。

　　按:《太平寰宇记》:东魏迁都邺,高丞相以南台为定国寺,作砖浮图极高,其铭即温子升文。高欢所建定国寺似应在邺之南韩陵山,非邺中南台。浮图碑久埋,《艺文类聚》卷七十七著录全文,清武亿等撰《安阳县金石录》(嘉庆四年刻本)据张天如《温侍读集》著录,此据《艺文类聚》、《安阳县金石录》互校标点。

东魏张璀墓志

大魏故信都县令张君墓志铭

君讳璀,字焕之,南阳西鄂人也。汉太史衡之胤胄。昔□」表西丰,留侯建帷幄之策;星移东井,常山兴缔构之功。」或师范万乘,照彰图籍,光临千里,焕炳缥缃。异动三台,」识司空之忠烈;吟谣两穗,表太守之仁明。奕叶簪裾,蝉」联珪组,规矩重叠,代有人焉。缅究遗编,可略而言矣。曾」祖华,晋明帝太宁中金城太守。祖仁,太和中冀州刺史。」父明,永平中举秀才,入除中书博士,转给事中,出为浮」阳太守。辅弼风规,俗流清化,赞导名教,士致歌谣。君胤」系高华,等琨琯之良剑;箕裘纂组,若青丘之祥鸾。义烈」因心,未资于典籍。忠良天纵,不假于规模。生而明悟,孝」弟著自间阎;幼怀贞敏,敬让行于邦里。年十六,出膺」州命,为西曹从事。十七举秀才,征为信都县令。美化洽于」讵张,仁风清于百里。性符高尚,轻蝉冕而非贵;探赜幽」隐,以道义而为尊。何报善无征,歼兹秀哲。春秋卅有六,」以天平元年岁次甲寅七月壬子朔廿三日乙酉卒于」中和里。以其年十月乙卯朔七日窆于邺城之西。」

人伦楷模,凤阐嘉声,才能干济,智略强明。

规矩重华,珪」璋代映,三台表异,两岐兴咏。

弥竞道合,幽□□□,林壑」迹齿,沧波名流。

一棺既闭,万事长空,晓夜□□,□□人」行。

东魏张瓛墓志

按:张瓛,史书无传,墓志曰为东汉张衡之后。"以天平元年岁次甲寅七月壬子朔廿三日乙酉卒于中和里,以其年十月乙卯七日窆于邺城之西。"查陈垣《二十史朔闰表》,天平元年七月辛巳朔,其年十月庚戌朔。墓志干支误。张氏享年四十六岁,由其卒年推知其生年当为北魏孝文帝太和十三年(489年),年十七征为信都令,当在宣武帝正始二年(505年)。他"轻蝉冕而非贵",盖因正直而官运不亨,晚年居住邺城中和里。国家图书馆藏拓,兹据赵超《汉魏南北朝墓志汇编》整理。

东魏昌乐王元诞墓志

魏故司徒昌乐王墓铭(志盖)
魏故使持节侍中太保领司徒公尚书令司州牧文献王墓志铭

公讳诞,字子发,河南洛阳人,显祖献文皇帝之孙,相国高阳王穆王之第四子。蛇分素历,纬聚玄精,赤文肇其祥,白霓标其庆。列圣重基,配天成业,穷车书于夏后,苞损益于姬风。至如礼兼玉帛,乐云钟鼓,莫不囊括宇宙,轩驾前王。相国道郁金绳,任居负扆,穷神比德,尽智称功。外总二伯,内兼师保,衮衣乡裳,郊祀天地。公禀灵惟岳,体亚生知,清白标其早成,眸子达其真异,含丹膏视,直置方圆,内保深宫,自然雕斫。非荃壤而艺闲,涉蠓求而功倍,不有琳琅之资,孰表铿锵之韵。除散骑侍郎,在通直,封新阳县开国伯,邑三百户。垂青业而远翥,降丹穴以长鸣,既怀四海之心,宁假积风之势。及武泰之始,大难荐臻。国泛横流,家同原火,公以童孺之年,飘然独立,居丧殆灭,仅而获全。若其笙杖表容,馔溢遗典,如登邹鲁之肆,似涉游夏之门。迁中书侍郎,自平台寂寞,久绝申穆之礼,曲沼荒凉,多谢邹梅之客。公率由规矩,自致成人,握彤管而来仪,泛鹓波而容与,故使缙绅引领,素论俄然。迁散骑常侍,在通直,加龙骧将军。杞梓擅美南岗,竹箭标奇东国,岂如九色之曜采昆峰,四照之光华弱水。盘石犬牙,实惟蕃翰,亲贤之寄,帝曰汝谐。封昌乐王,邑七百户,加征虏将军。迁给事黄门侍郎、平东将军,加散骑常侍。迁征东将军、黄门侍郎,王如故。执戟已疲,搏风未远,青琐载辉,岂骓有蔚。永熙云季,政移近习,贝锦斐成,挽抢遂指。公预睹机危,亟陈成败。深谋谠议,备在物谈。既而蕴价藏声,韬光匿影。废兴之际,独出嚣尘,迁侍中、卫将军。捧壶帷扆,拥珰枢极,晨趋粉壁,夜践青蒲。始进谔谔之言,终成謇謇之操,雌黄藉为标榜,月旦自此知归。加以学不章句,涉猎经史,笔非谭思,吟咏成文。过国门而虚驾,市仁义而长捐,崖岸修整,实总百川。故长安驿侯,门驰千里,河间坟典,席满赢金。非唯近挹清澜,自以识其远大。迁司州牧、车骑大将军,仪同三司,加侍中。共众星于北辰,耀朱骖于紫县。苞五方之异俗,兼六辅之殊风,佩彼兹韦,均兹宽猛。厝盐梅于济水,调律吕于专琴,若夫灿焕龙章,葳蕤文物,外动鸣笳,内陈兰锜,冰销灵果,水泛金浆,时吐清谈,恒盈座客。体行藏而舒卷,得神王于一时。信可以准的人伦,仪形邦国,而昊天不吊,与善于无期,逸翰方骞,冲飙已坠。天平三年岁次丙辰四月甲戌朔廿六日己亥薨于第,春秋廿二。有诏嗟悼,赠使持节、侍中、太保,领司徒公、尚书令、司州牧,王如故,谥曰文献王也。粤八月己巳朔四日壬申葬邺县之西北。惟公孝友淳至,体备忠贞,未习义方,自成德,揽笏登朝,风流藉甚,端冕从政,岁富曰(日)贫。实百辟之光晖,大夏之橑栋,而春露未晞,秋霜

奄及。陵谷有贸,大夜无晨,载刊幽石,式铭不朽。其词曰:

星光庵蔼,若水蝉联。大人有作,光宅配天。

金生丽渚,玉产蓝田。亦有令德,踵武称贤。

兰薄比薰,珠川等润。誉隆先达,声高后进。

澄陂载靖,岩墙积仞。藉此清音,成兹雅韵。

濯缨登仕,实曰龙光。内参纶绋,外辟朱裳。

进思退补,草偃风扬。优游语默,栖息行藏。

浓醴盈斝,长筵广设。翠幌晨祛,金羊夕热。

清谈兹吐,微言矗绝。歌梁未终,悲泉已冽。

阴沟下弩,天井高悬。黄肠未毁,鸿海方填。

送车徐返,客驾虚旋。楸松将合,原隰行烟。芳尘一远,玄石空镌。

□□妃郑氏,父敬祖,秘书著作郎,持节,督豫州诸军事、平东将军、豫州刺史。

按:元诞墓志出土于河北省磁县武城西东小屋村东南。铭文曾载于《文物资料丛刊》1977年第1期;又载新编《磁县志》第24编《资料辑存》(新华出版社,2000年)。《魏书》卷二十一上有传。曰字文发,加龙骧将军,"迁平南将军、散骑常侍、黄门侍郎。孝静初,拜侍中、车骑大将军、仪同三司、司州牧"。可与铭文互补互证。元诞于东魏天平三年四月二十六日薨于第,其宅第当在邺北城。

郑敬祖,《魏书》卷五十六、《北史》卷三十五,《郑羲传》有附传。

东魏华山王妃墓志

魏侍中大司马华山王妃故公孙氏墓志铭

祖顺,字顺孙,给事中、义平子。

夫人河南长孙氏。父敕寿,字敕斤陵,散骑常侍、左光禄大夫,都督秦雍荆梁益五州诸军事,征西将军、东阳汄池镇都大将,征东将军,都督青州诸军事,青州刺史,蜀郡公。谥曰庄王。

父阍,字九略。大鸿胪少卿,营州大中正,使持节、冠军将军,燕州刺史,义平子。

夫人河南长孙氏。父敕遐,字乐延。使持节、抚军将军,兖秦相三州刺史。

妃姓公孙,字甑生,辽东襄平人也。年廿七,降嫔侍中大司马华山王元孔雀,凡生二男一女。天平四年岁次丁巳六月乙丑朔十九日癸未寝疾,薨于魏郡邺县敷教里,春秋卅七。即以其年七月甲午朔十六日己酉卜窆于邺城之西,武城之北。乃作铭以志之。其辞曰:

修风郁气，丽月游光。藉庆辽部，擅美燕方。

凝华戚里，烈望衡乡。诞兹婉淑，艳彼端庄。

处穆女容，出昭妇德。立行柔敏，秉心渊塞。

习礼明诗，鉴图访则。政洽闺壶，化流家国。

道尚曹孟，德迈樊妫。好和琴瑟，契和埙篪。

七仪如矩，四训成规。清晖方远，仁善载驰。

白珩或毁，骊珠不固。倏若朝菌，溘似晨露。

陇首恒昏，松阿不署。聊志玄石，终期大暮。

东魏华山王妃墓志

按：此志于清末出土，地点在今河北省磁县讲武城乡孟庄村西。公孙氏为华山王元鸷（字孔雀）妃，于东魏天平四年（537年）六月十九日卒邺县敷教里，七月十六日葬于邺西北武城之北。此时，邺南城还未竣工，敷教里似在北城。铭文有“凝华戚里，烈望衡乡”，疑敷教里当在北城东北部，即曹魏邺之戚里处。

《循园古冢遗文跋尾》、《邺下冢墓遗文二编》、《汉魏南北朝墓志集释》、《满州金石别录》著录。原石藏辽宁省博物馆，兹据拓片校录。

东魏华山王元鸷墓志

魏故假黄钺侍中尚书令司徒公都督定冀瀛沧四州诸军事骠骑大将军冀州刺史华山王墓志铭

祖陵,散骑常侍、征虏将军、并州刺史。父肱,散骑常侍、抚军将、冀州刺史。王讳鸷,字孔雀,司州河南郡洛阳县天邑乡灵泉里人。盖瑶水之清源,帝宗之秀烈。祖以鸿勋冠冕先朝,父以懋德荣华后代。王体凝粹之淑灵,涵岳渎之逸气,纯敏在襟,宽仁为度。故懿德亮于初辰,而全盛冠于成岁,绢熙之绩自亮,庸勤之效久著。是以负荷先构,忠干之业方隆;师诚无殆,祗畏之心自远。太和廿年,释褐为给事中,寻有马圈之勋,赐爵晋阳男。正始中,转直寝。永平中,拜直阁将军如故。延昌中,拜左军将军,直阁如故。奉敕使诣六州一镇,慰劳酋长而还。延昌中,诏除龙骧将军、武卫将军。熙平元年,除散骑常侍、抚巡六镇大使。神龟中,诏除银青光禄大夫,武卫如故。正光,诏除金紫光禄大夫。二年,诏除使持节、都督柔玄、怀荒、抚冥三镇诸军事,抚军将军,柔玄镇大将。王广设耳目,备加参伍。故能政怀内外,接和远近,惠可依也,德可怀也。若乃陪驾游巡,立气河阳,清我干纪,扫彼郊纷,诚由宰相之功,抑是我王之力也。正光五年十二月,朝廷遣都督、章武王融,讨胡蜀贼失利。即令王分头讨之,以融失利,乃遣王代充都督,除北中郎将,将军如故。建义元年,大将军尔朱荣入洛。除征北将军、护军将军,领左卫将军,诏封昌安县开国侯,食邑八百户,即以晋阳男回授第三息季彦。其年七月,以本官除领军将军、京畿都督。十月,诏除卫将军,本官如故。至永安二年,随驾北巡,即达建州,遂与天柱大将军尔朱荣重出河阳。行幸建州,诏书拜车骑大将宣(军)仪同三司、中军大都督,改封华山郡王,食邑一千户,通前合一千八百户,护军领军如故。其年八月,敕营法驾仗都将。十一月,诏除散骑常侍、骠骑大将军,仪同三司王余官如故。普泰元年四月,诏加侍中兼尚书仆射,慰劳大使,骠骑王并如故。永熙二年四月,诏除使持节、都督徐州诸军事,本将军加开府,当州大都督,徐州刺史、侍中、王如故。天平二年三月还京,诏除大司马、侍中、华山王如故。方将陪升中之庆,行封岱之礼,而上天不憖,道丧奄及。春秋六十有九,寝疾不豫。兴和三年六月九日,王薨于京师。粤十月廿二日卜窆于邺县武城之北原。诏赠假黄钺侍中尚书令司徒公都督定冀瀛沧四州诸军事骠骑大将军冀州刺史,谥曰武。□王加鉴护事礼锡备焉。于是友人车骑大将军秘书监常景，惜白珩之掩曜，悲懋德之末融，镌金石而为志，托宾实以宣风。乃作铭曰：

郁郁帝宗，绵绵远祖。道驾雄英，德藉神武。义风前驰，仁声后举。邺济先构，功光遂古。唯王基命，实诞贞烈。矫矫忠诚，棱棱峻节。闺庭内穆，谦恭外结。金铣玉粹，鉴明水澈。自亮天爵，仍荷朝命。方藉国灵，即膺家庆。便繁禁侍，缱绻官政。金紫载烈，龙光无竞。肃事朝采，久职周行。勾阵耸烈，交戟耀釭。外清干纪，内扫槐枪。立谋建部，气振河阳。监护上将，专守中权。左右辇毂，翰御柔玄。远气自迈，威命更宣。督慰区夏，拓戍天山。懋爵兼劭，声望载融。安时信命，养晦遵蒙。位以车骑，宠以仪同。淑慎为本，清明在躬。牧我彭汴，怀此玉市。济宽以猛，笃终如始。惠政既施，高风云峙。至德载驰，清规更起。及登邦政，实谐衮职。出入帝宸，左右皇极。志效忠贞，诚尽心力。事发仁衿，义形正色。天监攸眷，礼锡更厚。崇以中台，加之端右。山门风烈，陇首云惊。累累曲阜，郁郁佳城。幽关兮寂寂，泉路兮冥冥，舟与壑兮徒可志，名与德兮终自荣。

大魏兴和三年岁次辛酉十月己亥朔廿二日庚申。

东魏华山王元鸷墓志

按：时约在清末，此志与华山王妃公孙氏墓志同时出土于今河北省磁县讲武城乡孟庄村西，即志文所云"邺县武城之北"。《魏书·孝静纪》曰：兴和二年"六月壬子，大司马华山王鸷薨"。同书《高凉王孤传》附元鸷传，曰："兴和三年薨。"与志文合。鸷卒于邺京，宅第在敷教里。元鸷墓志撰自常景，《北史》卷四十二《常爽传》有景附传。曰："景字永昌，少聪敏，初读《论语》、《毛诗》，一受便览。及长，有才思，雅好文章。"《魏书》卷八十二有补传，文字与《北史》大体相同。据《洛阳伽蓝记》，胡太后诏中书舍人常景撰《永宁寺碑文》。"景字永昌，河内人也。敏学博通，知名海内。太和十九年，为高祖所器，拔为律学博士……正始初，诏刊律令，永作通式。敕景共治书侍御史高僧裕、羽林监王元龟、尚书郎祖莹、员外散骑侍郎李琰之等撰集其事。又诏太师彭城王勰、青州刺史刘芳，入预其议。景讨正科条，商榷古今，甚有伦序，见行于世，今律二十篇是也。又共芳造洛阳宫殿门阁之名，经途里邑之号。"（卷一永宁寺）

志石原为罗振玉旧藏，民国年间捐献东北博物馆（今辽宁省博物馆前身）。《循园古冢遗文跋尾》、《邺下冢墓遗文二编》、《雪堂金文字跋尾》、《汉魏南北朝墓志集释》、《满州金石别录》著录志文。此据拓片整理标点。

东魏张满墓志

魏故司空公兖州刺史张君墓志铭

祖晖，辅国将军、天水太守，特进、中书令。

父德，使持节、都督冀沧殷三州诸军事，中军将军，冀州刺史。

君讳满，字华原，南阳西鄂人也。汉相留侯之苗裔。君幼挺黄中，早播眸照，经目必记，历耳不忘。求藉人间，阅书肆里，不知雨风，岂悟坑穿。遂能学穷坟素，才单辞藻。由是响振洛中，声高许下，九贻府辟，五来州召。君方结绳为枢，编蓬起室，遥巡王命，优游玩道。属勃海王权众晋川，东出釜口，梦想才良，同兴霸业。君以家贫母老，义无择官，怀刺投袂，委质幕府，登蒙引纳，欢然若旧。虽魏王徒跣而接子远，沛公摄服以礼食其，比事校情，无以过也。兼骠骑法曹参军，援平远将军奉车都尉。窦固因季舅而居之，曹植乃仲弟而不可。转仪同开府中兵参军，掌管记，文同宿构，辞并立成，托乘后车，侍谋帷幄。群凶告殄，巨祸云亡，诚无先登后拒之效，信有文墨□笔之劳，锡土新城县开国，食邑五百户。朝廷除王丞相，君亦寻补府属。元瑜以文章见征，子通由博识致命，言之此授，非君莫允。妖寇作逆，猬聚咸阳，相公尔日亲乞征讨。天子降敕，诏王罢行。公私路阻，间谍未至。欲事动发，先须访采。昔仲华前军入秦，君叔太中伐蜀，即除君前将军、太中大夫，乃令驰驱，觇彼形势。君径到贼所，宣其祸福，逆党守迷，终然莫及，寻即报命，具陈事机。千秋尽地，久渊聚米，掌内目中，一何相类。俄迁卫将军、右光禄大夫，加散骑常侍，丞相长史。子尼被留，后事皆委；季才见仗，庶无及顾，今昔假异，准况宁殊，未几，从骠骑大将军。杜茂勋降五校，刘隆绩复三齐，各以功格一代，德流万古。当时縻此犹用为荣，而君来践，实符物望。建忠王万俟普拨，既等隗嚣据河西以狼顾，又似孙渊跨辽东而鸮张。命师日损，诱之不复，散则天下清夷，聚则远迩鼎沸。以君语通书草之国，言辩刻木之乡。遂轻传告晓，示导成败，雾解云除，翻为我有。爵移郡公，位转特进。贾复谢执金吾，传喜辞大司马，褒宠盛德，始登兹授。酬君庸烈，方之更美。太山险阻，瑕丘空旷，朝野推择，佥议攸属，除兖州刺史，余悉如故。君襄帷陈礼，下车布政，放囚赴期，逃吏伏罪，伯达旧临斯部，文行昔莅此番，悬床发杖，足相陵乱。方当逐扶摇而高骞，循康衢以遐征，此理茫昧，云已奄迫。天平四年五月九日薨于州解，其年十一月十二日葬在山陵北。

诏赠使持节、侍中、都督恒定幽燕四州诸军□(事)，骠骑大将军，恒州刺史，司空公，尚书左仆射。陵谷或易，名德无穷，且雕且琢，粗记余风。其词曰：汤汤氾水，蔼蔼谷城。奉复标敬，见石知灵。累仁为本，积德相并。世数虽远，继踵公卿。若人杰出，是曰民英。清规素范，雅操端贞。勤如映雪，崖比聚萤。遂拾地芥，宁存满瀛。赋政六条，锡环千室。飞蝗莫及，去珠还出。西景候徂，东川更疾。一随化往，万事长毕。送我何行，龟书言□。白日苍茫，佳城郁伟。先后几何，古来非一。脱驾于此，松风萧瑟。

谥为恭惠公。

　　按：此志于民国元年(1912年)出土于今河北省磁县申庄乡八里冢村西，即志文所言邺西北"山陵北"。张满，《北齐书·循吏传》有传，与志文稍有出入。曰："张华原，字国满，代郡人也……高祖开骠骑府，引为法曹参军，迁大丞相府属，仍侍左右……从于信都，深为高祖所亲待，高祖每号令三军，常令宣谕意旨……累迁兖州刺史，人怀感附……后卒官，州人大小莫不号慕。"志、史可互补，亦有裨邺都研究。

《循园古冢遗文跋尾》、《邺下冢墓遗文二编》、《汉魏南北朝墓志集释》、《满州金石别录》著录。原石藏辽宁省博物馆,兹据拓片校录。

东魏张满墓志

东魏慧光墓志

魏故昭玄沙门大统墓志铭

法师字慧光,俗姓杨氏,中山卢奴人也。道姓出自天然,悟玄彰于/龀岁。童龄践法,栖心妙境。奉禁持律,犹获明珠。戒行冰洁,若兹水/玉。而每岩栖谷隐,禅诵明性,栖林漱沼,味道为业,幽衿与妙理双明,/悟玄共冲旨俱远。十二幽宗,靡不苞究,三藏秘义,罔不该揽,内外/敷演,法音满世,凡在轮下,咸成正首。是使寰中义士,望玄风而云/驰,日下缁英,行妙响而影萃。德音随年而弥高,声价与运而愈美。/德标缁林之中,望盖□儒之上。故能仰蔺　帝心,请为戒师。纲纪/缁徒,动成物轨。清直之操,金石未足□其坚;秉理弗亏,威形莫能/易其志。是使慧水浊而更清,道纲斁而复显。虽安肇业盛,秦乡生/观,名播宋域,准德方仁,岂云加也。且延遐算,永兹法猷。而迁变理/恒，终同生灭。春秋七十，寝疾不救，以元象元年岁次戊午三月庚/申朔十四日癸酉在与邺京大觉寺□□□世。灵山丧宝，法宇摧/梁。门徒崩号，痛结罗□。终日悲恋，泣等熙□。于是 天子哀至德/之长沦，悼灵音之不永，乃遣黄门侍郎贾思同宣 旨吊慰，赐赠/斋施墓夫，悉踰恒式。所谓善始令终，存亡佩宠者也。十七日丙子/道俗更送迁窆于豹祠之西南。四部望高，坟而殒涕。学徒抚幽泉/而长悲，徘徊顾慕，莫之能返。乃相与刊之玄石，永兹泉堂，庶灵音/妙趣千载，而弗朽其辞曰：

寥寥玄门，寔诞伊彦。高排世纲，超升物先。

赞幽扣微，无藉不练。体/明三空，神鉴七见。

光詥渊猷，敷阐冲则。群盲誉悟，迷徒晓或。

元名/其能，焉测其德。化备当世，声周远国。

道懋曩哲，德踰时贤。高步紫/阁，谈幽语玄。

纲纪缁众，芳响流傅。皇衿降眷，朝仕祗虔。

业也难/留，迁光掩辉。缁林摧柯，法纲维□。

玄素同泣，匠徒齐悲。敬刊玄石，/勒铭题徽。

东魏比丘净智法师圆寂塔铭

大魏比丘净智师圆寂塔铭

夫佛教远讫，自西徂东，普天率土，」咸与企仰。良以至道无上，括六合」而靡遗；堂奥可窥，摄众生而迅悟」也。净智师以太和六年戒念奉佛，」超神尘壤。藐衣冠之藻绘，契禅院」之通灵。是以河雒沙门，识解无此」敏慧；邺都缁侣，讲贯逊其静深。春」秋七十有三，于元象元年四月十」一日，圆寂于隆虑山摩云峰下净」室。诸檀越建墣一堰。永怀高洁，丧」挹古芳，莲花净土，贝叶上乘。时华」淹苒，□释迦其再生；日月递辉，怅」如来其何逝。陵谷有迁，佛国久在。」铭曰：」

法力幽邃，超生众妙，降龙纬神，伏」虎证道。

至德无为，广慧深造，一旦」圆寂，云烟去邈。

建兹显墣，卓然物」表，以寄高瞻，日星炳耀。

东魏魏郡丞姚敬遵题记

大魏元象二年岁」次己未三月廿三」日，假伏波将军、魏」郡丞姚敬遵敬造」

弥勒像一区。画饰」讫功,上为七世」父母、现在眷属,常」与善居,值佛闻法,」一切众生,咸同斯」福。

息晖振彦宗僧宝」惠凤清虎□子林」

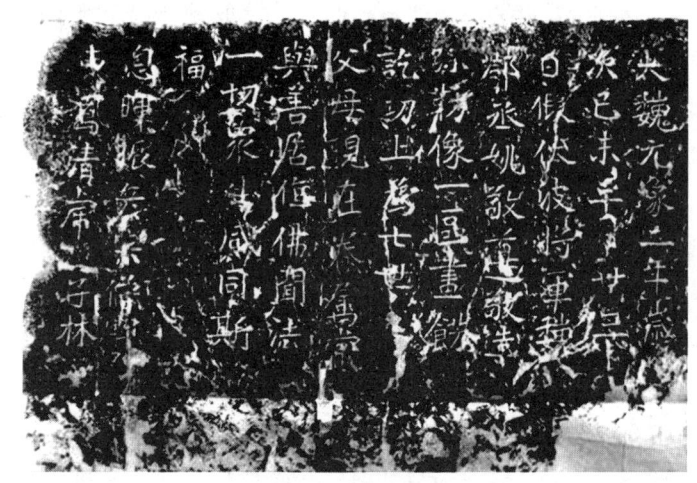

东魏魏郡丞姚敬遵题记

　　按:据陆增祥:《八琼室金石补正》卷十八(民国十四年希古楼刻本)校录。

东魏公孙略墓志

魏故使持节侍中都督赢幽营三州诸军事骠骑大将军营州刺史尚书左仆射太尉公清苑」县开国公公孙公墓志铭

公讳略,字永略,辽东人也。疏源姬水,辰流公邑。鞅以作法富秦,弘以钦贤光汉,世载簪裾,事传」方册。祖格尚高整,令望有千里之姿;父风流典雅,惠性兼五行之目。公体四时之元气,总三光」之通精,墙宇标旷,神采凝远,怅鸿鹄以大息,顾燕雀而罔窥,道架丘陵,志清天下,矫身思为弓」矢,持仁义为罥(羁)绊,立心坚于铁石,听言乐于鼓钟。至于专对通人,逢迎长者,既解袭而见重,亦抚头而载叹。游必部伍,量未能俦,戏书星辰,岂宜相匹。及投分师友,综意儒术,贯五经之异馔,」讨六艺之喉襟,笔力如神,口才惑鬼,故以发颖上京,声流远国。起家为侍御史,绣衣直指,骢马」高骧。郑据之当官举奏,何桢之世称平理,自此言之,有兼其德。释巾奉朝请,敕补直斋散骑侍」郎,在员外。俄转给事中,领直后。仍迁羽林监,加威远将军直寝。而紫殿神严,彤庭弘敞,翼卫之」重,在已兼焉。复为直阁将军领乘骥令。正光之始，汧陇跋扈，三辅五陵，鞠为茂草。诏充八使，宣」劳西方。还除武御将军，监骅骝令。而荆蛮狼戾，万里重山，傲法侮吏，历世云久，屠村害邑，有切」民患，兴言薄伐，实仵英规。乃兼右卫将军，应机致讨。公妙识三术，深通十守，明动静之□，体开」塞之节，下车谢蛙，投醪醉士，感断头裂腹之勇，战握炭流汤之卒，随方奋击，所向灌然。赵充自」是，缅惭上代；马隆功速，远愧此时。饮至册勋，科奏三百户开国子。会壮帝王升表匄，金镜在」握，龙潜代邸，凤隐历山，天眷爱钟，人谋未赞。公深睹叶书，早悟云气，托身结附，竭诚委质，勋参」世极，绩厕仝（山）河，建社清苑，食县之邑一千三百户，改授安西将军银青光禄大夫，后迁抚军金」紫，从班例也。其年延光禄勋卿兼右卫将军，寻加车骑将军右光禄大夫。戎禁务切，非才莫与，」复为左卫将军仪同三司加散骑常侍。越六官而为长，眷三事而比贵，充阙赖以云补，庶寮仰」其成则。普泰元年，又增封三百户，寻除使持节骠骑大将军都督华州诸军事华州刺史，余官」如故。察山妖之诵，理亭妇之怨。帝嗟有德，以歌奇政。及挂床来下，留栖言归，人切弃子之怨，」吏深遮道之慕。天平元年，复授光禄勋卿。襄国奥壤，任切要蕃，前临漳滏，水陆之会同归；旁趣」井邢，风云之路无远。士女充盈，冠带交错，秦称天府，未足□高，赵有地德，兹焉所重。乃□□列，」出总六条，除使持节都督殷州诸军事骠骑大将军殷州刺史，余官如故。将辞绛阙，来驾朱骖，」□帷之望未寨，市巷忽及。以元象二年四月十四日丁酉遘疾薨于邺城嵩宁里舍，春秋六十」七。朝野闻之，莫不洒泪。王人吊赗，有加恒数。追赠使持节侍中都督嬴幽营三州诸军事骠骑」大将军营州刺史太尉公尚书左仆射，谥曰礼也。公孝友基心，仁让成性，勇于行义，果于」尚德，兼公达之师表，体叔则之清通。禄厚施博，爵高忘下，门枉缝腋之宾，座满通家之少，死友」□之归骨，游客藉以为家。至于出身事主，当朝正色，火烛百寮，水镜一世，开清夷之路，塞邪柱」之门，猛均夏日，熙复春暖，守君子之一心，达支夫之百行，信足以弼扬景化，升赞隆平矣。粤以」□年十月廿九日己酉迁窆于漳水之西，野冈之东。虽立功行事，方谣于身后；而刊名泉台，冀」详于来世。其词曰：

绵绵遥绪，赫赫远系，卿相累朝，公侯弈世。

□藻不绝，既温且丽，琬琰嗣兴，琳琅阁替。

笃生哲人，」机悟罕伦，少经从仕，长袭缨绅。

秉麾南楚，衔命西秦，迷徒识变，逆党知新。

既居列棘,兼掌钩陈,」三吏奉帝,六条字民。

章程缉穆,灾庥消沦,庶因积善,永享遐龄。

谁谓虚爽,遽还九京,文物如在,」宾从平生。

薤露掩抑,蒿里凄清,悲风急树,寒草□同。

谁不湮此,所贵扬名,唶棺若露,壁□□□。

东魏太尉公刘懿墓志

魏故使持节侍中骠骑大将军太保太尉公录尚书事都督冀瀛殷并凉汾晋建郑肆十一州诸军事冀州刺史郑肆二州大中正第一酋长敷城县开国公刘君墓志铭

君讳懿,字贵珍,弘农华阴人也。自豢龙启胄,赤乌降祥,盘石相连,犬牙交错,长原远叶,」繁衍不穷。斧衣朱绂,蝉联弈世。祖给事,德润于身,民誉斯在。父肆州,行成于己,名高当」世。君体局强正,气干雄立,刚柔并运,方圆伦举。弃置书剑,宿有英豪之志,指画山泽,早」怀将率□心。起家拜大将军府骑兵参军、第一酋长。庄帝之初,以勋参议举,封敷城县」开国伯,食邑五百户,除直阁将军、左中郎将,左将军、太中大夫。帝图时意,以为未尽,进」爵为公,□邑五百,拜散骑常侍、抚军将军,乃除使持节、都督凉州诸军事,本将军,凉州」刺史假镇西将军,常侍开国如故。又为征南将军,金紫光禄大夫兼尚书右仆射,西南大(道)行台。复除使持节、都督二汾晋三州诸军事,骠骑将军、晋州刺史,又行汾州事。大丞」相勃海王,命世挺生,应期霸世。君既同德比义,事等鱼水。乃除使持节、都督肆州诸军」事,本将军、肆州刺史,又加骠骑大将军、仪同三司,余如故。及圣明启运,定鼎邺宫,乃睠」西顾,权烽未息,遂以君为使持节、都督郑州诸军事、大将军、郑州刺史,仪同开国如故。」入以本秩为御史中尉,复兼尚书仆射,西南道行台,加开府,余如故。式遏奸寇,镇静河」洛,复路还朝,仍居本位。君自解巾入仕,抚剑从戎,威略有闻,强毅著称。其犹高松,有栋」梁之质;类如金石,怀坚刚之性。既时逢多难,世属殷忧,群飞竞起,横流未歇,折衡(冲)行阵之间,运筹帷幄之内,雄图壮志与韩白连衡,将略兵权共孙吴合契。猛烈同于夏日,严」厉等于秋霜。去草逐雀,怀苍鹰之风,诛豺制兕,起卧虎之威。降年不永,奄从晨露。以」兴和元年十一月辛亥朔十七日丁卯薨于邺都,追赠使持节、侍中、太保太尉公、录尚书」事、都督冀定瀛殷并五州诸军事、冀州刺史,余官如故。粤以二年岁在庚申正月庚戌」朔廿四日癸酉葬于肆卢乡孝义里。乃作铭曰：」

森森长澜，岩岩峻趾。就日成德，聚星效祉。家风未沫，世禄不已。于穆夫
君，一日千里。昂」昂风气，烈烈霜威。进退有度，信义无违。行高州里，声
满邦畿。抗足高骛，理隔（翮）奋飞。秉麾执铎，南临北抚。肃清邦国，折冲
疆宇（域）。骏足未穷，逸翮方举。奄异金石，遽同草莽。眷言归」奔，有嗟
临穴。荆棘方生，松槚将列。千秋万古，光沉影绝。陵谷若亏，声芳有晰。」

夫人，常山王之孙、尚书左仆射元生之女。」

长子，抚军将军、银青光禄大夫、都督肆州诸军事、肆州刺史元孙。」

妻，骠骑大将军、司徒公元恭之女。」

世子，散骑常侍、千牛备身洪徽（徽洪）。」

妻，大丞相、勃海高王之第三女。」

次子，肆州主薄徽彦。」少子徽租。

东魏刘懿墓志

　　按：此志于民国初出土于安阳，铭文言"肆卢乡孝义里"当为邺都京畿
之地。刘懿即《北齐书》所载刘贵，志文与《北齐书·刘贵传》有出入，可证

补史事者甚多。此据陆增祥：《八琼室金石补正》卷十九刘懿志校录整理。

东魏闾伯升与妻元氏合志

闾仪同墓志铭

公讳伯升，字洪达，河南洛阳人也。昔大电启祥，寿丘生圣，贻厥繁茂，代雄朔」野。高祖即茹茹主之第二子。率部归化，锡爵高昌王，仕至司徒公。曾祖」袭王爵司空公，赠司徒。祖齐州，器业渊长，郁为时望。父仪同，风德淹远，道被」衣冠。公禀灵秀气，资庆岳神，体度闲凝，识理清畅，磨道德以成行，率礼乐以」田情，积和顺于胸中，发英华于身外。加之孝友淳深，温恭亮直，亭亭共白云」等洁，肃肃与青松竞爽。闾里钦其仁，朋侪慕其德。初以名公之胄，起家除散」骑侍郎，在员外。仍转司徒任城王府记室参军事，徙司空府清河王功曹参军事，除白水太守，不拜，仍敕为三门都将，转司空属。正光中，除渭州刺史，不」拜，仍为谏议大夫。建义初，拜给事黄门侍郎，敕为京西慰劳大使，除司空长」史兼大鸿胪卿，转太尉长史，迁散骑常侍本国大中正。君文武兼资，雅于从」政，爰自弹冠，任径出处，声芳藉甚，所在流誉。降年不永，以兴和二年五月寝」疾，薨于馆第。皇上嗟悼，群后摧伤，赗赠之典，每加恒数。有诏追赠使持节都」督冀州诸军事骠骑大将军冀州刺史仪同三司，中正如故。」惟公器怀通济，风力酋举，忠为令德，仁实行先，善始令终，自家形国，徽猷克」茂，人无简言。方当论道太阶，赞礼东岳，遥涂未尽，峻轨遽沦。悲夫。粤以兴和」二年十月葬于邺城西南十八里。式铭玄石，永播芳尘。其词曰：」

阴山峻极，瀚海滢淳，昌源不已，世载民英。

司徒桀立，夙播奇声，仪同嗣美，高」视上京。

于铄君公，克传家风，清徽外映，谦顺内融。

神衿独远，逸气孤冲，岂徒」邦彦，抑亦人雄。

爰初濯缨，薄言入仕，齐踪骥骒，连阴粗梓。

在玄能素，为而不」恃，未尽东隅，遽沦西汜。

卜云其吉，将窆泉门，皇慈已降，盛礼斯繁。

松槚方合，」铙吹暂喧，贞芳永谢，虚谧空存。」

魏故仪同三司闾公之夫人乐安郡公主元氏墓志铭。」公主讳仲英，河南洛阳人也。显祖献文皇帝之孙,太尉咸阳王之女。禀祥」星月,毓采幽闲,风德高华,光仪丽绝。年十有五,作嫔闾氏。女节茂于公宫,妇」道显于邦国。永熙在运,诏除女侍中。倍风闱壸,实谐内教。而余庆不永,春秋」五十五,兴和二年二月十五日薨于第。粤十月廿八日合葬于此。乃裁铭曰:」

春秋迭运,昼夜相催,年浮世短,树埩风来。

山门一固,松柏行摧,幽芬长往,堕」泪空哀。

东魏元景植墓志

曾祖高祖孝文皇帝。」

曾祖母清河王太妃河南罗氏。父云,使持节侍中镇东将军青州刺史。

祖相国清河文献王。」

祖母河南罗氏。父盖,使持节抚军将军济兖二州刺史。

父相国清河文宣王。」

母安定胡氏。父宁,使持节散骑常侍右将军都督岐泾雍三州诸军事雍州」刺史临泾公,谥曰孝穆。

王讳宝建,字景植,河南洛阳人也。世有崇高之业,家开邦家之基。文献标榜千」仞,怀袖万顷,独秀生民,唯善为乐。文宣道冠周燕,声高梁楚;及永熙弃德,自绝」民神,居中承制,载离寒暑,大道功行,朝无秕政。王资灵天纵,禀气神生,幼而明」察,弱不好弄,出言必践,立志无违。仁义之道,因心被物;孝友之行,自己形人。同」齐献之竺学,等梁王之爱士,内无声色之好,野绝犬马之娱。于是德润生民,誉」满邦国。主上运属乐推,应期入缵,乃除骠骑大将军开府仪同三司。及丁」艰苦,遂主丧事,顾礼仅存,扶而后起。服阕,除光禄勋,开府仪同如故。周盛本支,」懿亲并建,乃大启山河,封宜阳郡王。方谓天聪辅德,神鉴佑善,锡此大年,申兹」远业。而旭旦收光,中霄坠羽,以兴和三年七月九日薨于位。恸发宫闱,哀感氓」庶,非唯收珠解佩,释末捐钩而已。诏赠使持节侍中假黄钺相国太保司徒」公录(尚)书事都督雍秦泾渭华五州诸军事雍州刺史,王如故,谥曰孝武,礼也。粤」以八月廿一日祔葬于文宣王陵之右。惧山崩川改,余美无传,故敬勒声徽,旧」(奋)」诸来世。其词曰:

大君有命,利建亲贤,应兹磐石,光启山川。

身照日月,德润渊泉,入为卿士,乃作」宫连。

天眷方竺，恩光鼎盛，九曜连辉，三台比映。

谟明国道，弼谐朝政，祸福无」门，遭随有命。

命之不淑，曷云能久，忽如开电，奄同过牖。

以斯辩智，同之先后，永」捐华屋，长归芒皋。

宾徒嗷嗷，服马萧萧，挽凄野夕，筛乱霜朝。

狐兔方窟，豺狼且」嗥，一经岸下，方睹地高。

姊河南长公主。适颍川崔祖昂，散骑常侍光禄勋武津县开国公。」

妹冯翊长公主。适勃海高澄，侍中尚书令领军开府仪同三司勃海王世子。」

弟徽义，骠骑大将军仪同三司清河王。」

弟徽礼，骠骑大将军仪同三司颍川王。」妻武城崔氏。父悛，骠骑大将军徐州刺史。

东魏元景植墓志

东魏李艳华墓志

魏博陵元公故李夫人墓志铭

夫人字艳华，陇西狄道人，武昭王皓之五世孙也。月华」远胄，星光遥绪，缔构五回，派流九折，种德积善，世有达」人，轩冕联华，龟玉交映。虽十纪七叶之门，银钩金社之」族，自我相望，有兼厥美。祖菻，司农豫州刺史。父该，散骑」常侍济广二州刺史。夫人资和方天，禀命淑灵，孝乃自」天，仁实由己，婉娩四德，肃雍六行，曲尽柔顺之方，雅极」听从之道。至于噗笑归美，点画见传，方圆贻范，朱紫成」则，虽南国容华，北方绝世，光影相邻，是非无辩。年十七，」归于元氏。□母事姑，婉然作合，居不言容，敬等如宾，奉」上温恭，逮下慈惠，斯须无怠，造次靡失。丝枲组纴之功，」苹蘩醴酏之品，从今行古，人无闲言。信可模范一时，矩」仪当世。而沧浪不吊，事隔与善。年卅，以兴和三年大梁」之岁应钟之月二日庚子卒于家。于黄钟之月十七日」乙酉□窆于邺城之西北十有五里。呜呼！寒暑进退，陵」谷斡流，式铭员（陨）石，永播芳猷。乃作颂曰：

高门何有，素论攸归，钟美奚属，淑女嗣徽。

譬诸兰蕙，自」有芳菲，白马日驾，黄鸟载飞。

来自素里，居此朱扉，春花」始茂，朝露已晞。

月临长簟，风卷灵衣，杂佩辍响，宝镜潜」辉。

野荒雾晦，树拱风威，千秋万古，宁知是非。

东魏司马兴龙墓志

魏故司徒司马公墓铭

公讳兴龙，字兴龙，河内温人也。其先官有世功，是为世禄，因之命氏，不陨其名。及周人不竞，布在列国。自斯以下，或将或侯，并著令绩于当年，垂鲜轨于来世。有晋时乘遂家，天下大启，懿亲以蕃王室。太傅陇西王泰，公之八世祖也。祖征西，作牧关陇，遗爱在民。父常侍，从容献替，其言未没。门极崇高之绪，家传道义之风。冠冕相映，风流继轨。虽袁作人物之主，扬为载德之门。高下相倾，故无以匹。丹沙之地，必出黄金；玉田之所，故生白璧。公受五行之秀气，应百世之余祉，风力爽俊，志气如神，动为准的，发作模楷。雅好博古，备涉文词，尤习短长之书，弥重纵横之说。虽幅巾在御，藜杖未投，养素闾里，寄情丘壑。萧条身世，道王一时。于是德高遐迩，声动真俗。　朝廷闻风虚想，思与共治。乃起家拜鲁阳太守，为政清静，廉公有威。虽慈明不次之遇，元始移风之化，不能尚也。方谓辅德与善，锡此

大年,而天地不仁,鬼神多爽,远业未舒,短期已迫。以太和十四年以正月
八日,薨于朔州城内舍,春秋四十,属世道太康。　　帝德广运。乃眷土陇,
非惟致祭之诚;有怀明德,故兼追荣之礼。乃　诏曰:"故鲁阳太守兴龙黼
藻为德,瑚琏成器。瞻言既往,空念与归。可特赠使持节、司徒公,都督定、
瀛、沧、幽、殷五州诸军事,骠骑大将军,定州刺史,凡在礼物有加恒数。"粤
以兴和三年十一月己巳朔十七日乙酉,葬于邺城西北十五里,釜阳城西南
五里,平冈土山之阳。公墙宇渊旷,姿神秀远。立行无择,出言有章。亡礼
必中,疑事靡惑。礼乐不坠,文武在人。天然信厚,率由爱敬。善无小而不
为,过无微而不改。所富非财,所尊非位。阖门静轨,不求闻达。师友道
德,随运行藏。斟酌前贤,与之趣舍。训奖家风,贻厥孙子。故克成嗣德,
为世栋梁。故己在长群龙,道高百避。为千载之冠冕,成一代之羽仪。孝
思惟感,追远增慕,今陇隧已昏,泉涂就永。惧天地或改,山川有移,一瞬之
后,百行靡记。故勒铭壤阴,贻之长久。其铭曰:

绵绵旷绪,眇眇遐胄。建氏自先,踵德唯旧。

譬川成长,方岳为秀。原积流深,枝繁叶茂。

天厌魏德,神器有归。分川析壤,熊轼龙旗。

天地消息,日月递微。亦白其马,比映连晖。

钟芙自斯,含华佩实。秉德无爽,问道唯一。

枝干兼茂,尊荣厚袟。比庆陈门,方芙荀室。

闻之前载,天道无亲。宜其万寿,光此四邻。

一随化运,屡涉秋春。萧条城市,寥落人民。

左都右岫,面原背道。形胜所归,安其宅兆。

哀箫远奏,轻旗上矫。云生杂树,风摇百草。

彭殇俱逝,仁勇同倾。没而不朽,所贵令名。

方(芳)流百代,无恨一生。嗟乎自久,且照沉铭。

按:司马兴龙为司马子如之父。《北齐书》卷十八有《司马子如传》,可
参阅。《魏书》《北齐书》无兴龙传。此墓志可补史书之缺。兴龙卒于北魏
太和十四年正月初八,东魏兴和三年十一月十七日迁葬于"邺城西北十五
里,釜阳城西南五里,平冈土山之阳"。1953 年在河北磁县滏阳村发现该
墓,地处岗坡。墓志所记里数、方位与距邺城遗址,磁县故城的距离完全相
符。兴龙为北魏人,墓志撰刻于东魏,故题曰:"东魏司马兴龙墓志"。

东魏司马兴龙墓志

东魏李神俊墓志

公讳挺，字神俊，陇西狄道人也。盖理官兴祭，事祖庭坚，道家命氏，咸推藏室。将军树功易水，卫尉」拟德成蹊，逮兹爰降，龙光世及，神钩谢祉，昭社惭荣。高祖凉武昭王，风云命世，开霸河右。曾祖酒」泉公，精芒集庆，因岳峻基。祖侍中使持节征西大将军开府仪同三司沙州牧并州刺史敦煌宣」公，拔茅以汇，委质来庭。父尚书昭侯，英图茂业，存诸王府。公奇才格世，美相标形，龙驹是属，凤毛攸在。书同班子，静类杨生，德穆芷兰，言成潘沐。飔飔共松风等韵，烂烂与岩电齐明。太常刘贞公，」一代伟人也，特相赏异，申以婚姻。金谓冰清玉润，复在兹耳。释褐奉朝请，转司徒祭酒，从事中郎。」摛缀新逌，吐属闲远。朋僚推慕，府内增华。顷之，拜骁骑将军中书侍郎。阿阁岩深，鹓池清浚，丝纶」之寄，于此得人。迁太常少卿。乃□谙故实，斟酌世典，不坠斯文，号为称职。穰城跨蹑樊沔，衿带王」畿，威敌字氓，允钟朝望。乃除前将军荆州刺史。于是持纲振领，匪尚小察，班条设教，期在便民。赭」绖之谋弗施，奸豪自肃；簪辖之权靡用，人莫能欺。俄属关陇骚然，燕代烽起，朝廷方忧内难，专事」澄清，句吴幸衅，凭凌边鄙。水军飘锐，事均关羽之来；旧灶生蛙，不异赵衰之急。公拊循有素，应变」无方，九地神幽，百楼崛起，莫不输心毕力，穷而益固。故知挹河所以称醉，侠纩非谓同袍。竟使敌」人弃钾，侵田自反，德流沔汉，威震江湘。以功封千乘县侯，食邑一千户。就征入拜大司农卿。公本」以文雅为名，不存武力，及在南蕃，威略遐靡。至是朝野叹息，咸以兼资许焉。既而葛荣作衅，流毒」漳滏，仍劳威望，寄以北门。授镇军将军行相州事。遵途未达，有诏征还，会尔朱入朝，庄皇纂统，即」拜散骑常侍领殿中尚书中书监兼吏部尚书。公器实国华，德唯民望，摄总枢要，义兼贤戚，所怀」无隐，苟利必为，有若戴天，其如挹海。寻解余任，正位选曹。若乃季代氏族之书，人伦当世之事，犹」兹达味，不舛淄渑。譬彼知音，妙探蝉鼠，抑扬无所阿避，苟且由此弗行。剖盈尺于邢岩，拂奔踶□」吴阪，垢面羸衣，更不足异，举才见弹，适彰其美。迁卫将军右光禄大夫。永熙登极，授散骑常侍骠」骑大将军左光禄大夫仪同三司兼尚书左仆射。天平初，行并州事。寻以本官除肆州刺史。俄而」征补侍中。切问近对，良资博物，献可替否，是曰王臣。仲宣之在魏朝，廷祖之居晋代，无以加也。公」早历清途，凤延嘉誉，年径盛衰，世变朝市，礼乐系其废兴，缙绅仰而成则，辞豫章之美，怀寝丘之」陋，当时罕为对，天下服其名。加以尺蠖居身，虚舟在物，浮沉用舍，脱略威仪，蹑有道之清尘，想太」丘之为德，斯所谓通人靡滞，历半千而一遇者已。方登正铉，永调玉烛，岂言报施，曾不憗留。以兴」和三年六月十七日薨于位，春秋六十四。停沽罢饰（市），非唯邹郑，破琴息斫，岂独牙周。朝廷愍惜，追」赠使持节侍中都督雍秦泾三州诸军事骠骑大将军雍州刺史司徒公尚书左仆射，谥曰文贞，」礼也。粤以兴和三年岁次辛酉十二月廿三日葬于邺城之西南七里豹祠之东南二里半。乃作」铭曰：

世称右族，族号世臣，冠冕方盛，风流日新。骈组若若，长毂辚辚，旧德钟美，挺兹俊民。俊民之生，凤」知早慧，外标眸子，内藏心计。立善有征，去过无细，誉集龆日，名成绮岁。亦既来仕，绰有余晖，司纶」载穆，典礼无违。四张蕃斾，再袭戎衣，谋从效立，政缉民归。入管衡石，出参舆辇，抑扬独行，推察众」善。前疑罔滞，后车自辨，行作士模，德为民鲜。论道纬国，允属邦良，应兹后命，衮衣绣裳。作镇雅俗，」邦家之光，于何不淑，折栋摧梁。伊昔宴喜，相乐时暇，顾眄生荣，剪拂增价。留连美景，徘徊良夜，好」音自留，清颜永谢。庭除已蔓，宾游稍断，凄凄祖彻，掩抑铙管。哭声何遽，挽声弗缓,座上无留,尊中」自满。昔忻有遇,谬忝为容,延誉朝宰,译意民宗。霜凝陇柏,风鼓寒松,公知必至,独恨无从。

元妻侍中太常文贞公彭城刘芳第二女,字幼妃,未期而亡。又娶丞相江阳王继第三女,字阿」〔妙〕,薨于穰城。又娶太傅清河文献王第三女,字季聪。

　　按:李神俊,《魏书》卷三十九《李宝传》有附传。祖李宝,父李佐,史书均有传。《魏书》曰佐卒于景明二年,年七十一岁,谥曰庄。志文曰昭。附传称:"神俊,小名提……兴和二年薨,年六十四。"志文:"公讳挺,字神俊……以兴和三年六月十七日薨于位。"其行事略历,史、志大致相同,可相互补正。

东魏西河王元悰墓志

王讳悰,字魏庆,河南洛阳人。原流浚发,望沧海而称大;基构崇高,临天下以为小。祖雍州」康王,拂衣独往,脱屣千乘。父青州穆王,驱车不息,褰帷万里。公以天地交泰,日月光华,」乃得精灵,以挺英俊。而神宇瑰奇,天姿秀异,体局沉凝,风度闲远,不待规矩,直置成器,无假」琢磨,自然为宝,立言必践,有志无违,德合珪璋,信同符挈。乃袭旧爵,为西河王。设醴待贤,拥」篲趋士,雅有明德,实著高义,河间之好礼不群,东平之为善最乐,彼各壹时,岂足多尚。初为」中书侍郎,又转武卫将军大宗正卿荥阳太守。存缓急于弦韦,济宽猛于水火,思与春露俱」深,威共秋霜比厉。盖亦立祠表德,配社称功,岂直后来兴歌,不留致恨而已。又为使持节都」督北华州诸军事安西将军北华州刺史。政等神明,化同风雨,廉平致治,信义成俗。是使西」河之童,跃竹候反;北漠之虏,怀金愿闲。又除侍中卫将军金紫光禄大夫,进拜骠骑大将军,」左光禄大夫如故。至于出入诏命,喻指公卿,强识博闻,潜功内补。又以本将军为司州牧。都」邑隐轸,风俗杂错,竞为气侠,争逐名利。于是振领持纲,诛豺制虺,德刑既举,奸轨不作。故亦」闲阔止行,恐当诸葛之路;休沐不归,虑有校尉之贵。乃迁太尉公。及其论道台阶,补阙衮职,」盐梅自和,阴阳得序,眷言政本,实曰喉唇,天下枢机,人伦渊薮,自非德表民宗,器光国望,无」以总一朝纲,折中天府。乃加侍中录尚书事。既而喧讼盈阶,薄领填席,独运神机,常有游刃。」又以王者之居,实称根本,旧德不忘,去思结慕。乃复为司州牧骠骑大将军开府仪同三司。」来朝独坐,出游分乘,机鉴外照,清明内朗,导民用德,率下以信,无思犯礼,莫敢隐情，海岱之」闲，都会斯在，降德东夏，义实得人。乃除使持节都督青州诸军事本将军青州刺史，开府仪」同如故。公望重一时，道高万物，未言已信，不肃而成，亦既登舟，鸮枭自徙，甫及下车，蘆蒲輒」散。至止未几，构疾弥留，以兴和四年十一月廿日薨。工女停机，商人罢市，设祭满道，制服成」群。公为国栋梁，作民舟楫，严而不害，温而难犯。唯德是据，内无声色之娱；非礼不行，外绝犬」马之好。简通宾客，独隔嚣尘，苞苴弗行，请托目息。若乃骖驾四马，谒帝承明，冠冕庶尹，领袖」群辟，风神爽发，仪貌端华，进退有度，折旋成则，动渊泉于衿袖，悬日月于匈怀，九流归之若」江海，百僚仰之若嵩岱。夷甫之岩岩壁立，讵可比其清高；会稽之轩轩霞举，未足方其秀出。」春秋鼎盛，志业方隆，天道如何，人亡奄及，追赠使持节侍中太傅司徒公假黄钺都督定瀛」沧三州诸军事骠骑大将军定州刺史，谥曰文靖。以武定元年岁次癸亥三月辛卯朔十九」日葬于邺城西北十五里。恐两宫夹墓，后代未详其名；九图出圹，来世不记其德。乃作铭曰：」

自天生德，维岳降神，膺期名世，实在斯人。忠孝为宝，琼铣非珍，空城比寂，澹水方真。数刃难」窥，万顷谁测，鸣佩锵锵，骖驾翼翼。鸡树唯才，凤池聊即，盘石增美，王言以饰。作卫称严，司宗有」序，两岐在咏，二难皆去。切问俄及，司会攸伫，八区益峻，万事咸举。帝曰亚献，实资全德，金铉用珍，玉墀非弑。睠言畿甸，谁除枳棘，降道开中，刑清讼息。天齐形胜，表海控河，褰襜未几，来暮」已歌。舟无缓舳，壑有惊波，清晖奄谢，遗爱徒多。斧座哀隆，彤庭乐弛，虽加文物，讵荣青紫。」地久天长，陵移谷徙，空传兰菊，谁遮蝼蚁。

　　按：元惊墓志铭出土于河北磁县申庄乡西南，即古邺城西北漳河之北。元惊，《魏书》无传，志可补史之缺。

东魏赵受墓志

魏武定二年岁次甲子正月丙戌朔十一日丙申，晋故伏波将军赵受，南阳人也。妻李，墓志铭记。

　　按：赵受墓志出土于邺北城遗址北 5 公里临漳县回漳村，陶质方形，边长 35、厚 6.5 厘米（见张子欣：《邺城考古札记》，中国文史出版社，2013 年，第 200 页）。由墓志推知，墓似为迁葬墓。

东魏贾尼墓志

武定二年岁次甲子，正月丙戌」朔，廿八日癸丑，琅琊王相西太妃」贾尼，春秋五十，不幸遘疾，」薨于邺城景荣□。故立志记。」

按：贾尼卒处，似为邺城景荣里。见《文物》1965 年第 10 期《从晋砖文字说到〈兰亭序〉书法》。

东魏广阳文献王元湛墓志

魏故假黄钺广阳文献王之铭

魏故使持节假黄钺侍中太傅大司马尚书令定州刺史广阳文献王铭」

祖讳嘉，太保尚书令司徒公冀州刺史广阳懿烈王。」祖母河南穆氏，宜都王寿孙女，司空亮从妹。」父讳渊，侍中吏部尚书司徒公雍州刺史广阳忠武王。」母琅邪王氏，父肃，尚书令司空宣简公。」公讳湛，字士深，河南洛阳人也。受命于天，造我王室，誓河疏流，瞻山作镇。祖位当彼相，任属保衡，」送往事居，负图分陕。父才为国桢，望称人杰，功最天下，名播海内。既而日月成象，山川出云，乃感」中和，克生上德。器宇清明，风神秀整，音韵恬雅，仪表闲华，天资孝友，自然忠信，率礼而动，非法不」言。既凤有成德，弱不好弄，致赏高明，实标清识，固能采菽中原，求珠赤水，心游河汉，志在丘山。乃」引入侍书，除为羽林监，又转散骑郎，在通直。鹓鸿始飏，便有摩天之资；骥騄初骋，自怀弭尘之气。」及遭不造，殆将毁灭，哀感庭禽，悲燋垄树。乃袭爵为广阳王，除通直散骑常侍，转给事黄门侍郎，」而王如故。及居显处，爰拜青门，等务伯之矜严，同昭先之淑慎。又为持节督胶州军事左将军胶」州刺史。及其骖传案部，班条察事，未言已信，不肃而成，念室于是自空，桴鼓所以且息，行人解装」而莫犯，游客散马而无虞。又兼侍中行河南尹，寻除使持节都督冀州诸军事中军将军冀州刺」史。竭忠贞之心，尽廉平之节，润之以夏雨，照之以秋阳。远至迩安，不能比其效；外平内成，无以喻」其绩。又除侍中，军号仍本。至于仰瞻府视，切问近对，当渭桥之后车，坐殿中之重席。又以本官行」洛州事。文武兼运，威德并施，政若神行，化如风偃。又除太常卿，王如故。未几，还为侍中。又以本官」行司州牧。乃扬清激浊，举直厝枉，贵戚敛手，豪右屏气。然其情存去恶，合柱不能藏其形；心在穷」奸，重辕无所隐其迹。又除骠骑将军，仍侍中，俄以本官监典书事。逸文脱简,罔不捃摭,毁壁颓坟,」人所穷尽。既质含百练,公辅之望自高;气逸千里,王佐之才久立。乃除太尉公,王如故。位冠人爵,」任总天纲,赞杰遂贤,兴仁隆化。其犹伯始温柔,子鱼和理,天下中庸,后世难继。方当黜位而朝,以」成师臣之礼,独拜于屏,用飨养老之袟。曰仁者寿,所期必信,积善不报,终自欺人。春秋卅有五,以」武定二年岁在甲子五月十四日丁酉薨于邺。天子举哀东堂,鸿胪监护丧事。赠赗之数,隆于常」礼。惟公风猷峻远,器量清高,望俨即温,外明内润,虽名重一时,位高四累,务在谦光,情无矜尚。」是以虚衿待物,折节从人,当沐而休,据馈以起。至乃北游碣石,南陟平台,风影飞阁,草蔓中渚,宾僚」率止,亲友具来,置酒陈辞,调琴嘱语,思溢河水,言高太山,绣彩成文,金石韵韵,耻一物之不知,总」四科而备举,积珪璋于匈怀,散云雨于衿袖。然据则德蹈礼之基,秉文经武之业,重义轻财之量,」匡主庇民之功,求之古人,希世罕有。千载一期,且云旦暮,哀哉奉孝,乃悲逝者,安得征虏,实痛良」臣。追赠使持节假黄钺侍中太傅大司马尚书令都督定殷瀛幽四州诸军事骠骑大将军定州」刺史,王如故,谥曰文献,礼也。粤以其年八月庚申葬于武城之北原。乃作铭曰:」

寿丘若水,开原发系,立功立德,或王或帝。繁衍不穷,蝉联相继,九畹滋兰,百亩树蕙。自天生德,唯」岳降神,执膺名世,实在斯人。克隆遗构,载荷余薪,乃称惠王,实曰宗臣。攀桂有丛,拔茅以类,赤霄」易摩,青云可致。惟德命官,以仁守位,令行禁止,功成身遂。作时领袖,为世冠冕,立行堂堂,秉心謇」謇。执戟趋事,抱剑来践,星神易识,豹文可辩。连率侯服,摄官帝城,导民由德,断狱以情。化感风雨,」政通神明,一虎垂首,二老变形。论道台阶,补阙衮职,送日骋步,抟风使翼。高飞讵远,长途未极,朝」露已销,夜舟谁力。芒阜临北,鱼山望东,安厝不异,托葬攸同。三临出祖,五会送终,归骸真宅,宁神」□□。

按:王壮弘、马成名《六朝墓志检要》(上海书画出版社,1985年)曰:"一九一七年河南安阳出土,曾归安阳古物保存所。"应为河北磁县出土,具体地点为磁县讲武城镇孟庄村西,即志文所曰:"武城之北原"。马忠理曰20世纪40年代元湛及妻王氏墓志同时被盗墓人盗出(见氏著《磁县北朝墓群——东魏北齐陵墓兆域考》,载于《邺城暨北朝史研究》,河北人民出版社,1991年)。元湛,《魏书》卷十八有传。

东魏广阳文献王元湛墓志

魏广阳文献王妃王氏墓志

魏故黄钺广阳王妃铭

魏故假黄钺太傅大司马广阳文献王妃墓志铭」

祖琛，齐司徒从事中郎。」

祖母彭城刘氏，父义恭，宋太宰江夏文献王。」

父翊，魏侍中司空孝献公。」

母河南元氏，父澄，假黄钺太傅任城文宣王。」

妃姓王，讳令媛，琅邪临沂人，齐尚书仆射奂之曾孙也。」既望冠海内，为天下盛门。祖席上称珍，白珩非宝。父立」德成名，悬诸日月。妃藉采华胄，膺和淑灵，体韵闲凝，识」怀明悟，尊敬师傅，鉴诫图史，进退合轨，折旋成则。亦既」有行，来仪蕃邸，率礼公宫，克循法度。方当致偕老于君」子，成好仇于哲王，鼓琴之志讵申，击缶之期奄及。春秋」廿，以兴和四年岁在壬戌十月戊午朔廿日丁丑薨于」邺。粤以武定二年岁在甲子八月庚申合葬于武城之」北原。乃作铭曰：」

榛枯济济,瓜瓞绵绵,降凤岐岭,御鹄伊川。

羽仪世载,冠」冕蝉联,功勒钟鼎,声被管弦。

藉此膏腴,挺兹窈窕,如云」蔽月,犹莲出沼。

有澹清泉,翻追黄鸟,兼市为珍,连城称」宝。

湘水潺湲,巫山晻暖,暂荐枕席,遽空环佩。

吉凶纠缠,」日夜相代,忽嗟易及,终悲难再。

风影帷薄,月照房栊,居」室且异,临穴方同。

人生讵几,身世已空,城阙日远,松柏」为丛。

魏广阳文献王妃王氏墓志

按:王氏为元湛妻,兴和四年(542年)卒,不及二年后,湛卒,时为武定二年(544年),夫妻合葬于邺西北武城北原。20世纪40年代墓葬被盗,两盒志同时出土,地点在河北磁县讲武城镇孟庄村西。

东魏元显墓志

祖大汗司徒淮南静王。

父万，并州刺史淮南王。

王讳显，字显，河南洛阳人也。盖自帝挺枝，从天耸干，波澜浚而不已，峰岫高且」未休。祖司徒，盛德懋亲，绸缪佐命。父并州，风飙俊迈，缱绻龙颜。王降精惟岳，资」灵悬象，上善是凝，中和载洽。肇自岐年，王佐之目已表；甫将卯岁，弼谐之寄更」宣。至于伟属殊伦，瑰望异等，识字通旷，智局淹融。爰始志学，游心坟典，耽道知」名，淫书结誉，三冬足用，五行俱下，彼自称奇，我无惭德。于是郭生愿谒，许子请」交，而千丈徒知，万顷不测，于焉远近，翕尔留心。自当苞仓含植，岂唯涛下舒上」而已哉。出身散骑常侍，在通直，便奉诏金马，谒帝承明，辞彩抑扬，风仪闲」远，目送称善，深简帝念。由是声价稍隆，珪璋弥重，寻转散骑常侍。标榜周行，」羽仪多士，时谈归厚，世论推高。八翅徒梦，三事莫践，余庆无征，山颓木坏。以太」和之廿四年薨于第，春秋卅四。哲人云亡，殄悴斯及，一人悼恸，百辟婵媛，知与」不知，家悲户泣。诏赠使持节都督梁州诸军事安西将军梁州刺史散骑常」侍，王如故，谥曰僖，礼也。王澡身持操，积德修仁，顾义是依，望礼斯蹈，奉忠资孝，」事父移君，家罔简言，国无口过，博施济众，易色亲贤，知善必扬，闻恶斯遏。岂唯」擅美当时，抑亦今古绝伦者矣。然工名理，好清言，善草隶，爱篇什。及春日停郊，」秋月临牖，庭吟蟋蟀，援响绵蛮，籍兹赏会，良朋萃止，式敦燕醑，载言行乐，江南」既唱，豫北且行，诗赋去来，高谈往复，萧然自得，忘情彼我。一从物化，五纪于兹。」皇居徙邺，坟陵迁改。以大魏之武定二年岁次甲子八月癸丑朔廿日壬申移」葬于邺城之西陵。嗟乎！人世不留，陵谷终易，后雨毁防，峦水侵壁，年来或忘，传」功岁去，有沦遗迹，盛德不朽，寄之金石。其词曰：

　　依天起峻，托日垂明，长澜浩汗，高岫峥嵘。

　　蓝田玉出，赤野珠生，虽或克构，莫之」与京。

　　本枝攸盛，贻厥斯阜，作相称一，礼命备九。

　　长剑佩腰，高蝉映首，君有实授，」臣无虚受。

　　入标孝第，出骋忠烈，七术乍陈，六奇闲设。

　　中国礼兴，边城烽灭，非平」非种，是英是哲。

　　德厚无称，才高不器，覆持乃辅，舟航以寄。

　　万钟纳享，千乘总位，」协彼野谈，允兹朝议。

秋风起榭,春水生塘,宾延邹马,友召枚杨。

笙竽叫咷,旌盖」低仰,留连辞赋,殷勤羽觞。

报道不恒,酬仁云变,逝川一往,终沦再见。

宾御濡衣,」亲知雨面,哀振松杨,悲深郊甸。

东魏元显墓志

东魏元均墓志

王讳均,字世平,河南洛阳人也。太祖道武皇帝之玄孙,凉州使」君淮南懹王之次子。基峭极天,源深纪地,固以备诸细缋,于兹可」得如略。公理识渊长,风宇清润,学不为人,行必求己。故千里之誉,」缙绅同集;万顷之高,通人共计。年未弱冠,除员外散骑侍郎。时宸」居凝粹,乃眷民瘼,以公宗英秀令,为关右大使。黜恶旌善,誉发皇」华。还拜员外散骑常侍宁朔将军,寻转冠军将军。属群飞在运,横」流将及,天子旰食不怡,夙兴有念。乃以公为关中大都督。公受脤」出郊,威信兼著,故欃枪所指,妖氛自息。庄帝钦咨茂绩,乃除征虏」将军通直散骑常侍。天未悔祸,衅钟王室,元颢肆逆,敢弄神器。公」志逾子房,义等包胥,投袂而起,有怀匡复,乃缮甲河梁,迎返鸾舆。至」是论功,封安康县开国伯,食邑五百户,寻加散骑常侍安东将军。」公墙仪峻整,操尚贞深,蹈礼据德,依仁游艺,孝于奉亲,恭以事长,」接下唯宽,交友必信,慎言愍行,善始令终。方当克壮难老,补兹黄」阙,谁谓与人,遽同过牖。以永安二年六月廿一日春秋五十二薨」于洛阳里宅。诏赠使持节都督冀沧幽三州诸军事骠骑大将」军仪同三司冀州刺史,谥曰孝武,礼也。夫人京兆杜氏,汉御史大」夫周之后。禀粹固天,理怀明洁,年甫初笄,爱适我公,礼敬逾于奉」冀,勤海过于训歌。故以所诞育七男六女等,莫不如珪如璋,令问」令望者矣。天平二年七月廿日薨。皇驭中徙,定鼎漳阴,粤以武」定二年八月廿日迁祔神枢,与公合葬于邺西憘王茔次。铭曰:

长源浩荡,崇基缅邈,肇自配天,降兹视岳。明德继轨,灵蛇在握,诞」斯上智,穷此下学。好谋如成,临戎弛析,肆力勤王,陈师扫恶。纶绂」攸主,乘舆是托,疏爵以庸,分星建社。言寻履信,宜应纯嘏,茞茞不」留,滔滔日泻。溢辞华屋,遽归中野,斡运如流,代序方积。鸟声空曙,」月光徒夕,幽谷若迁,青灯倪辟,无绝终古,冥之沉石。

东魏侯海墓志

魏故伏波将军诸冶令侯君墓志铭

君讳海,字景海,上谷居庸人也。其先盖黄帝之苗裔,崇峰架月,齐峻嶪于层城,长源浩汗,启洪涛于光纪,爰兹丕绪,弈世重离,锵金曳组之豪,骈盖两都,和风溧鼎之贵,声华三辅,君禀黄钟之妙韵,资南侣之祯祥,越自褧褓,载诞克歧之性,亦即童冠,收名老成之誉,至乃提弓夐相之门,问道西河之馆,艺毕六德,学尽琴书,击剑投锋之术,谈天镂素之能,弯弧骑驷之功,神机巧悟之略,莫不笼罩武文,陵轹俊艾者也。若乃肃穆德音,井邑叹其仁;修身践言,多友称其信。器韵淹通,风神峻远。起家为威烈将军、诸冶令,俄迁伏波之号,绢厘王猷,在物咸熙,光赞宸徽,世称善绩,媚兹槐棘,协此百僚,缙绅服其景行,朝野慕其鸿烈,方升九万,戬翼南溟,如何未永,奄从逝水。以武定二年岁次玄枵夏四月卒于第。粤以其年十月十日葬于漳水之阳。恐泉宫一闭,陵谷代迁。镌石题徽,式扬遗烈。乃作铭曰:

风腾月净,汉举星明。于昭遐烈,弈世有声。丹车继轨,冠盖连城。和光地纬,穆是天经。皇皇太微,郁郁悬像。克挺哲人,霜筠千丈。如彼随和,陵岩开朗。如彼鸣鹤,乘离振响。声□德盛,迹以位隆。猗猗令问,运礼调风。在官夕惕,旰食匪躬。居高弥逊,处溢思冲。繁霜降戾,兰蕙萎丘。白云四卷,素月沦收。形随地久,貌与年流。铭音泉石,庶传千秋。

东魏侯海墓志

　　按:此志于1912年出土于今河北省磁县讲武城乡王家店村西,即志文所言"漳水之阳"。据侯海墓志,武定二年(544年)四月卒于第,十月十日葬。其宅第似在邺城。然志文不载其卒日,又无享年几何,除所任官职外,通篇多为虚誉空话。侯海,史书无传。

　　《循园古冢遗文跋尾》、《邺下冢墓遗文二编》、《汉魏南北朝墓志集释》、《满洲金石志别录》著录。原石藏辽宁省博物馆,兹据拓片校录。

东魏兖州刺史叔孙固墓志

魏故使持节都督三州诸军事骠骑大将军东梁州东徐州刺史当州大」都督仪同三司兖州刺史临济县开国侯叔孙公墓志之铭」

公讳固，字万年，河南洛阳人也。我皇应符授录，历数不穷，盘基与紫宫同」高，长源共沧海等浚。分珪锡土，以次命氏，故能明并日月，功侔天地者矣。」祖石洛侯，并州刺史、尚书令，风度颖脱，体蕴珠玉。父俟勤真，安州刺史、仓」部尚书、司空公，温明内发，秀采外彰，并是当世之俊才，家国之伟器。大哉」六德，无所成名。公身资五才，人备百行，韫牍诗书，聊与枚贾同风；驰骋弓」马，乃共管乐等桀。闲庭广坐，运清言于席上；烽警尘起，画战阵于指掌。暗」合其书，动成礼式。馆富荆朱，才磬四海，立信行义，起家形国。太和中，解褐」奉朝请。稍迁直寝左中郎将直阁将军敦煌镇将武卫将军。入侍九重，居」钩陈之任；出屏边裔，处都护之官。内秉心口之委，外属六翮之用，运筹帷」幄，折冲千里。虽关右三明，无以比其绩；汝颍二祭，讵能等其雄。永安多难，」欃枪互起，玉斗殆丧，乘舆栖幸。公负弩案剑，备尝崄岨，重茧剖肝，义存家」国。预补天之功，参扶危之力。册勋有典，封临济县开国侯，拜鸿胪卿散骑」常侍左光禄大夫。青纲紫绶，十腰银艾。荀氏八龙，未能比其盛；袁家五公，」裁可齐其美。忠亮之诚，截车鞅以箴规；密慎之至，数马足以谒上。除骠骑」大将军梁徐二州刺史。公齐民用礼，去盗以德，悬鱼辍味，卧辙潜归。骞帏」之化，更行于令俗；借乞之书，日填于阙下。岂直歌谣成韵，去后见思而已」哉。信人伦之模楷，衣冠之准的。岂期过隙倏忽，良木斯坏。春秋七十八，薨于德游里。亦既云亡，凡百殄悴，接闻罢相，行嗟连响。帝用悼恻，崇以礼」数，赠使持节都督兖州诸军事本将军仪同三司兖州刺史，谥曰武恭，礼也。粤武定二年岁次甲子十一月辛巳朔廿九日己酉窆于紫陌之阳焉。」叹九原之不归，悲仁贤之长逝，写芳尘于玄石，扬不朽于远世。其词曰：」

龙飞燕代，卜年攸长，为鲁为卫，建国侯王，分根命氏，花萼重芳。天地并德，」日月齐光，丹毂辚辚，朱绂煌煌。荡荡其德，巍巍其仁，忠信皎洁，孝敬纷纶。」文丽自绮，武艺八神，如鸟之凤，为玉之珍。奄从晨露，倏然雕泯，金鞍染尘，」骏足不驰。宝剑生痕，良弓莫施，惨惨高台，芒芒曲池。叫咷挽响，嵬峨龙辀，」于兹一去，万古长违。

　　按：王壮弘、马成名《六朝墓志检要》（上海书画出版社，1985 年）曰："一九一五年河南安阳出土，曾归安阳金石保管所。"志曰："春秋七十八，薨于德游里……窆于紫陌之阳焉。"德游里当在邺城内，里内有公孙氏私宅。紫陌之阳，其方位应为邺城之西偏北。其出土地点应为河北磁县。

东魏元光基墓志

魏故侍中征西将军雍州刺史」司空公吴郡王墓志铭」

王讳光基,字昭德,河南人也。」孝武皇帝之四子。春秋十有九,」以武定三年岁在辛未二月丁」巳朔十九日癸亥薨于私宅。越」六月廿八日迁窆于西陵。铭曰:」

　　玄黄始判,清浊已甄。

　　桑林吐日,」蒙谷含烟。

　　神原杳杳,洪祚绵绵。」

　　德应昌历,道照皇天。

　　敬镌幽石,」式述音焉。

东魏荆州刺史宗欣墓志

魏故荆州宗使君墓志

魏故荆州刺史宗使君墓志铭」

祖儒宋□□□□□□□刺史毛德祖冠军府录事参军振威将军带陈」□□□宜□□□□□其忠于本朝,坚志虎牢,赐品宁远将军安众子。」祖亲同郡□□。父□□,建威将军颍川太守。」父□,圣世□宁远将军□□□□北府司马度斤镇子都将。」亲曰□冯氏。父茂,□□□□士,后除昌黎太守。」君讳欣,字丰,□□阳安□□□洪源□于□石,盘祉蔚彼龙山。天乙以上圣」奋飞,武丁以□幼□基。胙土起以□□,□□由于崇德。轩冕盛在周汉,缨绂」光著魏晋。故能□衣之养三师于□庭,□席之举六著于京华。祖以忠烈当」朝,父以敦敏□世。勋籍庸竞,有晖于时□者矣。君承彼积善,宗兹余庆,少而」岐嶷,□号二□,乐道忘□,□乃入宦。永安中释褐殿中将军威□将军。普泰」二年,旨除洛谷令。永熙三年,□拜宣威将军积□将军。兴和三年,大丞」相勃海王以君谋用早闻,才堪从政,□旨除为平遥县令。爱物侔于武城,」慈恕有蹈蒲□。牛刀不叱□觅,鱼鲜同之夜愍。惠迹流于旁干,令望溢至九」天。主上钦怀,又加异赏。诏曰:宣威将军平遥县令宗君妻韩,能循法度,」多所闺习,出入宫掖,抑有劬劳。可北□州定□郡君。□君春秋六十有七,以」武定三年七月戊寅朔七日甲申寝疾□□县□。家□夫人之□,邑号□悴」之悲。其年九月迁柩邺都崇仁里宅。

有诏曰:故宣威将军平遥县令宗君,」殷勤戎旅,□□多年。虽宰百里,未之酬□。□□化往,□有愍焉。可赠持节督」北荆州诸军事冠军将军北荆州刺史。以十月丙午朔廿八日癸酉就窆于」邺都之西野马岗之左。陶器可朽,山林□□,聊述□□,以志泉路。其词曰:」

嵩华□岳,蕴气□灵,若人□义,□□□□。

□□□□,□□□情,博闻强志,茂」□飞声。

藏器□□,观光风举,□□□□,□游霸府。

□□□节,正直是与,往来」生光,去夕有叙。

受命惟恭,令□□□,□□明廷,委之□□。

惠德近怀,明治远」肃,仪革□翘,风移俗穆。

欲仁斯□,□□□传,温风逝矣,严霜悴焉。

芒芒幽垄,」杳杳下□,荣名□志,金石之镌。」

夫人同郡冯氏,□□郡君。父始□镇远将军□野镇将。」□息仲彦,人□□尚书□□□彭□王开府墨曹参军。」次息仲□,太□淮阴王府行参军。

　　按:《六朝墓志检要》(上海书画出版社,1985年)曰:"隶书,河北磁县出土,曾归周肇祥。"宗欣卒于任所平遥县,移枢邺都崇仁里宅,葬于邺西野马岗东。外任官员多于邺城置有私宅,这当是东魏北齐常见的现象。

东魏汝阳王元晔墓志

魏故散侍郎汝阳王墓志铭」

王讳晔,字子冲,河南洛阳人也。恭宗景穆皇帝之玄孙,仪同京兆」康王之曾孙。穆帝诸子封王者十有二国,莫不政如鲁卫,德励间平,」入长百僚,出踰五等,故能积庆流祉,本枝实繁。祖使持节征南大将」军雍汾二州刺史西河王。父使持节侍中太师录尚书事都督定」冀瀛殷四州诸军事定州刺史汝阳文献王。并将相应期,才贤继轨,」盛德百世,自古然哉。王降神山岳,资灵辰昂,生不肃之深宫,禀自然」之秀气。裁离襁褓,便游庠塾,月习礼仪之事,体安仁义之风。幼以宗」室入随朝觐,容止闲华,风神通敏,折旋合度,笑语中规,众共异之,咸」以远大相许。及长风摇树,欲养无期,毁不胜丧,几将灭性。虽济北之」草庐土席,甄城之居哀过礼,即事望彼,曾何足称。服阕,袭爵,除散骑」侍郎。爰以弱冠,膺夫多福,既谒承明,仍居青琐,博观旧史,泛爱通德,」礼过申穆之宾,流连枚马之容。良辰美景,满座盈樽,神王一时,自得」千载。庭仪六佾,骖驾四马,内奉蒸尝,外修朝聘。庶当齐龄卫武,同寿」耜桓,得以辅佐王室,克隆根本。而天道茫茫,翻成寡思,春秋卅八,武」定三年闰月廿日薨于位。福谦之言,于兹罔信,与善之望,自此难期。」粤以其年十一月廿九日迁葬于邺城西北十五里武城之阴。陵谷」方迁,缣竹易朽,聊因玄石,用垂于后。其词曰:」

崇基逦迤,鸿源浩汗,别岭昆峰,分流天汉。

周封千八,姬实居半,是称」蕃屏,斯为枝干。

必复其始,复挺贤王,多才多艺,克构克堂。

论议衍衍,」车服煌煌,来自国邸,□□瞻望。

方穷八命,庶极三寿,晨露俄晞,朝华」非久。

世多夭折,民鲜皓首,气反清虚,形归山阜。

远日有期,虞歌已切,」同盟毕会,内宗成列。

蒿里既召,郭门行阅,城阙长辞,荣华永绝。

昏霾」气色,凄惨行露,大夜无晨,千龄不寤。

莫识蝼蚁,安知狐兔,罕镌金石,」徒封丘墓。

东魏汝阳王元賥墓志

　　按：元晫墓在河北磁县讲武城镇西北、申庄乡西南，临近东魏西河王元
悰墓。元晫，《魏书》无传，志可补史。

东魏章武王妃卢氏墓志

魏故使持节侍中司徒公都督雍华岐并杨（扬）青五（六）州诸军事车骑大将
军雍州刺史章武王妃卢墓志铭

祖巘，　燕太子洗马，魏建将军、良乡子。　　祖母鲁郡孔氏。

父延集，　幽州主簿。　　母赵郡李氏。

太妃姓卢，讳贵兰，范阳喙（涿）县人也。魏司空毓之九世孙。氏族之兴，详
于典故。彝世载德，不殒旧风。名望之重，冠冕海内。太妃承家之庆，自天
生德，体韵闲和，心神明悟，言德兼修，工容备举，萋于幽谷，翘彼错薪。亦
既言归，继之王室，奉上接下，曲尽妇仪，用之家人，克成内政，遵其法度，为
世模楷。加以敦穆宗亲，贻训子侄，唯礼是蹈，非法不言。故能望楚宫而轶
樊姬，瞻齐堂而超卫女，而与善之言弗膺，物化之期奄及。春秋五十有四，
以武定四年十一月八日薨于邺都，越以其月廿二日葬于漳水之北武城之
西。乃作铭曰：

　　　　导源姜水，构趾嵩山。大风之后，弈叶蝉联。

　　　　家风不坠，门业犹专。外挺俊造，内启幽闲。

　　　　秀质神成，淑性启天。动止应图，折旋合礼。

　　　　亦即有行，来仪朱邸。令望媞媞，德音济济。

　　　　郑音弗听，鸟肉不食。停轮待期，闵门成式。

　　　　彼日不居，川流未息。逝者如斯，咨嗟何极。

　　　　灵辀夕进，楚挽晨哀。松杨萧瑟，丘陇崔嵬。

　　　　日月代谢，寒暑去来。若戏高岸，有昭夜台。

长子章武王，字景哲，出身司徒祭酒，俄迁尚书祠部郎中、通直散骑常侍、
朱衣直阁、钾仗都将、征虏将军、肆州刺史、当州都督、侍中、车骑将军、左
光禄大夫、护军将军，领尝食典御兼太尉公，奉玺绂侍中，骠骑大将军、西
道大行台、仆射、殿中尚书、散骑常侍、开府仪同三司、护军将军、侍中、章
武王。

第二子字叔哲，出身员外散骑侍郎，征虏将军、中散大夫。　　第三子字季
哲，出身秘书郎中，征虏将军、中散大夫。

东魏章武王妃卢氏墓志

按：此志清末出土于今河北省磁县讲武城乡朝冠村北，即"漳水之北，武城之西"。卢氏为章武王元融之妻，生三子，即景哲、叔哲、季哲。另有废帝仲哲也为元融之子，程妃所生。卢氏为范阳望族之后，于东魏武定四年（546年）十一月八日薨于邺都，其府第似在邺北城。

原石藏辽宁省博物馆。《循园古冢遗文跋尾》、《邺下冢墓遗文二编》、《雪堂金文字跋尾》、《汉魏南北朝墓志集释》、《满洲金石志别录》著录志文。此据拓片整理标点。

东魏大留圣窟题字

清武亿等撰《安阳县金石录》（嘉庆四年刻本）卷一：题字在万佛沟洞侧，正书"大留圣窟"四字。又有八分书"魏武定四年岁在丙寅四月八日道凭法师造"，字大三寸余，盖纪佛洞起于道凭。如此又有小字，刻"南无日光佛及□德同石作匠人张岫①到此造作"，故记字。据《灵裕法师传》，石刻称道凭石堂，疑其迹指此也。

---

① 河南省古代建筑保护研究所编：《宝山灵泉寺》，河南人民出版社，1992年，第115页。

东魏尧赵氏墓志

魏故南阳郡君赵夫人墓志铭

夫人讳胡仁,南阳宛人也。南阳太守之女,相州刺史、平阳公之第六子散骑常侍之妻。禀公族之洪胄,洞清澜而激镜。资性端华,含仁履顺。贞规峻节,芳兰独远。孝恭之称,起自龆年;幽闲之著,爰发冠岁。加以七德充敷,四教肃明。故昧寅鸡以早兴,竟夕为而不倦,箕帚必先。初未表于颜色,劬劳恬执,终平生而无愠。食邻磐诚,未之仪比,参奇九策,曾几何轨述,一见洞晓,万事精闲。端凝静思,明发机神。虽宪英之妙识,罕以论德,昭姬之洁操,讵可秤(称)名。夫子诞生三子,声驾一时,咸有王佐之略,命世之才。长子雄,使持节,散骑常侍、骠骑大将军,仪同三司、城平县开国公,燕、瀛、青、胶、徐、豫六州刺史,都督杨(扬)、颍、楚、霍十州诸军事,司徒公,谥曰武恭公。第二子奋,使持节、散骑常侍、骠骑大将军,汾、颍、兖、豫、梁五州刺史,安夷县开国公,司空公。第三子宗,使持节,征虏将军,东郡太守,南岐州刺史,主衣都统,剑佩铿锵,蝉组陆离,青紫掩映,冠盖相晖,当世以为贵盛,缙绅慕其藉甚。羊氏七卿,远惭世载,袁族五公,近谢羽仪。夫人自少至耋,孝敬敦睦,长孤抚幼,亲加鞠养,好施能瞻,去奢就约,凝霜之操,岁寒弥厉。九族仰其嘉猷,六姻慕其景行。是以誉满两京,声溢九服。大丞相中外诸军事渤海王高,地居戚重,位望尊崇,亲慕夫人慈训,躬展诚敬,朝廷标赏。诏曰:辅国将军、岐州刺史难宗母,前以身德子勋,光启邑号,因讳陈改理,宜见从可,西荆南阳郡君,庶追大家之号,不独擅于汉后,贤哉之录,岂止记于魏公。夫人年七十八,以武定三年遘疾,薨于第。天子震悼于厥心,丞相恸情以崩虑,赗赠之礼,有余恒典。以武定五年岁次丁卯二月戊辰朔廿九日丙申,葬于邺西七里之北,左带漳水五里之西。痛兰摧于秋旻,伤桂亡于霜月,追金石之不朽,永传芳之无歇,乃作铭曰:

　　猗欤盛烈,照晰夫君。诞生令淑,秉德含仁。

　　肃穆礼敬,言厉愠恂。风仪介操,蔚彼真筠。

　　松生标峻,桂性柔芳。清晖早映,缉誉幽房。

　　才同班蔡,望等齐姜。孝至精感,节义播扬。

　　如风春畅,若月秋明。愠愠之色,何曾暂生。

　　女工婉娩,母德仪影。谢家耻誉,袁妇惭名。

锡圭分土,王爵是加。礼遇绸缪,升宠晖华。

崇庸显德,超彼云霞。日唯庆造,光国隆家。

百年无永,万古同然。亏盈有数,舟壑代迁。

玄房一闭,终此深埏。松杨结雾,丘垄生烟。

寒霜晓切,悲风夕起。云凄代色,人酸邑里。

淑懿云亡,将何仰恃。敬铭余徽,兰熏不已。

东魏尧赵氏墓志

　　按:墓志于1974年出土于今河北磁县申庄乡东陈村西北一里处。墓主胡仁为尧荣妻,生三子:尧雄、尧奋、尧峻。《北齐书》卷二十有尧雄传。

东魏任城文宣王冯太妃墓志

魏故上宰侍中司徒公领尚书令太傅太尉公假黄钺九锡任城文宣王文靖太」妃墓志铭」

太妃姓冯,讳令华,长乐信都人也。太师昌黎武王之第五女,曾祖东燕昭文帝,祖」太宰燕宣王。若夫帝王有命,将相应期,钟鼎相传,冠冕继袭,固已功流载籍,道被」笙镛。昔在有周,齐为甥舅之国;爰及大汉,阴实乡里良家。非夫皇天钟美,神灵覆育,孰能作合圣明,为天下母? 姑文明皇太后,正位临朝,二姊并入主坤宫,配」高祖孝文皇帝,翻成外戚,属此盛门。太妃承奕世之休绪,禀太清之秀气,生道」德之家,长礼仪之室,目不睹异物,耳不闻外事。而聪明温惠,与本性而相符;仁信」规矩,乃率行而自合。正始二年,年十九,四行聿修,五礼闲习,造舟且及,百两爰备,」乃言告师氏而言归焉。正始三年正月,皇帝使中侍中兼大鸿胪卿策拜任城」国妃。帝乙归妹,聊可比其元吉;齐侯之子,未足方其美正。文宣王历作王官,至于」宰辅,居栋梁之任,荷天下之忧,昧旦入朝,不以私室为念。太妃恭勤妇业,助治家」道,中馈是宜,内政有序,务先窈窕,不有妒忌之心;博进才贤,而无险诐之志。至若」遥听车声,识伯玉之有礼;当朝晏罢,责叔敖之未登。辅主君,古今英异,易称一人,」得友诗著,三五在东,以兹樛木之恩,成此螽斯之业。抚养异宫,恩同己子,故能化」自闺闱,声闻邦国。神龟二年十二月,文宣王薨,朝依典礼,策拜太妃。诸子布在周」行,并縻好爵。每分至纪节,内外备在,未尝不钟鼓悬庭,蝉冕满室,胥徒骆驿,轩盖」成阴,文物声明,此焉独盛,忠臣孝子,顿出斯门。虽先王积善余庆,抑亦太妃德教」所及也。昔慈母八子,咸为卿士大夫;泰姬五男,俱登郡守牧伯。尚称荣旧史,著美」前书,杨椎而言,曾何髣佛。动中典礼,言必称于先姑;修德苦身,以为子孙之法。公」将复,世业日昌,厚禄未穷,流年不待。武定四年四月四日丙子遘疾薨于国邸,时」年六十。粤以武定五年岁次丁卯十一月甲午朔十六日己酉窆于邺城西岗漳」水之北。金石可久,高深或迁,敬图徽美,寄彼幽玄。其词曰:」

墓起覆匮,源资滥觞,连峰既远,清澜遂长。

桂生必馥,兰挺而芳,如金振响,如玉含」光。

显允淑人,天降休祉,门高马邓,恩伴许史。

言归大国,来自戚里,作配哲王,德音」不已。

作配如何,车服以盛,德音安在,民胥攸咏。

七穆遂兴,二惠方竞,克享福禄,坐」应嘉庆。

庆乃日隆,禄亦弥厚,光阴遄迫,荣华难久。

窃恃报施,庶过眉寿,一朝冥漠,」归全启手。

思惟平素,瞻仰灵轩,神仪永戢,帏帐虚存。

卜云其吉,灵轜在门,且辞京」辇,夕赴山原。

悲风何厉，愁云自屯，丛杨且合，思鸟方喧。

声名徒显，坟垄空尊，千秋」万代，已矣何论。

按：墓志出土于河北磁县讲武城镇西北。冯令华为元澄妃。

东魏东安王太妃陆氏墓志

大魏故骠骑大将军散骑常侍济兖二州刺史二州诸军」事东安王太妃墓志铭」

太妃姓陆，讳顺华，河南洛阳人也。禀灵川岳，既因生以启」姓；取则星雷，亦祚土以命氏。五叶公门，复在今日；九世卿」族，徒称往时。至于赞殷翼周之功，方稷比契之绩，固载之」于敦史，此可得而悉言。祖受洛跋，相州刺史吏部尚书太保建安贞王。器宇冲深，宰辅当世。父琇，袭爵建安王，给事」黄门侍郎太子左瞻事祠部尚书太常卿司州大中正卫」大将军仪同三司。风度邃远，领袖一时。太妃长自公宫，声」标中谷，容止闲华，识悟柔婉，照梁未可为并，委衣不足为」俦。亦既言笄，来从百两，四德本修，六行弥著，室中生光，事」高蕃邸，家内之肥，名踰列国。及东安诏赴，鱼山告窀，训抚」咳幼，克绍家业。朝旨褒其风德，物议重其高顺。而中年构」疾，奄从朝露。春秋五十有九，以武定五年岁次丁卯五月」丁酉朔十一日丁未薨于邺城修正里之第。粤以其年十」一月甲午朔十六日己酉窆于武城之西北，去邺城十里。」世经十一，吴王之墓复开；时历三千，滕公之庐重启。居诸」迭生，陵谷相贸，终同侵毁，庶表遗镌。乃为铭曰：」

高门□□，弈叶重光，世禄世载，令问令望。珠生丽水，玉出」昆岗，诞兹明叔，如彼珪璋。声流中谷，向溢平林，既方桃李，」复诸瑟琴。用履厥操，以秉其心，妇德无爽，母仪可钦。毕至」难违，各云其命，华堂溘阻，荒原且敻。严霜夜切，悲风晓劲，玉体长潜，金声可咏。

按：墓志出土于河北磁县讲武城镇西。陆顺华为元凝妃。武定五年(547年)卒于邺城修正里之第，修正里似在城内。

东魏安丰王元延明妃冯氏墓志

魏故使持节侍中太保特进都督雍华岐三州诸军事大将军」雍州刺史安丰王妃冯氏墓铭　谥曰文真太妃

太妃姓冯，　皇后之妹。厥初卜仕，爰启大名，自兹以降，」世德弥远。其建功立事之美，鸣玉貂金之盛，固以良史」书之丰碑无愧者矣。太妃夙承阴教,早备柔仪,取则彤」管之诗,求箴青史之记,苹蘩蕰藻之洁,则季兰无以过,」佩玉琼琚之礼,乃孟姜不能及。亦既有行,作合君子,百」两斯讶,九十其仪。内有椒房之亲,家同金穴之赐,而朝」夕忧勤,归于节俭。安兹浣濯,无废纮綖,致肃雍于友嫔,」尽尊敬于师傅。辚辚霄动,便知伯玉之车;嘒嘒旦闻,仍」起鸡鸣之戒。训诲诸子,雅有义方,恩切倚闾,喻均断织。兼以信向大乘,遨游众善,翘到不已,依止无倦。方将献宝灯之树,施清净之水,而丛兰欲修,秋风奄及。春秋六」十四遘疾,薨于乡义里。以武定六年十月廿二日窆于」风义里地。素旗有托,玄石宜镌。乃作铭曰:

周有姜任,汉称许史。公侯之胤,必复其始。赫赫后门,煌」煌戚里。异人间出,为王卿士。诞兹淑媛,言告言归。来嫔上宰,实惟元妃。静恭内位,作主中闱。鱼轩翟茀,象服祎」衣。观彼列图,成其妇道。室靡重茵,帷加旧皂。逝川已驶,」藏舟何早。枯鱼衔索,轻尘栖草。将先远日,乃絜元龟。涧」□膴膴,墩北垒垒。薤歌晓急,松风墓悲。于嗟大夜,钟漏」□□。

东魏元延明妃冯氏墓志

　　按:冯氏为北魏安丰王元延明妃,太师冯熙之女,皇后之妹。元延明,《魏书》卷二十有传。冯氏墓志出土于清末民初,地点在今河北省磁县讲武城乡西北。志文曰她年六十四岁，薨于乡义里。乡义里在邺城内，冯氏随东魏孝静帝迁邺，宅家此里。葬于"风义里地"，风义里似为邺城外之里。

志石于民国年间，经袁金铠、杨宇霆之手倒卖于东北，现藏辽宁省博物馆。此据拓片校录。

东魏李云妻郑氏墓志

魏骠骑将军都水使者顿丘邑中正顿丘男顿丘李府君夫人郑氏墓志」
夫人荥阳开封人也。祖尚，济州刺史。父贵」宾，荆州刺史。世擅膏腴，家传冠盖。禀和有」素，籍庆自远。柔嘉著于龆日，容德表于笄」年。仪范宗姬，誉满闺阃。结离受训，匹事君」子。回此孝慈，因心祇敬，奉上接下，莫不雍」穆。积善无征，降年不永。以武定七年四月」十一日卒于邺，春秋卅壹。以二月廿八日迁于旧茔。惧陵谷推移，清芬或晦，刊美泉」穴，用昭不朽。其词曰：」
珠明随浦，玉润蓝田，士操弘毅，女节贞坚。」爰在稚质，秉志幽闲，松柏比茂，桃李争鲜。」偃息图史，服玩箴篇，斯言无玷，容止何侃。」方隆繁衍，介以遐年，芒芒天道，滔滔逝川。」宝钗戢耀，虚房翳然，音徽永隔，令淑徒镌。

东魏李云妻郑氏墓志

按：河南濮阳出土。见《考古》1964年第9期《河南濮阳北齐李云墓出土的瓷器和墓志》。武定七年四月十一日卒于邺，似于次年即武定八年二月二十八日迁旧茔。本年五月，高洋代魏，建齐，改年号天保。墓志不称年，似有隐。由此推知此墓志之刻，当在改元天保之后。

东魏吴郡王萧正表墓志

魏故侍中使持节都督徐阳兖豫济五州诸军事骠骑大将军徐州刺史司空公兰陵郡开国公吴郡王铭

王讳正表，字公仪，姓萧氏，兰陵人，梁临川靖惠王之第六子也。其盘石鸿基，固以彪炳骥渠，焕乎史策。烈祖文皇帝以环奇命世，匡赞齐朝。伯梁武皇帝，膺运受图，负兹宝历，天飞江左，光宅四方。考以雄姿杰举，作宰家国。王诞乾坤之灵和，禀台华之纯粹，内苞九德，外兼百行，弘敏以卫其神，贞明以坚其志。是以延誉令闻，发于龆龀，端凝歧嶷，肇自跬游，性恬静，寡声欲，宽裕泛爱，器量渊沉。巍巍焉入烟霞而秀上，浩浩焉湛沧波于无际。清规素德，足以励俗怀来；言行威风，足以陶时范世。幼含通理，阐思幽微，虽七步之章未遒，权象之能过智。生长深宫，年殊及学，而鼓弦敔器之诚，皆已暗冥匈腑者矣。弱冠爰启土宇，封山县开国侯，食邑一千户，除给事中，俄转太子洗马。以忧去职，征为骁骑将军、光禄勋，不起。王孝思天然，毁顿过礼，恸血恒流，守坟逾缟，庐藏猛兽，兔狃阶庑。服阕，出为宁远将军、淮南太守。畿内股肱，去京密迩，宽猛贪廉，纤厘必著，前后剖符，鲜不黜辱，而王秉行逸群，动多异绩，潜惠若神，纠奸犹圣。岂直弥兽反风，留犊县鱼而已。以王达于从政，鞠育生民，迁为征东将军、假节、晋安太守。闽区澳壤，地产金珰，煮海击钟，探珠连骑，能怀掌握，富润云孙。而王萧然卧治，号为神父。责功承掾，齐道是修，蒲帛遐肥，广延仄陋，故得礼变文身，化行殊俗。感幽赞于童谣，结佩言于民口，虽杜畿之抚河东，陆纳之临震泽，曷以加旃。王既俭能率下，民不敢欺，匪懈恪勤，简乎帝听，左眄丰貂，金议攸属。特征为侍中，县侯如故。倭迤禁闼，出内秘言，庠序朝端，万夫倾首，覆是腰腹，未之过也。淮岱任重，控接关华，土带汧陇之风，人多六郡之气，咸以王文武兼姿，克谐盛选。乃授使持节、都督北徐西徐仁睢安五州诸军事，北徐州刺史。王以天下膏腴，莫尚京邑，兼以犹子之宠，龠习当时，边岳建旟，非其所好，固辞不免，击楫济江。褰帷入境，豪族丧其精；问政下车,奸吏屏其迹。采俊义于穷乡,求民瘼于穹谷,劝农阅武,愚智影随,襁负来趋,边方响应,故能抗御中华,啸咤淮右。犴圄萧条,蒲鞭靡设,阶少讼言,路多遗剑,在州六稔。申请呕闻,伏阙表留,岁有千数,虽夕殒之恋朝光,枯苗之思洪泽,未足比焉。俄而贼臣构逆,天步艰难,而王号哭霄征,驱车弗息,鞠旅誓众,哀感三军。但封豕游魂,长蛇假气,未伏辜诛,犹为时蠹,于是散发秦庭,投身魏关。 朝廷嘉王忠孝奋发,义勇兼弘,著美号于姑苏,启苴茅于旧里,爰遣中使道授兰陵郡开国公,食邑五千户,封吴郡王。承荣犹惨,闻命若吊。以王身筹竹箭,贵极东南,拥地移氓,勋符不赏,及届近畿,王人接轸,士女堵墙,若观灵瑞。亦既入 朝,特蒙殊礼,即拜车骑大将军、侍中、特进、开府仪同三司、太子太保,甲仗一百人,班剑廿,加羽葆鼓吹一部,王公如故。赐甲第一区,布帛肇计,红粟万钟,田畜车舆,靡不必备。王以本朝阽危,志殉社稷,尊官厚俸,一不关心,恳恻其言,誓之丹石,频敕断表,敦喻交驰,弗获拜恩,形立枯槁,方当借威大国,剿彼豺狼,进效功庸,退雪私耻,而天地无心,与善茫昧,景命颓龄,不登黄苟。春秋卅有二,以武定七年岁在己巳十二月壬午朔廿三日丙午薨于私第。呜呼! 知与不知,远近戎华莫不痛悼失图,罢厘辍相。惟王识鉴通神,藏纳为器,仁潭昆木,泽洽燋苔,不以飙急变音,不以幽居改操。佩兰桂以外薰,怀琬琰而内映。风韵弘雅,度亮淹劭,喜怒弗形,得亡犹一,虚己重士,轻财好施,抽尺璧其若蒿,散寸珠如遗迹。不迷惑于绮罗,不嬉柔于谄佞,驰聘道德之场,游猎忠义之圃,畏黄金于四知,耻白玉而诒罪,处贵益恭,居丰逾约,咨可谓克己谨身,善始令终者已。故能擢颖皇支,声芳宇宙。但研精之业,恨一匮而丧功,珍悴勤王,等高岩而落仞,报施无征,幽冥奄及。乃赠侍中,使持节、都督徐阳兖豫济五州诸军事,骠骑大将军,徐州刺史,司空公,其开国王并如故,谥昭烈王,礼也。虽复赐地郊园,封疆有托,而感梦归怀,乔松云靡。粤以八年岁在庚午二月辛巳朔廿九日己酉窆于邺城之西埛。若使川为橘岫,地轴成津,槚隧攸长,和如山固,敬述徽音,播之来世。乃作铭曰:大哉王胄,峻矣其嵩。齐明二曜,比德虚冲。纬文经武,既哲且雄。志高珍越,智迈和戎。惠腴时雨,严烈秋风。谋猷渊塞,术艺旁通。居朝特达,伊家栋隆。如辰不转,似月县(悬)空。长标蔼蔼,盛业融融。入侍紫微,出临蕃岳。期浃化成,变浇还朴。论道属书,谈玄入觉。似岱多峰,如河少浊。韫柜温温,舒英卓荦。气溢江东,形仪凉朔。坚白聿怀,灵蛇斯握。善价方臻，良工始琢。千里未光，如何潜邈。发齿痛心，翾驰悲注。幕幕山云，蒙蒙陇树。曲盖收阴，时骖解驭。东阁尚开，西陵爰遽。永隔亲宾，长留仙处。翳翳泉□，□当旭曙。

东魏吴郡王萧正表墓志

　　按：此志1913年出土于今河北省磁县大冢营村南，地处即文中所言"邺城之西坰"。萧正表，《魏书》卷五十九有传。其于武定七年（549年）十二月二十三日卒于邺城私第。

　　民国年间，志石经袁金铠、杨宇霆之手转藏东北博物馆（今辽宁省博物馆前身）。《循园古冢遗文跋尾》、《邺下冢墓遗文二编》、《雪堂金文字跋尾》、《汉魏南北朝墓志集释》、《满洲金石志别录》著录志文。此据拓片整理标点。

东魏太原太守穆子岩墓志铭

魏故太原太守穆公墓志

公讳子岩，姓穆氏，河南洛阳人。实膺茂祉，早协昌运。丰沛既迁，关河是宅。乃祖以降，世诞民英，公王代起，蕃牧联事，望烛两都，荣高七叶。公族之大，莫或斯拟。祖，司空、录尚书、长乐王亮。考，太保、大将军，顿丘王绍。追毛毕之佐周，怀□禹之匡汉，家图国史，可得详言。公资气辰象，禀灵川岳，幼诞珪璋，凤标誉望，学山学海，宗圣宗儒，峰碣与千仞比高，波源与万顷同极。爱仁好士，存旧笃终，雅洞篇章，尤晓音律，正始之风弗坠，建安之体具存。蔡邕可以致书，卫瓘宜其命子。释褐给事中，转司徒记室参军。振缨华闱，参文盛府，缙绅仁其高义，冠冕揖其清猷。匪直增辉衮席，式亮槐采，允当世之龙门，属通人之水镜。我皇留情俗弊，笃怀民隐，日旰罢朝，思弘吏职。出除左将军、太原太守。昔侯黄两霸，妙辩享鲜之术，诗畿二杜，深达制锦之方。公兼彼四政，肃兹千里，期月有成，颂声载路。稍迁朱衣直阁、司徒谘议参军。若华方映，扶摇未骞，天津急其夜波，地游骛其晓轴。武定七年十二月十八日春秋卅有五，遘疾卒于邺京。玉树长埋，痛深终古，市朝合识，莫不坠泪。粤以八年岁次庚午五月己酉朔十三日辛酉卜窆于邺都之西，西门豹祠之曲。呜呼哀哉！斧柯潜坏，桑田屡改，松柏为薪，碑表非固，敬刊幽石，永置穷泉。其词曰：

睿哲有详，昭假不已。于赫著姓，克隆载祀。贞王之孙，匡正之子。衮章奕叶，声明继轨。积庆允厘，励德在兹。眈眈大夏，绣栱云楣。道有必贯，学縻常师。纷纶艺业，掩映文词。九皋初响，八翼方振。佐铉教宽，治邦河润。直宿云陛，匪躬克慎。讽讥台阶，谦先逾峻。摛藻问服，绝翰感麟。茫茫天道，萎我哲人。泉灯一夜，垄树无春。千秋方祀，永播芳尘。

　　按：此志见清苑吴鼎昌《志石文录》，铅印本。出土年月不详。文曰穆子岩于东魏武定七年（549年）十二月十八日卒于邺京，八年五月十三日葬于邺西西门豹祠之曲。是年五月，高洋篡魏，改武定八年为天保元年。穆氏，北魏贵族，见《魏书》卷二十七《穆崇传》。子岩祖穆亮、父穆绍均封王。《穆绍传附穆岩传》曰："子岩，武定中，司徒谘议参军。"《魏书》本传单名岩，子岩似为字。

东魏茹茹公主墓志

魏骠骑大将军开府仪同三司长广郡开国公高公妻茹茹公主闾氏墓志铭
公主讳叱地连，茹茹主之孙，谥罗臣可汗之女也。源流广远，世绪绵长。雄朔野而扬声，跨列代而称盛。良以布濩前书，备诸历史矣。公主体弈叶之休征，禀中和之淑气，光仪婉嬺（嫣），性识闲敏，四德纯备，六行聿修，声穆闺闱，誉流邦族。若其尊重师傅，访问诗史，先人后己，履信思顺，庶姬以为模楷，众媛之所仪形。 皇魏道映寰中，霸君威棱宇县，朔南被教，邀外来庭。茹主钦挹风猷，思结姻好，乃归女请和，作嫔公子。亦既来仪，载闲礼度，徽音岁茂，盛德日新。方亨遐期，永接难老，与善徒言，消亡奄及，以武定八年四月七日薨于晋阳，时年十三。即其年岁次庚午五月己酉朔十三日辛酉，葬于釜水之阴，齐献武王之茔内。天子下诏曰：长广郡开国公妻茹茹邻和公主，奄至丧逝，良用嗟伤。既门勋世德，光被朝野，送终之礼，宜优常数。可敕并州造辒辌车，备依常式，礼也。乃铭石壤阴，永传余烈。其词曰：

祁山发祉，蒙野效灵，雄图不竟，世载民英。于惟淑女，膺庆挺生，德兼柔慎，质俪倾城。皇德远临，霸功遐震，紫塞纳款，丹邀思顺。有美来仪，作嫔世俊，惠问外扬，贞情内峻。思媚诸姑，言齿同列，佥峙有序，大小胥悦。方亨遐期，仪范当世，如何不吊，兰摧玉折。卜云其吉，将窆玄宫，荣哀总备，礼数兼崇。轻辒转毂，飞旐从风，清晖永谢，彤管无穷。

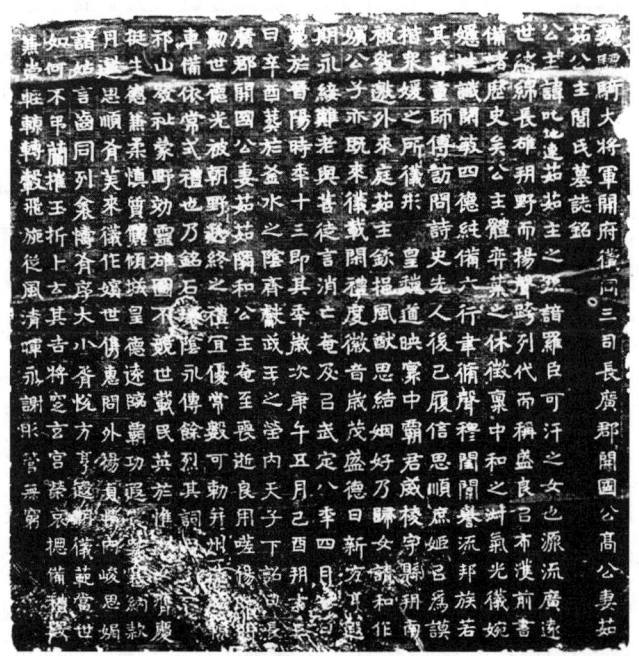

东魏茹茹公主墓志

按：《北齐书》卷七《武成纪》：神武（高欢）招怀荒远，为子高湛（即武成帝）"聘蠕蠕太子庵罗辰女，号'邻和公主'。"，即茹茹公主。其墓在今河北磁县城南三里大冢营村北。1978 年清理发掘该墓，出土墓志，始见"历史"一词。墓内并有精美壁画。

北齐元贤墓志

大齐故使持节都督扬怀颍徐兖五州刺史骠骑大将军太府卿山鹿县开国伯洛川县」开国子安次县都乡男元使君墓志铭

祖吐久伐，使持节都督泾州诸军事征南将军泾州刺史汶阳男。父广达，使持节散」骑常侍都督夏州诸军事抚军将军夏州刺史。君讳贤，字景伯，河南洛阳人，魏平文」皇帝之后也。君姿彩雄润，器韵修明，逸调与清风并流，气岸共温云俱上。是以年在与玄」而神奇可识。元礼知其伟器，德操觉其通理。出身司徒府行参军，寻除中坚将军步兵校」尉。普泰中，除安北将军银青光禄大夫。既居张子之官，继阮公之任，萧条謇谔，极兼诸美，」故魏来此职于今始贵。及永熙在律，火照甘泉，申息之门，于焉未启。朝廷以豫州襟带，边」要所资，才非吴李，罕勘斯寄，乃以君为镇城大都督。南土之不坏，君之力。暨兴和之间，」海外有截，天子盛选明德，欲安土宇。乃以君为杨州刺史加车骑将军。君褰车广视，积水」求情，寒暑不移，民瘼俱尽。虽君公之与人合，叔父之共神通，光满昭史，夫何足云。复诏君」行怀颍二州事。文襄皇帝以河防近服，作国南门，砥蹋蛮荆，斜凑秦陇，有其才则一丸」而守，无其人则三河沦没。乃以君为大都督而镇之雒。冯异之在机轴，无以加也。武定七」年，复以君为永固镇大都督。时皇帝刷羽依桐，翻霄未即，只求明哲，经纶王绪，遂表除」君安次县都乡男，食邑一百户。及运在天鼋，笙管变节，蛟龙庆云，回归有道。天保元年，特」除洛川县开国子，食邑三百户。至于股肱名岳，羽毛上台，出镇形胜，入赞心膂，乃生平常」役，故不复□矣。既累善作基，萦德为宇，恕永天爵，慰此遥年；而曳杖当门，山歌及耳，日落」崦嵫，相□□至。以大齐天保二年岁在汁洽四月八日遭疾终于家，时年五十有五。天子」闻而旰食，□剡诸色，乃发诏曰：追远念终，抑唯故实。前杨州刺史贤，业尚闲远，识略淹长，」出总戎阵，效成□莅，不幸云亡，言念伤惜，宜加褒荣，慰兹泉路。可赠都督徐兖二州诸军」事，以大将军太府卿兖州刺史开国如故，谥曰文宣，礼也。君爰自总发，至于华首，交无忤」色，闺有敬容。楷模可为世范，言行便成士则。愠莫窥，荣辱谁改。庶弘理三台，和治五教，」而逸翰中天，美志空摧。有识唅嗟，同闻共惜。粤以其年十一月辛未朔三日癸酉窆于邺」城西漳水之阳十有二里。即魏之旧陵也。若夫环海三竭，嵫山再移，自非镌勒，谁或终存。」乃作铭曰：

韫玉作峰，贮珠成岸，派彼滥觞，郁兹浩汗。既称带地，是日削成，猗与俊哲，应时挺生。弱年」标誉，卭日传声，武同樊哙，智匹陈平。自受嘉命，劬劳跋踄，爰居连率，民心是惬。泽被三军，恩同纩挟，德流万姓，名称史牒。及拥朱旄，相伴蕃岳，如荀宅兖，似王居甸。修来膏雨，号在」能狱，况尽六条，复兼三欲。谋赞帷幄，折冲樽俎，功唯帝念，勋书王府。庶弘美业，光斯赞辅，」华屋便辞，山丘遽处。龟谋袭吉，仪卫方屯，殡车首辙，服马鸣辕。朱旗日映，素旐风翻，苍芒」寒阜，萧瑟荒原。严霜暮夜，苦雾朝昏，辞兹国路，及此泉门。漫漫大夜，寂寂孤魂，风猷永秘，」容范空存。拔山少力，日车难挽，谁能止泪，看兹逾远。」

夫人河间邢氏。长子长琳。次子子琳。第三子子琅。第四子子瑰。」第五子子璚。第六子子璆。第七子子琛。第八子子珍。

北齐司马遵业墓志

齐故使持节都督冀定瀛沧怀五州诸军事太师太尉公怀州刺史阳平郡开国公司马文□□墓志铭」

公讳遵业，字子如，河内温人也。自缔基两正，腾照四海，盛范蔼于民神，奇功润于天地。英人□□，□爵相联，□」烈商周，光华嬴汉。泊玉床已跨，金镜且悬，繁弱贻锡，密须启分。晋陇西王泰即九叶祖也。长□□□，□峤逾构，」或舒或卷，有实有声。昔魏德甫基，大开云朔，思隆根本，骤引良家。祖乾，魏侍中。风飘俊逸，崖岸□□，□彼汉臣，」岂在关外。父兴龙，魏司徒。气韵恢举，波澜浚发，迹留东观，事入南宫。而合浦孕珠，荆山韫玉，降神□□，郁启人」龙。刷羽将飞，便怀江海之志；高鸣欲骋，即辩灭没之工。灵府洞开，天机迥畅，高擅帝师之目，实有王□之风。既」誉曝群言，声驰邦国，辟书且及，屈迹云州主簿。大行台尔朱，梁郡王，蓄兹五变，将寻九合，□率诸侯，□尾隰管。」即假中坚将军领民都将。寻以明皇厌世，牝鸡遂晨，志父之甲，兴于义愤。以公为司马持节假平南将军监前」军事。设奇运正，隼击鹰扬，三令之间，士百其勇。长平斜邻戎数，多贻北顾，暂辞帷幄，寄以折冲。遂行建□太守」当郡都督。逮奥主已立，司勋有典，乃封平遥县开国子，邑三百户，仍为大行台郎中。戎机是凑，文檄相□，口占」笔驰，圆转非媲。葛荣诡署三官，遄攻旧邺，将倾九卵，亟舞云梯。行台以公谋发涌泉，跱如敌国，间行入守，□□」悬炊。遂齐竦百楼，振奇九地，完州复境，笪墨已轻。仍进爵为侯，增户四百。又除持节都督乡郡襄垣诸军事□」抚军将军平北将军上党太守。登以母忧去职。号毁之际，动用加人，双凫扰其诚血，单鹄赴其冥感。朝廷奖异」褒贤，仍申本授，纶言狎委，牛酒相友。公远协再化之心，无取百乘之宠，敷衽不允，俯同鲁侯。及盗乌见察，猾令」受记，五原轻其二君，琅邪鄙其三尺。遇东周不守，庄帝蒙尘，攸攸夏迹，所在狼顾。葵丘远控华夷，兼通水陆，永」言作捍，寄深关键。行相州事镇邺大都督。案部行春，班条骋化，弹压梁道，陵蹴巨源。属一戎已定，天门迥辟，征」为武卫将军领中书舍人。总营麾旅，霜行岳峭，展誓衔丝，如吐金石。徙给事黄门侍郎。矫斯逸足，游兹显处，茂」先惭其指掌，兰石便非异才。仍授散骑常侍征东将军金紫光禄大夫。职在扶持，任参户牖，纵容谈讽，光跨曩」□。梁郡猜逼已萌，毙于一剑，凡厥部将，多离其祸。公义勖赵狐，方思后衅，变化之顷，遂出近关。长广入统，除侍」中车骑将军左光禄大夫兼尚书右仆射。俄值普泰受推，还除侍中骠骑大将军仪同三司。雅存挹损，未祗八」命，邈言古迹，林叔何人。而抱剑上征，竦珰高侍，参决可重，喻指增华，图劳未洽，且致后命。进封阳平郡开国公，」一千七百户。出除使持节都督岐州诸军事骠骑大将军岐州刺史。公善于绥驭，剖析若神，控马调鸡，洞得其」术。皇清乃眷，重申前祀，征还除仪同三司，又加侍中。太祖献武皇帝虎据一匡，龙腾九域，握钤秉钺，鞭挞区」夏。□义结子陵，恩深和季，将延草庐三驾，岂似伊生五友。乃除大行台尚书。以文若之才，受留侯之寄，杰然□」册，雾踊云飞。天平初，除尚书左仆射。控纳万流，譬之江海，准绳出手，水镜引物。寻除开府，余官如故。迁鼎之后，」帝业权兴，天网既阔，风俗颇弛，遂诏公出使燕赵，专行陟黜。揽辔慨然，登车长想，迥度宣光之迹，真体孟博」之心。除怀州大中正。禾莠即分，银铅遂辩，将令仲雄寝奏，便使德琏惭诗。迁尚书令。道光彼相，杖正立朝，陋文」□于魏年，嗤伯玉于晋日。寻行冀并二州事，录前后声效，别封野王县开国男，邑二百户。及讴歌去魏，符命归」齐，□马书丹，用旌勋懿，更封复昌县开国公，邑一千户。情敦夜起，爱甚还书，藐是之间，触遇生厚。以须昌之封」回授兄子膺之。除司空公。优游熙载，道冠天下，古赋已洽，五星毕从。迁太尉公。宅心玄妙，投迹厚重，瑞邀白鹿，」冥弄金印。惟公宫墙峭立，□□疏朗，方材松箭，并量河山。偃曝道艺之场，纵横书剑之域，掩晨山之雄辩；折狙」丘之诞说。门阀轶于桓应，家声振于陈范。总立人之具，有君子之方。自飞裾入仕，往来从务，迥张条刺，高置权」衡，列鼎开扉，调筲奏管。令绩标其栋干，微风立于□石。负青天而鼓舞，陵赤霄以骞翥。齐驱吴邓，结骊钟王。方」谓青门旭设，庶其再见，而赤松可追，奄为徒语。以齐天保三年十二月廿五日薨于邺都中坛里第，时年六十」四。天子悲深操玉，平民恋甚捐珠。有诏追赠使持节都督冀定瀛沧怀五州诸军事太师太尉公怀州刺」史，开国郡公如故。赗物一千段。以天保四年二月甲午朔廿七日庚申窆于邺城西北十五里山岗之左。虽□」存青简，事书铅笔，三鼎已镂，四碑且雕。犹惧天长夜厚，陵移谷贸，敢题玄石，式旌黄壤。其铭曰：」

疏源自远，命官惟旧，德水均流，邓林齐秀。道资世广，禄缘人构，青史月书，业隆声富。中叶兆圣，碑金孕灵，光□」区有，天启维城。竞抽高盖，再猎长缨，名世安属，惟公挺生。瑳象不已，扣钟无歇，驰骋烟霞，苞持日月。凤翼将矫，」□□遂发，高控朱骖，仰□玄阙。陪游雕辇，厘缉文昌，枢机可则，喉舌生光。迹敷金鼎，功宣玉堂，寰中霖药，日下」舟梁。攸哉天壤，茫然造化，尺波不息，分阴岂借。鲁北遂眠，齐南已谢，哭市收悬，公捐馆舍。令龟一协，即□荒□，」朱□空调，文物虚写。徘徊送客，悲鸣去马，万古如□，□□黄泉。

　　按：司马遵业为司马兴龙之子，《北齐书》卷十八有传，曰："司马子如，字遵业……父兴龙，魏鲁阳太守。"墓志曰："公讳遵业，字子如。"考之史书，子如兄纂，有子世云、膺之、子瑞、幼之，子瑞为子如之侄，叔侄之名不当同一"子"字，遵业应为名，子如为字。墓志出土于今河北磁县滏阳村西岗上，具体方位在司马兴龙墓之北。

北齐开府参军崔颛墓志

魏开府参军事崔府君墓志铭

君讳颛，清河东武城人。尚书仆射、贞烈公之」孙，泾州使君第二子也。冠冕世德，福庆余绪，」曜车为宝，荆玉成珍。文慧之志，著自弱年，孝」友之情，表于冠岁。藻翰与春华比美，景迹共」秋菊均荣，而宦止开府参军事，辅仁之道便」虚。年廿六，武定六年七月遘疾，七日卒于邺」都寝舍。粤以天保四年二月甲午朔廿九日，」归窆本乡齐城南五十里之神茔。日月不居，」

感临川之叹；有德无位，致殒秀之悲。其铭曰：」

于穆不已，世载其英。朝端岳牧，衮绂琼珩。休」芳必嗣，有美诞生。黄中阐誉，敏内标名。膺斯」府檄，称是才实。器怀明悟，文情委逸。方此□」期，宜从厚秩。命也不融，朝骖遽日。故□□□，」尘书废筒。一辞华屋，言归蒿里。原隰□□，□」风郁矣。刊石泉阴，永传兰芷。

北齐开府参军崔颛墓志

按：志铭刻于北齐天保四年（553 年）二月二十九日，上距东魏武定六年（548 年）七月约五年。崔颛卒于邺都寝舍，不载坊里名称，"寝舍"似为一般官员住所。颛即崔亮之孙，士和之子，祖籍旧望清河东武城，"归葬本乡齐城"为后世祖徙居之地。

此据陆增祥：《八琼室金石补正》卷十八（民国十四年希古楼刊）整理。

北齐襄乐王妃敬氏墓志

妃姓敬，平阳平阳人也。其先太尉受终之盛，公子居卿之美，」家风不殒，世禄犹传。虽复层城九重，未方其峻；扶摇九万，讵并其高。」祖风识清雅，名重汾晋。父器理标桀，举（誉）满华夷。若夫汉水之中，明珠」间出；稽山之上，竹箭丛生。是以高门多福，余庆斯在，虺蛇先兆，挺斯」良媛。妃禀神鳌地，资灵菟月，风操闲婉，仪度端华。蓝田五德，无以方」其润；丹山五彩，讵可匹其晖。然其女功妇德之能，温恭孝友之性，□」而合轨，言而成则。于是闺闱擅美，远迩流音。亦既言归，好合君子，宛」如琴瑟，穆似埙篪。舅姑爱其恭肃，娣姒钦其雅尚。可谓声超集木，德」美听轮者矣。王即太祖献武皇帝之从弟也。连晖辰极，比曜枢衡，」业履贞粹，干局沉果。或持斧字民，或剖符观俗。风移化洽，妃有谋焉。」至如卫女治内之名，班氏大家之号，与之方驾，争为称首。大齐膺箓，」抚有八荒，带砺既盟，晋郑斯启。惟王利建，诏为襄乐国妃。虽锵佩鸣」鸾，击钟陈鼎，而素怀谦约，情无骄物。乃修家业，又毗蕃务，非法不行，」得符而动。由此内外雍熙，尊卑倾慕，无不抱是朱蓝，遵其轨辙。方谓」永延嫔德，长祚姆师，嶐山尚远，石火已谢。春秋五十三，以天保五年」岁离阉茂月在侠钟廿五日薨于晋阳。即以其年十月七日归葬于」邺城献武陵之西。四序如流，三千或出，恐德音而无寄，乃托铭于泉」室。其铭曰：」峨峨缔构，蔼蔼绵众，挺斯令善，降此秾华。资灵夜月，禀质朝霞，德成」闺阃，道被邦家。爰始外成，嫔风斯备，秉心厉节，夙兴夜寐。刻勤苹藻，」虔恭醴馈，徙家成德，陈诗取义。情犹指豹，智并埋羊，景福攸止，诸子」克昌。徽音秩秩，令问堂堂，廉超田母，训迈师姜。朝露易晞，夜舟难久，」谁知孔圣，徒言仁寿。嗟我母仪，如驹渡牖，忽辞城阙，翻归林皋。滔滔」水逝，忽忽年遒，亲宾永绝，牧竖长游。风□拱树，气惨荒丘，勒铭玄室，」传此徽猷。」

天保五年岁次甲戌十月甲寅朔七日庚辰。

北齐西门君之颂碑

自夫清刚俪以分宿，沉浊判其□□□□卖（渎）为系（纪）罗□□□□之［缺］羲栗襄葛之年，炎轩昊顼之□□□□瑞所闻盖□□虞传□□□□周□□□合踰千国既［缺］壅水震九州裔割七雄基□□□□国之君□好古之业□□□□□田卜□□□□□横河内俟治邺□□□子昌言而为任西门历精而出宰□拒比周治申严察玺还而瘵主□亡而警吏马班既别□彩自□不省书□积仓府戎车北首侵□南□佩□临事，簪笔听神，民吏不敢两欺□巫老沉奸于波浪颉颃郑审（密）异术均美□□□首列城归目。于是生致尸祝之礼，殁贻棠杜之思，虽□券金书，逝者不作，而□坛表慕，俎豆逾远，非□襄王□□□子托葬存称惠王（主），死曰明神，所以年世经关，风俗渐染，恩福之祈咸在，

灾沴□祷仍□非道(直)郡国掾史实降□□[缺]盖魏氏季年,日销地反,投
霓不息,斗马盈空□自金堂,炊爨(衅?)生玉室,天示昭明之证,帝启即席之
期,我　太祖献武皇帝合制升(斗)墨放□□□剪凶族于魏(黎)□□□衰于
□(华)□□军(运)□竭敬(激)昆仑之永输立□□竞□□□□增威一□□
社再祠绝□(广?)匡□□□□□□□通万方□□五□□会知三□之未从想
□□□(桥之)难□□□□□□□犹存式瞻祠宇(神宇)雅□□□兰□成林
椒□□□□□□□得□志(忘?)言　世宗文襄皇帝□□　□□□□□□龙
□渊□□□应物纳□黎于□□□□□□于□□□□□□□[缺]坳路
荒芜,祀堂凋□□□壁□□□□□□□橑□□□之芳□以丹□磨
□□□□□□□□□□□[缺]胶枷鲸蟥旁□□□□□□□□
神居独邃□□□□□而宛转□□□□□□□□□□□□□[缺]雕
(跃)水,仙鸟鸣林□□□□□□□歆尊神尚德□□□□□□终□□□□有
归纷郁□□□□□□□□皇上官府□物核□□□□□□有禀赋灵性
□□为德道不可□□还灰烬乐反□□□□□□□□□□[缺]常流,蔽云
自卷,仙管协律□岜迎神文烂北□□□西凤鳞□五照光气四举蒉秀而
□□□□□□□□[缺]牛于阴山风逸骥于桃塞捐金抵玉未粟
□□□□致酒英杰先之顾以贤宰余休圣(联)□□□□□□□□[缺]宸
鉴斯揆。使持节、骠骑大将军、开府仪同三司、司州□(牧)、宗师、清河王
岳,出应敌国,入当枢□□□□□□□[缺]之一帅。执刺都辇,标榜九
牧,驯禽弭□□雨来风披席□□倾贤礼俊,眷彼勋(能)官,投□千祀入礻
□□□□□[缺]晋崩离,殊类窃假,畏威仰德,坚碑在□春煦□□□超二百
执徐之□□□□褫岂不苍精云启□□□□□□言僭迹扫地不遗委赘兴王,
恭承□运,幽明非远,意在斯乎?乃命□纪□□鸿□□以昭晋神道□□□
□□□□□□[缺]而□绝,望黄岑以俱峙。其词曰:
星精旁启(散),汉津横泻。山峙□□,渎流疎墅。中处外薄,惑夷惑夏。周
德不昌,三诗缺雅。□□□□□□□□□□□[缺]侮弱凭强。魏侯趣士,民后
(俊)□望。邺有贤令,夏景冬燠□□率□□□□俗□□□□□□□□□
□□□□□[缺]存祀四时,亡哀百赎。始闻贤烈,终□明灵。忻殚鼓舞,□尽
牢牲。籍兰竦意,尊□□□□□徒私礼□□□□□□□[缺]人授手,翼世
谋居,光宅漳右。龙驹鹄盖,鸣筃驷牡。□□层□,载前载后。容象□肃,饰
卫逾隆。□□□□□□[缺]天子赫赫,历数存(在)躬。夏应虞命,舜受尧终。

洛泛文章,河浮图□。会昌真觌,居今陋昔。咸秩报功,□□□□□[缺]宜
留金石。□亲藩干,□率依风。毛毕均美,□□□雄。谓神[缺]

　　按:兹据清《安阳县金石录》(嘉庆四年刻本)、《金石萃编》(嘉庆十年经
训堂刻本)和严可均《全北齐文》互校补录。碑为北齐清河王高岳所造,时
在天保五年(554年),魏收撰文。碑云:"使持节、骠骑大将军、开府仪同三
司、司州□(牧)、宗师清河王岳,出应敌国,入当枢□……"《北齐书》卷十三
《清河王岳传》:"世祖崩,显祖出抚晋阳,令岳以本官兼尚书左仆射,留镇京
师。天保初,进封清河郡王,寻除使持节、骠骑大将军、开府仪同三司、宗
师、司州牧。五年,加太保。"《太平寰宇记》:"邺县西门桥齐天保五年仆射
魏收为碑,存焉。"魏收撰碑当在是年岳"加太保"之前。《明一统志》:"西门
豹庙在(彰德)府北大夫村,北齐天保年建碑刻尚存。"至清时,碑刻年月缺
损。原碑矗立于安阳丰乐镇庙内,知县彭某移于安阳城隍庙中。《金石萃
编》云:"碑高六尺八寸,广四尺九寸,二十九行,行四十四字,隶书。额题
'西门君之颂'五字,篆书。在安阳县城隍庙。"

　　《中州金石记》云,此碑"是天保五年魏收所撰无疑"。严可均提出疑
问,曰:"魏收所撰者乃西门桥碑,此是西门祠堂,彼此异也。碑序末云:'乃
命□纪□□鸿□□以昭晋神道。''鸿'下隐隐是'作颂'二字,则'纪'、'鸿'
二字,乃撰碑者之地名人名。"西门豹祠堂在邺西门桥西,过桥前行即豹之
祠堂。"西门桥"为城西门外之桥,非豹之复姓"西门"。碑文气势恢宏,文
笔遒劲,非等闲之辈所能为。所谓"纪"、"鸿"人名、地名,史书难稽。碑文
当出于魏收之手。

西门君碑阴刻文

　碑正书

　第一层

散骑常侍、赵郡王、州都勃海高叡,骠骑大将军、开府仪同三司、尚书左仆
射、彭城县开国公、州都魏郡元韶,[缺]平东将军别驾、从事史魏郡穆子容、
前将军治中、从事史魏郡鲜于□,主簿魏郡高婆薮,主簿广宗潘僧度字子
昱,西曹书佐魏郡元稚英字委彦,西曹书佐魏郡李天纲字天纲,记室从事魏
郡叔孙子慎字僧,记室从事清河崔□□字公孺,户曹从事魏郡穆□贤字子
□,户曹从事清河张乾威字□□,金曹从事魏郡尉□□字文□,金曹从事顿

丘郡李□字普明,租曹从事魏郡陆子茂字道盛,租曹从事广平游子珠字士瑜,兵曹从事阳平路君元字公物,法曹从事魏郡亏德隆字道□,法曹从事阳平宋幼良(字)子真,部郡从事魏郡柳映僧荫,部郡从事魏郡萨廓子玄,部郡从事魏郡□军瑛长璠,部郡从事广宗□序元伯,部郡从事清河□义紧陁,部郡从事林虑皇甫□桃科,部郡从事林虑□□景宣,部郡从事清河傅穆景武,部郡从事魏郡芍士忠季成,部郡从事魏郡□景汉士升,部郡从事魏郡□子慎德节,部郡从事司□□□□□。

第二层

□□□□郡平□□□□□□□河□□□□□□□□□融子明□□□□□公务思业□□□□□□景实□□□□□□袭修业□□□□□□远洪遵,守从事□□□□公传,守从事魏郡□宗灵绍,守从事阳平王顺孝章,武猛从事林虑王□□□,武猛从事魏郡缑文相□,武猛从事淳于士彰□□,武猛从事魏郡张宣和文□,武猛从事魏郡张孝顺和,武猛从事魏郡柳士绰洪朗,武猛从事汲郡蒯翻弧诞,武猛从事顿丘宝长卿,武猛从事顿丘吴斐融迈,武猛从事顿丘胡遵士尚,武猛从事林虑张则仲轨,武猛从事林虑魏光晖卿,武猛从事黎阳来琼三宝,武猛从事黎阳梁琓子炎,武猛从事阳平杨达公劢,武猛从事阳平缪淇难陁,武猛从事东郡张兴显盛,武猛从事东郡贾顺思□,武穆从事广平郑升怀进,武猛从事广平程兰和仲,武猛从事北广平吕和子穆,武猛从事北广平郭怡克悦,□□□(武猛从)事广平刘士□俊。

第三层

□□□□□□□□客,武猛从事清河□□□德,武猛从事濮阳郭忻景悦,武猛从事濮阳徐□叔达,门下督□□□□翻,门下督程胐□□,省事姜明思哲,省事曹遵显□,录事王神元龟,录事延陵仲□□龟,西曹橼□悦世忻,西曹橼齐习思义□室橼盖颖元俊□室橼宗懿延贵□曹橼冯业洪纂,户曹橼阴颙仲钦,户曹橼□文伯元达,户曹橼□□□子,户曹橼刘□□□遵,户曹橼□又□□□,户曹橼鞠隆□□□□,户曹橼张敬子钦,金曹橼樊渊海,金曹橼李远伯□,租曹橼终士粲□,租曹橼邢悦季□,租曹橼马伏阿□,租曹橼吴宣尚宣,兵曹橼梁璋子颙,兵曹橼林晖宾子□,兵曹橼贺安远□□,兵曹橼郝仲次□□,兵曹橼阁华阿□□。

第四层

曹橼□□□□进,兵曹橼崔业洪纂,兵曹橼周景伯仁,法曹橼李崇让遵义,法曹椽□光贵显，法曹椽田台远见，法曹椽孟黑元乌，法曹椽□□□哲，法曹椽□□□礼，部郡椽侯遵景顺，部郡椽聂贵崇和，部郡椽石建长宾，部郡椽马峰莫遮，部郡椽吴礼长询，部郡椽杜彦市宾，部郡椽张侍永宾，部郡椽衡远延业，部郡椽□□□宾，部郡椽靳宝士贵，部郡椽阎仲叔，部郡椽郝蛮楚□，主簿吏韩世□□，主簿吏苏□□□，西曹吏杜颖□□，西曹吏赵雄□□，记室史乐振晖□，记室史左修洪遵，□曹史史穆景邕，□曹史□兰市奴，□曹史解景馥□，□曹史翟会同止，□曹史王质崇善，□曹史□献元璋。

第五层

户曹□□□□□□，户曹史傅思哲声明，金曹史侯□□□元□，金曹史□□□□□，租曹史侯贵阿贵，租曹吴子政叔侃，租曹史冯沙门，租曹史乐□阿弁□，兵曹史綦略阿颖，兵曹史宋敬乾恭，兵曹史张始阿元，兵曹史王酉士高，兵曹史刘安元康，兵曹史□□□□，兵曹史戴怀□□，兵曹史杨良□□，法曹史谢叔□，法曹史杜悦阿□，法曹史冯纂遵□，法曹史贺□洪宣，法曹史王□秉袭，法曹史韩长永昌，法曹史王进远文仙，典签史吴仲颖仲舒，部郡史戴光思显，部郡史张伽阿桃，部郡史郝纂阿集，部郡史田彦休俊，部郡史石伯子良，部郡史张长遵伯，部郡史石穆爱和，部郡史韩□荣伯，部郡史□□□□□□□□□□。

第六层

□□□□□□□□□□□□□□□□□□□门下史□□□□，省事史张习□□，省事史林邕子穆，录事史李琼子琛，录事史贾光长晖，扬列将军军主郗海山，□节将军军副焦定安宜兵□□豆□□□□□□大豆□□□□□□□，贼曹宋□□，贼曹孟伯□，贼曹李晚兴，贼曹张善，队主李赵成，队主严奉伯，队主□道聪，队主张□隆，队主西门万同，队副扬（杨）万俊□□□□□。

按：碑阴刻文为官吏题名，上下共分六段。据《中州金石记》："散骑常侍赵郡王州都勃海高□"者为高叡。元韶"天保元年降爵为县公，此云彭城县、开国公、州都者，其降爵也。史不及开国公、州都，乃其疏。穆子容见《北史·穆崇传》，是时为平东将军别驾从事史，亦可据碑以补史也"。题名所列官名、地名、人名也有裨史证。"《隋书·百官志》载齐制，司州置牧，属官有别驾从事史、治中从事史、州都主簿、西曹书佐记室、户曹功曹金曹租曹兵曹骑曹都官、法曹部郡等从事员。盖以邺为司州,其属官并与史符。又有武猛从事及门下督、省事、录事、西曹椽、记室椽、户曹椽、金曹椽、租曹椽、兵曹椽、法曹椽、部郡椽、主簿史、西曹史、记室史、户曹史、金曹史、租曹史、兵曹史、法曹史、典签史、部郡史、省事史、录事史。考门下督与录事,清都郡邺、临漳、成安三县并有之。至西曹椽以下即志所谓主簿置史,西曹以下各置椽史也。但主簿史,以碑证之作吏耳。"(清·武亿等撰《安阳县金石录》卷二,嘉庆四年刻本)

北齐窦泰墓志

故使持节侍中太师大司□□□□(马太尉公)录尚书事显蔚相冀定并恒瀛八州刺史广阿县开国公武贞窦公墓志铭」

公讳泰,字宁世,清河灌津人。昔章武以退让为名,司空以恂恂著称。仍与王室,迭为甥舅,故已德隆两汉,任」重二京。虽将相无种,而公侯必复。世载有归,名贤间起。祖盛乐府君,父司徒,皆才雄北边,有声燕代,志骄富」贵,不事王侯。公禀孤昂之精,负云霞之气。容表瑰雄,姿神秀上,英规杰量,无辈一时。少以剑气有闻,长以侠」烈标誉。力折鲁门,勇高齐垒。长者多游其室,少年时借其名。历寻经史,不为章句之业,偏持三略六韬,好览」穰苴孙子。上下若飞,驱驰成画,舍矢如破,命的必中。赋骐骥以摅愤,叹鸿鹄以明志。属猃允内侵,疆场外骇,」注意鼓鞞,陈师授律,有声简在,遂总兵车。起家为襄威将军帐内都将。连年动众,功实居多。属灵后临朝,政」移权薛,辟恶之酒为虚,神福之觞成祸,四海痛心,三灵愤惋。天柱大将军尔朱荣鞠旅汾川,问罪君侧。为宁」远将军虎贲中郎将前锋都督。及永安御历,豫定策之功,除射声校尉谏议大夫。及巨衅滔天,长戟内指,既」等阙南之败,遂成山北之灾。献武皇帝茹荼切蓼,志在匡复,操盘大誓,辞涕俱流,义动其诚,实参本□。尔」朱氏拥倾山之众,驱竭洹之旅,气比云霓,声成雷电。虽把旄杖钺,风摧电扫,功归上将,虑在中权。东迁所依,」伯舅是赖。公亦志在不二,任实同心,气厉风霜,精贯金石,冰泮瓦解,非无力焉。以功拜辅国将军骁骑将军」广阿县开国子,食邑三百户。又授抚军将军银青光禄大夫,复迁侍中。又除使持节都督显州诸军事车骑」将军显州刺史,增邑四百户。入参舆辇,出拥旌麾,轩冕照人,光华满室,顾瞻侪伍,实有余晖。转除使持节都」督蔚州诸军事本将军蔚州刺史。及太昌入纂,神宝有归,唯帝念功,大开庆赏。进爵为公,增户四百,本将军」仪同三司，又除使持节都督相州诸军事本将军开府相州刺史。公威而不猛，仁而能断，示之好恶，宣以惠」和。大小必情，幽明以察。囹圄虚置，桴鼓无声。民识廉耻，俗兴礼节。异国乔之先谤，同史起之后歌。耻以荆部」见称，羞以豫州为法。及幼主君临，问对为重，新邦肇建，纠察增隆，二难之道，匹此为易。复除侍中领御史中」尉京畿大都督，将军开府仪同悉如故。君既属刺举，兼秉绳墨，弼回厝枉，知无不为。权豪屏息，贵戚侧视，社」鼠不得成群，稷蜂无以自固。庶事咸理，内外肃然，可谓古之遗爱，邦之司直。西土不恭，王略遂梗，游釜巢□，」天刑未加。君以鸣毂为耻，遗贼是念，将发函谷之泥，驱渭桥之警，洗兵灞浍，□马终南。而蜂虿有毒，困兽难」犯，凶器死官，忘身偿节。以魏天平四年正月十七日薨于弘农阵所，春秋三十八。公材力宏举，雄姿杰出，宫」室奥远，崖岸弘深。霜雪未易其形，风波不改其操。言诺之重，黄金自轻；荣辱之来，白珪可玷。孝为行本，忠为」令德。劬劳旌甲，契阔风尘。扞城四国，折谋万里。翼赞昆彭之业，经纶周汉之初。攀凤羽而高搴，托龙鳞而迥」逝。注轮四牡，宾御成行。鸣玉双金，左右相照。加以宽而得众，惠以使民，言笑之恩，暖同布帛，咳唾所及，和若」旸春，世经夷险，身有屯盛，咸守任安之节，不署翟公之门。故能克成山海，致兹远大。而虎步未逞，马革已归，」倾千寻于斧柯，顿六辔于蚁垤。武皇奔车起恸，登城致哀，贻训魏后，加以殊数。诏曰：存立大功，没而加等，」眇寻盛典，莫匪斯遵。故使持节侍中车骑大将军开府仪同三司御史中尉京畿大都督广阿县开国公窦」泰，理识明悟，风格峻远，协规上宰，戮力勤王，爱结万里，誉宣三独。及擐甲持矛，埋轮絷马，临危固节，赴难忘」身，曾不慭遗，奄焉莫及。兴言茂烈，震悼兼深。宜峻彝章，用崇徽秩。可赠使持节侍中太师大司马太尉公录」尚书事都督冀定并恒瀛五州诸军事定州刺史，开国如故，谥曰武贞，礼也。以齐天保六年岁在乙亥二月」壬子朔九日庚申改窆于京城之西二十里。翟泉淄水，王侯共归，邢领瑕丘，贤明所志。左右山川，顾瞻城阙，」地临四野，道贯二都。卜云其吉，安兹宅兆，刊德壤阴，终古无绝。铭曰：」

桥木表国，名族题家，食旧接武，载德非遐。世无升坠，道或隆洿，降生人杰，是谓国华。望重百夫，声高六郡，藏」器有待，乘风抚运。猛略从横，英图四奋，见义能勇，当仁投分。魏道威迟，生逸相踵，大人有作，拯溺疏拥。谁协」其谋，竭诚所奉，两手何贵，一国非重。诏爵以德，命服以庸，沃若四马，流衍万钟。治民事上，御侮折冲，文武不」器，军国其容。逖矣西人，凭险逆命，横戈跃马,志康急病。不吊自天,乱靡有定,饮至终爽,出车徒咏。沙丘既兆,」
天邑有征,荣华且毕,礼数逾兴。瑰容虽坠,徽烈方升,有来自古,无恨丘陵。

北齐窦泰墓志

北齐窦泰妻娄氏墓志

故使持节侍中太师大司马太尉公录尚书事武贞窦公夫人皇姨顿丘郡长君
娄氏墓志铭」

夫人讳黑女,代郡平城人也。长澜注于纪地,层峤竦于半天。翘楚罗生,」
钟鼎间出。祖平北府君,渔道猎德,望标衣冕。父司徒太原王,阔调高风,」
绩隆军□。世绪之盛,必有余休,阴灵荐祉,克诞良媛。神情雅润,志见闲」
明,持四□为堤防,以六行为关键。求箴待传之操,率自天真,含柔履度」之
迹,事非因假。徽音迥畅,淑问载扬,爰在华门,思委鸣雁。太师人雄魁」
杰,将崇内主,永言秦晋,移天作合。密勿箕帚,厘综帷房,游息仁义,服膺」
孝谨。妇顺宣于苹藻,女业擅于针纩。弦无卫操,案屏鲜禽。荣朝贵室,
昔」闻彝典,车服有晖,雍容在列。乃封顿丘郡君。洎哀缘昼哭,义深解瑱,

媚」情岳峭,厘节冰严。窥窗止闺之业,抑扬前范;还鱼反金之爱,颉颃曩
烈。」皇齐握纪披图,奉天括地,贵亲尚德,焕于纶玺。锡以从母之名,仍加
长」君之号。夫人温恭表质,礼让为心,契符铭戒,行苞雅俗。均得丧于在
生,」混轻重于一致。暗室不闻夷倨,家人未瞻愠喜。矜凡惠物,屈己周人,
谦」尊而光,贵□在我。河南发贞义之称,广汉有仁明之目。埒古循今,高
擅」遐祀。方谓终母仪于千室,采禄养于万钟,兹义忽违,遂恚与善。以大
齐」天保五年三月丁亥朔二十四日庚戌以疾薨于邺都允忠里第,春秋」五十
九。恸兴长乐,悲缠帷扆。饰终所逮,事切哀荣。以天保六年二月壬」子朔
九日庚申合葬于武贞公之穴,邺城西二十里。恐陵移谷换,或见」前和,敬
镌琬琰,寔彼岩阿。其铭曰:」

大门右地,构积流深,鹓鸑接羽,梓柒成林。宧闻锵玉,誓有雕金,衣裾切」
影,铙管谐音。余美安钟,英柔互起,皎同冰霰,芬如兰芷。留连组织,栖
暴」图史,业隆集灌,风传让齿。鸿妻秀立,轲母仪形,遗尘可嗣,以节侔声。
捐」华采实,蹈损持盈,誉宣戚里,宠洽朝经。浮管忽移,还波遂少,日侵行
喔,」风扬去旐。陇萦晨雾,松吟夜鸟,嗟矣佳城,终天未晓。

北齐窦泰妻娄氏墓志

北齐高建墓志

公讳建,字兴国,勃海蓨人也。盖闻种谷烈山,播鸿功于万世;执圭负海,征列国于五侯。门守霸风,家传岳祉。卿相有业,文武不隧,虽后世殊三代,年易两京,张青盖以连阴,驾朱轩而结辙。曾祖湖,燕散骑常侍、吏部尚书、魏凉州镇都大将、秦州刺史、东阿侯, 皇上之高祖也。德高王季,藩屏殷朝,功迈景皇,匡辅魏室。祖拨,广昌镇将、燕州刺史,屯兵蒲类,踵充国之殊勋,都督祁连,追广明之茂绩。父猛,鄯善镇录事参军。任居心腹,似见取于焚林;职参谋议,如有求于榜道。故以两河效祉,四岳降灵,体识贞华,风姿酋爽。凤生一母,即有应律之心,麟产十洲,便表不群之志。器同竹箭,加金羽而益美;质类梓材,施丹漆而转丽。用信期友,情同俟食;以孝事亲,勤侔视枕。下帷制述,信非懈于三余;秉笔属辞,实见奇于五字。才堪王佐,不殊林宗之语;器为师表,还同马越之言。起家为马场大都督。时属河陕未夷,崤冲尚梗,犬羊万计,揃覆五陵。而大行台尔朱天光受贤庙中,扬旌阃外。公入参谋划,出摧妖旅,歼彼鲸鲵,乃为京观。除宁远将军、奉车都尉,迁前将军、太中大夫。既而诛行跋扈,寇结晋阳,城雉失金汤之固,河洛无藩橹之限,灾生置阁,酷甚汉君,祸发桃乡,衅逾穷后。献武皇帝观白虎之戏,受赤雀之符,眷升阼以陈罪,抗义旗而揃虐。公既地属维城,戚当宗子,同心戮力,组钾持戈,诛九黎于赤县,极三苗于白壤。玉门除斥候之警,金华奉乐推之君。除镇东将军、金紫光禄大夫,又转武卫将军,加卫将军、右光禄大夫。号比宋昌,转不因于代邸,位方许褚,迁岂须于斩级。除骠骑大将军、散骑常侍。才称简亮,宜居献可之职;诏使骖陪,无累清谈之任。又除太府卿、将军如故。比踪汉室,则与君高连辔,方轨魏朝,复共伟台齐踵。除使持节、都督齐州诸军事,本将军、齐州刺史。清约自守,一物不留。听哭无哀,便知杀夫之女,持戟问老,自变争山之虫。转北豫州镇城都督,又敕行沧州事。请租一年,民歌赖得。决囚三县,帝叹无忧。瑞生松木,未成出腹之祉。妖见琼环,忽有盈怀之叹。春秋五十六,以天保六年三月七日薨于晋阳。惟公备九能于怀抱,圆六德匈(胸)衿,侠书剑之雄规,负云霞之逸气。及时逢孔棘,运属横流,经始霸图,缔构王道,献谋帷幄之里,决胜行阵之间,翼厥主于桓文,致其君于尧舜,攀龙峻举,附凤高骞,入侍两宫,出临九列,驾朱骖于大国,佩紫绶于名都。至如日华飞观,庭燃百枝,风清曲沼,水文千叶,床施象席,阶陈凤炉。亲友云屯,宾僚雾集,促膝成赏,币帛是将,终宴忘疲,敬爱斯尽。为舟楫于江海,作柱石于庙堂,望四辅以连镖,追六佐而齐轸,而羽颓南海,身闷北芒。以其年十月十四日葬于邺城之西北十里漳水之阳。若夫五丁立志,未毁蜀王之坟,三千见铭,复记滕公之墓。乃作词曰:

神感华阳,业成姜水。任征九伯,地居四履。世经衰盛,时遭休否。佩组摩肩,乘轩接轨。蓝田出玉,赤野生珠。纽兰佩芷,怀瑾握瑜。文高入室,学迈反隅。宗称龙种,乡名凤雏。关陕雾结,犬戎云聚。往事军门,言参幕府。除凶六郡,献捷三辅。天爵既縻,人官自取。狂虏肆虐,构祸上京。弼谐周汉,翼佐昆彭。天居克静,王道载平。禁旅攸托,蝉冕加荣。入当九棘,出应万里。政似圣仪,化同叔子。方调鼎味,忽梦辰巳。朝哀弃玦,乡悲罢市。言遵国路,遂次山门。丹旐霞举,素驾雷奔。悲风晓劲,寒云夜昏。花石既勒,英声永存。

北齐高建墓志

　　按:此志约在清末民初出土于今河北省磁县申庄乡一带,即文中所言"邺城之西北十里漳水之阳"。民国年间,倒卖于东北,经袁金铠、杨宇霆之手转藏于东北博物馆(今辽宁省博物馆)。高建,《北齐书》《北史》无传。据《魏书》卷三十二《高湖传》,湖子谧,谧子树生,树生子高欢;谧兄真,真弟拔,拔子猛,猛子达,达即建也。建与高欢同辈。史书载高氏世系,文字有衍、伪,可以志文正之。从志文看,高建原事尔朱氏,后投靠高欢。天保六年(555年)年五十六卒,少高欢四岁。虽曾外任,又卒于晋阳,当有私第在邺。

　　《循园古冢遗文跋尾》《雪堂金文字跋尾》《邺下冢墓遗文二编》《汉魏南北朝墓志集释》《满洲金石志别录》著录志文。此据拓片整理标点。

北齐高建妻王氏墓志

齐故金明郡君墓志铭

郡君王氏,太原祁人也。祖长逸,幽州刺史,岸宇孤秀,风神独拔。父安祖,冯翊太守,器分中和,仪量闲畅。郡君禀资世绪,独绝幽华。爰自胜衣,察人识物,裾袖微动,玉室俟以增光,雕佩乍离,韵响遒而更合。鄙吟咏之工,勤组纴之事,至于博黍将移,尸鸠已集,百乘迭映,六礼相辉,柔顺接下,孝于奉上。郡君是沧州刺史高公之妻也。公讳建,字兴国,勃海蓨县人。神武皇帝再从弟,年初志学,许以大成,弹冠膺命,果资远略。中兴初,除马场大都督,寻转武卫将军、散骑常侍。又迁骠骑将军、太府卿,寻除齐州刺史。武定中,侯景叛逆,侵扰韩郑。敕公令镇北豫子城,西南涤荡,赖公之力,复除沧州刺史。公痌疹岁侵,燕邡未寄。以天保六年三月薨于晋阳。至武平四年十月　诏赠齐故骠骑将军、沧州刺史高建,风宇明畅,器识标举,任在先朝,效宣内外,方申宠寄,早从运往,言念周亲,载怀伤悼,可赠使持节、都督冀幽安三州诸军事、开府仪同三司、太常卿、冀州刺史。郡君冀灵期可保,大猷方申,岂谓逝水不留,奄违人世。春秋六十六,以武平四年四月薨于修义里。至其年十月　诏赠齐故沧州刺史高建亡妻王氏,高门挺载,备礼言归,妇德母仪,声流闺阃,夜川不息,相寻运往,慎终追宠,特宜优命,可赠夏州金明郡君。仍以武平四年岁次癸巳十月癸巳朔十七日己酉祔葬于邺城西北之旧茔。天地无穷,川原可久。勒石幽埏,冀传不朽。乃为铭曰:

帷坤播祉,降道为神。开符表德,献礼称仁。芳猷永固,秀彩弥珍。珠曰随侯,宝言卞氏。工超组织,咏嘻临水。琬琰未方,价尊可比。非师非保,启自天成。慈和体润,孝友唯真。内蓄外显,玉质金声。白驹忽远,黄鸟齐飞。两楹始梦,百祀催期。佳城乃立,大隧言归。辒轮祖轵,望垄悲伤。幽幽泉石,冥冥夜房。攸哉地久,邈矣天长。

北齐高建妻王氏墓志

按:此志约于清末民初与高建墓志同时出土,地点在今河北省磁县申庄乡中部。王氏志曰:"武平四年(573年)四月薨于修义里……十月癸巳朔十七日己酉祔葬于邺城西北之旧茔。"修义里在邺城,里内有高建宅第。高建卒于北齐天保六年(555年),是年十月十日葬于邺城西北十里漳水之阳,故其妻王氏卒后,"祔葬"于此。

原石藏辽宁省博物馆。《邺下冢墓遗文二编》、《汉魏南北朝墓志集释》、《满洲金石志别录》著录志文。此据拓片整理标点。

北齐元子邃墓志

齐故征西将上洛县开国□□□□元子邃墓志铭」

君讳子邃，字德修，河南洛阳人也。曾祖魏高宗文成皇帝，祖太尉安丰国王，」父太保大司马文宣王。怀珠握镜之由，建国辩友之盛，光启南阳之基，遂荒大」东之业。左史右史，记言记事，简于钟鼎，略此文辞。公藉润天池，资灵昆岫，生□」官之中，长妇人之手。卓尔不群，巍然挺出，朝野所以钦风，缙绅于是属意。旌贤」乐善，味道求书，博极古今，洞观坟籍。既有公才，非无公望，声驰远近，誉满宫阙。」起家为给事中，非其好也。从文宣王讨徐州，擒殄贼师王思远，赐爵开封男。寻」除直阁将军。又自安东府佐迁东徐州刺史。亟历名官，遂升方岳。旗行邰皂，善」宣条，变俗移风，畏威怀惠。又除镇西将军银青光禄大夫，进号抚军将军，改封」博陵郡开国公。追录旧勋，以袭父爵，利建有归，时望斯允。又迁金紫光禄，进号」征西将军。有魏高逊，皇齐勃兴。天保元年随例降爵，改封上洛县开国男，将」军如故。方骋康衢，用熙庶绩，溟海未图，钧天奄奏。以天保六年岁次乙亥十月」十五日卒于邺城西□里之第。其年十一月七日与夫人李氏移窆于邺城之」西南，去城廿里。三千见日，八百流□，陵谷相贸，市朝或变，不刊玄石，孰宣清猷。」或备□志，乃为铭曰：

分源天汉，引照扶桑，置功厚德，国阜家昌。丹帷屡举，朱绂」斯煌，联辉晋郑，比曜陈梁。克生夫子，显允次嗣，名著当年，效彰历试。魏嘉刘晔，」晋宠曹志，论世或殊，在人匪异。运钟改物，时逢启」圣，□岳告成，南风起咏。李承家业，凤膺朝命，遂欺积善，徒称余庆。遗孤望父，季」弟怀兄，缅寻畴昔，永念平生。亲朋掩泪，邻里伤情，哀深四鸟，恒切三荆。古无合」葬，诗有同穴，先后几何，夫妻并灭。泉宫暂启，埏门永闭，死者若知，魂兮悦怳。言」辞柏寝，往记楸棺，虞歌黑曲，送马回鞍。柱月霄映，松风晓寒，墓木行拱，坟土方」干。」

今葬后九百年必为张僧达所开。开者即好迁葬，必见大吉。

北齐顺阳太守皇甫琳墓志

齐故直阁将军员外散骑侍郎镇东将军金紫光禄大夫顺阳太守广州大中正皇甫墓志铭

君讳琳，字洛起，安定朝那人也。泰州史君之嫡孙，泾州刺史之仲子，太尉真度之堂息，幽州宽之兄子。其先少昊之苗裔，帝喾之胤绪。远胄标于三坟，仁迹著于九德。公侯世□，卿相罕绝。弯、卫二祖，声振汉朝；重、商两君，瑨珅晋世。曾祖预，赫连时荆州刺史、大将军、大司马，进与邓禹以连镖，退与平勃如齐轸。祖奇，才越二疏，用当观国，贡秀魏庭。除北地太守、泰州刺史。父洪度，司徒府参军事，鲁阳邑中正，陇东太守，诏赠泾州刺史。公以先荫，复资天性，羽翼未成，以发凌霄之气，孝友超殊，参闵莫辟。属魏道不安，吴楚腾沸，上曰欲救，非公不当，遂征为都督。极静三鸦，荆阳夷泰，效彰王府，方加茅封，忽遇焚限，后除正任，秉质权衡，蕃伯咸誉，朝野同咏。年向悬车，专崇三宝，内闲十二形，升彼圻徂，为山未周，摧梁奄及。所寿七十有六，以天保九年□月廿三日卒于京户，其年十一月庚寅朔廿日己酉迁葬邺城西北廿余里。思仁之风无极，托金石如申悲。颂曰：

滔滔江汉，湛湛攸长。兴由五帝，茂历三王。朱衣华毂，弈代珪璋。周秦汉魏，岂绝貂珰。初安散骑，又静荆阳。一居衡石，母事兼藏。仕迳八帝，轨则四方。何期谬笑，祸及此良。徒闻□世，忽背三光。万机致泣，百辟咸伤。奄辞东育，潜邃西冈。□□□道，永记泉乡。

北齐顺阳太守皇甫琳墓志

按：此墓志出土于河北省磁县申庄乡西岗，具体年代不详。清端方《匋斋藏石记》(清宣统元年石印本)卷十一有著录。皇甫琳,史书无传,志可补史书之缺。其晚年居邺,卒于京户,似已贬官为民,所居当为民宅。

北齐铜雀台石龛门铭

大齐天保八年九年造铜雀台石龛之门,百代之后,见此铭者,当复知之。

将陈骥　　军副程显

承娄晞　　幢主孙悦

军主董侯　　幢主杨昙

　　按:清方履篯《金石萃编补正》(光绪二十年石印本)云:"九年当系九月之讹。"铭文"正书,共七行高六寸广六寸三分"。八年九年复建铜雀台,九年非讹,系指两年。

北齐徐微墓志

公讳微,字伯通,高平金乡人也。昔运开若水,秉历数于商丘;号启徐方,修仁义于淮浦。陈蕃著」论,才称杰出;袁术授公,忠传守死。祖广,渊泉子济州刺史。令绩英猷,治高雅俗。父仙,渊泉子南」安太守。休风盛烈,德迈人伦。故以器度淹华,风神秀举,怀抱川泽,襟带山渊。望等松乔,不待驭」于云鹄;骏方骐骥,讵受性于媒龙。遒文间作,花开笔竹,清言时吐,豪剖舌端。艺善六韬,常怀杖」钺之志;术闲八阵,恒思麾扇之心。初袭爵渊泉子,加镇远将军谏议大夫。然尔朱氏酷甚曜珍,」虔刘京县,害深怀愍,屠剪衣冠。献武皇帝虑属三分,意存九合,龙骧冀部,虎据信都。广召良」平,建大谋于帷幄;远征信布,对勍敌于旗鼓。除大行台郎中,迁安东将军银青光禄大夫。克成」旧邺,献奇策于九攻;制敌寒陵,决雄机于两阵。迁征东将军昌阳县开国男,俄除北赵郡太守,」除东雍州别驾,除中川太守持节假卫将军当郡都督。布衣蔬食,乘二马以之官;劝民务农,养」五鸡而作畜。加车骑将军,除洛州镇城加卫大将军,转陈郡太守带陈城戍主持节当郡都督,」除骠骑大将军左光禄大夫加常山王开府长史,出镇北荆州。又除使持节都督广州诸军事」广州刺史。而伪署仪同韦法保躬率凶党。无钟来袭,事似疾雷,理符激电。于是五申壮士,三令」雄儿,矢石才交,奸雄折首。还除使持节都督北徐州诸军事北徐州刺史。一炊十日,异尼父之」乏粮;开怀受金,乖苏子之得赠。而陟岵徒立,升堂弗睹,盐酢绝口,鸡骨支床。还除广陵城主，而」□梁司空公陈霸先窃号金陵，偷生石首，率兹蛙蝇，迫我城堞。于是婴城固守，登陴力战，援师」□著，丑徒潜骇。逐北追奔，聚鲸鲵而起观；擒魁执讯，积甲胄以成山。还兼大鸿胪卿，转太尉长」史，敕镇新城。迁使持节都督阳州诸军事阳州刺史。朝陈钲卒，夜击刁斗，乘边守险，威房服戎。」就州除大司农卿。而伪东道大行台步六孤、仪同陈忻等，驱氐拥蜀，骋其煞厉之勇；据要立城，」断我班师之路。于是手持雄戟，身服水犀，覆军煞将，没腕漂杵。然鲁墓不平，奄数穷于浴铁；周」劳未注，忽岪成于老子。以天保九年七月廿日薨于州府。时年五十七。惟公八能备体，六行在」躬，智若涌泉，识如悬镜，手不释卷，学穷马世之书；池称尽黑，莫究张英之巧。金坛玉帐，不□友」朋，六奇三略，自知心府，翼赞帝图，弼谐霸业。极四凶于洹浦，奉一人于洛滨。鸣玉纡青，分符大」国，带金佩紫，主□名都。作将榆关，邻邦畏其雄略；屯军柏塞，敌国悚其英风。德盛爵高，初无□」矜之色；功夫禄厚，终杜劲卒之言。至如春游东阁，日明兰砌，秋宴西园，月华莲沼。束绅陪侍，莫」非刺虎之客；垂缨至止，悉是雕龙之宾。而刘桢之病，十旬无简；周舆之疾，一往不苏。汉主流泪，」殷勤于君叔；吴人洒泣，春恋于王思。乃诏赠使持节都督怀洛二州诸军事怀洛二州刺史」大鸿胪卿，赠帛一百匹，将军开国如故。以天保十年岁次己卯正月己丑朔廿一日乙酉葬于」邺西南野马岗之东，去城廿里。若夫丰都之县，化成渊水；舞阳之岭，移居江岸。兴霸夜台，会见」凿于吴主；恭祖幽室，宜取志于贾公。乃作铭曰：」

石间东跱，胡苏北注，灵觌所存，英德无度。文抽黼藻，学持章句，粲似瑶林，皎如玉树。爪牙伊吕，」羽翼桓文，诛凶珍唐，定策扶君。专城掌赋，社立珪分，行师出洛，去煞成勋。剖竹名邦，参和幕府，化美求凤，风高去虎。乘骖作牧，挥戈制房，建节大蕃，塞帏沃土。妖徒蚁毙，暴党蜂屯，风驰雷击，」雾卷云奔。车张皂盖，马驾朱轩，虫变山老，亭绝怨魂。任括河海，职和鼎味，条敷疆场，秦中□畏。」香绝反魂，命徂少气，一生可赎，百身非贵。皇哀弟孙，民悲平叔，赗优赠厚，华轩翠毂。雾掩孤山，」风吹拱木，金石不毁，椒兰永馥。

齐使持节大都督广徐阳怀洛五州诸军事」骠骑大将军五州刺史司农鸿胪二大卿昌阳县开国男徐公之墓志铭。

北齐襄城王高淯墓志

王讳淯,字修延。勃海修人也。 太祖献武皇帝之第八子, 世宗文襄皇帝之」母弟也。若夫将相之贵,象列圆天,公侯之重,秩标方地。然则王门赋命,精」降穹旻,帝家禀秀,祉应河岳。王含灵诞德,体机协道,纳阴阳之和,处刚柔之」正,瑰姿奇表,咳笑如神,英心绝韵,趋拜惊俗。巍珠自负,照车多乘,赵玉见美,」剖地连城。比质知其多秽,拟价何关人宝,既而鉴辙窅冥,听弹寥寂,智包拓」落,度尽深沉。崖岸上竦,波澜长迈,自含润黩,动漾符彩。门兴霸道,室启王业,」殊方共会,异术同归。垂牙巨兽,立知其重,注瑟暝臣,蹶然已谢。独悟真宰,蕴」兹全德,思极神理,艺尽生民。大行小道,咸举其契,于是声飞海外,迹超日下,」魏朝式仰家勤,敬引人杰。拜通直散骑常侍加平西将军,封章武郡开国公,」食邑二千户。久之,转骠骑大将军开府仪同三司。金图蝉翼,冠饰貂羽,朝国」大启,臣僚广列。诏德褒贤,爵服非齿,玉鞍瑙勒,蔑河曲而弗游,高盖驷马,括」平台而方宴。及天统有归,弓辂云锡,封襄城郡王,邑三千户。周称毛毕,汉曰」梁河,异世并亲,殊年俱重。秉哲宣猷,居宗体叡,抑扬名教,弘奖风流,足使淮南上才,掞藻争杰,东平贤吏,怀德忘老。执瓛服衮,将极一相之尊,秉礼兼乐,」且居前拜之厚。朝乌初矫,晨马遽息,承明罢谒,献剑空留。以天保二年三月」二日薨于晋阳,时年十六。运远时来,茔陵改卜,崇申宠命,允穆旧章。 诏赠」使持节假黄钺太师太尉录尚书事都督定沧瀛幽宁朔怀建济兖十州」诸军事定州刺史,谥曰景烈王。载以辒辌车,以乾明元年岁次庚辰四月壬午」朔十六日丁酉,措于邺城西北廿八里。东州神草,相与未见,西域奇香,失之」已久。唯当贤王之迹,永晰于丝编,高义之声,长留于泉隧。乃作铭曰:」

曜帝之精,昆岳之灵。昨祉大国,多才降生。派海作润,分日为明。浮川俟楫,裁」象资衡。秀气斯感,实兼其妙。弱竦奇峰,早张高调。体发五色,华开四照。韵逸」江海,才惊廊庙。笃兹文雅,顾斯武节。书尽经纬,剑穷论说。为青跨蓝,染缁踰」涅。请或必辩,稽疑则折。王子称英, 帝弟惟秀。天爵特表,人宝悬授。名非秩」优,尊由道茂。渊深鱼薄,林桥鸟赴。席加儒礼,车从词雄。亦有剑客,左右生风。」笳传上路,盖耸空中。徘徊九陌,淹留二宫。金符传世,玉瑞贻久。陆渐方征,溟」飞初负。行煎金液,当持琼酒。次匪泉桑,沦同申酉。东堂先悼,南望今徂。白若」衔兆,青子披图。

是归玄圹，讵往清都。绸缪典策，终慰黄垆。

北齐襄城王高淯墓志

　　按：高淯为高欢第八子，高澄同胞弟。《北齐书》卷十有传，云其"容貌甚美，弱年有器望。元象中，封章武郡公。天保初，封襄城郡王。二年春，薨"。在高氏诸王中，以有雅量，"颇引文艺清识之士"。约在清末民初，墓志出土于今河北磁县东槐树乡东南，即"邺城西北二十八里"。原石现藏辽宁省博物馆，兹据拓片整理校录。

北齐高阳王高湜碑

王讳湜，字须达，勃海蓨人也，太祖献武皇帝第十一子。疏流自远，缔构逾邈，与沧海而方深，共昆山而比峻，地祉攸凭，天纵斯在，毛骨异众，精彩被物，同凤章之五色，等若华之四照，神仙不能喻，玉人未之比，重其黻藻，加以琢磨，群艺咸举，众流总挹，阔略小道，志存远大，杰乎千仞，邃矣九重，不得宫门，莫睹百官之富，入其廊庙，乃见礼乐之美，及蛟龙迁事，讴讼在门。周兴藉其本支，汉盛由于盘石，诏太常以择日，命司空而奉图，爰御上东，授兹青土，且有后命，入佐王室。奉玉壶于帝座，统丝纶于凤水，内参百揆，外伦三事，扬历去来，咸熙庶绩。顾蚩曹植，徒奏奉车，还吹刘苍，止除骠骑。以斯茂亲，兼此明德，天眷绸缪，褒锡日委。非唯密须之鼓，宁直繁弱之弓，固亦辇驾香衣，马漂朱汗，而雅怀挹损，不以憍人，视金如沙，轻财若土，庭有履珠之士，门无弹铗之客，每清风朗夜，佳景名辰，甲第临衢，平台瞰野，合罇促席，申以谈笑，机警绝伦，神气独远。杨循弗之睹，邯郸所未逢。上天不吊，元首下席。还自晋阳，临护丧事。攀髯之哀未割，遏密之思犹缠。棠棣之华，忽其复落。以乾明元年二月癸未朔六日戊子薨于邺都之第，春秋二十有三。痛结衣簪，悼兴旒冕，朱轩骏举，黄素骧裂。诏赠使持节、假黄钺、太师、司徒、录尚书事，都督冀定瀛汾晋云显青齐兖十州诸军事，冀州刺史，谥曰康穆，礼也。以其年岁次庚辰四月壬午朔十六日丁酉，措于邺城西北二十七里。千秋万岁，时移世易，孤竹之坟已毁，长沙之墓且开。不有所记，终古何述，是用勒铭元壤，贻诸后昆，俾英声与茂实，共岘岳而长存。其词曰：

明珠孕海，宝玉生昆。大风之胤，灵祉寔繁。

犹兹五五，出自轩辕。桐珪命服，丹书誓藩。

体韵瑰奇，风鉴后朗。孝友自性，仁义非奖。

文武并驰，书剑共往。渊深不测，山高可仰。

毛毕佐周，东平仕汉。我有懿烈，出内兼赞。

爰负龙玺，来掌纶翰。朱鹭抑扬，华虫磷烂。

王言已睦，移步礼闱。恪居端贰，台阁增晖。

百龄未几，三寿忽微。当霄落照，中天坠飞。

加荣广数，纪终旌伐。陆离轩冕，参差戈钺。

空华道路，徒喧城阙。柏梁不陪，承明讵谒。

长辞兔苑，永即鱼山。白杨含雾，青松申烟。

悲哉万古，琐语终传。立言无愧，声飞管弦。

按：高湜为高欢第十一子，《北齐书》有传。另有墓志出土于河北磁县东槐树村东南。据墓志和《北齐书·废帝纪》，湜死于乾明元年（560 年），是年四月十六日葬于邺西北 28 里，碑云 27 里。墓志于民国十五年被人盗卖于奉天（沈阳），磁县档案馆存有照片。清·赵绍祖：《金石文钞》卷二（光绪二年刻本）录有碑文，中间有缺。其按语曰："按史所记，王不过一无赖子弟耳。碑以骈语，文之全无实事，令人读之，莫喻其人。而其中有曰，不得宫门，莫睹百官之富，入其廊庙,乃见礼乐之美。拟不于伦,一至于此。昔人诮碑志为谀墓,信哉。"

镂石班经记

大齐天保元年,灵」山寺僧方法师,故」云阳公子林等,率」诸邑人刊此岩窟,」髣(仿)像真容。至六年」中,国师大德稠」禅师,重莹修成。相好」斯备,方欲刊记金」言,光流末季,但运」感将移。暨乾明元」年岁次庚辰于云」门帝寺奄从迁化,」众等仰惟先师,依」准观法,遂镂石班」经,传之不朽。

华严经偈赞(经文,略)

大般涅盘经圣行品(经文,略)

　　按:灵山寺亦即云门寺,在邺之西南。寺窟造像始于天保元年(550年),由方法师主持。天保六年(555年),国师大德僧稠禅师重修。"至乾明元年(560年),众等述稠禅师之志,乃镂石班经而记以文焉。"(陆增祥:《八琼室金石补正》卷二十一,民国十四年希古楼刊)"镂石班经记"高二尺,广七尺,记十五行,行七字。经四十二行,行五字至四十字不等。字经一寸六分,分书。在安阳善应村洹水北崖。

北齐是连公妻邢阿光墓志

齐故大都督是连公妻邢夫人墓志铭

夫人讳阿光,河间鄚人也。昔载主誓师,克剪殷国,折珪命氏,作翰周京。市朝亟移,不坠文武之业;河山屡改,仍传轩冕之贵。祖公义,龙骧将军、代郡太守,茂绩英规,名高朔北。父苌山,冠军将军、武川镇将,弘功盛烈,声振漠南。故以芷出而芳,兰生自馥,风姿爽悟,识具淹雅,幽闲之性,得自匈(胸)怀,窈窕之容,成于进退。制锦刺绣,实出意而成巧;织缣剪采,讵因教以为工。由是淑德遐闻,和声远布,礼有外成,作合君子。出入帷房,能遵师氏之诰;施设俎豆,不违傅母之则。及良人下壑,自誓无愆,断机戒子,徙宅成胤。惟兄及弟,立勋建节。服玄衮以仪台,驾朱轮而刺举。然不死之药,千龄罕值,反生之言,一朝齐及。以皇建元年十月十六日遘疾,卒于邺城西宣平行土墭坊中之宅,时年八十三。以二年十一月十九日葬于漳河北四里之山。若夫高山必隙,名都会化,雕翠石以立言,扬徽音而不谢。乃作铭曰:

珍珠明月,玉宝夜光。欲知比类,独有才良。明诗习礼,日就月将。气芳兰蕙,操洁冰霜。归配哲人,作嫔庭宇。恭奉祭祀,恪勤针缕。识有听轮,告无投杼。名闻邦国,行孚廊庑。孀居独处,怀贞抱洁。事同梁义,理符陈节。乌景难停,蟾光易缺。始随云卷,终追雨绝。永辟华屋,言渡漳川。南瞻虎涧,北眺龙山。风吹拱木,霜被荒田。兹辰一闭,方涉千年。

　　按:此志于清咸丰二年(1852年)在今河北省磁县讲武城乡双庙村南出土,即"漳河北四里之山","南瞻虎涧,北眺龙山"。卢氏墓志曰:"以皇建元年(560年)十月十六日遘疾,卒于邺城西宣平行土塸坊中之宅。"墨曹参军梁伽耶墓志有"宣平行里"。邢氏志"西宣平行",当为街路名。邺似有两个宣平行,一曰"宣平行",即东宣平行;一曰"西宣平行"。"土塸"应为坊名,邢氏生前居住在"土塸坊中之宅"。城内有里,里中有坊,里、坊皆有名称。邢氏为河间大族,志文中所载邢公义、邢苌山、是连公,均不见史传。

　　原石现藏沈阳故宫博物院。2005年8月12日笔者访阅此石,风化严重,许多字迹,辨识困难。

北齐石信墓志

齐故使持节都督幽夏宁秦济郑恒灵赵九州诸军事骠骑大将军开」府仪同三司右卫将军中书监赵州刺史南乡县开国子陈留郡开国」公石公墓志铭」
公讳信,字敬仁,乐陵厌次人也。昔后稷居尧之官,亶甫致岐山之征。枝」叶繁而未穷,源流浚而不竭。公禀气山河,神华挺秀,千仞难阶,万顷无」度。孝敬表于闺门,仁义洽于州里。幼而研精,博极群书,下帷同三载之」勤,拊剑怀万人之敌。中兴之际,乃从齐太祖献武皇帝建义信都,授公」伏波将军虎贲中郎将,除子都督,迁前将军灌津县令,增号安东将军」银青光禄大夫太原郡丞,加征东将军金紫光禄大夫,补帐内正都督,」又除代郡太守行夏州事。褰帷入境,又追贾牧之踪;树恩布化,再履廉」君之政。改授使持节幽州诸军事征东将军幽州刺史白马县开国伯。」敷五教以齐民,约三章而厉俗。除使持节宁州诸军事本将军宁州刺」史,开国如故,特优两大阶,遂授车骑将军,进爵平舒县开国侯,增邑二」百户,并减勃海王国内之封。策勋虽为不次,帝图犹言未尽。复除骠骑」大将军平舒县国公,增邑三百户。又除使持节秦州诸军事骠骑大将」军秦州刺史领民都督。转除三泉领民都督骠骑大将军仪同三司。俄」除马邑总绾领民都督。寻征右卫将军右箱都督。令由靡违,表期无舛。」复除济州行事。廉平致治,德义成俗。复除定州中军。俄授郑州刺史南」乡县开国子陈留郡开国公。春秋鼎盛。

志业方隆,天道如何,人亡奄及。」春秋六十八,以皇建二年六月廿一日薨于郑州府内。吏民等莫不泣」涕,行哭罢市。策赠开府仪同三司使持节都督恒灵赵三州诸军事骠」骑大将军赵州刺史中书监。以大齐大宁元年十一月十九日葬于邺」城西十里漳河之阳。摧瑶林于小年,埋玉树于长夜。恐滦濒之迁毁,衡」阿之沦谢,乃作铭曰:」

洪源广浚,门大方高,连甍接汉,栋起干霄。

五侯并进,十相俱朝,荣我邦」族,衢路歌谣。

懿德不群,艺能罕譬,学通河泻,辞穷皎日。

孝慕拯拯,腹心」王室,义彰内外,表里誉扬。

忽从逝水,奄逐西光,幽泉永谢,松槚方长。

北齐石信墓志

北齐云门寺法勷禅师张氏墓志

云门寺法勷禅师,俗姓张氏,原出南」阳白水,袭爵河东伊(猗)氏县人也。割素」景明寺,据邑巨鹿。盖龙潜迅起,翻翥」入道之心;裁华辍绣,惊飞出尘之意。」理御七夕,栖禅照智。流珠散玉,绮丽」变略之才;清章雅韵,妙会八音之响。」义埒真元，嗣依弘化。怀方拟物，伺机」情而卷舒；移耶奖正，驾风仪而偃草，」收声罢应，影谢迁灵。时年六十九腊大宁二年岁在壬午正月辛未朔五」日薨于云门寺。奉殡龙岩，致使岫带」霜衣，山被素草，猿啼逗谷，鸟坠高林。」镌石铭记，芳传不朽。其辞曰：

跨风诞应，接物升沉，巨变莫测，细入」难寻。影山匪秀，量海非深。秘引三车，」说辩八音。育同春日，均润过霈，世羡」若玉，益物如金。声辍杂会，影托花林，」哀哉丧荫，群方痛心。凄云雨血，悲木」啼吟，聊记短韵，百代思钦。

按：云门寺在邺西南龙山。塔铭高一尺四寸，广一尺五寸一分，十九行，行十四字，字径七分，分书，方界格。在安阳。此据陆增祥《八琼室金石补正》卷二十一所录铭文整理。

北齐厍狄回洛墓志

齐故定州」刺史太尉」公厍狄顺」阳王墓铭。

王讳洛，字回洛，朔州部落人也。大□长公之孙，小酉长公之子。王禀资灵岳，启质」悬星，随运匡朝，应时赞世。传说之翼高宗，吕望之辅太祖，年代虽殊，人何优劣。鸿」源与带地均长，隆基与于天比□。石氏一门万石，杨家四世五公。物论愧其勋朱，」有识多其冠冕。王少逢艰险，长属云雷，刃集紫庭，兵交绛雉。心存拯乱，志在扶危。」舍放史之轻文，习摸睽之重略。射隼高墉，安假玄妻之叹；前禽不失，足感孟德之」情。年甫弱冠，值献武皇帝龙战方始，玄黄未分，更刘逆首赞大业。中兴中以军」勋补都督，除后将军太中大夫，毋极县开国子，食邑四百户，迁右箱都督，转子为」伯，增邑一百户。太祖哀我陇蜀，独隔皇天，忿彼逋诛，仍窜崤渑。乃命鹰扬，庞兹」□伐。转左箱都督。斩馘褰旗，吊民罚罪。除使持节都督朔州诸军事朔州刺史，寻」除〔征〕东将军金紫光禄大夫毋极县开国公，又除使持节都督西夏州诸军事西」夏州刺史。邙山之役，王受𪾢行师，有征无战。复增邑两百户，通前为七百户。」世宗纂业，推爵叙劳，除征西大将军仪同三司，寻除骠骑大将军临淄县散子东」受阳大都督。高祖受禅，以王佐命元勋。启弼王室，除开府仪同三司，别封东燕」县开国子领兼中□，除使持节都督建州诸军事建州刺史，转离石大都督岢岚」领民都督黑水领民都督。天保之季，改开府三司，为三师，食章武郡干，加特进，除」使持节都督肆州诸军事肆州刺史。肃宗御历，重昌帝道，建侯裂壤，大启山河。」以王经始屯夷，义彰穷险。封顺阳郡王，除使持节都督朔州诸军事朔州刺史□」博陵郡干,大宁二年兼太尉公,除太子大师。但积善无验,报辅乖征。东流未已,西」光俄逝。春秋五十有七,以大宁二年三月薨于邺,窆于晋阳大法寺。诏赠使持」节都督定瀛济恒朔云六州诸军事定州刺史太尉公,王如故。赗物一千段,祭以」太牢,礼也。惟王含文挺□□表逸群之资;俶傥难量,幼有不羁之志。方扬旌汧陇,」税驾江湄。追士季之文驱,同王浚之秉斾。奉銮辂于梁山,告功成于岱岭。岂图」九万未穷,负天之力忽尽;三千尚远,送日之辔先祖。秦亡塞叔,未足称酸;郑殒游」乔,曾何比戚。粤以大齐河清元年岁次壬午八月戊戌朔十二日己酉葬于朔州」城南门。王故吏等恐文昭武烈,与春萼而俱消;鸿名茂绩,共秋飘而竞殒。相与式」镌青石,志美玄泉。其词曰:」惟岳降神,诞兹哲人,应期匡赞,命世称珍。侔伊媲吕,夸甫超申,三舍服楚,一进降」秦。伟哉盛烈,绰矣雄图,月中射菟,日里弹乌。平陇吞蜀,陵江灭吴,飘如拉朽,倏」似摧枯。经文纬武,非弛非张,威棱后服,德制先强。秩崇八命,衣加九章,若昆匡夏,如韦翼商。毁行祖□,辒龙巡路,萧鼓昼鸣,哀歌夜呼。逝水东惊,流光西顾,坟」倾池满,终贻狐兔。

□天度八百年后开吾墓,改封更葬起丘坟,宜官享禄多福祚。

北齐厍狄回洛墓志

按:山西寿阳出土。见《考古学报》1979 年第 3 期《北齐库狄回洛墓》。

北齐叱列延庆妻尔朱氏墓志

魏故使持节骠骑大将军都督云朔恒定燕州诸军事恒定二」州刺史尚书左仆射大行台开府仪同三司侍中特进司徒公」第一领民酋长永宁县开国侯北海郡开国公合食邑三千户」叱列延庆妻阳平长郡君尔朱氏。郡君讳元静,北秀容人也。」其先盖夏后氏之苗裔。至如寻熊凿山之巧,收功于九折;逐龙」入穴之能,取智于九鼎。源流共四海俱深,基构与五山并极。始」同周邵,终若桓文。祖并州,股肱王室,惟良作牧,虎符未往,竹马」已来。未珍赵璧,何求宋宝,不顾锡金,宁须张神。父司空,上辨天」途之错,下明地道之廷,继形垂象,拟踪谶录。三年之效未泯,万」载之功斯及。鸾声佩响,异代传音,金光玉艳,存亡不改。郡君生」有抱月之形,不藉二妃之誉,长现饮星之质,何须三后之名。然」温清左右,闺房娴慎。季姜定姜,不异其心,楚姬卫姬,岂殊其志。」母清河长公主,不待早亡。父相寻夙逝。郡君处长,鞠养于家,恩」同母爱,义似君严。至于崇姻结好,不假问礼而知;敦亲缉睦,岂」待师范方解。教弟光德,授妹令仪。弟司徒公博陵王,播五教于」中铉。二弟彭城王太宰,明德义上台。三弟尚书令,布文彩于华」列。四弟御史中丞,抗天门而秉政。五弟朝阳王,□牧三齐,敷音」京夏,迭相谐慎,终致荣华。虽金张蝉冕之盛,杨袁轩旆之隆,方」之也未足云譬,比之也讵是其俦。郡君亡夫,奉先天而除仆射,」事后帝以拜司徒。至于折旋府仰,参谋得失,莫不类周王之任」父母,若楚王之信樊姬。然窈窕削成之丽,状流风之回雪;横彼」翠羽之研,若朝云之散雨。先章妇德,后著母仪。永熙之季,良人」徂德,孤守二男,期□□老。武平三年,相寻零落,天高地厚,叩诉」(下接志阴。)

【志阴】无因。遂情断虑,舍俗入道。知清云」阴树,识净水图光。四心将发,三或」□遣。信若波斯之女,定似中天之」姨。方寻明晦,而求至理,岂若春埃,」罗斯风烛。春秋七十有二,从□物」化。粤以大齐河清三年岁在甲申」正月庚申二日辛酉窆于邺城西」南柏山之阳,高胜之地。乃作铭曰:」

天山起岫,天汉横波,□龙导□,□」熊引河。

二乘后契,九鼎先和,相因」□礼,乃□皇罗。

□藉此光,□诞兹」才,美似林日,月如春出。

为□十有,」度百而□执。四德已□,六符难毁。」

婉然在室,怀其娙慎,德备良人,才」□以胤。

似苞金响,如含玉闰,知世」□□,□时难吝。

舍乱归静,除烦」□□,□度易解,九转难识。

天地俱」昏,山□□塞,辒轮一往,长宵永埋。

【志阴下半部】墓志之铭。

北齐乐陵王妃斛律氏墓志

齐故乐陵王妃斛律氏墓志铭

妃姓斛律氏,朔州部洛(落)人。左丞相咸阳王之孙,司空巨鹿公之女。昔韦平鼎盛,公辅异时。袁杨克皋,台铉殊世。犹且氤氲篆册,荣镜终古。况乎上将神挺,元宰天纵。并刊名于甲令,俱画像于云台。良以冠盖生民,度越前祀。若夫玉产荆岭,价倾秦国;珠育汉水,光满魏车。蕰曜含华,在物称丽。令仪淑德,居人擅美,灵贶攸缠,皎然独立。夙禀绝群之操,弱有异人之姿。非览黄裳之易,坤德自远;未窥彤笔之史,嫔风已洽。属帝子重光,中闱仁训,眷言嘉偶,实在贤明。亦既来仪,腾晖云路,画堂流彩,香殿凝华,风出雨入,若湘妃之降止。容静体闲,似洛灵之微步,贞顺之美,声偃雅俗,交泰之盛,豫动人神。及吾王建国,班瑞东夏,弘阴教于梁邸,畅柔风于楚室。娱乐未终,早深埋玉之叹;芳菲始茂,奄同销桂之悲。呜呼!福善祸淫,有言而已。河清二年八月十九日薨于邺县永康里第,春秋十有五。岁次甲申三月己未朔二日庚申袝葬于武城西北三里。乃为铭曰:　谥曰良戴妃

于显华族,灵庆不朽。惟国之栋,实朝之薮。世功世禄,可大可久。且公且王,拜前拜后。伦标马胤,采著荀门。才惟偶郭,贵止妃袁。矧伊淑女,高辟帝阍。天爵已茂,人龙又尊。银宫迥架,碧室相拒。宝珥婵娟,画轮容舆。仙庭是宅,灵妃载仁。神寡报施,云无处所。暑退寒袭,天回地游。咄嗟人世,零落山丘。松晨鸟思,野螟云愁。空余翠石,志此阴沟。

　　按:此志于民国元年(1912年)与乐陵王百年墓志同时出土,地点在河北磁县南乡八里冢(今东曹庄与孟庄一带)。斛律氏为斛律光之长女,斛律金之孙女。百年封太子,纳为太子妃,太子废,则为乐陵王妃。据《北齐

书》，百年被武成帝惨杀后，哀号不食，月余后亦死。志文曰其薨于河清二年（563年）八月十九日。由此推测，百年被杀，当在河清二年（563年）六月下旬。又曰斛律氏薨于邺县永康里第，邺有永康里，里中有乐陵王府邸，可证也。《北齐书》云其卒年十四，志曰春秋十五，记载不合。又曰河清三年（564年）三月二日"祔葬于武城西北三里"，然百年为虚葬，所谓"祔葬"，不过掩人耳目。志曰："呜呼！福善祸淫，有言而已。"撰志者，有难言之隐，明矣。从体式、行文风格及内容看，斛律氏志与高百年志出于同一撰人，同时镌刻，并同时埋入地下。墓志："乃为铭曰"，下有"谥曰良戴妃"，字体稍异，似为补刻。

原石藏辽宁省博物馆。志文，《邺下冢墓遗文二编》、《循园古冢遗文跋尾》、《罗雪堂金石文字跋尾》、《汉魏南北朝墓志集释》、《艺风堂文漫存乙丁稿》等著录。此据拓片校录。

北齐乐陵王妃斛律氏墓志

北齐乐陵王高百年墓志

齐故乐陵王墓志铭

王字百年，勃海蓨人也。太祖　献武皇帝之孙，肃宗孝昭　皇帝之子。崇基峻极，远系悠长。运四海而君临，配上灵以光宅。斯乃骖驭百王，孕育三古，悬诸日月，不俟昌言。若夫高阳之子，行父称其忠肃；周文之胤，崇人谓之恭俭。王之育德，隔世玄同，爰自弱年，含章挺映，止水俦其风鉴，莹玉譬其容表。登山学海，虚往实归，帝典王坟，功倍师逸。故已价倾朱邸，声洽紫宫。始以常山王世子起家散骑常侍，文剑横要（腰），清蝉曜首，赤墀俟而增映，翠帐伫以生光。及肃宗大渐，导扬末命，移宝图于元子，奉神器于唐侯。

皇上义重天伦，慈深引进，备物典册，有隆焉尔。大宁初，封乐陵郡王，食邑二万户。而穹旻寡惠，雾露成疴，小年不永，善言遽毕，所以恨动衣簪，悼结旒冕。以河清三年中薨于邸第，以岁次甲申三月己未朔二日庚申，安厝在于邺城之西十有一里武城西北三里，刊石下泉，式旌余美。乃作铭曰：　谥曰良怀王蒸哉宝业，赫矣皇灵。世君万有，家奄四溟。仁深骊陆，道迈胥庭。惟王载诞，叠曜重明。虹霞丽彩，松筠挺秀。忠信为舆，文史成囿。寝门问竖，成均齿胄。代邸勃兴，龙闱迴构。大历有归，灵命攸往。遂分夏玉，爰宅其壤。宸心乃眷，列蕃斯仰。朱组傍飞，玄佩徐响。神造冥昧，报施多疑。辂车乘马，哀以□之。烟愁野月，鸟思松飔。贞石不朽，鸿猷在兹。

北齐乐陵王高百年墓志

按：此志约于民国初年(1912年)出土于河北省磁县南乡八里冢(今东曹庄与孟庄一带)，即"邺城之西十一里武城西北三里"。百年为高演第二子，皇建元年(560年)十一月被立为皇太子。次年十一月，高演遗诏传位弟高湛，即武成帝。武成废百年太子，封乐陵王。《北齐书》卷十二《乐陵王百年传》："河清三年五月，白虹围日再重，又横贯而不达。赤星见，帝以盆水承星影而盖之，一夜盆自破。欲以百年厌之。会博陵人贾德胄教百年书，百年尝作数'敕'字，德胄封以奏。帝乃发怒，使召百年。百年被召，自知不免。割带玦留与妃斛律氏。见帝于玄都苑凉风堂，使百年书'敕'字，验与德胄所奏相似。遣左右乱捶击之，又令人曳百年绕堂且走且打，所过处血皆遍地。气息将尽，曰：'乞命，愿与阿叔作奴。'遂斩之，弃诸池，池水尽赤，于后园亲看埋之。妃把玦哀号，不肯食，月余亦死，玦犹在手，拳不可开，时年十四，其父光自擘之，乃开。后主时，改九院为二十七院，掘得一小尸，绯袍金带，一髻一解，一足有靴。诸内参窃言，百年太子也。"《北齐书》卷七《武成纪》：河清三年六月"杀乐陵王百年"。百年死于非命，志文曰："皇上义重天伦，慈深引进，备物典册隆焉尔。大宁初，封乐陵王，食邑二万户。而穹旻寡惠，雾露成痾，小年不永……"弥天大谎，与史传不合。据马忠理考证，百年之死，在河清二年六、七月间，三年三月二日是百年墓志与妃斛律氏合葬日期，百年仅有墓志，未有尸骨，因为此时百年仍被埋在玄都苑的后园。(见《磁县北朝墓群——东魏北齐陵墓兆域考》，载于《邺城暨北朝史研究》，河北人民出版社，1991年)然志文又有"谥曰良怀王"，似为后来补刻。原石藏辽宁省博物馆。志文，《邺下冢墓遗文二编》、《汉魏南北朝墓志集释》有著。此据拓片校录。

北齐赫连公妻闾炫墓志

齐御史中丞赫连公故夫人闾氏墓志铭」
夫人讳炫，字光晖，代郡平城人，即茹茹国主步浑之玄孙也。」如则分源白帝，终乃光宅幽都。盛业鸿猷，千春弗陨。曾祖大」肥，相时而动，来宾有魏。朝嘉乃烈，亲而贵之，尚陇西长公主，」拜驸马都尉，锡爵荥阳公，寻授使持节安南将军冀州刺史，」薨赠老生王。祖菩萨，冀州刺史晋阳公。父阿各头，平原镇将」安富侯。咸謦彼明珠，取珍于魏国；等兹神璧，见重于秦都。夫」人则满月降神，列星授祉，高节闻于弱岁，盛美标于稚年。璨」若春林,皎如秋菊,誉乃腾于中谷,声则飞于外闻。于是梧桐」茂矣,彩凤仍臻;珊瑚列焉,碧鸡便往。中丞赫连公,望倾日下,」具瞻攸属,彼兼名地,此事移天。乃弘其四德,宣其五道,未有」径瓜历李之嫌,曾无雾縠冰纨之丽。及珪璋载育,花萼相晖,」或示断织之谟,乍表辞金之训。但降年不永,落彩春中。以魏」武定元年九月二日卒于林虑郡,时年三十有四焉。即以大」齐河清三年三月二十四日迁措于豹祠西南五里。式铭高」行,贻诸后人。其词曰:」

山高嵶迥,水浚流长,白精之裔,余祉克昌。家雄部落,世富公」王,陵谷自徙,光华未央。匪直才英,兼之令淑,心侔琬琰,气方」兰菊。女宪优闲,妇仪端肃,亦言作配,徽音逾穆。含珍曜宝,正」色端形,感深鱼跃,诚允鸡鸣。卫臣车响,齐仆歌声,一闻其事,」咸测其情。穆伯贤妻,文仲慈母,譬我风烈,孰分先后。露托宁」淹,尘栖讵久,未乘凤鸾,奄均蒲柳。遂捐朝景,言寻夜台,霜严」草落,风劲林摧。金声空远,玉质长灰,斯而弗勒,贞石焉哉。

北齐赫连子悦墓志

齐故侍中车骑大将军开府仪同三司左仆射吏部尚书太常卿食贝丘县干赫连公墓志」

公讳子悦,字士忻,化政代名,人自文命开大帝之基,淳维作引弓之长。冲源与带地争流,高峰」与并天比峻。高祖勃勃,气笼朔野,群俗宗推,遂有正朔,郁为大夏。曾祖伦,夏帝之第四子,酒泉」王太尉录尚书。祖豆勿于,知机其神,来宾魏室,频牧雄州,大开书社。父仪同三司幽恒二州刺」史。君雅道神猷,邈乎出类,积善之应,实挺异人。公秉文经武之业,陶治埏埴之绪,管籥仁义,苑」阃慈和,似丛竹之生筍,媲金山之铣出。起家为征南府长史。公心悬明镜,策若涌泉,锋锷横生,」动应利用。加奉车都尉,寻除济州城局参军。扶摇将举,悬识二冥之心;照庑初陈,已表连城之」价。后值圣贤龙战,玄黄落野,汉帝取子房之年,魏后得奉孝之岁。公缓颊一谈,俄看前膝,若手」在身,如石投水。除征虏将军西南道行台郎中,复徙东南道大行台右丞。于时元帅虽在,我应」筹画。军有奇正,灶或增减,随机变化,动合孙吴。其年转左丞。军还,徙安东将军定州长史。于时秦陇妖伪,窃据洛水,骚彼下民,精魂莫守。高祖以良策在人,师不贵众,急驱追我,还为左丞。」公一入辕门,行谋樽俎,未徙堂阴,狡徒桑落。除开府长史,寻兼吏部

郎中,仍转林虑太守,除京」畿长史。公明闲簿领,剖析如流,曾未崇朝,丝
绳并解。世宗总行台之任,转公为右丞,寻徙征」西将军临漳令。又与中书
令邢子才,梁州刺史魏收议撰新令。徙勃海太守,转阳州刺史,寻征」为将
作大匠,加车骑大将军,除廷尉卿。公丹笔在手,必即天心。于定国哀矜取
断,张释之正直」是剖,比我平反,颟犹画一。除南青州刺史。还京,除御史
中丞。公一居专席,百司翘悚,肃我王度,」如玉如金。仍徙五兵尚书,食临
邑县干,夏州大中正仪同三司;又除使持节都督郑州诸军事」郑州刺史,又
除都官尚书;寻加开府,乃行北豫州事;征还本司,改食贝丘县干。朝廷以
卢毓山涛,誉流任举,毛玠陈矫,声著选曹,望古俦今,高论攸在,遂诏公兼
吏部尚书。公激浊扬清,搜」奇简异,草莱必进,管库无遗。武平二年除太
常卿。其年十月,周人请和,仍以本官除使持节侍」中聘周使主。公高轩喻
蜀,长缨出关,辩若悬河,思侔云雨。声教于是西临,秦兵不敢东向。反
邺,」除左光禄大夫。夫其性灵淳粹,节概清雅,履义基礼,怀仁种德,西京
取类,共君倩以同规;东都」访侣,与慈明而比操。持雄守雌,在益能损,达
人后己,渊嘿雷声。及资父事君,尽忠磬节,临冰自」慎,色斯后举,岁暮含
贞,疾风转劲。易俗有术,不关钟鼓之声;养民以礼,岂藉瑚琏之器。加以
笃」好玄门,雅怀空寂,嗟白驹之易逝,惜玄炭之难留。皮纸骨笔,殷勤而未
已;践称投林,庶讥而不」歇。逮龙服华身,熊车雷道,奇客罗庭,胜交满室,
宫高志下,在峻不巅。方欲扈金舆于岱岳,观玉」检于梁甫,钟鸣漏尽,岁迫
时催,俄随运往,奄辞世上。以武平四年八月二十四日薨于邺都里」舍,春
秋七十三。　　诏赠使持节都督晋建二州诸军事晋州刺史尚书左仆射开府
仪同三司,」将军如故。谥　　公礼也。即以其年岁次癸巳十一月癸亥朔
二十三日乙酉迁措于邺城西」南十五里所。金石不朽,丹青易灭,嗟矣后
人,式瞻盛烈。乃为铭曰:」

金行沦圮,水王未袭,聪勒狂飞,苻姚鸟集。大人虎变,朔野雄立,福禄攸
降,部落斯缉。嗣君明睿,」见机不待,南运图溟,东流归海。假我名位,出
朝入宰,龙剑生风,虫衣扬彩。珠生神水,玉出灵昆,」哲人挺秀,复踵高门。
质怀金锡,气发兰荪,言方缋锦,复比衢樽。弓旌萃止,衣冠从职,扣则钟
声,」视之玉色。诜诜僚友,来仰正直,武帐频趋,文昌屡陟。天生王佐,自
是其人,英规述圣,雄略兼神。」出拥麾传,入驾班轮,盛德不已,晖光日新。
千岁有食,百年恨少,命也不还,平生遂了。途嘶白骥,」风扬素旐,长归夜

台，冥冥莫晓。

北齐赫连子悦墓志

北齐梁伽耶墓志

齐故太尉府墨曹参军梁君墓志铭

君讳伽耶，字臣威，安定乌氏人也。远源遥绪，被之图牒。统乃□高，往册鸿则，价重前书，自兹以后，英贤相系。曾祖金奴，清徽□范，标映一时。祖长命，德业优通，勋载盟府。父标，恪勤无怠，匪躬□□，仕至秘书监、魏尹、北豫州史。君弱而清悟，卓尔不群，孝□□□深，敦穆天至，博涉书史，尤长辞牍，通而不杂，方而有裕，故□□以此多之，解褐太尉府墨曹参军。誉满公庭，声高幕府，晋□□□参□俟才，多士竞臻，异人总至，以君才兼文武，望重□□，爰降　敕旨，召往汾晋。虽军书狎至，羽檄交驰，君应接监部，□有余□勤，书王绩，简　帝心，以劬劳多岁，除太尉府墨曹府参军。方冀骏足远到，逸翮高搏，而盛业无永，方春陨秀，春秋四十七，以河清元年十月八日卒于宣平行里。筮卜空有良日，陵谷无恒，惧薪火将催，松楸易落，是欲

寄之贞础,贻此令名。乃为铭□曰:

□津之瑞,玄鸟之符。受让帝禹,匡朝帝虞。梁伯存封,扬邑迁居。□□□起,肇宗因国。早懋其功,且标其德。综称笔杪,敷传风则。□□驰誉,信美惟良。台仪论道,燮理攸郢。世载有业,历叶腾芳。□人挺生,善闻余庆。厥初筮仕,摄官从政。军事是参,天子之□。□□王务,劬劳弗怠。清选简能,求贤兹在。哀司崇邈,寔光僚□。□□耿介,立行忠贞。如筠秉节,譬水为清。无贪显进,不竞身名。□□□□,既叹难逢。元化之道,空想前踪。朝露已及,美叶何从。□□洛旐,隧帐回辀。泉扃岂曙,晓日无期。亲朋掩涕,徒驭兴悲。□□杨□,鸟鸣蒿里。绝野云浮,深松雾起。刊铭作颂,徽猷斯纪。

河清四年岁次乙酉二月甲寅朔七日庚申。

北齐梁伽耶墓志

　　按:此志1912年(壬子)冬出土于今河北省磁县讲武城乡双庙村西。梁氏,北朝安定乌氏大姓。伽耶,史书无传。其于北齐河清元年(562年)十月八日卒于宣平行里。宣平行里在邺城,由邺县管辖,里中有梁氏住宅。《齐故大都督是连公妻邢夫人墓志》载有"邺城西宣平行土墒坊"。邺似有东、西两宣平行。

原石藏辽宁省博物馆。《邺下冢墓遗文二编》、《汉魏南北朝墓志集释》、《满州金石别录》著录志文。此据拓片整理标点。

北齐封子绘墓志

齐故尚书右仆射冀州使君封公墓志铭

公讳子绘，字仲藻，勃海修人也。高基与积石同峻，灵源共委水争长。盖以晖焕前经，可得而略。祖司」空孝宣公。父太保宣懿公。并器重德尊，功成事立，画像台阁，配食宗社。公摛光汉滋，孕彩昆丘，无忝」良弓，克荷堂构。轩蹄欲骋，大丙之驾可追；抚翼将飞，姑余之望何远。于是英声允集，光价攸归。虽在」两髦之中，实弘四岳之量。起家秘书郎中，濯缨已即，利宾伊始，缃素载序，广内增华。既而魏道将季，」群凶作梗，势甚东迁，祸同南阙。太祖献武皇帝选徒誓众，雷动晋阳，戎车东指，将清王略。公发自」信都，迎于釜口，亦既见止，憘得其人。即署开府主簿。俄而相府崇建，仍为丞相主簿，加伏波将军，掌」文墨。魏武之征巴汉，书檄专委杨修；晋文之讨淮南，军谋唯在钟会。俦今望古，差可寄言。中兴初，除」左将军散骑常侍，在通直，领中书舍人。丰貂右插，清蝉高映，既光侍从之仪，又兼敷奏之敏。稍迁征」南将军光禄大夫。金章紫绶，复为通直常侍，又兼黄门侍郎。天平中，除卫将军右光禄大夫，常侍如」故。出为平阳太守，加散骑常侍当郡都督。寻征大行台吏部郎中。所奉之主，太祖其人也。武定三」年丁太保公忧。孺慕泣血，杖不能起。九日不入水浆，三年未尝盐酪。太祖西征，征公大都督，复居」吏部郎中，寻为勃海太守。公威著言前，化行令表，乱绳自解，佩犊斯除。袭爵安德郡开国公，又加散」骑常侍，增秩一等。转骠骑将军，余官如故。天保初，入为太尉长史。其间再行南青，一行南充事。六年，」除使持节都督海州诸军事本将军海州刺史。未及之任，朝廷以合肥冲要，地在必争，取威驭众，非」公莫可，改授都督合州诸军事合州刺史。九年，迁郑州诸军事郑州刺史。所在树政宣风，德音潜被，」民歌来暮，物有去思。十年，征为司徒左长史，仍行魏尹事，乾明初，除司农大卿，寻正京尹。皇建中，加」骠骑大将军。大宁二年，除都官尚书，寻行冀州事。先日，司空太保二公并临冀部。至是公复行焉。三」叶本岳，世论归美。公开襜望境，露锦还乡，竹马盈途，壶浆塞路。河清二年，除仪同三司。三年，暂行怀」州事。寻转七兵尚书，仍换祠部。其年闰九月二十日遘疾终于京师,春秋五十二。公家传钟鼎,世纽」龟符,荫籍清华,地望凝简。金张蝉珥,彼自一时,杨袁公辅,我无多愧。而谦以自勖,贵不在身。车徒约」素,服用单俭。财酒声色,胜达恒情。四者之来,在公非或。加以纲罗百氏,综涉六经,雅练朝章,尤悉治」典。激察之行,每有耻而弗为;雕虫小技,固壮夫之所忽。骤总连率,频作纳言。再司河辅,累游槐棘。踪」迹盈于廊庙,佐吏遍于四海。爰箸歌谣,道光存没。嘉声与东川竞远,胜范共南岳俱传。方当改观台」筵,增晖揆席,倏见捐珠,遽看罢市。诏赠使持节都督冀瀛二州诸军事本将军冀州刺史开府仪」同三司尚书右仆射,开国如故。以大齐河清四年岁次乙酉二月甲寅朔七日庚申归窆于先公之」旧茔。呜呼,黄庐一闭,玄夜无期。从弟孝琰以为陆机之诔士平,情则兄弟;潘岳之哀茂春,事实昆季。」是以谨撰遗行,用裁志序。所恨少长悬隔,聚散闲之,素业贞猷,百不举一。吏部郎中清河崔赡与公」礼闱申好,州里通家,摛缀之美,籍甚河朔。敬托为铭,式昭不朽。其词曰:」

衡漳带地,渤澥浮天,炳灵斯在,世济推贤。丹青奄映,篆素蝉联,两河无绝,三古相传。晋季拥旄,燕垂」避世,借资时雄,策名专制。中原重造,簪缨有系,衮职更新,缁衣改弊。牧此冀方,三叶重光,俱铭鼎钺,」并载旗常。仍传远驾,克构层堂,曜卿之子。公业不亡。振彩蓝田,杨芬桂簿,曾是蕴价,实唯天爵。望云」高渐,临渊载跃,掞藻王庭,雠书麟阁。掩纮河朔,授钺参墟,蛇灵竞爽,龙翼争摅。耿弇奉骑,强华献书,」妙同先觉,爰托后车。载笔行署,参仪幕府,密勿负阁,勌劳省户。一入紫宫,频垂朱组,朝咨砥砺,士观」规矩。绛水自清,潢池有兵,卧治本国,主诺尧京。龚朱埒美,邵杜齐名,教司俟赞,槐路扬声。出总蕃麾,」入清京辇,遗踪列棘,比威金铉。文剑横腰,纳言承冕,三阶未协,六符方辩。海运不停,鹏图奄驻,谁谓」藏山,忽歌晞露。桃蹊一断,松风将暮,朝野踌躇,潜焉相顾。永言知己,追怀若人,友朋世笃,邹鲁相亲。」行忧昔状,德重先民,含毫雪涕,岂究清尘。」世子左丞相府参军事宝盖,次子宝相。

　　按:河北景县出土,见《考古通讯》1957年第3期《河北景县封氏墓群调查记》。

北齐薛广墓志

齐故荥阳太守薛君铭

君讳广，字安颢，河东河东人也。自王官启夏，秉王朝周。宋国出以齐盟，腾」侯入而共长。承家命氏，儒默分流。谋子贻孙，珪璋相映。曾祖野睹，太尉简」公。悬在旗常，铭诸戈钺。祖虎子，仪同文公。左之右之，立功立事。父世遵，秦」州刺史。有细侯之盛绩，兼叔子之清风。路嵷民讴，名扬史笔。摇山之岭，桂」树相滋；瀛海之田，芝苗互秀。仍兼河岳，乃诞精灵，若璧光秦，如珠照魏。酬」梅对李，誉切宾谈，策竹乘羊，惊骇市观。既就朱蓝之染，爰成廊庙之华。匡」鼎同其解颐，杜预方其有癖。以兹鸿渐，于此闻天。自家除员外散骑侍郎，」领侍御史。西汉绣衣，东京骢马，持风自古，弘道由人。鹰隼惭于奋击，豺狼」丧其肝胆。俄迁征虏将军中散大夫东南道行台郎中，仍转行台左丞。既」而徐州刺史尔朱仲远肆厥强梁，据项籍之城，挟蚩尤之众，征吴请越，迫」楚陵陈，将拒唐尧之诛，思逆天王之命。时则皇灵兆朕，霸道权舆，地接六」国之郊，人有三方之顾。君乃扬徽祖左，非由鱼石之封；奋辟同盟，言讨华」臣之族。鲸鲵衅首，实有劳焉。虢邻之郊，民犹恃嵃，萑蒲之泽，盗亦公行。错」节为难，方求利器。乃授君荥阳太守。鼓以春风，曝之夏日，韦弦迭举，火水」相仍。魏郡之牦更生，勃海之绳还理。迁平东将军太中大夫东豫州骠大」府长史。士行佐刘，渊源相庚，眇然千载，同此一时。惟君聚义为高，积仁成」富。兼金百溢，然托非畴，大国千乘，名言相伍。故以公才是嘱，王佐斯瞻，取」寄齐鸿，方成蜀水。而康成梦岁，忽有辰已之期；声伯游洹，奄表琼瑰之赠。」春秋六十七，以大齐河清二年薨于成安县修仁里舍，即以河清四年岁」次乙酉二月甲寅朔七日庚申迁厝于野马岗东壹十里所。碑上万山，棺」浮涂水，乎嗟此室，还葬滕公。乃为铭曰：」

时惟皇祖，肇迹推轮，琼芳玉润，播祉潜神。龟祖迭袭，钟鼎相因，笃生君子，」无竞斯人。始自春华，及兹秋实，玉山孤秀，松风远疾。入殿垂裾，登台秉笔，」德高有命，师征以律。魏道沦覆，」九域斯倾，黎苗怗乱，羿浞专兵。戈扬晓月，」剑负流坴，乘机电断，后地还城。亦既共治，爰求民瘼，浮虎遥屏，飞煌远落。」河济俟才，舟航是托，方腾逸驾，遽迁空壑。山次近郊，途穷前路，旌绋行卷，」宾徒相顾。云承落日，松昏朝雾，非复春秋，空交狐兔。

北齐赵道德墓志

齐故使持节都督赵安二州诸军事骠骑大将军赵州刺史开府仪同三司中书令河」阴县开国伯戎安县开国子赵公墓志铭」

公讳□，字道德，安定临泾人也。昔掌御寻仙，游天谒帝，□因分晋，终成全赵，其流遂远，」郁为鼎业。自发迹汉阳，爰宅河右，乃唯重世，光耀连晖。祖众爱，冠军将军行益州事。威」加属国，声流行部，父天安，龙骧将军益州长史。世德在民，歌谣相接。公早怀义烈，凤表」英奇，壮志雄图，倾时动俗，水行□竞，泾渭多□，义感市人，信下城邑，执戈杖剑，气振关」中。及大树已颠，黄河不塞，泠然□洛，□绝罗者。魏北海王元颢，假兵扬越，还盟诸侯。公」委质曳裾，周旋羁靮。既而将军去律，□节无从。属太祖悬饵掩罔，潜招英异。似鱼游」壑，如龙值云。蒙除直荡都督，加征虏将军中散大夫，转副都督，寻除正都督右将军太」中大夫。外当御侮，内侍帷幄，常典禁兵，有迈余勇。世宗嗣业，增命勋贤，既锡珪器之」重，更切便烦之寄。补帐内亲信正都督兼左右直长安西将军，封河阴县开国男，邑二」百户。加中军将军行定州六州，又加镇东将军，寻除征西将军，进男为子，增户二百。」高祖揖让受图，更新宝□，茂功茂德，唯器唯名。除卫将军，别封戎安县开国子，邑四百」户。迁主衣都统，出为广武内史。张琴改瑟，风化如神。迁假节泾州刺史。寻授持节都督南」营州诸军事南营州刺史。杖节拥旄，大弘声教。加其雄城六州大都督除仪同三司，又」为上仪同三司。入为备身正都督，食高密郡干。朝夕云陛，左右鸾舆，忠亮之诚，誉」宣朝野。肃宗御极，赏册弥优，改河阴子为伯，增二百户。除车骑大将军假仪同三司。」大宁初，除仪同三司，又授定州六州都督定州中军都督开府仪同三司骠骑大将军。」荣命日隆，任遇斯重，恪勤坚固，众论攸归。天统初，授使持节北徐州诸军事本将军北」徐州刺史。方将驰骖露冕，清心明目，奄随风电，命也如何。天统元年五月十日薨于晋」阳。诏赠使持节都督赵安二州诸军事骠骑大将军赵州刺史开府仪同三司中书」令河阴县开国伯戎安县开国子。其年十月十二日葬于邺城西北十里。公孝以为经，」信而成宝，移家事国，造次可。灵府无滞，识寤明敏，内定雌黄，外分皂帛，一言一论，皆即」其心。和而不同，刚而不挠，时经屯泰，迹著安危。送往事居，绸缪宠寄，重之明德，继以忠」贞，操厉风霜，质逾金玉。六龙难抑，九地方远，勒石幽泉，永旌余烈。其词曰：」

皋繇之子，帝命唯功，地分三晋，家成六雄。汉川南纪，泾水西通，凤飞他耀，继德承风。珪」璋载挺，为桢为干，世属明夷，幼逢多难。雷震波骇，鱼沉鸟散，忽抚风云，高飞天汉。始于」草昧，爰及时雍，不渝似玉，岁晚知松。既勒周鼎，仍铭晋钟，高车画鹿，衮服为龙。建旗举」□，踟蹰驷马，将牧海沂，翻归泉下。风悲荒谷，云愁旷野，徒望九原，萧萧松槚。

北齐崔昂妻修娥墓志

夫人讳修娥，范阳涿人也。周太师以把旄锡履，汉侍中用」通儒受位。垂风迈德，衣冠不殒。祖青州敬侯，渊薮为名。考」参军君，珪璋表誉。桂月流贶，璧水效精，亦犹昭出班门，琰」生蔡室。夫人有资阴祉，且藉家休。婉嫕天然，幽闲率性。爰」总四德之势，顾存七编之旨。克播令闻，郁为邦媛。崔公北」州鼎族，羽仪多士，委禽成礼，同车作好。既而带施荣秩，献」加兰芷。奉上惟恭，接下居顺。茂祉攸萃，寝床弄瓦。慈严俱」厚，日就月将。组织必尽其工，酒醴兼造其极。赞君子之业，」弘外成之美。风被二门，声高一世。曾不比固南岳，遽逐东」川。空闻上池之水，终深下世之痛。以天保二年二月乙亥」朔廿九日癸卯卒于邺县之修人里舍，春秋卅七。以天统」二年二月戊申朔十四日辛酉祔于常山旧茔。海变成田，」山颓为壤，故勒石于三泉，庶飞芳于万夏。其铭曰：」

地惟衣履，国判虚危，卿门有素，世德无訾。犹珪如璧，擢秀」分枝，阳资岳贶，阴藉川祇。女德咸举，妇道言极，佩臭总绅，」怡声下色。柔非物奖，敬由天植，进退不违，浣濯为饰。一远」兄弟，终合英人，在和方瑟，居久如宾。协谐两族，惇睦九亲，」徽音允著，光裂惟新。母师爰属，嫔仪可仰，溟渎齐深，众流」归长。遽随世促，翻从运往，倏乎风电，悠哉天壤。东龟告食，」北路言遵，辀嘶白骥，郊生素尘。山门遂掩，陇穴不晨，青青」松柏，将径几春。

　　按：河北平山出土。见《文物》1973 年第 11 期《河北平山北齐崔昂墓调查报告》。

北齐崔昂妻修娥墓志

北齐崔昂墓志

君讳昂，字怀远，博陵安平人也。累叶高才，光华汉篆，仍世能官，风声晋策。自有魏□□，」人物更始。祖幽州景侯，望重业高，朝野倾注。考定州简侯，体仁藉义，余烈可仰。君桂树」桥枝，珠林圆实，凌霜散馥，彻水飞荣，芬芳早袭，玲珑凤著。乃因地而特辛，定无足而能」远。既取贵天下，称珍海内，固当呈异王阙，标奇国庭。夫其珪璋表质，宫角流韵，既温且」润，和而不俗，学以聚之，应物能广。太宰元天穆闻而嘉尚，辟为行参军，后加伏波将军，」仍除给事中，加中坚之号，授奉车都尉。高祖神武皇帝季弟仪同开府定州刺史高」公上君为属。世宗文襄皇帝屈身佐相，开阁旌人，以君为记室参军。寻转帝大行」台郎中，加镇远军号。帝入辅朝政，崇明轨律。以君体方履正，许以任重，擢授开府长」史。帝总京畿大都督，命君摄京畿长史。恪居直辔，肃震都辇，多历岁序，雅有声迹。转」司徒右长史，拜尚书左丞。理剧拨烦，名动朝列。俄兼度支尚书。能高优陟，时无横议。又」敕摄都官事，以狱讼之重也。出兼太府卿。皇齐纳禅，除散骑常侍兼大司农卿。

以参」禅代典礼，封华阳县开国男，食二百户。诏与朝士议定律令。仍受别旨，令相率约，」部分裁缀，勤力居多。转廷尉卿，敕典京畿诏狱。入为度支尚书，转部官，迁七兵，仍摄」都官，迁中书令，犹摄都官，带广武太守，徙食济北郡干，兼尚书右仆射，仍便即正，俄迁」兼焉。未几，转光禄勋，寻徙太常卿，假仪同三司，复除仪同三司，又兼御史中丞，以公事」除名。径年，授五兵尚书，复转祠部，君家籍孝悌，门资礼让，实弘世载，推薄居厚，综涉孔」墨，雅尚纲维，历览申韩，顾存纲目。少有大度，意寄虚□，无用雕绮，深惇淳素。比阳原之」领袖，犹颜卿之铁石。自家闻国，垂组飞缨，迁逾十官，□□三纪。至于端揆仍班，台列其」中，错节蟠根，寸地九坂，坚不可攻，崄在难消，莫不利□□斤，平其绳准，立断枉直，动正」济隆。上言莫能役其辩，巧诈无所措其术。气厉霜雪，心洁冰水，宝非蕴玉，廉在辞金。至」如象魏宪典，宫阁条制，问疑则断，辩或如响。胡广之明达朝章，张纯之晓习故事，彼称」为美，曾未足多。刚肠梗气，严颜直道，当磨而弗改，可折而无挠。秉王臣之大节，怀体国」之高风。年未庚申，梦犹辰巳，徒闻兰室之方，罕验王机之秘。呜呼！以天统元年六月壬」子朔廿九日庚辰遘疾，终于邺都之遵明里舍，春秋五十八。逝者不作，归窆有期。」诏赠赵州刺史。以二年二月戊申朔十四日辛酉安厝旧茔。昔密邑大夫，人氏终或；上」谷太守，名姓长疑。恐山冢之易沦，故传声于金石。其词曰：」

海则时干，山亦云朽，悠悠横目，孰堪长久。嗟此英人，曾无上寿，遂持檀柘，落同蒲柳。大」风之国，爰有卿门，辇车北指，旧业犹存。千龄基构，百世子孙，犹龙还沼，如玉生昆。在家」必闻，入朝斯达，下笔成议，操刀咸□。謇愕台府，抑扬省闼，端服逶迤，台仪庵蔼。嗜欲俱」遣，清白在公，家无累积，室有县空。贵能可贱，善仍令终，千秋一往，途远今穷。出宿于郭，」言迈于野，客转素车，旐随白马。岠山北镇，呼沱东泻，族墓层冈，行悲松槚。」

长子谋，字君赞。第二字恪，字君和。第三子液，字君洽。第四子天师。」第五子人师。长女适荥阳郑思仁。第二女适赵郡李孝贞。第三女适范阳卢公」顺□。

　　按：河北平山出土。见《文物》1973 年第 11 期《河北平山北齐崔昂墓调查报告》。

北齐崔昂墓志

北齐故仪同三司公孙肱墓志

君讳肱,字如肱,勃海修人也。门资磐石之固,世保维城之业。祖,仪同三司,青州使君。秉德含弘,采苏在物。父,骠骑大将军、开府仪同三司、中领军,专总禁闱,威名方盛。观夫珠潜溟海,璧润荆山,不有高深,孰蕴灵异。君,神情桀(杰)立,崖岸恢举,龙子驰声,凤雏飞誉,曹童测象之妙,未为通识;王孺鉴虎之奇,谁云智勇。思叶风调,云谐金石,进退有度,容止可观,雅俗伫其风规,家国俟其梁栋,而垂天未劲,奄从不秀。以皇建二年十一月廿六日终于晋阳之第里,时年九岁。天统二年二月廿五日葬于邺北紫陌之阳。嗟乎,居诸互(亘)始,屡移岸谷,寒暑交谢,每易荣枯,是用勒石泉扃,遮遗芳不朽。乃为铭曰:
璧出荆山,玉自蓝田。虽云重宝,不雕不妍。岂如令质,其锋迥出。问望堂堂,德音帙帙。是称孺子,实标通理。辩白未俦,论月非拟。鹏翰渐就,豹变垂成。南山欲下,北海将征。忽为异世,奄闷泉扃。千秋万古,空挹余声。

　　按:此志出土于河北省磁县申庄乡白道与西陈村一带,时约在清光绪年间。志盖曰:“齐故仪同公孙墓志。”公孙肱死年仅 9 岁,于天统二年(566

年)"葬于邺北之紫陌之阳"。志文不载其祖、父之名,《北齐书》也无本传。杨守敬《壬癸金石跋》推测肱为公孙邃之后。而端方《匋斋藏石记》(清宣统元年石印本)卷十二疑其父为公孙略。此志与太常卿高僧护、齐昌镇将乞伏保达墓志同时出土。马忠理《磁县北朝墓群——东魏北齐陵墓兆域考》(载于《邺城暨北朝史研究》,河北人民出版社,1991年)曰肱为高肱。从肱之籍贯、卒地晋阳及埋葬地点看,其姓当为高氏。此推断似有道理,肱幼未成年而卒,无封谥,"仪同公孙"当为"仪同公之孙"。

北齐尧峻墓志

齐故仪」同尧公」墓志铭
齐故开府仪同三司中书监征羌县开国侯尧公墓志铭」
君讳峻,字难宗,上党长子人也。自荣光出塞,景星流翼,绿字临坛,黄云盖斗,赤龙表三」河之符,玄龟挺五精之运,功格区宇,民莫能名。祖相州,允武允文,为瑚为琏。父常侍,郎」问令望,如珪如璧。君禀五岳之粹灵,含三辰之秀气,角立杰出,孤飞独远。正光之末,政」出多门,山坼海飞,神亡鬼哭,自卿自相,称帝称王,羽檄朝驰,权烽夜起,荆蛮外叛,獯羯」内侵。于时君遂奖率同心,应斯占募,破茹茹于雁塞之下。永安二年,释褐开府参」军事。三年,破野头侯豆陵步蕃等,蚁附蜂起,叛换并肆,摧枯拉朽,实君之力,普太年中,」刘助扰攘,游魂幽蓟,私署位号,擅立君臣。君与兄雄戮力均心,登时擒剿。其年与兄共」举定州,来相攀附。神武皇帝嘉其忠烈,除镇远将军,右箱直寝。尔朱兄弟未识天机,」反拒白马之关,翻塞飞孤之道,涉河右转,遂界韩陵。君乃组甲厉兵,合什为伍,投石拔」距,先鸣后殿。永熙失驭,委柄霄人。君既侍官,常倍辇毂。已君母兄在晋,敕徙南阳。及」罪窜南巢,政归西伯,始展蓼莪之悲,方申鹡鸰之感。帝嘉乃诚,寻被敕行东荆州事。」天平元年兖州刺史樊子鹄,驰传西通,萦城北抗。大都督娄昭受脤专征,星言电扫。君」式总戎规,亲当矢石,生禽南青州刺史大野胡野拔等,辒送晋阳。寻除辅国将军,持节」东郡太守,当郡都督。武定元年,以邙山之勋,除使持节南岐刺史,赐母赵南阳郡君,仍」赵南阳郡君,仍除主衣都统、征羌侯。六年破侯景,取玄瓠之勋,除征西将军、征羌县开」国子,食邑三百。白鱼入舟,黄龙出井,金木迭革,文质相法,始垂衣裳,方申捐让。君于尔」日献赤雀焉。褒绩酬庸,除开府仪同三司。陆法和赢粮拥众,观衅�郢,屡有驰檄,愿举」全州。清河王出师江上,以相应接。君总率楼船,亲为济首。寻除使持节怀州诸军事怀」州刺史。天统中,遇患在第。太上皇帝自幸其第,亲相慰抚。吴汉临终,方延法驾;王霸」□葬,始降銮舆。比势论荣,彼犹惭德。方当燮赞台铉,助调鼎鼐,匹颛顼之重黎,比皇□之风后。有人无寿,凡百同哀。春秋六十二,大齐天统二年岁次丙戌六月七日遘疾薨」于临漳县永福里第。诏赠使持节都督赵安平三州诸军事骠骑大将军赵州刺」史开府仪同三司中书监开国侯。君少负侠气,长播雄声,耿介多才,慷慨有志。虽复孔」明之自比管乐,文和之见匹陈张,何以加也。粤以天统三年岁次丁亥二月壬寅朔廿」日迁葬于邺城西北七里。不封不树,恐樊绩与寒暑同湮;无记无铭,虑洪名将风尘共」尽。敬镌玄石,用表前修,题美穷泉,方传后裔。乃为铭曰:」

陶唐已降,仁义聿兴,系流玄扈,原永丹陵。则天为太,无德而称,自时厥后,缨黻相仍。义」乃德舆,忠唯礼柄,展矣君子,职思无竞。长剑陆离,丰貂晻映,功被弦管,德流歌咏。随□」华夏,预披荆棘,每附龙须,恒依凤翼。方廓八表,终游九极,控地有期,冲天靡力。风□泉」□,月度山门,白杨霄暗,青松昼昏。石椁易朽,铜剑难存,唯当缃竹,不殒兰荪。」

北齐尧峻墓志

按：墓志于 1975 年出土，地点在河北省磁县城南 3 公里申庄乡东陈村西北一里处，为尧峻与其二妻合葬墓，同时还出土其妻吐谷浑及原配独孤氏墓志（见《文物》1984 年第 4 期《河北磁县东陈村北齐尧峻墓》），尧峻父荣，兄雄、奋。《北齐书》卷二十有尧雄、尧奋传，无尧峻传，此志可补史之缺。《北齐书·尧雄传》曰："（兴和四年），卒于邺，时年四十四。"邺西北尧氏茔地当有尧雄墓。

北齐尧峻妻静媚墓志

故骠骑大将军开府仪同三司征羌县开国侯尧公妻吐谷浑墓志铭」

夫人讳静媚，河南洛阳人也。盖其长原带地，崇基极天，共削成而争高，与」回复而竞远。虽年代逾往，声德终传，载籍垂芳，风流不坠。高祖柴，所谓吐」谷浑国主也。既以雄俊开王西蕃。曾祖头，汶山公，复以英机建侯东魏。祖」豊，宁西将军长安镇将洛州刺史南中郎将汶山公；父仲宝，员外散骑侍」郎；并道茂当时，德流后胤。夫人禀柔和以诞质，资淑善以抽英。风貌若神，」信无惭于洛浦；仪形似画，亦何愧于巫山。行乃楷模，德唯师范。故幽闲贞」一之操，无俦类以能方；织纴组紃之功，岂言辞所可喻。于是窈窕之望转」隆，葛簟之德弥绍。加以艺尚彤文，才兼清绮，遒辞超宝钗之作，美韵掩团」扇之篇。及百两来迎，移天往配，言嫔君子，庀美斯属。年十七，言适尧氏。时」公勋业既隆，门开黄阁，出蕃入辅，家称击钟。宾客赴之若云屯，士庶倾之」如风凑。而夫人竭忠言以奉上，尽仁恕以接下，不以富贵而憍，宁以豪华」兴傲。莫不慕义忘生，感恩效死，遂使时有五袴之歌，世致攀辕之恋。斯皆」阴德仰助，岂无功焉。兼以天情俭素，立性谦虚，亲执中馈，躬劳纺绩。肃肃」展恭，晨敬于姑姊；恂恂逮下，尽忻于娣侄。何止六姻重其德迹，乃实四海」钦其景行。虽伯姬之称妇礼，敬姜之号母仪，以此言之，讵有惭色。方当陵」处霄汉，从游太阶，享彼遐龄，穷兹宠贵。岂谓福善无验，祸仁奄及。春秋卅」有七，以天统元年六月三日薨于京师永福里第。粤以三年岁次丁亥二」月壬寅朔廿日辛酉合葬于邺西漳北负郭七里。惧市朝之易改，冀丹青」以难灭，故述徽猷，传之泉壤。其词曰：」

洪流淼淼，层构昂昂，既贤既哲，唯公唯王。千年不替，百世其昌，互握金紫，」迭映银黄。余祉所钟，诞兹英淑，四德其举，六行咸肃。内外用和，闺门以睦，」垂美葛簟，流芳灌木。上德阙配，妙简良嫔，谁将偕老，言归若人。习礼无默，」摛拣日新，如何不吊，奄逐徂轮。锦衾夜设，绣帐晨开，形既不在，神徒往来。」镜终委匣，衣会流埃，一言及此，呜呼哀哉。云徂始尔，倏已三年，辞彼白日，」既此玄泉。儿女号慕，亲御流连，百身靡赎，空嗟昊天。天长地久，事促华浮，」如日西逝，若水东流。宿草萦垄，拱木交丘，千春不署，徒勒芳猷。

北齐尧峻妻静媚墓志

　　按：墓志于 1975 年出土于河北省磁县申庄乡东陈村西北。静媚为尧峻妻，卒于天统元年（565 年），"明年尧峻卒，三年静媚合葬于邺西漳北负郭七里"。墓志出土地处东南距邺城遗址约有 4 公里。静媚、尧峻墓志均曰卒于永福里第，永福里似在南城东南部。"邺西漳北负郭七里"，"负郭"即附郭，即邺周围 30 里为附郭。

北齐尧难宗妻独孤氏墓志

齐故征西大将军中书监开府仪同三司岐怀二州刺」史征羌县开国伯尧难宗妻茌平郡君独孤氏墓志铭」

夫人讳思男，代郡平城人也。发系御龙，降祥赤雀，滥觞」激而遂远，绵瓞积以不穷。学行相仍，衣缨继轨，备诸前」载，于焉可略。父盛，魏中书侍郎散骑常侍南北部尚书」恒州刺史。献可替否，并武钟王；布政褰帏，齐肩贾郭。夫」人禀斯积善，资此淳和，六行茂于髫年，四德成于笄岁。」誉满闺闱，芳流邦国，爰自高族，作配君子。事上能敬，接」下惟慈，织纤组之工，苹藻中馈之礼，皆出衿抱，并为模」则。名播六姻，声光两姓。及频历二蕃，化行南国，调兹鼎味，」衮职有补，德音克宣，实由内助。圣上嗟美，天保之年，」授建州长平郡君。所天不幸，既切蓼莪之篇；良人莫赎，」复缀杨夫之诔。抚育稚孤，修理家业，恭如有法，严如不」猛。虽大被哲（招）宾，享（厚）穄延客，诒事论情，何所多愧。岂谓福」善无验，祸仁滥及。春秋六十，武平二年七月廿六日卒」于临漳香夏里。粤以二年十月廿二日祔葬于尧仪同」邺西漳水北旧茔。惧神光捐远，桑田或移，式镌景仁，来」土泉穴。其辞曰：」

降瑞开源，握符策命，崇其峻耸，本枝晻映。爰在伊人，本」质余庆，秉心渊嘿，行已谦敬。西日易催，东川难保，满堂」日歇，匪露何早。风凄拱树，霜凝宿草，郁郁佳城，□□天道。

北齐尧难宗妻独孤氏墓志

　　按：独孤氏为尧峻原配妻，北齐武平二年（571年）卒于临漳香夏里。1975年，独孤氏墓志与尧峻、峻妻静媚志同时出土。天统元年（565年）静媚卒，次年尧峻卒，三年静媚与峻合葬，武平二年独孤氏卒，次附葬于峻茔。静媚、峻皆卒于永福里，独孤氏卒于香夏里。静媚、峻先卒，独孤氏后卒，三人生前不同居一处。

北齐暴诞墓志

齐故开府仪同三司尚书左仆射云州刺史暴公墓志铭」

公讳诞，字安生，魏郡斥丘人。自有周建国，分掌邦畿，锡氏开家，兹焉」遂远。若夫长源浩渺，比注江河，峻构岹峣，齐高嵩岱。洎前刘握镜，胜」以抗直登官；后汉膺符，泛以恩明作守。皆名书虎观，形图麟阁，非藉」耆旧之谈，讵假歌谣之说。祖重，尚书郎散骑常侍。父昶，厉威将军雁」门太守。俱腾令誉，并播清风，无劳扬㩭，自可知矣。公效灵乾象，通气」山泽，幼标圣目，少得神名。非出钟山，自然成宝，不生汉水，直置为珍。」德乃人师，行称世范。时辈仰其高简，士友挹其贞素。释褐强弩将军。」博德功著曩时，延寿绩参前世，我居斯号，无惭往烈。累迁征南将军」护羌中郎将。关右惮其严肃，夷俗敬之若神，虽邓训之驭黠羌，蔑以」加也。公孝自天然，忠由率性，言成典诰，行合规矩。文穷笔杪，武极锋」端，横议推高，时瞻允惬。方当曜金魏阙，锵玉紫庭，曾不愸遗，奄随物」化。年五十有六，以魏孝昌元年七月十日卒于黄瓜堆子。特进开府」仪同三司定阳王显，勋业隆重，器望标华，爵迈群龙，位逾朝右，枝茂」本大，子贵父荣，光远褒终，盖惟旧典。以大齐武平元年闰月有」诏，追赠开府仪同三司尚书左仆射使持节都督齐云二州诸军事」云州刺史，谥曰恭懿公，礼也。以其年五月癸丑朔九日辛酉奉迎」奠灵，迁葬于邺城西北卅里永吉冈之上。嗟乎，陵移谷徙，瀛渤有桑田」之期；镌石镂金，永贻芳烈之盛。其词曰：」

绵哉华胄，系自隆周，代承冠冕，世袭风流。昂昂御史，剪恶如仇，恂恂」良守，礼教温柔。乃祖散骑，清风允穆，显考雁门，墙宇重复。唯公载诞，」淳和令淑，芳同兰蕙，劲逾松竹。艺优入仕，学赡登朝，禄由道洽，位以」德招。戎夷流咏，华夏腾谣，如何不寿，中路先雕。笃生令胤，雄才孤出，」凭风振音，摩霄骋逸。勋书王府，爵班高帙，礼及幽魂，荣宠斯溢。言背」华阙，将返佳城，龙吹夜警，鼍鼓辰鸣。杨园萧索，薤曲凄清，一丘永矣，」千载扬名。

北齐李尼墓志

齐故济南愍悼王妃李尼墓志铭

尼俗讳难胜，法名等行，赵郡柏仁永宁乡阴灌里人也。昔贤哲并作，谟明有虞，稷、契以道教显，咎繇以刑辟用。道教作阳德，故男祉斯流，其迹之验，则商周之王是已。刑辟作阴德，则女祯宜效，而往志前纪，未之有闻。故大齐膺箓受图，牢笼宇宙，厚载之尊，始出于我。尼则　威宗后之侄焉，祖司空文简公希宗，中庸上性，作范真俗。父仪同三司祖勋，义气德光，动寂俱备。尼乃沙鹿分精，重轮旁祉。承剪发之慈，受顾复之训，敦诗悦礼，好善亲仁，畏慎女典，尊明柔克，温和表其中润，淑理发其外朗，及事格文祖，礼极神宗。三善所期，孟侯是属，作配之重，物议为难，縠圭所临，无忘甥舅。以天保十年册拜皇太子妃，入奉严禁，内训唯穆。至愍悼王逊居别馆，降为济南王，妃盖亦恬然，无惊得丧。俄而悼王既世，宛颈为苦，哥黄鹄以告哀，咏柏舟而下泣，乃悟是法非法，如幻如梦。厌离缠染，托情妙极，遂落兹绀发，归心上道。三乘并运，六度俱修，慧解日深，法性增益，以毗尼藏，摄彼威仪，用修多罗，开其方便，精行乐说，众所推重，方当住持我玄虚，栋隆我净法，而众生福尽，乃失导师。以武平元年五月十四日迁神于大妙胜寺舍，时年二十二焉。知与不知，无言而感。惟尼气韵调序，识悟开明，造次不失其夷，进退无与其节，积而不滞，缊更能通，出世间道，求常乐法，非天下之至高，其孰能与于此。粤以其月三十日壬午，永窆于邺城之西北一十里处。不有所撰，何示将来，敬铭胜事，置之幽壤。词曰：

天有六气，降生五行。地载川岳，含缊精灵。瑶光敷祉，真光效祯。时宗民望，弈世挺生。诞兹婉淑，柔明慧理。访则审仪，观图问史。德声之发，上闻天子。有匹元良，事归齐纪。时或申否，义兼忻惕。晦情慎行，莫睹其迹。奄丧所天，衔悲茹戚。毒兹烦恼，邀之利益。一舍荣好，法服在身。勤为善业，大树明因。潜悟洞观，理会天人。宜振法鼓，穷此万春。如何不吊，忽焉徂落。事迫小生，空传上药。风辛秋起，花香春作。唯有朱华，时鸣白鹤。

按：墓志于1975年出土于河北磁县李家庄村南，墓室有壁画，甬道前额绘大鹏金翅鸟，具有佛教色彩。李尼俗名难胜，出身于赵郡李氏，为北齐文宣皇帝高洋皇后李祖娥的侄女。祖父李希宗，父李祖勋。天保十年（559

年)被册封为皇太子高殷妃。乾明元年(560 年)八月,高殷被废为济南王,皇建二年(561 年)又被其叔高湛毒死,难胜出嫁为尼。住持大妙胜寺,武平元年(570 年)卒,时年二十二岁。

北齐李尼墓志

北齐宇文诚墓志

大齐故宇文君墓志之铭」

君讳诚,字克明,太原晋阳人也。乃尚书」左仆射宇文公之族弟。因官徙邺,已二」世矣。君生而颖迈,天性孝谨。以名门贵」胄,世代缵缨之姿,虚心下士,屈己求人。」又能遍览典坟,遗名利如蔽蒋;备穷礼」义,操躬身若金玉。初为司徒府参议主」簿,俄而转尚书都官。旋因亲老,矢志不」出。逍遥山林之间,跌宕烟霞之上。岂徂」辉易谢,逝水无停,春秋七十有三,天统」五年八月终于私第。武平元年岁次壬」辰六月戊辰朔十九日甲申葬于邺郡」西南三十里之高原,礼也。铭曰:

皇矣」我君,谨慎惟明,松筠雅操,铁石深衷。克」勤克俭,殁贻令名,声彐千载，与金石同。

北齐刘双仁墓志

齐故假节督朔州诸军事朔州刺史刘公墓志铭」

君讳双仁，字德，广平广平人也。斩白蛇以统历，膺赤伏以」承乾，削桐叶而分流，比太山而开国。且王且公，有文有武。」重龟叠昂，以迄于兹，扬芬兰畹，发彩桂林。载仁而行，抱义」而处。体韵平和，风姿秀逸。信重白璧，诸贵黄金。冬温夏清，」入穷养亲之道；夜寐夙兴，出尽事君之义。道广能周，仁而」有勇。箭穿七札，弓引六钧。丹浦绿林之陈，柏塞榆关之下，」恒擐甲而先鸣，亦称雄而独步。除平漠将军羽林监，换安」西将军银青光禄大夫。职唯侍卫，任切扶持。独唉白马之」名，功高冠鹖之侣。除殷州高邑县令。治均灭火，政等鸣琴。」暴虎出奔，灾蝗不入。迁岢岚都督。地邻沙漠，境接边荒。羽」檄不驰，勋庸斯在。于是年及期颐，反服间闾，荷冠藜杖，对」酒鸣弦。二坑入林，有均先达；十舍时游，事符往彦。而逝川」不止，去影难留，忽矣山颓，俱嗟丧宝。春秋九十一，以齐武」平元年闰二月十日薨于宅。蒙赠假节督朔州诸军事朔」州刺史。十一月十一日葬于邺城西卅里。其为铭曰：」

门标将相，世有公卿，爰锡纯瑕，载诞人莫（英）。兰香桂馥，玉洁」冰清，丹（舟）舆六艺，浮沉七经。弦韦靡用，水镜惭明，智囊均美，」飞将齐名。勋高鱼阵，勇冠龙城，六军挺誉，百里驰声。未穷」人爵，忽往稿亭，车驰鱼跃，地协鸡鸣。楸梧春绿，松栝冬青，一棺永矣，百叶流馨。

北齐刘悦墓志

齐故特进骠骑大将军开府仪同三司广州刺史济阴郡开国公赠朔肆恒三州」诸军事朔州刺史尚书右仆射泉城王刘王墓志」

王讳悦，字优昕，太安郡狄那人也。綦爰龙于遂古，羁秦鹿于前朝。灵贶实」缠，公侯」必复。同若华之四照，譬清澜之九起。祖折，领民酋长。父跋，司农卿。并道播笙锈，迹」光图篆。王昂精生德，岳神蕴祉，珠廷上表，岐掌外通。及鞭马而出幽并，束发而游」燕蓟，便以勇闻诸将，气盖雄儿。暨书剑纵横，出处渊嘿，耕道猎德，路义宅仁，俟草」昧之期，伫真人之运。而魏氏之季，王室始骚，玉弩上惊，金虎下噬。高祖神武」皇帝，受玄玦而攘夷，观白雀而兴霸，龚行九伐，将清四海。王比邓禹之北渡，犹耿」况之南归，亟立田畴之功，非止陶狐之力。以王为亲信，兼掌机密。至如寇迫韩陵，」饮倾其水，于是长毂雷动，高牙星接。王蹑应龙之迹，穷骓马之奔，一戎大定，七校」须宠。除宣威将军领民副都督，复拜前将军太中大夫正都督。寄以宣摄，复任扶」持，鲸栋增华，骊隅更肃。乃封万年县开国子，食邑二百户。誓应金阪，赞陈谷璧。除」建州长平郡太守。位属罢侯，治高循吏。召王为左右大都督，寻除泾州刺史，入为」主衣都统。属秋风扬尘，气聚群畜，遂乃云车北上，神荼司事。王受言入幕，被羽先」鸣。敕赉马十匹，金银千两，缣数千段，给荫丁一百五十户，除武卫将军仪同三」司，食鲁阳郡干。王出卫三层，入宿九户，负扆嘉节，珥鹖怀威，复除上仪同三师，食」琅琊郡干，进子为伯，增邑一百户，除云州刺史。朱骖数舞，斑条弥振，入为假仪同」三司，又除武卫大将军。而宗子离心，金龟兆衅，国动渔阳之骑，府出渡辽之师。王」握铃屈指，先声后实，事平之后，加开府仪同三司。铃阁旦启，宦骑朝趋，笳吟紫骝，」铙歌朱鹭，荣奖之盛，此焉斯允。及青羌赤狄，同恶相求，入晋地而射雕，度涑川而」饮马。王委深授节，顾重分麾，殚兒徒林，策勋盟府，拜新丰县侯，除骠骑大将军。盗自函关，遂凭邛阜。王雁行出讨，鹰扬会战，丹浦以平，赤泉逾赏，拜临戎县开国公，除汾州刺史，入除左卫大将军，食博陵郡干，除太常卿。在戎与祀，兼而有焉。而天」未悔祸，剪韭复生，斛律咸阳。王出当敌国，受命遄指。与王垂耳对谈，运筹协契，耗」郐灭号，匪匪伊朝。振旅之后，拜济阴郡开国公，迁中护军，寻加特进，除广州刺史。」曾未述职，沉固殄留。武平元年七月中寝疾，十五日薨于家，春秋五十三。诏赠」朔肆恒三州诸军事朔州刺史尚书右仆射。其年十一月十二日窆于邺城西十」里。虽乐署传声，云台画象，然襄王之坟，空藏玉历，东平之墓，止记铜窗，岂似润石」寒泉，盛德可久，乃作铭曰：

珠明南海，玉润西昆，犹彼上将，出自高门。书合孙」旨，剑与荆论，攀龙远跃，附风遐翻。勋庸并懋，器服兼尊，摐金沸管，曳组乘轩。威而」且惠，直又能温，忽随辰尾，遽下山泉。徒留王雁，室奄桐阍，仪形虽往，风烈如存。

北齐刘悦墓志

北齐吴迁墓志

齐故使持节都督东雍州诸军事骠骑大将军仪同三司豳雍二州刺史武」平县伯吴公墓志铭」

公讳迁,字松柏,勃海安陵人,其先太伯之苗裔,宋丞相扬州刺史吴金昌十」二世之玄孙。公体自王基,气连天骨,禀资挺达,独拔时英。公少侠陵霄之气,」长带国土(士)之风。往因孝昌之末,永安之年,国涉多难,夷狄交侵。公乃建雄声」于北土,奉主上于洛阳。天平之季,凶丑乱合,伊缠雾起,举斧纵横。公蒙除广」州长史,带襄城太守。汝颍载清,蛮夷金服,遐迹慕义,襁负来宾。天平三年,吴」楚不恭,侵淫王室。公从师薄伐,掠定淮扬,又北过寝窀,狄人不敢南望。游入」龙帷,有补过之美。兴和年中,除征东将军金紫光禄大夫。天保元年中,除领」民正都督。乾明元年中,除直荡都督。皇建年中,除直入正都督,封沙渠子。皇」建二年中,除车骑大将军京畿直入正都督,食颍阳县干。河清二年中,除骠」骑大将军瀛州六州右箱正都督。

天统三年中,除直荡正右箱都督。天统四」年中,封武平县开国伯。天统五年中,除使持节幽州诸军事幽州刺史,公荣」宠不惊,未见愠惶,啸同近壑,无异山园。卓尔群不,有清波之志。披云之松,非」为高也;开霞之月,北之暗耳。公倜傥于皎洁之秋,雄豪于虎步之岁。叱咤则」三军稽桑,单醪注水,使戎徒醉满。郁气则风生,举拂则河起。去食存信,不必」专古,三吐三握,良在其人。公授委恒重,终存体国,忧公忘家,孜孜不倦。」帝简在心,分官优宠,问外之任,往无不捷。乃南讨江滨,北极沙漠,立功立事,」终有力焉。方欲展效戎场,思定秦陇,志愿未由,彼天不顾,倚伏难明,据身泉」壤。春秋六十有九,薨于任。亲宾洒泣,圣上愍惜。乃诏曰:故骠骑大将军」幽州刺史吴伯迁,气尚昭果,干诚允著,方申武节,更参威御,降年不幸,情以」恨然,宜优追锡,式凶(光)泉壤。可赠使持节都督东雍州诸军事仪同三司东雍」州刺史。武平元年十一月庚戌朔十二日辛酉窆于邺城西卅里,礼也。乃作」铭记。其词曰:」

郁郁青兰,俄俄崇岱,班班绿文,落落朱绩。含芳不已,诞兹余爱,立功立事,在」矢犹载。其一:自南徂北,案剑风云,功革非常,里绩超勋。乐文好武,志尚多邻,近」无不服,远无不宾。其二:上天不吊,歼此良徒,笼云之松,一朝摧枯。多从嗟泣,含」生鸣呼,如可赎也,人百其躯。其三:灾风激扬,祸云忽临,天长地久,在夜常深。狐」场町疃,松柳萧森,白骨无养,玉体永沉。

北齐乞伏保达墓志

齐故骠骑大将军颖川太守齐昌镇将乞伏君墓志

君讳保达,金城金城人也。其先盖夏禹之苗裔,或种德图王,或立功称霸,据西秦而虎视,拟东帝而龙飞。曾祖膏(橐),侍中、中书监,即武元王之爱子。刷鸿鹄之羽,集凤凰之池。祖凤,耻居关外,率众来王。魏朝嘉之,授金城伯。父悦,泾州刺史。德被管弦,爱遗民庶。君,器综方圆,艺兼文武,起家参中军大都督府军事,建非常之勋,受不次之赏,除冠军将军、中散大夫,去病三军之敢,叔夜七贤之美,一朝兼总,人无闲言。天保元年,转前锋都督,进爵东垣县子,别封建安县乡男,又除骠骑大将军,封化蒙县散男。山河并誓,茅土俱传,畴庸之典,自古莫二。寻迁直荡备身都督。持身有度,驭下多方,扬千之仆不戮,诸葛之阵自整。常谓神听孔明,善人是福,而彼苍多舛,曾不憗遗。以武平元年十二月十一日遘疾,卒于青州,时年五十六。粤二年二月十八日窆于邺城西北一里紫陌之阳。诏赠本将军、颍川太守、齐昌镇将,礼也。思古往今来,陵移谷换,敢镌贞石,敬勒芳猷。乃为铭曰:

长发□绪,仍世有声。余休不昧,斯人挺生。甫立杰出,夙知早成。爰初□仕,实参武职。斩将标雄,卖勇驰力。远图未果,小年已极。□情悼远,追加宠章,车旗有数,萧管成行,一辞白日,永闭玄房。

　　按:此志出土于河北省磁县申庄乡白道与西陈村一带,时约在清光绪年间。志盖:"齐故镇将乞伏君墓志"。文曰:武平二年(571年)葬于邺西北一里紫陌之阳。茔地近高僧护、高胲墓,志与高僧护、高胲志同时出土。乞伏保达,《北齐书》无传,志可补史之缺。参见清端方《匋斋藏石记》卷十二《乞伏保达墓志》,清宣统元年(1909年)石印本。

北齐梁子彦墓志

齐故仪同三司大理卿豫州刺史梁公墓志

公讳子彦,字子彦,安定天水人也。自发系命氏,世禄之华无绝。立功种德,大业之美克昌。将军盛于汉家,并州重于魏□,皆所以辉焕图牒,氲氤缃素者也。祖,朝请,望重缙绅,见称当世。父,云州使君,身没□飞,久而不朽。公,门惟积善,生禀降神,幼挺黄中之异,长标白眉之目。善事父母乃为百行之先;继以忠贞弥成一心之本。及风树不息,毁慕过人,虽曾闵之俦弗之尚也。既轸陈蕃扫除之志,还符邓艾指划之心,是以金匮玉韬之术,破虫啼猿之伎,莫不洞发机心,尽穷其妙。起家员外散骑侍郎,虎侯以雄姿见壮,典君以统帐蒙亲,备兹御侮,理难其选。寻转直阁将军,又授襄威将军。及侯景反噬,称兵内侮,远与西贼潜相结附,遂使戎狄无厌,来□有道。凭陵我城邑,摇荡我边疆,驱率犬羊,窃据汝颍。燎原不止,终须扑灭,于是垒壁既兴,爰命熊罴之旅,鼙鼓是听,使思将帅之臣。乃转为都督,裹粮坐甲,固敌是求,礌石投人,余勇斯贾。及城陷,以军功除宁远将军,都督平阳子。洎魏氏乐推,皇齐膺箓,凡厥腹心,皆蒙优赏。除中坚将军,别封广州南阳郡之埩城县开国子。既启尔宇,虽曰酬庸,以功诏禄,犹爽金议。又除直荡正都督,食兖州平阳县干,埩城子,又降平西将军。武成皇帝愍彼参墟,久沦虐虏,隔我声教,独为匪民,欲使知稽服之有归,识招携之以礼,令望攸族，故假斯授。诏除假节督夏州诸军事，夏州刺史，余如故。又除卫将军、领军长使。恪居官次，无殆晨宵，虽长文当往，□规见表，毗赞所资，我无惭色。寻除假仪同三司，别封豫州遂宁县开国子，骠骑大将军，散骑常侍。既崇衮秩，兼居文友，谅不虚授，时论为荣。惟公崖岸峻整，风□□要，寝处忠义，羁琐礼乐，刚而不愎，仁而有勇，至于堕城坏邑，多所矜全，庸勋既□，名器亦著，处以恭逊，行以周密，德大而心小，居高而志卑，所以誉满邦家，声驰海内。实宜羽翼飞鸿，盐梅鼎实，鼎峙渊停，永为垣屏。既而四时相代，乃验白驹之言；一息不追，忽悲黄鸟之叹。以武平二年岁次辛卯二月己卯朔廿五日癸卯薨于东明里宅，春秋五十八。赠使持节、都督豫州诸军事、仪同三司、大理卿、豫州刺史。粤其年四月戊寅朔廿日丁酉葬于野马岗，此去王城廿里。沧海之中，浮棺终泛；□山之下，沉碑已出。是知高岸为谷，见日可期。故勒此他山，以传盛美。乃为铭曰：

将相有门，公侯复始。浚源引派，本枝郁矣。廿载衣缨，焕兹图史。克隆堂构，实惟夫子。夫子笃生，少也腾声。温如玉润，芳若兰馨。志符乐管，伎习纵横。剑挥蛟截，矢发猿鸣。爰自登朝，频加显级。圭组交映，青紫如拾。金龟是纽，谷璧斯执。身安道隆，宦成名立。人生何遽，天道希微。未穷衮服，数袭夷衣。徒崇礼数，空驾骖騑。瑾当终古，□偆清徽。

按：梁子彦，史书无传。志文曰其参加平定侯景之乱有功，受赏封官。北齐后主高纬武平二年（571年）卒于东明里宅，享年五十八。东明里当在邺北城东南隅，因邻近东明观而得名。志文又云"粤其年四月戊寅朔廿日丁酉葬于野马岗，此去王城廿里"。野马岗当为邺西之野马岗。明嘉靖《彰德府志》卷一《地理志》"安阳县"："野马岗，在县北三十三里，故老云势如驰马，或曰古尝牧马。马冈下，冢累累，皆葬王侯也。冈东南有黄衣水，入于鸂鶒陂。清流涧，经冈北，又过烂石山下（在故邺县西南五十里），折而东入于漳。齐清河（应为河清）二年（563年）于冈南项城北虎涧东，堰漳水为清河渠，东流过西门豹祠，入于邺，今废。"

北齐刘忻墓志

君讳忻，字始触，弘农胡城人也。八采崇基，龙颜峻宇，世载揖让之风，家传宽仁之德。源流注而未舍，长河引而□竭。曾祖耳，魏使持节、卫将军、泾州刺史。蕴德苞时，道□物表，寨帏望境，贾琮之化非淳，停□待信，郭汲之期眇小。祖胡，濮阳太守。识怀闲雅，领袖壹时。父恺，建安太守。志尚高清，羽仪当世，遂使衣冠不绝，嘉声乐起。所谓□山之薮，非止卞玉；汉水之沔，讵在壹珠。君，少而挺异，幼实多奇，风度自远，智高渊赜，体备五德，身维百行，孝弟（悌）之至，乃著家门，义让之音，翻然成俗，实有杞梓之才，宁非瑚琏之用。起家袭爵为平昌子，后加中坚将军。佩□升朝，飞缨参列，虽职秩未高，才名颖出。方当托凤□应，附骥骋足，致远之効未申，物代之时奄及，春秋七十有五，以武平元年庚寅十二月庚辰十八日丁酉卒于邺城北信义里。而相杵不闻，邻哀振路。粤以武平二年辛卯五月丁未三日己酉葬于武城北。然丹青非记，金石可依，乃有镌勒，用□厥美。其词曰：

四序不留，五才何已。则天成业，斩蛇继起。根叶既繁，花萼岂止。蕃屏名岳，剖符万里。爰逮哲仁，珪璋为质。□友内融，德音外逸。承官负爵，铿锵王室。亦既罢朝，道遥□□。人生讵几，世路奄昏。排云未上，地穴下奔。神颜已言，□□徒存。假镂斯石，铭德泉门。

　　按：此志出土于河北省磁县讲武城乡，具体年代不详。无志盖，铭文又不著其姓。端方《匋斋藏石记》（清宣统元年石印本）曰：“文中有八采崇基及斩蛇继起诸语，知忻为刘姓……胡城故县在今颍川府阜阳县西北，非陕州宏农之胡城也。”忻于北齐后主高纬武平元年（570 年）十二月十八日卒于邺城北信义里，享年七十五。其生平及父祖家世，史无传。“邺城北信义里”，邺城北为漳水，信义里当在城内，有南、北二里。

北齐鼓山唐邕写经铭

粤若稽古，遂听风声，握神纪以应物，游灵教而至道者，有矣。咸宏之在人道不虚，泄然则」轩从七圣，兰叶传文，舜共三公，芝泥观字，周朝关令，望东气而稽首。丘门弟子，向北升而」磬折，天书道记可略言也。盖不出于九流，且未闻于三世。我大齐之君，区有义在，不」思家传，天帝之尊，世祚轮王之贵，一人示见，百辟应生俯顺，龟龙托迹云火，翠凤将宝幢共举，灵鼍与法鼓俱震，万机兼十善之化，四门杂三乘之宾。自迦叶结集，蔡愔游返，持缣」之经盛于兹，曰龙宫斯尽，象载未胜。特进、骠骑大将军、开府仪同三司、尚书令、并州大中」正，食司州濮阳郡干，长安县开国侯、晋昌郡开国公唐邕，挺固理时，生而世隶，文经武」来，处庙堂从，扣而鸣随，病与药待，群方而似镜，应众务其如响，四海仰以弥高，千官挹而」满腹眷言，法宝是所归依。以为缣缃有坏，简策非久，金牒难永，皮纸易灭，于是发七处之」印，开七宝之函，访运华之书，命银钩之迹，一音所说，尽勒名山。于鼓山石窟之所，写维摩」诘经一部、胜鬘经一部、孛经一部、弥勒成佛经一部。起天统四年三月一日，尽武平三年」岁次壬辰五月廿八日。涧谷虚静，邑居闲旷，林丛极妙，草匝文柔，禽绕空中，兽依树下，水」音发而觉道风响，动而悟物，戒行之徒，允集慧定之侣，攸归如日贯云，常转不息，山非恐」畏，未苦风寒，石比夜光，非待莹雪。毗沙上度，敕众鬼而护持，大梵来游，领群神而作卫。善」因普被，愿力熏惝，当使世界同于净土，皇基固于大地。量六道于十山，沐四生于八水，」乃及无边，皆取正觉。海收经籍，斯文必传。山从水火，此方无坏。重宣兹义，乃作铭曰：」

天文星象，人文书契。先圣后贤，道才身世。惟　皇建国，教通群艺。德贯无为，化穷兼渗。诸法为祖，诸经亦王。一文半偈，与物行藏。天纵上士，时应有方。群迷升极，至道津梁。杀青有缺，韦编有绝。一托贞坚，永缶昭晰。天神左右，天王拥卫。书未仙游，字无飞灭。地遥常寂，山」空避喧。承风觉道，海滴难论。水流可阅，日去无翻。乘兹誓愿，福地常存。

　　按：唐邕，《北齐书》有传，可据铭证补。写经铭在邺之西北鼓山西麓北响堂寺（在今河北省邯郸市峰峰区和村东）。寺前即滏口道，为邺与晋阳往来必经之路，寺亦为北齐帝王官员中途礼佛、歇脚之所。铭文据陆增祥《八琼室金石补正》卷二十一校录。

北齐徐之才墓志

齐故太子太师侍中特进骠骑大将军开府仪同三司使持节都督兖济徐三州诸军事兖州刺史录尚书事司徒公池阳县开国伯安定县开国子西阳王徐君志铭

王讳之才，字士茂，东莞姑幕人。夫妫姜肇族，子姒命宗，近取诸身，遥取诸物，曰若君王之得姓也。高阳斯降，奄宅徐方，胙土开家，秉珪承国。悦宝剑而不言，闻诸克己，戒镏坛之盛迾（列），谁能去兵。自辟地于汉年，干擅文于魏日，绝后光前，门多君子。十二世祖饶，汉郁林太守，属陈圣陵遟，当涂驳杂，黄车受命，紫盖程符，自他有耀，故世居江表。大父文伯，梁散骑常侍。映三春之华，挺九秋之实，多能多艺，举世知名。考雄，不幸早卒，终于员外散骑常侍郎。龙驹千里，凤子一毛，遗言余迹，不没于地。王名参图谶，精著星辰，逢彼我时，生兹懿德。五岁诵《孝经》，八年通《论语》，方数小学，经耳得心，琴书众艺，过目成手。十三，召为太学生，受业于博士缪昭。后庆礼经，涉津知济，施梁易旨，望表探微，射策举高第。河东裴子野、彭城刘孝绰，并当时标秀，命世宗府，累尝试王机神。丧服疑义，辞若珠连，思侔泉涌，莫不倒绝，相顾缺然。十五，丁员外君忧，如不欲生，邻乎灭性。太夫人丘氏，譬诱抑夺，仅而获全。中卫将军、尚书令陈郡袁卬，民之望也，时以本任领丹扬（阳）尹，藉甚声价，饥渴徽猷，下车辟为主簿。杨彪之雅叹韦康，方闻此名。郭太之盛称王允，始历兹途。鸿渐于千，亦足为美，释褐豫章王国左常侍。豫章出牧淮夷，即转镇北府主簿。钟此娇王，嗣踪鱼石，颠沛之间，执于军府。魏安丰王拥旄彭泗，恤刑新国，利获顾荣，深期关羽。既而锋颖斯脱，皋泽有闻，爰发紫泥，言登绛关，衣裾满席，车骑填门，倾洛相招，喧动时俗。乃除散骑常侍，在员外。寻领尚药典御。曹嘉此选，本藉先代之资，任恺兹班，实媿他山之举。但以分环有日，寻箭无期，痛结当归，悲缠衔索，频表还南，辞旨恳到。朝廷求忠于孝，弗遂斯请。明年，转通直散骑常侍，加安东将军、银青光禄大夫。普泰初，进散骑常侍、中军大将军、金紫光禄大夫。师友金归，谈议惟属，煌煌加首，若若垂要。永熙即位，封昌安县开国侯，食邑八百户，从班例也。武定四年，除秘书监。职号典文，任专考异，追风王肃，竞烈华峤。及帝出乎震，木运膺图，数穷于亥，水精消录，辞稷契之出入唐虞，若郑王之始终魏晋。大齐天保元年，除侍中，余官如故。其年，别封池阳县开国伯，食邑五百户。嘉谋良策，敷陈帷扆，切问近对，启浚聪明，谈笑箴规，才优方朔，从容讽议，事溢简雍，入履青蒲，出陪黄屋，密属懿亲，莫之逮也。五年，除使持节、都督赵州诸军事，赵州刺史，将军、开国并如故。势均羽翼，用切股肱，思媚一人，未遑之述。六年，迁仪同三司。七年，转中书监。马防捧帚，望龙衮之清尘；张华执辔，仰凤池之休烈。十年，换仪同三师，又除赵州刺史。阴邓豪强，匹南阳之不问，京华衿带，犹北门之掌管，水火胥济，琴瑟爰张，六条有序，九里云润。乾明元年，征金紫光禄大夫，俄转左光禄大夫。皇建二年，除使持节、都督西兖州诸军事，西兖州刺史，竟不拜。河清三年，进开府仪同三司。天统元年，食南兖州梁郡干。人伦师表，必置周行，天民无告，用縻好爵，物不厌其高，世皆乐其富。即年，别封安定县开国子，加骠骑大将军。二年，又除中书监，判并省吏部尚书事。再登掌内，作贰铨衡，密勿丝组，清华水镜。三年，迁尚书右仆射。先是编籍高平，故加兖州大中正。江霏（彬）断议，岂曰能贤；荀勖品题，曾何足算。四年，迁左仆射，寻加特进，仍除使持节、都督兖州诸军事，兖州刺史。给铙吹一部，表率济河，导抚乡邑，衮露华虫，箶吟芳树，衣锦之游，于是乎在。五年，征诣晋阳，徙食兖州高平郡干，又为兖州大中正。武平元年，除尚书左仆射。二年，迁尚书令，封西阳郡王，食邑一千户。又加侍中、太子太师。荀乐之端揆东京，金张之喉舌西汉，长沙之建国传家，朗陵之教事喻德，方之蔑如也。昔苗贲在晋，终不为卿；陈敬入齐，惧而辞仕。李斯获抵，马超见忌，飘摇羁拔，吁可畏乎！非夫度量淳深，才艺宏达，虚舟任物，时女应世，安能遨游两姓，升降十君，无害于刀尺之间，取容于津途之际，禄穷钟鼎，位极旌珪者哉！重以博闻强记，渔猎遍于书府，华辞丽藻，绮缋溢于翰林，白马骊牛，辩同河霍，腾蛇飞鹊，笔若云起，绛宫玉帐之经，绿帙金丹之秘，师旷调钟，京房吹律，皆洞彼渊玄，该兹要妙。但虞渊不驻，归塘未已，悬车将老，岱游遽迫。武平三年岁次壬辰六月辛未朔四日甲戌遘疾薨于清风里第，春秋六十八。簪缨殄瘁，文雅沦胥，悼结宸□，情深子卯。　诏曰：昔晋叹九京，汉嗟二陇，追往伤逝，义切名臣。故太子太师、侍中、特进、骠骑大将军、开府仪同三司、兖州大中正、食高平郡干、池阳县开国伯、安定县开国子、西阳王徐之才，理造希微，道该儒数，博识逾于画地，精辩可以谈天。自发迹江表，来仪上国，值钟石变响之辰，日月光华之旦，展诚效节，历奉六君，春煦秋凄，年移三纪，任惟端揆，位极天卿，声动缙绅，望隆冠带，方当崇之右学，置以东序，追夏后之尚齿，兼有虞之贵德，而阅水不留，奄焉徂殒，兴言辍祭，嗟悼良深，褒终加等，盖有前列。文物声明，宜从优典。可赠使持节、都督兖济徐三州诸军事，兖州刺史，录尚书事，司徒公，将军开国王如故，礼也。自牖迁庭，卜远有日。其年十一月己亥朔廿二日庚申葬于邺城西北十里。雕戈镂鼎，方悬日月。旧里佳城，将传昆嗣。铭云：

遐哉水帝，肇彼卫墟。绵绵瓜瓞，受命于徐。洎乃显祖，猗欤那欤。邦之司直，譬以史鱼。穆穆常侍，颙颙侍郎。重规沓矩，凤翥龙骧。所履无杂，发言有章。清风令范，贻厥我王。弱龄驰誉，一日千里。不测其深，未见其止。博闻精义，高谈名理。辞穷五鹿，辩藏三耳。学富山海，文谐钟律。菁华既蕴，风飙自逸。王寿焚书，杨云搁笔。岂伊发寐，非徒愈疾。生民之

本，实惟孝敬。哀戚之情，率由天性。幼丁荼蓼，长违温清。去鲁增悲，陟
屺兴咏。忠为令德，抚我则后。天命有归，顺之无咎。鸣玉在佩，丰貂加
首。箴规滔闶，献替左右。德优名立，学老朝端。爵传甲令，位极天官。宣
威论道，俗阜民安。庙堂斯策，钟鼎方刊。悬烽未薄，高奏已骛。哲人其
萎，溘从朝露。国遵遗典，民思余树。万夫之望，百身谁赎。皇情有悼，生
荣死哀。诏葬于野，言归夜台。石扉行掩，玉匣宁关。登高怆恨，极目徘
徊。松间白云，水流丹旐。山门驰兽，空城集鸟。寒望凄凄，归徒扰扰。寂
辽千岁，独留华表。

　　按：此志 1912 年出土于今河北省磁县申庄村北，即"邺城西北十里"。
徐之才，《北齐书》卷三十三有传，传、志各有详略异同，可互观校补。他原
为南朝齐人，入魏后，受礼遇，居洛阳南馆，又随东魏迁邺，魏齐禅代，拥戴
高洋，志齐武平三年(572 年)六月四日卒于邺城清风里第。志文有言曰：
"旧里佳城，将传昆嗣"；"清风令范，贻厥我王"。清风里当是邺城有名的
里。徐氏墓志及附盖现存辽宁沈阳故宫博物馆。2005 年 8 月 12 日笔者检
核墓志原件，许多字迹已漫涣不清，风化更甚。

北齐太常卿高僧护墓志

齐故通直散骑常侍赠开府仪同三司太常卿高君墓志铭」
君讳僧护，字世公，勃海蓨人也。七庙玄菟」府君八世孙。导源姜水，播德
于唐朝，忠烈」匡周，垂芳于齐国。祖太师太尉公，录尚书」晋州刺史城皋
王。父司徒公，录尚书领军」大将军并州刺史淮阴王。君禀异挺生，资」灵
积善。机惠辨悟，意等让梨。孝性自天，有」如怀橘。父王偏所钟爱，圣上
每见称奇。」故早预周行，幼加显职。岂其天不与善，歼」我神童。粤以大齐
武平四年十一月遘疾」薨于京师。时年六岁。窆于邺城西紫陌河」之北七
里。恐谷徙川移，乃为铭曰：」
帝源浩瀚，岳胤隆崇，精灵感降，弱播宏融。」冀保颐寿，世袭才雄，岂其朝
露，神化如□。」悲及朝野，叹感紫宫，聊镌盛烈，永扇无穷。

　　按：此志与高肱、乞伏保达墓志同时出土于河北磁县申庄乡东陈至白
道村一带，时间约在清末民初。僧护死年六岁，本无史事可记，志文多
虚誉。

北齐云荣墓志

公讳荣，字显乐，朔方人也。昔栉风沐雨，大业禀于帝图；疏河导源，叹」嗟仲尼之口。波流于是浩汗，根叶所以郁盘。连天徽赫，难得而称焉。」大夏武皇帝，君之五世祖。曾祖那勿黎，大夏七兵尚书。嘱家国失」德，众畔民离，舍彼危邦，言归乐土。入魏为北部莫弗，藏姓为口豆连」氏，汉言云也。父库堆，仪同太常卿朔州刺史。被物如神，郡国兴太平」之讼。公气协乾象，灵禀山川，少怀脱略，小道弗窥，粗阅六奇之旨，羞」为一夫之业。且复家本朔方，往来燕蓟，望胡桑如动思，涉寒水以增」怀。志在功名，心存跃马。及魏道凌迟，九区靡沸，壮士轻身之日，君子」殉义之秋。嘱神武皇帝跃潜渊之鳞，应出震之录，蹈机握杼，将织」八纮。遂以公为帐内都督，迁征虏将军、中散大夫，又除抚军将军、敷」城县开国子，食邑五百户。同汉高之樊相，比魏武之许侯。典禁帷幄，」实为心旅。仍除直荡正都督，食高唐县干，重封永宁县开国侯。昔马」援勋重，始号伏波，韩增宠高，止封龙额，我之功也，乃实加焉。又除假」仪同三司、岐州刺史。其地西接寇场，南临伪境，刁斗不息，钾胄是衣。」君御之以武，怀之以德。弃戚到戈，襁负而至。又除仪同三司、平原县」开国公。应兹台宿，调理阴阳，百姓富安，千城蒙赖。加开府仪同三司、」西中大都督、西中郎将。当方穷龟鹄之寿，尽身世之华，岂谓积善无」征，奄摧良木。以武平四年十月九日薨于西中府，春秋七十。痛悼」皇情，爰下哀诏，赠赵安平三州诸军事赵州刺史中书令，余如故。」至五年正月十日厝于邺城西廿五里。乌呼，羽陵之简，既缺而不存」；骊阁之图，亦征漫其难久。若不凭诸琬琰，寄此夜台，何以播我休」音，传于来世者欤？乃为铭曰：」

洪基秀峙，云构岩峣，世有明德，传诸雅谣。克昌厥胤，实为民俊，坐卧」廉虚，衣裳礼信。其如宝璧，更同瑜瑾，大人授手，我亦濡足。自北俎南，」驱驰骥骏，一沾云雨，光华九族，裂壤分星，锵金响玉。方隆天爵，极此」遐龄。如何不吊，奄次佳城，薤哥幽噎，宰树萋菁，悲哉万古，倪睹斯铭。

北齐兰陵王高肃碑

齐故假黄钺太师太尉公兰陵忠武王碑

王讳肃,字长恭,勃海蓨人。高祖神武皇帝之孙,世宗文襄皇帝之第三子也。神则龙首,元」火师而成帝,兵称虎翼,拧水母而称雄。王命守巨宝,惟卿族均大名而复始,踰盛德之后昆。抚」天潢而焕落,临地轴而彪明,祝祭孔明,史词无愧。王应含宝之粹气,休连譬之英精,风调开爽,器彩韶澈,譬兹尔不跨,玄指而扬荣,若彼高鸿,摩天霄而远翥。天保八年,起家通直散骑侍郎。」王满观兵,实惟绮岁,扶风待谓,兆复黄中,落甚不明,虽容顾问,感兴恒贯,伦望允归。九年,封乐」城县开国公,食邑八百户。爰应利建,选荒邑社,求带厉之书,荷山川之锡。十年,除仪同三司。象」服画龙,辎车倚厩,既钟犹予之爱,亦惟尚德之无。其年,进上仪同三司。游息锦组之味,云月沛」辅,推其对易准安耻其传骚石。岭外河地穷虞汉,紫津玄塞,闲以边营,刃以屡惊,桔槔时动,将」循条务,良在懿亲。仍以本官行肆州事。王少览治章,北闲敕术柬经期,乃复著民谣。又进仪同」三师。乾明元年,除领左右大将军,增邑一千户。陟降朱樨,统兹近习,去来青屋,勤深卫奉。其年」三月,封徐州兰陵郡王。踰往上乘,更踈(跻)高宫,响白京而洧钺,振绦绶而交采。皇建元年,增邑通」南一千五百户,转中领军,加开府仪同三司。爰董荣戍,广命僚属,门有玳瑁之」簪,庭蹑珠綦之履。雄儿抚剑,兆止莲花,交人获藻,动成雪气。肃宗大渐,顾托受遗,丧君有君,清宫夜拜,至乃龙」山作镇,俯瞰双流,虎落旁通,神□珍思,□营栉比,戍役相寻,筑逮能迀,咎难其选天。世祖武成」皇帝践祚,除使持节、都督并州诸军事、并州刺史,余官悉如故。而王乃勉其耕桑,又能均其劳」逸,朝夕思念,哀矜勿喜,虽复宣光寒食之请,细饮犬马之谒,其为官效,无以过也。二年,别封巨」鹿郡开国公,食邑一千户,进领军将军,令命在□,实厅武府契问,夷险在诚,弥亮既而斗驰,惶」羯奔狐杂种肉阒,下都矢及离殿,天兵雷动,舆羁□□,往道□□□□□□□剥□需而□也。

　　按:此碑与高翻、高盛(高欢二位族叔)残碑合称为"磁州三高碑"。碑阳圭额四行篆字十六:"齐故假黄钺太师太尉公兰陵忠武王碑。"碑阳正文十八行,满行三十六字。碑阴风化剥落,刻二十六行,满行五十二字,多不可辨识。碑阴圭额勒有高肃弟安德王延宗过墓题诗一首。第十五行有字曰:"(武平)五年五月十二日,窆于邺城西北十五里。"第二十六行末勒"武平六年八月□□□"。碑现矗立在河北磁县刘庄村东,碑亭之北30米残存高约七八米的封土。《北史》、《北齐书》有兰陵王传,多未载及碑文内容,可参见互补。史曰肃为文襄第四子,碑曰第三子。《北齐书·安德王延宗传》称肃为"四兄"。武平四年五月被后主鸩杀,五年五月十二日葬于邺西北十五里,六年八月立碑。马忠理撰《北齐兰陵王高肃墓及其碑文述略》(《中原文物》1988 年第 2 期)一文,于此有较详论述,可参阅。

另有古曲《兰陵王入阵曲》,唐时传入日本。1923 年日本国学院教授田边尚雄在北京大学讲演"中国古代音乐之世界的价值",于讲堂播发《兰陵王入阵曲》及《武德太子乐》、《春莺啭》、《边城乐》、《越殿乐》和《胡饮酒》等,近代学界始知《兰陵王入阵曲》仍在日本保留并流传。

北齐魏懿墓志

大齐魏翊军墓志铭」

君讳懿,字惠贵,清都邺人也。盖轩辕黄帝之苗裔,魏文侯」之世胄。分城封邺,乃祖乃考,遂为氏焉。食邑钜鹿,陪驾从」京。晋司徒公魏华之□。祖业,魏道英烈,敌能先锋,论功赏」黄龙陶城县令。父□,雄桀祖风,文而乃雅,擢为谏议大夫,」迁代郡太守。君□□自天,洞达空有,□□而应生,无□」以为实。凝心□素,志末世表,伟质冰□,旨辨清□。内说则」法理昭显,外论则超体无穷。故能在童不群,处众颖异,笃」孝色养,不先尝味,必在奉亲,尊次其□,赈赡遐迩,均同昆」爱,遂使响茂□□,声流朝廷。年始十八,坐家□为荡寇将」军、右尚令。但智奇锜镝,动合规矩,迁辅国将军、扬州外兵」参军。而寿春逾淮,地扃江□,闽越之逵冲,易心之端径。矫」觇由途,真非难□。君性猛四思,兵崄潜布,有辄猜葆旌而」无遗。迁翊军将军、散骑侍郎。将扫吴会,建□方岳,清一宇」宙,缉熙王道。有志不述,同兹逝水。年六十有五,以武平五」年岁次甲午十月戊子朔廿二日己酉薨于清风里。乡邻」奔痛,鸟哀殒尸。粤以其年十一月丁巳朔廿九日乙酉窆」于邺漳之阴西门豹祠之西南。道表悲途,翅翼医灵。其词」曰:」

川流凝海,兽尊龙夒,君淑含弘,具解无为。孝慈均爱,奖赡」□亏,德感二仪,人鸟同悲。穹隆傍薄,高厚盈盈,品类感证,」□□能轻。君警远境,江左□名,四大假俗,今善传声。

北齐李祖牧妻宋灵媛墓志

齐故李」公宋夫」人墓铭」

齐故使持节都督赵州诸军事赵州刺史大鸿胪卿始平子李公宋」夫人墓志铭」

夫人讳灵媛，广平列人人也。昔祉潜玄乙，契受商丘之封；觊阐素鸠，汤申景」亳之会。其后疎峰神岳，导源灵水，铜池九茎之美，玉田五德之珍，杞梓琅玕，」内辅外相，莫不声存东观，绩著南史。祖弁，吏部尚书，业冠四科，民资嗜欲，身」应十乱，帝藉风水。父维，洛州刺史，服佩仁义，挺握珪璋，时挹椒兰，俗仰鳞凤。」夫人远禀庆灵，近钟世德，芬芳袭物，光彩映人。纵使朝霞暮雨，比方南国，莲」灼苕华，弗能加美。兼以窥案图史，规模保傅，六行四德，不肃而成。织纴绮绘之」巧，组紃绤络之妙，自擅婉娩之功，无愧葛覃之旨。卒能牢笼众媛，仪范庶姜，」秦晋匹也，钦我令淑。良人言求宋子，乃疲十驾，夫人爰适华庭，卒登百两。及」结缡成礼，齐眉展敬，闺壸之内，风教穆如，上下悌恭，中外彝序，共沐仁恩，俱」仰慈则。房中牖下之奠，苹藻荇菜之虔，肃展清祠，祗奉赞祼。至于比兴鹦鹉，」缘情芍药，皆能掩映左嫔，吞含蔡琰。故柔闲用显，贞顺克修，初为梁鸿之妻，」终成文伯之母。宜当上应景福，保此遐龄，而天道茫茫，遽随兰败。春秋卅九，」以皇建二年岁次辛巳六月十七日，终于邺城宣化里。以武平五年岁次甲」午十二月十日，　　　　　　　呜呼，深谷为阜，巨海成田，聊镌翠石，传诸永年。其词曰：」

大功无替，至业方修，亦白其马，来客于周。地参鲁卫，爵尽公侯，子孙繁祉，克」盛箕裘。烈祖特达，朝仰谋猷，显考英秀，世擅风流。爰钟淑女，果号贞柔，德盈」闺闼，誉动河洲。咸恒既著，鲂鲤行求，弊陈五两，桥设方舟。弟兄是远，君子为」仇，何亡何有，俌俛绸缪。冀凭遐算，金石同俦，交臂俄失，零落先秋。一辞邑里，」言往山丘，悲风烈烈，素旐攸攸。花开陇树，水积阴沟，垒垒孤冢，气像城楼。」

长子君荣，字长谋，司空府刑狱参军。　第二子君明，字仲爽，齐符玺郎中，卅」九亡，同日祔葬于茔西北。　第三子君颖，字叔睿，安德王开府长史，年卅」四亡，同日祔葬于茔东北。　第四子君弘，字季宽，太尉府行参军。长」女魏颖」川王元斌之世子世铎。　第二女适博陵崔子信，信太子舍人。」第三女适」博陵崔伯友，友梁州骑兵参军。　第四女齐世宗文襄皇帝第五」子太尉公」安德王延宗妃。

北齐李祖牧妻宋灵媛墓志

　　按：宋氏志于 1975 年出土于河北临城县西镇村。她卒于北齐皇建二年（561 年），武平五年（574 年）十二月十日迁葬，与其丈夫李祖牧合埋在一起。《北齐书·安德王延宗传》：周武帝害死高延宗，"李妃收殡之"。李妃即李祖牧第四女。

北齐李祖牧墓志

齐故赵州李使君墓铭

齐故大鸿胪卿赵州刺史李君墓志铭

君讳祖牧，字翁伯，赵郡平棘人也。昔庭坚迈种，梗概著于虞谟；伯阳执玄，糟粕」存乎关尹。先民陶其真范，后昆景其遗迹，繁祉余庆，刻萃本枝。捶钟列鼎，人物」世济，东都愧夫五公，西京谢其七叶。祖尚书令、仪同、文靖公，大言大德，提衡一」时，事蕴丘山，声溢弦管。父主簿君，雅实清徽，激扬流俗，命均回鲤，有志无时。君」资神川窦，擢秀门户，幼而不群，异乎公族。凤遭不造，早阙过庭，夫人黄鹄成歌，」柏舟在咏，倚门徙宅，慈勖具举。君亦蔽蚊尝吐，理极温清，闺帏肃雍，人无闲议。」加以耕耨情性，砥砺衿抱，丹觼㰀而为质,黼藻会以成文。公府钦风,屡加旌帛。」释褐开府参军事,转司徒府墨曹参军,除襄威将军,转太尉府外兵参军,袭爵」濮阳伯,加宣威将军,又迁司徒府中兵参军事。君雅怀高尚,志恬缨冕,进取之」间,特非其好,每所迁历,久不移班,自我得之,亦无闷也。晚除太子洗马,寻迁彭」城太守。方事推请,竟不述职,识者多之,以为称首。依例降伯,为始平子,除」冠军将军,又除卫将军,皆常级也。后授太尉府谘议参军事。君气调清夷,风猷允塞,」刚亦不吐,直而能遂,约言顾行,崇仁笃礼,门训家诰,率由义方,轻财重士。好赒」能散,邻里待以自资,姻族望而举火。逮索鱼兴感,风树成悲,疴巨愈迟,殆至于」尽,绝水泣血,比礼更轻,驯兔栖鸠,为征已薄。冀膺眉寿,永弘规鉴,天道不吊,奄」随化远。以天统五年岁次己丑七月五日,薨于邺城宣化之里舍,时年五十九。」诏赠使持节、都督赵州诸军事、卫大将军、赵州刺史、大鸿胪卿,礼也。以武平五」年岁次甲午十二月十日,归窆于先夫人旧兆北六十步。恐山移谷徙,唔和见」日,聊铭员石,志此穷泉。其词曰:

毛羽由穴,德业有门,必复其始,实在公孙。

如兰是馥,似玉斯温,艺修行举,实厚」名尊。

一捐野服,屡降王言,志全恬澹,情丧簪轩。

惊飚不息,隙驹常奔,小年未暮,」大夜俄昏。

睿情悼轸,加葬崇恩,哀哥夕引,荣卫晨屯。

疎芜寒垄,萧瑟穷原,未闻」可作,空叹埋魂。

外祖广平宋弁,魏吏部尚书。　　夫人广平宋,父维,魏洛州刺史。　　长子君荣,字长谋,司空府刑狱参军。　　第二子君明,字仲爽,齐符玺」郎中,卅九亡,同日祔葬于茔西北。　　第三子君颖,字叔睿,安德王开府长史,年」卅四亡,同日祔葬于茔东北。　　第四子君弘,字季宽,太尉府行参军。庶第五子」君亮,庶子君华,染道。　　庶子君盛。　　庶子君褒。　　长女魏颍川王元」斌之世子世铎。第二女适博陵崔子信,信太子舍人。第三女适博陵崔伯友,友」梁州骑兵参军。　　第四女齐世宗文襄皇帝第五子太尉公安德王延宗妃。

北齐李祖牧墓志

北齐李君颖墓志

齐故开府长史李君墓志铭

君讳君颖，字叔睿，赵郡平棘人。自潜功柱下，尼父比其龙德；论兵泒上，」
韩信推曰人师。灵贶遐长，风流绵邈，英贤踵武，世德无穷。祖主簿，践蹈」
规矩，组织仁义，陶冶缙绅，鼓动流俗。父赵州史君，志侔金石，操拟冰霜，」
匡政庇民，所莅称美。君擢质蓝田，少蕴十城之价；生于丹穴，自有五色」之
毛。崖岸孤竦，神衿俊秀，重然诺于百金，轻杖策于千里。曾倒蔡邕之」屣，
屡载傅玄之车。先达许其致远，后生以为领袖。于是盛名歘尔，不速」而
达。戈戈玉帛，贲我丘园。释褐开府主簿，转从事中郎，仍转长史。虽董」
幼宰之殷勤，张子纲之清直，以我方之，轨躅非远。宜应上善，以穷人爵，」
未移亭午，奄坠虞渊。以大齐武平四年岁次癸巳六月五日，终于宣化」里，
春秋卅四。以武平五年岁次甲午十二月十日，归祔于先君赵州史」君茔东
北。将恐佳城见日，陵谷贸迁，用镌芳烈，置彼幽埏。铭曰：

漳水东注，恒山北跱，川岳眒灵，世出奇士。

凤雏龙胤，云兴飚起，如珪如」璋，光映图史。

爰挺英哲，夙标奇度，志识开通，风神警悟。

文轻百上，学精」五蠹，朝野所瞻，交游取慕。

一投幕府，三降丝纶，齐踪机伯，比迹仙民。

以」兹淑美，方作谋臣，忽随晨露，谁论辅仁？

卜云其吉，将归山阜，风翻旌旆，」雾昏墙柳。

哀结宗姻，悲深故友，春兰秋菊，传芳不朽。

先大人广平宋，父维，魏洛州刺史。　兄君荣，字长谋，司空府刑狱参军。」
第二兄君明，字仲爽，齐符玺郎中，同日葬于茔西。　第四弟君弘，字季」
宽，太尉府行参军。　第五弟君亮，字幼德。　第六弟君华，出家染道。」第
七弟君盛，字稚昌。　第八弟君褒，字季□。　姊适魏颍川王元斌之」世子
世铎。　第二姊适博陵崔子信，信太子舍人。　第三姊适博陵崔」伯友，友
梁州骑兵参军。　第四妹齐世宗文襄皇帝第五子太尉公安」德王延宗妃。

　　第二兄子胤叔。　　　长兄女适齐神武皇帝孙」永安王茂则妃。

　　第四弟子胤伯继后。

北齐李君颖墓志

北齐郑子尚墓志

齐故骠骑大将军阳州长史郑君墓志铭」

君讳子尚,字神昌,荥阳开封人也。自牛羊不践,鸳鸯来鸣,跃」素鳞以启业,咏缁衣而改弊。世袭忠贞,时曳尚书之履;家传」儒雅,屡辟通德之门。祖万,白道镇将云中太守。穆似春风,暖」如冬景。父乾,潼郡安阳二郡太守。肃同草偃,化若神行。君为」世乃生,含灵载诞。韫骥足之千里,晒龙章之五色。周旋六艺,」脂粉八能。智囊运于心曲,理窟飞于舌杪。文如宿构,讵有梦」肠之疾;乌应虚弦,何止贯心之伎。属神武皇帝户游丹雀,泽」聚雕云,言刈翘楚,委以心腹,乃擢为亲信。释褐奉朝请,寻除」中军府士曹参军,仍摄户曹骑兵之局,迁长乐王开府中兵」参军。入赞中权,军政资其献纳;出参莫府,鼎实藉其盐梅。又」加骠骑大将军除阳州长史。顾瞻函谷,咫尺秦郊,地带缘边,」民多彼此。君来仪西服,毗化一方,比□□高枕之安,层城无」击柝之警。但奔驹过隙,往矣不返,阳□□□,终焉已及。鸣」呼,积善贻报,方恨宁言。春秋五十七,以武平五年五月廿一日」丧于伐□城。即以十二月廿三日迁葬于邺城西南廿五里。」山或飞移,海成陵陆,润夫琬琰,志兹芳菲。其词曰:」

受命作周,分柯启郑,立功立德,或贤或圣。□桂自□,□玉交」映,若人秀出,实凭余庆。□□山峙,□□□□,孔惭□□,仁推」异才。仁义是服,文武兼该,濯鳞积水,结绶归来。□□□德,实」惟御侮,翼亮钩陈,恪勤斯□。赞台延誉,毗州善□,□终干月,」忽梦二竖。昔年乘兴,秉烛经过,今者对酒,无复当歌。山云晓」日,松风暝和,泉门不曙,此夜如何。

北齐范粹墓志

齐故骠骑大将军开府仪同三司凉州刺史范」公墓志

公讳粹,字景纯,边城郡边城县人」也。自□迹陶唐,启邑随范。士多以矜丧见美,文」子巨知人取誉。仍兹厥后,世禄相承,旧德前基,」风猷弥郁。公资灵川岳,禀气辰昂,方逞龙骨,」已振凤毛。爰自千里,超拟三事。将许比德钟繇,」伦功邓禹,共羊祜以连镳,与卫青而并鹜。旻天」不吊,人之云亡,以武平六年四月廿日薨于邺」都之天宫坊,春秋廿有七。以五月一日迁厝于」豹祠之西南十有五里。庶传不朽,用镌玄石。乃」为铭曰:

新除东雍州刺史太傅卿。」既资帝喾，又纂唐尧，御龙夏世，知人晋朝。承□」建国，在社笙茅，雄图謇謇，德音昭昭。公侯载诞，」神仪允穆，节比贞松，才侔劲竹。歼我良人，如何」不淑，方都佳域，悬生拱木。人路飞泡，世事难希，」涂车菊马，器魂衣。云起朱盖，风拂素旗，埏门忽」掩，何日言归。

北齐范粹墓志

　　按：河南安阳出土。见《文物》1972 年第 1 期《河南安阳北齐范粹墓发掘简报》。

北齐文昭王高润墓志

王讳润，字子泽，渤海蓨人。文穆皇帝之孙，高祖　神武皇帝之第十四子，文襄、文宣、孝昭、武成四帝之爱弟，皇帝之季父也。若夫长发滥觞之源，厥初绵飚之绪，乘轩服衮之华，握镜配天之业，固以详绪中汗，可得而略也。王德惟天纵，道实生知，体协黄中，思摽家外。爰自髫剪，迄乎奇角，绰然有裕，卓尔无朋，陈王惭其七步，刘德愧其千里，及玄运告终，苍精革命。率由文祖之争，式遵繁昌之典，爰命亲贤，利建侯服，封冯翊郡王，邑三千户。寻拜侍中、开府仪同三司。唐侯故墟，鲜虞旧国，南望沙丘，北临易水，形胜之地，非亲勿居，阃外之重，惟贤是属，乃除东北道行台、尚书左仆射、定州刺史。顷之，改授开府仪同三师，增邑二千户，寻变三师为三司，仍为开府，加授都督定、瀛、幽、南、北营、安、平、东燕八州诸军事，刺史如故。未几，除尚书左仆射。参酌元气，燮谐治本，万机斯缉，七政以齐，属鹤龠初启，雀窗伫训，膺兹审谕，入辅少阳，除太子太师，寻兼并省录尚书事。三川都会，二周旧壤，关河设险，是称衿带，推毂作镇，非亲则贤，除河阳道行台、尚书令。坐制方面，事切分陕，被文德以来远，设多方以误敌，威震南土，声骇西戎。就拜司空公，行台如故。俄迁司徒，录尚书事，仍拜太尉公。顷之，迁大司马，入为司州牧，专席而坐，去节为治。道成日用，化行期月，城狐于是敛迹，稷蜂为之不起，行马之外，豪右肃然。复兼录尚书、大司马、州牧如故，食南青州干，别封文城郡开国公，邑一千户，进位太保，复除河阳道行台、录尚书事，寻迁太师，俄拜太宰，又出为定州刺史。惟王衿神简令，风韵酋举，玉质金箱，凝脂点漆，烂如岩电，轩若朝霞，高则难踰，清非易挹，悬钟扣而斯应，明镜照而不疲，规模宏大，志托玄远。师文梦周，希颜慕舜，耻方管晏，羞道桓文，立言峻于太山，吐论光于朝阳，虽帝称予季，王曰叔父，海内所瞻，天下不贱。虚己尊贤，倾心下士，敬爱无怠，握吐忘倦，焚林榜道之宾，指平台而结辙，谈天炙輠之客，望碣宫而投轸。无不侧席虚右，拥彗先驱。礼重王前，思踰魄始，所以富贵绝骄奢之期，膏梁无难正之弊。至于昏定晨省，常以色养为先，冬温夏清，耻用苦口为治。奉美献珍之日，惭见于先尝，量药节食之晨，魄闻于后进。居家不严而治，行政肃以成风，仁孝自天而生，礼义由己而出。不授之师传，岂假之于典模，所谓自家形国，由迩及远者也。至若出膺连率，入据冢司，外总六条，内参百揆，任寄之重，亲贤莫二。巨川资其舟楫，神化仁其舟青，九德于焉可歌，三阶所以增耀。俄而琼瑰在梦，台骀作祸，翌日弗瘳，奄宾上帝，以武平三年八月六日遘疾，廿二日薨于州馆。哀结市人，痛感寰极。赙给之数，率礼有加。诏赠侍中，使持节，假黄钺，冀、定、沧、瀛、赵、幽、安、平、常、朔、并、肆十二州诸军事，左丞相、太师，录尚书事，冀州刺史，品爵如故。谥曰文昭，礼也。粤以武平七年岁次丙申二月庚戌朔十一日庚申，迁窆于邺西北三十里，滏水之阴。虽香名将兰菊共远，德盛与岷山俱传。恐高岸之为谷，纪芳烈于幽泉，乃为铭曰：

上帝降灵，高门诞圣。河洛荐宝，神宗受命。世握玄珠，家传金镜。磐石惟永，本枝斯盛。爰禀正气，是生哲人。不疾而速，知机其神。因心则孝，任己以仁。斯言无点，其德有邻。受兹分器，锡之土宇。在汉犹仓，居周为鲁。出登方岳，入膺中辅。鼎味以和，衮阙斯补。承明时谒，驷马以梁。高台芳树，衮衣绣裳。左右相照，道路生光。侍游西苑，陪骋北场。雅爱人伦，尤好儒者。臣称唐宋，客曰枚马。菟园之上，荆台之下。缱绻游从，纵横文雅。川流不舍，人生若浮。遽随霄烛，奄□夜舟。仙鹄叫垅，怪虎生丘。萧萧风月，秋非我秋。

王薨时年卅三。

北齐文昭王高润墓志

　　按：高润墓在今河北磁县东槐树村东北，滏阳河之南，地望与志文所记"邺西北三十里，滏水之阴"完全相符。1975 年，考古工作者清理发掘该墓，出土墓志、陶俑等文物 489 件，墓道、甬道、墓室绘有壁画，构图风格与茹茹公主墓、湾漳北朝墓相类似。此可参阅《考古》1979 年第 3 期《河北磁县北齐高润墓》。高润，高欢第十四子，《北史》卷五十一《神武诸子传》有传，《北齐史》卷十原缺，后人据《北史》补。正史本传内容简略，志文记高润生平经历较详，可补史之缺。

北齐可朱浑孝裕墓志

齐故仆射」司空公扶」风王可朱」浑墓志铭
齐故尚书右仆射司空公可朱浑扶风王墓志铭

王讳　字孝裕,太安郡狄那县人也。昔夏后御天,大启磐石,本」枝旁秀,遂雄朔野。周图汉策,韫耀腾华;魏钟晋鼎,重金累绂;克」复大风,古今一也。祖买奴,魏仪同三司,朔夏二州诸军事,朔州」刺史。父道元,假黄钺、太宰、太师、司空公、司徒公、并州刺史、扶风」王。王龙种凤毛,幼而表异,雄姿雅略,直置高远。物议所归,时尤」二论。以勋门之胤,释褐员外散骑侍郎。雍容省闼,独标俊美。寻」除若曷直荡第二副都督、直斋,食南营州新昌县干。河清元年」十二月中,袭　扶风郡王。振曜羽仪,实光朝望。又除直阁将军。」天统四年二月中,除仪同三司。其年五月,进位开府。既偕槐棘,」宾卫盈门,邓骘之荣,我为嗣美。寻别封胶州东武县开国侯,食」邑八百户。茅社之锡,朝野荣之。□□除武卫大将军,食晋州南」绛郡干。武平四年五月中,除右卫大将军。爰处禁戎,兼督骁武,」英杰之气,足冠时雄。俄尔江湖不静,伧楚放命。爰命虎臣,扬旌」讨扑。王披坚执锐,亲率旗鼓,其张翼舒,左婴右拂,思欲顾盼而」平陇蜀,欸唾而荡荆扬。时不利兮,奄同遂古。以大齐武平五年」五月十一日薨于扬州之地,春秋年卅八。神骸不反,魂气空归。」群帅怀温明之德,一人愍勤王之効,　诏赠使持节都督常、安、」平、南北二营五州诸军事,尚书右仆射,司空公,常州刺史,开国」王如故。以武平七年五月戊寅朔七日甲申,葬于邺城西廿里」野马岗。恐陵谷易迁,市朝递变,刊勒贞坚,以彰不朽。其词曰:
自天生德,爰挺英贤。风声郁起,珪绶蝉联。高门厚地,踵武光先。」荆吴背诞,殄彼遐边。　皇情悼惜,赠铉加焉。轜行原野,旐扬荒」田。长松照月,高垅凝烟。从今一往,动历千年。

北齐宜阳国太妃傅华墓志

太妃讳华。清河贝丘人也。昔梦感商王,精托辰尾。大功朕于前载,休祉被乎后昆。太□」流誉于魏年,司隶腾芳乎晋策。本枝别干,荣耀千祀。祖敬,河涧内史。父天民,济南太守。」太妃门籍旧风,庭禀师训,早称贞静,凤擅幽闲。爰在弱笄,神姿挺映,礼法淳深,识量通」远。妇德绝伦,不俟图书之益；嫔仪迥秀，岂劳簪珥之光。口不择言，目无邪视。淑问徽音，」表里斯洽。及移天左避，作俪时髦，鲂鲤可食，秦晋相偶。结发之华，崔刘无以尚；齐体之」盛，袁马不能踰。既而良人不幸，藐诸在室，昼哭夜歌，礼无违者。虽命之不淑，家亦屡空，」良冶折薪，未绝如带。太妃志厉严霜，操明曒日。类冯姬之育子，犹翟母之携童。醴凉有」序，组织无倦，安兹俭薄，历季永久。加以教深徙里，训重辍餐，还鱼戒廉，断丝劝学，温床」扇席，辩通得乎音旨；出告反面，仁智禀于仪形。故使志立闺门，誉华邦国，一德孔修，□」能备举。始则任邻管隰，经启霸图，终乃寄切良平，宣赞王业，傍燮秦阶，上康元首。舟楫」大水，羽翼蜚鸿。百乘接轸，不同仲由之叹；万钟就养，实异丘吾之感。惟子及孙，龙光满」室，仍世之盛，遂古弗闻。太妃处贵能降，居益念损，衣无兼采，食不重味，目弃珍玩，耳绝」丝桐。摈落嚣尘，祛洗累或，投心觉宝，束意玄门，洁斋静处，六十余载。虽光次悲泉，齿踰」大耋，贞情苦行，未之或改。自非才高女典，德冠母师，人事孚积善之征，天道锡流谦之」效，亦何能若此之裕乎？太妃以魏武定末除清河郡君，天统中进号平原郡长君，武平」初册拜宜阳国太妃。武平七年正月庚辰朔十四日癸巳遘疾薨于邺城宣化里第。春」秋九十有四。悼结冕旒，哀动簪绂，赗襚之数，有隆焉尔。诏曰：宜阳国故太妃傅操履」贞洁，识悟明允。女德母仪，声表邦国。积善余福，诞斯公辅。以兹燮理之才，实由义方之」训。白驹过隙，逝水不留。奄沦穷壤，实深嗟悼。宜加礼命，用申朝典。可赠女侍中，宜阳国」太妃如故，谥曰贞穆。粤以五月戊寅朔七日甲申祔于司空公之茔，秘丘长掩，芳烈不」传，刊石幽扃，傥示来叶。其词曰：」

世笃潜祉，家韫余烈，远叶弥芳，长澜不竭。乃祖迈种，依仁游艺，显考承基，清辉有晰。纯」嘏彼被，淑人挺生，九芝均美，八桂齐荣。柔风婉嫕，秀植贞明，鉴图以处，待傅而行。亦既」来嫔，作合君子，内政靡忒，中馈惟理。既陈藻蕰，兼综麻枲，莱妇未俦，孟妻非拟。有行不」造，凤邅茕厘，毁身为誓，哀以送之。援镜守节，闭门避疑，梁求反币，楚娉还辎。诞兹人杰，」功成亮采，抚翼翰飞，郁为时宰。陟岵晨望，倚闾夕待，百禄是宜，终孝斯在。母以子贵，寔」曰旧章，典制伊穆，车服有光。位尊养厚，行立名扬，通神感物，终然允臧。迹惟憙舍，心在」檀度，手握明珠，顶承清露。藏舟遽失，阅人已故，辰极载伤，衣缨永慕。青鸟袭吉，广柳东」□，风凄林野，雾掩山川。事留彤笔，像画甘泉，阴沟不曙，贞石徒镌。

北齐宜阳国太妃傅华墓志

　　按：山东历城出土，见《文物》1985 年第 10 期《释北齐宜阳国太妃傅华墓志铭》。同墓同出墓志盖一件：齐故使持节都」督齐兖南青诸」军事齐州刺史」尚书左仆射司」空赵公墓志铭。傅华为北齐太常卿赵彦深之母。彦深，《北齐书》卷三十八、《北史》卷五十五有传。彦深恭谨，历仕北齐诸帝，甚得宠信。其父赵奉伯，仕元魏中书舍人、行洛阳令，早卒。彦深幼孤贫，事母甚孝，举官身贵，北齐皇帝封赠其父为司空，册封其母傅氏为宜阳国太妃。傅氏于武平七年（576 年）卒于邺城宣化里家中，同年附葬与平原郡赵奉伯旧茔。

北齐文宣皇帝弘德夫人墓志

大齐文宣皇帝弘德夫人墓志铭」

夫人颜氏，字玉光，齐州人。其先颜路之苗裔。联」华紫极，易世相承，至于夫人。丽质天姿，自古未」有。婉约风流，终然独绝。天保元年征为西朝嫔。时为」帝上亲宠，六宫敬侍。天保四年，托育陇西殿下，转为」弘德夫人。但一生之运难置，百年之期易先。武平七年岁在庚申，」时年卅七，八月廿六日薨于邺城。昔西娥上月，一去不还；神女成」云，终如难见。诏赠太妃。又以京辇浮危，带山牢固，遂窆邺城」西七十余里石门之右。其词曰：」

美哉丽质，绝世无伦。华盖紫极，君王宠亲。何图且埋形壤」坟。朝闻罢肆，人百其身。呜呼哀哉，何道托神。

　　按：墓志出土于河南安阳西南，见《考古》1973 年第 2 期《河南安阳县清理出一座北齐墓》。颜玉光为北齐文宣帝高洋的妃嫔，武平七年（576年）卒于邺，是年干支为丙申，墓志云"岁在庚申"，"庚"应为"丙"。墓为土洞小墓，志书于方砖，似为草草收敛，颇显高齐末年之败落。

北齐崔幼妃墓志

齐故太」姬崔夫」人之铭

齐故博陵郡君崔太姬墓志铭」夫人□，崔讳幼妃，博陵安平人也。自神降常羊，□钓滋水，既有石耳之□，实表玉璜之瑞。□□□」汉，□□世生，间关魏晋，名臣代有。祖饶阳恭侯辩，怀兰秉蕙，动见清风。父仪□楷玉色□□□□」生□。夫人袭彩芝田，腾芳桂薄，幼承师训，早擅家风。容止端华，操尚明远，俯仰折旋，动合嫔则。披」寻典记，顾问图史，初有尚书之号，卒得博士之名。婉淑自然，孝感天至，非礼不言，非义不动。年在」幼冲，先君早世，婴号孺慕，毁削绝人。岂真感被风云，哀切神鬼。故亦林鸟变声，枥马垂泣。司空文」简公，一时龟镜，当世伟人。理属河鲂，言刘其楚，集木迁乔，来嫔作好，义若苹苣，和似琴瑟。组□针」纻之工，执巾奉酬之敬，颠沛必行，造次无怠。至于神衿爽悟，□问知机，小大以情，幽□咸照，闻东」识士，窥溏知贤，不食鲜禽之俎，未听濮水之曲。恭承中外，亲睦等夷，一有芳风，庶□咸仰。高祖」神武皇帝，位居二相，身眺八维，意切过庭，礼求盛族。乃为第二息娉第□女焉。地接九天，庭罗百」两，高门转辟，洞户增辉。文简公尺木一登，垂天渐运，抟扶摇以抑扬，轶云气而骧首，绂佩相荣，夷」嶮□苤，迹著民老，声满庙堂。虽知外表才贤，自成惠主；良由内有仁明，克此阴德。俄而逝日忽流，」惊川易远，鸣环徒想，举案不追。夫人上祷七星，傍走群窆，义若帏堂，礼成昼哭，缉谐阃内，训育诸」孤，为仁淑之妻，成不疑之母。显祖文宣皇帝道高纳麓，位极登庸。我有懿亲，命爵分土。纵□□」母受□□□□庞氏得安昌之名。人实异时，迹似同日，乃封博陵郡君。及扪天效祉，小君有任，便」是涂山□室，□异洽水之门。西汉王陈，无暇扶毂；东京阴邓，未议拥帚。望朝庶□□新事多法革，」授受或异，徽秩同，前哲后王，咸崇名号，姬美之来，抑亦师古。天保二年，乃除太姬。朝服翟衣，宠」增禁内，夕□□□，□□戚里。上铜街而北转，历驰道而南度。隆赫□□，□世荣之。加以德重庶姜，」望尊群母，注之□□，心屈一人之膝。性本淳和，雅崇拗退。珠璧盈前，□□衿袍，庭走浍避之荣，□」钟鼎食之贵，□如河汉，恍若浮云。爱好冲虚，崇尚黄老，食止七珍，衣□□色。俭以自持，严而率下，」□台绝浮云之影，濯龙无流水之声。自非蹈德履仁，正视贻教，何以□□太阴，克生□母。既得黄」羊之社，兼膺积□之庆。铜钩尚在，玉树罗生，莫不摭爵析珪，怀□□□，上致云霞，傍列旌荣。五子」告归，铙管相次，白珂连响，青盖成阴。开岁发春，高秋杪节，或上□□，□登轻辇，泛莲舟于积水，养」蠮帐于高台，歌奏正声，弦调雅典，贵寿称觞，欣欣如也。爰始洛都，至于邺食，瞻彼崤函，实阻同气。」悲言别乌，泣对分荆，饮泪尽于百年，茹荼穷于四纪。同游邳市，定纪平生，相遇汉宫，当是无日。回□释」典，刻意法门，洞识苦空，悬鲜常乐。帷屏象马之玩，罗绮玉帛之珍，施舍无遗，藏箧俄尽。而虞」□既夕，钟漏将穷，阙掌亡珠，倚闾无见，□疴增感，气疹弥留，一瞬不停，万事□汪。以武平六年十」二月廿二日薨于邺之道政里，春秋七十有四。七年十一月七日归祔于司空文简公之茔。日月」罢照，黄泉或开，勒此琬琰，遗诸后来。铭曰：」

□山峻极，赤水困深，玉能生气，珠亦成林。高贤礐硌，代出兼金，淑人窈窕，世仰徽音。琬嫕凝情，闲」和表质，丽匹秾李，明同皎日。早承庭训，幼持兄笔，孝纪孔门，忧深鲁室。既留珪璧，实等兰荪，言□」师氏，来仪盛门。车随风辖，盖逐鱼轩，梁□谢敏，羊子惭言。初号女师，遂成妇道，芳兰呈梦，阴晖□」抱。既膺钟德，庶同偕老，一叹良人，空悲宿草。阍阁忽启，照阳洞开，门高许郭，地压娥郁。五侯同拜，」四马俱来，轩旗纳□，笳管徘徊。德冠楚姬，节逾梁寡，声满日月，誉高朝野。静以治内，廉而御下，窦」绝娇人，梁兼驻马。永言秦塞，生死离居，云无寄响，雁绝归书。留心真寂，托志清虚，浮生忽尽，天□」□如。四□将引，三龟并吉，文物成行，辰荣总出。空遗一子，悲经数室，□□□□，□□□□。

北齐崔幼妃墓志

按:河北赞皇出土。见《考古》1977 年第 6 期《河北赞皇东魏李希宗墓》。

北周张君郝夫人墓志

南阳张」君妻郝」夫人志

夫人郝氏者,盖以云州云中郡人也。父渊,以前」齐秉要,世济称美,仍授骠骑大将军奉车都尉。」夫人则公之长女也。夫人禀性幽闲,实有令淑」之风;奉事亲亲,常怀指心之痛。恒以四德为基,」六行为本。兼妙崇内相,洞识真如。年十有一,适」南阳人骠骑大将军大都督张敬恩第二息满」泽为妻。虽复年幼初笄,早闲妇礼,孝性天然,温清无倦,志合泉流,方同律吕。何悟盛年婴此」疹,而梅实未标,桂枝先落,一从逝水,悲矣难论。」夫人年十有六,以大周建德六年三月三日卒」于邺城。还于此月十一日葬于广都里漳河之」北四里。窃以桑田变海,涉疢无纪,不镌贞石,熟」播兰芬。铭曰:」

春兰方茂,忽被秋霜,神容始盛,复罢红妆。离言」在耳,屏带余香,更兴悲叹,举意心伤。其一。节物易」睹,一叹难期,镜台休照,华堂掩辉。松杨萧飚,野」雾霏薇,闺宫永别,泉壤长归。

按：郝氏于北周建德六年（577年）三月三日卒于邺，是年正月北齐亡，故墓志用北周年号。志曰："葬于广都里漳河之北四里。"广都里在邺城西，似应为北齐旧里。

北周高妙仪墓志

雍州扶」风郡公」主之铭

扶风郡公主墓志」讳妙仪，冀州勃海人也。构趾寿丘，」开源若水，门有十德之号，家传万」石之荣。祖假黄钺左丞相太尉公」冀州刺史贞平王。父骠骑大将军」、开府仪同领军大将军赵郡王。四」辅莫不合仪，接下温仁。奉上恭萧，」四德六行，海内称之。」宣政元年薨于都邑，春秋十八。其」年四月廿三日葬于邺城西北五」里。左侠清池，右带名路，南通上苑，」北据林华。于是鸾镜为土，翠帐成」尘，勒芳猷于贞石，扬清风于后人。

按：高妙仪似为高琛之孙女、高叡之女。参见《北齐书》卷十三《赵郡王琛传附子叡传》。

北齐零阳县令任显夫人张氏合葬墓志

君讳显，字德明，西河人也。挺苗车正，昌阜薛侯，冠盖连衡，缨貂累袭。祖，骠骑大将军、金紫光禄大夫。父，车骑将军、河内郡守。君，神襟迥迈，爽悟闲华，志尚书林，情敦义府。解巾奉朝请，俄转司空府祭酒。又除冠军将军、零阳县令。慈宽被物，民称救苦之哥；恩惠临官，邑有来苏之咏。天保七年五月十七日终于私第，时年六十三。夫人张氏，体资素婉，质表松筠，行比王陵之亲，德齐孟轲之母。开皇八年九月三日遇疾，无疗，奄征长夜，春秋六十有三。其年岁次戊申十一月丙寅朔廿日乙酉，迁零（陵）择吉合葬安阳城西北十里。恐高岸为谷，巨润成陵，镌石题金，乃为铭曰：
崇功嗣爵，建土开侯。传芳海岱，播美王州。声随玉朗，气与云浮。良才早折，翠柳先秋。门多孝子，世挺良臣。言明理闰，义远辞新。琴书尚在，几筐犹陈。遨游息迹，玩赏靡从。人浮物改，地厚泉重。永归蒿壤，垄隧长封。

按：任显，史书无传。其于北齐天保七年（556年）五月七日终于私第，当在邺城。杨坚焚邺，举家迁安阳。隋开皇八年（588年）九月三日夫人张氏卒，故于十一月廿日"迁陵合葬安阳城西北十里"。此志出土年月不详。清苑吴鼎昌《志石文录》卷上（铅印本）有录载。

隋赵颛墓志

君讳颛，字客生，南阳人也。自青龙进驾，玄鸟□分，于重华以作士，分夏阳而启□。乃□利用□，王作其干□，并著形台省，遗爱吏民。君神龟元年正月十八日释褐宁远将军，德兼二□，才犹九能。孝昌二年转授虎贲郎将，骏□权奇，自有绝尘之气，凤毛□□，即表摩霄之姿。未致青云，逸归玄壤。春秋七十有七，奄□斯第。大息洛□，琬琰为心，显原作智。小息□□，出□入□，□□风猷。□皆□□，信结友□，乡邑称□善人，通贤许其伟器。大业九年岁次癸酉十月辛未朔十五日乙酉，与夫人樊氏合葬于明堂园东庄严寺之所。乃为铭曰：

惟兹远胄，祚士子东，处□后叶，世载前□，昂昂逸气，郁郁芳□，识性沉敏，□叶□通，□廖虚馆，悽怆玄扉。魂游何托，神去鸟归，翰□暗，夜月澄辉。宾徒散矣，狐菟相依。

　　　□

隋赵颛墓志

按：此墓志于 1992 年春出土于邺南城遗址南偏东赵彭城村东南约 300

米。青石,方形,边长 33 厘米,厚 6 厘米,十七行,行十七字,末行一字,共二百七十三字。(见张子欣:《邺城考古札记》,中国文史出版社,2013 年,第 198—199 页)由墓葬所处方位可推知北齐明堂园、庄严寺所在地处。二者均处启夏门外御道之东,北距邺南城南墙约 1 公里余。

隋滏山石窟之碑

夫法身至寂,妙出□□之乡,圣智泓澄,丽绝」浑波之域。且无形□□,大用旷周,非识之心,」平等普照。所以德□□转,现此金色之容;身」遂缘回,降我迦维□□。但应度事讫,化道毕」功,掩迹归真,收光息务。至使迦耶那竭之域,」空见遗影;天竺汉方之士,虚传声教。有灵化」寺比丘慧义,仰惟至德,俯念巅危,于齐国」天统元年乙酉之岁,斩此石山,兴建图庙。时」有国大丞相淮阴王高阿那肱,翼帝出京,憩」驾于此,因观草创,遂发大心,广舍珍爱之财,」开此□□之窟。至若灵像千躯,俨然照□,」□□□数(?)粲尔分明。其中妆饰鲜丽,□□」□世□华,动物倾人,斯亦最为希□,□功成未几,武帝东并,扫荡塔寺,寻纵破毁。及」周氏德衰,擅归有道,隋国建号,三宝复行,」嘱有邺县功曹李洪运,殇此雕落,顶礼无」所,为报亡考之恩,修此残缺之迹,唯人非」宰贵,势谢前王,□雕莹事新,精华如旧。有」沙门道净,因过□礼,嗟曰:大功阙无文记,」将来道俗谁识根由,遂建此碑,寄传不朽。

按:碑在今河北邯郸市峰峰矿区南响堂寺,为隋代沙门道净所立,无具体年月。碑额"滏山石窟之碑"六字,篆书;碑文阴刻,隶书。全碑分刻于第二窟前廊后壁左、右两侧龛内,左侧龛,额"滏山石"三字,碑文十行,行十七字;右侧龛,额"窟之碑"三字,碑文十行,行十六字。碑刻曾被明清窟檐建筑所掩盖,1984 至 1985 年,文物工作者清理加固石窟时,发现此碑。碑文记述了南响堂寺开凿年代、创始人及重修情况,对于邺城研究也有价值。

参见邯郸市峰峰矿区文管所、北京大学考古实习队:《南响堂石窟发现窟檐遗迹及龛像》,刊《文物》1992 年第 5 期。

唐故靳府君墓铭并序

唐故靳府君墓铭并序

君讳隐儿,其先家世上党,后代田官,宅于邺,今为安阳人也。昔魏有靳龙,位至河南尹,汉有靳洪,封于潞县侯,并首曜金蝉,腰拖鸣玉,具诸史册,此不烦云。

曾祖□,祖道,父弘,并荃蕙共畹,骥骡相追,抱出往之才,养闲居之志。君神资其粹,道授其精,生而英明,长而弘润,和光养粹,乘流齐物,翱翔寮廓,放浪人间。天乎运奇而不留,人乎变化而俱尽。春秋卅九,以开元五年正月廿二日卒于私第,即以其年岁次丁巳二月壬申朔十一日壬午,扬飞辂,驾灵辀,迁窆于古龙山寺北五十步之平原,礼也。乃勒铭云:

　　茂族兴乎居上党,灵涤布乎宅安阳。

　　命也运乎将半百,身不留乎同电光。

　　有姊淑慎而真亮,携纫(幼)抚孤悲复伤。

　　敢勒兹铭于万古,与天地而齐长!

按:《唐靳隐儿墓志》见孙继民主编《河北新发现石刻题记与隋唐史研究》(河北人民出版社,2006 年,第 297—298 页)。拓片由孙继民收藏,2005 年购于河北正定旧货市场。铭文记及靳氏原居邺城。杨坚迁邺,靳氏家族遂由邺徙居安阳,为安阳人也。

元邺镇金凤台洞清观首创碑

洞清观首创之碑记　　濩泽雍熙撰

国朝初兴,奄有天下,己卯春,

上遣使征栖霞长春真人。真人起而应诏,继而特　旨还燕,住长春宫,主盟道教,玄风大振,德化著天,白」

叟孩童,闻声而景仰,黄冠野服,接迹而奔趋,古往今来,于斯为盛。无几何,拂迹而登遐焉」丁卯秋嗣教清和真

人复主张是门。有赵公先生,法讳志睦,道号冲虚子,其先汤阴里玉人也。幼而颖悟,什结缚之迷绳,致一参玄,

究希夷之妙蕴,于是昂簪独步飞鸟,诸方友相志生死之交,访无与真全之侣,过而无迹,行而无彰。戊寅仲春,经

邺之墟,适有居民酋长总领刘源、弹压马进、总领魏信同游三台,一见先生而悦之,乃率众洎杜秀等坚请住持

于金凤台。询其实乃魏之铜雀台也。台之阳古洞存焉,俗传宋之得道者竹马先生修真所也。清继其躅,先生

不获已而姑从之。薙荒开径，规留数年。是时中原未平，先生乃如卫。及
丁亥岁，率其徒复归于此，洞房芜没，野落人稀，荆榛密筒狐兔之居，藜藿交
合鼪鼬之径。先生挂舄倚杖，索居怡然，乃命其徒垦僻甾播，树艺博败，兼
利往来，不
扰于俗。厥有旨哉，簪裳而游其门，愿为之役者众。先生以药济人，问而疗
之者皆愈，以和处之，至而见之者咸服，
不化而化事，任之而鼎新，莫为之为物，因之而革故，栖真养素，待室而列，
靖庐而居，就下从高，建修真堂而崇圣宇。因
易而作，以规可久之基；从简而为，以成可大之业。明透之地，不无助焉。
承此遗踪，茸以为观。及蒙本县
达鲁花赤高古歹、县令陈林、县丞刘源、主簿马进、县尉移剌万奴等不费之
惠，赞而成之，由是将迎
鹤驭，栖息乘风，香火朝昏，云霞径路，以祝
皇上万安之寿，祈士庶迁善之祥。落成之后，真人为之额，其名曰洞清。将
供修道者居善地而心善向也，由是以
观之，曩竭疲民汗血，欲肆意于管弦侈靡之间，庸讵知其造化密移而往矣。
今为神仙窟宅每息心于清静道场
之地，熟将议而非之，昭然善恶同龟镜矣。姑摭其实而纪诸翠珉，冀为后者
修进之坛焉。略为之铭曰：
清静之地，神物护持；淫乐其所，天人共□。
遣身之累，世网莫羁；高步尘外，颖脱藩篱。
匪谓登临，荡其所思；涤除玄览，洞达希夷。
咀以灵泉，味以神芝；非空非色，不即不离。
赵公先生，如是之知；为其后者，勉而效之。
岁次庚戌十月癸巳朔下。

　　按：元碑，青石，残断，仅留上半截，高 1.9 米，宽 0.9 米，厚 0.24 米。二
十四行，每行四十五字，每字 3×3 厘米。碑首雕饰六龙盘结图案，中心篆
书"洞清观碑"四字。落款"岁次庚戌十月癸巳朔下"，即元武宗至大三年
（1310 年）十月初一之后。碑位于金凤台南，观阁门楼内。1957 年俞伟超
调查邺城遗址，已半埋土中，抄得上半截碑文，著录于《邺城调查记》（《考
古》1963 年第 1 期）。20 世纪 90 年代，河北临漳县文保所对原碑进行了清

理,张子欣所长录有碑文,兹据俞伟超、张子欣两家抄本,重新整理校点。

明嘉靖重修三台玉帝庙碑

维大明河南彰德府临漳县至西」

南四十里有」

三台,」

修盖金凤(下有二字不辨,似被磨去)」

昊天玉皇庙一座。正统四年,各村」

乡老重修一次,至今年玖,砖瓦托」

落毁坏。今有本郡各村乡民」

付世隆等一十人名,请到本处□」

行寺化主僧人□周,自己舍银十」

两。今有本县人受二里见任景明」

村居住」

付世隆同室王氏　　　长男付宪同

室桑氏　　　长孙男付梦相同妻」

高氏　　　长孙女艮□　　　重孙男」

付科　　　净(?)家人□进(尽)心竭力喜舍」

银伍两、中集檩一根。石匠王文秀。」

嘉靖拾伍年三月二十一日重修建立石记。

　　按:碑文由俞伟超辑录,刊 1963 年《考古》第 1 期《邺城调查记》。碑嵌金凤台顶玉帝庙正殿墙壁上。

磁县新出魏齐墓志本末记

　　磁县劝学所庋藏新出魏齐墓志八种。丁巳邑大水,学费苦无措。当事者谋,出石易钱以济之。时辽阳韩品资德璧方承审磁邑,驰书以告奉天秘书长袁君潔珊金铠商之。杨少将鄰葛宇霆筹巨金,辇石而归。磁人则曰:在磁在奉,同为保存我国故物之心无异事也。君既丏警各科员王清中澄华运石至奉。始告同人,置之教育会,归诸公不以自秘。君则曰:在公在私,同为保存我国故物之心无异事也。戊午秋,君以拓本饷余,并详述得石之颠末,属为文以记其事。余案磁为古邺城地,其城南累累如小山者,皆古塚

也。范成大《揽辔录》谓:魏武疑塚七十二,散在数里间。王荆公《疑塚诗》
谓:塚在铜雀台西八里,以实其地。俞应符至,欲尽伐之,以冀得阿瞒之尸。
谚说相沿,几无异词。康熙中,康善述撰《磁州志》,谓往岁凶荒,邑民盗伐
多塚。有齐王陵,齐公主,齐高阳王湜诸碑志。则疑塚之说实不足信。盖
自曹魏以至六朝,邺为海内一大都会,衣冠巨族多葬于此。今观新出魏齐
碑志,益知虚塚之说为惝惚不可凭矣。国变以来,后生小子既蔑视先王文
物,无足重轻,而上下又惫于财力阽焉,几不克自存,东西两瀛,嗜古之徒,
挟重币高资,乘危豪诱,凡我国瑰奇特绝,数千百年不轻觌之物,连腥兼两
以输之海外者,岁以值计常数十百万,而市贾饕诐之子,往往以厚利啖,乡
曲亡赖相与为奸轨不法,毁寺观,掘陵墓,殃及神鬼枯骨,以倖一时之利。
由斯以推,窃恐不十年后而中国相传之故物必至荡然亡佚,同归于尽而后
已。殊可痛也!初壬子之冬,有贾客结磁之猾民潜掘古墓,得五石,出南乡
王家店者一,曰魏侯君墓;出南乡八里塚者一,曰魏张君墓;出南乡申家庄
者一,曰齐徐君墓;出南乡双庙村者二,曰齐梁君墓、齐邢夫人墓。并得古,
凡人数百具,运往安阳,车已驾矣。邑绅侦获之,送之官,收其物,仅薄赍其
人而止于是。乡里无知之民,重视财,轻犯法。而次年南乡后有伐墓之事:
其一曰魏吴郡王墓,在大塚营村,距城八里;其一曰魏华山王妃墓,在北白
道村,距城十五里。及甲寅十月,北白道村有王甲者,又私掘魏华山王墓,
王与其妃同葬武城之北。窃疑前之发妃塚者,必即此人,而县宰复煦煦焉
慈畜之,仅议罚锾而释之,不问乌虖事之所关。若此而法之所施若彼,不但
故物之不能保存己也,而人心风俗之偷,将为国之大患而不可救。夫以今
日中国而论,其自戕自贼以供外人之巧攫强圉者,岁不知凡几。此戋戋者
实渺忽不足比而数也。然苟本君寝国之念,推而大之,则人人有保存我国
故物之心,其亦庶几乎不至若是之甚可券也。戊午十月新城王树枏记。

　　邺城故址,迄不详其所在。今考齐西阳王徐君墓志,其出土在今县治
南乡,距城八里之申家庄村东。据志云,葬于邺城西北十里。以里向计之,
当在县治东南二十里,临漳交界之区。魏华山及王妃公孙氏两志云,葬于
邺城之西,武城之北。武城即州志所讲讲武城,在治南二十里。《水经注》:
漳水又东迳武城南。郦氏谓武城即期城,非梁期城。盖以漳水先迳武城,
而后迳梁期城南,故以为非也。梁期故城在治东,汉置,县属魏郡。武城在
治南,铜雀台之西南五里,原非一地也。《水经注》云:城之西北有三台,皆

因城为之基。盖铜雀台与邺城相附。两志出土，一在今治南十五里北白道村东；一在治南十三里北白道村北。准以地望，古邺城盖在北白道村东南五六里，而与武城东西相值，去县治亦在二十里内外也。王荆公《疑塚诗》云铜雀台西八里，即今所出诸石，正在邺西，上下十数里之间，尤确证也。八志惟吴郡王萧正表、西阳王徐之才见于魏齐史传，而徐志豫章王国左常侍，史作右常侍；薨年六十八，史作八十。皆足以证《齐书》之误。徐之才与萧正表皆无足取。论者谓《北齐书》文章萎茶，节目丛脞，聊以取盈卷帙。今观徐之才传，採掇诙谐，猥鄙之词连篇累牍，尤为亵琐，转不若志文之浑睢可诵也。今之好古者，得一魏碑则斤斤焉，居为奇货。太原傅青主先生尝谓魏人笔法皆导源于篆隶。当时去古未远，家槃犹存，故不论书之工拙妍丑而烂然完整。魏之侯君志，齐之梁君邢夫人志，书法皆兼隶体。魏兖州刺史、华山王、吴郡王三志，瘦媚虬健，藏筋于骨，已开褚氏欧阳氏之先模，尤魏碑之仅见者。树枏又记。

金州李西拜书并刻

　　按：本记撰自王树枏。王树枏（1851—1936），字晋卿，号陶庐老人，晚清民国著名学者。祖籍河北雄县，后迁新城，为河北新城人。清光绪（1886年）进士，历任工部主事、四川眉州知州、甘肃兰州道台、新疆布政使等。民国三年（1914年）入清史馆任总纂。著有《大戴礼记校正补注》、《广雅补疏》、《尔雅郭注佚存补定》、《欧洲族类源流考》、《希腊春秋》等；编有《陶庐文集》、《陶庐诗集》等；主纂《冀县志》、《新城县志》、《法源寺志》、《新疆图志》、《河北通志》、《奉天通志》、《东三省盐法新志》等，还代徐世昌撰有《大清畿辅先哲传》。《本末记》撰于1918年，岁次戊午。丁巳年（1917年）磁县大水，袁金凯、杨宇霆乘机购磁新出魏齐墓志八种，运至沈阳。八种墓志为：东魏侯海、张满，北齐徐之才、梁伽耶、邢阿光（以上五志出土于1912年冬），东魏吴郡王萧正表、华山王妃公孙氏（以上二志出土于1913年）、华山王元鸷（1914年1月出土）。今辽宁省博物馆藏邺地出土东魏北齐墓志十三种，其中六志为1917年购于磁县，其他七种，原为罗振玉收藏。徐之才、邢阿光二志藏沈阳故宫博物馆。由王树枏记，可以看出民国初年邺地古墓盗掘、文物流失之严重。而且，王树枏生于河北新城，新城南距古邺约300公里。他作为一位著名学者、大吏，尚且不知邺城所处何地，亦见古邺遗址荒寂淹没之甚。此《本末记》据碑刻铭文拓片整理、校正。

元孙碑

［缺］□遗孤奉承□□□［缺］」

［缺］

［缺］

［缺］一人　　　大元元孙早终［缺］」

［缺］□二子名重字符［缺］」

［缺］□□□□［缺］

按：残碑文见清武亿等撰《安阳县金石录》，嘉庆四年（1799 年）刻本。八分书，隶体，旧弃西门祠外田间，嘉庆初移置安阳孔庙。内容缺损，年代不详。

魏郡赵柱冢记

□＊（医？）魏郡」赵柱年廿三」二年八月八日」

按：砖刻：高七寸五分，广四寸二分，三行，行字不一，字径寸余，分书。朝代不详。见陆增祥《八琼室金石补正》卷八，民国十四年希古楼刻本。

参考文献

（西汉）司马迁：《史记》，中华书局点校本，1982 年。

（东汉）班固：《汉书》，中华书局点校本，1962 年。

（西晋）陈寿：《三国志》，中华书局点校本，1982 年。

（东晋）陆翙：《邺中记》（黄惠贤辑校），武汉大学历史系魏晋南北朝隋唐史研究室编：《魏晋南北朝隋唐史资料》第 9、10 期，1988 年 12 月。

（南朝宋）范晔：《后汉书》，中华书局点校本，1965 年。

（南朝梁）释慧皎撰，汤用彤校注：《高僧传》，中华书局，1992 年。

（南朝梁）萧统编，（唐）李善等注：《六臣注文选》，中华书局，2012 年。

（北魏）崔鸿，（明）屠乔孙等辑：《十六国春秋》，文渊阁《四库全书》本。

（北魏）郦道元撰，王国维校：《水经注校》，上海人民出版社，1984 年。

（北魏）郦道元撰，（清）戴震校：《水经注》，武英殿聚珍版，清乾隆三十九年刊。

（北齐）魏收：《魏书》，中华书局点校本，1974 年。

（南朝梁）沈约：《宋书》，中华书局点校本，1974 年。

（南朝梁）萧子显：《南齐书》，中华书局点校本，1972 年。

（北齐）杨衒之：《洛阳伽蓝记》（尚荣译注），中华书局，2012 年。

（北齐）颜之推：《颜氏家训》（王利器集解），中华书局，1993 年。

（唐）房玄龄等：《晋书》，中华书局点校本，1974 年。

（唐）李百药：《北齐书》，中华书局点校本，1972 年。

（唐）令狐德棻：《周书》，中华书局点校本，1971 年。

（唐）魏徵等：《隋书》，中华书局点校本，1973 年。

（唐）李延寿：《北史》，中华书局点校本，1974 年。

（唐）丘悦撰，（英）杜德桥（Glen Dudbridge）、赵超辑校：《三国典略辑校》，台湾东大图书公司，1998 年。

（唐）杜佑：《通典》，中华书局，1984 年。

（唐）张九龄、李林甫等：《唐六典》，中华书局点校本，1992 年。

（唐）徐坚等：《初学记》，中华书局，1962年。

（唐）欧阳询等：《艺文类聚》，上海古籍出版社，1999年。

国学整理社：《诸子集成》，中华书局，1986年。

（唐）释道宣：《续高僧传》（郭绍林点校），中华书局，2014年。

（唐）李泰：《括地志辑校》（贺次君辑校），中华书局，1980年。

（唐）李吉甫：《元和郡县图志》，中华书局，1983年。

（宋）李昉等：《文苑英华》，中华书局影印本，1966年。

（宋）李昉等：《太平御览》，中华书局影印本，1960年。

（宋）司马光等：《资治通鉴》，中华书局标点本，1956年。

（宋）乐史等：《太平寰宇记》，中华书局点校本，2007年。

（元）纳新：《河朔访古记》，粤雅堂丛书本。

（明）崔铣：《嘉靖彰德府志》，上海古籍书店影印本，1964年。

（清）顾祖禹：《读史方舆纪要》，中华书局，2005年。

（清）徐松：《唐两京城坊考》，中华书局，1985年。

（清）严可均：《全上古三代秦汉三国六朝文》，中华书局，1958年。

（清）阮元校刻：《十三经注疏》，中华书局影印本，1980年。

（清）洪亮吉：《十六国疆域志》，商务印书馆，1958年。

（清）姚柬之：《漳水图经》，清道光十七年端州刻本。

（清）江大键等：《乾隆彰德府志》，清乾隆五十二年刻本。

（清）陈大玠：《雍正临漳县志》，清雍正九年增刻本。

（清）周秉彝等：《光绪临漳县志》，清光绪三十年刻本。

（清）蒋擢等：《康熙磁州志》，清康熙四十二年刻本。

陈垣：《释氏疑年录》，中华书局，1964年。

范寿铭、顾燮光：《河朔访古新录》，上海天华印书馆，1930年。

赵万里：《汉魏南北朝墓志集释》，科学出版社，1956年。

河北师范学院中文系古典文学教研组编：《三曹资料汇编》，中华书局，1980年。

俞绍初点校：《王粲集》，中华书局，1980年。

逯钦立：《先秦汉魏晋南北朝诗》，中华书局，1983年。

刘敦桢主编：《中国古代建筑史》，中国建筑工业出版社，1984年。

刘敦桢：《刘敦桢文集》（二），中国建筑工业出版社，1987年。

吕春盛:《北齐政治史研究——北齐衰亡原因之考察》,台湾大学出版委员会,1987年。

董鉴泓:《中国城市建设发展史》,台湾明文书局,1984年。

贺业钜:《中国古代城市规划史》,中国建筑工业出版社,1996年。

陈寅恪:《隋唐制度渊源略论稿》,河北教育出版社,2002年。

赵超:《汉魏南北朝墓志汇编》,天津古籍出版社,2008年。

罗新、叶炜:《新出魏晋南北朝墓志疏证》,中华书局,2005年。

杨宽:《中国古代都城制度史研究》,上海古籍出版社,1993年。

梁思成:《中国建筑史》,百花文艺出版社,1998年。

傅熹年:《中国古代建筑史》(第二卷),中国建筑工业出版社,2001年。

张驭寰:《中国城池史》,百花文艺出版社,2003年。

许作民:《邺都佚志辑校注》,中州古籍出版社,1996年。

马忠理等编:《邺城暨北朝史研究》,河北人民出版社,1991年。

牛润珍:《河北通史·魏晋北朝卷》,河北人民出版社,2000年。

辽宁省博物馆编:《辽宁省博物馆藏碑志精粹》,文物出版社,2000年。

郑岩:《魏晋南北朝壁画墓研究》,文物出版社,2002年。

毛汉光:《中国中古政治史论》,上海书店出版社,2002年。

杨鸿年:《隋唐两京坊里谱》,上海古籍出版社,1999年。

辛德勇:《隋唐两京丛考》,三秦出版社,1991年。

中国社会科学院考古研究所、河北省文物研究所编著:《磁县湾漳北朝壁画墓》,科学出版社,2003年。

(日)中村圭尔、辛德勇编:《中日古代城市研究》,中国社会科学出版社,2004年。

王怡辰:《东魏北齐的统治集团》,文津出版社,2006年。

河南省文物考古研究所编:《曹操高陵考古发现与研究》,文物出版社,2010年。

崔彦华:《魏晋北朝陪都研究》,三晋出版社,2012年。

张子欣:《邺城考古札记》,中国文史出版社,2013年。

中国社会科学院考古研究所、河北省文物研究所、河北省临漳县文物旅游局编著:《邺城文物菁华》,文物出版社,2014年。

中国社会科学院考古研究所、河北省文物研究所、河北省临漳县文物旅游局编:《邺城考古发现与研究》,文物出版社,2014 年。

（日）水野清一、长广敏雄:《响堂山石窟》,东方文化学院京都研究所,1937 年。

（日）村田治郎:《中国の帝都》,京都文功社,昭和五十六年。

（日）谷川道雄编:《日中国际共同研究:地域社会在六朝政治文化上所起的作用》,京都玄文社,1989 年。

（日）岸俊男:《日本の古代宫都》,NHK 大学讲座,1981 年。

（日）岸俊男:《日本の宫都と中国の都城》,刊《都城》,社会思想社,1976 年。

（日）岸俊男:《古代宫都の探究》,塙书房,1984 年。

（日）岸俊男:《日本の古代・都城の生态》,中央公论社,1987 年。

（日）上田正昭:《都城（日本古代文化的探求）》,社会思想社,1976 年。

（日）足立喜立:《长安史迹研究》,三秦出版社,2003 年。

（韩）朴方龙:《新罗都城研究》,东亚大学校大学院博士学位论文,1997 年。

（韩）朴云龙:《高丽时代开京研究》,一志社,1996 年。

（韩）张明洙:《城郭发达与都市计划研究》,学研文化社,1994 年。

（韩）国立庆州文化财研究所编印:《庆州王京》,遗物图版一册,2001 年;本文一册,2002 年。

（韩）成周铎:《百济城址研究》,东国大学校大学院博士学位论文,1984 年。

（韩）徐程锡:《百济의城郭——熊津. 泗沘时代를中心으르》(考古学丛书),学研文化社,2002 年。

（韩）서울特别市史编纂委员会:《서울六百年》(全六册),三和印刷株式会社,1977—1983 年。

马丰:《赴磁县武安县南北响堂寺及其附近工作报告》,《北平研究院院务汇报》第 7 卷第 4 期,1936 年 7 月。

张树棻:《十六国都邑考》,《禹贡》第 3 卷第 2 期,1935 年。

许道龄:《南北响堂寺及其附近石刻目录》,《大公报・图书副刊》第 159 期,1936 年 12 月 3 日。

唐云明:《磁县讲武城七十二疑冢调查》,《文物参考资料》1957 年第

7 期。

　　罗哲文:《河北定兴义慈惠石柱》,《文物参考资料》1958 年第 9 期。

　　敖承隆:《河北磁县讲武城古墓清理简报》,《考古》1959 年第 1 期。

　　劳榦:《论北朝的都邑》,《大陆杂志》第 22 卷第 3 期,1961 年。

　　俞伟超:《邺城调查记》,《考古》1963 年第 1 期。

　　汤池:《河北磁县出土魏昌乐王元诞墓志》,《文物资料丛刊》1977 年第 1 期。

　　磁县文化馆:《河北磁县东陈村东魏墓》,《考古》1977 年第 6 期。

　　磁县文化馆:《河北磁县北齐高润墓》,《考古》1979 年第 3 期。

　　汤池:《北齐高润墓壁画简介》,《考古》1979 年第 3 期。

　　乔文泉:《邺南城附近出土北朝石造像》,《文物》1980 年第 9 期。

　　秦佩珩:《邺都琐考》,《郑州大学学报》1978 年第 4 期。

　　秦佩珩:《邺城考》,《河南文博通讯》1979 年第 1 期。

　　逸人:《汉唐长安城建筑设计思想初探》,《陕西省文博考古科研成果汇报会论文选集》,1981 年。

　　王仲殊:《中国古代都城概说》,《考古》1982 年第 5 期。

　　邯郸文物保管所、峰峰矿区文物保管所:《河北邯郸鼓山常乐寺遗址清理简报》,《文物》1982 年第 10 期。

　　河北临漳县文保所:《邺城考古调查和钻探简报》,《中原文物》1983 年第 4 期。

　　张之:《邺都兴废考》,《中州今古》1983 年第 3 期。

　　周一良:《读〈邺中记〉》,《内蒙古社会科学》1983 年第 4 期。

　　张平一:《古都邺城略述》,《河北学刊》1983 年第 1 期。

　　王仲殊:《关于日本古代都城制度的源流》,《考古》1983 年第 4 期。

　　李文生:《响堂山石窟造像的特征》,《中原文物》1984 年第 1 期。

　　孟凡人:《北魏洛阳外廓城形制初探》,《中国历史博物馆馆刊》1982 年第 4 期。

　　张子欣:《邺城铜雀三台》,《文物天地》1985 年第 2 期。

　　牛润珍:《魏晋北朝邺城初探》,中国魏晋南北朝史学会编:《魏晋南北朝史研究》,四川省社会科学院出版社,1986 年。

　　马忠理:《北齐雕塑艺术的宝库——响堂寺石窟》,《河北学刊》1983 年第 2 期。

磁县文化馆:《河北磁县东魏茹茹公主墓发掘简报》,《文物》1984 年第 4 期。

汤池:《东魏茹茹公主墓壁画试探》,《文物》1984 年第 4 期。

磁县文化馆:《河北磁县东陈村北齐尧峻墓》,《文物》1984 年第 4 期。

俞伟超:《中国古代都城规划的发展阶段性》,《文物》1985 年第 2 期。

邯郸市文物保管所:《邯郸鼓山水浴寺石窟调查报告》,《文物》1987 年第 4 期。

孙其刚:《人神之间的使者——东魏茹茹公主墓出土萨满巫师俑小议》,《文物天地》1988 年第 6 期。

马忠理:《北齐兰陵王高肃及其碑文述略》,《中原文物》1988 年第 2 期。

丁明夷:《北朝佛教史的重要补正——析安阳三处石窟的造像题材》,《文物》1988 年第 4 期。

杨宝顺:《河南安阳灵泉寺石窟及小南海石窟》,《文物》1988 年第 4 期。

徐光冀:《邺城遗址的勘探发掘及其意义》,《文物春秋》1989 年创刊号。

张平一:《从文献看古都邺城的兴废》,《文物春秋》1989 年创刊号。

张惠明:《响堂山和驼山石窟造像风格的过渡特征》,《敦煌研究》1989 年第 2 期。

高敏:《略论邺城的历史地位与封建割据的关系》,《中州学刊》1989 年第 3 期。

中国社会科学院考古研究所、河北省文物研究所邺城考古队:《河北临漳县邺北城遗址勘探发掘简报》,《考古》1990 年第 7 期。

江达煌:《论殷邺一体与两个古邺城——兼及东魏邺南城》,《北朝研究》1990 年总第 2 期。

史建群:《中国古代都城的城与郭》,《中州学刊》1990 年第 4 期。

张之:《邺之初筑是否在古邺城处》,《历史地理》第 9 辑,1990 年。

张增光:《平城营造始末》,《北朝研究》1990 年上半年。

王维坤:《隋唐长安城与日本平城京的比较研究》,《西北大学学报》1990 年第 1 期。

郭湖生:《魏晋南北朝至隋唐宫室制度沿革——兼论日本平城京的宫

室制度》，刊《中华古都——中国古代城市史论文集》，台北，空间出版社，1997年。

尚民杰：《隋唐长安城的设计思想与隋唐政治》，《人文杂志》1991年第1期。

颜娟英：《河北南响堂石窟寺初探》，《考古与历史文化——庆祝高去寻先生八十大寿论文集》（下），正中书局，1991年。

马忠理：《邺都近邑北齐佛教刻经初探》，《北朝摩崖刻经研究》，齐鲁书社，1991年。

赵立春、卢合亭：《响堂山刻经及其书法艺术》，《文物春秋》1992年第1期。

孟繁兴：《南响堂石窟清理记》，《文物》1992年第5期。

钟晓青：《响堂山石窟建筑略析》，《文物》1992年第5期。

邯郸市峰峰矿区文管所、北京大学考古实习队：《南响堂石窟新发现窟檐遗迹及龛像》，《文物》1992年第5期。

要子谨：《北魏平城遗址试探》，《中国历史地理论丛》1992年第3辑。

王维坤：《日本平城京模仿中国都城原型探究》，《西北大学学报》1991年第2期。

马世之：《中国古代都城规划中的"象天"问题》，《中州学刊》1992年第1期。

傅熹年：《日本飞鸟、奈良时期建筑中所反映出的中国南北朝、隋唐建筑特点》，《文物》1992年第10期。

王兆麟：《陕西又一重大考古发现：一条以汉长安城为中心的南北超长基线》，《光明日报》1993年12月13日。

徐光冀：《曹魏邺城的平面复原研究》，《中国考古学论丛——中国社会科学院考古所建所40周年纪念》，科学出版社，1993年。

刘东光：《响堂山石窟的凿建年代及分期》，《华夏考古》1994年第2期。

李锋：《中国古代宫城概说》，《中原文物》1994年第2期。

史念海：《唐代长安外廓街道及里坊的变迁》，《中国历史地理论丛》1994年第1辑。

中国社会科学院考古研究所洛阳汉魏故城工作队：《北魏洛阳外廓城和水道的勘查》，《考古》1993年第7期。

张之:《邺下古渠考》(一),《中原文物》1994 年第 1 期。

孟凡人:《试论北魏洛阳城的形制与中亚古城形制的关系——兼谈丝路沿线城市重要性》,《汉唐与边疆考古研究》第 1 辑,科学出版社,1994 年。

马忠理等:《涉县中皇山北齐佛教摩崖刻经调查》,《文物》1995 年第 5 期。

邹逸麟:《试论邺城兴起的历史地理背景及其在古都史上的地位》,《中国历史地理论丛》1995 年第 1 辑;《北朝研究》1996 年第 2 期。

牛润珍:《北齐史馆考辨》,《南开学报》1994 年第 4 期。

徐光冀:《邺城考古的新收获》,《文物春秋》1995 年第 3 期。

张之:《邺下古渠考》(三),《中原文物》1995 年第 1 期。

吴刚:《中国城市发展的质变:曹魏的邺城和南朝城市群》,《史林》1995 年第 1 期。

杨柳:《先秦两汉宫室城阙制度考释六题》,《首都师范大学学报》1994 年第 4 期。

张焯:《北魏平城的建设与规划》,《光明日报》1995 年 2 月 27 日。

吕何生:《三国北朝邺都水利述略》,《北朝研究》1996 年第 1 期。

范晓风:《邺都考略》,《北朝研究》1996 年第 2 期。

《邺城早年出土的几块墓志》,《文物春秋》1996 年第 1—2 期。

中国社会科学院考古研究所、河北省文物研究所邺城考古队:《河北临漳县邺南城朱明门遗址的发掘》,《考古》1996 年第 1 期。

郭义孚:《邺南城朱明门复原研究》,《考古》1996 年第 1 期。

中国社会科学院考古所科技实验研究中心:《邺南城出土的北朝铁甲胄》,《考古》1996 年第 1 期。

王复生:《从出土文物话邺城独特的城建设施》,《北朝研究》1996 年第 2 期。

中国社会科学院考古研究所、河北省文物研究所邺城考古队:《河北临漳县邺南城遗址勘探与发掘》,《考古》1997 年第 3 期。

李裕群:《邺城地区石窟与刻经》,《考古学报》1997 年第 4 期。

方学凤:《中国古代都城制对朝鲜、日本古代都城制的影响》,《延边大学学报》1997 年第 1 期。

张之：《关于邺城古址之讨论——答邹逸麟同志》，《中原文物》1997 年第 1 期。

朱海仁：《略论曹魏邺北城、北魏洛阳城、东魏北齐邺南城平面布局的几个特点》，广州市文物考古所编：《广州文物考古集》，文物出版社，1998 年。

王维坤：《试论中国古代都城的构造与里坊制的起源》，《中国历史地理论丛》1999 年第 1 辑。

秦建明：《中国古代都城西北高台建筑之谜》，《文博》1999 年第 1 期。

于希贤：《中国古代都城规划的文化透视》，《中国历史地理论丛》2000 年第 3 辑。

刘敦桢：《六朝时期之东、西堂》，《刘敦桢全集》第四卷，中国建筑工业出版社，2007 年。

郭湖生：《论邺城制度》，《建筑师》第 95 期，中国建筑工业出版社，2000 年。

程义：《试论邺北城的设计思想、布局与影响》，《西北大学学报》2001 年第 1 期。

朱岩石：《邺北城地下通道遗址的发掘》，《中国文物报》2001 年 8 月 15 日。

徐光冀：《东魏北齐邺南城平面布局的复原研究》，《宿白先生八秩华诞纪念文集》，文物出版社，2002 年。

郭济桥：《曹魏邺城中央官署布局初释》，《殷都学刊》2002 年第 2 期。

王维坤：《论 20 世纪的中日古代都城研究》，《文史哲》2002 年第 4 期。

中国社会科学院考古研究所洛阳汉魏故城工作队：《河南洛阳汉魏故城北魏宫城阊阖门遗址》，《考古》2003 年第 7 期。

中国社会科学院考古研究所、河北省文物研究所邺城考古队：《河北临漳县邺城遗址东魏北齐佛寺塔基的发现与发掘》，《考古》2003 年第 10 期。

朱岩石：《东魏北齐邺南城内城之研究》，《汉唐之间的视觉文化与物质文化》，文物出版社，2003 年。

焦智勤、傅春喜：《邺·邺市·邺传舍》，《中国古都研究》第 15 辑，三秦出版社，2004 年。

许作民：《试论邺就是殷》，《中国古都研究》第 15 辑，三秦出版社，2004 年。

李梅田:《北齐墓葬文化因素分析——以邺、晋阳为中心》,《中原文物》2004 年第 1 期。

牛润珍:《邺都北城建置考》,韩国明知大学《明知史论》第 14、15 合辑,2004 年。

牛润珍:《秦汉邺城钩沉》,韩国韩华学会《韩华学报》第 3 辑,2004 年。

王静、沈睿文:《一个古史传说的嫁接——东魏邺城形制研究》,《北京大学学报》(哲学社会科学版)2006 年第 3 期。

赵立春:《邺城地区新发现的慧光法师资料》,《中原文物》2006 年第 1 期。

牛润珍:《曹魏邺都城制建筑考》,《亚洲学术 2006》,人民出版社,2006 年。

李孝聪:《中国城市形制演变历史阶段之考察》,台湾大学《城市与设计学报》第 17 期,2007 年 3 月。

牛润珍:《邺与中世纪东亚都城城制系统》,《亚洲学术 2007》,人民出版社,2007 年。

焦智勤:《邺城瓦当分期研究》,《殷都学刊》2007 年第 2 期。

牛润珍:《后赵邺都城制建筑考》,《河北学刊》2008 年第 3 期。

牛润珍:《邺城——中国、亚洲与世界城市史研究中的一个谜》,《史林》2009 年第 3 期。

崔彦华:《东魏北齐"邺—晋阳"两都体制形成原因试探》,《中国史研究》(韩国)第 62 辑,2009 年。

牛润珍:《东魏北齐邺京里坊制度考》,《晋阳学刊》2009 年第 6 期。

崔彦华:《"邺—晋阳"两都体制与东魏北齐政治》,《社会科学战线》2010 年第 7 期。

张金龙:《东魏北齐邺南城建置杂考——以历史文献记载为中心》,《文史》2010 年第 3 期。

中国社会科学院考古研究所、河北省文物研究所邺城考古队:《河北临漳邺城遗址赵彭城北朝佛寺的勘探与发掘》,《考古》2010 年第 7 期。

牛润珍:《曹操高陵新释证——西高穴大墓形制与文物研究》,《光明日报·史学版》2011 年 7 月 14 日。

辛德勇:《北齐乐陵王及王妃斛律氏墓志与百年太子命案始末》,《燕京学报》2012 年 8 月。

中国社会科学院考古研究所、河北省文物研究所邺城考古队:《河北临漳县邺城遗址北吴庄佛教造像埋藏坑的发现与发掘》,《考古》2012 年第 4 期。

郑辉、严耕、李飞:《曹魏时期邺城园林文化研究》,《北京林业大学学报》(哲学社会科学版)2012 年第 2 期。

中国社会科学院考古研究所、河北省文物研究所邺城考古队:《河北临漳县邺城遗址赵彭城北朝佛寺 2010～2011 年的发掘》,《考古》2013 年第 12 期。

田冰:《古代邺城的行政建制与城市兴衰》,《地域研究与开发》2013 年第 6 期。

(日)那波利贞:《从中国首都规划史的角度探讨唐长安城》,《桑原博士还历纪念东洋史论丛》,1930 年。

(日)村田治郎:《邺都考略》,《建设学研究》1938 年第 89 号。

(日)秋山日出雄:《八省院＝朝堂の祖型》,大阪市文化财协会刊《难波宫址の研究》第 7(论考篇),1981 年 3 月。

(日)秋山日出雄:《日本古代都城制の源流》,《历史研究》第 19 号,昭和五十六年六月(1981 年 6 月)。

(日)秋山日出雄:《日本古代都城制の原型——邺京复原再考一》,《神户女子大学》1982 年第 2 号。

(日)曾布川宽:《响堂山石窟考》,《东方学报》第 62 册,1990 年。

(日)谷川道雄:《两魏齐周时代的霸府与王都》(张金龙译),《北朝研究》1996 年第 4 期。又见谷川道雄《隋唐帝国形成史论》(李济沧译),上海古籍出版社,2005 年,第 300—308 页。

(日)岸俊男:《探寻日本古代都城的源流》(王维坤、李自智译),《考古与文物》1998 年第 4 期。

(韩)朴汉济:《魏晋南北朝时代王朝的首都选定及其意义——洛阳与邺都》,韩国历史学会《历史学报》第 168 期,2000 年 12 月。

(韩)孙锡龟:《高句丽、百济城郭的比较研究》,《白山学报》第 54 辑,2000 年。

(韩)신안식:《고려시대"京畿"의위상과역할》,明知大学人文科学研究所《人文科学研究论丛》第 25 号,2003 年 7 月。

中、英、日、韩文摘要

内容摘要

本项研究旨在揭示世界城市史上"华夏型"城市的起源,辨明中世纪东亚都城制度系统源流。"华夏型"城市布局规整,城制设计贯彻"天人"理念,以"北斗"为北端,划一南北中轴线,整个城市围绕中轴线左右对称建筑设计,主建筑位于中线偏北部,街区呈棋盘状,宫城、郭城环环相套,四周城门名称取象四时。这样的城制与特点表现于东亚各国古代都城,其形成于何时? 近百年来,中外学者越来越将注意力聚焦于魏晋北朝时期的邺城。然邺城已被漳河冲淤淹埋于地下一千四百余年,文献资料少而散乱,考古发掘十分困难。邺城研究就像一个"谜"一样,长期困扰着中外学术界。作者自 1984 年即潜心邺城研究,历时三十年,广泛搜集有关邺城文献、文物资料,五次踏察邺城遗址,并在韩国进行国际合作研究一年,六易其稿,反复修改补充,初步形成本项成果。

本项成果网罗邺城史料几将殆尽,融汇已有邺城研究成果无大遗漏,可谓近几十年邺城研究的一项阶段性总结成果。全书八个部分,包括绪言、正文五章和余语、附录。绪言论及邺与"华夏型"城市的起源、古今中外学者对邺城的记述及研究等,揭明本项研究的"谜题",即复原已经消失的邺城。第一章"秦汉邺城钩沉":钩稽史料,呈现东汉邺城大致轮廓。第二章"曹魏、西晋时期的邺城":论述邺之都城地位、邺城兴建、邺都城制与空间结构、建筑布局、郭城、宫城、城垣与城门、三台及主要宫殿等建筑及其所处的方位,推证魏晋邺城总体面貌。提出邺城西北三台排列由西南向东北倾斜的看法,修正了明清以来传统记载。第三章"十六国时期邺城的复兴与衰败":重点论证了后赵邺都的重建、城制建筑与名物等,包括城垣、城门、三台等工程的修复,外朝、内朝、后宫、太子宫等建筑群的重新布置以及宫中名贵之物,还有官署、街巷与城外建筑等。还原后赵邺都风貌,揭示邺城城制所表现的天人意识以及古人的巧思、智慧与高超的建筑艺术。第四章"北朝邺城"：邺城经冉魏之乱受到破坏，直至北魏，衰落百余年。高欢迁都邺城，修复邺北城，扩建邺南城，南北城相接，以北城中轴线为基准，向南延伸，布置宫城与南城郭城，左右对称，整齐划一，宫城郭城内外相套，街区道路纵横交叉，呈棋盘状。从汉魏邺北城到东魏北齐邺南城，中国中古都城制度初步完善，并逐渐成熟，开启隋唐都城制度，代表了 3 至 6 世纪中国古都建筑艺术最高水准。第五章"邺与中世纪东亚都城城制系统"：邺城影响隋唐、宋元、明清，形成中国古代都城城制系统。古代朝鲜、日本在与中国的交往、交流中，借鉴天人意识和都城建筑制度，结合本国传统，也形成了各自国家的都城制度系统，中、日、韩古都城制系统，又构成了中世纪东亚都城城制系统：

```
                                    ┌─ 平壤（高句丽）── 庆州王京
          姑臧（前后凉）─┐          │   泗沘（百济）─┘
邺（曹魏十六国）─ 平城（北魏）─ 洛阳（北魏）─ 邺南城（东魏北齐）─ 大兴（隋）─
          建康（南朝）─┘          └─────────────────── 藤原京

（新罗）── 开城王京（高丽）── 汉阳城（朝鲜）
─ 长安（唐）── 汴梁（北宋）── 大都（元）── 北京（明清）
── 平城京─平安京
```

余语：梳理唐宋至明清史料，考证邺墟逐渐消失的变化。附录"邺城石刻辑存"：汇辑了东汉至元明邺城碑刻、墓志等。

　　本项研究为"华夏型"城市研究第一阶段的成果，为下一步的研究打下了坚实的基础。下一步的研究，将在这项成果的基础上深入论证邺与中世纪东亚都城城制系统，将中国、韩国、朝鲜、日本、越南古都城制作整体研究，并与南亚、西亚及欧美古代都城制度作比较，辨明"华夏型"城市源流、特点，为现代城市建设提供借鉴与参考。

Abstract

This academic project tries to discover the origin of Cathaysian Cities in the development of city history, and analyze the medieval East Asian capital system. The layout of the Cathaysian Cities was very tidy, and based on the therory of "Hormony between Man and Nature". According to the Plough, there was a north-south axis line, and the city was designed radically symmetrical. The major buildings was located at the north, the streets were presented with a chessboard pattern, the inner city palace embraced by outer city walls, and the four gates got their name from the four seasons. Such a city system can also be seen in other ancient East Asian capital cities. When did it begin? In the past hundred year, more and more scholars focused on Ye City, the capital city of Wei, Jin and North Dynasties Period. However, Ye City had been buried under the mad of Zhang River for 1400 years. There were limited related materials left for these researches, and archaeological work was hard to carry out. The study of Ye City was like an academic mystery that confused many people. I had devoted myself to this study since 1984, and in the past 30 years, I had collected as much ancient literatures and archaeological materials, visited the site of the city five times, and conducted an international research in Korea for one year. The original draft had been revised for six times before this final draft was finished.

The necessary materials of this project had been collected with few omission, thus this project can be a preliminary research achievements on Ye City Study of the recent decades. This book is divided into eight parts: general introduction, five major chapters, further discussion and appendix. General Introduction on Ye City: Talk about Ye City and the origin of Cathaysian Cities, as well as the related historical records and studies on Ye City, trying to rediscover the long lost unknown Ye City; The First Chapter is Ye City of Qin and Han Dynasties: Describe historical records of that period and give an general description of Ye City of East Han Dynasty. The second chapter is the Ye City during Cao Wei and Jin Period: Discuss the Construction of Ye as a capital city, including organizational structure, architectural composition, whole major city, palace city, city walls, gates, three city tower platform, major palaces and their directions, as well as an assumption on the overall appearance of Ye City during Cao Wei and Jin Period, and an new theory that the three city tower platform in Ye City is located Arrange from southwest to northeast, which is different from the traditional records from Ming and Qing Dynasties. The Third Chapter is about the Revival and Fall of Ye City during Sixteen Kingdoms Period: Mainly focus on the reconstruction of Ye City during Hou Zhao and the architectures, including the rebuilding of city walls, gates, and three city tower platform, as well as relocation of the major buildings, such as outside and inner chamber, imperial harem, prince palace, and other architectures, like government office, major streets, buildings around the cites. It aims at reduce the complete picture of Ye City during that that, and show the consciousness on nature and human beings, as well as the intelligence on architecture of people. The fourth chapter is about the Ye City of Northern Dynasties Period: It was 100 years later after the destruction of war during Ran Wei Period that Gao Huan of Northern Wei Dynasty moved its capital to Ye City again and started to rebuild it. He not only rebuilt the old north part, but also enlarged it to the south, and connected the two parts together. The whole city architectures were distributed symmetrically along the centerline, and the roads and streets were built with a gridiron system. From North Ye City of Han and Wei Dynasty to South Ye City of East Wei and North Qi, ancient Chinese capital construction theory was improved, which represented the highest level of ancient Chinese city architectures, and laid the foundations for the following Sui and Tang dynasties. Chapter five was about the relationship between the city system of Ye City and medieval East Asian capital system. Ye City influenced the construction of capitals of Sui to Qing Dynasties, which became a typical city system. Ancient Korean, Japan, by communicating with ancient China, also borrowed the system of China in building their own capitals, which together with China became the medieval East Asian capital system:

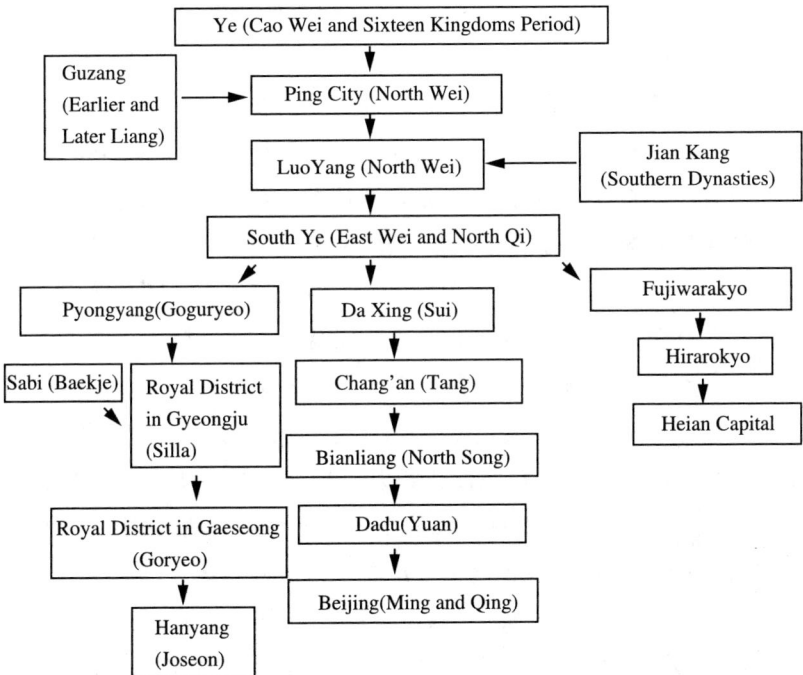

The last part is a further discussion, which is the fading History of Ye City: Discuss how Ye City died away in History according to the historical materials from Tang to Qing about Ye City. Appendix: A Collections of Stone Inscriptions of Ye City from East Han to Yuan Dynasties.

This is the first stage of the preliminary research on the object of the "Cathaysian Cities", which lays a good foundation for further study. The continuing research will focus on the relation between Ye City and the medieval East Asian capital system by regarding the capital system of China, North Korean, Japan and Vietnam as a whole, comparing them with that of other countries of South Asian, West Asian, Europe, America, and explaining the origin of Cathaysian Cities, and its characteristics. This research may also provide some historical experience for modern city construction.

本論要旨

　　本研究の目的は、世界都市史上における「華夏型」都市の起源を提示
し、中世紀東アジア都城制度の系統の源流を明らかにすることにある。
「華夏型」都市の配置構造の規範とは、都城の制度設計が「天人」理念によ
って貫かれていること、「北斗」を北端とすること、南北中軸線によって
整然と位置づけられていること、都城全体が中軸線によって左右対称に
配置された建築を取りまいていること、主要建築は中心線より北よりに
位置していること、市街地区は碁盤状を呈すること、宮城・郭城は入れ
子状に重なり合い、四周の城門の名称は四時から採られていることであ
る。このような都城制度と特徴は、東アジア各国の古代都城に現れてい
るが、それが形成されたのはいつのことであろうか。この百年来、中外
の学者は魏晋南北朝期の邺城に注意力の焦点を当ててきた。しかし邺
城は既に漳河によって千四百余年地下に埋もれてしまっており、文献史
料は少なくまた散乱し、考古発掘もかなりの困難である。邺城の研究は
あたかもひとつの「謎」の如くであり、長らく中外学術界を悩ませてい
た。著者は1984年以来邺城研究に取り組み三十年を歴、邺城に関する
文献・考古資料を博捜、五度にわたる邺城遺跡を踏査、さらに韓国で一
年間の国際協力研究を行い、六度にわたる改訂、度重なる修訂補充の末、
ひととおりの成果を収めた。

　　本稿の成果は邺城の史料をほぼ網羅し尽くし、先行する邺城研究成
果をまとめてほぼ遺漏なく、この数十年間来の邺城研究における総決算
の成果ということができる。本書は八つの部分、緒言、本文五章と余語、
そして附録「邺城石刻輯存」からなる。緒言「邺城――中国・アジア・世
界都市史研究におけるひとつの謎」では、邺ならびに「華夏型」都市の起
源・古今中外学者による邺城についての記載及び研究などを論じ、本研
究の謎を提起し、既に消失した邺城を復原する。第一章「秦漢邺城」で
は、史料を精査し後漢邺城のおおよその輪郭をあらわす。第二章「曹
魏・西晋の邺城」は、邺の都城としての地位、邺城の創建、邺の都城制と
空間構造・建築配置・郭城・宮城・城垣と城門・三台並びに主要宮殿

などの建築及びその置かれた場所を論述し、魏晋鄴城の総体的な面貌を
推測・論証する。鄴城西北の三台は西南から東北に向かって斜めに排
列されていたという観点を提示し、明清以来の伝統的記載を否定する。
第三章「十六国時期鄴城の復興と衰退」は、後趙による再建と、都城制度
建築や名勝などを重点的に論証し、さらには城垣・城門・三台などの修
復、大朝・内朝・後宮・太子宮などの建築群の再設置および宮中貴宝や
官署・街巷と城外建築なども論証する。後趙の鄴都の風貌を復し、鄴城
都城制度によって表現された天人意識ならびに古人の技能・知恵と優
秀な建築芸術を提示する。第四章「北朝鄴城」。鄴城は冉魏の乱によっ
て破壊され、北魏に至るまで百余年衰退していた。高歓が鄴城に遷都
し、鄴北城を修復、鄴南城を増築し、南北城が相接した。北城の中軸線を
基準として南に延伸させ、宮城と南城の郭城を配置し、左右対称にして
整斉画一、宮城と郭城は内外入れ子状となり、街区の道路は縦横交差し、
碁盤状を呈していた。漢魏鄴北城より東魏・北斉の鄴南城に至るまで
は、中国中古都城制度の第一段階での完成であり、さらには次第に成熟
して隋唐都城制度に発展するもので、三～六世紀の中国事建築芸術の最
高水準を示すものである。第五章「鄴と中世紀東アジア都城制度の系
統」は、鄴城が隋唐・宋元・明清に影響を与え、中国古代都城制度の系統
を形成したことを述べる。古代朝鮮・日本は中国と往来、交流する中
で、天人意識と都城建築制度を参考にし、あわせて本国の伝統を結合さ
せて、各自国家の都城制度の系統を形成した。中・日・韓の古都都城制
度系統は、中世紀東アジア都城制度系統を構成してもいるのである。

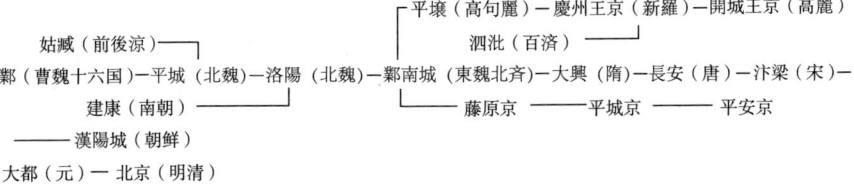

余語は唐宋から明清までの史料にあたり、鄴墟が次第に消失していった
過程を考証したものである。附録「鄴城石刻輯存」は後漢から元代の鄴
城碑刻・墓誌などを集めたものである。

　　本研究は「華夏型」都市研究の第一段階の成果であり、将来の研究に
むけて堅実な基礎となるものである。将来の研究は、この成果を基礎と
し、鄴と中世紀東アジア都城制度系統をより深く論証し、中国・韓国・
朝鮮・日本・ベトナム古都城の全体研究にとりかかり、並びに南アジ
ア・西アジア及びヨーロッパの古都城との比較を行い、「華夏型」都市の
源流・特徴を明らかにし、現代都市建設の参考に供したい。

내용 요약

　　본 연구의 요지는 전세계 도시 연구사에서 '화하형 (華夏型) ' 도시의 기원을 탐구하며, 또한 중세 동아시아 도성 (都城) 제도의 계통적인 원류를 밝히고자 함에 있다. 이 '화하형' 도시의 구조는 상당히 규칙적이고, 또한 도시의 설계는 '천인 (天人) ' 사상을 그 기본 틀로 하였는데, '북두 (北斗) '를 북단 (北端) 으로 하여 남북으로 중심선 하나를 그어 전체 도시가 이 중심선을 에워싸고 좌우 대칭이 되도록 건축 설계를 하였다. 그래서 주요 건축물들은 이 중심선의 북쪽 부분에 위치하고 있고, 거리의 구조는 바둑판의 형상을 드러내고 있으며, 외부 성곽 (城郭) 은 궁궐 (宮闕) 과 서로 동일한 형태를 그리고 있고, 또한 사방 성문 의 명칭은 사시 (四時) 에서 따왔다.

　　그러면 이러한 도성 제도와 특징이 동아시아 각국의 고대 도성에 나타나는 것이 언제쯤이나 형성이 되었을까? 이에 대해서는 최근 백여 년 이래로 중국과 외국 학자들이 대체로 위진 (魏晉) 남북조 (南北朝) 시기에 나타난 업성 (鄴城) 에 점점 더 주의를 집중하고 있다. 그렇지만 이 업성은 이미 장하 (漳河) 의 충적에 의해 지하에 1400여 년이나 매몰되어 있고, 또한 문헌에 보이는 그에 대한 자료도 매우 적고 산재되어 있으며, 더욱이 고고학적 발굴도 현재로서는 상당히 어려운 실정이다. 그래서 이 업성에 대한 연구는 마치 하나의 '수수께끼' 처럼 오랜 시간 동안 중국과 외국의 학술계를 난처하게 하고 있다.

　　그래서 저자는 1984 년부터 이 업성의 연구에 매진하여 30 여 년 동안 이 업성과 관련된 문헌과 문물 자료 등을 광범위하게 수집하면서 다섯 차례나 이 업성 유적지를 탐방하기도 하였다. 더욱이 한국에서 1년간 국제 협력 연구를 수행하면서 여섯 번이나 본서의 원고를 고쳤고, 또한 끊임없이 교정하고 보충하여 이제서야 초보적인 본 연구 성과물을 완성하게 되었다.

　　본 연구 성과는 업성에 관련된 사료 (史料) 를 거의 총망라하였을 뿐만 아니라 기존의 업성 연구 성과까지 대체로 누락됨이 없이 모두 포괄하였으므로, 최근 몇 십년 이래로 업성 연구에 있어서는 가히 하나의 단계적인 종합 연구 성과물이라고 일컬을 수 있다. 그리고 본서는 모두 일곱 부분으로 구성되어 있는데, 서론과 본론 5장, 결론 및 업성 석각 (石刻) 자료를 집록 (輯錄) 한 부록 (附錄) 부분이 여기에 포함된다.

　　그래서　서론인 '업성 (鄴城) :중국,아시아,세계　도시　연구사　중에서 하나의　수수께끼' 에서는 업성과 '화하형 (華夏型) ' 도시의　기원,그리고 중국과 외국 학자들의 업성에 대한 고금의 기록 및 기존의 연구 등에 대해 서술하면서,이 '수수께끼' 연구 주제를 제기하고 또한 이미 소실된 업성의 형태도 복원하여 보았다.

　　그리고 본론 제1장에서는 진한 (秦漢) 시대의 업성을 서술하면서 사료를 조사하여 동한 시대 업성의 대체적인 윤곽을 그려 보았다.그리고 본론 제2장에서는 조위 (曹魏) 시대와 서진 (西晉) 시대의 업성을 서술하면서 업성의 도성 위치,업성의 창건,업성의 도성 제도와 공간 구도,건축물 배치,성곽,궁궐,성벽과 성문,삼대 (三臺) 및 주요 궁전등의 건축물과 그 위치상의 방위 등의 내용을 통해 위진 시대 업성의 총체적인 면모를 추정해 보았다.그러면서 업성의 서북쪽에 있는 삼대 의 배열이 서남쪽에서 동북쪽으로 약간 경사가 져 있다는 사실을 통해 명청 (明淸) 시대 이래로 보이는 전통 문헌의 기록을 반박하였다.

　　그리고 본론 제3장에서는 16국 시대의 업성의 부흥과 쇠퇴를 서술하면서 중점적으로 후조 (後趙) 의 업성 중건과 도성 제도 건축물 및 유명 건축물 등을 논증하였다.그래서 이 부분에서는 성벽,성문,삼대 등의 공사의 재건과 대조 (大朝) ,내조 (內朝) ,후궁 (後宮) ,태자궁 등의 건축물의 새로운 배치와 궁중의 기타 고귀한 건축물들을 소개하였고,또한 관아,여항 거리,성곽 외곽 건축물 등도 함께 살펴 보았다.그러면서 후조 시대 업성의 모습을 재현하여 업성 도성 제도가 보여주고 있는 천인 (天人) 관념과 옛 선인들의 치밀한 구상,지혜,정교한 건축 예술 등도 함께 살펴 보았다.

　　그리고 본론 제4장에서는 북조 (北朝) 시대의 업성을 서술하면서 이 업성이 염위 (冉魏) 의 정국 혼난으로 인해 파괴되어 북위 (北魏) 시대에 이르기까지 백여 년에 걸친 쇠락 과정을 살펴 보았다.북제 (北齊) 의 고환 (高 歡) 은 업성으로 천도를 하여 업북성 (鄴北城) 을 복원하면서 업남성 (鄴南 城) 까지 확장 창건하며 남북의 성곽이 서로 이어지게 하였는데,특히 업북성의 중심선을 기준으로 하여 남쪽으로 뻗어 나가 궁궐과 업남성의 성곽을 배치하 였다.그래서 업성의 기본 구조는 좌우 대칭적이고,가지런하고 획일적이며, 궁궐과 성곽이 안팍에서 서로 마주보고 있고,도로와 블럭은 종횡으로 서로 교차되어 바둑판의 형태를 드러내고 있다.따라서 한위 (漢魏) 시대의 업북성에서 비롯하여 동위 (東魏) 시대와 북제 (北齊) 시대의 업남성에 이르면서,중국 중고

（中古）시대의 도성 제도는 그 기본적인 틀을 형성하였고,또한 점차 성숙 발전하면서 수당 (隋唐) 시대 도성 제도의 큰 기틀을 마련하게 되었다. 이로써 3 세기에서 6세기 걸쳐 중국의 고대 도성 건축 예술은 최고의 수준에 이르게 되었다.

그리고 본론 제5장에서는 업성과 중세기 동아시아 도성 제도의 체계를 서술하면서 이 업성이 수당 (隋唐),송원 (宋元),명청 시대에 커다란 영향을 끼쳐 중국 고대 도성 제도의 기본 체계를 형성하였음을 고찰해 보았다.그리고 더 나아가 고대 한국과 일본이 중국과의 내왕이나 교류를 통해서 중국의 천인 관념과 도성 건축 제도를 본따 자국의 전통에 적합한 도성 제도 체계를 나름대로 형성하게 되었는데,이러한 중국,한국,일본의 고대 도성 제도 체계는 다시 중세기 동아시아 도성 제도의 기본 체계로 구축되게 되었다.

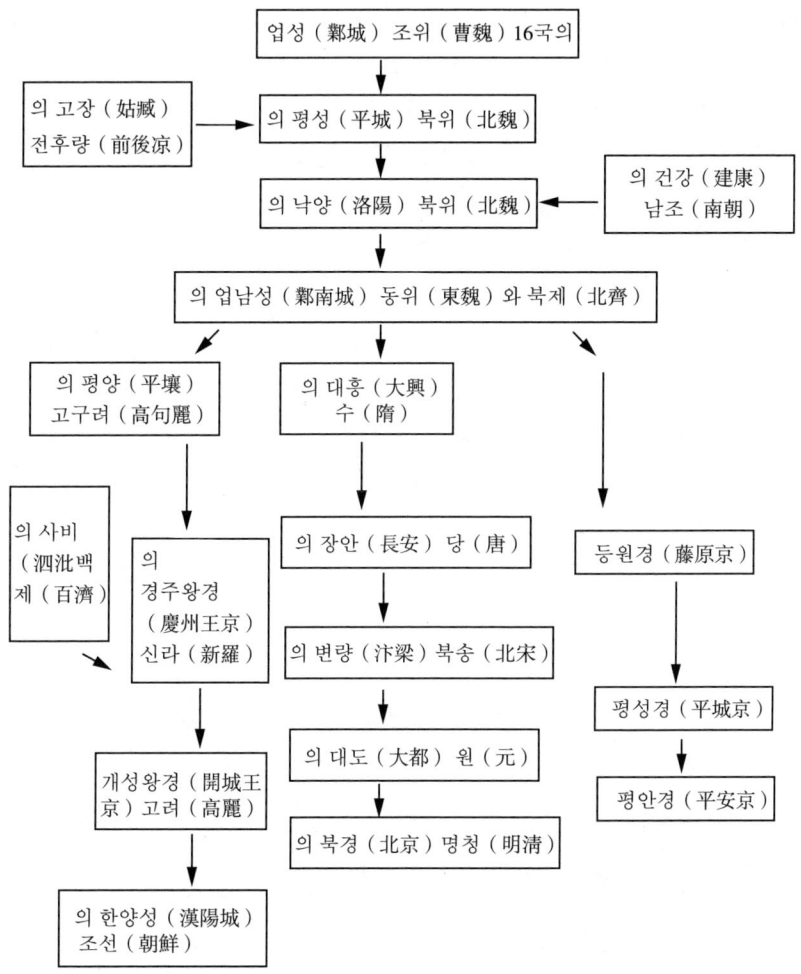

　　그리고 결론에서는 이 업성의 역사적 변천을 서술하면서 당송 (唐宋) 시대에서 명청 (明淸) 시대에 이르기까지의 사료를 정리하고,이 업성이 점차로 소실되어 가는 변화의 과정을 고증하였다.그리고 마지막으로 부록 부분에서는 이 업성과 관련된 석각 (石刻) 자료들을 집록 (輯錄) 하였는데,동한 (東漢) 시대에서 원대 (元代) 에 이르기까지의 업성과 관련된 각종 비각 (碑刻) 과 묘지명 (墓誌銘) 등을 모두 수록하였다.

　　그리고 본 연구는' 화하형 (華夏型) ' 도시 연구의 그 첫 번째 단계적 성과물로써,앞으로 이어질 후속 연구를 위해 탄탄한 기초를 다졌다고 할 수 있다. 그래서 다음에 이어질 후속 연구에서는 이번 연구 성과의 기초 위에 업성과 중세기 동아시아 도성 제도의 체계를 더욱 깊이 있게 연구하여,장차 중국, 한국, 일본, 베트남 등지의 고대 도성 제도에 대해 전반적인 연구를 진행하고자 한다. 또한 그와 더불어 남아시아, 서아시아 및 유럽과 미주의 고대 도성 제도와 상호 비교 연구를 진행함으로써, 이' 화하형' 도시의 원류와 특징을 밝혀 내고, 또한 현대적 도시 건설에도 참고적인 견해를 제공하고자 한다.

后　记

我于 1954 年 12 月 26 日出生于中国河北省南部的一个在当地颇有名的村镇,曰漳河店,出村西即沙滩漫漫大河曲,但见黄沙不见水,是早已干涸的漳河故道。幼时读书,小学课本有《西门豹治邺》一课,西门豹投巫于漳水,破除为河伯娶妇的陋俗,引漳灌邺的故事,萦刻脑际。稍大,既知邺墟距我的家乡仅百里之遥,而且同处漳河岸边,从此邺与漳河便成了不能忘怀的情结。1982 年 7 月我从北京师范大学历史系毕业后,到河北省社会科学院历史研究所工作,利用地方史研究的机会,搜集到诸多有关邺城的资料,于 1984 年撰成《魏晋北朝邺城初探》一文,出席 10 月在四川成都召开的全国魏晋南北朝史学术讨论会暨中国魏晋南北朝史学会成立大会。此文甚得周一良先生称赞,并被选入论文集出版。1987 年 6 月,与胡如雷、杜荣泉等先生一起接待谷川道雄、吉川忠夫、上田早苗、安田二郎、中村圭尔、高木智见等日本学者,进行学术座谈,并陪同考察邺城遗址。期间,上田早苗建议我有机会到日本访学,惠诺负责接待。他回国后,又给我寄来许多日文材料。1988 年 9 月,与黄烈、胡如雷、杜荣泉先生共同筹备召开全国第二届北朝史学术讨论会,重点研究邺城问题。利用学术交流、开会等机会,我先后五次踏查邺城遗址。三十年来,断断续续,搜集资料,发现一条摘录一条,积累数册,欲在"竭泽而渔"。在此基础上,将邺之建筑一一考证,逐项复原,探明邺都建筑实际情况,再现其风貌,多年来一直痴迷于此。

1993 年 8 月至 1996 年 6 月,我在南开大学历史系攻读博士学位,毕业后又到中国人民大学历史系教书。2003 年春,以《古都邺城研究——中世纪东亚都城制度探源》为题,申请韩国高等教育财团国际学术交流项目,蒙准于是年 8 月赴首尔开展研究工作一年,使我能有机会集中精力逐条梳理材料,构思框架体系,运用胡适"大胆假设,小心求证"的方法,把邺城看成中世纪东亚都城制度的起源,然后通过文献整理,廓清邺城的建筑布局,再将邺都城制与古代朝鲜、日本的都城制度作比较,寻绎其异同及传承关系,总结其科学、艺术及现代价值。

结合本项研究,我考察了庆州、首尔、水原的历史古迹,获得了意想不到的收获。如景福宫的思政殿,东、西两侧建有万春、千秋二殿,诚如北齐邢劭《新宫赋》所描述的邺南宫"法三山而起翼室"。太庙有内、外两院,内院东、西各一门,南三门,并建有回廊;外院南一门,这样的礼制建筑与北齐邺都的高欢庙十分相似。庆州新罗王京于高处台地掘冰室,与邺北城三台之冰井台颇相像。高句丽、新罗、百济与北齐的交往甚繁,古代朝鲜人又多能工巧匠,工艺精湛玲珑,还善于保护传统文化遗产。因此,中国古代文献中的一些记载与描述,能在韩国真切地领略到了,真是愉悦无比!

在韩国一年,始终得到我的合作学者明知大学金渭显教授的帮助,我们每两周相聚一次,席地而坐,促膝畅谈,交流学术看法。金老师是方豪先生的学生,方豪先生又是陈垣先生的学生。我大学毕业于北师大,曾侍学于刘乃和先生,乃和师又是陈垣先生的得意门生,应该说我和金老师在学术上有缘。金老师还帮助我办理图书借阅,提供资料,使我的研究工作得以顺利进行。书稿撰成后,金老师又审阅一过,提出了许多修改意见,谨在此向金老师表示衷心的感谢!

还要特别感谢韩国高等教育财团的资助和支持,尤其是金在烈总长,倡导学术神圣,支持和帮助赴韩学者的研究工作,竭尽所能;金暻美女士等事无巨细,一一亲理,为学者排忧解难;还有财团图书馆所给予的方便,使得本项目研究有了一个初步的阶段成果。

复原已经消失一千四百余年的煌煌名都邺城,是一项长期艰难的工作,必须分步进行。2004年8月回国后,又获中国人民大学亚洲研究中心资助,在前期资料整理的基础上,对邺城进行复原研究并辑校了部分石刻资料。本项研究内容、结构、体系、规模已经基本具备,2012年8月又获国家社科基金后期资助项目立项,反复检核史料,由旁证、反证辨史实。融汇新材料、新成果,直至2014年8月,补充、完善各章节内容,重新调整、编排各节、目以求缜密,逐句斟酌以求无一废字、无一废话,并据文献与考古资料绘制地图,插配图片。如北齐天保七年《校书图》等。还有石刻资料的整理,也是至今较为完备的有关邺城研究的原始文献。2014年8月,本项后期研究成果由国家社科规划办组织鉴定评审并通过。

在研究过程中,常与许作民、江达煌、张子欣诸先生讨论,他们都是邺城研究的专家,诸多看法启发我思考。胡喜云、白雪松、范国强、侯新立、苏柏玉、郑云艳、卢鹏程等打印初稿、核对引文、翻译外文,寻找资料,做了大量辅助工作;历史学院外籍教师森谷一树、赵容俊将内容摘要译成日、韩文;历史地理专业研究生陈栋清绘了地图,邯郸市地方志办公室、邺城博物馆张文奎馆长为本书提供照片,他们的劳动与帮助让我由衷地感谢与尊重!

　　我的邺城研究,都是在河北社科院张岗老师、杜荣泉老师的目光下逐步成长的,每有一点点小成就,他们都是那样的欣慰,更没想到我的第一篇习作竟得到周一良先生的肯定。让人哀惋的是,周一良先生、张岗先生没能看到本书的出版。因此,我很早就拿定主意,一定请杜荣泉老师写一篇序。他最知底细,是唯一适合为本书作序的老师。荣泉师年近八旬,将书稿细细阅改一遍,用已经发黄的旧稿纸,一字字工整地书写出一篇序文,我时时捧读,铭感五内。他的诚挚鼓励与殷切期望让我倍感亲切,温暖而有力量。在这里"感谢"二字已苍白无力了,只有加倍努力,才能回报师辈们的厚爱。

牛润珍

2014 年 9 月 8 日于中国人民大学